Herbert Bernstein

Speicherprogrammierbare Steuerung – SPS

De Gruyter Studium

Weitere empfehlenswerte Titel

Analoge, digitale und virtuelle Messtechnik, 2. Auflage
Herbert Bernstein, 2018
ISBN 978-3-11-054217-2, e-ISBN 978-3-11-054442-8,
e-ISBN (EPUB) 978-3-11-054229-5

Messtechnik in der Praxis
Herbert Bernstein, 2018
SBN 978-3-11-052313-3, e-ISBN (PDF) 978-3-11-052314-0,
e-ISBN (EPUB) 978-3-11-052319-5

Elektronik
Herbert Bernstein, 2016
ISBN 978-3-11-046310-1, e-ISBN 978-3-11-046315-6,
e-ISBN (EPUB) 978-3-11-046348-4

Elektrotechnik in der Praxis
Herbert Bernstein, 2016
ISBN 978-3-11-044098-0, e-ISBN 978-3-11-044100-0,
e-ISBN (EPUB) 978-3-11-043319-7

Bauelemente der Elektronik
Herbert Bernstein, 2015
ISBN 978-3-486-72127-0, e-ISBN 978-3-486-85608-8,
e-ISBN (EPUB) 978-3-11-039767-3, Set-ISBN 978-3-486-85609-5

Informations- und Kommunikationselektronik
Herbert Bernstein, 2015
ISBN 978-3-11-036029-5, e-ISBN (PDF) 978-3-11-029076-6,
e-ISBN (EPUB) 978-3-11-039672-0

Herbert Bernstein

Speicher-programmierbare Steuerung – SPS

—

Praktisches Programmieren mit STEP5 und STEP7
nach IEC 61131

DE GRUYTER
OLDENBOURG

Autor
Dipl.-Ing. Herbert Bernstein
81379 München
Bernstein-Herbert@t-online.de

ISBN 978-3-11-055598-1
e-ISBN (PDF) 978-3-11-055601-8
e-ISBN (EPUB) 978-3-11-055605-6

Library of Congress Cataloging-in-Publication Data
Names: Bernstein, Herbert, 1946– author.
Title: Speicherprogrammierbare Steuerung – SPS : Praktisches Programmieren
mit STEP5 und STEP7 nach IEC 61131 / Herbert Bernstein.
Description: Berlin ; Boston : Walter de Gruyter GmbH, [2018] |
Includes bibliographical references and index.
Identifiers: LCCN 2018007854 | ISBN 9783110555981 (softcover : acid-free paper) |
ISBN 9783110556018 (pdf) | ISBN 9783110556056 (epub)
Subjects: LCSH: Programmable controllers.
Classification: LCC TJ223.P76 B49 2018 | DDC 629.8/95--dc23 LC record available at
https://lccn.loc.gov/2018007854

Bibliografische Information der Deutschen Nationalbibliothek
Die Deutsche Nationalbibliothek verzeichnet diese Publikation in der Deutschen
Nationalbibliografie; detaillierte bibliografische Daten sind im Internet über
http://dnb.dnb.de abrufbar.

© 2018 Walter de Gruyter GmbH, Berlin/Boston
Coverabbildung: Cecilie_Arcurs / E+ / Getty Images
Satz: PTP-Berlin, Protago-TₑX-Production GmbH, Berlin
Druck und Bindung: CPI books GmbH, Leck
♾ Gedruckt auf säurefreiem Papier
Printed in Germany

www.degruyter.com

Vorwort

Ende des 18. Jahrhunderts verbesserte sich die Antriebstechnik einfacher Produktionsmaschinen wesentlich durch den Einsatz von Elektromotoren. Mit dem Elektromotor stand ein universell einsetzbares Antriebsinstrument zur Verfügung, das die natürlichen Antriebskräfte Muskel-, Wind- und Wasserkraft sowie Dampfkraft rasch substituierte. Mit den etwa gleichzeitig entstandenen Relais und der dadurch möglichen elektromechanischen Steuerungstechnik wurde eine zweite industrielle Revolution ausgelöst. Klassische Schütz- und Relaissteuerungen, auch verbindungsprogrammierte Steuerungen (VPS) genannt, gliedern sich in drei Ebenen. In der Eingabeebene erfolgen die Erfassung, Aufbereitung und Anpassung der aus der zu steuernden Maschine oder Anlage kommenden Signale an die Verarbeitungsebene.

Um 1965 wurden die ersten speicherprogrammierbaren Steuerungen in den USA entwickelt. Ausgelöst wurde dies durch Forderungen der Automobilindustrie nach einem flexiblen Ersatz für traditionelle elektromechanische Steuerungen, mit denen der rasch steigende Automatisierungsgrad nicht mehr erfüllt werden konnte. Um eine niedrige Einstiegsschwelle für das vorhandene Fachpersonal zu ermöglichen, wurden spezielle Programmiersprachen mit einer grafischen Darstellung von Kontaktsymbolen entwickelt. Diese anwenderorientierte Programmierung in Verbindung mit einem modularen Geräteaufbau haben SPS zu einem universellen Automatisierungsinstrument in allen Bereichen industrieller Anwendung werden lassen. Analog zur elektromechanischen Steuerung lässt sich der Aufbau von speicherprogrammierbaren Steuerungen in drei Ebenen gliedern. Über die Eingangsebene erfolgen die Entstörung und Anpassung der Eingangssignale an die Elektronik der Verarbeitungsebene. In der Verarbeitungsebene werden die Eingangssignale nach den im Programmspeicher abgelegten Befehlen verknüpft und das Ergebnis wird an die Ausgangsebene weitergegeben. Die Ausgangsebene passt die von der Verarbeitungsebene kommenden Signale an die Stellglieder (Aktoren) wie Motoren, Ventile usw. an.

In den Jahren 1978/79 wurde die SIMATIC S3 von Siemens durch das Automatisierungssystem SIMATIC S5 abgelöst. Die Weiterentwicklung dieser Baureihe hält bis heute an. Im Jahr 1995 erschien das Basisautomatisierungssystem SIMATIC S7, das verschiedene Teilsysteme in eine einheitliche Systemarchitektur integriert. Das Gesamtsystem reicht dabei von der Feldebene bis zur Leittechnik. Für speicherprogrammierbare Steuerungen (S7), Automatisierungsrechner (M7) und die Komplettgeräte zum Bedienen/Beobachten (C7) existieren eine durchgängige Programmierung, Datenhaltung und Kommunikation.

Der Inhalt dieses Buches beschäftigt sich mit der Programmierung und Anwendung mit STEP5, STEP7 und der SPS-Programmierung nach IEC 61131-3. Neben den „klassischen" Programmiersprachen AWL, FUP und KOP werden auch GRAPH für Ablaufsteuerungen behandelt und beschrieben.

https://doi.org/10.1515/9783110556018-001

Der eigentliche Schwerpunkt des Buches liegt in der ausführlichen Darstellung und Beschreibung zahlreicher Steuerungsaufgaben mit einer umfangreichen Kommentierung des zugehörigen Steuerungsprogramms. Für mehrere Beispielaufgaben werden Steuerungsprogramme in unterschiedlichen Programmiersprachen vorgestellt, was dem Leser gute Vergleichsmöglichkeiten eröffnet.

Der Autor wünscht viel Spaß und guten Erfolg allen, die sich in die Thematik der SPS einarbeiten wollen und müssen. Dieses Buch ist bestimmt für Facharbeiter, Meister, Techniker und Fachhochschulstudenten. Der Autor dankt allen an der Entstehung des Buches beteiligten Personen und Firmen.

Die Zeichnungen fertigte meine Frau Brigitte an.

Wenn Fragen auftreten: Bernstein-Herbert@t-online.de

München, 2018
Herbert Bernstein

Inhalt

1 Grundlagen der SPS-Technik

Die Entwicklung im Rahmen der Fabrikautomation der letzten 30 Jahre wurde wesentlich durch den Einsatz von speicherprogrammierbaren Steuerungen (SPS) geprägt. Diese Systeme haben sich aus der ursprünglichen Funktion, der Substitution von klassischen Schütz- und Relaissteuerungen, zu einem universellen Automatisierungsinstrument und Anlagen entwickelt. SPS-Systeme bieten heute durch ihre Kompaktheit durchgehend einen modularen Aufbau mit einer großen Anzahl aufgabenspezifischer Peripheriebaugruppen und ermöglichen die Lösung von Steuerungs- und Regelungsaufgaben, die bis 1985 den Prozessrechnern vorbehalten waren. Danach wurden die Prozessrechner von den PC-Systemen abgelöst.

Dabei wurde der signifikante Anspruch einer einfachen und anwenderfreundlichen Programmierung konsequent beibehalten, der letztendlich die hohe Akzeptanz bei Anlagenherstellern und -betreibern bewirkt hat. Das vorliegende Buch vermittelt Wissen über den Aufbau und die Funktion und gibt Hinweise über die Projektierung, Programmierung und Installation von SPS-Systemen.

Ende des vorletzten Jahrhunderts (vor 1900) verbesserte sich die Antriebstechnik von einfachen Produktionsmaschinen wesentlich durch den Einsatz von Elektromotoren. Mit dem Elektromotor stand ein universell einsetzbares Antriebsinstrument zur Verfügung, das die natürlichen Antriebskräfte Muskel-, Wind- und Wasserkraft sowie die Dampfkraft rasch substituierte. Mit den etwa gleichzeitig entstandenen Relais und der dadurch möglichen elektrischen Steuerungstechnik wurde eine zweite industrielle Revolution (um 1930) ausgelöst.

Klassische Schütz- und Relaissteuerungen, auch verbindungsprogrammierte Steuerungen (VPS) genannt, gliedern sich in drei Ebenen, wie Abb. 1.1 zeigt.

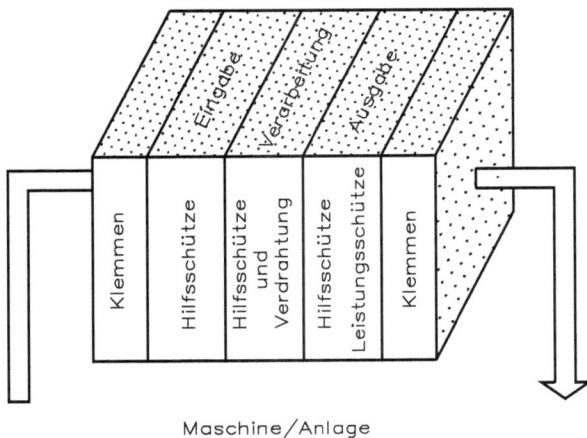

Abb. 1.1: Aufbau von verbindungsprogrammierten Steuerungen.

https://doi.org/10.1515/9783110556018-002

In der Eingabeebene erfolgen die Erfassung, Aufbereitung und Anpassung der aus der zu steuernden Maschine oder Anlage kommenden Signale an die Verarbeitungsebene.

Nach einem in der Verdrahtung festgelegten programmtechnischen Ablauf werden in der Verarbeitungsebene die von der Eingabeebene kommenden Signale verknüpft. Zu den reinen Steuerfunktionen des Relais, nämlich Verknüpfen und Auslösen, kommen diverse Zeit- und Zählfunktionen, die mit elektromechanischen Bauelementen realisiert werden.

Die Verknüpfungsergebnisse werden in der Ausgabeebene über Hilfs- und Leistungsschütze an die zu steuernden Komponenten wie Motoren, Kupplungen und Ventile usw. angepasst.

Als Beispiel für eine verbindungsprogrammierte Steuerung dient eine Stern-Dreieck-Schaltung von Drehstrom-Asynchronmotoren. Die Stern-Dreieck-Schaltung von Drehstrom-Asynchronmotoren stellt eine Folgeschaltung dar. Der Sternanlauf vermindert den Anzugsstrom des Asynchronmotors. Die Schaltfolge „Aus" – „Stern" – „Dreieck" kann durch eine handbetätigte Schützsteuerung erfolgen oder durch eine automatische Stern-Dreieck-Schützschaltung mit Zeitrelais.

Ein thermisches Überstromrelais schützt die Motorwicklung bei Überlastung oder Ausfall eines Außenleiters. Es wird unter normalen Betriebsbedingungen nach dem Netzschütz in die Motorleitung eingebaut und auf den Wert des Strangstroms $(0,58 \cdot I_n)$ eingestellt. Das Überstromrelais liegt dann in Reihe mit der Wicklung und bietet auch Schutz in der Anlaufstufe (Sternschaltung). Abb. 1.2 zeigt einen Hauptstromkreis einer Stern-Dreieck-Schützschaltung für einen Asynchronmotor.

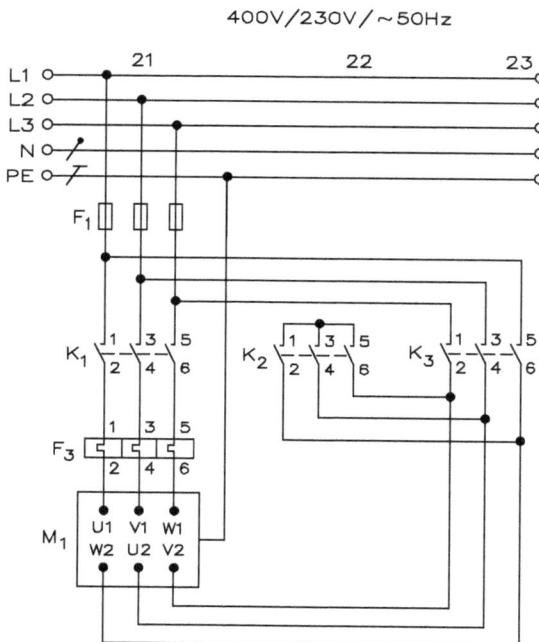

Abb. 1.2: Hauptstromkreis einer Stern-Dreieck-Schützschaltung für einen Asynchronmotor.

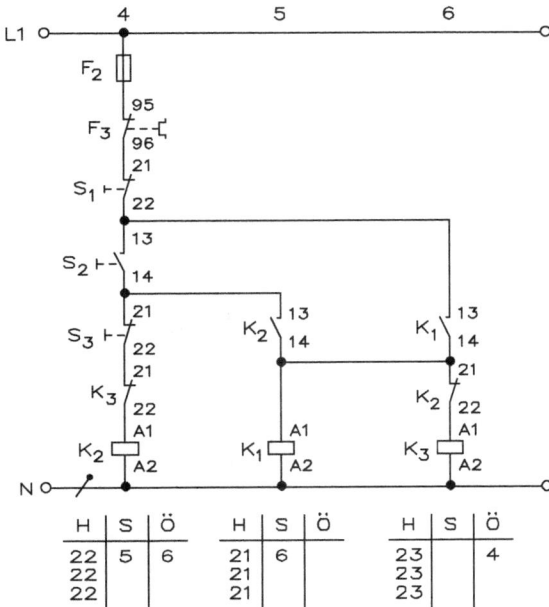

Abb. 1.3: Steuerstromkreis für eine automatische Stern-Dreieck-Schützsteuerung mit Kontakttabelle. Motorsicherung, dreipolig; Steuerstromkreissicherung; Thermisches Überstromrelais; K_1 Netzschütz; K_2 Sternschütz; K_3 Dreieckschütz; M_1 Drehstrommotor; S_1 Taster „Aus"; S_2 Taster „Anlauf" (Sternschaltung); S_3 Taster „Betrieb" (Dreieckschaltung).

Die Arbeitsweise einer VPS kann man anhand des Steuerstromkreises für eine automatische Stern-Dreieck-Wende-Schützsteuerung erkennen, wie Abb. 1.3 zeigt.

Der Öffnerkontakt 95, 96 des Überstromrelais unterbricht bei Störung den Steuerstromkreis. Zur Störungsanzeige wird ein Schließer 97, 98 verwendet. Häufig verwenden Überstromrelais nur einen Wechsler und die Zuleitung muss dann auf die Klemme 95 geführt werden.

Bei Schweranlauf oder bei langer Anlaufzeit kann man das Überstromrelais auch vor dem Netzschütz, d. h. in die Zuleitung, einbauen. Der Auslösestrom ist dann auf den Motornennstrom einzustellen. Der Drehstrommotor ist in dieser Schaltung jedoch nur in der Dreieckschaltung (Nennbetrieb) gegen Überlastung geschützt.

Bei Sternschaltung ist dieser Schutz aber nicht ausreichend. Für Motoren mit langer Anlaufzeit wird deshalb bei automatischem Stern-Dreieck-Anlauf das Überstromrelais in die Motorleitung, d. h. nach dem Netzschütz, eingebaut und während des Anlaufs durch ein zusätzliches Schütz überbrückt. Nach dem Hochlauf wird das Überbrückungsschütz abgeschaltet. Für besonders schwere Anlaufbedingungen und bei Motoren großer Leistung werden Thermistor-Schutzeinrichtungen (Motorvollschutz) verwendet.

Wird der Taster S_2 betätigt, zieht das Sternschütz K_2 (4) an und betätigt seinen Schließer 13, 14(5). Damit wird das Netzschütz K_1 eingeschaltet. Der Öffner 21, 22 von K_2 (6) verhindert, dass gleichzeitig das Dreieckschütz K_3 betätigt wird. Der Schließer 13, 14 von K_1 (6) hält in dieser Schaltstellung Netzschütz K_1 und Sternschütz K_2 an Spannung. Hat der Motor seine Nenndrehzahl erreicht, wird Taster S_3 betätigt. Er unterbricht den Stromkreis für das Sternschütz, K_2 fällt ab. Der in seine Ruhelage zurückgehende Öffner 21, 22 von K_2 (6) schaltet das Dreieckschütz K_3 an Spannung. Der Öffner 21, 22 von K_3 (4) verriegelt K_2 gegen gleichzeitigen Betrieb mit dem Dreieckschütz K_3.

Sollen die Betriebszustände „Anlauf" (Sternschaltung) und „Betrieb" (Dreieckschaltung) angezeigt werden, schaltet man entsprechende Meldeleuchten parallel zu den Schützen K_2 und K_3. Mit Taster S_1 wird die Steuerung abgeschaltet.

Im Stromlaufplan der Steuerung verwendet der Praktiker unter den Schaltzeichen der Spulen K_2, K_1 und K_3 eine Kontakttabelle. Kontakttabellen zeigen übersichtlich, in welchem Stromweg (Strompfad) die Schaltkontakte des entsprechenden Schützes zu finden sind. Die Darstellung ist durch Ziffern möglich oder durch die Abbildung der Kontakte selbst. In beiden Darstellungen sind die Stromwege benannt, in denen die Haupt- und Hilfskontakte im Stromlaufplan zu suchen sind. Für die Hauptkontakte, z. B. für K_2, ist die Zahl 32 dreimal aufgeführt. Bei der Stromwegnummerierung ist im Hauptstromkreis die Anzahl der Kontakte vor die Stromwegnummer gesetzt. Im Hauptstromkreis bedeutet die Ziffernfolge 32 also 3 Schließer in Stromweg 2.

Wird bei einer automatischen Stern-Dreieck-Schützschaltung die Umschaltung der Drehrichtung benötigt, so sind außer Sternschütz, Dreieckschütz und Zeitrelais zwei Netzschütze erforderlich, die so verriegelt sein müssen, dass ein gleichzeitiger Betrieb nicht möglich ist, wie in Abb. 1.4. Während die Änderungen im Hauptstromkreis nicht so umfangreich sind, erfordert der Steuerstromkreis größere Verdrahtungsarbeiten, wie Abb. 1.5 zeigt

Taster S_2 (1D) schaltet über den Öffner von K_1 (3G) Schütz K_2 (3H) ein. K_2 verriegelt mit dem Öffner (10) Schütz K_1 und hält sich über den Schließer K_2 (4E) selbst an Spannung. Ein Schließer von K_2 (6D) schaltet über den Öffner von K_4 (5G) das Zeitrelais K_5 ein, zugleich wird das Sternschütz K_3 über den Öffner von K_4 (60) eingeschaltet. Nach Ablauf der eingestellten Verzögerungszeit schaltet der Wechselkontakt von K_5 (6F) um. Dadurch wird der Stromkreis für das Sternschütz unterbrochen, K_3 fällt ab. Der umgeschaltete Kontakt des Zeitrelais K_5 schließt über den Öffner von K_3 (7G) den Stromkreis von K_4. Das Dreieckschütz K_4 schaltet mit Öffnerkontakten (5G und 60) das Zeitrelais K_5 und das Sternschütz K_3 ab. Über den Selbsthaltekontakt (7F) hält sich das Dreieckschütz K_4 selbst. Mit Taster S_1 (1C) wird der Motor abgeschaltet. Sinngemäß schaltet Taster S_3 (1F) das Schütz K_1 ein, wobei der Motor in der anderen Drehrichtung anläuft.

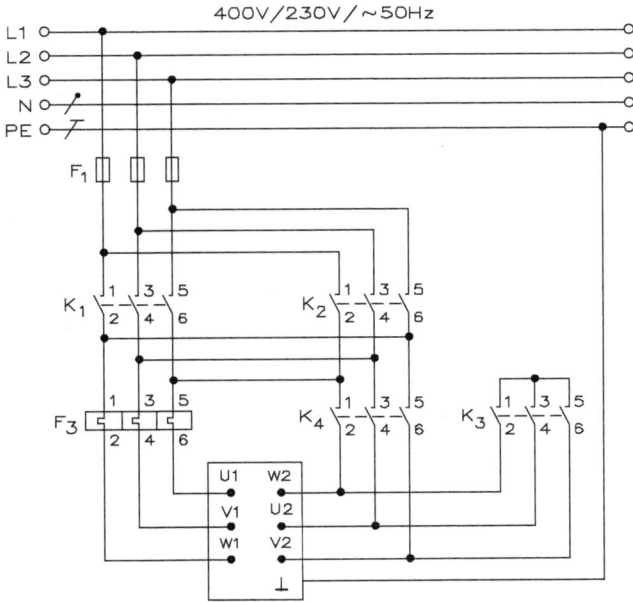

Abb. 1.4: Hauptstromkreis einer Stern-Dreieck-Wende-Schützschaltung für einen Asynchronmotor.

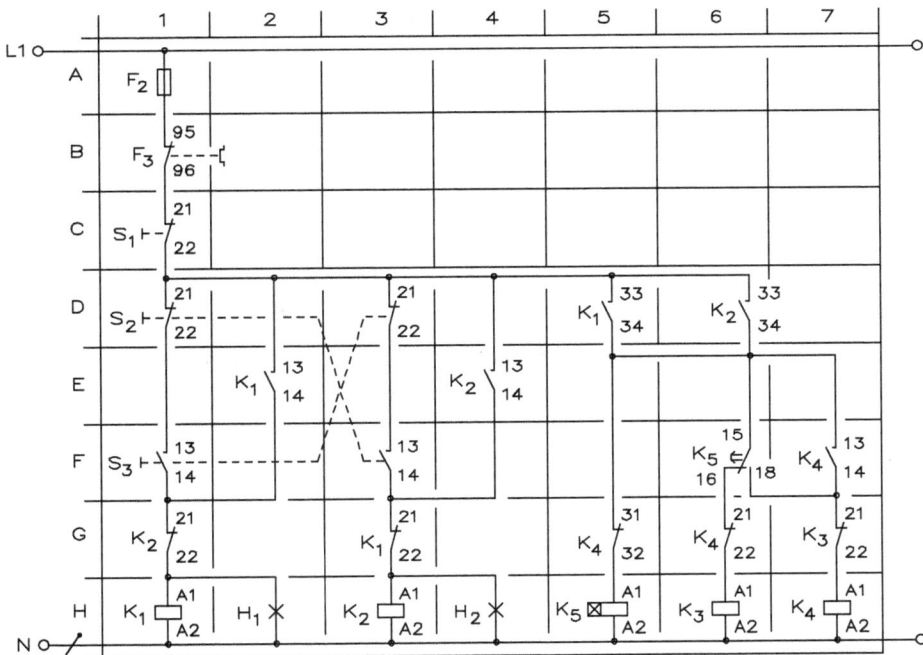

Abb. 1.5: Steuerstromkreis für eine automatische Stern-Dreieck-Wende-Schützsteuerung.

1.1 Speicherprogrammierbare Steuerungen

Ende der sechziger Jahre des vorherigen Jahrhunderts wurden die ersten speicherprogrammierbaren Steuerungen (SPS) in den USA entwickelt. Ausgelöst wurde dies durch Forderungen der Automobilindustrie nach einem flexiblen Ersatz für traditionelle elektromechanische Steuerungen, mit denen der rasch steigende Automatisierungsgrad nicht mehr erfüllt werden konnte. Um eine niedrige Einstiegsschwelle für das vorhandene Fachpersonal zu ermöglichen, wurden spezielle Programmiersprachen mit einer grafischen Darstellung von Kontaktsymbolen entwickelt. Diese anwenderorientierte Programmierung in Verbindung mit einem modularen Geräteaufbau haben die SPS zu einem universellen Automatisierungsinstrument in allen Bereichen industrieller Anwendung werden lassen.

Analog zur elektromechanischen Steuerung lässt sich der Aufbau von speicherprogrammierbaren Steuerungen in drei Ebenen gliedern, wie Abb. 1.6 zeigt.

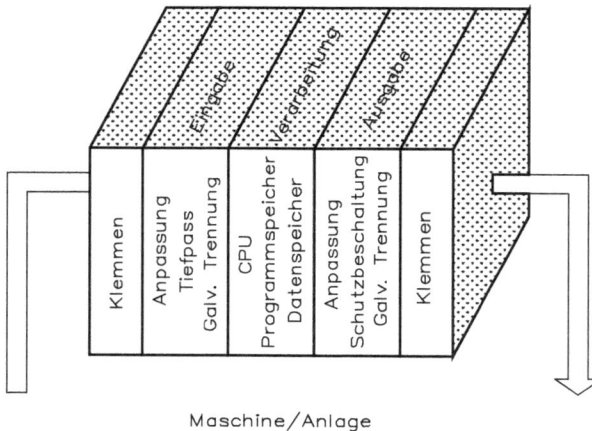

Abb. 1.6: Aufbau von speicherprogrammierbaren Steuerungen (SPS).

Über die Eingabeebene erfolgen die Entstörung und Anpassung der Eingabesignale an die Elektronik der Verarbeitungsebene. In der Verarbeitungsebene werden die Eingangssignale nach den im Programmspeicher abgelegten Befehlen verknüpft und das Ergebnis wird an die Ausgangsebene weitergegeben.

Die Ausgangsebene passt die von der Verarbeitungsebene kommenden Signale an die Stellglieder wie Motoren, Ventile usw. an.

1.1.1 Binäre Signale

Stellen Signale nur zwei Werte oder Zustände dar, so spricht man von binären Signalen. Die Ausgangsebene passt die von der Verarbeitungsebene kommenden Signale an die Stellglieder wie Motoren, Ventile usw. an. Beispiele für diese Zustände sind:

Spannung vorhanden $\rightarrow$ keine Spannung vorhanden
Stromkreis geschlossen $\rightarrow$ Stromkreis geöffnet

Diesen Zuständen, die sich physikalisch als Strom oder Spannung erfassen lassen, können die binären Größen „LOW" und „HIGH" zugeordnet werden. „LOW" („L") bedeutet, dass das elektrische Potential niedrig, „HIGH" („H"), dass das elektrische Potential hoch ist. Anstelle von „L" und „H" sind auch die Ziffern „0" und „1" für die Darstellung binärer Signalzustände gebräuchlich.

Die Mehrzahl der in der Steuerungstechnik verarbeiteten Signale ist binärer Art. Endschalter beispielsweise erfassen Maschinenteile und geben eine Information als binäre Information an die Steuerung. Binäre Signale geben zwei unverwechselbare Zustände an.

Der Momentanwert einer sich ändernden Größe kann numerisch, d. h. in Form von Ziffern, dargestellt werden. Im Bereich der Rechnertechnik spricht man dabei von digitalen Werten (digit = engl. Ziffer/Zahl). Die Genauigkeit der digitalen Darstellung ist dabei von der Größe der kleinsten Einheit abhängig.

Das im täglichen Leben gebräuchlichste Zahlensystem, das Dezimalsystem, hat die Zahl 10 zur Basis. Alle Ziffern einer Dezimalzahl stellen ein Mehrfaches der ihnen zugeordneten Zehnerpotenzen dar.

Beispiel für die Zahl 3.541:

$$
\begin{array}{llll}
3 & 5 & 4 & 1 \\
3 \cdot 10^3 & + 5 \cdot 10^2 & + 4 \cdot 10^1 & + 1 \cdot 10^0 & = 3.541 \\
3 \cdot 1.000 & + 5 \cdot 100 & + 4 \cdot 10 & + 1 \cdot 1 & = 3.541 \\
3.000 & + 500 & + 40 & + 1 & = 3.541
\end{array}
$$

Andere Zahlensysteme bedienen sich unterschiedlicher Basiszahlen. Das in der Rechnertechnik verbreitetste Zahlensystem, das Dualsystem, hat 2 als Basiszahl, bestehend aus den Ziffern 0 und 1.

Eine Binärstelle, auch Bit genannt, ist der kleinstmögliche Informationsgehalt einer Dualzahl. Bit = binary digit = zweiwertige Ziffer. Tab. 1.1 zeigt das Dualsystem.

Um einen einfachen Zusammenhang zwischen Dual- und Dezimalsystem herzustellen, reserviert man vier Bits für die Darstellung einer Dezimalstelle. Dieser auf die Abbildung im Dezimalsystem begrenzte Dualcode wird BCD-Code genannt (BCD = binary coded decimal). Der BCD-Code erleichtert die Interpretation binär codierter Werte durch den Menschen und wird deshalb überwiegend im Bereich Eingabe, Anzeige und Registrierung eingesetzt. Tab. 1.2 zeigt den Unterschied zwischen Dezimal (Echttetrade) und Hexadezimal von 0 bis F (mit Echttetrade und Pseudotetrade).

Tab. 1.1: Aufbau des Dualsystems.

Dezimal	Dual			
	$2^3 = 8$	$2^2 = 4$	$2^1 = 2$	$2^0 = 1$
0	0	0	0	0
1	0	0	0	1
2	0	0	1	0
3	0	0	1	1
4	0	1	0	0
5	0	1	0	1
6	0	1	1	0
7	0	1	1	1
8	1	0	0	0
9	1	0	0	1
10	1	0	1	0
11	1	0	1	1
12	1	1	0	0

Tab. 1.2: Aufbau des BCD-Codes von 0 bis 9 (Echttetraden, ET) und von A bis F (Pseudotetraden, PT).

Dezimal		BCD-Code			
0	⎤	0	0	0	0
1		0	0	0	1
2		0	0	1	0
3		0	0	1	1
4		0	1	0	0
5	ET	0	1	0	1
6		0	1	1	0
7		0	1	1	1
8		1	0	0	0
9	⎦	1	0	0	1
A (10)	⎤	1	0	1	0
B (11)		1	0	1	1
C (12)	PT	1	1	0	0
D (13)		1	1	0	1
E (14)		1	1	1	0
F (15)	⎦	1	1	1	1

Sehr häufig müssen im Bereich der Rechnertechnik auch negative Zahlenwerte verarbeitet werden. Für die Darstellung und Verarbeitung negativer Zahlenwerte ist die Darstellung im Zweierkomplement sehr gebräuchlich. Das höchstwertige Bit einer Dualzahl definiert das Vorzeichen. Negative Zahlen werden als das um +1 erhöhte Komplement der entsprechenden positiven Zahl dargestellt. Tab. 1.3 zeigt den Aufbau des Zweierkomplements.

Tab. 1.3: Aufbau des Zweierkomplements.

Dezimal	Zweierkomplement			
7	0	1	1	1
6	0	1	1	0
5	0	1	0	1
4	0	1	0	0
3	0	0	1	1
2	0	0	1	0
1	0	0	0	1
0	0	0	0	0
−1	1	1	1	1
−2	1	1	1	0
−3	1	1	0	1
−4	1	1	0	0
−5	1	0	1	1
−6	1	0	1	0
−7	1	0	0	1
−8	1	0	0	0

Bei der analogen Übermittlung wird die Information durch die Höhe der Amplitude übertragen. Die digitale Technik kennt nur die zwei Zustände „Ein = logisch 1" und „Aus = logisch 0", die meist durch unterschiedliche Spannungspegel übermittelt werden. Zur Übertragung digitaler Größen werden verschiedene Codes bzw. Protokolle benutzt, die alle Kommunikationspartner im Datenverbund verstehen müssen.

Das Bit ist die Einheit für ein binäres (zweiwertiges) Signal, entsprechend einer einzelnen digitalen Dateneinheit, die den Wert „0" oder „1" hat. In der englischen Sprache ist der Begriff Bit (binary digit) als kleinste informationstechnische Einheit geläufig und wurde in das Deutsche übernommen.

Wie bereits angesprochen, werden die Signale logisch „0" und logisch „1" meistens durch unterschiedlich hohe Spannungspotentiale dargestellt, z. B. 0-Signal von 0 V bis 0,4 V und 1-Signal von +3 V bis +5 V. Die verwendeten Spannungspegel sind abhängig vom verwendeten Schnittstellentyp.

Für eine Einheit von acht Binärzeichen wurde der Begriff „Byte" eingeführt. Ein Byte hat also eine Länge von acht Bit. In einem Automatisierungsgerät (SPS) werden z. B. die Signalzustände von acht binären Ein-/Ausgängen zu jeweils einem Eingangsbyte oder Ausgangsbyte zusammengefasst.

MSB							LSB
7	6	5	4	3	2	1	0
1	0	0	1	0	1	0	0
2^7	2^6	2^5	2^4	2^3	2^2	2^1	2^0
128	64	32	16	8	4	2	1
128		+	16	+	4		= 148

Die werthöchste Stelle eines Bytes wird mit MSB (most significant bit) und die wertniedrigste mit LSB (least significant bit) gekennzeichnet.

Größere Einheiten, mit denen man beim Umgang mit Computern oder SPS konfrontiert wird, sind

- das Kilobyte (Kbyte) = 1.024 Byte,
- das Megabyte (Mbyte) = 1.024 Kbyte oder
- das Gigabyte (Gbyte) = 1.024 Mbyte.

Für die Darstellung einer vierstelligen Dezimalziffer benötigt man vier binäre Stellen. Man spricht hierbei auch von einer Tetrade oder „Nibble". Es handelt sich beim BCD-Code also um einen 4-Bit-Code. Es ist sehr einfach, eine Dezimalzahl als Bit-Muster im 8-4-2-1-Code an ein Automatisierungsgerät, z. B. SPS, zu übertragen.

Man will jedoch nicht nur Ziffern übertragen, sondern auch Buchstaben, Satz-, Sonder- und Steuerzeichen. Hierzu benutzt man Codierungstabellen, die jeder Zahl einen Buchstaben, eine Ziffer oder ein Zeichen zuordnen. Sehr bekannt ist hier der ASCII-Code (American Standard Code of Information Interchange), im Deutschen als DIN 66 003 verfasst. Hier werden neben Zeichen und Ziffern auch Sonder- und Steuerzeichen definiert.

1.1.2 Analoge Signale

Ein analoges Signal kann zwischen zwei festgelegten Grenzwerten jeden beliebigen Wert annehmen. Analog kommt vom griechischen Begriff Analogie und hat die Bedeutung von Nachbilden. Analoge Signale bilden eine des darzustellenden Wertes entsprechende physikalische Größe. Ein Thermoelement beispielsweise bildet ein der Temperatur entsprechendes analoges Spannungssignal.

In der heutigen Automatisierungstechnik arbeiten immer mehr Geräte digital. Dies steht im Gegensatz zu der bekannten analogen Messtechnik bzw. Datenübermittlung, d. h., in der modernen Prozessautomatisierung lösen, bedingt durch den technologischen Fortschritt und deren Vorteile, die digitalen Prozessgeräte vermehrt die analog arbeitenden Geräte ab. Auch bei der Übertragung von analogen Messwerten verdrängt die digitale Übertragung die bekannten Standardsignale wie 4 ... 20 mA, 0 ... 10 V etc. Im Folgenden soll nun zunächst auf die Merkmale der unterschiedlichen Übertragungstechniken eingegangen werden.

Ein Messwert, beispielsweise eine Temperatur, wird von einer Messeinrichtung in ein dieser Temperatur entsprechendes Signal umgewandelt. Das Signal kann z. B. ein Strom von 4 ... 20 mA sein. Jedem Wert der Temperatur entspricht eindeutig ein Wert des elektrischen Stroms. Ändert sich die Temperatur kontinuierlich, so ändert sich auch das analoge Signal kontinuierlich, d. h., kennzeichnend für eine analoge Übertragung von Informationen ist die sich über die Zeit stetig verändernde Amplitude des gewählten Signals, wie Abb. 1.7 zeigt.

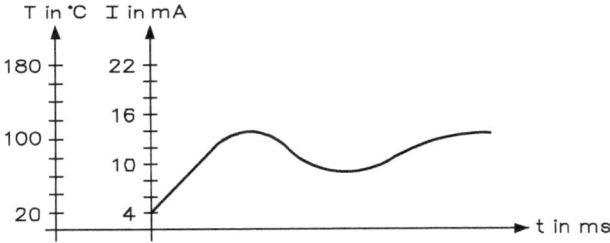

Abb. 1.7: Analoges Signal mit einer sich kontinuierlich ändernden Amplitude.

In der Automatisierungstechnik mit SPS-Anlagen werden solche Einheitssignale (4 ... 20 mA) als normiertes Stromsignal rein analog übertragen. Ein Temperaturwert wird z. B. von einem Pt100-Widerstandsthermometer erfasst, durch einen Messumformer in einen zum Messwert proportionalen Strom umgeformt und zur SPS übertragen. Analoge Signale können von einer SPS, digitalen Steuerungen oder Rechnern nicht verarbeitet werden. Sie müssen vorher digitalisiert, d. h. in einen entsprechenden Digitalwert umgewandelt werden.

Analog-Digital-Wandler, auch AD-Wandler genannt, setzen das anliegende Analogsignal in einen zugeordneten Digitalwert um. Dies geschieht mit einer begrenzten Auflösung, denn nicht jeder Analogwert kann einem Digitalwert zugeordnet werden. Für die Abbildung beliebiger Analogwerte zwischen zwei Grenzwerten steht nur ein begrenzter Zahlenvorrat zur Verfügung.

Am Beispiel der Temperaturmessung bedeutet dies, dass der analoge Messwert in gewisse Wertebereiche eingeteilt wird, innerhalb derer keine Zwischenwerte möglich sind. Die Werte werden innerhalb einer festgelegten Zeit, der Abtastzeit, abgefragt. Diese Aufgabe der Umwandlung übernimmt ein Analog-Digital-Wandler, kurz AD-Wandler genannt. Hierbei hängt die Genauigkeit bzw. Auflösung des Signals von der Anzahl der Wertebereiche sowie von der Häufigkeit der Abtastung ab. Konkret bedeutet dies in unserem Beispiel in Abb. 1.8 eine Abtastung alle 20 ms, bei einer Unterteilung in zehn Wertebereiche.

Die digitalisierte Größe kennt nur die zwei Werte „high = 1" und „low = 0" und muss nun z. B. von einem Messumformer mit Schnittstelle als Datenpaket übertragen werden. Der Messwert wird codiert als Paket übermittelt und muss von dem Empfänger entschlüsselt werden.

Die digitale Datenübertragung hat gegenüber der konventionellen analogen Technik einige Vorteile. Durch den integrierten Mikroprozessor oder Mikrocontroller kann das Feldgerät neben der eigentlichen Messgröße noch weitere Informationen (Bezeichnung, Dimension, Grenzwerte, Serviceintervall etc.) an das Automatisierungssystem übermitteln. Ferner lassen sich Daten zum Feldgerät übertragen. Da mehrere Geräte über eine Leitung mit dem Automatisierungssystem kommunizieren können, ergeben sich eine Materialreduzierung sowie ein niedriger Installationsaufwand und damit verbunden eine Kosteneinsparung.

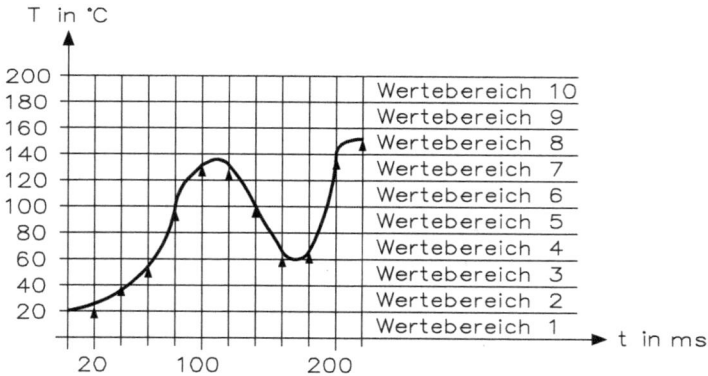

Abb. 1.8: Digitalisiertes Messsignal.

Die Auflösung eines AD-Wandlers gibt an, in welchem Zahlenvorrat ein analoges Signal innerhalb seiner Grenzbereiche abgebildet wird, wie Tab. 1.4 zeigt.

Tab. 1.4: AD-Wandlung mit 11-Bit-Auflösung, wobei man einen 12-Bit-AD-Wandler benötigt.

Dezimalwert	Spannung in V
2047	9,9951
...	...
1024	4,9999
...	...
1	0,0049
0	0,0000
−1	−0,0049
...	...
−1024	−4,9999
...	...
−2048	−10,0000

1.1.3 Arbeitsweise von SPS

Die wesentlichen Funktionsgruppen einer SPS sind die E/A-Baugruppen, der Programmspeicher, der Datenspeicher und die Zentraleinheit.

Im Programmspeicher werden die gesamten Anweisungen, die die SPS ausführen soll, gespeichert. Wegen der Vielzahl der zum Steuern einer Maschine erforderlichen Anweisungen umfasst der Programmspeicher mehrere tausend Speicherplätze. Die Gesamtheit aller Anweisungen im Programmspeicher wird als das Anwenderprogramm definiert.

Von den Eingabebaugruppen wird die dort gebildete Zustandsinformation der Signalglieder über den E/A-Bus in den Datenspeicher der Steuerung eingeschrieben. Der Signalzustand wird hier für die Dauer der Bearbeitung durch die Zentraleinheit gespeichert. Das Abbild der Zustandsinformation der Eingabebaugruppen im Datenspeicher wird als Prozessabbild der Eingabeebene bezeichnet.

Die Zentraleinheit arbeitet die im Programmspeicher abgelegten Anweisungen seriell ab. Die Anweisungen geben der Zentraleinheit an:
- welche Eingangssignale abzufragen sind,
- wie die Signale zu verknüpfen sind,
- wohin die ermittelten Signale ausgegeben werden sollen.

Im Gegensatz zur verbindungsprogrammierten Steuerung (VPS), bei der die Steuerfunktion parallel in verdrahteter Form vorliegt, arbeiten SPS-Systeme seriell. Durch Abarbeiten mit sehr hohen Geschwindigkeiten von $1 \ldots 3\,\mu s$ pro Anweisung wird eine „Quasi-Parallelverarbeitung" erzielt. Die Programmdurchlaufzeiten moderner SPS-Systeme liegen im Bereich der Schaltzeiten von Relais oder Schützen ($20 \ldots 50\,ms$). Abb. 1.9 zeigt den prinzipiellen Aufbau einer SPS.

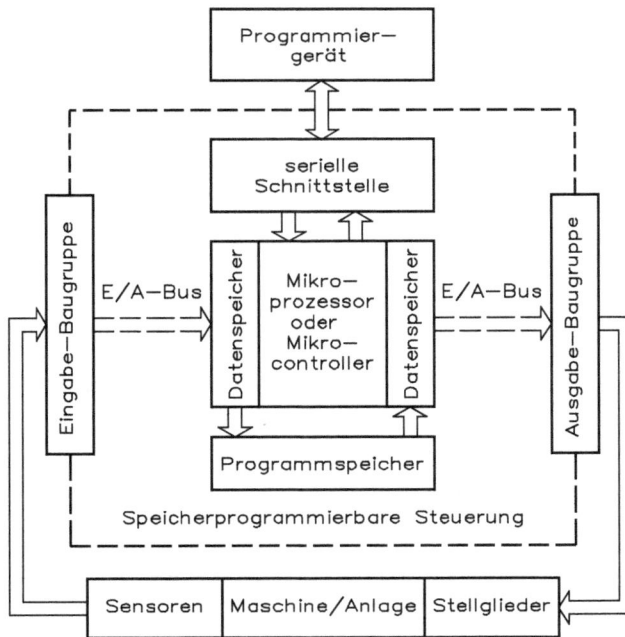

Abb. 1.9: Prinzipieller Aufbau einer SPS.

Die Verknüpfungsergebnisse der Zentraleinheit werden im Datenspeicher abgelegt. Ausgangsvariable können Merker und Ausgaben sein. Merker sind interne Speicher für binäre Informationen. Die Merker haben den Charakter einer Ausgangsvariablen, jedoch ohne Zugang zur physikalischen Ausgangsebene. Bei remanenten Merkern ist die gespeicherte binäre Information durch Batteriepufferung bei Spannungsausfall gesichert. Nach Ende des Programmdurchlaufs werden die Verknüpfungsergebnisse aus dem Datenspeicher über den E/A-Bus an die Ausgabebaugruppen gegeben. Das Abbild der Verknüpfungsinformation der Ausgaben im Datenspeicher wird als Prozessabbild der Ausgabeebene bezeichnet. Die Ausgabebaugruppen setzen die internen Zustandsinformationen in entsprechende Pegel zur Ansteuerung der Stellglieder um.

Nach dem Transfer des Prozessabbildes an die Ausgaben beginnt die SPS einen neuen Bearbeitungszyklus mit dem Einlesen der Zustandsinformation in das Prozessabbild der Eingabeebene. Abb. 1.10 zeigt den Funktionsablauf einer SPS.

Grundsätzlich existieren bei SPS-Systemen zwei Aufbauvarianten. Die Kompaktsteuerung hat alle Funktionsgruppen einer SPS in einem Gehäuse integriert. Eine Erweiterung der Ein-/Ausgabeebene ist nicht oder nur blockweise möglich. Kompaktsteuerungen sind Steuerungen des unteren Leistungsbereiches bis zu etwa

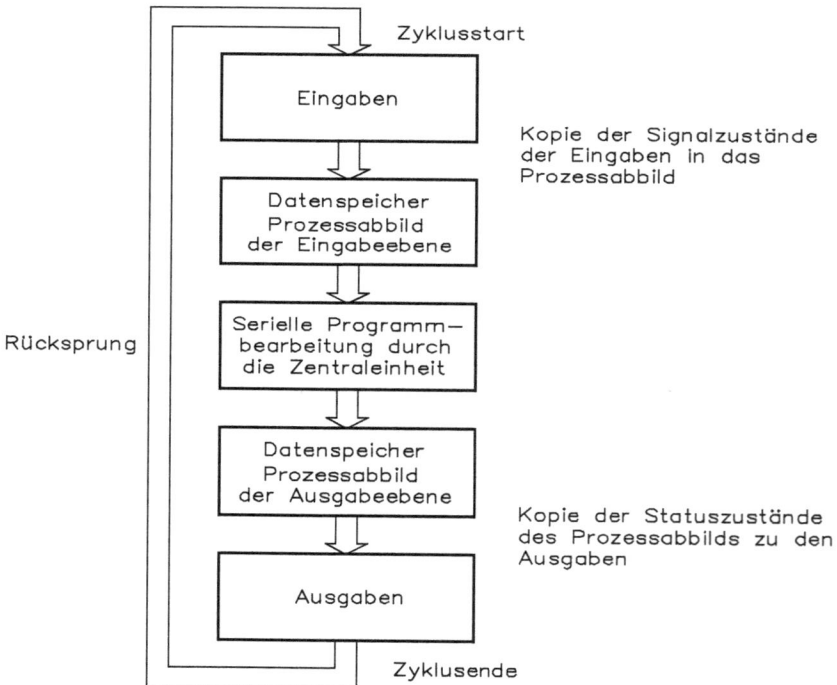

Abb. 1.10: Funktionsablauf einer SPS.

64 Ein-/Ausgängen und eignen sich wegen ihres ausgezeichneten Preis-Leistungs-Verhältnisses für die Substitution kleiner Schütz- und Relaissteuerungen.

Abb. 1.11 zeigt den Unterschied zwischen einer modularen SPS und einer Kompakt-SPS. Bei der modularen SPS sind normalerweise alle Funktionsgruppen als modulare Steckkarten ausgeführt. Bei der modularen SPS kann man das Gerät entsprechend über die Steckplätze erweitern. Die Steuerung lässt sich der Aufgabenstellung entsprechend konfigurieren.

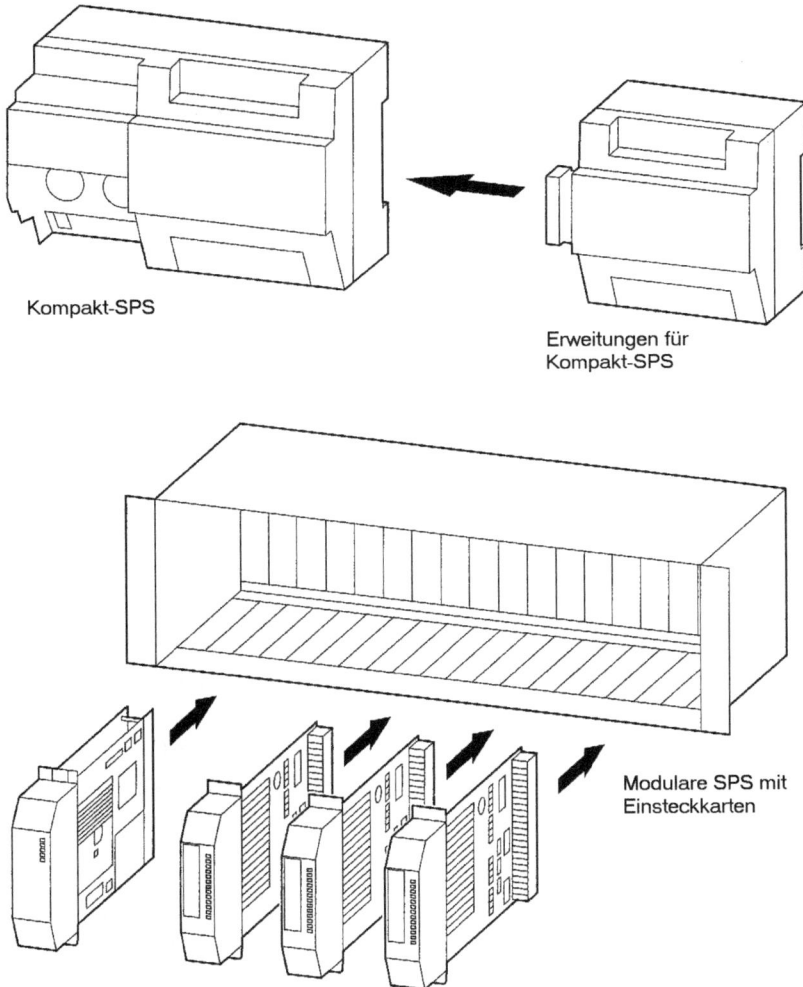

Kompakt-SPS

Erweitungen für
Kompakt-SPS

Modulare SPS mit
Einsteckkarten

Abb. 1.11: Unterschied zwischen einer Kompakt-SPS (oben) und einer modularen SPS (unten).

Als Standard für einen modularen Aufbau haben sich früher die 19″-Baugruppenträger mit Baugruppen im Doppel-Europaformat herauskristallisiert. In diese können dann die einzelnen Funktionsgruppen einer SPS gesteckt werden:
- Stromversorgung,
- Zentraleinheit mit Programm- und Datenspeicher,
- Ein-/Ausgabebaugruppen.

Die Verbindung zwischen den Funktionsgruppen wird über ein Bussystem auf der Rückseite der Baugruppenträger realisiert. Die Funktionsgruppen werden durch einfaches Aufstecken an dieses Bussystem elektrisch angekoppelt. Die Verdrahtung der Ein-/Ausgabebaugruppen mit den Signalgebern, bzw. mit den Stellgliedern, geschieht bei den meisten Systemen indirekt von vorn über Steckverbindungen oder schwenkbare Klemmleisten. Diese indirekte Verdrahtung ermöglicht den Austausch der Ein-/Ausgabebaugruppen ohne Verdrahtungsaufwand.

Bei größerem Steuerungsumfang können Hauptbaugruppenträger durch zusätzliche Baugruppenträger erweitert werden. Die Ein-/Ausgabebaugruppen werden von der Zentraleinheit des Hauptbaugruppenträgers über ein Bussystem gesteuert.

Erfolgt die Ankopplung der Erweiterungsbaugruppenträger über ein paralleles Bussystem, ist die Entfernung zum Hauptbaugruppenträger auf wenige Meter begrenzt. Man spricht von einer zentralen Erweiterung. Beim zentralen Aufbau werden Haupt- und Erweiterungsbaugruppenträger im selben oder in benachbarten Schaltschränken untergebracht.

Bei serieller Kopplung der Erweiterungsbaugruppenträger lassen sich Entfernungen bis zu mehreren hundert Metern erzielen. Dieser dezentrale Aufbau lässt eine maschinen- oder anlagennahe Installation der Ein-/Ausgabeebene der SPS zu. Insbesondere in räumlich ausgedehnten Anlagen spart dieser dezentrale Aufbau erheblich an Verdrahtungskosten. Signalgeber und Stellglieder werden mit kurzer Verbindungsleitung an die dezentralen Erweiterungen angeschlossen. Die Übertragung der E/A-Information zum Hauptbaugruppenträger wird seriell über preiswerte und einfach zu installierende 2- oder 4-Drahtleitungen vorgenommen.

Die Entscheidung, ob Kompakt- oder modulare SPS, ob zentraler oder dezentraler Aufbau, hängt primär von der zu lösenden Steuerungsaufgabe ab. Grundsätzlich kann jedoch gesagt werden, dass für Applikationen im Bereich von Sondermaschinen modulare Systeme zu bevorzugen sind. Sie lassen sich preiswert an die oft „wachsende" Steuerungsaufgabe anpassen und eliminieren in vielen Fällen rasch die höheren Einstandskosten.

Das Herzstück einer SPS ist die Zentraleinheit oder CPU (central processing unit). Sie steuert den kompletten Datenverkehr über das interne Bussystem und führt die zyklische Verarbeitung der im Programmspeicher abgelegten Anweisungen durch.

Führt die Zentraleinheit nur binäre Operationen durch – das sind Verknüpfungen von Bitinformationen, die sich beispielsweise durch boolesche Gleichungen beschreiben lassen –, so spricht man von Bitverarbeitung. Zentraleinheiten für reine

Bitverarbeitung sind meist mit einem diskret aufgebauten 1-Bit-Prozessor realisiert, der gegenüber Mikroprozessoren erheblich kürzere Verarbeitungszeiten ermöglicht. Sie liegen bei 1 ... 3 µs pro Binär- oder Bitoperation.

Das Bilden von Zählern, Zeitgebern und das Durchführen von arithmetischen Operationen erfordern eine Mehr-Bit- oder Wortverarbeitung. Die Mehr-Bit-Verarbeitung erfolgt mit Mikro- oder Bit-Slice-Prozessoren und in speziellen Mikrocontrollern, die für SPS-Anlagen geeignet sind. Die Bearbeitungszeit von Wortverarbeitungsoperationen liegt beim Einsatz von Mikroprozessoren im Zeitbereich von 10 ... 50 µs.

Bei modernen SPS-Systemen findet man Bit- und Wortprozessoren vor. Diese Kombination bietet eine schnelle Bitverarbeitung und eine leistungsfähige Wortverarbeitung.

Periphere Prozessoren für spezielle Steuerungs-, Regelungs- und Kommunikationsaufgaben, die an den SPS-Bus angekoppelt werden, entlasten die Zentraleinheit und eröffnen der SPS neue Anwendungsgebiete im Bereich der Prozessautomatisierung. Diese peripheren Prozessoren, die über den Bus einen Zugriff auf Variable und Parameter der Steuerung haben, lösen ihre Aufgaben weitgehend unabhängig vom Zentralprozessor der Steuerung.

In der Einschalt- oder Initialisierungsphase sowie zwischen den einzelnen Steuerungszyklen führen moderne Zentraleinheiten eine Eigendiagnose durch. Dazu gehören die Überwachung

– der internen Software (monitor),
– des Anwenderprogramms (checksum),
– der Ein-/Ausgabebaugruppen,
– des Bussystems.

Bei dem Auftreten von Fehlern schaltet die Zentraleinheit sicher ab.

Die Programmbearbeitung der Zentraleinheit wird durch eine zeitliche Überwachung, auch „watchdog timer" genannt, kontrolliert. Bei Überschreiten einer festgelegten oder programmierbaren maximalen Zykluszeit wird die Steuerung automatisch abgeschaltet.

Im Programmspeicher werden alle Anweisungen abgelegt, die die SPS ausführen soll. Die Gesamtheit aller Anweisungen im Programmspeicher wird als Anwenderprogramm definiert. Programmspeicher sind als Halbleiterspeicher (RAM und ROM) ausgeführt und können nach Art ihres Speicherverhaltens in zwei Gruppen gegliedert werden.

Flüchtige Speicher (RAM) verlieren bei Spannungsausfall die gespeicherte Information. Bei den nicht flüchtigen Speichern bleibt die Information bei Spannungsausfall erhalten. Sie können jedoch je nach Typ nicht oder nur über spezielle Verfahren wieder gelöscht werden.

RAM-Speicher (random access memory) zählen zu den flüchtigen Speichern. Wie der Name sagt, sind es Speicher mit wahlfreiem Zugriff. Das bedeutet, dass zu jedem Zeitpunkt Signale eingeschrieben und gelesen werden können. Um einen Programmverlust beim Abschalten der Steuerung oder bei Spannungsausfall zu verhindern, werden RAM-Programmspeicher mit Energie aus Pufferbatterien während dieser Phase versorgt.

EPROM-Speicher (erasable programmable read only memory) sind Nur-Lesespeicher (ROM), die durch UV-Bestrahlung gelöscht und wieder neu beschrieben werden können. Der Löschvorgang dauert ca. 30 Minuten.

EEPROM-Speicher (electrically erasable PROM) können elektrisch gelöscht und wieder neu beschrieben werden.

ROM- und PROM-Speicher sind Lesespeicher, die nur einmal programmiert werden können. Beim ROM-Speicher geschieht das schon während der Produktion. Beim PROM-Speicher kann die Programmierung beim Anwender durch spezielle Programmiergeräte geschehen. Als Programmspeicher in SPS-Systemen finden vorwiegend RAM- oder EPROM-Speicher Anwendung. Bei dem Einsatz von EPROM-Speichern ist für die erforderlichen Programmmodifikationen während der Inbetriebnahmephase der Steuerung ein RAM-Speicher erforderlich.

Nach abgeschlossener Inbetriebnahme erfolgt eine Kopie des Programms auf dem EPROM-Speicher. EPROM-Speicher bieten eine hohe Speichersicherheit des Anwenderprogramms, auch bei einem Ausfall der Pufferbatterie.

Die Mehrzahl der SPS-Systeme arbeitet mit einer Programmspeichertiefe von 16 Bit. Deshalb wird die Speicherkapazität des Programmspeichers in kWorte angegeben (Wort = 16 Bit).

Ein wichtiges Kriterium zur Berechnung der für eine Anwendung erforderlichen Befehlsspeichergröße ist der Speicherbelegungsfaktor. Dieser gibt an, wie viel Speicherplätze für Logik-, Speicher-, Zeit- und Arithmetikfunktionen benötigt werden.

1.1.4 Datenspeicher

Im Datenspeicher der SPS werden das Prozessabbild der Ein-/Ausgabe, der Statuszustand der Merker und Parameter für Zähler, Zeitgeber und Funktionsbaugruppen hinterlegt. Abb. 1.12 zeigt den Aufbau eines Datenspeichers.

Arbeitet die SPS mit dem Prozessabbild, beschränkt sich der Datenverkehr während des Bearbeitungszyklus auf den Verkehr zwischen Zentraleinheit und Datenspeicher. Dort liegen alle abzufragenden Eingangsinformationen vor und dorthin werden auch alle Ausgangsinformationen geschrieben. Datenspeicher sind stets in RAM-Technologie aufgebaut.

Nicht alle Verknüpfungsergebnisse werden an die physikalischen Ausgaben weitergegeben. Ein Teil, der nur zur internen Weiterverarbeitung benötigt wird, kann auf Merkern abgespeichert werden. Merker merken sich Verknüpfungsergebnisse und können an anderer Stelle durch das Programm wieder abgefragt werden.

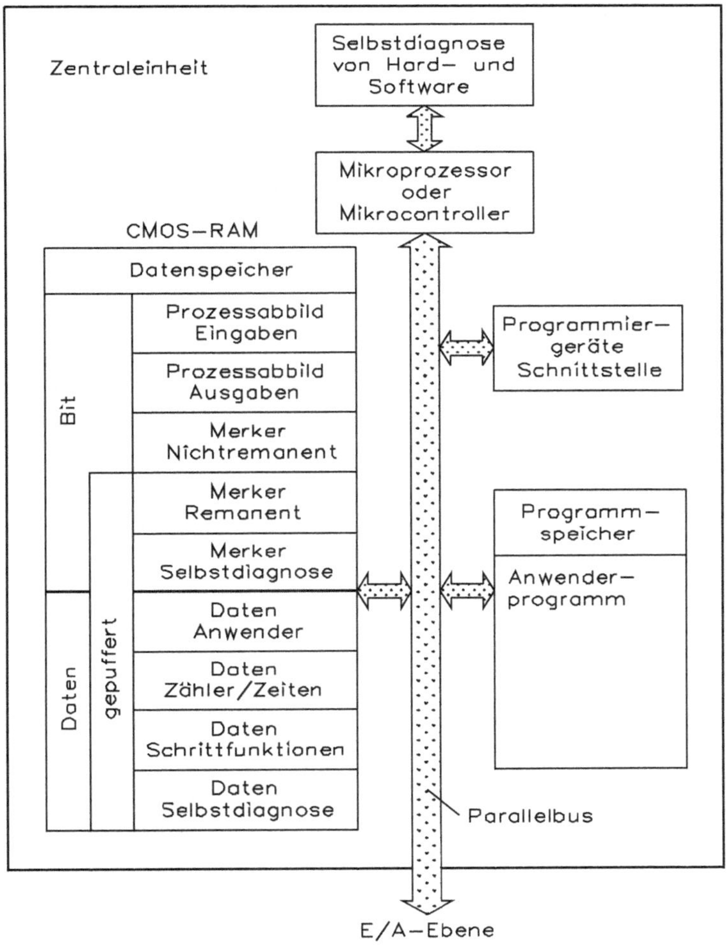

Abb. 1.12: Aufbau eines Datenspeichers.

Merker sind remanent, wenn sie ihren Statuszustand bei Spannungsausfall beibehalten. Sie erleichtern bei entsprechender Programmkonstruktion das sichere Wiederanlaufen der Maschine oder Anlage aus der Ausfallposition.

Bei wortverarbeitender SPS werden im Datenspeicher auch Daten in Form von Worten hinterlegt. Dies sind Ist- und Sollwerte für Zähler und Zeitgeber, Daten der Schrittfunktionen sowie Prozessdaten, die von der Steuerung erfasst, im Speicher abgebildet oder weiterverarbeitet werden.

Der Datenspeicher kann bei größeren SPS-Systemen modular erweitert werden. Man spricht dann auch von Parameterspeichern.

1.1.5 Binäre Eingangs- und Ausgangsbaugruppen

Diese Baugruppen haben die Aufgabe, Signalzustände der Geber an das Bussystem der SPS weiterzugeben, wie Abb. 1.13 zeigt.

Das Signal wird dabei über einen Tiefpassfilter geführt, der gewährleistet, dass nur genügend lang anstehende Signale weiterverarbeitet werden können. Störimpulse oder Impulse von prellenden Endschalterkontakten gelangen nicht in die Verarbeitungsebene. Die Signalverzögerungszeiten betragen typischerweise 10 ms. Nach dem Tiefpassfilter wird das Eingangssignal über ein Widerstandsnetzwerk im Spannungspegel an die weitere Verarbeitung angepasst. Nicht bei allen SPS-Systemen ist diese galvanische Trennung vorhanden. Bei Anwendungen mit Kopplungen zu anderen Geräten, die mit eigener Netzeinspeisung oder Systemerde ausgerüstet sind, ist eine galvanische Trennung unbedingt erforderlich. Sie vermeidet Ausgleichsströme zwischen den Systemen, die zu Störungen oder Zerstörungen führen können.

Über Optokoppler wird das Gebersignal auf die interne Logikebene der SPS gekoppelt. Die Optokoppler bewirken eine galvanische Trennung der Signalgeber von den internen Schaltungsteilen der SPS. Bei den meisten SPS-Systemen sind in den binären Eingangsbaugruppen LEDs integriert, die den Signalzustand des Gebers anzeigen.

Binäre Ausgaben setzen die interne Statusinformation in binäre Leistungssignale zur Ansteuerung der Stellglieder um. Die Umsetzung kann dabei über Relaiskontakte oder kontaktlos über Transistor oder Thyristorschaltglieder erfolgen. Optokoppler schaltet man zwischen interner 5-V-Logikebene und Ausgangsperipherie ein und vermeidet durch galvanische Trennung beider Ebenen die Ausgleichsströme.

Der Nennstrom ist der Betriebsstrom, mit dem die Ausgabe bei 1-Signal belastet werden darf. Bei SPS sind folgende Nennströme für 24-V-DC-Ausgänge üblich: 0,1 A, 0,4 A, 1 A oder 2 A. Bei 110-V- oder 230-V-Wechselspannungs-Ausgängen liegen die Nennströme bei 0,2 A, 1 A oder 2 A.

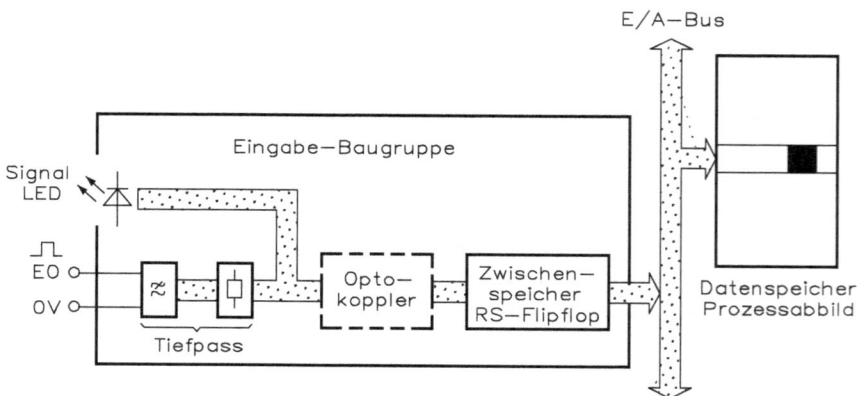

Abb. 1.13: Struktur einer binären Eingabe.

Bei Anschaltung induktiver Lasten (Schütze, Ventile) ist auf eine Schutzbeschaltung durch Z- oder Freilaufdioden zur Begrenzung der induktiven Abschaltung zu achten. Ist diese standardmäßig nicht auf den Ausgabebaugruppen integriert, muss eine externe Schutzbeschaltung am Stellglied vorgenommen werden.

Bei der Ansteuerung von Glühlampen durch Transistorausgänge ist der hohe Einschalt- oder Kaltstrom, der bis zum 12-fachen des Nennstroms betragen kann, zu beachten. Viele Hersteller bieten spezielle Ausgabebaugruppen mit Kaltstrombegrenzung zur Lampenansteuerung an.

Ein integrierter Kurzschlussschutz verhindert die Zerstörung des Schaltgliedes des Ausgangs bei sehr kleinen Lastwiderständen. Dieser Kurzschlussschutz ist entweder als Schmelzsicherung oder durch eine elektronische Beschaltung ausgeführt. Bei elektronischem Kurzschlussschutz müssen für ein sicheres Ansprechen die Herstellerangaben zum maximal zulässigen Leitungswiderstand beachtet werden.

Der Gleichzeitigkeitsfaktor begrenzt die zulässige Gesamtbelastung einer Ausgangsbaugruppe. Er gibt das Verhältnis des zulässigen Summenstroms zur Summe aller Nennströme einer Ausgangsbaugruppe an. Die Angabe erfolgt in Prozent. Bei einem Gleichzeitigkeitsfaktor von 100 % können alle Ausgänge einer Baugruppe gleichzeitig mit ihrem Nennstrom belastet werden.

Der Status wird bei den meisten SPS-Systemen über eine auf der Baugruppe integrierte LED-Anzeige signalisiert. Zusätzlich wird bei einigen Systemen das Ansprechen des Kurzschlussschutzes angezeigt.

1.1.6 Analogwertverarbeitung

Analoge Signale können von digitalen Steuerungen nicht verarbeitet werden. Sie müssen vorher digitalisiert, d. h. in einen entsprechenden Digitalwert umgewandelt werden. Analogeingangsbaugruppen wandeln das anstehende analoge Prozesssignal in einen zugehörigen Digitalwert um. Diese Wandlung geschieht mit begrenzter Auflösung, denn nicht jedem Analogwert kann ein Digitalwert zugeordnet werden.

Die gebräuchlichsten Analog-Digital-Wandler (AD-Wandler) arbeiten mit einer Wandlungsbreite von 12 Bit (11 Bit + Vorzeichen). Für einen Analogeingang mit ±10-V-Eingangsspannungsbereich wird damit eine Auflösung von < 5 mV erzielt.

Je nach Prinzip der AD-Wandler belaufen sich Umsetzungszeiten zwischen ca. 30 µs (sukzessive Approximation) und ca. 30 ms (Integration). Für die zeitunkritische Analogwertverarbeitung gibt es bei vielen Systemen die Möglichkeit, mehrere Prozesssignale im Multiplexbetrieb über einen AD-Wandler zu führen. Abb. 1.14 zeigt ein Blockschaltbild einer 4-fach-Analogeingabe.

Zur Ansteuerung von Stellgliedern mit Analogsignalen werden Analogausgabebaugruppen verwendet. Sie wandeln den in der Steuerung gebildeten Digitalwert in einen zugeordneten Analogwert um. Analogausgabebaugruppen arbeiten meist mit derselben Auflösung wie die zugehörigen Analogeingabebaugruppen.

E/A−Bus

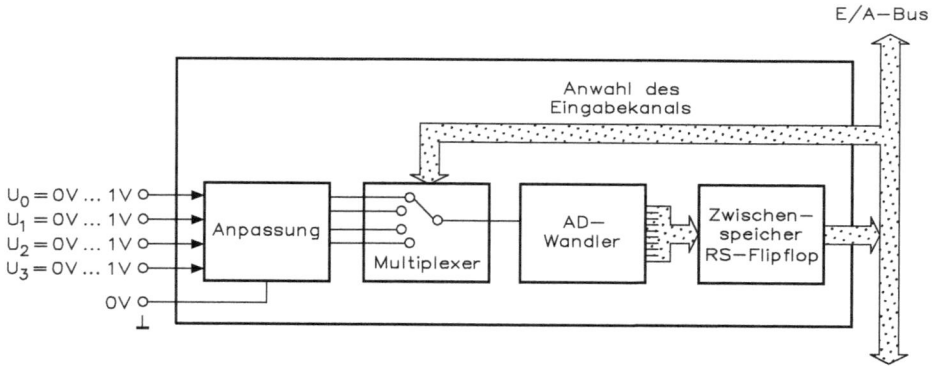

Abb. 1.14: Blockschaltbild einer 4-fach-Analogeingabe.

Für die Analogwertverarbeitung sind folgende Eingangs-/Ausgangsbereiche üblich:
-   ±1 V oder ±10 V,
-   0 ... 20 mA oder 4 ... 20 mA.

Abb. 1.15 zeigt die prinzipielle Darstellung des Abtastvorgangs und der Zwischenspeicherung des digitalisierten Wertes.

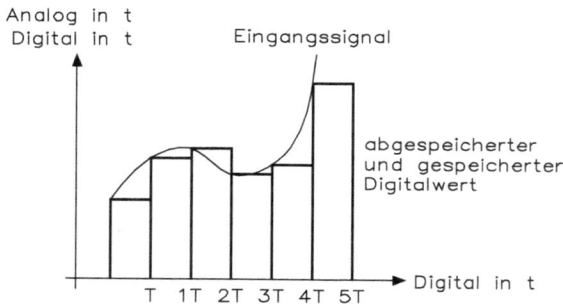

Abb. 1.15: Prinzipielle Darstellung des Abtastvorgangs und der Zwischenspeicherung des digitalisierten Wertes.

Für zeitkritische Applikationen ist eine detaillierte Betrachtung der Signalverarbeitung der SPS erforderlich. Der Signalzustand eines Gebers wird mit der Zeitverzögerung TP des Tiefpassfilters der Eingabebaugruppen dem internen Bussystem zur Verfügung gestellt. Bei Steuerungen mit Prozessabbild wird dieser Statuszustand am Anfang des Verarbeitungszyklus dort eingeschrieben. Analog wird das Verknüpfungsergebnis nur am Ende des Zyklus durch die Kopie des Prozessabbildes an die Ausgabe gegeben. Abb. 1.16 zeigt die Reduzierung der Durchschaltzeit durch Mehrfachabfrage bei einer SPS.

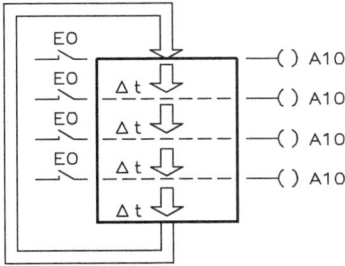

Abb. 1.16: Reduzierung der Durchschaltzeit durch Mehrfachabfrage.

Die längste Durchschaltzeit ergibt sich, wenn das Statussignal nach dem Tiefpassfilter das Einlesen des

Prozessabbildes gerade verfehlt. Die Durchschaltzeit ergibt sich zu:

$$D_{\max} = TP + (2 \times \text{Zykluszeit}).$$

Erst im darauffolgenden Zyklus wird das Statussignal eingelesen und an dessen Ende an die Ausgangsbaugruppe weitergegeben. Die minimale Durchschaltzeit ergibt sich, wenn die Statusinformation nach dem Tiefpassfilter das Einlesen in das Prozessabbild gerade noch erreicht:

$$D_{\min} = TP + \text{Zykluszeit}.$$

Wird über die SPS eine einfache Endschalterpositionierung vorgenommen, so bestimmt die Differenz zwischen $D_{\min}$ und $D_{\max}$ die Positioniergenauigkeit. Der Antrieb wird je nach Abfrage, um eine Zykluszeit verzögert, abgeschaltet. Können programmtechnisch ein direktes Lesen von Eingängen und Steuern von Ausgängen erfolgen, lässt sich diese Durchschaltzeit wesentlich reduzieren. Wird die Eingabe mehrfach während des Programmdurchlaufs abgefragt und das Ergebnis an die Ausgangsbaugruppe weitergeleitet, so lässt sich die Zykluszeit entsprechend teilen.

1.1.7 Sonderbaugruppen

Für das Erfassen und Auswerten von schnellen Zählimpulsen sind der SPS aufgrund ihrer zyklischen Arbeitsweise enge Grenzen gesetzt. Oberhalb der Zählfrequenzen von ca. 100 Hz wird der Einsatz zyklusunabhängiger Zähler erforderlich. Diese lassen sich bei vielen SPS-Systemen als modulare Zusatzeinheit in die Steuerung integrieren.

Diese Baugruppe „schnelle Zähleinheit" enthält einen oder mehrere unabhängige Zähler. In die Eingangsschaltung ist häufig eine Drehrichtungserkennung integriert, so dass inkrementale Gebersysteme mit zwei elektrisch um 90° verschobene Signale direkt mit der Zählerbaugruppe gekoppelt werden können. Jedem Zähler der Baugruppe ist ein Vergleichen mit binärem Ausgang zugeordnet. Der Sollwertspeicher wird über den Steuerungsbus mit Sollwerten geladen. Je nach Vergleichsfunktion zwischen Soll- und Istwert wird bei =, ≤ oder ≥ ein entsprechendes binäres Signal an die Peripherie gegeben. Abb. 1.17 zeigt das Prinzipschaltbild eines peripheren Zählers.

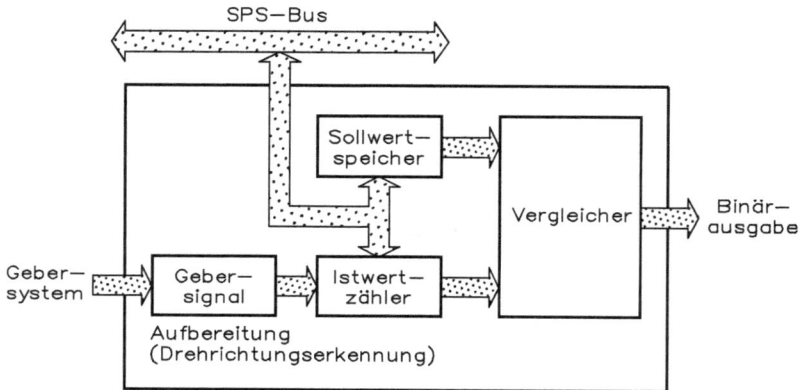

Abb. 1.17: Prinzipschaltbild eines peripheren Zählers.

Eine Lesemöglichkeit des Istwertes durch die Zentraleinheit eröffnet weitere Anwendungsoptionen. Wird die Zählerbaugruppe für einfache ungeregelte Positionieraufgaben eingesetzt, ermöglicht ein Lesen des Istwertes eine Programmierung des Verfahrprogramms im Teach-in-Verfahren. Dabei wird der Antrieb per Hand an die Sollpositionen gefahren. Dort übernimmt die Zentraleinheit den Istwert aus der Zählerbaugruppe und schreibt ihn in eine Sollwerttabelle im Daten- oder Parameterspeicher. Abb. 1.18 zeigt ein Applikationsbeispiel für eine Positioniersteuerung.

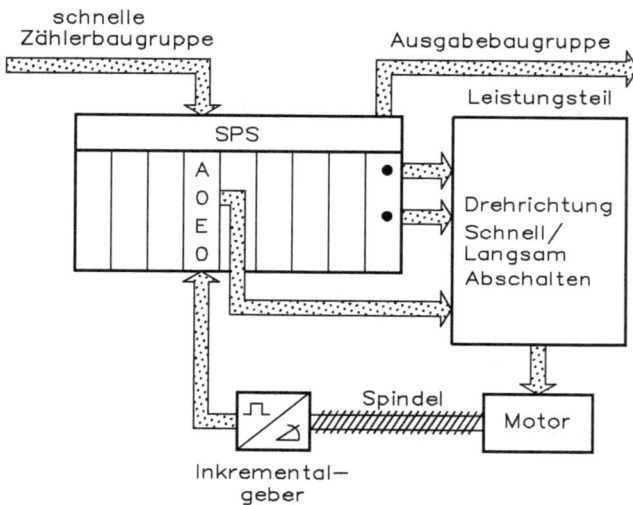

Abb. 1.18: Applikationsbeispiel einer Positioniersteuerung.

Im Verfahrbetrieb kann durch Lesen des Istwertes eine Umschaltung von Schnell-(Eil-) auf Schleichgang in einem vorgegebenen Abstand zum Sollwert durch die Zentraleinheit der SPS berechnet und gesteuert werden. Die Grenzfrequenz von peripheren Zählern liegt zwischen 50 kHz und 200 kHz.

Müssen Positionen schnell und präzise angefahren und durch einen integrierten Lagerregler genau gehalten werden, wird der Einsatz einer speziellen Positionierbaugruppe erforderlich. Positionierbaugruppen sind Sonderbaugruppen, die an das Bussystem der SPS gekoppelt werden. Über diesen Bus werden Parameter (Maschinenparameter und Parameter des Verfahrprogramms) sowie Steuersignale geführt. Die eigentliche Positionieraufgabe wird jedoch selbstständig von der Baugruppe ausgeführt, wie Abb. 1.19 zeigt.

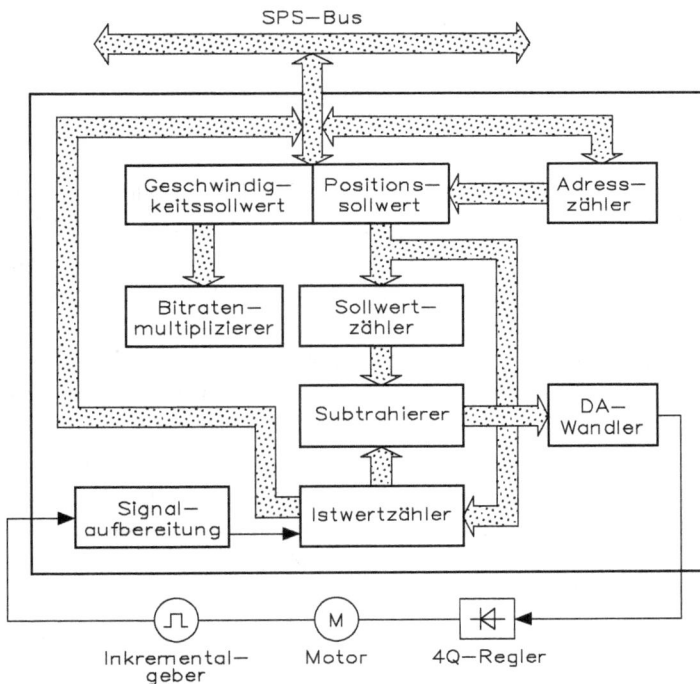

Abb. 1.19: Prinzipschaltung einer Positionierbaugruppe.

Zur Istwerterfassung stehen bei Positionierbaugruppen wahlweise Anpassungsmodule für inkrementale oder absolute Gebersysteme zur Verfügung. Beim Einsatz von inkrementalen Gebersystemen ist zu beachten, dass die erfasste Position lediglich ein relatives Maß (Anzahl von gezählten Impulsen) darstellt. Um zu einem absoluten Maß zu gelangen, ist der Istwertzähler an einer mechanisch genau definierten Stelle, dem Referenzpunkt, zu laden. Bei Spannungsverlust ist diese Referenzfahrt zu wiederholen.

Digitale Absolutwertgeber stellen der Positionierbaugruppe ein der aktuellen Ist-position entsprechendes bitparalleles Datenwort zur Verfügung. Eine Referenzpunkt-übernahme ist bei diesen Gebersystemen nicht erforderlich.

Die Bewegungen zwischen den Punkten des Verfahrprogramms erfolgen ge-schwindigkeitsgeregelt. Dazu werden zunächst der neue Positions- und Geschwin-digkeitssollwert in den Sollwertzähler bzw. in den Bitratenmultiplizierer geladen. Im Bitratenmultiplizierer wird eine der Sollgeschwindigkeit entsprechende Taktrate ge-neriert, die den Positionssollwert im Sollwertzähler dekrementiert. Der Istwertzähler, der ebenfalls mit dem Positionssollwert geladen wurde, wird durch die Gebersignale der Positioniereinheit dekrementiert. Die Differenz zwischen Soll- und Istwert wird mit einem Subtrahierer gebildet und über einen DA-Wandler als Analogsignal ($\pm 1\,$V und $0\,$V) dem untergeordneten Drehzahlregelkreis als Sollwert zur Verfügung ge-stellt. Der Leistungsregler wirkt direkt auf den Antrieb ein und zwar derart, dass eine vorhandene Regeldifferenz abgebaut wird.

Für die Phase der Beschleunigung und Verzögerung können über Maschinenpa-rameter Rampenfunktionen vorgegeben werden. Diese können entweder linear sein oder speziellen Kennlinien, z. B. $\sin^2$, entsprechen.

Bei Stillstand des Antriebs tritt die Lageregelung in Aktion. Hierbei bildet der Sub-trahierer die Differenz zwischen Lage-Istwert und dem Inhalt des Sollwertzählers. Der nachgeschaltete DA-Wandler wandelt die Regeldifferenz in ein analoges Signal, das sich als Stellgröße auf den Leistungsregler auswirkt, so dass die Regeldifferenz abge-baut wird.

Bei modernen Positionierbaugruppen steuert ein Mikroprozessor das gesamte Verfahrprogramm. Zusätzlich übernimmt dieser noch Skalierungs- und Überwa-chungsaufgaben.

Bei der Skalierung rechnet er die in einer Maßeinheit vorgegebenen Sollwerte in eine entsprechende Anzahl von Inkrementen des Gebersystems um. Dazu müssen von einer Baugruppe die Maschinenparameter zur Umrechnung vorgegeben werden. Für eine Skalierung sind z. B. notwendig: Wegstrecke pro Umdrehung des Gebersystems und Anzahl der Inkremente pro Umdrehung des Gebersystems.

Während des Verfahrprogramms wird der Bewegungsablauf durch den Mikropro-zessor überwacht. Überschreitet die Istbewegung einen über die Maschinenparameter vorgebbaren maximalen Abstand zur Sollbewegung, den so genannten Schleppab-stand, wird das System abgeschaltet.

Einsatzschwerpunkte liegen dort, wo schnelle und präzise Positionieraufgaben aus wirtschaftlichen Gründen in eine Ablaufsteuerung integriert werden sollen. Typi-sche Anwendungsgebiete sind Positionieren von Hilfsachsen in Werkzeugmaschinen, Steuern von Handhabungs- und Mechanisierungsgeräten.

1.1.8 Kommunikationsprozessor

Moderne Produktionsanlagen bestehen aus mehreren Maschinen, die von einzelnen SPS-Systemen gesteuert werden. Die Leistungsfähigkeit solcher Anlagen lässt sich jedoch nur dann voll ausnutzen, wenn die Automatisierungsinseln über ein Netzwerk Daten untereinander oder zu übergeordneten Steuerungs- und Rechnersystemen austauschen können. Abb. 1.20 zeigt die Kommunikation einer SPS mit anderen Steuerungssystemen.

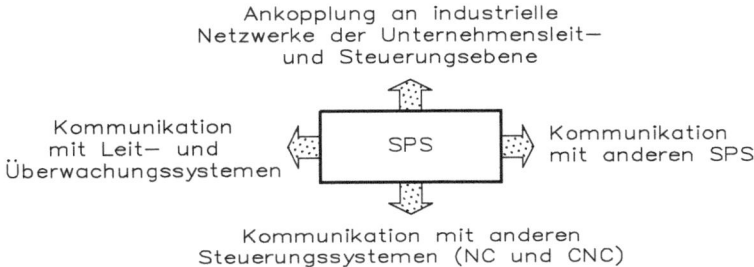

Abb. 1.20: Kommunikation einer SPS mit anderen Steuerungssystemen.

Für die Kommunikation zwischen den Steuerungen kommen fast ausschließlich serielle Bussysteme zum Einsatz. Seriell bedeutet, dass die Information seriell, d. h. Bit für Bit, übertragen wird. Gründe für den Einsatz serieller Bussysteme liegen in den wesentlich geringeren Kosten der physikalischen Verbindung (Kabel, Steckverbinder).

Die Geschwindigkeit, mit der die einzelnen Bits übertragen werden, wird in Baud = Bit/s angegeben. Da mit Ausnahme serieller Bussysteme im Frequenzmultiplexbetrieb jeweils nur ein Teilnehmer eine Nachricht übertragen kann, muss der Zugriff zum Bussystem gesteuert werden. Man unterscheidet zwischen kontrollierten und zufälligen Zugriffsverfahren. Steuert ein Teilnehmer die gesamten Kommunikationsfunktionen, so spricht man von einem Master-Slave-Verfahren. Der Master trägt nach einer bestimmten Reihenfolge die Slaves ab und sendet gegebenenfalls Daten zu den Slaves zurück. Das Master-Slave-Verfahren stellt hohe Anforderungen an die Zuverlässigkeit und Verfügbarkeit des Masters.

Die Masterfunktion lässt sich jedoch auch dezentralisieren, man spricht dann von einem dezentralen Buszugriff. Das wohl weitverbreiteteste Verfahren ist das Token-Passing. Der Token ist eine kurze Nachricht, der von einem Teilnehmer zum nächsten gesendet wird. Der Empfänger erhält damit das exklusive Senderecht. Nach Abschluss des Sendens wird der Token weitergegeben. Mit einer Begrenzung der Sendezeit kann eine maximale Wartezeit zwischen zwei Zugriffen eines Teilnehmers festgelegt werden. Bei den zufälligen Buszugriffsverfahren hört der Teilnehmer, der eine Nachricht senden will, den Bus ab. Ist der Bus frei, beginnt er, seine Nachricht zu senden. Ist der Bus belegt, wiederholt er die Abfrage nach einer festgelegten Zeitverzögerung. Abb. 1.21 zeigt die verschiedenen Zugriffsverfahren bei SPS-Systemen.

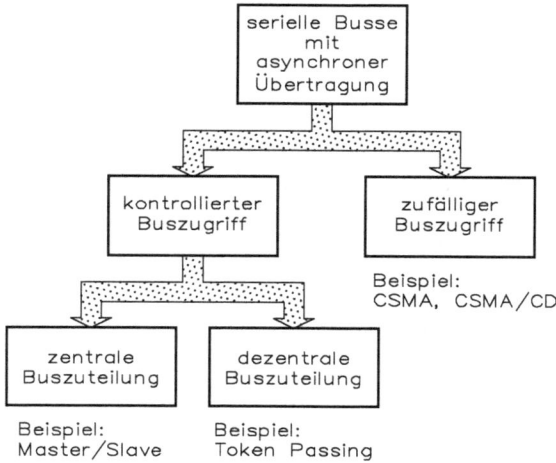

Abb. 1.21: Zugriffsverfahren bei SPS-Anlagen.

Die physikalische Ebene der seriellen Bussysteme befasst sich mit der übertragungstechnischen Seite der Kommunikation. In der Kommunikationsebene spielt die Information der seriellen Übertragung die wesentliche Rolle. Die Bereitstellung eines Rahmens für die Übertragung ist die wichtigste Aufgabe dieser Kommunikationsebene. Eine Grundstruktur, bestehend aus Kopf, Datenkörper und Datensicherungsteil, ist allen Kommunikationsprotokollen gemeinsam.

Kopf (Adressen)	Datenkörper (Daten)	Datensicherungsteil

Im Datensicherungsteil wird eine Prüfinformation zum Dateninhalt mitübertragen. Der Empfänger bildet anhand der empfangenen Daten diese Prüfinformation und vergleicht sie mit der übertragenen. Die bekannteste Methode ist das Paritätsbit, das so gebildet wird, dass die gesamte Information immer eine ungerade Anzahl von Einsen enthält. Voraussetzung für eine ordnungsgemäße Kommunikation ist eine Kompatibilität sowohl der physikalischen als auch der Protokollebenen.

Die gebräuchlichsten Schnittstellennormen sind die V.24, die sich auf DIN 66020 stützt, und die weitgehend der V.24 entsprechende RS232C. Die weitverbreitete Stromschnittstelle mit 20 mA ist in DIN 66258 beschrieben und eignet sich für die Datenübertragung über größere Entfernungen. Bei der Datenübertragung wird eine „1" durch einen Strom von 20 mA und eine „0" durch einen Strom von „0 mA" oder „4 mA" dargestellt.

Für die TTY-(20-mA-)Schnittstelle existieren unterschiedliche Bezeichnungen: Linienstrom, „Current Loop" und Stromschnittstelle. Die TTY-Schnittstelle wurde ursprünglich für Fernschreiber („TeleTYpes") entwickelt. Gearbeitet wird mit einem Strom zur Datenübermittlung. Im Ruhezustand fließt ein konstanter Strom, üblich sind 20 mA. Es ergibt sich:

Ruhezustand (logisch 0) = Strom „EIN",

Aktivzustand (logisch 1) = Strom „AUS",

was im ersten Moment vielleicht sinnverkehrt erscheint. Die Schnittstelle ist also invertierend. Bei einem Strom zwischen 4 mA und 20 mA gibt es drei Möglichkeiten zur Sensorüberprüfung:

- 0 ... 4 mA: Sensor defekt, weil kein Strom fließt,
- 4 ... 20 mA: Sensor arbeitet korrekt,
- über 20 mA: Kurzschluss, da ein zu großer Strom fließt.

Für einen Vollduplexbetrieb sind natürlich zwei Stromschleifen erforderlich. Bei der Kopplung zweier Geräte mit TTY-Schnittstelle wird der Schleifenstrom immer nur von einem Gerät zur Verfügung gestellt, während das zweite „passiv" ist. Das Verschalten zweier aktiver Geräte kann zu Störungen führen. Die Stromquelle ist im Allgemeinen vom Gerät galvanisch getrennt.

Die technische Ausführung der TTY-Schnittstelle sieht in aller Regel so aus, dass die Signale mit Optokopplern aus- bzw. eingekoppelt werden. Den Linienstrom, der allgemein auf 20 mA festgesetzt wird, liefert eine oft im Gerät integrierte Stromquelle, deren Leerlaufspannung max. 24 V betragen sollte.

Wegen des geringen Innenwiderstandes der TTY-Schnittstelle können mehrere Geräte in Reihe geschaltet und zu einem Ring verknüpft werden. Der Hauptrechner ist dann Bestandteil des Ringes. Voraussetzung ist natürlich eine Software, die die Verwaltung (Gerätenummern etc.) ermöglicht.

Eine genormte Steckverbindung gibt es für diese Schnittstelle nicht. Daher kann man sich den geeigneten Steckverbinder für seine Anwendung aussuchen. Eine gute Lösung ist ein 9-poliger Sub-D-Stecker, wie er auch bei vielen anderen Schnittstellen verwendet wird. Aufgrund der hohen Störsicherheit dieser Schnittstelle kann sie in relativ „rauer" Umgebung mit recht hoher Zuverlässigkeit eingesetzt werden.

Die vorab beschriebenen Schnittstellen arbeiten mit festgelegten Übertragungsgeschwindigkeiten von 110, 150, 300, 600, 1.200, 2.400, 4.800, 9.600 oder 19.200 Baud. Für einen schnelleren und umfangreicheren Datenverkehr stehen schnellere Bussysteme mit Übertragungsraten bis zu 100 Mbit/s mit Kupferleitungen und bis 10 Gbit/s mit Glasfaser zur Verfügung.

Beim Einsatz von Kommunikationsbaugruppen in SPS-Systemen ist darauf zu achten, dass zunächst sowohl in physikalischer als auch in übertragungstechnischer Hinsicht kompatible Schnittstellen verwendet werden. Ein weiterer wichtiger Punkt ist die Struktur der Netzwerke. Je nach Aufgabenstellung eignen sich hierarchische oder nicht hierarchische Netzwerke. Ist in Produktionsanlagen eine direkte Datenübertragung zwischen den einzelnen SPS-Systemen erforderlich, ist eine nicht hierarchische Struktur vorzusehen. Sie bietet entscheidende Vorteile im raschen Austausch von kleinen Datenmengen (Produktdaten, Verriegelungs- und Ablaufinformationen) zwischen den Steuerungen. Ein Netzwerk mit Token-Passing-Zugriffsverfahren bei-spielsweise erfüllt diese Forderungen durch die festgelegte Zugriffserteilung innerhalb eines Zeitrasters.

Wird eine Produktionsanlage von einer zentralen Leitstation überwacht, bietet sich eine hierarchische Netzwerkstruktur (Master-Slave-Konzept) an. Hierbei werden die Daten von einer übergeordneten Leitstation an die einzelnen SPS gegeben. Die Leitstation hat dabei vollen Zugriff auf die Daten aller angekoppelten Steuerungen. Die Geschwindigkeitsanforderungen sind hierbei meist geringer als beim nicht hier-archischen Netzwerk, die Datenmengen jedoch liegen wesentlich höher.

Wichtig ist bei der Auswahl von SPS-Systemen, dass der Hersteller aufgabenspe-zifische Kommunikationsbaugruppen und Netzwerke anbieten kann. Die Kommuni-kationsbaugruppen sollten über eine eigene Intelligenz und eine komfortable Benut-zeroberfläche verfügen. Für die Kopplung zu anderen Systemen müssen spezifische Schnittstellenprotokolle zur Verfügung stehen. Nur wenn diese Bedingungen erfüllt sind, lässt sich die Kommunikation zwischen SPS und anderen Systemen problemlos projektieren, in Betrieb nehmen und warten.

1.1.9 Programmiergeräte

Einfache Programmierung und leicht zu erlernende grafische Programmierspra-chen haben wesentlich zur hohen Akzeptanz und universellen Anwendung der SPS-Systeme geführt. Man unterscheidet zunächst zwei Klassen von Programmier-geräten. Bildschirmprogrammiergeräte bieten dem Anwender komfortable grafische Programmiermethoden zur Erstellung des Anwenderprogramms. Dokumentations-und Archivierungsfunktionen sind in diesen Geräten integriert und man speichert die Informationen auf Diskette, CD-ROM oder USB-Stick ab.

Handprogrammiergeräte werden überwiegend für die Erstellung kleinerer SPS-Programme und im Bereich Service und Instandhaltung eingesetzt. Der Programmier-komfort ist durch die begrenzten Darstellungsmöglichkeiten der dort verwendeten LED- oder LCD-Displays eingeschränkt. Seit 2000 setzt man Laptops für diese Tätigkeit ein, da sie wesentlich mehr Funktionen bieten.

Die Weiterentwicklung in der Programmiergerätetechnik verwischt jedoch immer mehr die Grenzen dieser klassischen Einteilung. Leistungsfähige Programmiergeräte mit aufklappbaren LCD- oder Plasmabildschirmen, integrierten Diskettenlaufwerken, CD-ROM oder USB-Stick stehen heute bereits bei den Laptops zur Verfügung.

Die Erstellung des Anwenderprogramms wird durch eine sehr weitgehende Bedienerführung und Menüauswahl unterstützt. Kann das Programm ohne Kopp-lung an die SPS nur mit dem Programmiergerät erstellt werden, so spricht man von Offline-Programmierung. Programmerstellung und Verdrahtung der SPS kön-nen dadurch zeitgleich und an verschiedenen Orten vorgenommen werden. Für die Offline-Programmierung muss das Programmiergerät über einen Zwischenspeicher für das SPS-Anwenderprogramm verfügen. Bei der Programmerstellung werden von den Programmiergeräten weitgehende Syntax- und Plausibilitätskontrollen des Anwenderprogramms durchgeführt.

Nach abgeschlossener Programmerstellung wird das Anwenderprogramm über die Programmiergeräteschnittstelle in den Programmspeicher geladen. In der Inbetriebnahmephase ist das Programmiergerät das Mensch-Maschinen-Interface. Aktuelle Status- und Dateninformationen lassen sich vom Programmiergerät dynamisch in die grafische Darstellung des Anwenderprogramms einblenden.

Moderne Steuerungssysteme erlauben die Online-Modifikation von Daten und Anwenderprogramm, d. h., Daten- und Programmänderungen können im RUN-Modus der Steuerung durchgeführt werden. Such- und Änderungsroutinen erleichtern die Inbetriebnahme von Anwenderprogrammen.

Neben der reinen Programmentwicklung ermöglichen moderne Programmiergeräte die Erstellung einer kompletten Programmdokumentation. Diese beinhaltet den Programmausdruck in grafischer Darstellung mit Systemadresse, symbolischen Bezeichnungen (Mnemonik), Kommentaren und Querverweisen. Die Querverweise geben an, wo Variablen definiert oder abgefragt werden.

Die Kostenentwicklung der SPS-Technik wird in zunehmendem Maße von den Softwarekosten geprägt. Dies ist die Folge komplexer und umfangreicher werdender Steuerungs-, Regelungs- und Diagnosefunktionen von SPS-Systemen. Leistungsfähige Programmiergeräte, komfortabel in Handhabung und Bedienung, mit der Wahlfreiheit unter mehreren grafischen Programmiersprachen sind Voraussetzung für einen wirtschaftlichen Einsatz des SPS-Systems.

Durch die aktuell am Markt stattfindende Standardisierung der Programmiergeräte, Hardware auf IBM oder IBM-kompatiblen PC ist der Zugang zu komfortablen Programmiertechniken nicht mehr durch hohe Investitionen verbaut. Zur Programmierung unterschiedlicher Steuerungssysteme sind lediglich Softwarefunktionen und evtl. Schnittstellenbaugruppen zu erwerben.

1.2 Programmiersprachen

Grafische Programmiersprachen bei SPS sind Tradition und signifikante Abgrenzung zu anderen Automatisierungssystemen. Von Anfang an galt es, Anwender von Schütz- und Relaissteuerungen an die SPS-Technik heranzuführen Dies wurde durch den Einsatz der gewohnten grafischen Benutzeroberfläche, der Kontaktplandarstellung, erleichtert.

Die Basis für die SPS-Programmiersprachen ist die Schaltalgebra. Die Schaltalgebra ist gegenüber der herkömmlichen Algebra eine Algebra, bei der die Variablen nur zwei Werte annehmen können. Der Signalweg vom Eingang zum Ausgang einer SPS wird durch eine schaltalgebraische Gleichung erfasst und beschrieben. In der Schaltalgebra kennt man drei logische Operationen:

- UND
- ODER
- NEGATION

Die algebraischen Bezeichnungen für die elementaren logischen Operationen und deren schaltalgebraischen Gleichungen sind in Abb. 1.22 gezeigt.

Verknüpfungsglied	schaltalgebraische Bezeichnung	Funktionsblock	Wertetabelle	schaltalgebraische Gleichung	andere Gleichungsschreibweise
UND (AND)	*, &, ∧	E1 o—[&]—o A E2 o—	E1 E2 A 0 0 0 1 0 0 0 1 0 1 1 1	$A = E1 \wedge E2$	$A = E1 * E2$ oder $A = E1 \& E2$
ODER (OR)	+, ∨	E1 o—[≥1]—o A E2 o—	E1 E2 A 0 0 0 1 0 1 0 1 1 1 1 1	$A = E1 \vee E2$	$A = E1 + E2$
Negation	$\overline{\Box}$	E o—[1]▷—o A	E A 0 1 1 0	$A = \overline{E}$	$A = /E$ $A = E'$

Abb. 1.22: Beschreibungsarten der elementaren logischen Operationen.

Bei der Kontaktplandarstellung werden die Verknüpfungen ähnlich den Stromlaufplänen von Relais- und Schützsteuerungen durch Kontaktsymbole grafisch dargestellt. Für die Anwender klassischer elektromechanischer Steuerungen ist die Kontaktplandarstellung die Programmiersprache mit der niedrigsten Einstiegsschwelle. Der Nachteil des Kontaktplans ist sein in der Reihenfolge auf die Darstellung von booleschen Funktionen beschränkter Funktionsumfang, der in DIN 19239 normiert ist. Für Anwendungen in der modernen Steuerungstechnik reicht dies natürlich nicht mehr aus. Viele Hersteller haben deshalb den Kontaktplan firmenspezifisch um Befehle und Bausteine für Zähl-, Zeit- und Arithmetikfunktionen erweitert. Abb. 1.23 zeigt eine Übersicht der Programmiersprachen, wobei die IEC 61131-3 (seit 2000) die klassischen Programmiersprachen beinhaltet.

Mit dem Funktionsplan lassen sich grundsätzlich alle logischen Funktionen (boolesche Funktionen) sowie arithmetische Funktionen darstellen. DIN 19239 normiert mit Bezug auf DIN 40719 Teil 6 die Symbole des Funktionsplans. Die Vorteile des Funktionsplans liegen in der universellen Anwendbarkeit sowohl für steuerungs- als auch für verfahrenstechnische Anwendungen. Er ist des Weiteren interdisziplinär und kann somit als Kommunikationsmittel zwischen Elektrotechniker, Maschinenbauer und Verfahrensspezialisten eingesetzt werden.

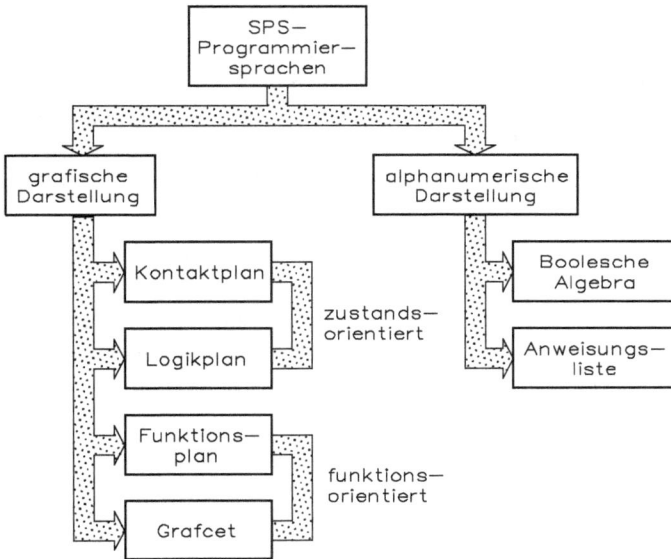

Abb. 1.23: Übersicht der SPS-Programmiersprachen.

Abb. 1.24 zeigt die Programmierung der elementaren Verknüpfungen mit KOP, FUP und AWL. Der Kontaktplan ist für den Elektroinstallateur und man kann mit ihm direkt eine Relais- und Schützsteuerung in ein SPS-Programm umwandeln. Der Funktionsplan eignet sich für den Elektroniker, wenn er seine Transistor- und TTL- bzw. CMOS-Bausteine in eine SPS-Steuerung umwandeln soll. Für den Informatiker dient die Anweisungsliste, denn die Programmstrukturen sind ähnlich wie PASCAL aufgebaut.

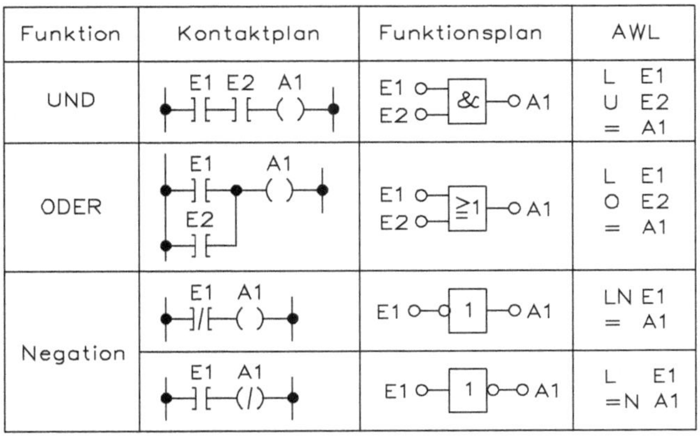

Abb. 1.24: Programmierung der elementaren Verknüpfungen mit KOP, FUP und AWL.

Beide bisher beschriebenen Programmiersprachen, Kontakt- und Funktionsplan, eignen sich primär für Verknüpfungssteuerungen. Sie haben ihre Grenzen bei der Darstellung und Programmierung von Taktablaufsteuerungen.

Verknüpfungssteuerungen beruhen auf kombinatorischen Zusammenhängen, wie sie sich beispielsweise durch boolesche Gleichungen beschreiben lassen.

Bei Ablaufsteuerungen besteht ein zwangsläufig schrittweiser Ablauf. Der Takt kann dabei zeit- oder prozessabhängig gesteuert werden.

In der Praxis findet man meist eine Kombination aus Verknüpfungs- und Ablaufsteuerungen. Für die Konstruktion und Programmierung von Taktablaufsteuerungen bietet sich der Grafcet-Funktionsplan an. Grafcet basiert auf der Theorie der Petri-Netze, mit denen sich parallel laufende Prozesse entwerfen und darstellen lassen. Der Grafcet besteht aus drei Komponenten: dem Schritt, der Transition und den Verbindungen.

Der Schritt ist eine Beschreibung der Aktion, die von einer Steuerung in einem bestimmten Zustand ausgeführt wird. Die Weiterschaltbedingungen von einem Schritt in den nächsten sind in der Transition beschrieben. Ein Schritt ist aktiv, wenn die zugehörige Aktion ausgeführt wird, und Abb. 1.25 zeigt einen Initialschritt. Voraussetzung für die Aktivierung eines Schrittes ist eine durch einen aktivierten Vorgängerschritt gültige und durch Weiterschaltbedingungen erfüllte Transition. Bei der Aktivierung des aktuellen Schrittes wird durch die Transition der Vorgängerschritt desaktiviert. Abb. 1.26 zeigt einen linearen Übergang von einer Transition in die weitere Transition, wenn die einzelnen Schritte aktiv und inaktiv sind. Abb. 1.27 gibt eine Simultan- und eine Alternativverzweigung, abhängig von den einzelnen Transitionen, wieder. Abb. 1.28 verdeutlicht die Synchron- und Alternativzusammenführung, abhängig von den einzelnen Transitionen.

Der Grafcet ist als Übersichtsdarstellung anzusehen. Unterhalb der Übersichtebene, in der so genannten Lupen- oder Verknüpfungsebene, werden die Bedingungen der Transitionen und die Aktionen der Schritte in einer anwendungsorientierten SPS-Programmiersprache in Kontakt- oder in Funktionsplandarstellung erstellt. Abb. 1.29 zeigt die Verknüpfungs- oder Lupenebene bei Grafcet.

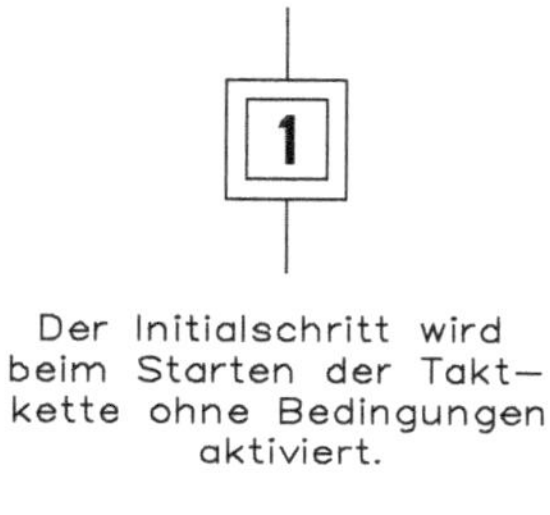

Der Initialschritt wird beim Starten der Takt—kette ohne Bedingungen aktiviert.

Abb. 1.25: Initialschritt.

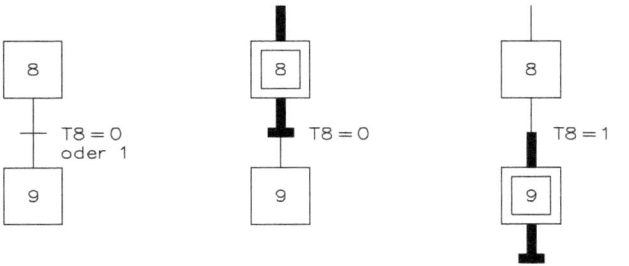

Transition nicht gültig
(Schritt 8 inaktiv)

Transition nicht
erfüllt (Weiter—
schaltbedingung
nicht vorhanden)

Transition schaltend
(T9 wird aktiviert,
T8 wird deaktiviert)

Abb. 1.26: Linearer Initialschritt.

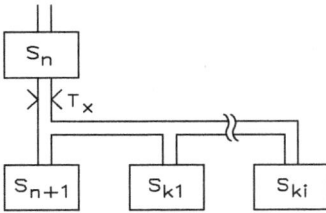

Simultanverzweigung
Mehrere Schritte werden durch
eine Transition T_x aktiviert.

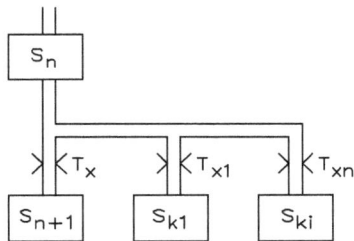

Alternativverzweigung
Einer der Zweige wird durchlaufen.
Voraussetzung ist eine Verriegelung
der einzelnen Transitionen $T_x - T_{xn}$.

Abb. 1.27: Möglichkeiten einer Verzweigung.

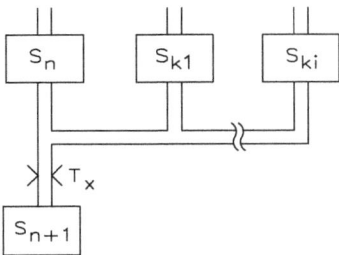

Synchronzusammenführung

S_{n+1} wird nur gültig, wenn alle
vorangehenden Schritte $S_n - S_{ki}$
aktiviert sind.

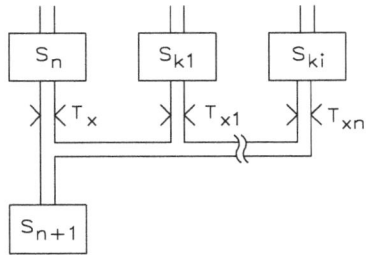

Alternativzusammenführung

Der Folgeschritt S_{n+1} wird
aktiviert, wenn einer der
vorangehenden Transitionen
schaltet.

Abb. 1.28: Möglichkeiten einer Zusammenführung.

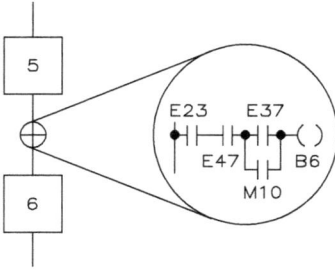

Abb. 1.29: Verknüpfungs- oder Lupenebene.

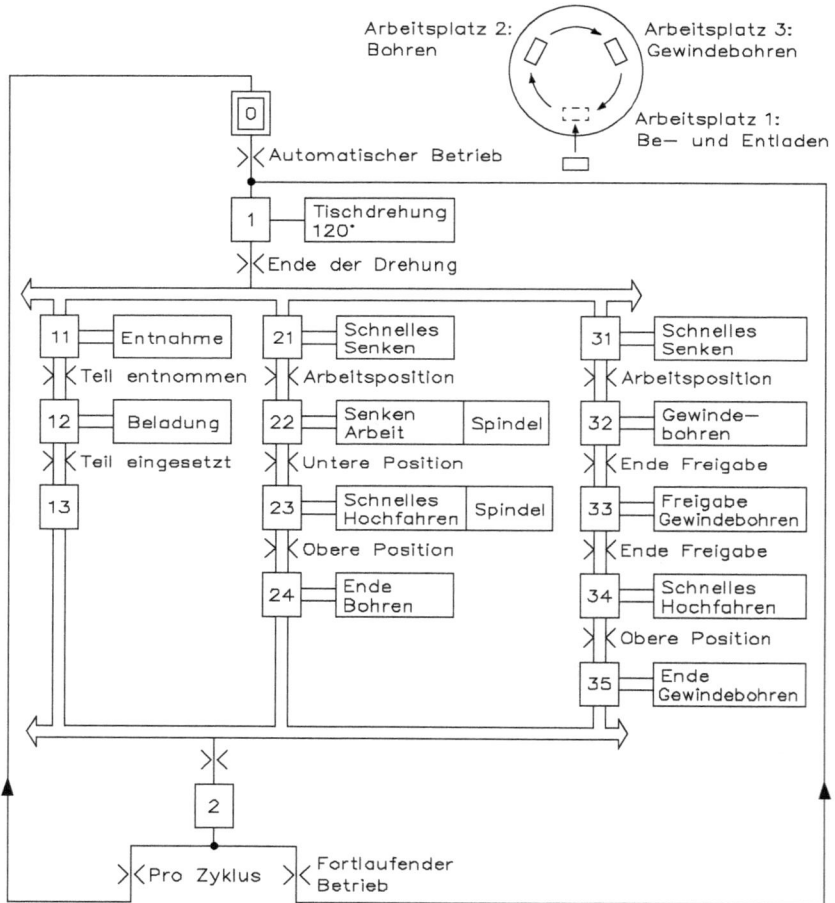

Abb. 1.30: Funktionsplan nach Grafcet für eine Gewindebohreinrichtung.

Durch Projektieren in der Übersichtsdarstellung und Programmieren in der Lupen- oder Verknüpfungsebene lassen sich mit Grafcet Taktablaufsteuerungen komplett bestimmen. Abb. 1.30 zeigt einen Funktionsplan nach Grafcet für eine Gewindebohreinrichtung.

1.3 Dokumentation

Voraussetzung für die Konstruktion, Inbetriebnahme und Pflege von SPS-Anwenderprogrammen ist eine komplette Programmdokumentation. Unter Dokumentation versteht man im Allgemeinen die Zusammenstellung von Informationen zur besseren Nutzung oder Nutzbarmachung eines Produktes. Bezogen auf SPS-Technik ist damit die Dokumentation des Anwenderprogramms und aller beteiligten Variablen gemeint.

Im einfachsten Fall besteht die Dokumentation aus der Ausgabe des Anwenderprogramms auf einen an das Programmiergerät oder PC angeschlossenen Drucker. Diese einfache Art der Dokumentation ist bei der Komplexität heutiger SPS-Programme nicht mehr ausreichend. Als Ergänzung hierzu verwendet man erklärende Textzuordnungen in Form symbolischer Kurzbezeichnungen und umfangreiche Kommentare zu allen Programmvariablen und Programmzeilen.

Querverweislisten stellen den Bezug zwischen den Programmvariablen (Eingänge, Ausgänge, Merker, Daten) und dem Anwenderprogramm her. Sie geben an, wo im Programm eine Variable definiert und abgefragt wird. Mit modernen Dokumentationsfunktionen lassen sich Zuordnungen und Querverweise direkt in den Programmausdruck einblenden und ergeben dadurch eine noch größere Übersichtlichkeit der normalerweise getrennt vorliegenden Listen.

Zusätzlich zur Druckerausgabe müssen Archivierungsmöglichkeiten auf Disketten, CD-ROM oder USB-Stick gegeben sein. In Zukunft wird man auch verstärkt dazu übergehen, die komplette Dokumentation im Speicher der SPS zu hinterlegen. Diese Archivierung in der SPS erlaubt das Ausdrucken der kompletten Dokumentation ohne Laden der spezifischen Zuordnungsliste von der Diskette, CD-ROM oder dem USB-Stick.

1.4 Fehlerdiagnose

Um in modernen Fertigungsanlagen eine hohe Verfügbarkeit zu erzielen, ist eine schnelle Fehlerfindung im Störungsfall erforderlich. Untersuchungen zeigen, dass bei mit SPS-Systemen gesteuerten Anlagen nur ca. 4 % der Störungsursachen durch das Steuerungssystem (SPS) selbst hervorgerufen werden. Der Hauptanteil von ca. 96 % wird durch die Steuerungsperipherie Signalgeber, Stellglieder und Verdrahtung hervorgerufen. An dieser Schnittstelle zwischen Mechanik der Maschine und Elektronik der Steuerung ist eine Fehlerdiagnose sinnvoll und mit vertretbarem Aufwand auch durchführbar.

Für die interne Fehlerdiagnose sind meist vom SPS-Hersteller bereits umfangreiche Diagnosefunktionen integriert worden, die Zentraleinheit, Bussystem, E/A-Baugruppen und Programmspeicher überwachen. Die Prinzipien der Fehlerdiagnose sollen am folgenden Modell einer einfachen Transportbewegung zwischen zwei Endlagen erläutert werden. Diese Transportbewegung lässt sich in zwei Handlungen gliedern, eine Links- und eine Rechtsbewegung. Für die Steuerung dieses Bewegungsablaufs benötigt man in der Steuerung zwei Eingänge für die Endschalter der Endlagen sowie zwei Ausgänge zum Schalten der Antriebe.

Aus der Kombination der Statuszustände der Ein- und Ausgänge ergeben sich folgende Maschinenzustände. Tab. 1.5 zeigt zulässige und unzulässige Maschinenzustände.

Tab. 1.5: Zulässige und unzulässige Maschinenzustände.

Nr.	Antrieb		Endschalter		Zustand	Kommentar
	li	re	li	re		
0	0	0	0	0	Fehler	Rückmeldung fehlt
1	0	0	0	1		Endstellung rechts
2	0	0	1	0		Endstellung links
3	0	0	1	1	Fehler	Paarfehler
4	0	1	0	0		Bewegung rechts
5	0	1	0	1	Fehler	Überfahren der Endposition
6	0	1	1	0	Fehler	Endschalter links defekt
7	0	1	1	1	Fehler	Paarfehler
8	1	0	0	0		Bewegung links
9	1	0	0	1	Fehler	Endschalter rechts defekt
10	1	0	1	0	Fehler	Überfahren der Endposition
11	1	0	1	1	Fehler	Paarfehler
12	1	1	0	0	Fehler	Beide Antriebe ein
13	1	1	0	1	Fehler	Beide Antriebe ein
14	1	1	1	0	Fehler	Beide Antriebe ein
15	1	1	1	1	Fehler	Beide Antriebe ein

Prinzipiell können drei Fehlertypen unterschieden werden:

1. Paarfehler treten auf, wenn die zu einer Bewegung gehörenden Endschalter, welche die Endlagen des Verfahrweges erfassen, gleichzeitig auf 1 gesetzt sind. Aus diesem Zustand lässt sich folgern, dass mindestens einer der beiden Endschalter defekt ist.

2. Zeitfehler ergeben sich, wenn Maschinenbewegungen nicht innerhalb einer vorgegebenen Überwachungszeit durch Endschalter zurückgemeldet werden. Die Ursache hierfür ist entweder in den Antriebseinheiten oder in den Endschaltern zu suchen.
3. Plausibilitätszustände sind die Zustände, die in der Maschine nicht gleichzeitig auftreten dürfen. Auf unser Beispiel bezogen, ergeben sich Plausibilitätsfehler, wenn gleichzeitig die Antriebe für Links- und Rechtslauf ausgelöst werden.

Mit diesen drei Fehlertypen lassen sich alle Fehlerzustände unseres Beispiels erfassen.

Grundsätzlich kann die Fehlerdiagnose in der SPS oder außerhalb durchgeführt werden. Bei Durchführung der Fehlerdiagnose in der SPS kann dies entweder durch die Zentraleinheit selbst, mit einem zusätzlichen Anwenderprogramm oder durch eine intelligente Zusatzbaugruppe für die Fehlerdiagnose erfolgen. Die Visualisierung der Fehlermeldung kann dabei entweder über ein Anzeigendisplay oder über einen Monitor geschehen. Abb. 1.31 zeigt Möglichkeiten der Fehlerdiagnose.

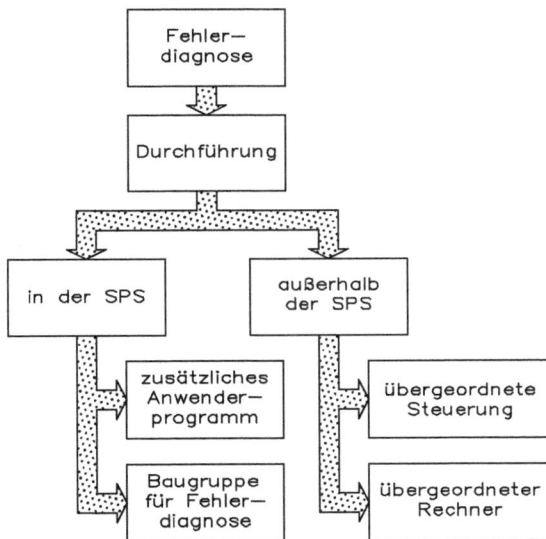

Abb. 1.31: Möglichkeiten der Fehlerdiagnose.

Außerhalb der SPS erfolgt die Diagnose meist durch eine übergeordnete Steuerung oder einen übergeordneten Rechner. Ebenso wichtig wie die Auswahl einer geeigneten Möglichkeit der Fehlerdiagnose ist die Auswahl einer geeigneten Programmstruktur.

Taktablaufsteuerungen bieten hierbei gegenüber Verknüpfungssteuerungen den wesentlichen Vorteil eines am Maschinenablauf orientierten Programmablaufs. Der Maschinenzyklus ist dabei im Ablaufteil des Anwenderprogramms hinterlegt. Die zeitlichen Folgen des Maschinenablaufs werden durch Taktketten gebildet.

Die einzelnen Takte einer Taktkette lösen Maschinenhandlungen aus, wenn der vorhergehende Takt aktiviert und die Weiterschaltbedingung erfüllt waren. Die Aufgliederung des Maschinenablaufs in Taktketten und einzelne Takte eignet sich gut für die Anwendung von Fehlerdiagnosealgorithmen. Jedem Takt oder jeder Taktkette wird dabei eine Überwachungszeit zugeordnet. Mit dem Takt wird auch der zugeordnete Zeitgeber aktiviert. Ist nun der Zeitbedarf für die Maschinenbewegung größer als die vorgegebene Überwachungszeit, wird ein Fehlermerker gesetzt. Den einfachsten Fall einer Fehlerdiagnose hat man nun, wenn man beim Stillstand der Maschine den entsprechenden Takt auf eine Lampenreihe oder auf eine Ziffernanzeige ausgibt. Mit Hilfe dieser Anzeige hat der Bediener eine genaue Information, welche Takte bis zum Stillstand der Maschine ausgeführt wurden. Da die Anzahl der Weiterschaltbedingungen für den nächsten Takt überschaubar ist, kann die fehlende Weiterschaltbedingung durch die Überprüfung weniger Signale (Eingabe, Ausgabe, Merker) überprüft werden. Bei komfortablen Fehlerdiagnosen lassen sich solche Suchroutinen bereits mit SPS durchführen, so dass beispielsweise der gestörte Takt und die fehlende Weiterschaltbedingung im Klartext auf dem Bildschirm ausgegeben werden können.

Die für die einzelnen Takte benötigten Überwachungszeiten können bei einem „Gutlauf" der Maschine vom Diagnosesystem ermittelt oder gelernt werden. Die auf diese Weise gewonnene zeitliche Abbildung kann neben der Fehlerdiagnose mit niedrigeren Zeitwerten im Sinne einer vorbeugenden Wartung eingesetzt werden. Verlangsamen sich die Ausführungszeiten von Maschinenbewegungen, so kann dies ein Zeichen für Verschleiß oder mangelhafte Wartung sein. Das Diagnosesystem kann in diesem Fall gezielte Hinweise für Wartung und Instandhaltung geben.

Mit den beschriebenen Methoden der Fehlerdiagnose in Taktablaufsteuerungen lassen sich ca. 85 ... 90 % aller auftretenden Fehler diagnostizieren. Für den verbleibenden Rest wird es in Zukunft schnelle und wirksame Diagnosen durch den Aufbau von künstlicher Intelligenz in Form so genannter Expertensysteme geben. Die dafür erforderlichen hohen Investitionen werden jedoch auf längere Sicht nur den Einsatz in großen vernetzten Steuerungssystemen zulassen.

Neben der Ausgabe von Fehlermeldungen auf Displays oder Bildschirmen spielt eine leistungsfähige Dokumentation der aufgelaufenen Fehlermeldungen eine entscheidende Rolle. Denn nur so lassen sich Fehlerhäufigkeiten ermitteln und entsprechend korrektive Maßnahmen einleiten. Eine statistische Auswertung der Fehlerursachen in Bezug auf Häufigkeit und verursachter Ausfallzeit ist heute bereits in der SPS ohne externen Rechner möglich, so dass direkt Fehlerdaten in verdichteter und ausgewerteter Form auf dem Drucker ausgegeben werden können.

1.5 Digitale Regelungstechnik

Der digitale Regelkreis arbeitet im Verhältnis genauso wie der analoge. Der digitale Regelkreis wird ebenso wie der analoge in Regler und Regelstrecke eingeteilt. Bei der digitalen Regelungstechnik ist lediglich die Form der Signale, die übertragen werden, anders.

Nun stellt sich die Frage, wie ein digitaler Regler aufgebaut ist und wie er funktioniert. Ein digitaler Regler, auch DDC-Regler (DDC = direct digital control), hat zunächst einen Analog-Digital-Wandler ADW, einen digitalen Vergleicher D_V und einen digitalen Führungsgrößeneinsteller W_D. Abb. 1.32 zeigt einen digitalen Regler mit AD-Wandler, digitalem Vergleicher D_V und digitalem Führungsgrößeneinsteller W_D.

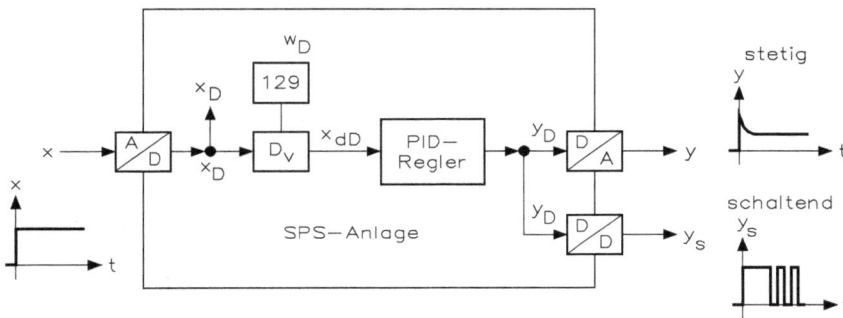

Abb. 1.32: Digitaler Regler mit AD-Wandler, digitalem Vergleicher D_V und digitalem Führungsgrößeneinsteller W_D.

Die Bildung des Regelverhaltens (z. B. PID) erfolgt nun mittels eines digitalen Rechners, seine digitale Ausgangsgröße Y_D wird mit einem Digital-Analog-Wandler DAW in ein stetiges Signal Y umgewandelt, wenn ein Regler für stetige Stellantriebe realisiert werden soll. Wird ein schaltender Regler benötigt, ist die Wandlung des Ausgangssignals Y_D einfacher und nur ein Pulswandler D/D erforderlich, der vielfach im Rechner enthalten ist, d. h. durch entsprechende Gestaltung des Rechnerprogramms realisiert wird. Die analoge Eingangsgröße X wird im AD-Wandler in ein pulscodiertes Signal umgewandelt, das entsprechend im Rechner verarbeitet wird.

Bei diesem digitalen Regler wird die komplexe Operation der Algorithmen (P = Proportional, D = Differential und I = Integral oder andere) durch eine digitale Rechnung gebildet, auf die hier nicht eingegangen wird. Abb. 1.33 zeigt das Blockschaltbild eines digitalen Regelkreises.

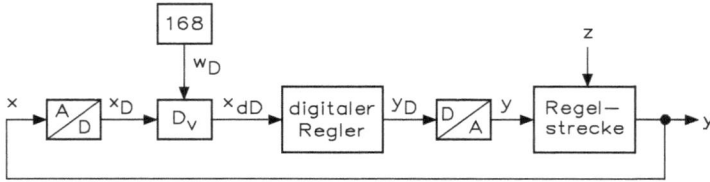

Abb. 1.33: Digitaler Regelkreis (Blockschaltbild).

Obwohl die meisten Signale, wie Regel- und Stellgröße, bei vielen Anlagen analog vorkommen, bietet eine digitale Regelung Vorteile:

- Bei größeren Entfernungen treten keine Übertragungsfehler auf, wenn die Signale digital sind. Hier ist nicht die Signalamplitude entscheidend.
- Mit einem digitalen Regler wird eine höhere Genauigkeit erzielt als mit einem analogen Regler.
- Bei der Projektierung eines digitalen Reglers im Rechner oder bei einer SPS-Anlage kann durch Software ein erheblicher Teil der Kosten eingespart werden.
- Digitale Signale lassen sich einfacher speichern als analoge Signale, auch über längere Zeit, ohne dass eine Information verlorengeht.
- Die meisten Regelgrößen, wie z. B. Temperatur, Druck, Füllstand, Durchfluss, Drehzahl usw., lassen sich sehr einfach in eine digitale Form bringen.
- Durch preisgünstige Kleinrechner, die einen Mikrocomputer oder Mikroprozessor enthalten, lassen sich alle Reglertypen sehr einfach nachbilden und zusätzlich können noch andere Aufgaben erfüllt werden.

Nun sind die wichtigsten Grundlagen der Regelungstechnik beschrieben worden: wie z. B. ein Regler an die Regelstrecke angepasst wird oder wie die Regelgröße in Bezug auf das Stör- und Führungsverhalten verlaufen soll. Die Aufgabe eines Technikers oder Ingenieurs, der eine Regelung planen soll, liegt darin, eine Anlage oder einen Prozess so zu konstruieren, dass sich eine selbstständige Regelung dieser Anlage ergibt, wobei die Kosten gering sein sollen.

Aber nun zu den eigentlichen Aufgaben, die sich dem Techniker oder Ingenieur stellen, wenn er eine regelungstechnische Anlage planen will:

- prüfen, ob eine Regelung auch wirklich den gewünschten Vorteil ergibt, denn die Beschaffung der Geräte ist komplizierter und der Aufwand der Unterhaltung einer Regelung höher als bei einer Steuerung,
- überprüfen, welche Störgrößen auf die Regelstrecke einwirken und welche Auswirkungen sie auf die Regelung haben,
- Regelgröße festlegen, die konstant oder in Abhängigkeit eines Programms bzw. von anderen Größen einzuhalten sein soll, siehe hierzu Festwert- und Folgeregelung,

- den Stellbereich der Stellgröße bestimmen, durch die sich die zu regelnde Größe am besten betreiben lässt,
- Auswahl des Stellgliedes, denn auch unter extremen Bedingungen muss die Stellgröße die Regelgröße aufrechterhalten,
- den Messort festlegen, an dem die Regelgröße gemessen werden soll; die Wahl des richtigen Messorts ist von großer Bedeutung, weil sich ein falsch festgelegter Messort ungünstig auf das Zeitverhalten der Regelstrecke und die Messgenauigkeit auswirken kann,
- Ausregelzeit und Überschwingweite der Regelgröße bestimmen, denn die Ausregelzeit und die Überschwingweite beeinflussen die Regelgüte sehr stark,
- der letzte und wichtigste Punkt: die richtige Auswahl des Reglers zum Betrieb der Regelstrecke, denn die Kosten sollen so gering wie möglich und die Regelgüte so hoch wie möglich sein.

1.5.1 SPS-Regler

Welche Befehle eine SPS ausführen kann, hängt von der „Intelligenz" des Steuerwerks (Prozessors) ab. Im einfachsten Fall kann eine SPS alle Aufgaben übernehmen, die sich bisher mit Schützen, Relais und Zeitrelais realisieren ließen. Die SPS kommt den höher werdenden Anforderungen der fortschreitenden Automatisierungstechnik nach. Dem wachsenden Verknüpfungsgrad kann am besten über die größere Leistungsfähigkeit der Steuerung Rechnung getragen werden. Das Steuerungswerk kann umfangreiche Verknüpfungen beinhalten, worin sich komplexe Funktionen wie Zähler, Schieberegister, Vergleicher, Echtzeituhr, Zeitglieder usw. verwirklichen lassen. SPS-Anlagen, die ein intelligenteres Steuerwerk besitzen, ermöglichen auch Funktionen der Arithmetik und Regelungstechnik.

Die kleinste Kompakt-SPS ist ein Mehrzweckgerät. Diese Kleinsteuerung kann als eigenständige SPS und als dezentrales Ein-/Ausgabegerät eingesetzt werden. Das Automatisierungsgerät (Kompakt-SPS) beinhaltet eine Reihe von Funktionsmerkmalen, die bislang nur größeren und teureren Automatisierungsgeräten vorbehalten waren, dies sind z. B. Analog-Ein-/Ausgänge, Echtzeituhr mit Kalender, schneller Zählereingang, Bit-, Byte- und Wortverarbeitung, arithmetische Funktionen und modulare Erweiterbarkeit bis hin zur Integration in betriebliche Datenverbundnetze.

Für den mittleren und oberen Leistungsbereich stehen modular aufgebaute SPS-Anlagen im Europaformat zur Verfügung. Durch ihre extrem kurze Zykluszeit ist diese besonders für die Bearbeitung schneller Steuerungs- und Regelungsaufgaben geeignet. Hat man eine SPS-Anlage im oberen Leistungsbereich, handelt es sich häufig um ein Mehrprozessorsystem, das für komplexe Automatisierungsaufgaben geeignet ist, wie Prozess- und Maschinensteuerungen, Regelungen, Prozessbeobachtungen und Diagnose sowie Kommunikationsaufgaben.

Die Programmiersoftware ermöglicht eine einheitliche Programmierung der SPS-Anlagen in den Programmiersprachen Anweisungsliste (AWL), Kontaktplan (KOP) und Funktionsbausteinsprache (FBS, der FUP). Die Software bietet eine übersichtliche Bedienerführung und ermöglicht das strukturierte Programmieren durch System- und Programmbausteine. Der Anwender kann umfangreiche Kommentare vergeben, um eine hohe Programmtransparenz zu gewährleisten. Abb. 1.34 zeigt die Bestandteile zur Realisierung der Software-Regler.

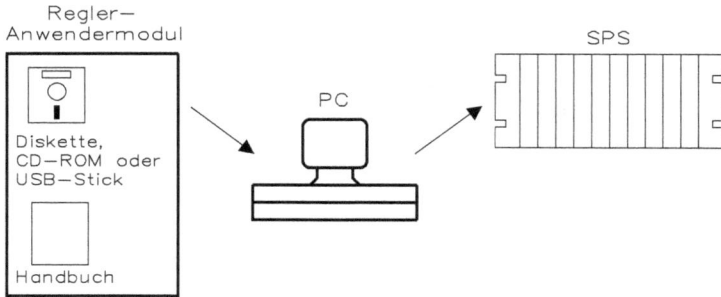

Abb. 1.34: Bestandteile zur Realisierung eines Software-Reglers.

Die Anwendungen dieser Automatisierungssysteme erstrecken sich in Bezug auf die Regelungstechnik bis hin zur Realisierung komplexer PID-Regler. Spezielle Regler-Anwendermodule übernehmen die Regelungsfunktionen für P-, PI-, PD-, PID-, Zweipunkt- und Dreipunktregler. Die Regelungen mit den Automatisierungssystemen sind Abtastregelungen.

In vom Anwender festzulegenden Zeitabständen werden periodisch die Eingangssignale, dies sind die Führungsgröße w und die Regelgröße x, abgefragt, das Ausgangssignal (die Stellgröße y) wird errechnet und ausgegeben. Abb. 1.35 zeigt, wie eine aufgetretene Regeldifferenz x_d durch taktweise erfolgendes Ändern der Stellgröße y ausgeregelt wird.

Die Abtastzeiten T liegen bei diesen Anwendermodulen größer 10 ms, die Messzeiten T_M liegen im Bereich von einigen ms, die Zykluszeit T_R (auch Rechenzeit genannt) liegt ebenfalls im μs-Bereich. Die Berechnung des Regelalgorithmus erfolgt in der CPU der Automatisierungssysteme. Um ein gutes quasi-kontinuierliches Regelverhalten zu erzielen, muss die dominierende Streckenkonstante (d. h. zeitliche Reaktion der Regelstrecke auf eine Änderung der Stellgröße) mindestens zehnmal so groß wie die Abtastzeit sein.

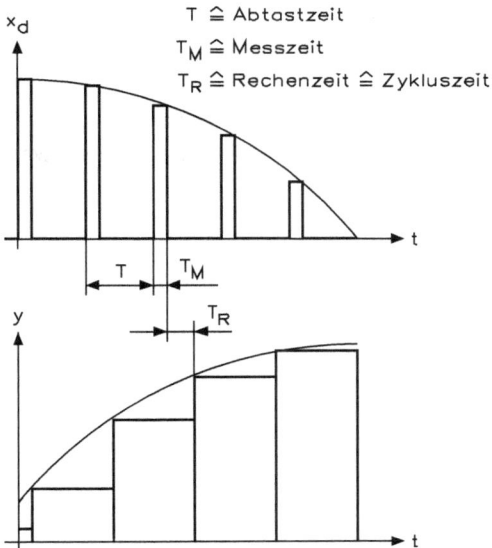

T ≙ Abtastzeit

T_M ≙ Messzeit

T_R ≙ Rechenzeit ≙ Zykluszeit

Abb. 1.35: Taktweises Arbeiten der Abtastregelung.

Die Regelungsfunktionen werden bei den meisten SPS-Anlagen gemeinsam mit den Steuerungsfunktionen abgearbeitet. Die Steuerungsfunktionen werden vorwiegend im zyklischen Bereich bearbeitet, wobei die Regelfunktionen in diesem Fall aber immer, bedingt durch die Abtastzeit T, zeitgesteuert bearbeitet werden. Durch die gerätebedingten Möglichkeiten (Analogwertverarbeitung, Byte-, Wort- und Doppelwort-Arithmetik, Systembausteine usw.) werden die Regelalgorithmen, die zur Lösung der Regelfunktionen in den Regler-Anwendermodulen benötigt werden, mit sehr genauen Näherungen berechnet. Die Programme der Regler-Anwendermodule wurden in Form der Anweisungsliste (AWL) mit Hilfe von Systembausteinen geschrieben. Durch die Programmierung in der Anweisungsliste sind die verwendeten Regelalgorithmen leicht nachvollziehbar, was zum besseren Verständnis dient. Wahlweise können die Programme in Kontaktplan (KOP) oder Funktionsbausteinsprache (FBS bzw. FUP) dargestellt werden.

Aus dem Grund, dass die Abtastzeit T größer 10 ms sein muss, liegt der Einsatzbereich der Regler-Anwendermodule in Verbindung mit den Systemen in der Verfahrenstechnik, wie z. B. Druck-, Durchfluss-, Temperatur-, pH-Wert- oder Niveauregelungen. Es sind Regelstrecken mit Zeitkonstanten von einigen Sekunden und mehreren Minuten beherrschbar.

Eine schematische Übersicht zeigt, wie z. B. die SPS in einen Regelkreis eingebunden wird. Die über Fühler, Messumformer usw. erfassten Prozessgrößen werden mit Signalumformern auf einheitliche Signalpegel von beispielsweise 0 … 10 V als 100-%-Messbereich umgewandelt.

1.5.2 Digitaler Regelkreis mit einer SPS

Die analogen Eingangs- und Ausgangssignale sind eingeprägte Spannungen und
Ströme, die in einem AD- bzw. DA-Wandler umgeformt werden müssen. Wie diese
analogen Größen in einer SPS umgeformt und vom Software-Regler bearbeitet werden, zeigt Abb. 1.36.

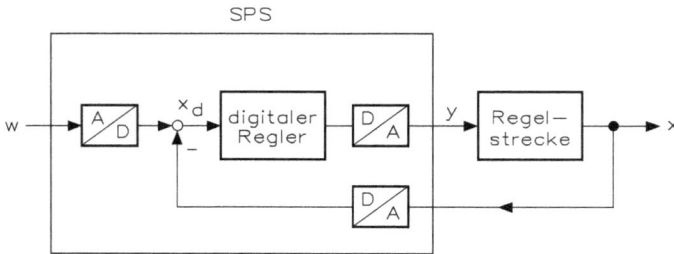

Abb. 1.36: Digitaler Regelkreis mit einer SPS.

Diese Umwandlung geschieht meistens direkt im Gerät, weil die SPS im Grundgerät
analoge Ein- und Ausgänge besitzt. Bei den modularen SPS-Anlagen werden hierzu
gesonderte Analog-Eingabe- und -Ausgabebaugruppen verwendet, wie die Abb. 1.37
zeigt.

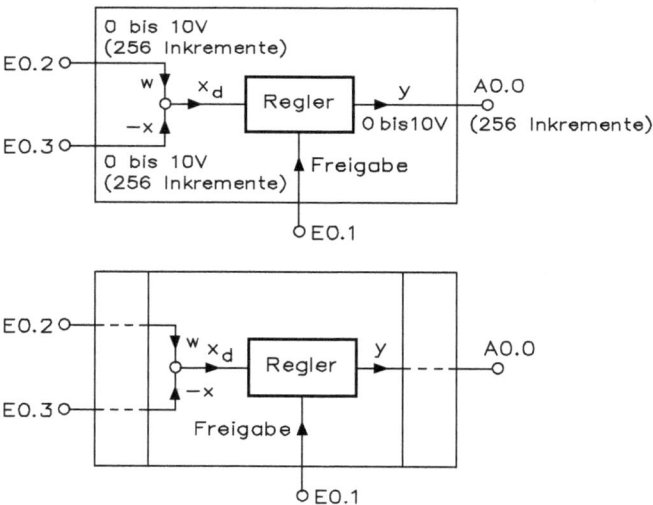

Abb. 1.37: Automatisierungsgerät als Regeleinrichtung. Analog-Eingabebaugruppe mit Mess-
bereichen: 0 … 10 V; ±10 V, ±5 V, 0 … 20 mA; 4 … 20 mA; Auflösung: 10.000 Inkremente.

Die Arbeitsweise der Regler-Anwendermodule geht wie folgt vor sich. Nach der Frei-gabe des Software-Reglers werden Regelgröße x und Führungsgröße w über zwei Analogeingänge eingelesen und intern die Regeldifferenz x_d errechnet, danach die Übertragungsfunktion des entsprechenden Reglers (z. B. PID- oder Dreipunktregler) ermittelt und die Stellgröße y über den Analogausgang bei dem stetigen Regler bzw. Digitalausgang bei einem unstetigen Regler ausgegeben. Die Reglerkenngröße, also der Übertragungsbeiwert K_p, Nachstellzeit T_n, Vorhaltezeit T_v, Schalthysterese X_u, Unempfindlichkeitsbereich X_T und Abtastzeit T sind in weiten Grenzen durch Festle-gung von Konstantenbytes oder Konstantenwörtern veränderbar. Damit können die SPS-Systeme als Regler ohne Schwierigkeiten an die verschiedenen Regelstrecken angepasst und eingestellt werden.

Die Regler-Anwendermodule beinhalten mehrere Quell- und Zuordnungsdateien. Die Quelldateien sind ohne EP-Anweisung am Ende des Programms erstellt worden und können aus diesem Grund an jeder beliebigen Stelle im Hauptprogramm, das der Anwender erstellt, ohne Schwierigkeit eingebunden werden, wie das nachfolgende Programmbeispiel des PID-Reglers zeigt. Die anderen Regler der Regler-Anwender-Module lassen sich ebenso einbinden.

```
00000    SATZ0    "Hauptprogramm"
001
002               L 10.0 Eingang 0
003               = M0.0 Zwischenmerker
004
00001    PID-REG  "Einbinden des Programms für den
001               PID-Regler"
002
003               "Einbinden der Quelldatei"
004
005               #INCLUDE <LSPID.Q6W>
006
007
008               "Einbinden der Zuordnungsdatei"
009
010               #INCLUDE "LSPIDZD.Z6W"
011
00002    SATZ2    "Fortsetzung des Hauptprogramms"
001
002               L 1A20 Analogeingang 20
003               ...
004               ...
005               ...
```

Das Einbinden von Quell- und Zuordnungsdateien in das Hauptprogramm hat den Vorteil, dass selbst sehr große Anwenderprogramme übersichtlich bleiben, indem sie strukturiert, d. h. in Blöcke, gegliedert, werden. Weiterhin kann der Anwender zuerst sein Hauptprogramm erstellen und austesten, bevor er ein oder mehrere Quell- und Zuordnungsdateien des Regler-Anwendermoduls einbindet. Diese Dateien müssen mit der INCLUDE-Anweisung in ein Hauptprogramm eingebunden werden.

Der praktische Einsatz geschieht allerdings mittels eines Modellaufbaus. An dieser Stelle soll nun zuerst gezeigt werden, wie sich die Kennlinie des PID-Reglers aufzeichnen lässt. Wie schon bekannt, ist die Kennlinie eines Übertragungsgliedes die grafische Darstellung der Beharrungswerte des Ausgangssignals in Abhängigkeit von konstanten Werten des Eingangssignals. Diese Kennlinie kann mittels eines XY-Schreibers sehr einfach aufgezeichnet werden, wie Abb. 1.38 zeigt.

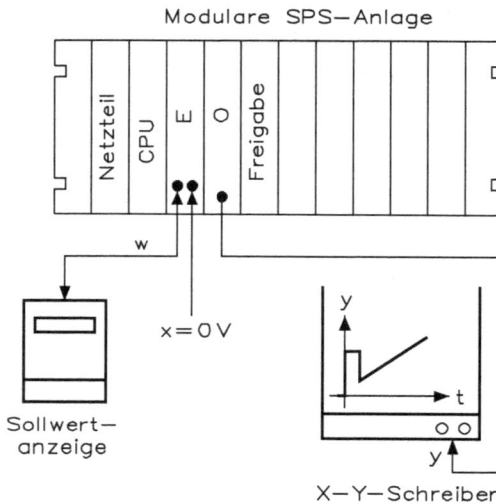

Abb. 1.38: Schaltbild zum Aufzeichnen der Kennlinie des PID-Reglers.

Nachdem die SPS-Anlage mit dem XY-Schreiber und dem Netzteil verdrahtet ist, müssen noch dem Regler-Anwendermodul die Reglerkenngrößen vorgegeben werden. Die Funktionsgleichung des PID-Reglers lautet wie folgt:

$$y(t) = K_\mathrm{p} \cdot \left[x_\mathrm{d}(t) + \frac{1}{T_\mathrm{n}} \int_0^t x_\mathrm{d}(t) \cdot \mathrm{d}t + T_\mathrm{v} \cdot \frac{\mathrm{d} \cdot d(t)}{\mathrm{d}t} \cdot \mathrm{d}t \right].$$

Die Reglerkenngrößen, die dem Regler-Anwendermodul vorgegeben wurden, sind willkürlich festgelegt:

$K_p = 1$: Übertragungsbeiwert (Festlegung mittels Konstantenwort KW100),
$T_n = 1$ s: Nachstellzeit (Festlegung mittels Konstantenwort KW500),
$T_v = 5$ s: Vorhaltezeit (Festlegung mittels Konstantenwort KW100),
$T = 0,4$ s: Abtastzeit (Festlegung mittels Konstantenwort KW400).

Der Führungsgrößensprung Δ_w wurde dem PID-Regler als Spannungswert über den Analogeingang aufgeschaltet. Die Regelgröße x wird mit 0 V über dem analogen Eingang vorgegeben, so dass man eine Regeldifferenz x_d von 1 V erhält. Danach ergab sich folgende Reglerkennlinie (Abb. 1.39), wobei die Stellgröße y über den Analogausgang ausgegeben und auf dem XY-Schreiber aufgezeichnet wurde.

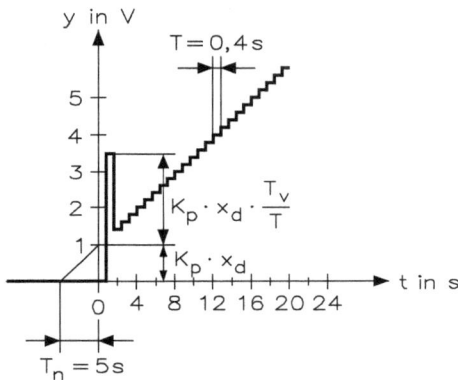

Abb. 1.39: Reglerkennlinie des PID-Reglers.

Um die Reglerkennlinien der P-, PD- und PI-Regler aufzuzeichnen, wird genauso vorgegangen. Dies wird hier nicht gezeigt.

1.5.3 Regelkreis und SPS-PID-Regler

Das Beispiel, wie der PID-Regler mit einer Regelstrecke mit Ausgleich betrieben und eingestellt wird, soll an dieser Stelle verdeutlicht werden, denn der PID-Regler ist sehr gut für diese Regelstrecke geeignet. Die Regelstrecke soll mittels eines Streckensimulators mit einer SPS nachgebildet werden. Ist das dynamische Verhalten der Regelstrecke aufgrund ihrer Konstruktion oder physikalischen Eigenschaften nicht berechenbar, so kann, wie hier gezeigt, vorgegangen werden, was meist sehr einfach ist. Hierbei stellt sich als Erstes die Frage, wie die Reglerkenngrößen ermittelt werden sollen, wenn der zeitliche Verlauf der Regelstrecke mit Ausgleich noch nicht bekannt ist. Um eine Regelstrecke zu simulieren, werden an dem Streckensimulator zwei Regelstreckenglieder hintereinander geschaltet und die Streckenkenngrößen eingestellt, wie Abb. 1.40 zeigt.

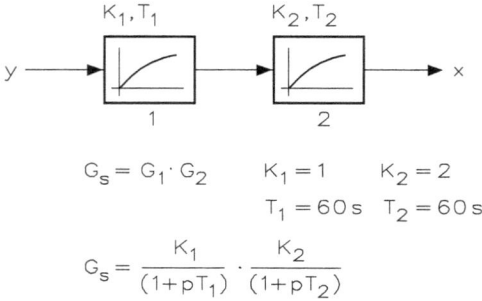

$$G_s = G_1 \cdot G_2 \qquad K_1 = 1 \qquad K_2 = 2$$
$$T_1 = 60\,s \quad T_2 = 60\,s$$

$$G_s = \frac{K_1}{(1+pT_1)} \cdot \frac{K_2}{(1+pT_2)}$$

Abb. 1.40: Signalflussplan der Regelstrecke mit Ausgleich und Übertragungsfunktion.

Hiernach wird die Sprungantwort der Regelstrecke mittels eines XY-Schreibers aufgezeichnet, die Sprungfunktion beträgt hierbei 10 V. Abb. 1.41 zeigt die Sprungantwort der Regelstrecke mit Ausgleich.

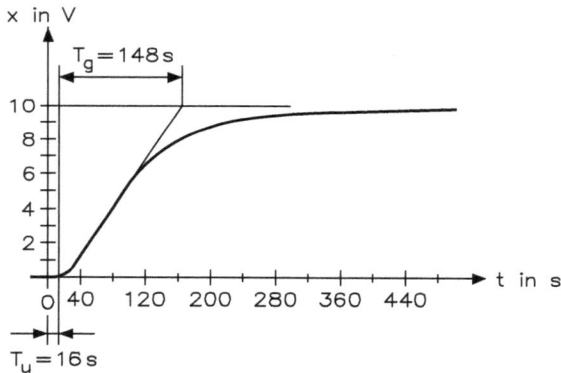

Abb. 1.41: Sprungantwort der Regelstrecke mit Ausgleich.

Aus dieser Regelstreckenkennlinie ergeben sich nun folgende Kennwerte, die zur Ermittlung der Reglerkenngrößen von großer Bedeutung sind:

$T_g = 148\,s$: Ausgleichszeit der Regelstrecke

$T_u = 16\,s$: Verzugszeit der Regelstrecke

$K_s = K_1 \cdot K_2 = 1 \cdot 1 = 1$: Streckenbeiwert der Regelstrecke

Nun werden die Reglerkenngrößen nach den Grundformeln für den PID-Regler errechnet und als Konstantenworte in das Regler-Anwendermodul eingetragen. Grundformeln für die Einstellung des PID-Reglers und Berechnung der Reglerkenngrößen:

$$K_p = 1,2 \cdot \frac{1}{K_s} \cdot \frac{T_g}{T_u} = 1,2 \cdot \frac{1}{1} \cdot \frac{148\,\mathrm{s}}{16\,\mathrm{s}} = 11,1$$

$$T_n = 2 \cdot T_u = 2 \cdot 16\,\mathrm{s} = 32\,\mathrm{s}$$

$$T_v = 0,42 \cdot T_u = 0,42 \cdot 16\,\mathrm{s} = 6,72\,\mathrm{s}$$

$$T = \frac{T_u}{10} = \frac{16\,\mathrm{s}}{10} = 1,6\,\mathrm{s}$$

Danach wird die SPS mit dem Streckensimulator verdrahtet und der XY-Schreiber zur Aufzeichnung der Übertragungsfunktion des Regelkreises angeschlossen. Zum besseren Verständnis zeigt Abb. 1.42 den Aufbau des Regelkreises zur Aufzeichnung der Übertragungsfunktion des Regelkreises mit PID-Regler und Abb. 1.43 das Blockschaltbild des geschlossenen Regelkreises.

Jetzt wird dem Regler-Anwendermodul eine Führungsgröße von $w = 5\,\mathrm{V}$ vorgegeben, der PID-Regler über den Digitaleingang freigegeben und die Übertragungsfunktion des Regelkreises aufgenommen. Abb. 1.44 zeigt die Übertragungsfunktion des Regelkreises mit PID-Regler.

Sollte ein nicht so großer Überschwinger der Regelgröße x gewünscht werden, so kann dies durch das Vergrößern von K_p erreicht werden. Was hier anhand eines Simulators gezeigt wird, lässt sich in der Praxis mit einer echten Regelstrecke genauso darstellen.

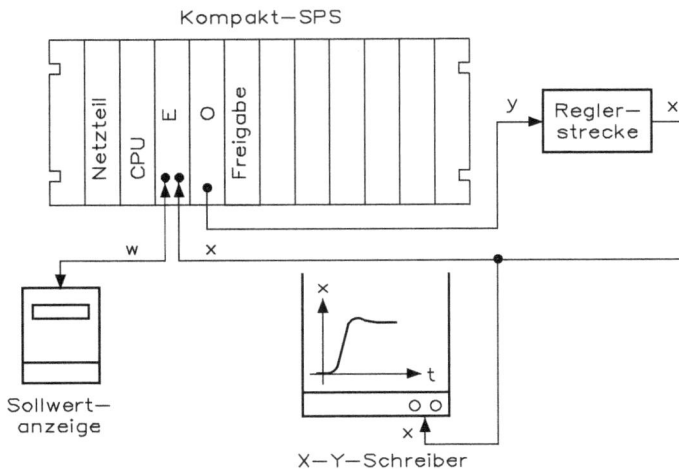

Abb. 1.42: Schaltbild zur Aufzeichnung der Übertragungsfunktion des Regelkreises mit PID-Regler.

Automatisierungs—
gerät mit Anwender—
modul

Simulator zur Simulation
der Regelstrecke

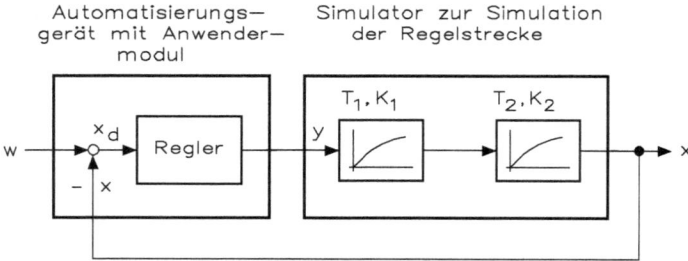

Abb. 1.43: Blockschaltbild des geschlossenen Regelkreises.

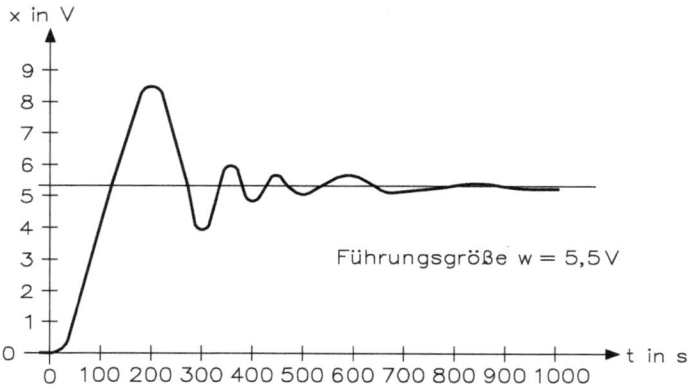

Abb. 1.44: Übertragungsfunktion des Regelkreises mit PID-Regler.

Als nächstes Beispiel wird eine Regelstrecke mit Ausgleich mit einem Zweipunktregler kombiniert. Der Schaltungsaufbau ist hierbei ähnlich, es wird der Zweipunktregler des Regler-Anwendermoduls der SPS verwendet. Der Signalflussplan der Regelstrecke ist in Abb. 1.45 gezeigt.

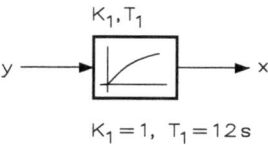

$K_1 = 1$, $T_1 = 12\,s$ **Abb. 1.45:** Signalflussplan der Regelstrecke mit Ausgleich.

Nun muss der Zweipunktregler mit der Regelstrecke kombiniert und die Regler-kenngrößen müssen in das Regler-Anwendermodul eingetragen werden. Die Regler-kenngrößen lassen sich hierbei nicht nach Formeln berechnen, sondern sie werden wunschgemäß festgelegt.

1.5.4 Regelkreis mit Zweipunktregler

Es wurden hier folgende Reglerkenngrößen bestimmt:
$X_u = 2\,V$: Schalthysterese
$T = 0,1\,s$: Abtastzeit

Danach wird dem Regler-Anwendermodul eine Führungsgröße w über den Analogeingang zugeführt und der Zweipunktregler freigegeben, wonach sich die Übertragungsfunktion von Abb. 1.46 ergab.

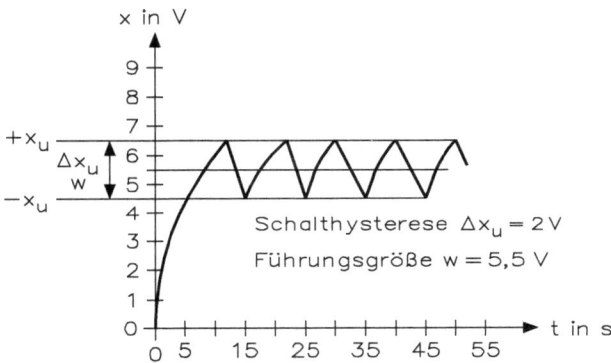

Abb. 1.46: Übertragungsfunktion des Regelkreises mit Zweipunktregler.

Die Schalthysterese X_u wurde bei diesem Beispiel extrem groß gewählt, um das Schaltverhalten des Zweipunktreglers besser zu zeigen. In der Praxis sollte eine entsprechend kleinere Schalthysterese gewählt werden.

Diese beiden Beispiele zeigen, wie man bei einer Reglereinstellung vorgehen kann, des Weiteren gibt es noch andere Verfahren, um einen Regler einzustellen.

Mit den Automatisierungssystemen sind, wie die Aufstellung zeigt, die verschiedensten Reglertypen mit Regler-Anwendermodulen realisiert worden:

- P-Regler
- PD-Regler
- PI-Regler
- PID-Regler
- Zweipunktregler mit einstellbarer Hysterese
- Dreipunktregler mit einstellbarer Hysterese
- Fuzzy-Regler

Dem Anwender stehen zahlreiche Regler-Anwendermodule für die Automatisierungs-systeme zur Verfügung. Diese Module beinhalten mehrere Programme mit den verschiedenen Reglerkenngrößen. Die folgende Auflistung zeigt im Einzelnen die Reglertypen und die Bereiche der zugehörigen Reglerkenngrößen:

- *P-Regler*
  - Übertragungsbeiwert: K_p = 0,01 ... 65,535
  - Abtastzeit: T = 0,01 ... 65,535 s
- *PD-Regler*
  - Übertragungsbeiwert: K_p = 0,01 ... 65,535
  - Vorhaltezeit: T_v = 0,01 ... 65,535 s
  - Abtastzeit: T = 0,01 ... 65,535 s
- *PI-Regler*
  - Übertragungsbeiwert: K_p = 0,01 ... 65,535
  - Nachstellzeit: T_n = 0,01 ... 65,535 s
  - Abtastzeit: T = 0,01 ... 65,535 s
- *PID-Regler*
  - Übertragungsbeiwert: K_p = 0,01 ... 65,535
  - Nachstellzeit: T_n = 0,01 ... 65,535 s
  - Vorhaltezeit: T_v = 0,01 ... 65,535
  - Abtastzeit: T = 0,01 ... 65,535

Die P-, PD-, PI- und PID-Regler verwenden eine gemeinsame Zuordnungsdatei mit dem Namen.

- *Zweipunktregler*
  - Schalthysterese: X_u = 0 ... 265,535 Inc.
  - Abtastzeit: T = 0,01 ... 65,535 s
- *Dreipunktregler*
  - Unempfindlichkeitsbereich: X_T = 0 ... 10.000 Inc.
  - Schalthysterese: X_u = 0 ... 10.000 Inc.
  - Abtastzeit: T = 0,01 ... 65,535 s

1.5.5 Vor- und Nachteile von Software-Reglern

Ein Software-Regler stellt kein besonderes Gerät oder keine besondere Baugruppe dar, sondern ist als Algorithmus in der Anwendersoftware eines Automatisierungssystems implementiert und ermöglicht somit die Reglerfunktionen mit den analogen Ein- und Ausgängen der speicherprogrammierbaren Steuerung.

Der Software-Regler bietet den Vorteil, dass er sich so programmieren lässt, wie es zur Regelung einer Regelstrecke erforderlich ist. Dadurch, dass der Software-Regler zu den digitalen Reglern gehört, ist seine Arbeitsweise im Gegensatz zu einem analogen Regler vielfach genauer, was den Einsatz bei Regelungen, die eine kleine Regelabweichung besitzen sollen, ermöglicht.

Bei wirtschaftlichen Überlegungen ist zu beachten, dass für den Anwender ein Software-Regler geringere Anschaffungskosten als ein Hardware-Regler erfordert. Des Weiteren kann ein Software-Regler für die Automatisierungssysteme von seinem Anwender so oft wie erforderlich genutzt werden. Ein weiterer Vorteil ergibt sich bei Verwendung eines Software-Reglers dadurch, dass der Anwender die notwendigen Schnittstellen zwischen der SPS und einem externen Regelgerät nicht mehr beachten muss, wodurch der Projektierungsaufwand beträchtlich gesenkt wird.

Als Nachteil von kleinen Kompakt-SPS-Anlagen sei erwähnt, dass ein Software-Regler im Gegensatz zu einem Hardware-Regler nicht so schnell arbeitet, wodurch der Software-Regler beispielsweise nicht zur Drehzahlregelung eines Elektromotors verwendet werden kann. Weiterhin kann ein Software-Regler meist nur auf einem Automatisierungsgerät oder einer Automatisierungsgeräteserie eines Herstellers Anwendung finden.

2 Hard- und Software für eine speicherprogrammierbare Steuerung

Der Steuerstromkreis der SPS besteht lediglich aus den im Maschinenbereich befindlichen Signalgebern, im Beispiel Abb. 2.1 also aus den Schaltern S_0, S_1, S_2 und S_3, die einzeln an die SPS herangeführt werden, sowie dem Leistungsteil K_1 und Y_1. Die für die Bearbeitung des Steuerungsprogramms notwendige Verdrahtung entfällt, da in der SPS das Programm in einem Speicher abgelegt ist. Damit ist die Steuerung speicherprogrammierbar.

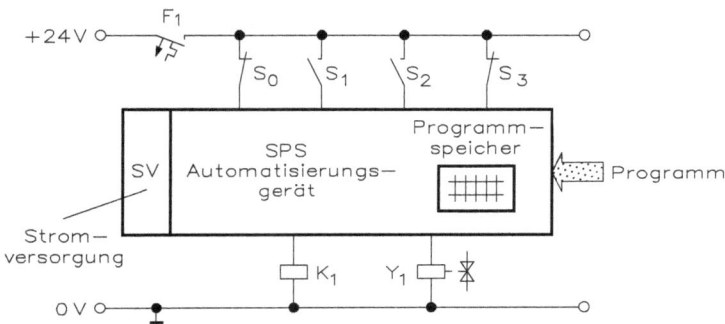

Abb. 2.1: Blockschaltung einer speicherprogrammierbaren Steuerung.

Die Abarbeitung des Programms einer speicherprogrammierbaren Steuerung erfolgt seriell, die Steuerbefehle des Programms werden nacheinander bearbeitet. Dies ist langsamer als die parallele Verarbeitung mit Schützen. Demgegenüber ist die Schaltgeschwindigkeit der SPS-Anlage um ein Vielfaches höher als die in der Schütztechnik. Bei einer großen Zahl von Eingangsvariablen und vielen Programmschritten ist mit einer erheblichen Reaktionszeit der speicherprogrammierbaren Steuerung in Bezug auf eine Änderung der Eingangsvariablen zu rechnen. Verbindungsprogrammierte Steuerungen reagieren hier wesentlich schneller. Abb. 2.2 zeigt die Ein- und Ausgänge einer speicherprogrammierbaren Steuerung.

Soll die Funktion einer speicherprogrammierbaren Steuerung geändert oder erweitert werden, braucht lediglich der Inhalt des Programms entsprechend geändert werden, was ohne mechanischen Eingriff geschieht. Eine Programmänderung ist damit einfach auszuführen. Die sich so ergebende Anpassungsfähigkeit und Flexibilität sowie die zusätzlichen Anwendungsmöglichkeiten sind die wichtigsten Vorteile einer speicherprogrammierbaren Steuerung.

https://doi.org/10.1515/9783110556018-003

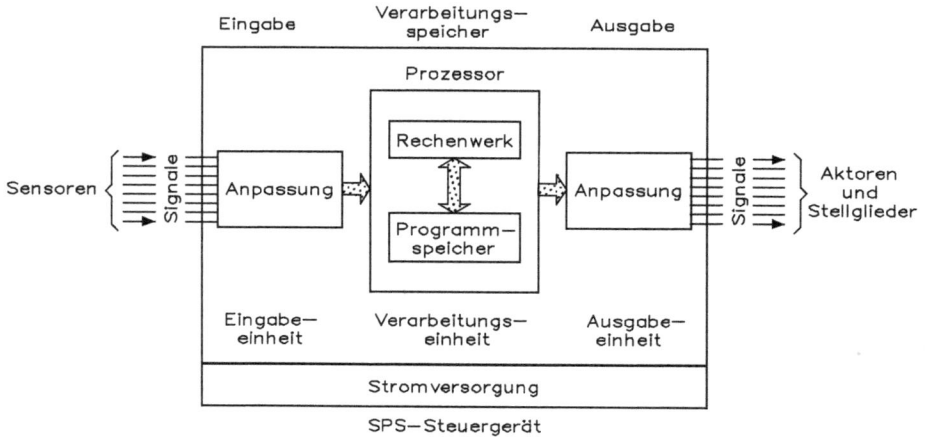

Abb. 2.2: Ein- und Ausgänge einer speicherprogrammierbaren Steuerung.

Programmierbare Steuerungen kann man auch als Software-Steuerungen bezeichnen. Mit einer ausreichenden Kapazität des Programmspeichers können nämlich beliebig umfangreiche Steuerungsprobleme bearbeitet werden. Diese Steuerungen haben damit den großen Vorteil, dass ansonsten unterschiedliche Steuerungsaufgaben allein durch verschiedene Programme bei gleicher Gerätekonfiguration gelöst werden können.

Bei programmierbaren Steuerungen wird das Steuerungsprogramm in Halbleiterspeichern (ROM, PROM, EPROM, EEPROM, RAM) gespeichert und ist nicht mehr löschbar.

- ROM: read only memory bzw. *Nur*-Lese-Speicher
- PROM: programmable read only memory bzw. programmierbarer *Nur*-Lese-Speicher
- EPROM: erasable PROM bzw. löschbares PROM
- EEPROM: electrically erasable PROM bzw. elektrisch löschbares PROM
- RAM: random access memory bzw. wahlfreier Schreib-Lese-Speicher

Die von den Signalgebern kommenden Signalleitungen werden an die Eingabebaugruppen des Automatisierungsgeräts angeschlossen. An die Ausgabebaugruppen, den Ausgängen des Automatisierungsgeräts also, werden die Stellgeräte angeschlossen.

Im Automatisierungsgerät AG verarbeitet der Mikroprozessor (Steuerwerk) das im Programmspeicher stehende Programm und fragt dazu ab, ob die einzelnen Geräteeingänge Spannung führen oder nicht. Die Programmbearbeitung führt dann dazu, dass die jeweiligen Geräteausgänge angewiesen werden, die angeschlossenen Stellgeräte ein- oder auszuschalten.

Ein speicherprogrammierbares Automatisierungsgerät ist aus elektronischen Bauelementen aufgebaut, die mit einer Gleichspannung von +5 V arbeiten. Diese Gleichspannung wird in einer Stromversorgungsbaugruppe (SV) aus der Netzspannung von z. B. 230 V erzeugt. Die geräteinterne 5-V-Spannung wird innerhalb des Automatisierungsgeräts über Stromschienen allen elektronischen Baugruppen zugeführt.

Achtung: Die Stromversorgungsbaugruppe (SV) liefert in der Regel keine Versorgungsspannung für die an das Automatisierungsgerät angeschlossenen Geber (Sensoren) und Stellgeräte (Aktuatoren).

Für die Stromversorgung dieser Geräte werden eigene Stromkreise benötigt, die von der internen Stromversorgung meist galvanisch getrennt sind. Je nach Art der im Einzelfall verwendeten Ein- und Ausgabebaugruppen führen diese externen Stromkreise 24-V-Gleich- oder 230-V-Wechselspannung, die in einem besonderen Netzgerät oder in einem Steuertransformator erzeugt werden.

Für die galvanische Trennung der internen Stromversorgung von den externen Stromkreisen finden optoelektronische Koppelelemente (Optokoppler) Verwendung. Diese bestehen aus einer Diode, die elektrischen Strom in Licht umwandelt, und einem Fototransistor. Der Fototransistor arbeitet als Schalter, der von der Diode optisch angesteuert wird.

In der Eingangsschaltung wird die vom Fototransistor gelieferte Spannung in einer Anpassschaltung so umgeformt, dass sie innerhalb des Automatisierungsgeräts verarbeitet werden kann. Demgegenüber liefert eine Anpassschaltung in den Ausgabebaugruppen den notwendigen Strom für die Fotodiode. Der Ausgang des Fototransistors wird dann in einem elektronischen Verstärker so weit verstärkt, dass die üblichen Stellgeräte geschaltet werden können. Die Betriebsspannung des Verstärkers entspricht der externen Spannung (24-V-Gleich- oder 230-V-Wechselspannung).

2.1 Automatisierungsgerät

Der Prozessor des Automatisierungsgeräts fragt die Eingänge auf die beiden Zustände ab: „Spannung vorhanden" und „Spannung nicht vorhanden". Die an das Gerät angeschlossenen Stellgeräte werden abhängig vom Zustand der Ausgänge „eingeschaltet" oder „ausgeschaltet".

Die Zustände, die an den Ein- und Ausgängen des Automatisierungsgeräts anliegen, lassen sich mit dem Begriff des binären Signals beschreiben (Abb. 2.3):
-   Signalzustand „0" = Spannung nicht vorhanden (z. B. 0 V) oder „AUS",
-   Signalzustand „1" = Spannung vorhanden (z. B. +24 V) oder „EIN".

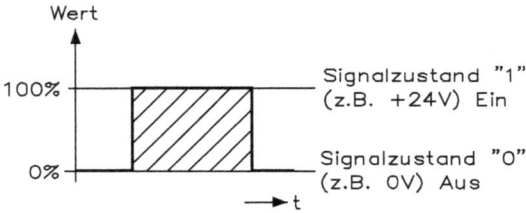

Abb. 2.3: Ein- und Ausgangssignale am Automatisierungsgerät.

Der Begriff des binären Signals wird nicht nur für die Beschreibung der Zustände an den Ein- und Ausgängen, sondern auch für die Beschreibung des Zustands aller Elemente verwendet, die innerhalb eines Automatisierungsgeräts an der Signalverarbeitung beteiligt sind, wie Abb. 2.4 zeigt.

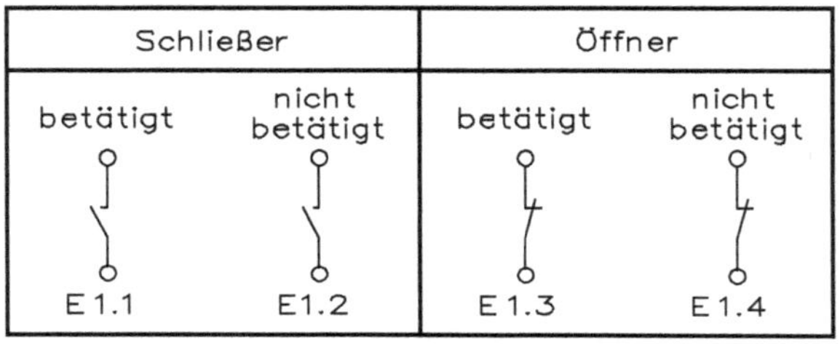

Abb. 2.4: Schalterstellungen und ihre Bedeutung.

Bevor jedoch näher auf die Bearbeitung des Steuerprogramms in einem Automatisierungsgerät eingegangen werden kann, müssen noch drei weitere Begriffe eingeführt und erläutert werden: Bit, Byte und Wort.

Das Bit ist die Einheit für eine Binärstelle oder ein Binärzeichen. Es kann nur die beiden Werte „0" und „1" annehmen (DIN 44300). Mehrere Binärzeichen können zu größeren Einheiten zusammengefasst werden, z. B. zu einem Byte oder einem Wort. In diesem Fall ist die Zahl der Bits identisch mit der Anzahl der Binärstellen der betreffenden Einheit (Abb. 2.5).

Das Byte ist eine Einheit von acht Binärzeichen (Binärstellen) oder man sagt auch: „Ein Byte hat eine Länge von acht Bit."

Im Automatisierungsgerät werden z. B. die Signalzustände von acht Ein- oder von acht Ausgängen in einem Eingangs- oder einem Ausgangsbyte zusammengefasst. Die acht Bit, aus denen das Byte besteht, werden dann im Automatisierungsgerät oft gemeinsam bearbeitet. Jede einzelne Binärstelle eines Bytes kann die Werte „0" oder „1" annehmen (Abb. 2.6).

Ein Wort besteht bei speicherprogrammierbaren Automatisierungsgeräten in der Regel aus 16 Binärstellen. Das Wort hat demnach eine Länge von 16 Bit oder zwei Byte.

Bit

Byte (Länge = 8 Bits)

Wort (Länge = 16 Bits)

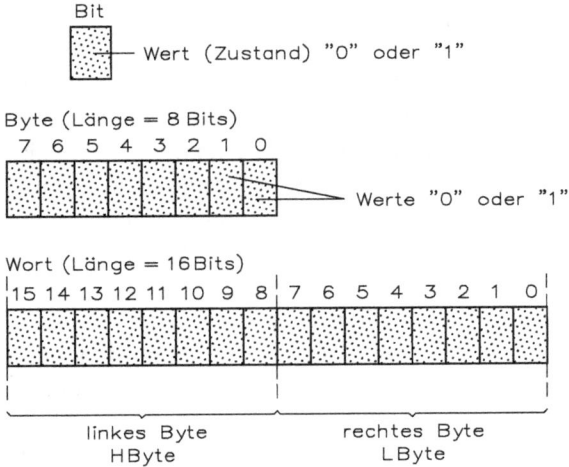

Abb. 2.5: Vergleich zwischen Bit, Byte und Wort.

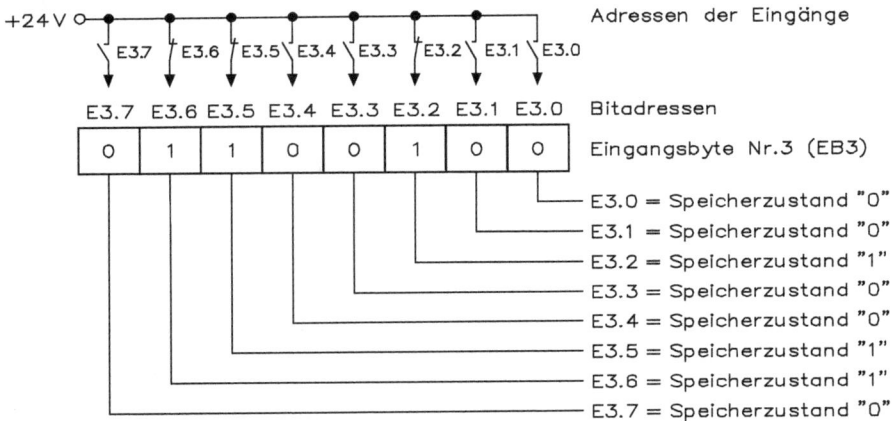

Abb. 2.6: Eingangsbyte eines Automatisierungsgeräts.

In jedem Byte und in jedem Wort ist jedem einzelnen Bit eine Nummer, die Bitadresse, zugeordnet. Das Bit rechts außen hat die Bitadresse 0 oder LSB (least significant bit). Das links außen stehende Bit hat im ersten Byte die Adresse 7 oder MSB (most significant bit) und im Wort die Adresse 15.

Abb. 2.6 zeigt als Beispiel das Eingangsbyte mit der Byteadresse 3, das die Signalzustände der acht diesem Byte zugeordneten Eingänge (E 3.0 bis E 3.7) enthält. In der Benennung eines Eingangs folgt auf das Kennzeichen E die Byteadresse und anschließend nach einem Punkt seine Bitadresse. Damit ist jeder Ein- oder Ausgang durch seine Byte- und seine Bitadresse eindeutig gekennzeichnet.

2.1.1 Bussystem

In einem Automatisierungsgerät erfolgt der Signalaustausch zwischen dem Prozessor und den Ein- und Ausgabebaugruppen über das Bussystem. Der Begriff „Bus" stammt aus dem Englischen und bedeutet eine Sammelschiene, an der mehrere Einheiten angeschlossen sind. Die Sammelschiene besteht aus mehreren parallel durch das ganze Gerät verlaufenden Signalleitungen, die in Adressenbus, Datenbus und Steuerbus aufgeteilt sind.

Mit den acht Bitstellen des Adressenbusses kann ein Zahlenwert zwischen 0 und 255 dargestellt werden, z. B. die Byte-Adresse eines Eingabe- oder eines Ausgabebytes. Da alle Eingabe-/Ausgabebaugruppen mit dem Adressenbus verbunden sind, kann immer die Baugruppe bearbeitet werden, die vom Mikroprozessor oder Mikrocontroller über den Adressenbus mit ihrer Adresse angesprochen wird.

Erkennt eine Eingabebaugruppe auf dem Adressenbus ihre Adresse, schaltet sie sofort die Signalzustände ihrer acht Eingänge auf den Datenbus. Erscheint auf dem Adressenbus die Byteadresse von acht Ausgängen, werden die auf dem Datenbus anstehenden neuen Signalzustände dieser Ausgänge von der betreffenden Ausgabebaugruppe übernommen.

Der Steuerbus überträgt die Signale, die den Funktionsablauf innerhalb des Automatisierungsgeräts steuern und überwachen.

Zu beachten ist allerdings, dass Adressen und Daten nur nacheinander und lediglich für sehr kurze Zeit auf das Bussystem geschaltet werden.

2.1.2 Prozessabbild (PAE und PAA)

Das Bussystem transportiert im Automatisierungsgerät immer ein vollständiges Byte mit dem Signalzustand von acht Ein- oder von acht Ausgängen, und zwar auch dann, wenn der Prozessor bei der Programmbearbeitung in einem Arbeitsschritt nur den Signalzustand eines einzelnen Eingangs abfragen oder den neuen Signalzustand für einen einzelnen Ausgang ausgeben will. Der Prozessor sucht dann aus dem Eingabe- oder Ausgabebyte die entsprechende Bitstelle heraus und bearbeitet sie. Damit dies auf einfache Weise geschehen kann, hat das Automatisierungsgerät für die Signalzustände aller Ein- und aller Ausgänge einen besonderen Speicher, das so genannte Prozessabbild PAE.

Vor der eigentlichen Programmbearbeitung sorgt der Prozessor dafür, dass die Signalzustände aller Eingabebytes der Reihe nach über das Bussystem in das Prozessabbild der Eingänge (PAE) übertragen und dort gespeichert werden. Das Prozessabbild ist ein genaues „Abbild" des Zustands aller Eingänge in einem bestimmten Moment.

Während der Programmbearbeitung kann dann der Prozessor den Zustand der einzelnen Eingänge direkt im Prozessabbild abfragen. Dieser Zugriff auf das Prozessabbild ist schneller als die Abfrage der Eingänge über das Bussystem. Das Prozessabbild sorgt auch dafür, dass ein Programmzyklus mit den gleichen Signalzuständen bearbeitet wird, womit Laufzeitprobleme vermieden werden.

Die aus der Programmbearbeitung resultierenden neuen Zustände der einzelnen Ausgänge trägt der Prozessor zunächst Bit für Bit in das Prozessabbild der Ausgänge (PAA) ein, wo sie abgespeichert werden. Erst am Ende der Programmbearbeitung veranlasst der Prozessor die Übertragung der Signalzustände aller Ausgänge Byte für Byte aus dem PAA über das Bussystem an die Ausgabebaugruppen.

Zu Beginn des nächsten Programmzyklus wird das Prozessabbild der Eingänge auf den neuesten Stand gebracht und steht damit für die folgende Programmbearbeitung wieder zur Verfügung.

Die Übertragung des Prozessabbilds der Eingänge (PAE) läuft beim Einschalten des Automatisierungsgeräts sofort an, und zwar auch dann, wenn der Programmspeicher noch leer ist. Das Automatisierungsgerät kann eine Maschine oder einen Prozess aber erst steuern, wenn der Programmspeicher das vom Anwender geschriebene Programm (Anwenderprogramm) enthält.

2.1.3 Speicher im Bussystem

Wie erwähnt, verbinden die drei Bussysteme des Geräts die drei großen Funktionseinheiten Mikroprozessor bzw. Mikrocontroller, Speicher (RAM und ROM) sowie die Eingabe-/Ausgabebaugruppen (Abb. 2.7).

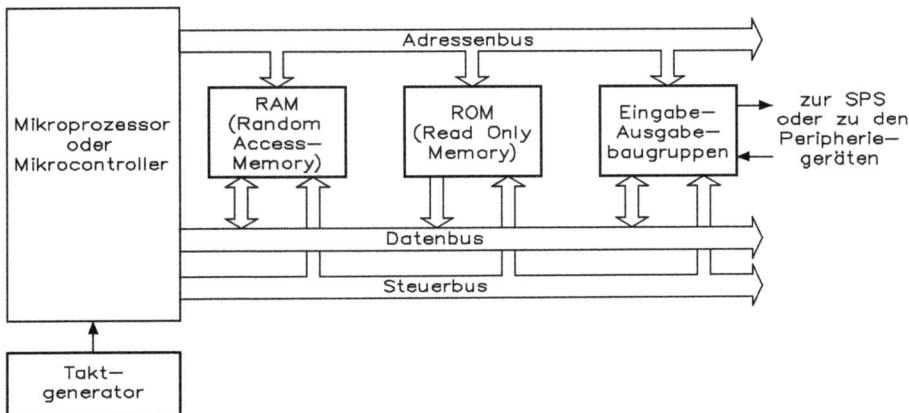

Abb. 2.7: Bussysteme in einem Automatisierungsgerät.

- Datenbus: 16 Leitungen, auf denen die Daten zwischen Mikroprozessor, Speicher und in beiden Richtungen übertragen werden (Zweiweg-Datenübertragung),
- Adressenbus: 16 Leitungen, über die bestimmte Speicherplätze oder Eingabe-/Ausgabebaugruppen ausgewählt werden (Einweg-Datenübertragung),
- Steuerbus: sechs Leitungen, die dem Prozessorzustand entsprechende Steuersignale übertragen (Einweg-Datenübertragung).

Ein Speicher besteht aus einer großen Zahl von Speicherelementen. Ein Speicherelement ist der nicht mehr weiter zerlegbare Teil eines Speichers und nimmt ein Bit auf. Die Anzahl an Bits, die man in einem Speicher unterbringen kann, beschreibt seine Speicherkapazität. Außerdem hat jeder Speicher eine bestimmte Speicherorganisation, die die Speicherelemente im Speicher anordnet.

Ein Speicherplatz kann aus nur einem Speicherelement oder mehreren Speicherelementen bestehen, in die man gleichermaßen Informationen einschreiben oder auslesen kann. Ein Speicherplatz hat immer eine Adresse in Form einer Dualzahl.

Speicher werden nicht nur zur Aufbewahrung von Befehlen (Anweisungen) benötigt. Es können auch Daten anfallen, die zur Durchführung eines Programms erforderlich sind. Es werden zwei Arten von Daten unterschieden: Zum einen gibt es Daten, deren Wert sich nicht ändert, wie z. B. die Zahl $\pi = 3,141\ldots$ und die Zahlen dieser Art heißen Konstanten. Zum anderen gibt es Daten, deren Werte sich ändern können, wie z. B. die Prozessgrößen. Diese veränderbaren Daten sind die Variablen.

Der gesamte Speicher einer Steuerung ist aus Speicherbausteinen zusammengesetzt. Zum Speichern von unveränderlichen Daten benutzt man Speicherbausteine, deren Inhalt sich nach dem Programmieren nicht mehr verändern lässt. Damit geht nach dem Abschalten der Betriebsspannung auch der Inhalt dieser Speicher nicht mehr verloren. Der Inhalt solcher Speicher kann während des Betriebs nur gelesen, nicht aber überschrieben werden. Speicher dieser Art werden als Nur-Lese-Speicher, Festwertspeicher oder Festspeicher bezeichnet. Die gebräuchliche Abkürzung ist ROM (read only memory).

Als Arbeitsspeicher für variable Daten sind Speicherbausteine erforderlich, in denen sich auch während des Betriebs die Daten noch ändern lassen. Solche Speicher nennt man Schreib-Lese-Speicher, abgekürzt RAM (random access memory).

ROM- und RAM-Bausteine arbeiten mit wahlfreiem Zugriff, was bedeutet, dass die Speicherplätze in beliebiger Reihenfolge ansprechbar und gleich schnell erreichbar sind.

Der gesamte Speicher einer speicherprogrammierbaren Steuerung besteht aus ROM- und RAM-Bausteinen. Die erforderlichen Speicherplätze im ROM ergeben sich aus der Länge des Programms und der Menge der aufzunehmenden Konstanten. Die erforderliche Kapazität des RAM wird von der Höchstmenge bestimmt, die an variablen Daten gleichzeitig gespeichert werden soll.

Die Einteilung kann nach funktionellen und technologischen Gesichtspunkten durchgeführt werden:

- Funktion des Speichers:
  - Schreib-Lese-Speicher (RAM): Im RAM können die Speicherelemente wahlweise beschrieben oder ausgegeben werden. Während des Betriebs sind Löschen, Überschreiben und Neueinschreiben möglich.
  - Festwertspeicher oder Nur-Lese-Speicher (ROM): Im ROM können während des Betriebs die vorher fest eingespeicherten Daten nur gelesen werden, eine Änderung ist nicht möglich. Dieser Speicher besitzt damit nur eine Lesefunktion.

    Festwertspeicher können in irreversible und reversible Festwertspeicher unterteilt werden:
    (a) Die irreversiblen Festwertspeicher werden entweder schon vom Hersteller mit einer Maske oder beim Anwender mit einem speziellen Programmiervorgang unter Verwendung eines Programmiergeräts programmiert.
    (b) Die reversiblen Festwertspeicher können vom Anwender gelöscht und neu programmiert werden. Diese Vorgänge erfolgen außerhalb des Automatisierungsgeräts.
- Art des Zugriffs: Für Speicher gilt das Prinzip des wahlfreien Zugriffs. Das bedeutet, dass jeder Speicherplatz in beliebiger Reihenfolge angesprochen werden kann.
- Art der Informationsspeicherung:
  - Beim statischen Speicher ist die Information „1 Bit" in einem binären Element enthalten. Ein binäres Element besteht aus einem Flipflop (FF), dessen Schaltzustand festlegt, ob der binäre Zustand „0" oder „1" gespeichert ist.
  - Beim dynamischen Speicher ist die Information „1 Bit" als elektrische Ladung in einer integrierten Kapazität gespeichert. Wegen des unvermeidlichen Leckstroms (Entladestroms) geht die Ladung nach wenigen Millisekunden verloren. Sie muss deshalb in Zeitabständen von ca. 2 ms wieder aufgefrischt werden. Diese Nachladung besorgt eine spezielle elektronische Schaltung.

2.1.4 SPS-Mikroprozessor

In diesem Kapitel erhalten Sie eine kurze Beschreibung eines 8-Bit-SPS-Mikroprozessors als Grundlage für die Programmierung in Assemblersprache.

Im SPS-Mikroprozessor sind folgende wesentlichen Teile integriert:
- sieben Arbeitsregister zur Durchführung der Operationen und zur Adressierung,
- der Befehlszähler, der die Adresse des nächsten auszuführenden Befehls enthält,
- der Stackpointer, dessen Inhalt die Anfangsadresse des Stacks im Rahmen des Arbeitsspeichers definiert. Durch diesen Stack wird die Verwendung von Unterprogrammen und Unterbrechungsprogrammen (Interrupt-Subroutines) besonders erleichtert.

Zu diesen auf dem SPS-Mikroprozessor-Chip integrierten Funktionseinheiten kommen im Mikrocomputer noch folgende Teile, über die der Programmierer unbedingt Bescheid wissen muss:

– der Programmspeicher (aufgebaut mit ROMs, PROMs oder EPROMs), in dem das Anwendungsprogramm oder die Konstanten des Mikrocomputers abgespeichert sind und der byteweise adressiert wird,

– der Datenspeicher, der mit RAMs aufgebaut ist (Schreib-Lese-Speicher), in dem die Momentan-Ergebnisse bzw. Daten des Mikrocomputers abgespeichert sind und der ebenfalls byteweise adressiert wird,

– die Eingabe-Ausgabe-Steuerung, die aus Bausteinen besteht, über die der Mikroprozessor mit seiner Umgebung in Kontakt steht.

Im SPS-Mikroprozessor stehen ein 8-Bit-Akkumulator und sechs 8-Bit-Zwischenspeicher (Register) zur Verfügung. Diese sieben Register werden über die Ziffern 0, 1, 2, 3, 4, 5 und 7 angesprochen bzw. über die Buchstaben B, C, D, E, H, L und A (A steht für Akkumulator). Einige Operationen greifen auf die Arbeitsregister paarweise zu, wobei der Zugriff durch die Buchstaben B, D, H und PSW („Program Status Word") erfolgt. Es bestehen folgende Zuordnungen:

Registerpaaranordnung

Registerpaar B	0 (B)	1 (C)
Registerpaar D	2 (D)	3 (E)
Registerpaar H	4 (H)	5 (L)
Registerpaar PSW		7 (A)

Dabei bezieht sich Registerpaar PSW („Program Status Word") auf den Akkumulator (Register A bzw. Register Nr. 7) und ein Sonder-Byte, das den momentanen Zustand des Mikroprozessors beschreibt.

– Der Befehlszähler ist ein dem Programmierer zugängliches 16-Bit-Register, das die Adresse des nächsten auszuführenden Befehls enthält.

– Der Stack ist ein Teil des Arbeitsspeichers (RAM), der vom Programmierer definiert wird. In ihm sind Daten oder Adressen gespeichert, die gegebenenfalls durch Stackoperationen aufgefunden werden können. Eine Reihe der Befehle sind in der Lage, auf diesen Stack zuzugreifen, und erleichtern somit das Arbeiten mit Unterprogrammen und Unterbrechungen (Interrupts). Das Stackpointerregister erlaubt dem Programmierer den Zugriff auf die Adressen des Stacks.

– Aus dem Programmspeicher, der meist mit ROMs, PROMs oder EPROMs aufgebaut ist, lassen sich in der Regel nur Befehle bzw. Konstanten abrufen; ein Verändern des Speicherinhaltes durch den Mikroprozessor selbst ist nicht möglich.

- Der Datenspeicher ist aus RAM-Bausteinen aufgebaut und wegen seiner 16-Bit-Adress-Struktur kann der SPS-Mikroprozessor insgesamt bis zu 65.536 Bytes adressieren, worin bereits der volle Umfang des Programmspeichers eingeschlossen ist. In diesem Datenspeicherbereich werden sämtliche Momentandaten bzw. Ergebnisse abgelegt.

- Die Verbindung zur Außenwelt stellt im SPS-System der Mikroprozessor über dessen maximal 256 Eingabe- und 256 Ausgabeports (Port = Kanal) her. Jeder dieser Ports verkehrt mit dem SPS-Mikroprozessor über Datenbytes, die entweder den Akkumulator setzen oder von ihm gesetzt werden. Jedem dieser Ports ist eine Zahl zwischen 0 und 255 zugeordnet. Auf diese Zuordnung hat der Programmierer keinen Einfluss.

Ein Programm besteht aus einer Reihe von Befehlen. Jeder Befehl löst eine elementare Operation, wie eine Datenübertragung, eine arithmetische oder logische Operation mit einem Datenbyte bzw. -wort oder eine Änderung der Reihenfolge der auszuführenden Befehle aus. Ein Programm wird als eine Reihe von Bits dargestellt, die die Befehle des Programms repräsentieren und die wir hier mit hexadezimalen Ziffern symbolisieren. Die Speicheradresse des nächsten auszuführenden Befehls steht im Befehlszähler (Program Counter). Vor der Ausführung eines Befehls wird der Befehlszähler um 1 erhöht und enthält so die Adresse des nächstfolgenden Befehls. Das Programm läuft prinzipiell sequenziell ab, bis ein Sprungbefehl (Jump, Call oder Return) ausgeführt wird, wobei der Befehlszähler auf eine vom linearen Ablauf abweichende Adresse gesetzt wird. Das Programm wird von dieser neuen Speicheradresse an wieder sequenziell fortgesetzt.

Der Inhalt eines Speicherplatzes gibt im Prinzip keinen Hinweis darauf, ob das betreffende Byte einen Befehl oder Daten darstellt. So entspricht beispielsweise der Hexadezimalcode 1FH dem Befehl RAR (schiebe den Inhalt des Akkumulators nach rechts, zyklisch, mit Übertrag), was aber ebenso gut den Datenwert 1FH (dezimal 31) darstellen kann. Es ist aber wichtig, in einem Programm sicherzustellen, dass Daten nicht als Befehle interpretiert werden, und durch Trennung von Programm und Datenspeicher kann dies einfach erreicht werden. Jedes Programm hat eine Anfangsadresse, die auf das erste Byte des ersten auszuführenden Befehls hindeutet. Bevor der erste Befehl ausgeführt wird, wird der Befehlszähler automatisch auf die Adresse des nächsten (auszuführenden) Befehls gesetzt. Diese Prozedur wird für jeden Befehl des Programms wiederholt. Zur Darstellung eines Befehls sind 1, 2 oder 3 Bytes nötig. In jedem Fall wird der Befehlszähler automatisch auf den Beginn des nächsten Befehls gesetzt, wie das Beispiel zeigt:

Speicheradresse	Befehls-Nr.	Inhalt des Befehlszählers
0212	1	0213
0213	2	0215
0214		
0215	3	0216
0216	4	0219
0217		
0218		
0219	5	021B
021A		
021B	6	021C
021D	7	021F
021D		
021E		
021F	8	0220
0220	9	0221
0221	10	0222

Zur Vermeidung von Fehlern muss der Programmierer sicherstellen, dass auf einen Befehl kein Datenbyte folgt, soweit nach diesem Befehl noch ein weiterer Befehl zu erwarten ist. So wird z. B. im Byte 021EH ein Befehl erwartet, weil Befehl Nr. 8 nach Befehl Nr. 7 ausgeführt werden muss. Enthält Byte 021EH Daten, so kann das Programm nicht richtig ablaufen. Aus diesem Grund dürfen Daten auf keinen Fall zwischen Befehlen abgespeichert werden.

An dieser Stelle sei noch besonders darauf hingewiesen, dass Daten auch deshalb nicht zwischen Befehlen abgespeichert werden dürfen, weil Anwenderprogramme normalerweise als ROMs ausgeführt werden, in die bekanntlich vom SPS-Mikroprozessor nicht eingeschrieben werden kann.

Programmsprungbefehle verursachen einen Sprung zu einem Befehl, der an irgendeiner Stelle im Speicher liegen kann. Die durch den Sprungbefehl ausgesprochene Adresse muss wiederum die Adresse eines Befehls sein. Es muss also auch hier sichergestellt werden, dass das adressierte Byte keine Daten enthält, weil sonst das Programm nicht richtig ausgeführt werden kann.

Zur Erläuterung soll nochmals das Beispiel durchgesprochen werden. Man nimmt an, dass der Befehl Nr. 4 ein Sprungbefehl zum Speicherplatz 021EH ist und dass die Befehle 5, 6 und 7 durch Daten ersetzt worden sind. In diesem Fall wird, wenn man die Ausführung des Befehls 4 verfolgt, das Programm korrekt ablaufen. Enthält aber Befehl 4 einen Sprungbefehl zur Adresse 021EH, würde ein Fehler vorliegen, weil dieses Byte Daten enthält.

Auch wenn die Befehle 5, 6 und 7 nicht durch Daten ersetzt wären, würde der Sprung zum Byte 021EH einen Fehler verursachen, weil dies nicht das erste Byte eines Befehls ist.

2.1.5 Speicheradressierung

Die Adressierung ist ein besonders wesentlicher Teil beim Aufbau eines Programms. Der SPS-Mikroprozessor bietet mehrere Möglichkeiten zur Adressierung:
- Bei der direkten Adressierung liefert der Befehl „explizit" eine Speicheradresse. Der Befehl, „lade den Inhalt der Speicheradresse 1F2A in den Akkumulator", ist ein Beispiel für den Befehl mit direkter Adressierung, wobei 1F2A die direkte Adresse ist. Im Speicher sieht das folgendermaßen aus:

Speicheradresse

n	3A	
$n+1$	2A	auszuführender Befehl
$n+2$	1F	

Durch den Befehl werden drei Bytes im Speicher belegt, von denen das zweite und dritte direkt die Adresse enthält.
- Die Speicheradresse kann auch durch den Inhalt eines Registerpaares spezifiziert sein.

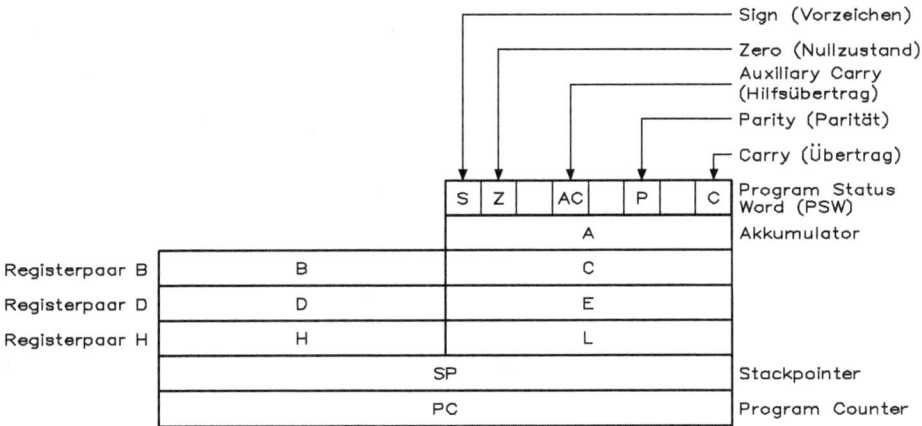

Abb. 2.8: Aufbau der Register in einem SPS-Mikroprozessor.

Für fast alle Mikroprozessorbefehle müssen hierbei die Register H und L verwendet werden und Abb. 2.8 zeigt den Aufbau der Register in einem SPS-Mikroprozessor. Das Register H enthält dabei die höherwertigen acht Stellen und das Register L die niederwertigen acht Stellen der Adresse. Ein Einbytebefehl, der den Akkumulator mit dem Inhalt der Speicheradresse 1F2A lädt, sieht folgendermaßen aus:

Speicher   Register

Auszuführender Befehl → | 7E | | | B
                                              | | C
                                              | | D
                                              | | E
                                        | 1F | H
                                        | 2A | L
                                              | | A

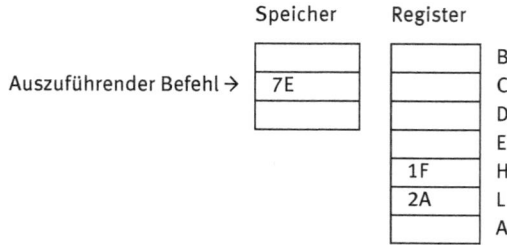

Außerdem gibt es zwei Befehle, die die Registerpaare B und C bzw. D und E zur Adressierung verwenden. Wie oben erwähnt, enthält das erste Register des Paares die höherwertigen und das zweite Register die niederwertigen Stellen der Adresse.

- Jeder beliebige Speicherplatz kann auch über den 16-Bit-Stackpointer adressiert werden. Es gibt nur zwei verschiedene Stackoperationen: das Eingeben der Daten in den Stack, das als PUSH, und das Auslesen von Daten aus dem Stack, das als POP bezeichnet wird.

Voraussetzung für die Operation PUSH ist selbstverständlich, dass sich der Stack in einem RAM (Schreib-Lese-Speicher) befindet, da ja sonst kein Einschreiben in den Speicher durchgeführt werden kann.

- Durch jede PUSH-Operation werden 16 Datenbits aus einem Registerpaar oder vom Befehlszähler in den Stack gebracht. Die Adresse des Speicherbereichs, auf den während des PUSH-Befehls zugegriffen wird, bestimmt man durch den Stackpointer in folgender Weise:
  - die höherwertigen acht Datenbits werden auf dem Speicherplatz abgespeichert,
  - der durch den Stackpointer minus 1 adressiert ist, die niederwertigen acht Datenbits werden auf dem Speicherplatz abgespeichert,
  - der durch den Stackpointer minus 2 adressiert wird,
  - der Inhalt des Stackpointers wird automatisch um 2 erniedrigt.

Im nachfolgenden Beispiel sind die Verhältnisse für den Fall dargestellt, dass der Stackpointer 13A6H enthält, während das Register B6AH und das Register 030H enthält:

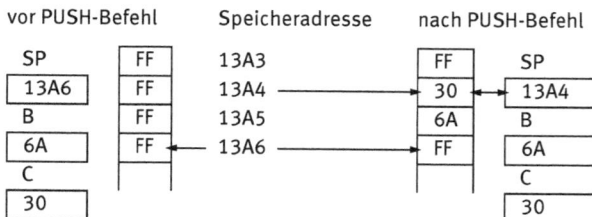

vor PUSH-Befehl   Speicheradresse   nach PUSH-Befehl

SP | FF | 13A3 | FF | SP
| 13A6 | | FF | 13A4 ————→ | 30 | ←— | 13A4 |
B | FF | 13A5 | 6A | B
| 6A | | FF | ←— 13A6 ————→ | FF | | 6A |
C | | | | C
| 30 | | 30 |

– Durch jede POP-Operation werden 16 Datenbits vom Stack in ein Registerpaar oder in den Befehlszähler gebracht. Die Speicheradresse, auf die durch die POP-Operation zugegriffen wird, wird durch folgende Verwendung des Stackpointers bestimmt:

1. Das zweite Register des Paares oder die niederwertigen acht Bits des Befehlszählers werden mit dem Inhalt der Speicherstelle geladen, auf die der Stackpointer zeigt

2. Das erste Register des Paares oder die höherwertigen acht Bits des Befehlszählers werden mit dem Inhalt der Speicherstelle geladen, die durch den Stackpointer +1 adressiert wird.

3. Der Stackpointer wird automatisch um 2 erhöht.

Im folgenden Beispiel soll angenommen werden, dass der Stackpointer 1508H (Speicherstelle 1508H) den Wert 33H enthält und die Speicherstelle 1509H den Wert 0BH beinhalten soll. Eine POP-Operation ins Registerpaar H würde folgendermaßen aussehen:

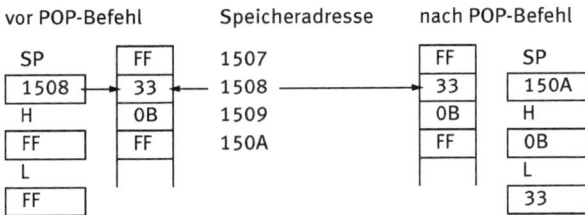

vor POP-Befehl		Speicheradresse	nach POP-Befehl	
SP	FF	1507	FF	SP
1508 →	33 ←	— 1508 ———→	33	150A
H	0B	1509	0B	H
FF	FF	150A	FF	0B
L				L
FF				33

Der Programmierer bestimmt den Wert des Stackpointers durch den Befehl LXI. Die Definition des Stackpointerinhalts vor irgendeiner Stackoperation ist nötig, um eine richtige Funktion des Programms zu gewährleisten.

Bei unmittelbarer Adressierung enthält der Befehl eine Konstante. Der Befehl MVI A, 2AH „Lade den Akkumulator mit dem Wert 2AH" ist ein Beispiel für eine solche unmittelbare Adressierung. Im Speicher hat dieser Befehl folgendes Aussehen:

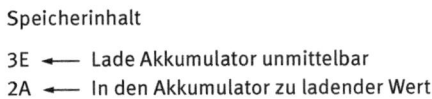

Speicherinhalt

3E ←— Lade Akkumulator unmittelbar
2A ←— In den Akkumulator zu ladender Wert

2.1.6 Unterprogramme und die Verwendung des Stacks für die Adressierung

Zunächst soll kurz der Begriff „Unterprogramm" erläutert werden. Als Beispiel wird die oft notwendige Operation des Multiplizierens verwendet. Der SPS-Mikroprozessor soll über keinen Befehl für eine Multiplikation verfügen, bietet aber die Möglichkeit, ein Byte zu einem anderen zu addieren. Man könnte daher eine Multiplikation ausführen, indem man derartige Additionen mehrere Male hintereinander (je nach Größe des Multiplikators) ausführt. Will man eine Multiplikation an mehreren Stellen des Programms durchführen, so müsste man an jeder dieser Stellen die ganze Reihe der eben genannten Befehle einfügen. Dazu wäre natürlich sehr viel Speicherplatz nötig:

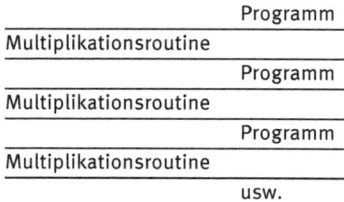

	Programm
Multiplikationsroutine	
	Programm
Multiplikationsroutine	
	Programm
Multiplikationsroutine	
	usw.

Da das Unterprogramm für Multiplikation immer gleich bleibt, ist es eigentlich überflüssig, es jedes Mal einzufügen. Es ist viel besser, es nur abzuspeichern und jedes Mal auszuführen, wenn es benötigt wird:

Programm
Programm → Multiplikationsroutine
Programm

Eine solche Routine nennt man ein Unterprogramm. Der SPS-Mikroprozessor bietet die Möglichkeit zum Aufruf von Unterprogrammen und zum Rücksprung in das Hauptprogramm. Im Einzelnen sieht der Programmablauf unter Verwendung von Unterprogrammen folgendermaßen aus:

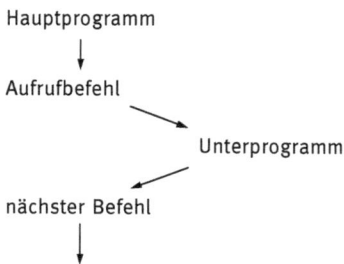

Hauptprogramm
↓
Aufrufbefehl
⟶
          Unterprogramm

nächster Befehl
↓

(Pfeile bezeichnen Reihenfolge der Ausführung)

Hierbei wird also während der Ausführung des Aufrufbefehls (z. B. CALL) die Adresse des folgenden Befehls (das ist der Inhalt des Befehlszählers) in den Stack gebracht und das Unterprogramm ausgeführt. Der letzte Befehl eines Unterprogramms ist gewöhnlich ein Rücksprungbefehl (z. B. RET), der eine Adresse vom Stack holt und in den

Befehlszähler einschreibt. Dadurch wird das Hauptprogramm bei dem auf den Aufrufbefehl folgenden Befehl fortgesetzt. Unterprogramme können beliebig geschachtelt
sein. Die einzige Grenze hierfür bildet der Speicherplatz, der für den Stack zur Verfügung steht. Dabei ist der Rückweg aus der Verschachtelung identisch mit der Reihenfolge der Aufrufe, auch wenn das Unterprogramm mehrmals aufgerufen wird.

2.1.7 Bedingungsbits

Der SPS-Mikroprozessor hat fünf verschiedene Bedingungsbits zur Verfügung, um das
Resultat von Operationen zu kennzeichnen. Alle bis auf eines (das Hilfscarrybit) können durch Befehle getestet werden, die den nachfolgenden Befehlsablauf bestimmen.
An dieser Stelle wird vereinbart, dass ein Bit „gesetzt" ist, wenn es den Wert „1" hat,
und „zurückgesetzt" ist, wenn es den Wert „0" hat.

Carrybit (Überlaufbit)
Das Carrybit wird durch verschiedene Befehle gesetzt und kann direkt abgefragt werden. Die Operationen, die das Carrybit verändern, sind Addition, Subtraktion, zyklisches Schieben und logische Operationen. So kann z. B. die Addition von zwei 1-Byte-
Zahlen einen Überlauf (Carry) an der höchsten Stelle hervorrufen.

Bit-Nr.	7	6	5	4	3	2	1	0
AE =	1	0	1	0	1	1	1	0
+ 74 =	0	1	1	1	0	1	0	0
122	0	0	1	0	0	0	1	0

└──▶ Überlauf = „1", setzt Carrybit = „1"

Eine Addition mit Überlauf an der höchsten Stelle setzt das Carrybit. Eine Addition
ohne Überlauf setzt das Carrybit zurück. Hier soll noch eigens darauf hingewiesen
werden, dass Addition, Subtraktion, zyklisches Schieben und logische Befehle das
Carrybit in verschiedenartiger Weise behandeln.

Hilfscarrybit (Hilfsüberlaufbit)
Das Hilfscarrybit zeigt den Überlauf aus dem ersten Halbbyte (Bit 3 des Datenbytes)
an. Der Wert dieses Bits kann nicht direkt getestet werden, beeinflusst aber die Funktion des Befehls DAA.

Die folgende Addition setzt das Hilfscarrybit und das Carrybit zurück:

```
Bit-Nr.   7   6   5   4   3   2   1   0
─────────────────────────────────────────
  2E =     0   0   1   0   1   1   1   0
+ 74 =     0   1   1   1   0   1   0   0
─────────────────────────────────────────
  A2       1   0   1   0   0   0   1   0
```

└─► Carrybit = „0"   └─► Hilfscarrybit = „1"

Das Hilfscarrybit wird durch Additions-, Subtraktions-, Inkrement-, Dekrement- und Vergleichsbefehle verändert.

Signbit (Vorzeichenbit)

Im SPS-Mikroprozessor ist grundsätzlich kein Vorzeichen eines Datenbytes festgelegt; Man kann daher ein Byte mit dem numerischen Wert 128 als plus 128 oder aber auch als minus 128 interpretieren. Zur Unterscheidung der beiden Möglichkeiten verwendet man das Bit 7 als Vorzeichen. Hat es den Wert „1", so wird die Zahl im Byte als negativ angesehen (von minus 1 bis minus 128), hat Bit 7 den Wert „0", so wird die Zahl des Bytes als positive Zahl (von 0 bis plus 127) interpretiert.

Bei arithmetischen und logischen Operationen wird das Signbit dem Bit 7 des Ergebnisses gleichgesetzt; es kann dann als Bedingungsbit abgefragt werden.

Zerobit (Nullbit)

Dieses Bedingungsbit wird dann gesetzt, wenn das Ergebnis eines arithmetischen oder logischen Befehls 0 ist. Das Zerobit wird zurückgesetzt, wenn das Ergebnis dieses Befehls ungleich 0 ist. Ist das Ergebnis gleich 0 und das Carrybit gesetzt, so wird das Zerobit ebenfalls gesetzt.

```
Bit-Nr.   7   6   5   4   3   2   1   0
─────────────────────────────────────────
          1   0   1   0   0   1   1   1
          0   1   0   1   1   0   0   1
─────────────────────────────────────────
      1   0   0   0   0   0   0   0   0
```

└─► Überlauf von Bit 7   →   Null-Ergebnis: Zerobit auf 1 gesetzt

Paritybit (Paritätsbit)

Nach arithmetischen und logischen Operationen wird eine Paritätsprüfung vorgenommen. Die Anzahl der gesetzten Bits in einem Byte wird dabei gezählt; ist das Ergebnis ungerade, wird das Paritybit zurückgesetzt, ist das Ergebnis gerade, wird das Paritybit gesetzt.

2.2 Assembler-Sprache

Die speicherprogrammierbare Steuerung verarbeitet Binärsignale, Befehle (Anweisungen), Daten und Adressen müssen deshalb als Kombination von Binärzeichen dargestellt werden. Die mit Binärzeichen dargestellte Programmiersprache bezeichnet man auch als Maschinensprache. Es ist die Sprache, die das Automatisierungsgerät unmittelbar versteht. Ein in der Maschinensprache abgefasstes Programm bedarf keiner Übersetzung mehr, weil es sofort ablaufbereit ist.

Das Programmieren in Maschinensprache erfordert jedoch sehr gute Vorkenntnisse und eine ständige Übung. Da die meisten Anwender über keine ausreichenden Informatik-Kenntnisse verfügen, kann man von ihnen auch nicht erwarten, dass sie Steuerungsaufgaben in Maschinensprache programmieren.

Eine Maschineninstruktion (z. B. 1100 0011) hat wenig Ähnlichkeit mit der Operation, die der SPS-Mikroprozessor daraufhin durchführt. Das trifft auf jeden Code und jede Sprache zu. Da die Einsen und Nullen lediglich Variationen von „ON"- und „OFF"-Zuständen innerhalb des Mikroprozessors darstellen, muss man sie weiter übersetzen.

In der menschlichen Sprache bilden Zahlenketten allein noch keine Basiskomponenten der Verständigung. Um sie im Zusammenhang zu begreifen, bedarf es einer vermittelnden Übersetzung. Mikroprozessoren sind ähnlich, und so ist die Übersetzung von „1100 0011" eben ein „Sprung" zu einer Adresse in den Mikroprozessor bzw. Mikrocontroller.

Eingabe-Instruktionen bewirken also „Operationen", die abhängig sind von Aufbau und Terminologie eines Computers. Es ist somit schwierig, einem Computer mit seinen „Maschineninstruktionen" zu beschreiben, was er tun soll.

Der SPS-Mikroprozessor arbeitet – wie jede andere PC-CPU – in seiner eigenen spezifischen Maschinensprache. Das bedeutet, dass er ausschließlich solche Anweisungen richtig interpretiert, die ihm in dieser Maschinensprache übermittelt werden.

Da die Form dieser Sprache für die menschliche Denkweise sehr unpraktisch ist – die Anweisungen bestehen aus einer schwer zu überblickenden Folge aus acht bis 24 Nullen oder Einsen –, hat man eine weitere Sprache konstruiert, in der die Befehle eine für den Menschen leichter zu behaltende („mnemonische") Form haben.

Eine solche Sprache nennt man Assembler-Sprache. Die Übersetzung von Anwenderprogrammen, die in dieser Assembler-Sprache geschrieben sind (in die Maschinensprache des Mikroprozessors), nennt man „Assemblierung". Da dies eine schematische und sehr mühsame Arbeit ist, lässt man sie durch einen Mikroprozessor durchführen. Als „Arbeitsanweisung" braucht der Mikroprozessor ein Programm. Ein Programm, das seinerseits zur Übersetzung eines Programms („Primärprogramms") aus der Assembler-Sprache in die Maschinensprache dient, nennt man Assembler-Übersetzerprogramm; bei der Verwendung des Wortes „Assembler" ist also jeweils darauf zu achten, ob nun die Assembler-Sprache oder das Assembler-Übersetzerprogramm gemeint ist.

Das Übersetzerprogramm hat die Aufgabe, die Übersetzung von Programmen aus der Assembler-Sprache in die Maschinensprache zu übernehmen. Das Resultat („Ausgabe") dieses Programms ist ein vom Anwender geschriebenes Programm („Anwenderprogramm"), das er in den Befehlsspeicher seines Mikroprozessors entweder durch Maskenprogrammierung beim Bauelementehersteller (Programmierung von ROMs) oder elektrische Programmierung (Programmierung eines PROM) bringt.

2.2.1 Befehlssyntax

Befehle der Assembler-Sprache müssen bestimmten formalen Anforderungen genügen, die hier beschrieben werden. Ein Befehl hat vier getrennte unterschiedliche Felder.
- NAMENSFELD: Der verwendete Name wird der Befehlsadresse zugeordnet.
- OPERATIONSCODEFELD: Es erfolgt die Kennzeichnung der auszuführenden Operationen.
- OPERANDENFELD: Hier werden Adressen und Daten angegeben, mit denen der jeweilige Befehl arbeitet.
- KOMMENTARFELD: Es handelt sich um ein reines Hilfsmittel für den Programmierer. Sein Inhalt wird vom Assembler-Übersetzerprogramm ignoriert und dient zum Einfügen erklärender Bemerkungen in den Programmtext. Hierdurch kann das Programm übersichtlicher und leichter lesbar gestaltet werden.

Im Assembler können beliebig viele Leerzeichen (blanks) zwischen den einzelnen Feldern zur Trennung verwendet werden. Zur Übersicht sollen hier einige Beispiele angegeben werden:

Name	Operationscode	Operand	Bemerkung
HERE:	MVI	C, 0	;LADE DAS C-REGISTER MIT 0
THERE:	DB	3AH	;DEFINIERE EINE 1-BYTE-KONSTANTE
LOOP:	ADD	E	;ADDIERE INHALT DES E-REGISTERS ;ZUM AKKUMULATOR
	RLC		;ROTIERE DEN AKKUMULATOR ;NACH LINKS

Für das Namensfeld gilt:
- kein Pflichtfeld (d. h., es muss nicht notwendigerweise ein Name eingetragen sein),
- maximale Länge des Namens: fünf Zeichen, erstes Zeichen alphabetisch (A bis Z) oder Sonderzeichen @ bzw. ?,

Achtung: Bei Verwendung dieser Zeichen kann es zu Schwierigkeiten mit dem ETA kommen.
- dem letzten Zeichen muss ein Doppelpunkt folgen,
- Operationscodes, Pseudobefehle und Registernamen sind für den Assembler reserviert und dürfen daher nicht als Namen verwendet werden.

Hier einige korrekte Beispiele:

```
LABEL:
F14F:
@ HERE:
? ZERO:
```

und einige fehlerhafte Beispiele:

```
123:        (beginnt mit einer Ziffer)
LABEL       (der Doppelpunkt fehlt)
ADD:        (ist ein Operationscode)
END:        (ist ein Pseudobefehl)
```

Im folgenden Namen werden nur die ersten fünf Zeichen interpretiert, der Rest wird ignoriert, weil der Name mehr als fünf Zeichen aufweist.

```
INSTRUCTION: wird zu INSTR:
```

Da Namen als Befehlsadressen dienen, dürfen sie nur einmal verwendet werden. So kann folgendes Beispiel zu einem Fehler führen, weil für den Assembler nicht definiert ist, welche Adresse er in den JMP-Befehl einsetzen soll:

```
HERE:    JMP      THERE: MOV
         - - -
         - - -
THERE:   MOV      C, D
         - - -
         - - -
THERE:   CALL     SUB
```

Ein Befehl kann auch zwei Namen haben, wie im folgenden Beispiel gezeigt wird:

```
LOOP1:
LOOP2:   MOV     C, D
         - - -
         JMP     LOOP1
         - - -
         JMP     LOOP2
```

Erklärung: Beide JMP-Befehle werden bewirken, dass das Programm bei demselben MOV-Befehl fortgesetzt wird.

In dem Operationscodefeld steht der Operationscode, der die auszuführenden Maschinenbefehle (Addition, Subtraktion, Sprung usw.) eindeutig definiert. Jedem Befehl ist ein mnemonischer Name (mnemotechnisches Kürzel) zugeordnet, der ins Operationscodefeld eingetragen wird. So ist zum Beispiel ein Sprungbefehl durch die Buchstaben JMP identifiziert. Auf das Operationscodefeld muss mindestens ein Zwischenraum (blank) oder ein H-Tabulator (Control 1) als Trennzeichen folgen, wenn auf den Befehl ein Operand oder eine Bemerkung folgt.

Das Operandenfeld liefert dem Mikroprozessor zusätzliche Informationen zur präzisen Definition des auszuführenden Befehls. Je nach Befehl sind im Operandenfeld keine, ein oder zwei Ausdrücke (durch Kommata voneinander getrennt) einzutragen. Es gibt vier Arten von Informationen, die als Ausdruck im Operandenfeld dargestellt werden müssen, und sie können auf neun verschiedene Arten angegeben werden.

Folgende Tabelle gibt eine Zusammenstellung der Möglichkeiten, die anschließend im Detail ausgeführt werden.

Darzustellende Information	Arten der Darstellung
(a) Register	(1) Hexadezimale Daten
(b) Registerpaare	(2) Dezimale Daten
(c) Direktwerte	(3) Oktale Daten
(d) 16-Bit-Speicheradresse	(4) Binäre Daten
	(5) Befehlszähler ($)
	(6) ASCII-Konstanten
	(7) Namen, die einem Wert zugeordnet sind
	(8) Namen, die Befehlsadressen zugeordnet sind
	(9) Ausdrücke

Jede hexadezimale Zahl muss von dem Buchstaben H gefolgt sein und mit einer Ziffer (0 bis 9) beginnen. Beispiel:

Name	Operationscode	Operand	Kommentar
HERE:	MVI	C,0BAH	;LADE REGISTER C
			;MIT DER HEXADEZIMALEN ZAHL BA

Jede dezimale Zahl muss von dem Buchstaben D oder keinem Buchstaben gefolgt sein. Beispiel:

Name	Operationscode	Operand	Kommentar
ABC:	MVI	E,105	;LADE REGISTER E MIT 105

Jede Oktalzahl muss entweder von dem Buchstaben O oder Q gefolgt sein. Beispiel:

Name	Operationscode	Operand	Bemerkung
LABEL:	MVI	A,72Q	;LADE DEN AKKUMULATOR
			;MIT DER OKTALEN ZAHL 72

Jede Binärzahl muss von dem Buchstaben B gefolgt sein. Beispiel:

Name	Operationscode	Operand	Bemerkung
NOW:	MVI	10B,11110110B	;LADE REGISTER 2
			;(D-REGISTER) MIT 0F6H
JUMP:	JMP	0010111011111010B	;SPRINGE ZUR SPEICHER-
			;ADRESSE 2EFA

Der Befehlszähler wird durch das Zeichen $ angegeben und ist identisch mit der Adresse des aktuellen Befehls. Beispiel:

Name	Operationscode	Operand
GO:	JMP	$+6

Eine ASCII-Konstante besteht aus einem oder mehreren ASCII-Zeichen, die von Apostrophen eingeschlossen werden. Zwei Apostrophe müssen dann geschrieben werden, wenn in der ASCII-Konstanten ein Apostroph enthalten ist. Beispiel:

Name	Operationscode	Operand	Kommentar
CHAR:	MVI	E,'*'	;LADE REGISTER E MIT DER ;8-BIT ASCII-DARSTELLUNG ;EINES STERNS

Namen, denen durch den Assembler eine bestimmte Zahl zugeordnet ist. Folgende Zuweisungen sind im Assembler getroffen und daher immer gültig:

- B ist der Zahl 0 zugewiesen und repräsentiert das Register B.
- C ist der Zahl 1 zugewiesen und repräsentiert das Register C.
- D ist der Zahl 2 zugewiesen und repräsentiert das Register D.
- E ist der Zahl 3 zugewiesen und repräsentiert das Register E.
- H ist der Zahl 4 zugewiesen und repräsentiert das Register H.
- L ist der Zahl 5 zugewiesen und repräsentiert das Register L.
- M ist der Zahl 6 zugewiesen und repräsentiert einen Speicherzugriff.
- A ist der Zahl 7 zugewiesen und repräsentiert den Akkumulator.

Beispiel: Angenommen, VALUE ist der hexadezimalen Zahl 9FH gleichgesetzt worden, dann wird Register D mit 9FH geladen:

Name	Operationscode	Operand
A1:	MVI	D,VALUE
A2:	MVI	2,9FH
A3:	MVI	2,VALUE

Namen, die im Namensfeld eines Befehls definiert sind:

Name	Operationscode	Operand	Kommentar
HERE:	JMP	THERE	;SPRINGE ZUR ANWEISUNG ;BEI THERE
	—		
	—		
THERE:	MVI	D,9FH	

Arithmetische Ausdrücke bestehen aus Konstanten oder Variablen, die durch die Operatoren + (Addition), – (Subtraktion oder Vorzeichen), * (Multiplikation), / (Division) oder MOD (modulo) verbunden sind.

Logische Ausdrücke werden mit Hilfe der logischen Operatoren NOT, AND, OR, XOR, SHR (schieben rechts) oder SHL (schieben links) gebildet.

Die standardmäßige Reihenfolge (Priorität) der Operatoren kann durch Einschließen in runde Klammern geändert werden.

Alle Operatoren behandeln ihre Argumente als 16-Bit-Ausdrücke und erzeugen als Resultat einen 16-Bit-Ausdruck.

Der Operator MOD erzeugt den ganzzahligen Rest, der entsteht, wenn der erste Operand durch den zweiten dividiert wird.

Die SHR- und SHL-Operationen schieben den ersten Operanden so oft nach rechts oder links, wie der zweite Operand angibt. Es werden Nullen nachgezogen.

Der Programmierer muss sicherstellen, dass das Ergebnis einer Operation den Anforderungen der codierten Operation entspricht. Zum Beispiel darf der zweite Operand eines MVI-Befehls nur acht Bit lang sein. Der Befehl: MVI H, NOT0 ist also fehlerhaft, weil NOT0 die 16 Bit lange Hexadezimalzahl FFFF erzeugt.

Der Befehl: MVI H, NOT0 AND 0FFH ist richtig, weil die höherwertigen acht Bits sicher 0 sind und das Resultat in acht Bits dargestellt werden kann.

Beispiel:

Name	Operationscode	Operand	angenommene Speicheradresse
HERE:	MVI	C,HERE SHR8	2E1A

Der obenstehende Befehl lädt die Hexadezimalzahl 2EH (16-Bit-Adresse von HERE um acht Bits nach rechts geschoben) in das Register C.

Name	Operationscode	Operand
NEXT:	MVI	D,34 + 64HH/2

Der obenstehende Befehl lädt den Wert 34 + (64/2) = 34 + 32 = 66 in das Register D.

Anmerkung: Eine Anweisung in Klammern ist eine zulässige Darstellungsform für einen Wahlparameter. Der Wert dieses Ausdrucks entspricht dem decodierten Operationscode der eingeklammerten Anweisung.

Name	Operationscode	Operand
INS:	DB	(ADD C)

Der obenstehende Befehl definiert ein Byte mit dem Wert 81H (der decodierte Befehl ADD C) mit der Adresse INS.

Die Operatoren in einem Ausdruck werden in folgender Reihenfolge bearbeitet:

1. Ausdrücke in Klammern
2. *, /, MOD, SHL, SHR
3. +, −
4. NOT
5. AND
6. OR, XOR

Sind mehrere Klammern in einem Ausdruck, wird die innerste Klammer immer zuerst aufgelöst.

Beispiel: Der Befehl MVI D, (34 + 40H)/2 lädt den Wert (34 + 64)/2 = 49 in das Register D. Die Operatoren MOD, SHL, SHR, NOT, AND, OR and XOR müssen von den Operanden durch mindestens einen Zwischenraum getrennt sein, daher ist der Befehl

```
MVI C, VALUE AND 0FH
```

fehlerhaft.

Bei Verwendung dieser neun Arten der Datenangabe können vier Arten von Informationen gewünscht werden:

(a) Ein Register (oder M, d. h. der Code, der einen Speicherzugriff bewirkt), das als Sende- oder Zieloperand dient: Dann müssen die Arten 1, 2, 3, 4, 7 oder 9 verwendet werden, um das Register bzw. den Speicherverweis zu spezifizieren. Das Ergebnis muss einer der Ziffern 0 bis 7 entsprechen:

Wert	Register
0	B
1	C
2	D
3	E
4	H
5	L
6	M (Speicherzugriff)
7	A (Akkumulator)

Beispiel:

Name	Operationscode	Operand
INS1:	MVI	REG4, 2EH
INS2:	MVI	4H, 2EH
INS3:	MVI	8/2, 2EH

Wenn REG4 dem Wert 4 gleichgesetzt ist, laden alle den obenstehenden Wert 2EH in das Register 4 (H-Register).

(b) Ein Registerpaar, das als Sende- oder Zieloperand dient. und Registerpaare werden wie folgt spezifiziert:

Angabe	Registerpaar
B	Register B und C
D	Register D und E
H	Register H und L
PSW	das Byte, welches die Bedingungsbits enthält und Register A (Akkumulator)
SP	Stackpointer

Anmerkung: Der binäre Wert, der jedem Registerpaar entspricht, ist von Befehl zu Befehl verschieden. Deshalb sollte der Programmierer die Registerpaare mit ihren Buchstaben spezifizieren.

Beispiel:

Name	Operationscode	Operand	Kommentar
	PUSH	D	;BRINGE REGISTER D UND E IN STACK
	INX	SP	;INKREMENTIERE 16-BIT-ZAHL
			;IM STACKPOINTER

(c) Direktwerte, die direkt als Ausdruck verwendet werden:

Name	Operationscode	Operand	Kommentar
HERE:	MVI	H,DATA	;LADE H-REGISTER MIT DEM WERT VON DATA

Einige Beispiele, welche Form DATA haben könnte:

OFFH
ADDR (wenn ADDR eine 16-Bit-Adresse ist)
127
'*'
VALUE (wenn VALUE einer Zahl gleichgesetzt ist)

(d) Eine 16-Bit-Adresse oder die Adresse eines anderen Befehls im Speicher.

Beispiel:

Name	Operationscode	Operand	Kommentar
HERE:	JMP	THERE	;SPRINGE ZUR ANWEISUNG BEI THERE
	JMP	2EADH	;SPRINGE ZUR ADRESSE 2EADH

Die einzige Vorschrift für dieses Feld ist, dass es mit einem Strichpunkt bzw. Semikolon (;) beginnen muss.

```
HERE:    MVI    C,0ADH       ;DAS IST EINE BEMERKUNG
```

Eine Bemerkung kann auch alleine stehen:

```
        ;
        ;SCHLEIFENANFANG
        ;
```

2.2.2 Befehle zur Datendarstellung

Hier wird gezeigt, wie Daten für ein Programm definiert, dargestellt und interpretiert werden. Jedes Byte (acht Bit) enthält eine von 256 möglichen Kombinationen von binären Nullen und Einsen. Eine bestimmte Kombination kann auf verschiedene Weise interpretiert werden. So kann der Code „1FH" als Maschinenbefehl RAR, als Hexadezimalwert „1FH" = 31D oder auch nur als Bitmuster 00011111 verstanden werden.

Arithmetische Operationen behandeln die Datenbytes grundsätzlich als in Zweierkomplement-Format dargestellt und die entsprechenden Operationen bezeichnet man als Zweierkomplement-Arithmetik. In ihr wird jede Subtraktion zu einer Komplementierung der Bits mit anschließender Addition. Dies ist mit weniger Aufwand durchzuführen als eine eigentliche Subtraktion.

Anmerkung: Der SPS-Mikroprozessor führt Subtraktionen mit Hilfe der Befehle SUB, SUI, SBB, CMP und CMI durch. Dasselbe Ergebnis könnte erzielt werden, wenn man statt Verwendung dieser Befehle eine komplementierte Zahl addiert, jedoch würde das Carrybit in beiden Fällen verschieden gesetzt.

Beispiel: Entsteht das Ergebnis −3 durch Addition (ADD) der Zahlen „+12D" und „−15D", wird das Carrybit zurückgesetzt. Wenn aber dasselbe Ergebnis durch eine Subtraktion (SUB) der Zahlen „+12D" und „+15D" erzielt worden ist, wird das Carrybit gesetzt. Bei beiden Operationen wird angezeigt, dass das Ergebnis negativ ist.

Der Programmierer muss darauf achten, welche Operationen das Carrybit setzen bzw. zurücksetzen:

```
„ADD" +12D und −15D
  +12D  = 00001100
+(−15D) = 11110001
     0    11111101 = −3D
     └──────────────────→ das Carrybit wird zurückgesetzt
```

„SUB" +15D von +12D

```
  ±12D  =  00001100
 +(−15D) =  11110001
      0   11111101  =  −3D
      └─────────────────→  das Carrybit wird gesetzt
```

2.2.3 Befehle zur Definition von Datenbytes bzw. Wörtern

Der Befehl DB definiert ein Datenbyte:

Format:

Name	Operationscode	Operand
oplab:	DB	liste

„liste" kann sein:
1. eine Reihe von arithmetischen und logischen Ausdrücken, die alle arithmetischen und logischen Operationen enthalten können und nicht länger als acht Bit sein dürfen,
2. eine ASCII-Zeichenkette in Apostrophe eingeschlossen.

Achtung: Bei Verwendung der Zeichen CR (0DH) und LF (0AH) können in Verbindung mit dem Texteditor Schwierigkeiten auftreten.

Bemerkung: Der acht Bit lange Wert jedes Ausdrucks oder die acht Bit lange ASCII-Codierung der Zeichen wird im nächsten verfügbaren Byte beginnend mit der Adresse „oplab" abgespeichert. Beispiel:

Anweisung		Assemblierte Daten im Hexadezimalformat
HERE:	DB0A3H	A3
WORD1:	DB5*2,2FH-0AH	0A25
WORD2:	DB5ABCHSHR8	5A
STR:	DB'STRING1'	535452494E472031
MINUS:	DB-03H	FD

Anmerkung: In der ersten Zeile des Beispiels muss der hexadezimale Wert A3 als 0A3 angegeben werden, weil Hexadezimalzahlen mit einem numerischen Zeichen beginnen müssen.

Der Befehl DW definiert ein 16-Bit-Wort:

Format:

Name	Operationscode	Operand
oplab:	DW	liste

„liste" steht für eine Reihe von Ausdrücken mit 16 Bit Länge.

Beschreibung: Die niederwertigen acht Bits eines Ausdrucks werden bei der niedrigeren Speicheradresse (oplab) abgespeichert, die höherwertigen acht Bits werden bei der nächsthöheren Speicheradresse (oplab + 1) abgespeichert. Diese Instruktion wird hauptsächlich dazu verwendet, um Adresskonstanten für Programmsprungbefehle zu definieren, so dass „liste" meist eine oder mehrere Befehlsadressen sind, die an beliebiger Stelle im Programm vorkommen. Beispiel:

Es wird angenommen, dass COMP den Speicherplatz „3B1CH" und FILL den Speicherplatz „3EB4H" adressiert.

Anweisung		Assemblierte Daten im Hexadezimalformat
ADD1:	DW COMP	1C3B
ADD2:	DW FILL	B43E
ADD3:	DW 3C01H,3CAEH	013CAE3C

Anmerkung: In jedem Fall werden die niederwertigen acht Bits zuerst abgespeichert.

Der Befehl DS definiert einen Speicherbereich:

Name	Operationscode	Operand
oplab:	DS	exp

„exp" ist ein einfacher arithmetischer oder logischer Ausdruck.

Beschreibung: Der Wert von „exp" gibt die Zahl der zu reservierenden Speicherbytes an. Der Inhalt dieser Speicheradressen wird weder beeinflusst noch auf 0 gesetzt. Die nächste Anweisung wird in dem Speicherplatz oplab + exp (in folgenden Beispielen oplab + 10 bzw. oplab + 16) abgespeichert.

Beispiel:

Name	Operationscode	Operand	Kommentar
HERE:	DS	10	;RESERVIERE DIE NÄCHSTEN 10 BYTES
	DS	10H	;RESERVIERE DIE NÄCHSTEN 16 BYTES

2.2.4 Vom Assembler zu STEP5

Angenommen, Sie möchten einen Drucker veranlassen, ein Zeichen abzudrucken, dann können einige der Instruktionen verwendet werden:

Maschinensprache	Hexcode	Assembler	BASIC
1101 1011	DB	IN 03	LPRINT "X"
0000 0011	03	AN 01	oder Betätigen
1110 0110	E6	JZ 0000	einer Funktionstaste
0000 0001	01	MVI A, 58H	
1100 0010	C2	OUT 02	
0000 0000	00		
0000 0000	00		
0011 1110	3E		
0101 1001	58		
1010 0110	D3		
0000 0010	02		

Man sieht anhand dieser Gegenüberstellung von möglichen „Instruktionssprachen", dass eine anwendungsbezogene höhere Programmiersprache eine große Erleichterung der Programmerstellung bedeutet.

Die BASIC-Anweisung LPRINT "X" beinhaltet also schon einen ganzen Block von Assembler-Instruktionen. Die Anweisung LPRINT "X" könnte theoretisch die Ausführung von hunderten von Maschineninstruktionen beinhalten, aber durch diesen einzigen Befehl begreifen wir sofort die Funktion des Programms.

Je näher wir also dem Verständnis der jeweiligen Aufgabenstellung des Computers kommen, desto weiter entfernen wir uns von den Maschineninstruktionen, die der Mikroprozessor tatsächlich ausführt.

Die letzte Ebene, die man betrachten muss, ist das Anwenderprogramm. Ein Anwenderprogramm weist einem Mikroprozessor an, eine spezielle Aufgabe auszuführen, z. B. ein STEP5-Programm in AWL, KOP oder FUP zu erstellen und zum Automatisierungsgerät zu übertragen. Diese Anwenderprogramme können ohne Kenntnis der niederen Ebene benutzt werden.

Aus diesem Grund sollte die Programmierung in einer Sprache erfolgen können, die den Ausdrucksmitteln der Steuerungstechnik sehr ähnlich ist. Leider stimmen die von den Herstellern entwickelten Programmiersprachen nicht überein, auch wenn sie einander ähnlich sind und sich auf die Norm DIN 19239 stützen. Dieses Buch konzentriert sich daher auf eine der Sprachen, die Programmiersprache STEP5, die mit den Automatisierungsaufgaben in Verbindung mit den Automatisierungsgeräten der SIMATIC S5 gelöst werden.

2.2.5 Programmiersprache STEP5

Die Programmiersprache STEP5 kennt drei anwenderfreundliche Darstellungsarten:
(a) Kontaktplan – KOP
(b) Funktionsplan – FUP
(c) Anweisungsliste – AWL

Abb. 2.9 zeigt einen Strompfad aus dem Stromlaufplan einer Schützsteuerung, der in ein entsprechendes Programm umgesetzt werden soll. Vor Beginn des Programmierens müssen die einzelnen Signal- und Stellglieder den Ein- und Ausgängen zugeordnet werden.

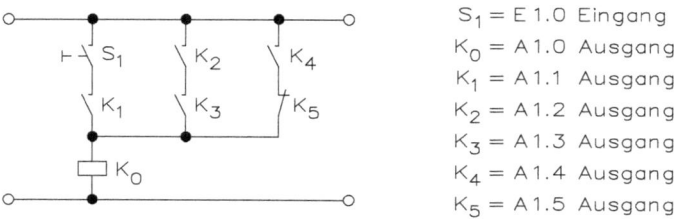

$S_1 = E\,1.0$ Eingang
$K_0 = A\,1.0$ Ausgang
$K_1 = A\,1.1$ Ausgang
$K_2 = A\,1.2$ Ausgang
$K_3 = A\,1.3$ Ausgang
$K_4 = A\,1.4$ Ausgang
$K_5 = A\,1.5$ Ausgang

Abb. 2.9: Stromlaufplan einer Schützsteuerung.

Der Plan gemäß Abb. 2.9 wird dann in den folgenden drei Abbildungen als Kontaktplan (Abb. 2.10), als Funktionsplan (Abb. 2.11) und als Anweisungsliste mit Hilfe von STEP5 dargestellt.

Der Kontaktplan (KOP) ähnelt dem Stromlaufplan. Da auf dem Bildschirm des PC aber Texte oder Bilder zeilenweise erscheinen, sind die einzelnen Strompfade nicht wie im Stromlaufplan senkrecht nebeneinander, sondern waagerecht untereinander angeordnet. Diese Darstellung ist an die amerikanischen elektrotechnischen Normen angelehnt (Abb. 2.10).

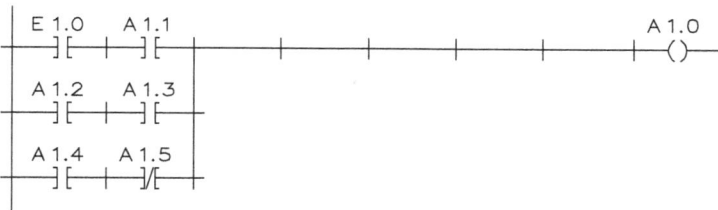

Abb. 2.10: Kontaktplan (KOP) eines Stromlaufplans für eine Schützsteuerung.

Für die Eingabe der Symbole, mit denen die Ein- und Ausgänge belegt werden sollen, hat das Tastenfeld des Programmiergeräts entsprechend beschriftete Tasten. Über jedem Symbol wird dazu die Adresse des Ein- oder Ausgangs angegeben. Mit etwas Übung kann auf diese Art und Weise ein Programm am PC schneller geschrieben werden, als der zugehörige Stromlaufplan von Hand zu zeichnen ist.

Im Funktionsplan (FUP) werden die einzelnen Funktionen, die miteinander verknüpft werden sollen, mit genormten Symbolen dargestellt. Das Funktionskennzeichen innerhalb des rechteckigen Symbols definiert dabei die Art der Funktion wie z. B.

&   eine UND-Funktion,
>=1   eine ODER-Funktion.

Die Eingänge der Funktion (z. B. Geberkontakte) sind auf der linken Seite, die Ausgänge der Funktion auf der rechten Seite des Symbols angeordnet. Der Signalfluss verläuft von links nach rechts, wie Abb. 2.11 zeigt.

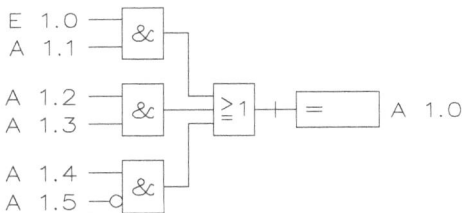

Abb. 2.11: Funktionsplan (FUP) eines Stromlaufplans für eine Schützsteuerung.

Vergleicht man den Kontakt- mit dem Funktionsplan, wird deutlich, dass beide Darstellungsarten dieselbe Funktion beschreiben. Aus den Reihenschaltungen werden UND-Funktionen und aus den Parallelschaltungen ODER-Funktionen.

Der PC ist in der Lage, ein Programm aus der Darstellungsart, in der es geschrieben worden ist, in die andere Darstellungsart zu übertragen. Um diese Möglichkeit zu nutzen, müssen bestimmte Regeln (so genannte Kompatibilitätsregeln) beim Programmieren beachtet werden.

Die dritte Darstellungsart, die Anweisungsliste, wird insbesondere dann verwendet, wenn Funktionen programmiert werden müssen, die sich bildlich nicht darstellen lassen. Die auf der nächsten Seite dargestellte Anweisungsliste (Programmiersprache STEP5) findet man Zeile für Zeile in Maschinencode (MC-5) übersetzt im Programmspeicher des AG wieder. Jede Zeile enthält als kleinste Einheit des Programms eine so genannte Steueranweisung. Diese Steueranweisungen werden vom Prozessor der Reihe nach Anweisung für Anweisung bearbeitet.

```
: U        E  1 . 0
: U        A  1 . 1
: O
: U        A  1 . 2
: U        A  1 . 3
: O
: U        A  1 . 4
: UN       A  1 . 5
: =        A  1 . 0
```

In der Anweisungsliste stehen die Anweisungen wie im Programmspeicher in einer bestimmten Reihenfolge. Der erste Teil besteht aus Anweisungen, mit denen der Prozessor durch Abfrage des Signalzustands von Eingängen usw. prüft, ob die im Programm enthaltenen Verknüpfungen (U = UND; O = ODER) erfüllt sind. Diesen Anweisungen folgt zum Abschluss eine Anweisung, bei deren Bearbeitung das Ergebnis der vorher bearbeiteten Anweisungen bestimmt, ob z. B. ein Ausgang ein- oder ausgeschaltet wird.

2.2.6 Bearbeitungszyklus

Das in den Programmspeicher eingeschriebene Steuerungsprogramm wird vom Prozessor des Automatisierungsgeräts als Schleife in stetiger Wiederholung abgearbeitet. Ein Durchlauf dieser Schleife vom Anfang bis zum Ende wird Bearbeitungszyklus genannt. Die Zeit, die das Gerät für einen solchen Zyklus benötigt, heißt Zykluszeit. Die Dauer der Zykluszeit ist abhängig von der Arbeitsgeschwindigkeit des verwendeten Automatisierungsgeräts und vom Umfang des zu bearbeitenden Anwenderprogramms. Abb. 2.12 zeigt den Ablauf eines Bearbeitungszyklus.

Ein Bearbeitungszyklus besteht aus drei aufeinanderfolgenden Abschnitten:
1. Zu Beginn werden die Signalzustände der Eingänge Eingangsbyte um Eingangsbyte in das Prozessabbild der Eingänge (PAE) übertragen. Das dafür notwendige Programm ist in jedem Prozessor schon vorhanden und wird als Betriebssystem bezeichnet.
2. Anschließend wird das vom Anwender in den Programmspeicher geschriebene Programm, das so genannte Anwenderprogramm, bearbeitet. Dazu werden die einzelnen Steueranweisungen nacheinander in der Reihenfolge, in der sie im Programmspeicher stehen, vom Prozessor gelesen und bearbeitet. Jetzt werden die Signalzustände von Eingängen, Zeitgliedern etc. abgefragt und die Verknüpfungen gebildet. Mit ihren Ergebnissen werden dann u. a. die neuen Zustände von Ausgängen bestimmt, Zeitglieder gestartet usw.

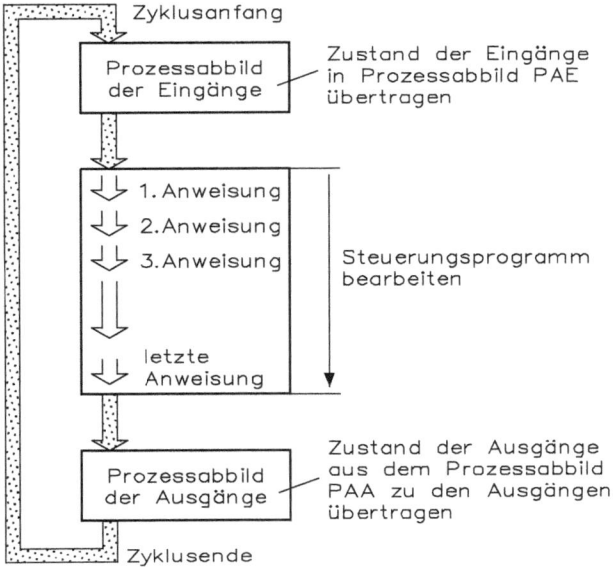

Abb. 2.12: Ablauf eines Bearbeitungszyklus.

3. Am Ende eines Bearbeitungszyklus werden die neuen Signalzustände der Aus-
    gänge, die bei der Programmbearbeitung zunächst nur im Prozessabbild der Aus-
    gänge zwischengespeichert wurden, aus dem Prozessabbild zu den Ausgabebau-
    gruppen übertragen. Dieser Teil gehört ebenfalls zum Betriebssystem.

Hinweis: Viele SPS-Geräte haben nur ein Prozessabbild für Eingänge, d. h., dass bei
diesen Geräten die Verknüpfungsergebnisse für Ausgänge direkt an die Peripherie
ausgegeben werden.

2.2.7 Steueranweisung

Eine Steueranweisung ist die kleinste selbstständige Einheit eines Programms. Sie
ist eine Arbeitsvorschrift für das Steuerwerk, den Prozessor im Steuergerät. Abb. 2.13
zeigt den Aufbau einer Steueranweisung.

Der Anweisungsteil „Operation" sagt dem Steuerwerk, was zu tun ist, wie eine
binäre Variable zu verarbeiten ist und ob sie mit UND oder ODER zu verknüpfen ist
usw.

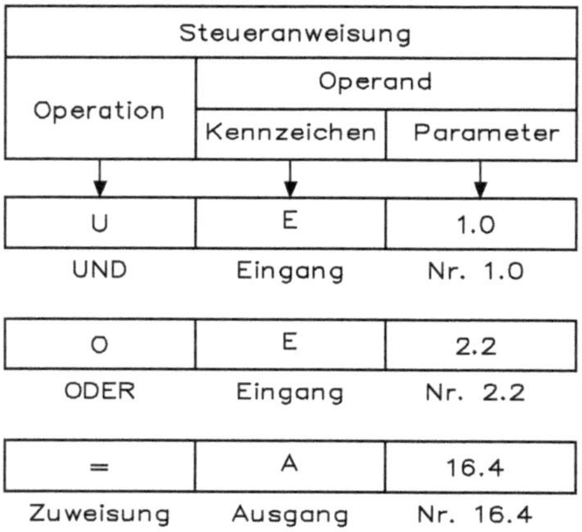

Steueranweisung		
Operation	Operand	
	Kennzeichen	Parameter

U	E	1.0
UND	Eingang	Nr. 1.0

O	E	2.2
ODER	Eingang	Nr. 2.2

=	A	16.4
Zuweisung	Ausgang	Nr. 16.4

Abb. 2.13: Steueranweisung in einer SPS.

U   UND-Verknüpfung bilden
UN   NICHT-UND-Verknüpfung bilden
O   ODER-Verknüpfung bilden
ON   NICHT-ODER-Verknüpfung bilden
=   einem Operanden A (Ausgang) den Zustand 1 oder 0 zuweisen

Der Operand umfasst die zur Ausführung der Operation erforderlichen Daten. Er sagt dem Steuerwerk, womit „operiert werden" soll.

Die Adresse der meisten Operanden besteht aus zwei Teilen, die durch einen Punkt getrennt sind. Links vom Punkt steht die Byteadresse, rechts die Bitadresse.

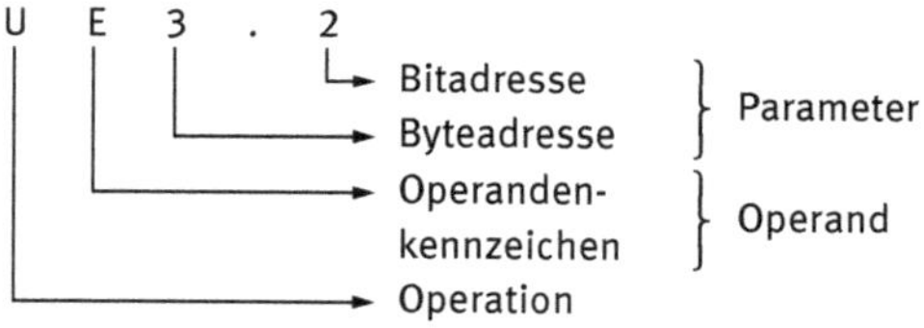

```
U   E   3  .  2
    |   |     └→ Bitadresse   } Parameter
    |   └──────→ Byteadresse
    └──────────→ Operanden-   } Operand
                 kennzeichen
    └──────────→ Operation
```

Einige Anweisungen werden allerdings byteweise adressiert, ohne dass eine Bitadresse vorhanden ist:

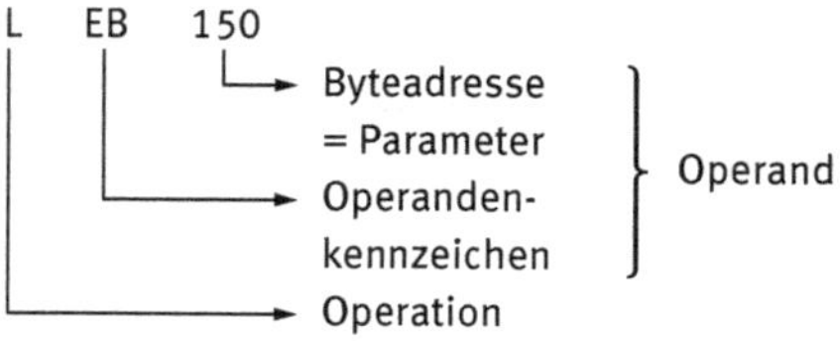

```
L   EB   150
         └→ Byteadresse
            = Parameter      } Operand
    └──────→ Operanden-
             kennzeichen
    └──────→ Operation
```

Andere Anweisungen werden wiederum wortweise adressiert (Wortadresse). Auch diese Operanden haben keine Bitadresse:

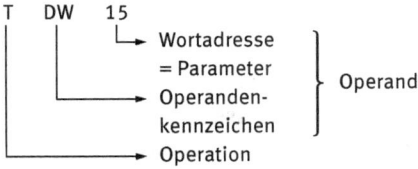

T DW 15

└─► Wortadresse
= Parameter ⎫
Operanden- ⎬ Operand
kennzeichen ⎭
Operation

2.2.8 Bearbeitung des Programms

Die Anweisungen belegen im Programmspeicher je eine Speicherzelle. Sie sind entsprechend der Anweisungsliste angeordnet und dies unabhängig davon, ob das Programm auch in den Darstellungsarten Kontaktplan oder Funktionsplan geschrieben wurde oder nur als Anweisungsliste existiert, wie Abb. 2.14 zeigt.

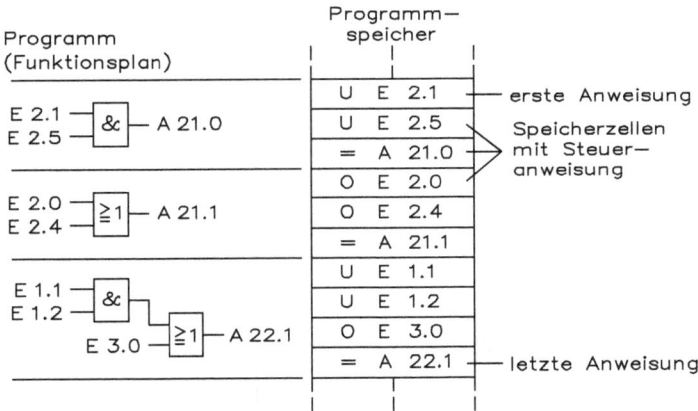

Abb. 2.14: Steueranweisungen.

Abb. 2.14 zeigt beispielhaft die Anordnung der Steueranweisungen für die drei Verknüpfungen UND, ODER und UND-vor-ODER, die vom Anwender in der folgenden Reihenfolge programmiert wurden:

1. Ausgang A 21.0 ist eingeschaltet, wenn E 2.1 und E 2.5 den Zustand „1" haben.
2. Ausgang A 21.1 ist eingeschaltet, wenn E 2.0 oder E 2.4 den Zustand „1" haben.
3. Ausgang A 22.1 ist eingeschaltet, wenn E 1.1 und E 1.2 oder E 3.0 den Zustand „1" haben.

Für jede Steueranweisung, die aus einem Wort mit 16 Bitstellen besteht, ist also im Speicher ein eigener Speicherplatz vorhanden, wobei jeder Bitstelle eine ganz bestimmte Bedeutung zukommt, wie die Beispiele der Anweisungen U E 2.1 bzw. O E 2.0 zeigen (Abb. 2.14). Alle Speicherzeilen sind fortlaufend nummeriert. Diese Nummern sind Speicheradressen, die über einen Adressenzähler angesprochen werden, der im Prozessor enthalten ist. Der Prozessor erhöht vor der Bearbeitung die Adresse der jeweils nächsten Steueranweisung und diese Adresse erscheint dann sofort am Speicherausgang. Dieser Vorgang wird durch den Zählerstand um +1 erhöht. Das Ansprechen eines neuen Inhalts der zu dieser Adresse gehörenden Speicherzelle wird als Lesen definiert (Abb. 2.15).

Die Anweisungen des Programms liegen in aufeinanderfolgenden Speicherzellen. Bei der Programmbearbeitung werden die einzelnen Speicherzellen nacheinander angewählt. Diese Aufgabe übernimmt der Adressenzähler in Verbindung mit dem Steuerwerk. Die in der angewählten Speicherzelle enthaltene Anweisung wird gelesen und in einen Zwischenspeicher, das Anweisungsregister, übertragen. Nach der Bearbeitung

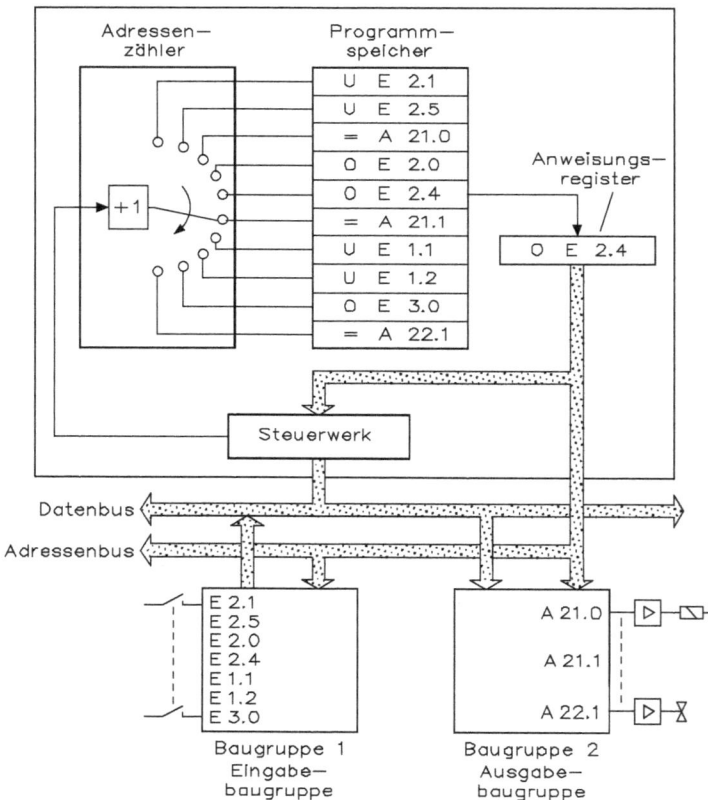

Abb. 2.15: Lesen der Anweisungsliste.

der Anweisung durch das Steuerwerk wählt der Adressenzähler die nächste Speicherzelle an.

Innerhalb des meist als Automatisierungsgerät AG bezeichneten Steuergeräts erfolgt der Signalaustausch zwischen den einzelnen Baugruppen über die so genannten Busleitungen. Über den Adressenbus gelangt die Adresse des Operanden zu allen Eingabe- und Ausgabebaugruppen. Sie ist in den Steueranweisungen enthalten.

Bei der Operandenadresse kann es sich um die eines Eingangs oder die eines Ausgangs handeln. Bearbeitet wird aber immer nur die Baugruppe mit der bezeichneten Adresse, während die anderen gesperrt bleiben. Bei dem Schema in Abb. 2.15 ist die Adresse des Eingangs E 2.4 in der Steueranweisung O E 2.4 enthalten. Hier wird also der Eingang E 2.4 abgefragt.

Der Signalzustand „0" oder „1" des adressierten Eingangs wird dem Steuerwerk bei der Abfrage von Eingängen über das PAE gemeldet. Aus dieser Information bildet das Steuerwerk das programmgemäße Verknüpfungsergebnis.

Wird dagegen ein Ausgang bearbeitet, gelangt über den Datenbus ein vom Verknüpfungsergebnis abhängiges Signal zum adressierten Ausgang. Damit kann beispielsweise ein Stellglied (Ventil) ein- oder ausgeschaltet werden. Bei dem in Abb. 2.15 zu Grunde gelegten Beispiel werden die Eingangssignale E 2.1 und E 2.5 durch eine UND-Funktion verknüpft. Das Ergebnis wird als Signal dem Ausgang A 2.0 zugeführt. Dementsprechend stehen im Programmspeicher dann die in Abb. 2.15 dargestellten Anweisungen:

```
:U  E  2.1
:U  E  2.5
:=  A  2.0
```

Nach der Bearbeitung der letzten im Speicher stehenden Anweisung beginnt das Steuerwerk wieder mit der ersten der im Speicher stehenden Anweisungen. Die einzelnen Anweisungen werden vom Steuerwerk nacheinander abgefragt, damit das Steuerungsprogramm zyklisch arbeiten kann.

2.2.9 Ein- und Mehr-Bit-Verarbeitung

Die Ein-Bit-Verarbeitung wird auch als Logik-Verarbeitung bezeichnet. Das Automatisierungsgerät muss hier nur Informationen von einem Bit verarbeiten („0" oder „1"). Dazu gehört das Ausführen logischer Verknüpfungen, wie sie beispielsweise durch Schaltfunktionen beschrieben werden.

Viele Steuerungsaufgaben sind bereits mit der Ein-Bit-Verarbeitung zu lösen. In reiner Logikverarbeitung und in Verbindung mit Zeitbaugruppen lassen sich u. a. verwirklichen:

– Verknüpfungssteuerungen
– Ablaufsteuerungen
– Überwachungs- und Meldeeinrichtungen

Zur Erstellung des Programms in Ein-Bit-Verarbeitung ist nur eine einfache und leicht erlernbare Programmiersprache erforderlich.

Für die Mehr-Bit-Verarbeitung gibt es auch die Bezeichnung Wortverarbeitung. Das Automatisierungsgerät muss die Datenworte von z. B. 16 Bit verarbeiten und damit lassen sich auch komplexe digitale Operationen ausführen.

Wortprozessoren für die Mehr-Bit-Verarbeitung arbeiten mit Mikroprozessoren. Für ihre Programmierung sind aufwendigere Programmiersprachen erforderlich.

2.3 Hardware einer SPS

Die Grundphilosophie des SPS-Mikroprozessors besteht darin, die technologische Weiterentwicklung zu nutzen, ohne dabei Verluste der vorhandenen Investitionen für Hardware und Software hinnehmen zu müssen. Dem Anwender der verschiedenen SPS-Mikroprozessoren steht eine erhöhte Leistungsfähigkeit zur Verfügung und der Betrieb ist mit einer einzigen Versorgungsspannung von +5 V möglich, wobei trotzdem 100 % der vorhandenen Software-Investitionen erhalten bleiben. Dem SPS-Anwender stellt sich die Frage, welche Leistungsfähigkeit seine SPS-Anlage aufweisen muss, damit sein System optimal arbeiten kann. Die Entwicklung von Steuerprogrammen erfolgt heute auf dem PC und dann wird das Programm über eine serielle Schnittstelle in die SPS eingespielt. Normalerweise arbeiten SPS-Anlagen langsam und in vielen Systemen ist ein 8-Bit-Mikroprozessor vorhanden. Nur bei größeren Anlagen verwendet man 16-Bit-Mikroprozessoren.

Im Dezember 1971 wurde der erste 8-Bit-Mikroprozessor für allgemeine Anwendungen, der 8008, vorgestellt. Er war in P-Kanal-MOS-Technologie ausgeführt und in nur einem DIP-Gehäuse mit 18 Anschlüssen untergebracht. Der 8008 arbeitete mit Standard-ROMs und RAMs auf Halbleiterbasis und zum Großteil mit TTL-Bausteinen für die Ein-/Ausgabe und allgemeine Schnittstellen. Er fand sofort Anwendung in byteorientierten Erzeugnissen wie Terminals und Rechner-Peripheriegeräten, sofern seine Befehlsausführungszeit (20 µs), die Mehrzweck-Organisation und der Befehlssatz den Anforderungen dieser Computersysteme anzupassen waren. Mit Rücksicht darauf, dass die Hardware nur einen kleinen Teil des Gesamtsystems bildet, wurden sowohl Hardware- als auch Software-Hilfsmittel für den Ingenieur und Techniker entwickelt, damit der Übergang vom Prototyp zur Fertigung so einfach und so schnell wie möglich erfolgen kann. Die Verpflichtung, mit dem Mikrocomputersystem 8008 eine Gesamt-Systemlösung zu bieten, war die Grundlage für die entwickelten vielseitigen Entwicklungshilfen, welche heute angeboten werden.

Mit der Einführung der Großserien-Fertigung von N-Kanal-RAM-Speichern und von DIP-Gehäusen mit 40 Anschlüssen wurde der Mikroprozessor 8080A entwickelt. Er war auf Software-Kompatibilität mit dem 8008 hin entwickelt, damit die Anwender des 8008 ihre Software-Investitionen erhalten können. Gleichzeitig wurde eine drastisch erhöhte Leistungsfähigkeit (Befehlsausführungszeit 2 µs) geboten, während sich die Anzahl der für den Aufbau eines Systems erforderlichen Bausteine verringerte. Der ursprüngliche Befehlssatz wurde erweitert, um diese erhöhte Leistungsfähigkeit ausnutzen zu können, und in den Baustein wurden Merkmale großer Systeme aufgenommen, wie DMA für einen direkten Speicherzugriff, 16-Bit-Adressierung und externer Stack, wodurch das Gesamtspektrum der Anwendungen erheblich erweitert werden konnte. Der 8080 wurde im Dezember 1973 erstmalig bemustert. Seit dieser Zeit ist er zu einem Standard der Industrie geworden und wird als primärer Baustein für mehr Mikrocomputer-Anwendungen eingesetzt als alle anderen SPS-Systeme zusammen.

2.3.1 SPS-Minimalsystem

Für ein SPS-Minimalsystem sind folgende Bausteine erforderlich:
- 8085: 8-Bit-Mikroprozessor mit 8-Bit-Datenbus und 16-Bit-Adressenbus
- 74LS245: parallele Schnittstelle (Zweirichtung) für den 8-Bit-Datenbus
- 74LS373: parallele Schnittstelle (Einrichtung) für den 16-Bit-Datenbus
- RAM (Schreib-Lese-Speicher), ROM (Festwertspeicher, I/O [Input/Output]), AD-Wandler (Analog-Digital-Wandler), DA-Wandler (Digital-Analog-Wandler)

Abb. 2.16 zeigt ein SPS-Minimalsystem mit dem 8-Bit-Mikroprozessor 8085.

Der 8085 ist ein 8-Bit-Mikroprozessor für allgemeine Anwendungen und SPS-Systeme, der dank seines außerordentlich geringen Bedarfs an zusätzlichen Bausteinen äußerst kostengünstig für kleine Systeme ist. Weiter hat der Prozessor Zugriff auf einen Speicherbereich von bis zu 64 Kbyte und besitzt Statusleitungen zur Steuerung großer Systeme.

Der 8085 enthält außer den Funktionen, die der Befehlsausführung dienen, auch noch die Takterzeugung, die Systembussteuerung und die Prioritätsauswahl für die Unterbrechungssteuerung. Der 8085 überträgt die Daten auf einen acht Bit breiten bidirektionalen Tristate-Bus (AD_0 bis AD_7), der im Zeitmultiplex-Betrieb arbeitet und so auch die acht niederwertigen Adressbits überträgt. Weitere acht Leitungen (A_8 bis A_{15}) erweitern die Speicher-Adressierfähigkeit des Systems 8085 auf 16 Bit, wodurch 64-Kbyte-Speicherkapazität direkt von dem Mikroprozessor angesprochen werden können. Der Mikroprozessor erzeugt Steuersignale, die zur Anwahl externer Bausteine und zur Durchführung von Lese- und Schreiboperationen verwendet werden können sowie zur Anwahl von Speichern oder Ein-/Ausgabe-Kanälen. Der 8085 kann bis zu 256 verschiedene E/A-Kanäle adressieren. Diese Adressen verwenden die gleichen numerischen Werte („00H" bis „FFH") wie die ersten 256 Speicheradressen und sie wer-

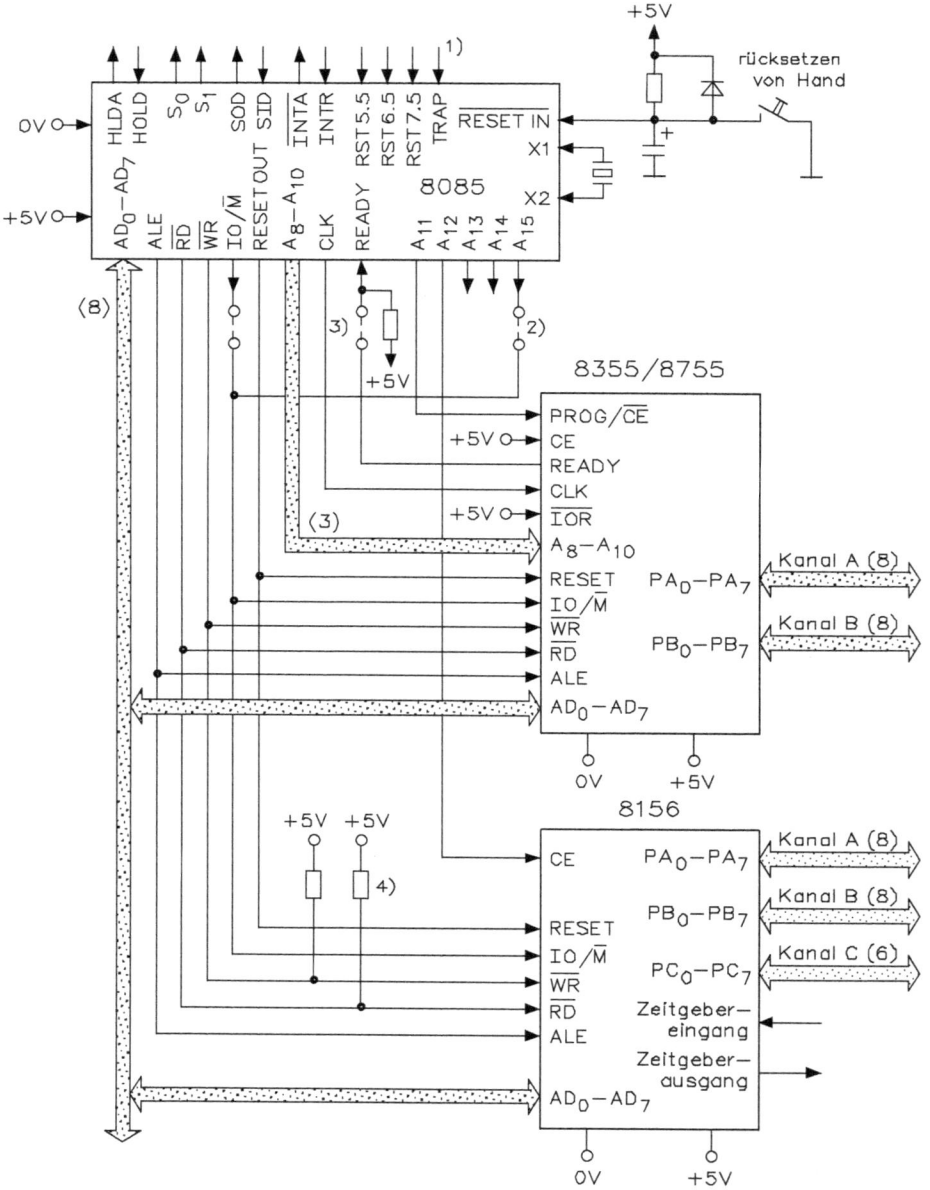

Abb. 2.16: SPS-Minimalsystem mit dem 8-Bit-Mikroprozessor 8085; (1) TRAP, INTR und HOLD müssen, falls nicht benutzt, mit 0 V (GND) verbunden werden, (2) für isolierte E/A-Bausteine, die IO/M verwenden, für E/A-Speicher A_{15} verwenden, (3) Verbindung nur erforderlich, wenn T_{WAIT}-Zustand gewünscht wird, (4) um eine falsche Auswahl bei hochohmigen RD und WR zu verhindern, werden Arbeitswiderstände gegen +5 V empfohlen.

den von diesen durch das Ausgangssignal IO/M des Mikroprozessors unterschieden. Wahlweise können E/A-Kanäle auch als Speicherplätze adressiert werden („Speicher-E/A" = „memory-mapped I/O").

Der 8085 ist mit internen 8-Bit- und 16-Bit-Registern ausgestattet. Der 8085 hat acht adressierbare 8-Bit-Register. Sechs davon können entweder als 8-Bit- oder als 16-Bit-Registerpaare verwendet werden. Registerpaare werden so behandelt, als wären sie einzelne 16-Bit-Register, d. h., das höherwertige Byte eines Paares ist in dem ersten Register untergebracht, das niederwertige Byte in dem zweiten. Zusätzlich zu den Registerpaaren enthält der 8085 zwei weitere 16-Bit-Register.

Die Register des 8085 werden wie folgt unterschieden:
-   Der Akkumulator (ACC oder Register A) ist das allgemeine Register aller Akkumulator-Befehle. Dazu gehören arithmetische, logische, Lade- und Speicherbefehle sowie E/A-Anweisungen. Der Akkumulator ist ein Register von acht Bit.
-   Der Programmzähler (PC) zeigt jeweils auf den Speicherplatz des nächsten auszuführenden Befehls. Er enthält stets eine 16-Bit-Adresse.
-   Die Mehrzweckregister BC, DE und HL können als sechs Register zu je acht Bit oder als drei 16-Bit-Register verwendet werden, abhängig vom auszuführenden Befehl. Das Register HL funktioniert als Stackpointer zum Ansprechen von Speicheradressen, welche bei einer Anzahl von Befehlen entweder die Quellen oder die Speicherplätze von Daten sind. Bei einer kleineren Anzahl von Anweisungen können auch die Register BC oder DE für die indirekte Adressierung verwendet werden.
-   Der Stackpointer (SP) ist ein besonderer Datenzeiger, der stets auf das Ende des Stack (die Adresse des letzten gültigen Eintrags) zeigt. Er ist ein unteilbares 16-Bit-Register.
-   Das Flag-Register enthält fünf Flags von je einem Bit, in welchen je eine Zustandsinformation des Prozessors registriert wird. Dadurch kann auch die Arbeitsweise des Prozessors gesteuert werden.

Der Stackpointer (Stapelzeiger) enthält die Adresse des zuletzt in den Stack eingegebenen Bytes. Der Stackpointer kann so initialisiert werden, dass jeder beliebige Teil des Schreib-Lese-Speichers als Stack verwendet werden kann. Jedes Mal, wenn Daten in den Stack eingegeben werden, wird der Stackpointer dekrementiert, und bei jedem Herauslesen aus dem Stack wird er inkrementiert (d. h., der Stack wächst, bezogen auf die Speicheradresse, abwärts, und der „oberste" Platz im Stack ist die niedrigste numerische Adresse, die in dem augenblicklich benutzten Stack vorkommt). Es ist zu beachten, dass der Stackpointer stets in Zweierschritten inkrementiert oder dekrementiert wird, da sich alle Stack-Operationen auf Registerpaare beziehen.

Zur ALU (arithmetisch-logischen Einheit) gehören der Akkumulator und das Flag-Register sowie einige Zwischenregister, die dem Programmierer unzugänglich sind. Von der ALU werden arithmetische, logische und Schiebefunktionen durchgeführt.

Die Ergebnisse dieser Operationen können im Akkumulator abgelegt oder auf den internen Datenbus zur anderweitigen Verwendung übertragen werden.

Während eines Befehlsabrufs wird das erste Byte eines Befehls (das den Operationscode enthält) von dem internen Bus in das 8-Bit-Befehlsregister übertragen. Der Inhalt des Befehlsregisters ist seinerseits dem Befehlsdecoder zugänglich. Das Ausgangssignal des Decoders, welches durch Taktsignale freigegeben wird, steuert die Register, die ALU und die Daten- sowie Adressenpuffer. Die Ausgangssignale des Befehlsdecoders und des internen Taktgenerators erzeugen die Zustands- und die Zeitsignale für die Maschinenzyklen.

Der Mikroprozessor 8085 beinhaltet einen kompletten Taktgenerator und für die zum Betrieb erforderliche Takterzeugung ist somit nur ein zusätzlicher Schwingquarz erforderlich. Stattdessen kann der Baustein jedoch auch mit einem externen Takt, der am Eingang X_1 zugeführt werden muss, arbeiten. Ein geeigneter Schwingquarz für den 8085 muss eine Parallelresonanz mit einer Grundfrequenz von 6,25 MHz oder weniger aufweisen, was der doppelten gewünschten internen Taktfrequenz entspricht. Ein Schmitt-Trigger wird wahlweise als Oszillator oder für die Eingangssignal-Aufbereitung verwendet, je nachdem, ob ein Quarz oder ein externer Takt genutzt wird. Die Taktgeberschaltung erzeugt zwei einander nicht überlappende interne Taktsignale Φ_1 und Φ_2. Φ_1 und Φ_2 steuern die internen Zeitabläufe des 8085 und sie sind am Baustein außen nicht direkt zugänglich. Der Außenanschluss CLK ist eine gepufferte, invertierte Form von Φ_1. CLK führt die halbe Frequenz des Quarz-Eingangssignals und kann als Takt für andere Bausteine im System verwendet werden.

Tab. 2.1: Interrupt-Maske lesen.

RIM-Interrupt-Maske lesen
(Operationscode 20)
Akkumulatorinhalt nach Ausführung von RIM

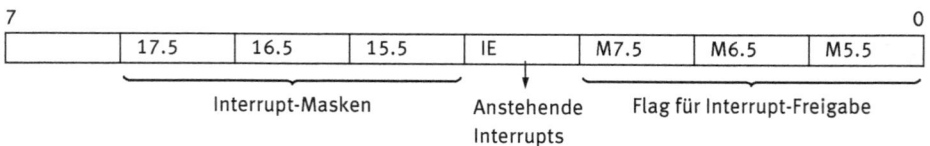

7							0
	17.5	16.5	15.5	IE	M7.5	M6.5	M5.5

Interrupt-Masken   Anstehende Interrupts   Flag für Interrupt-Freigabe

RST 5.5, 6.5 und 7.5 (Tab. 2.1) können auch durch die Befehle EI und DI freigegeben bzw. gesperrt werden. Die Eingänge INTR, RST 5.5 und RST 6.5 sprechen auf Spannungspegel an, d. h., dass die entsprechenden Eingangssignale vom Prozessor erkannt werden, wenn sie auf H-Pegel gehalten werden. RST 7.5 spricht auf eine Flanke an, d. h., dass ein internes Flipflop im 8085 das Auftreten einer Interrupt-Anforderung speichert, sobald an der Eingangsleitung RST 7.5 eine steigende Flanke auftritt. Dieser Eingang muss nicht auf H-Pegel gehalten werden und das Flipflop bleibt so lange gesetzt, bis es durch einen von drei möglichen Vorgängen zurückgesetzt wird:

- Der 8085 spricht auf die Interrupt-Anforderung an und gibt ein internes Zurück-
  setzsignal an das RST 7.5-Flipflop.
- Dem 8085 wird, bevor er auf den Interrupt RST 7.5 reagieren kann, ein Signal
  RESET IN von einer externen Quelle zugeführt; dadurch wird auch der interne
  Zurücksetzmechanismus (RESET) aktiviert.
- Der 8085 führt den Befehl SIM aus, wobei das Bit 4 im Akkumulator zuvor auf „1"
  gesetzt worden ist.

Die dritte Art eines Hardware-Interrupts ist TRAP. Dieser Eingang wird weder durch
eine Maske noch durch einen Freigabe-/Sperrbefehl beeinflusst. Das Anlegen einer
steigenden Flanke an den Eingang TRAP leitet den Hardware-Interrupt-Ablauf des
Prozessors ein, jedoch muss der Impuls so lange auf H-Pegel gehalten werden, bis
er intern quittiert ist.

Die Abfrage sämtlicher Interrupts erfolgt mit der fallenden Flanke von CLK, einem
Zyklus vor dem Ende des Befehls, in welchem der Interrupt-Eingang aktiviert wurde.
Damit eine Interrupt-Anforderung erkannt wird, muss sie bei dem 8085 mindestens
160 ns vor dem Abfragezeitpunkt auftreten. Das bedeutet, dass ein Signal an RST 5.5
und RST 6.5 sowie an TRAP, wenn es zuverlässig erkannt werden soll, mindestens über
17 Taktperioden plus 160 ns anstehen muss. Dabei wird von der Annahme ausgegangen, dass die Interrupt-Anforderung eben noch zu spät eintreffen kann, um während
eines bestimmten Befehls berücksichtigt werden zu können, und dass der folgende
Befehl ein CALL-Befehl mit 18 Zyklen sein kann. Bei dieser Zeitangabe wird vorausgesetzt, dass keine WAIT- oder HOLD-Zyklen verwendet werden.

Die Art, wie Interrupt-Masken gesetzt und ausgelesen werden, wird nicht beschrieben, ebenso nicht die Befehle RIM (Interrupt-Maske lesen) und SIM (Interrupt-
Maske setzen). Die Interrupt-Funktionen und ihre Prioritäten sind in Tab. 2.2 dargestellt.

Tab. 2.2: Interrupt-Funktionen und ihre Prioritäten.

Bezeichnung	Priorität	Verzweigungs-adresse[1] bei Auftreten des Interrupts	Art der Triggerung
TRAP	1	24H	Ansteigende Flanke UND, H-Pegel bis zur Abfrage
RST 7.5	2	3CH	Ansteigende Flanke (wird gespeichert)
RST 6.5	3	34H	H-Pegel bis zur Abfrage
RST 5.5	4	2CH	H-Pegel bis zur Abfrage
INTR	5	—[2]	H-Pegel bis zur Abfrage

1 Bei TRAP und RST 5.5 bis 7.5 wird der Inhalt des Programmzählers vor der Verzweigung in den
Stack übertragen.
2 Hängt von dem Befehl ab, welcher dem 8085 vom Baustein 8259 oder einer anderen Schaltung
bei der Quittierung der Unterbrechungsanforderung gegeben wird.

Die Anschlüsse SID und SOD ermöglichen einen einfachen Anschluss einer seriellen Schnittstelle nach RS232C und dadurch kann die Anzahl der Bausteine bei kleinen Systemen auf ein Mindestmaß beschränkt werden. Die zeitliche Steuerung und die Codierung sowie Decodierung der Daten können dann durch ein Programm erfolgen. Bei jeder Ausführung eines RIM-Befehls wird der Zustand des Anschlusses SID in das Bit 7 des Akkumulators eingelesen. RIM ist somit ein Befehl mit zwei Bedeutungen. In ähnlicher Weise wird SIM verwendet, um das Bit 7 des Akkumulators über ein internes Flipflop an den Ausgang SOD auszugeben, vorausgesetzt, dass das Bit 6 des Akkumulators auf 1 gesetzt ist. SID kann auch als Testeingang für die allgemeine Verwendung benutzt werden und SOD als Ein-Bit-Steuerausgang.

2.3.2 Funktion des Systems 8085

Der Mikroprozessor 8085 erzeugt Signale, die den peripheren Bausteinen mitteilen, welche Informationsart der gemultiplexte Adressen-/Datenbus führt. Die Busstruktur mit Multiplex-Betrieb wurde gewählt, weil durch sie Anschlüsse des Bausteins frei wurden, was die Integration zusätzlicher Funktionen in den 8085 und bei anderen Bausteinen der Familie ermöglichte. Der gemultiplexte Bus ist so ausgelegt, dass er eine vollständige Kompatibilität mit bestehenden Peripherieeinheiten ermöglicht, mit verbesserten Zeittoleranzen und Forderungen hinsichtlich der Zugriffszeit.

Um die Systemintegration des Systems 8085 zu erhöhen, wurden verschiedene Sonderbausteine mit einer Kombination von Speicher- und Ein-/Ausgabe-Kanälen entwickelt. Diese Bausteine lassen sich direkt an den gemultiplexten Bus des 8085 anschließen. Die Anordnung der Anschlüsse am 8085A und der speziellen Peripheriebausteine ist so getroffen, dass die Leiterplattenfläche möglichst klein gehalten und eine günstige Leiterbahnanordnung berücksichtigt wird.

Die Ausführung jedes 8085-Programms besteht aus einer Folge von Lese-(READ-) und Schreib-(WRITE-)Operationen, von welchen jede ein Datenbyte zwischen dem 8085 und einer bestimmten Speicher- oder E/A-Adresse überträgt. Diese Lese- und Schreiboperationen sind der einzige Datenaustausch zwischen dem Prozessor und den übrigen Bausteinen, und sie reichen aus, um jeden Befehl oder jedes Programm auszuführen.

Jede READ- oder WRITE-Operation des 8085 wird als Maschinenzyklus bezeichnet. Die Ausführung jedes Befehls durch den 8085 besteht aus einer Folge von einem bis fünf Maschinenzyklen, wobei jeder Maschinenzyklus mindestens drei und höchstens sechs Taktperioden (auch als 1-Zustände bezeichnet) enthält. Abb. 2.17 zeigt den Mikroprozessor 8085 mit seiner Peripherie und die Funktionen der TTL-Bausteine 74245 und 74373.

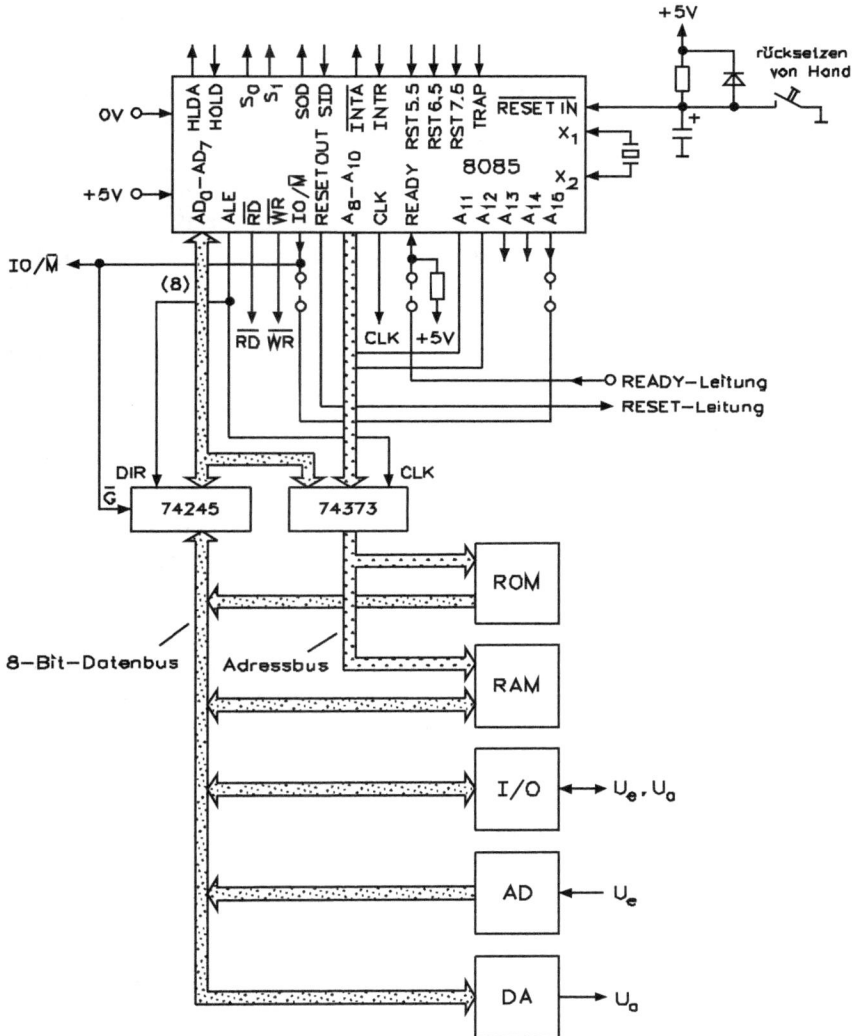

Abb. 2.17: Mikroprozessor 8085 mit seiner Peripherie.

Zur Erläuterung soll der Befehl STA (Akkumulatorinhalt direkt speichern) dienen. Der Befehl STA bewirkt, dass der Inhalt des Akkumulators unter der direkten Adresse abgespeichert wird, die durch das zweite und dritte Byte des Befehls angegeben ist. Im ersten Maschinenzyklus (M_1) gibt die CPU den Inhalt des Programmzählers (PC) auf den Adressenbus aus und führt einen Zyklus „MEMORY READ" (Speicher lesen) aus, wodurch aus dem Speicher der Operationscode des neuen Befehls (STA) abgerufen wird. Der Maschinenzyklus M_1 wird auch als Operationscode-Abrufzyklus bezeichnet, da er den Operationscode des nächsten Befehls einholt. In der vierten Taktperiode (T_4)

von M_1 interpretiert die CPU die eingelesenen Daten und erkennt sie als den Operationscode des Befehls STA. In diesem Augenblick „weiß" die CPU, dass sie drei weitere Maschinenzyklen ausführen muss (zweimal „MEMORY READ" und einmal „MEMORY WRITE", d. h. zweimal „Speicher einlesen" und einmal „Speicher ausgeben"), um den Befehl vollständig abzuarbeiten.

Daraufhin inkrementiert der 8085 den Programmzähler, womit das nächste Byte des Befehls angesprochen wird, und führt einen „MEMORY READ"-Maschinenzyklus (M_2) mit der Adresse (PC + 1) aus. Der angesprochene Speicher stellt die adressierten Daten auf dem Datenbus für die CPU bereit. Der 8085 speichert diese Daten (welche das niederwertige Byte der direkten Adresse sind) vorübergehend intern in der CPU ab. Dann inkrementiert der 8085 erneut den Programmzähler auf die Adresse (PC + 2) und liest aus dem Speicher das nächste Datenbyte heraus (M_3), welches das höherwertige Byte der direkten Adresse ist.

Nun hat der 8085 alle drei Bytes des STA-Befehls eingeholt und muss den Befehl ausführen. Die Ausführung bedeutet, dass die in M_2 und M_3 eingeholten Daten auf den Adressenbus gelegt werden, worauf der Inhalt des Akkumulators auf den Datenbus gebracht und anschließend ein Maschinenzyklus „MEMORY WRITE" ausgeführt wird (M_4). Wenn M_4 beendet ist, holt die CPU das erste Byte des nächsten Befehls ein und setzt von da an ihre Arbeitsweise fort.

Wie das vorstehende Beispiel zeigt, besteht die Ausführung eines Befehls aus einer Reihe von Maschinenzyklen, deren Art und Reihenfolge von dem im Maschinenzyklus M_1 eingeholten Operationscode bestimmt werden. Ein Befehlszyklus besteht niemals aus mehr als fünf Maschinenzyklen; jeder Maschinenzyklus ist von einem der sieben Typen, die in Tab. 2.3 aufgelistet sind. Diese sieben Typen von Maschinenzyklen können durch den Zustand der drei Zustandsleitungen (IO/M, S0 und S1) und der drei Steuersignale (RD, WR und INTA) unterschieden werden.

Tab. 2.3: Maschinenzyklen.

Maschinenzyklus			Zustand			Steuerung		
			IO/M	S1	S0	RD	WR	INTA
Operationscode-Aufruf	(OF)		0	1	1	0	1	1
Speicher lesen	(MR)		0	1	0	0	1	1
Speicher einschreiben	(MW)		0	0	1	1	0	1
E/A lesen	(IOR)		1	1	0	0	1	1
E/A schreiben	(IOW)		1	0	1	1	0	1
Unterbrechungsquittierung	(INA)		1	1	1	0	1	0
Busruhezustand	(BI):	DAD	0	1	0	1	1	1
		INA (RST/TRAP)	1	1	1	1	1	1
		HALT	TS	0	0	TS	TS	1

TS: hochohmiger Zustand

Die meisten Maschinenzyklen bestehen aus drei T-Perioden (Tristates, Perioden des Ausgangssignals CLK); eine Ausnahme bildet der Operationscode-Aufruf (OPCODE FETCH), der normalerweise entweder vier oder sechs 1-Perioden aufweist. Die tatsächliche Anzahl von Perioden, die zur Ausführung eines Befehls erforderlich sind, hängt von der Art des auszuführenden Befehls ab, dem jeweiligen Maschinenzyklus innerhalb des Befehlszyklus und der Anzahl der WAIT- und HOLD-Zustände, die durch Verwendung der Eingänge READY und HOLD am 8085 in jeden Maschinenzyklus eingefügt werden. Die Kombination der verschiedenen Zustands- und Steuersignale sowie der Zustand der Systembusse sind für jeden der zehn möglichen T-States, die der Prozessor einnehmen kann, wie Tab. 2.4 zeigt.

Tab. 2.4: Maschinenzustände.

Maschinenzustand (State)	Zustand und Busse				Steuerung		
	S1, S0	IO/M	A_8 bis A_{15}	AD_0 bis AD_7	RD, WR	INTA	ALE
T_1	X	X	X	X	1	1	0^2
T_2	X	X	X	X	X	X	0
T_{WAIT}	X	X	X	X	X	X	0
T_3	X	X	X	X	X	X	0
T_4	1	0^1	X	TS	1	1	0
T_5	1	0^1	X	TS	1	1	0
T_6	1	0^1	X	TS	1	1	0
T_{RESET}	X	TS	TS	TS	TS	1	0
T_{HALT}	0	TS	TS	TS	TS	1	0
T_{HOLD}	X	TS	TS	TS	TS	1	0

TS: hochohmig, X: nicht festgelegt, ist vom Maschinenzyklus abhängig
1 IO/M = „1" während der Perioden T_4 bis T_6 und Zyklen RST und INA
2 Im 2. und 3. Maschinenzyklus des Befehls DAD wird ALE nicht ausgegeben.

Der Maschinenzyklus „Operationscode-Abruf" (OPCODE FETCH, OF) stellt insofern eine Besonderheit dar, da er mehr als drei Taktzyklen umfasst. Dies ist deshalb erforderlich, weil die CPU zuerst den in T_1, T_2 und T_3 eingeholten Operationscode interpretieren muss, bevor sie den weiteren Ablauf entscheiden kann.

Zu Beginn jedes Maschinenzyklus gibt der 8085 zunächst drei Zustandssignale (IO/M, S1, S0) aus, die festlegen, welche Art von Maschinenzyklus ablaufen soll. Das Signal IO/M kennzeichnet den Maschinenzyklus, entweder als das Ansprechen eines Speichers oder als eine Ein-/Ausgabeoperation. Das Zustandssignal S1 gibt an, ob es sich bei dem Zyklus um einen Schreib- oder Lesevorgang (READ bzw. WRITE) handelt. Die Zustandssignale S0 und S1 können gemeinsam verwendet werden, um die Maschinenzyklen READ, WRITE oder OPCODE FETCH sowie den Zustand HALT zu kennzeichnen. Der 8085 sendet am Anfang des Maschinenzyklus IO/M = „0", S1 = „1" und SO = „1" aus, um den Maschinenzyklus als einen Lesevorgang aus einem Speicherplatz zum Einholen eines Operationscodes zu kennzeichnen, d. h., der 8085A kennzeichnet den Maschinenzyklus als einen Operationscode-Abrufzyklus (OPCODE FETCH-Zyklus).

Der 8085 gibt außerdem zu Beginn jedes Maschinenzyklus eine 16-Bit-Adresse aus, um den Speicherplatz oder E/A-Kanal zu kennzeichnen, auf welchen sich der Maschinenzyklus bezieht. Im Falle eines OF-Zyklus (Operationscode-Aufruf) wird der Inhalt des Programmzählers auf den Adressenbus gebracht. Das höherwertige Byte (PCH) wird an die Leitungen A_8 bis A_{15} gelegt, wo es mindestens bis T_4 verbleibt. Das niederwertige Byte (PCL) wird auf die Leitungen AD_0 bis AD_7 gelegt, deren Tristate-Treiber freigegeben werden, sofern sie nicht bereits freigegeben sind. Im Gegensatz zu den oberen Adressenleitungen verbleibt jedoch die Information auf den unteren Adressenleitungen nur für die Dauer eines Taktzyklus, wonach die Treiber in ihren hochohmigen Zustand übergehen. Dies ist erforderlich, da die Leitungen AD_0 bis AD_7 im Zeitmultiplexbetrieb als Adressenbus und Datenbus arbeiten. Während der Zeit T_1 in jedem Maschinenzyklus geben AD_0 bis AD_7 die unteren acht Bits der Adresse aus, worauf AD_0 bis AD_7 entweder die erforderlichen Daten für die WRITE-Operation ausgeben oder die Treiber hochohmig werden (wie im Falle des OF-Zyklus), damit die externen Bausteine die Leitungen für einen READ-Vorgang treiben können.

Da die Adresseninformation nur kurzzeitig auf AD_0 bis AD_7 liegt, muss sie entweder intern in besonderen Bausteinen für den Busmultiplexbetrieb, wie der 8155, oder extern in Bausteinen wie dem 8-Bit-Datenspeicher 8212 festgehalten werden. Der 8085 liefert ein besonderes Taktsignal ALE (ADDRESS LATCH ENABLE oder Freigabe des Adressenspeichers), um das Speichern von A_0 bis A_7 zu ermöglichen. ALE steht während der Zeit T_1 in jedem Maschinenzyklus an.

Nachdem die Zustandssignale und Adressen ausgegeben und die Treiber AD_0 bis AD_7 gesperrt worden sind, gibt der 8085 an RD einen L-Pegel aus, um den angesprochenen Speicherbaustein freizugeben. Daraufhin beginnt der Baustein die Leitungen AD_0 bis AD_7 zu treiben. Nach einer bestimmten Zeit (der Zugriffszeit des Speichers) stehen an AD_0 bis AD_7 gültige Daten an. Der 8085 lädt während der Zeit T_3 die an AD_0 bis AD_7 anstehenden Daten in sein Befehlsregister und bringt dann RD auf H-Pegel, wodurch die Freigabe des angesprochenen Speicherbausteins zurückgenommen wird. An diesem Punkt ist der Abruf des Operationscodes für den betreffenden Befehl durch den 8085 beendet. Da es sich um den ersten Maschinenzyklus (M_1) des Befehls handelt, geht die CPU automatisch auf T_4 über.

Während der Zeit T_4 decodiert die CPU den Operationscode im Befehlsregister und entscheidet, ob bei dem nächsten Takt auf T_5 übergegangen oder ein neuer Maschinenzyklus mit T_1 begonnen werden soll.

Während der Zeiten T_5 und T_6 des DCX-Befehls dekrementiert die CPU das angegebene Register. Da die Leitungen A_8 bis A_{15} durch die Schaltungen des Adressenspeichers gespeist werden, die einen Teil der Inkrementier-/Dekrementierlogik bilden, können sich die Zustände der Leitungen A_8 bis A_{15} während T_5 und T_6 ändern. Da sich der Wert von A_8 bis A_{15} während T_4 bis T_6 verändern kann, ist es äußerst wichtig, dass bei allen Speicher- und E/A-Bausteinen am Systembus die Bausteinauswahl durch RD eingeschränkt wird. Wenn bei diesen Bausteinen RD nicht verwendet wird, können sie falsch angewählt werden. Ferner könnten bei einer linearen Auswahltechnik zwei oder mehrere Bausteine gleichzeitig freigegeben werden, was möglicherweise zu Zerstörungen führen würde. Falsche Adressen können auch kurzzeitig während der Busübergangszeiten innerhalb T_1 entstehen. Daher muss die Anwahl aller Speicher- und E/A-Bausteine mit RD oder WR näher bestimmt werden. Viele der Speicherbausteine haben einen RD-Eingang, der intern zur Freigabe der Datenbusausgänge verwendet wird, wodurch die Notwendigkeit einer externen Freigabeverknüpfung des Bausteinauswahl-Eingangs mit RD entfällt.

Wenn die Leitung READY H-Pegel führt, geht die CPU auf T_3 über und beendet die Ausführung des Befehls. Wenn die Leitung READY jedoch L-Pegel führt, geht die CPU in den Zustand WAIT über und verbleibt so lange in diesem Zustand, bis READY wieder auf H-Pegel übergeht. Bei dem Übergang der Leitung READY auf H-Pegel verlässt die CPU den Zustand T_{WAIT} und geht auf T_3 über, um den Maschinenzyklus zu beenden. Es besteht die externe Wirkung bei Verwendung der Leitung READY darin, den Zustand der Prozessorsignale am Ende von T_2 über eine Anzahl von Taktperioden zu erhalten, bevor der Maschinenzyklus beendet wird. Dieses „Dehnen" des Systemzeitablaufs hat den zusätzlichen Effekt, dass die zulässige Zugriffszeit für Speicher- oder E/A-Bausteine verlängert wird. Durch das Einfügen von T_{WAIT}-Zuständen kann der 8085 selbst mit den langsamsten Speichern zurechtkommen. Eine weitere, übliche Verwendung der Leitung READY ist der Einzelschrittbetrieb des Prozessors über einen Handschalter.

2.3.3 Einschalten der Versorgungsspannung und RESET-IN-Anschluss

Der 8085 arbeitet mit einer besonderen internen Schaltung zur Erhöhung seiner Geschwindigkeit. Diese Schaltung, die als Substrat-Vorspannungs-Generator bezeichnet wird, erzeugt eine negative Spannung, die verwendet wird, um das Substrat negativ vorzuspannen. Diese Schaltung arbeitet mit einem Oszillator und einer Ladeschaltung, die nach dem Einschalten der Versorgungsspannung (POWER ON) eine bestimmte Zeit zum Einschwingen benötigen.

Mit Rücksicht auf diese Schaltung kann nicht garantiert werden, dass der 8085 früher als 10 ms, nachdem er +4,75 V erreicht hat, arbeitet. Aus diesem Grunde wird empfohlen, während dieser Zeit RESET IN auf L-Pegel zu halten. Es ist zu beachten, dass diese Zeit von 10 ms nicht diejenige Zeit beinhaltet, die ein Netzgerät benötigt, um eine Spannung von 4,75 V zu erreichen, was in manchen Systemen einige Millisekunden dauern kann. Diese Forderung lässt sich durch eine einfache RC-Schaltung erfüllen.

Der Zustand der Leitung RESET IN wird jedes Mal bei CLK = „1" gespeichert. Dieses gespeicherte Signal wird von der CPU bei CLK = „1" der nächsten 1-Periode ausgewertet. Wenn es L-Pegel führt, gibt die CPU RESET OUT aus und geht für die Dauer der nächsten 1-Periode in HALT über. RESET IN soll mindestens über drei Taktperioden auf L-Pegel gehalten werden, um eine ordnungsgemäße Synchronisierung der CPU zu gewährleisten. Wenn das Signal RESET IN auf H-Pegel überwechselt, geht die CPU mit der nächsten T-Periode in M_1/T_1 über. Zu beachten ist, dass die verschiedenen Signale und Busse bei T_{RESET} wie auch bei T_{HALT} und T_{HOLD} undefiniert bzw. hochohmig sind. Aus diesem Grunde ist zu empfehlen, für die Hauptsteuersignale (insbesondere WR) Arbeitswiderstände gegen +5 V vorzusehen. Im Einzelnen bewirkt das Signal RESET IN folgende Vorgänge:

Zurückgesetzt werden	Gesetzt werden
Programmzähler	Maske RST 5.5
Befehlsregister	Maske RST 6.5
INTE FF	Maske RST 7.5
RST 7.5 FF	
TRAP FF	
SOD FF	
Flipflops der Maschinenzustände	
Flipflops der Maschinenzyklen	
Interne Flipflops für HOLD, INTR und READY	

RESET IN verändert nicht direkt den Inhalt der Register (A, B, C, D, E, H, L) des 8085 und der Zustandsflags; da jedoch während der Befehlsausführung zu einem unbestimmten Zeitpunkt RESET IN auftritt, sind die Ergebnisse unbestimmt.

Nach einem Zurücksetzen beginnt der 8085 mit der Ausführung der Befehle bei der Adresse 0 und mit gesperrtem Interrupt-System. Es ist zu beachten, dass ein Zurücksetzsignal jede READ- oder WRITE-Operation, die bei seinem Auftreten noch abläuft, vorzeitig beenden kann.

2.3.4 Systembus des 8085

Der Bus des 8085-Systems ist an einem Ende durch den Mikroprozessor 8085 und am anderen Ende durch verschiedene Speicher- und E/A-Bausteine abgeschlossen. Der Bus des 8085 kann wahlweise mit Hilfe eines 8-Bit-Registers – zum Beispiel – demultiplext werden. Abb. 2.18 und Tab. 2.5 zeigen die wichtigsten Signale des 8085-Busses.

Zu Beginn des Zyklus READ gibt der 8085 alle 16 Bits der Adresse aus. Darauf folgt das Signal ALE, welches bewirkt, dass die niederwertigen acht Bits der Adresse entweder im 8155/56 oder im 8355 bzw. 8755 oder schließlich in einem externen 8212 gespeichert werden. Daraufhin wird RD vom 8085 auf L-Pegel geschaltet. Danach ist

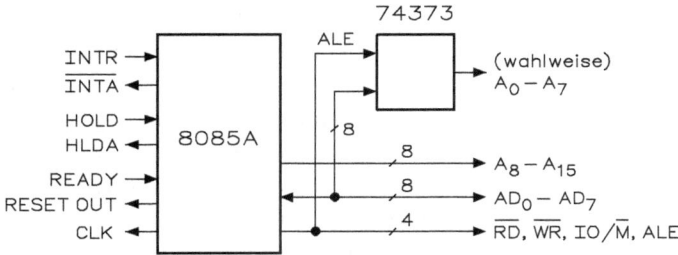

Abb. 2.18: Systembus des 8085.

Tab. 2.5: Funktionen des Systembusses für den Mikroprozessor 8085.

Signal	Funktion
A_8 bis A_{15}	Dieses sind die höherwertigen acht Bits der Adresse, d. h., sie werden zur Definition eines Speicherplatzes oder eines E/A-Kanals für einen Datenübertragungszyklus verwendet.
AD_0 bis AD_7	Diese acht Leitungen weisen eine zweifache Funktion auf. Am Anfang einer Datenübertragungsoperation führen diese Leitungen die niederwertigen acht Bits der Adresse. Während der übrigen Zyklen werden die Leitungen für die Parallelübertragung von Daten zwischen zwei Bausteinen verwendet.
RD, WR, INTA	Diese Signale kennzeichnen die Art und den Zeitablauf eines Datenübertragungszyklus.
IO/M	Diese Leitung gibt an, ob die Datenübertragung im Bereich der E/A-Adressen oder im Bereich der Speicheradressen stattfindet.
ALE	ADDRESS LATCH ENABLE (Freigabe der Adressenspeicherung). Das Signal dient zur Speicherung der Adressen A_0 bis A_7.
READY, RESET OUT, HOLD, HLDA, CLK, INTR	Diese Signale werden für die Synchronisierung von langsamen Speichern, für das Zurücksetzen des Systems, für direkten Speicherzugriff (DMA), für die Systemzeitsteuerung und für Unterbrechungsanforderungen an die CPU verwendet.

der Datenbus durch den 8085 hochohmig (Z-Zustand), als Vorbereitung dafür, dass der angewählte Baustein den Bus versorgt. Der angewählte Baustein versorgt den Bus so lange mit gültigen Daten, bis RD durch den 8085 wieder auf H-Pegel gebracht wird. Am Ende des Zyklus READ werden die Zustände der Adressen- und Datenleitungen als Vorbereitung für den nächsten Zyklus verändert.

Der Zeitablauf des Schreibzyklus ist mit dem Lesezyklus des 8085 identisch, mit Ausnahme der Leitungen AD_0 bis AD_7. Zu Beginn des Zyklus stehen die niederwertigen acht Bits der Adresse an AD_0 bis AD_7 an. Nach dem Übergang von ALE auf L-Pegel werden die acht Datenbits an AD_0 bis AD_7 gelegt. Am Ende des Schreibzyklus werden sie als Vorbereitung für die nächste Datenübertragung wieder zurückgenommen.

An den beiden Bussen können folgende Beobachtungen durchgeführt werden:

1. Die Zugriffszeiten zwischen Ausgabe der Adresse durch den Prozessor und Eintreffen der Daten sind fast gleich.

2. Wenn ein 8-Bit-Register 8212 hinzugefügt wird, dann sind die Grundzeitabläufe der beiden Systeme sehr ähnlich.

3. Beim 8085 steht mehr Zeit für den Aufbau der Adresse von RD zur Verfügung.

4. Die CPU hat ein breiteres Signal RD, jedoch ein schmaleres Signal WR.

5. Der 8085 liefert stabile Daten bei der hinteren Flanke von WR.

6. Die Steuersignale des 8085 verwenden alle den gleichen Zeitablauf.

7. Der 8085 hat immer den gleichen Zeitablauf, unabhängig von einem Übergang in einen HOLD-Zustand.

8. Alle Ausgangssignale des 8085 weisen einen Quellstrom von $-400\,\mu A$ und einen Senkstrom von $2,0\,mA$ auf. Der 8085A hat außerdem Eingangsspannungspegel von $U_{IL} = 0,8\,V$ und $U_{IH} = 2,0\,V$.

Die Betrachtungen zeigen deutlich, dass der Bus des 8085 auch die Forderungen hinsichtlich Kompatibilität und Geschwindigkeit erfüllt. Er ist kompatibel, weil er lediglich einen Datenspeicher 74245 benötigt, um einen getrennten Daten- und Adressenbus zu ergeben. Wenn die vier Steuersignale MEMR, MEMW, IOR und IO/W gewünscht werden, lassen sie sich mit Hilfe eines Decodierers oder einiger Gatter aus RD, WR und IO/M ableiten. Der 8085-Bus ist außerdem schnell. Der Busaufbau mit Multiplexbetrieb macht den 8085A nicht langsamer, weil er die internen States ausnutzt, um die Befehlsabruf- und Ausführungsteile verschiedener Maschinenzyklen zu überlappen.

Die Steuersignale RD, WR und INTA haben alle den gleichen Zeitablauf, welcher nicht beeinflusst wird, wenn sich die CPU auf den Übergang in den HOLD-Zustand vorbereitet. Ferner haben die Adressen- und Datenbusse schnelle Anstiegs- und Haltezeiten, bezogen auf die Steuersignale. Die Spannungs- und Strompegel aller Schnittstellensignale können Busse mit bis zu 40 TTL-Standard-Bausteinen versorgen. Der Systembus des 8085 ist auch effizient. Zur Erhöhung der Effizienz arbeiten die Leitungen der niederwertigen acht Adressenbits mit dem Datenbus im Multiplexbetrieb. Bei jedem Baustein, welcher sowohl A_7 bis A_7 als auch D_0 bis D_7 benötigt, werden sieben Anschlüsse für die Schnittstelle zum Prozessor eingespart (der 8. Anschluss wird für ALE benutzt). Das bedeutet, dass pro Baustein sieben zusätzliche Anschlüsse zur Verfügung stehen, so dass der Baustein entweder mit zusätzlichen Eigenschaften versehen werden oder – in einigen Fällen – ein kleineres Gehäuse verwendet werden kann. Die verringerte Anzahl von Anschlüssen und die Tatsache, dass kompatible Anschlussbelegungen verwendet wurden, ergibt eine äußerst kompakte, einfache und effiziente Leiterplatte. Es wird darauf hingewiesen, dass bei der Zuordnung der Stiftbelegungen große Sorgfalt aufgewendet worden ist, um zu gewährleisten, dass die Signale einwandfrei von einem Baustein zum nächsten und zum dritten fließen können.

2.3.5 Anschluss von Speicher- und Peripheriebausteinen an den 8085

Der 8085 kommuniziert sowohl mit Speicher- als auch E/A-Bausteinen mit Hilfe der Maschinenzyklen READ und WRITE, deren Zeitabläufe gleich sind. In jedem Maschinenzyklus gibt der 8085 eine Adresse und ein Steuersignal aus und überträgt dann entweder Daten auf den Bus oder liest Daten vom Bus ein. Der 8085 kann z. B. einen Maschinenzyklus READ ausführen und dabei die Daten aus einem ROM, einem RAM, einem E/A-Baustein, einem Peripheriegerät oder auch einer Datenquelle einlesen.

Zwischen Daten, den Operationscodes von Befehlen und den Nummern von E/A-Kanälen gibt es keine Unterscheidung, außer der Art, wie die CPU die vom Bus eingelesenen Daten interpretiert. Stehen am Bus Daten an, die logischerweise ein Operationscode sein müssten, behandelt sie die CPU wie einen Operationscode, gleichgültig wie sie beschaffen sind; wenn die Nummer eines E/A-Kanals zu erwarten ist, werden die auftretenden Daten als Kanalnummer behandelt. Gleiches gilt für einen WRITE-Zyklus: Der 8085 gibt eine Adresse, Daten und ein Steuersignal aus. Sofern der 8085 nicht (durch Einsatz der Leitung READY) in den Zustand WAIT gebracht wird, führt er den Zyklus zu Ende aus und geht zum nächsten Zyklus über, unabhängig davon, ob ein Baustein existiert, der die Daten aufnehmen kann. Die CPU führt einen Befehl nach dem anderen aus, bis sie veranlasst wird, etwas anderes zu tun. Das Programm steuert so lange die Reihenfolge und Art aller Maschinenzyklen, bis eine Unterbrechungsanforderung (Interrupt) auftritt.

Es gibt zwei Möglichkeiten, um E/A-Bausteine in dem System 8085 zu adressieren. Wird zur Unterscheidung zwischen READ- und WRITE-Zyklen von E/A-Bausteinen und Speicherbausteinen der Ausgang IO/M der CPU herangezogen, dann arbeitet das System mit der so genannten Ein-/Ausgabe. Wird IO/M nicht benutzt, dann unterscheidet die CPU nicht zwischen E/A-Bausteinen und Speicherbausteinen. Das System arbeitet dann mit der so genannten Speicher-Ein-/-Ausgabe (Memory Mapped I/O). Jede Adressierungsmethode für E/A-Kanäle hat ihre Vor- und Nachteile.

Da der Prozessor bei Verwendung dieser Adressierungsart die E/A-Bausteine nicht von Speicherbausteinen unterscheidet, kann man von dem größeren Befehlssatz Gebrauch machen, welcher den Speicheradressenbereich anspricht. Bei Ausschluss der Verwendung der Befehle IN und OUT kann man in diesem Fall arithmetische und logische Operationen mit E/A-Kanal-Daten ebenso programmieren, wie Daten zwischen jedem internen Register und den E/A-Kanälen austauschen. Die (in diesem Sinne) neue Bedeutung nachstehender Befehle soll näher betrachtet werden.

Beispiele:

MOV r, M	Eingabekanal in beliebiges Register
MOV M, r	Ausgabe jedes Registers auf einen Kanal
MVI M, const	unmittelbare Ausgabe einer Konstanten über einen Kanal
LDA adr	Einlesen eines Kanals in den Akkumulator
STA adr	Ausgabe des Akkumulatorinhaltes an einen Kanal
LHLD adr	16-Bit-Eingabe
SHLD adr	16-Bit-Eingabe
ADD M	Inhalt eines Kanals zum Akkumulatorinhalt addieren
ANA M	Kanal mit Akkumulator UND verknüpfen

Die Speicherbefehle können zwar die Vielseitigkeit des E/A-Systems erweitern, jedoch gibt es dabei einige Nachteile. Da die E/A-Bausteine nunmehr als Speicher adressiert werden, stehen für den eigentlichen Speicher weniger Adressen zur Verfügung. Es ist in der Praxis üblich, das Adressenbit 15 (A_{15}) zur Unterscheidung des Speichers von E/A-Kanälen zu benutzen. Wenn A_{15} = „0" ist, wird der Speicher adressiert; wenn A_{15} = „1" ist, werden E/A-Bausteine angesprochen. Dieses spezielle Prinzip begrenzt das maximale Speichervolumen, das dann nur bis zu 32 Kbyte ausgebaut werden kann. Ein weiterer Nachteil der Speicher-E/A ist, dass für die Übertragung eines Daten-bytes zwischen Akkumulator und E/A-Kanal unter Verwendung der Befehle LDA oder STA drei Befehlsbytes und dreizehn Taktzyklen benötigt werden, während die Befehle IN und OUT nur zwei Bytes und zehn Taktzyklen brauchen. Dies ist darauf zurückzu-führen, dass der E/A-Adressenbereich kleiner ist (nur 256 Byte) und daher weniger Bytes erforderlich sind, um eine Adresse vollständig zu definieren. Ein weiterer Vorteil bei Benutzung der Befehle IN und OUT liegt darin, dass auf diese Weise ein einfacher Anschluss von Peripheriebausteinen an den gemultiplexten Bus des 8085 ermög-licht wird. Wenn man Peripheriebausteine im Speicher-E/A-Verfahren an den Bus des 8085A anschließen möchte, muss man entweder die niederwertigen Adressenbits mittels eines 74245 zwischenspeichern oder einen Teil des Speicheradressenbereichs verwenden und die Bausteinauswahl-Anschlüsse und Adressenanschlüsse der E/A-Bausteine an die nicht gemultiplexten oberen acht Leitungen des Adressenbusses anschließen.

2.3.6 Adressierung des EPROM-Bausteins 2716

Neben der Speicher-E/A gibt es das Verfahren, bei der Erzeugung der Bausteinaus-wahl-Signale den Adressenbus nur teilweise zu decodieren. Jeder Baustein der Pe-ripherie muss eine gegebene Anzahl von eindeutigen Adressen aufweisen, die den Speichereinheiten und I/O-Bausteinen zugeordnet sind.

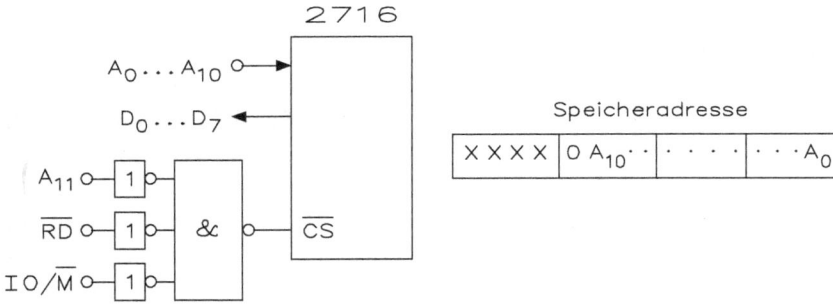

Abb. 2.19: Adressierung des EPROM-Bausteins 2716.

Der EPROM-Baustein 2716 hat eine Speicherkapazität von 2 Kbyte und benötigt die Adressenleitungen von A_0 bis A_{10}, wie Abb. 2.19 zeigt. Jede dieser 2.048 Adressen kann durch eine Kombination der elf Adressenleitungen eindeutig angesprochen werden ($2^{11} = 2.048$). Die 2 Kbyte werden mit Hilfe des Eingangs für Bausteinauswahl (CS, chip select) in dem gesamten Speicherbereich von 64 Kbyte adressiert. Wenn der 2716 die ersten 2 Kbyte des Speicheradressenbereiches belegen sollte, wäre es erforderlich, so zu decodieren, dass A_{15} bis A_{11} alle 0-Signal führen müssen und dieser Zustand für die Bausteinauswahl verwendet wird. Der 2716 würde in diesem Falle nur dann ausgewählt werden, wenn der Adressenbus einen kleineren Wert als 2 K führt.

Ist jedoch der Speicherbereich für das SPS-System sehr gering, so dass keine weiteren Adressen (2-Kbyte-Blöcke oder kleiner) verwendet werden, dann ist eine Decodierung der Adressen unnötig. In kleinen Systemen reicht es ggf. aus, nur zwei Adressenbereiche (2-Kbyte-Blöcke) zu unterscheiden. Dies bedeutet, dass ein Adressbit direkt zur Decodierung verwendet werden kann. Verbindet man beispielsweise A_{11} des Adressenbusses mit dem Eingang CS des 2716 und CS mit +5 V, dann wird der Baustein 2716 immer dann ausgewählt, wenn $A_{11} =$ „0" ist, d. h. im Adressenraum 0 bis 2 K, aber auch 4 Kbyte bis 6 Kbyte, 8 Kbyte bis 10 Kbyte usw. lassen sich erreichen, wenn man A_{11} bis A_{15} verwendet. Die Adressierung wird in Abb. 2.18 und in der Tab. 2.6 gezeigt.

Tab. 2.6: Funktionen für die NAND-Bedingung.

IO/M	RD	A_{11}	$A_{10} \dots A_0$	
1	1	1	X … X	NAND-Bedingung nicht erfüllt
1	0	1	X … X	NAND-Bedingung für den Lesebetrieb nicht erfüllt
0	1	1	X … X	NAND-Bedingung für den IO/M nicht erfüllt
0	0	1	X … X	NAND-Bedingung für den Lesebetrieb und IO/M nicht erfüllt
0	0	0	Adresse	NAND-Bedingung erfüllt, CS hat ein 0-Signal, Lesebetrieb

Wenn der Programmierer dies berücksichtigt und den anderen Adressenbereichen keine sonstigen Bausteine zugeordnet sind, kann dieser Zustand als annehmbar gelten. Es muss jedoch darauf geachtet werden, dass sich niemals zwei verschiedene Bausteine gleichzeitig auswählen lassen. Immer wenn ein Baustein ausgewählt wird, muss diese Speicheradresse die Auswahl aller anderen Bausteine verhindern. Wenn bei einem READ-Vorgang zwei Bausteine gleichzeitig ausgewählt werden, kann der elektrische Konflikt am Datenbus einen oder beide Bausteine zerstören. Es ist auch zu beachten, dass der Adressenbus während der Perioden 15 und 16 eines Operations-code-Abrufzyklus eine beliebige Adresse zeigen kann, ebenso in den Adressenbus-übergangsperioden während T_1.

Aus diesem Grunde muss bei allen Speicher- und E/A-Bausteinen die Auswahl durch die Signale RD oder WR qualifiziert werden bzw. durch die Adresse auf dem Bus bei der fallenden Flanke von ALE, damit alle unechten Adressen ignoriert werden.

– nicht lineare Adressierung:

IO/M	RD	A_{11}	$A_{10} ... A_1$	
0	0	0	X ... X	Inhalt vom 2716 wird gelesen (Adressbereich von 0 bis 2017)

– lineare Adressierung:

IO/M	RD	A_{15}	A_{14}	A_{13}	A_{12}	A_{11}	$A_{10} ... A_1$	
0	0	0	0	0	0	0	X ... X	Inhalt vom 2716 wird gelesen

Für eine lineare Adressierung ist ein NAND-Gatter mit zahlreichen Eingängen notwendig.

2.3.7 Adressierung des RAM-Bausteins 6116

Die Verwendung eines Adressenbits als Bausteinauswahl wird als lineare Auswahl bezeichnet, wie im vorherigen Beispiel gezeigt wurde. Die direkte Folge der linearen Auswahl ist, dass mit jedem einzelnen Adressenbit, welches als Bausteinauswahl verwendet wird, der verfügbare Adressenbereich halbiert wird. Wenn diese Einschränkung zu groß ist, kann man immer einen 1-aus-8-Decoder verwenden. Manche Bausteine sind mit mehreren Bausteinauswahl-Eingängen ausgestattet, wodurch eine gewisse Decodierung der Adresse im Baustein selbst ermöglicht wird.

Abb. 2.20 zeigt die Adressierung des RAM-Bausteins 6116. Die acht Dateneingänge D_0 bis D_7 liegen direkt an den Leitungen. Dies gilt auch für die elf Adresseingänge von A_0 bis A_{10}. Die Freigabe des 6116 erfolgt über den CS-Eingang (chip select) und der RAM-Baustein 6116 wird mit einen 0-Signal freigegeben. Die Adressierung ist in Abb. 2.19 bzw. in der Tab. 2.7 ist der Lesebetrieb und in Tab. 2.8 der Schreibbetrieb gezeigt.

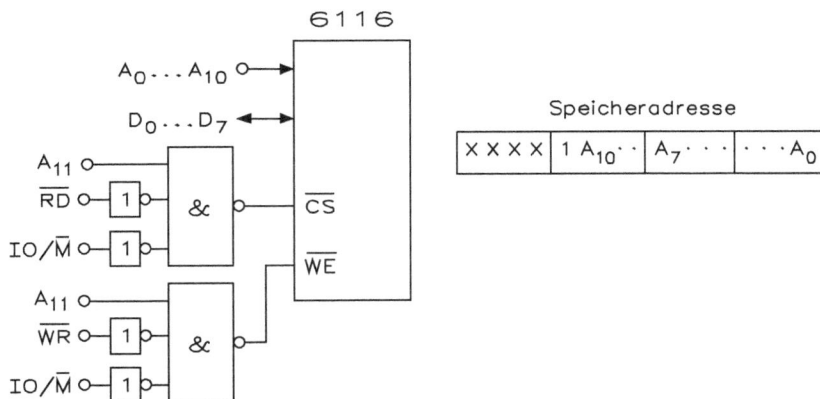

Abb. 2.20: Adressierung des RAM-Bausteins 6116.

Tab. 2.7: Funktionen für die NAND-Bedingung am Eingang CS.

IO/M	RD	A_{11}	$A_{10} ... A_0$	
1	1	1	X ... X	NAND-Bedingung nicht erfüllt
1	0	1	X ... X	NAND-Bedingung für den Lesebetrieb nicht erfüllt
0	1	1	X ... X	NAND-Bedingung für den IO/M nicht erfüllt
0	0	1	X ... X	NAND-Bedingung für den Lesebetrieb und IO/M nicht erfüllt
0	0	0	Adresse	NAND-Bedingung erfüllt, CS hat ein 0-Signal, Lesebetrieb

Tab. 2.8: Funktionen für die NAND-Bedingung am Eingang WE.

IO/M	WR	A_{11}	$A_{10} ... A_0$	
1	1	1	X ... X	NAND-Bedingung nicht erfüllt
1	0	1	X ... X	NAND-Bedingung für den Schreibbetrieb nicht erfüllt
0	1	1	X ... X	NAND-Bedingung für den IO/M nicht erfüllt
0	0	1	X ... X	NAND-Bedingung für den Schreibbetrieb und IO/M nicht erfüllt
0	0	0	Adresse	NAND-Bedingung erfüllt, WR hat ein 0-Signal, Schreibbetrieb

Aus diesem Grunde muss bei allen Speicher- und E/A-Bausteinen die Auswahl durch die Signale RD bzw. WR oder durch die Adresse auf dem Bus bei der fallenden Flanke von ALE qualifiziert werden, damit alle unechten Adressen ignoriert werden.

– nicht lineare Adressierung:

A_{11}	$A_{10} ... A_1$	
1	X ... X	Inhalt vom 2716 wird gelesen (Adressbereich von 2048 bis 4095)

– lineare Adressierung:

A_{15}	A_{14}	A_{13}	A_{12}	A_{11}	$A_{10} ... A_1$	
0	0	0	0	1	X ... X	Inhalt vom 2716 wird gelesen

Für eine lineare Adressierung ist ein NAND-Gatter mit zahlreichen Eingängen notwendig.

2.3.8 Adressierung des 74373 für einen 8-Bit-Ausgang

Der Baustein 74373 enthält acht D-Zwischenspeicher mit Tristate-Ausgängen und dient für eine Ausgangsfunktion einer SPS. Abb. 2.21 zeigt den Anschluss und die Adressenfreigabe.

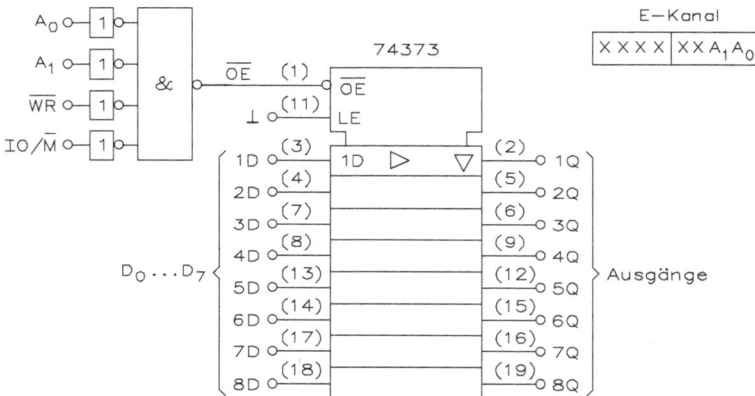

Abb. 2.21: Anschluss des 74373 für den Ausgang einer SPS-Steuerung.

Liegt der Anschluss LE (latch enable) des 74373 auf 1-Signal, sind die D-Flipflops „transparent", d. h., die Daten an den Eingängen D erscheinen unmittelbar an den Ausgängen Q. Voraussetzung hierfür ist jedoch, dass der Anschluss OE (output enable) auf 0-Signal liegt. Befindet sich dieser Anschluss jedoch auf 1-Signal, gehen alle Ausgänge in den hochohmigen Zustand, unabhängig vom Inhalt der Speicher. Wird der Eingang LE auf 0-Signal gelegt, werden die unmittelbar vorher an den D-Eingängen liegenden Daten in den Flipflops gespeichert. Tab. 2.9 zeigt die Funktionen für die NAND-Bedingung am Eingang OE. Der Eingang LE ist mit Masse verbunden, d. h., die Eingangsdaten werden zwischengespeichert.

Aus diesem Grunde muss bei allen Speicher- und E/A-Bausteinen die Auswahl durch die Signale RD oder WR oder durch die Adresse auf dem Bus bei der fallenden

Tab. 2.9: Funktionen für die NAND-Bedingung am Eingang OE.

IO/M	WR	OE	$A_1 \dots A_0$	
1	1	1	X … X	NAND-Bedingung nicht erfüllt
1	0	1	X … X	NAND-Bedingung für den O-Betrieb nicht erfüllt
0	1	1	X … X	NAND-Bedingung für den IO/M nicht erfüllt
0	0	1	X … X	NAND-Bedingung für den Ausgangsbetrieb und IO/M nicht erfüllt
0	0	0	Adresse	NAND-Bedingung erfüllt, OE auf 0-Signal, Ausgangsbetrieb

Flanke von ALE qualifiziert werden, damit alle unechten Adressen ignoriert werden. Über die Leitung IO/M wird mit einen 1-Signal eine Ein- oder Ausgabefunktion gesteuert.

– nicht lineare Adressierung:

IO/M	RD	A_1	A_0	
1	0	0	0	Inhalt vom 74373 wird bei der Adresse 0 gelesen

2.3.9 Adressierung des 74573 für einen 8-Bit-Ausgang

Wenn der Anschluss für die Speicherfreigabe LE (latch enable) an 1-Signal liegt, sind die D-Flipflops transparent, d. h., die Daten an den Eingängen D erscheinen unmittelbar an den Ausgängen Q. Abb. 2.22 zeigt die Anschlüsse des 74573 an dem SPS-Bus.

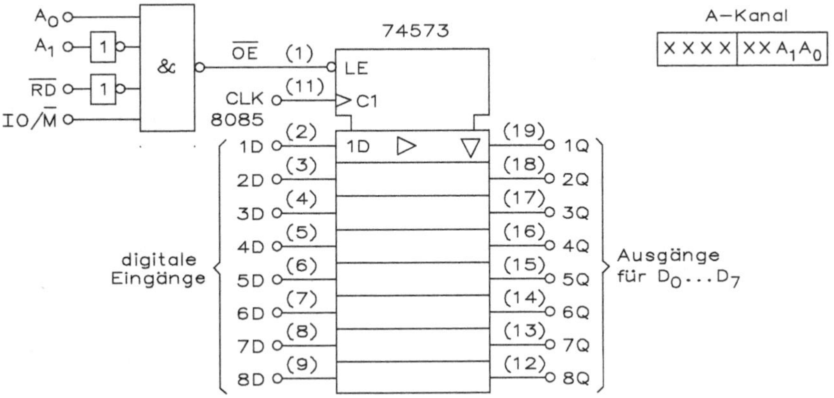

Abb. 2.22: Anschluss des 74573 für den 8-Bit-Eingang einer SPS-Steuerung.

Voraussetzung hierfür ist jedoch, dass der Anschluss OE (output enable) auf 0-Signal liegt. Befindet sich dieser Anschluss auf 1-Signal, gehen alle Ausgänge in den hochohmigen Zustand, unabhängig vom Inhalt des Speichers. Wenn der Eingang LE auf 0-Signal gelegt wird, werden die unmittelbar vorher an den D-Eingängen liegenden Daten in den Flipflops gespeichert. Tab. 2.10 zeigt die Funktionen für die NAND-Bedingung am Eingang OE. Der Eingang LE ist mit der Taktleitung des 8085 verbunden, d. h., die Eingangsdaten werden zwischengespeichert.

Tab. 2.10: Funktionen für die NAND-Bedingung am Eingang OE.

IO/M	WR	OE	$A_1 \dots A_0$	
1	1	1	X … X	NAND-Bedingung nicht erfüllt
1	0	1	X … X	NAND-Bedingung für den O-Betrieb nicht erfüllt
0	1	1	X … X	NAND-Bedingung für den IO/M nicht erfüllt
0	0	1	X … X	NAND-Bedingung für den Ausgangsbetrieb und IO/M nicht erfüllt
0	0	0	Adresse	NAND-Bedingung erfüllt, OE auf 0-Signal, Eingangsbetrieb

Aus diesem Grunde muss bei allen Speicher- und E/A-Bausteinen die Auswahl durch die Signale RD oder WR oder durch die Adresse auf dem Bus bei der fallenden Flanke von ALE qualifiziert werden, damit alle unechten Adressen ignoriert werden. Über die Leitung IO/M wird mit einen 1-Signal eine Ein- oder Ausgabefunktion gesteuert.
–   nicht lineare Adressierung:

IO/M	WR	A_1	A_0	
1	0	0	1	Inhalt vom 74573 wird bei der Adresse 1 ausgegeben

2.3.10 Adressierung eines 8-Bit-Analog-Digital-Wandlers

Als 8-Bit-Analog-Digital-Wandler soll der Baustein MAX160/AD7574 eingesetzt werden. Der AD-Wandler setzt den analogen Spannungswert am Eingang U_e in einen digitalen Wert um, der dann an D_0 bis D_7 ausgegeben wird. Abb. 2.23 zeigt die Innenschaltung, das Anschlussschema an dem 8085 und die Pinbelegung.

Die Eingangsspannung U_e liegt zwischen dem Ausgang des Analog-Digital-Wandlers und dem Eingang des Komparators an. Über den Eingang B_{OFS} (bipolarer Offset-Input) bestimmt man mittels einer konstanten Spannung, welche Betriebsart gewählt wird. Mit einer Spannung von +10 V hat man eine bipolare Funktion von 0 bis 10 V und ohne Anschluss eine unipolare Funktion von −10 bis +10 V. In der bipolaren Betriebsart wird die Spannung zwischen 0 und 10 V in Stufen von

$$U = \frac{10\,\text{V}}{256} = 39\,\text{mV}$$

umgesetzt. Wählt man die bipolare Betriebsart aus, ergibt sich ein Spannungsbereich von ±10 V mit einer Spannungstreppe von $U = 78\,\text{mV}$.

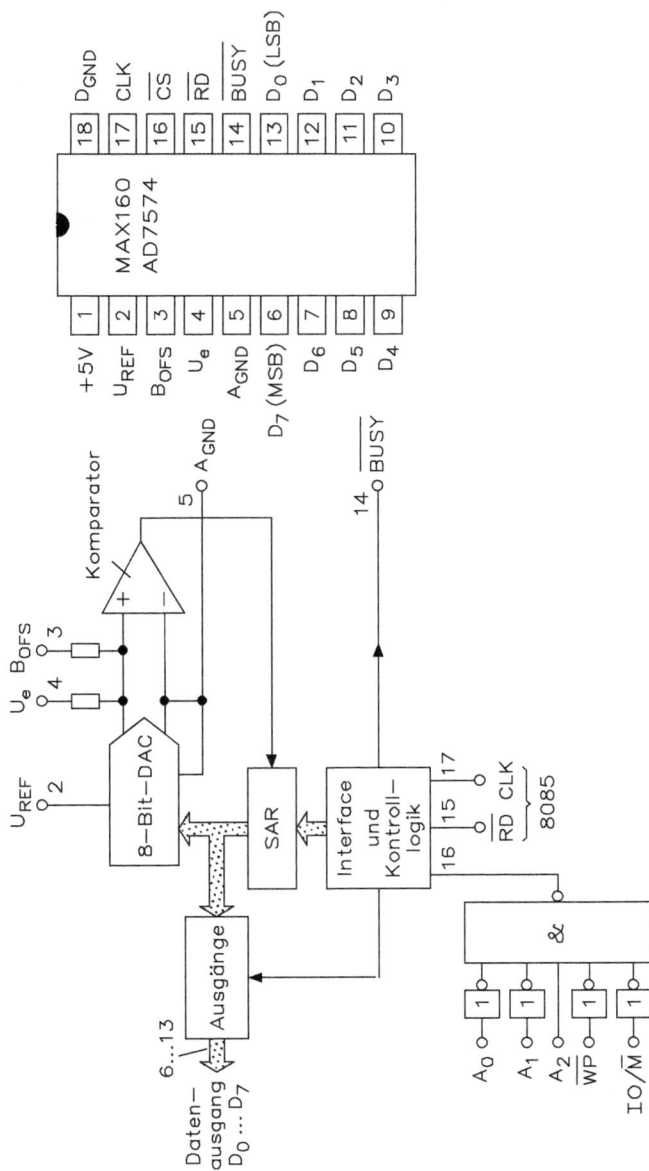

Abb. 2.23: Innenschaltung, Anschlussschema und Pinbelegung des MAX160/AD7574.

Die Referenzspannung U_{REF} an Pin 2 beträgt nominal −10 V.

Pin 5 ist die analoge Masse und diese wird normalerweise mit Pin 18 (digitale Masse) verbunden.

Die Ausgabe des digitalen Wertes erfolgt zwischen D_7 (MSB) und D_0 (LSB). Die Ausgänge des Bausteins MAX160/AD7574 nehmen einen hochohmigen Zustand an, wenn der Baustein nicht angesteuert wird. Dieser Z-Zustand erlaubt es, die acht Ausgänge direkt an den Datenbus anzuschließen.

Der Ausgang des Komparators ist direkt mit der SAR-Einheit (successive approximation register, schrittweises Näherungsverfahren) verbunden. Die SAR-Einheit erlaubt eine schnelle Umsetzung des analogen Eingangswertes in eine digitale Information. Der Ausgangswert liegt an dem 8-Bit-Digital-Analog-Wandler und erzeugt die Ausgangsspannung am Komparator, die wieder die Eingangsspannung für die SAR-Einheit bildet. Man hat eine digitale Regelschleife, und ist die Eingangsspannung mit dem digitalen Wert gleich, wird ein BUSY-Signal ausgegeben. Startet die Umsetzung, schaltet BUSY auf 0-Signal. Nach neun Takten ist die Umsetzung beendet und der BUSY-Ausgang geht auf 1-Signal. Der umgesetzte Wert liegt im 8-Bit-Format an den Ausgängen an, wird aber noch nicht auf den Datenbus geschaltet.

Über den RD-Eingang (Read) wird der Inhalt des Registers vom 8085 gelesen. Die Freigabe des MAX160 erfolgt über den CS-Eingang (chip select). Tab. 2.11 zeigt die Funktionen des MAX160.

Tab. 2.11: Funktionen des MAX160.

Eingänge			Ausgänge		
CS	RD	BUSY	$D_7 \ldots D_0$		MAX160/AD7574 Operationen
L	H	H	Z		Schreibzyklus (nach Start der Umsetzung)
L	⌊	H	Z nach Daten		Lesezyklus (Daten lesen)
L	⌈	H	Daten nach Z		Rückstellung des Umsetzers
H	X	X	Z		Ohne Funktion
L	H	L	Z		Ohne Funktion
L	⌊	L	Z		Ohne Funktion
L	⌈	L	Z		Ohne Funktion

Der MAX160/AD7574 wird über das NAND-Gatter freigegeben, wenn die Funktion erfüllt ist:

IO/M	WR	A_2	A_1	A_0	
1	0	0	1	1	Inhalt des MAX160/AD7574 wird bei Adresse 3 ausgegeben

Die Read- und die CLK-Leitungen sind direkt mit dem 8085 zu verbinden. Über die Leitung IO/M wird mit einem 1-Signal eine Ein- oder Ausgabefunktion gesteuert.

2.3.11 Adressierung eines 8-Bit-Digital-Analog-Wandlers AD7224

Der DA-Wandler AD7224 wandelt einen 8-Bit-Wert in eine analoge Ausgangsspannung um. Abb. 2.24 zeigt die Innenschaltung, das Anschlussschema und die Pinbelegung.

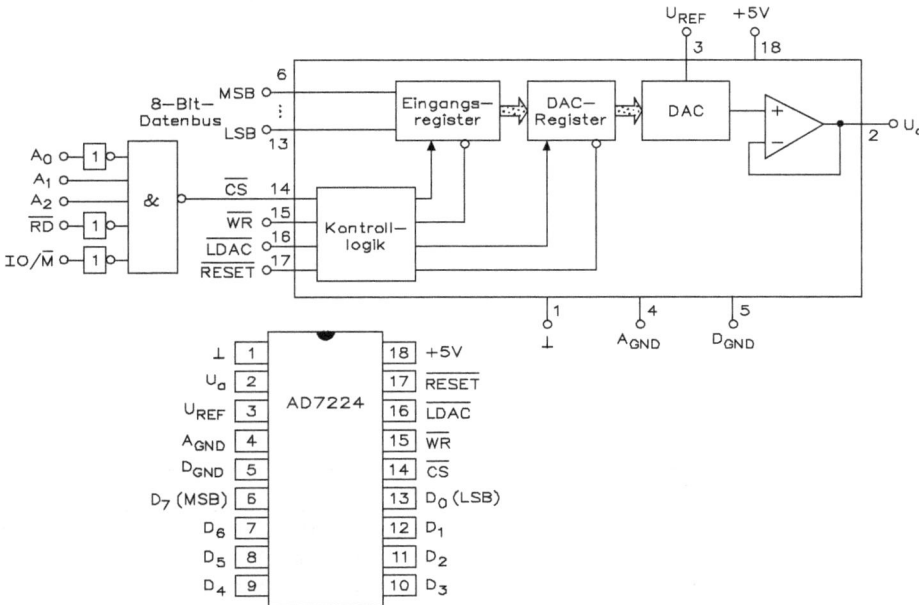

Abb. 2.24: Innenschaltung, Anschlussschema und Pinbelegung des AD7224.

Die 8-Bit-Daten liegen an den Eingängen D_7 bis D_0 an und die Steuerung übernimmt die Kontrolllogik. Das Eingangsregister übergibt die Daten an das DAC-Register und weiter an den Digital-Analog-Wandler. Dieser Wandler erzeugt einen Ausgangsstrom, der von einem Impedanzwandler in eine Ausgangsspannung U_a umgesetzt wird, so dass am Ausgang eine Spannung vorhanden ist.

Der AD7224 kann unipolar und bipolar arbeiten. In der unipolaren Betriebsart ergibt sich die Tab. 2.12.

In der bipolaren Betriebsart kann die Ausgangsspannung zwischen +10 und –10 V betragen, wobei ein zusätzlicher Operationsverstärker am Ausgang erforderlich ist.

Die interne Kontrolllogik wird von vier Eingängen angesteuert und es ergibt sich die Funktion von Tab. 2.13.

Die WR-Leitung ist direkt mit dem 8085 zu verbinden. Der RESET-Eingang ist ebenfalls mit dem 8085 zu verbinden. Der LDAC-Eingang wird nicht benötigt und ist an +5 V anzuschließen.

Tab. 2.12: Unipolare Betriebsart des AD7224.

DAC Eingangswerte								Analoger Ausgang
MSB							LSB	
1	1	1	1	1	1	1	1	$+U_{REF} = \left(\dfrac{255}{256}\right)$
1	0	0	0	0	0	0	1	$+U_{REF} = \left(\dfrac{129}{256}\right)$
1	0	0	0	0	0	0	0	$+U_{REF} = \left(\dfrac{128}{256}\right) = +\dfrac{U_{REF}}{2}$
0	1	1	1	1	1	1	1	$+U_{REF} = \left(\dfrac{127}{256}\right)$
0	0	0	0	0	0	0	1	$+U_{REF} = \left(\dfrac{1}{256}\right)$
0	0	0	0	0	0	0	0	0 V

Anmerkung: $1\,\text{LSB} = (U_{REF}) \cdot (2^{-8}) = +U_{REF} \cdot \left(\dfrac{1}{256}\right)$

Tab. 2.13: Ansteuerung der Kontrolllogik.

RESET	LDAC	WR	CS	Funktion
H	L	L	L	DAC-Register ist transparent
H	X	H	X	Eingangsregister speichert
H	H	X	H	Eingangsregister speichert
H	H	L	L	Eingangsregister ist transparent
H	H	⌈	L	Eingangsregister speichert
H	L	L	H	DAC-Register ist transparent
H	L	⌈	H	Eingangsregister speichert
L	X	X	X	DAC-Register wird gelöscht
⌈	H	H	H	Eingangsregister speichert und wird zurückgesetzt
⌈	L	L	L	Eingangsregister ist transparent und der Ausgang folgt den Eingangsdaten

Der AD7224 wird über das NAND-Gatter freigegeben, wenn die Funktionen erfüllt sind:

IO/M	WR	A_2	A_1	A_0	
1	0	1	0	1	Inhalt vom AD7224 wird bei der Adresse 5 ausgegeben

2.3.12 Programmierbarer Unterbrechungssteuerbaustein 8259

Der programmierbare Unterbrechungssteuerbaustein 8259 (Interrupt-Controller) ist für die Steuerung von acht Unterbrechungsebenen geeignet und erweiterbar auf 64 Ebenen. Die programmierbaren Unterbrechungsbetriebsarten und individuelle Maskierung der Anforderungen erlauben einen universellen Betrieb. Abb. 2.25 zeigt die Innenschaltung des Interrupt-Controllers 8259.

Der 8259 bedient bis zu acht vektorisierte und priorisierte Unterbrechungen für den Mikroprozessor und kann ohne Zusatzschaltungen auf bis zu 64 vektorisierte und priorisierte Unterbrechungen kaskadiert werden. Der Baustein benötigt nur eine Versorgungsspannung von +5 V. Der Schaltungsaufbau ist statisch, so dass kein Taktsignal erforderlich ist.

Der 8259 ist so ausgelegt, dass für die Behandlung von priorisierten Unterbrechungen auf mehreren Ebenen der Software- und der Realzeitsteuerungsaufwand verringert wird. Seine verschiedenen Betriebsarten gestatten die Optimierung für unterschiedliche Systemanforderungen.

Die Struktur von SPS-Systemen erfordert, dass E/A-Geräte wie Tastaturen, Anzeigeeinheiten, Sensoren und andere Komponenten in einer effizienten Weise bedient werden, damit eine große Anzahl von Systemaufgaben ohne oder mit nur geringem Einfluss auf den Datendurchsatz von SPS-Anlagen bearbeitet werden können.

Relativ selten wird heute noch die Abfragemethode (Polling) eingesetzt. Dabei muss der Mikroprozessor jedes Gerät zyklisch auf eine Bedienungsanforderung abfragen. Daraus lässt sich sofort ableiten, dass ein Teil des Hauptprogramms dieses fortwährende Abfragen durchführen muss (Abfrageschleife) und dass diese Methode den Datendurchsatz beeinträchtigt, wodurch die Anzahl der vom Mikrocomputer übernehmbaren Aufgaben begrenzt und die Kosteneffektivität der Geräte verringert wird.

Ein besseres Verfahren ist es, wenn der Mikroprozessor das Hauptprogramm ausführt und nur dann damit aufhört, wenn ihm vom Peripheriegerät selbst mitgeteilt wird, dass es bedient werden will. Bei diesem Verfahren müsste ein externes, asynchrones Eingangssignal dem Mikroprozessor mitteilen, dass er den gerade ausgeführten Befehl beendet und dann mit einem neuen Programm beginnt, mit dem das anfordernde Gerät bedient wird. Nachdem die Bedienung beendet ist, würde der Mikroprozessor genau dort im Hauptprogramm weiterfahren, wo er es vorher verlassen hatte. Dieses Verfahren wird mit Unterbrechung (Interrupt) bezeichnet. Man kann sofort erkennen, dass sich der Datendurchsatz merklich erhöht und deshalb mehr Aufgaben von der SPS ausgeführt werden können, wodurch seine Kosteneffektivität weiter steigt.

Die programmierbare Unterbrechungssteuerung (PIC) arbeitet wie ein Verwalter in einer unterbrechungsgesteuerten Umgebung. Sie nimmt Anforderungen von den Peripheriegeräten entgegen, ermittelt die Anforderung mit der größten Wichtigkeit (höchsten Priorität), überprüft, ob die gerade eingetroffene Anforderung eine höhere

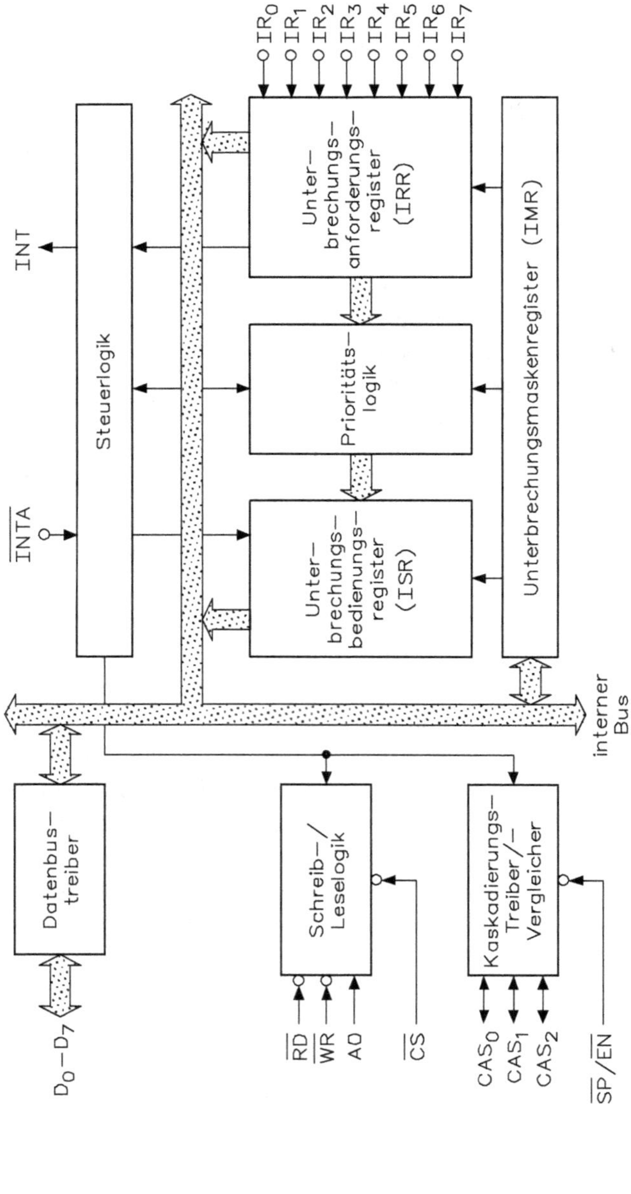

Abb. 2.25: Innenschaltung des Interrupt-Controllers 8259.

Priorität aufweist als die gerade bediente Anforderung, und sendet anschließend ein Unterbrechungssignal an den Mikroprozessor.

Für jedes Peripheriegerät oder jede periphere Anordnung ist normalerweise ein den funktionellen oder operationellen Anforderungen entsprechendes Programm vorhanden, welches als „Bedienroutine" bezeichnet wird. Die programmierbare Unterbrechungssteuerung muss, nach dem Aussenden des Unterbrechungssignals an den Mikroprozessor, an diesen Informationen weitergeben, die den Befehlszähler im Mikroprozessor auf die dem anfordernden Gerät entsprechende Bedienroutine „zeigen" lassen. Dieser Zeiger ist eine Adresse in einer Vektortabelle und wird bei der Beschreibung des 8259 Vektordatum genannt.

Der 8259 wurde speziell für Anwendungen in unterbrechungsgesteuerten Realzeit-SPS-Systemen ausgelegt. Er verwaltet acht Unterbrechungsebenen oder Anforderungen und kann mit anderen 8259 bis zu 64 Ebenen erweitert werden. Er wird von der Systemsoftware wie ein E/A-Kanal programmiert. Dem Programmierer stehen mehrere Prioritätsbetriebsarten zur Verfügung, so dass die Behandlung der Anforderungen durch den 8259 entsprechend den Systemvorgaben angepasst werden kann. Die Prioritätsbetriebsarten können jederzeit während des Hauptprogramms geändert oder umgestellt werden, d. h., dass jeweils die gesamte Unterbrechungsstruktur entsprechend den Anforderungen der gesamten Systemumgebung definiert werden kann.

Die Unterbrechungsanforderungen auf den IR-Leitungen werden von zwei hintereinandergeschalteten Registern aufgenommen, dem Unterbrechungsanforderungsregister (IRR) und dem Unterbrechungsbedienungsregister (ISR). Das IRR speichert die eine Bedienung anfordernde Unterbrechungsebene, während das ISR die gerade bediente Unterbrechungsebene enthält. Dieser logische Block ermittelt die Priorität der gesetzten Bits des IRR. Die höchste Priorität wird von ihm ausgewählt und während eines INTA-Impulses in das entsprechende Bit des ISR übernommen.

Das Unterbrechungsmaskenregister (IMR) speichert die Bits für die zu maskierenden Unterbrechungsleitungen ISR. Seine Ausgänge greifen in das ISR ein. Das Ausmaskieren eines Unterbrechungseingangs höherer Priorität beeinflusst nicht die Unterbrechungsleitungen niedrigerer Priorität.

Dieser Ausgang INT (Unterbrechungssignal) wird direkt mit dem Unterbrechungseingang des Mikroprozessors verbunden. Der H-Pegel auf dieser Leitung ist voll kompatibel mit den Eingangspegeln des 8085. Die INTA-Impulse (Unterbrechungsquittierung) veranlassen den 8259, eine Vektorinformation auf den Datenbus zu senden. Das Format dieser Information ist abhängig von der Systembetriebsart des 8259.

Die bidirektionalen 8-Bit-Treiber (Datenbustreiber) mit drei Zuständen (Tristate) bilden die Schnittstelle des 8259 mit dem Systemdatenbus. Steuerworte und Statusinformationen werden über den Datenbustreiber übertragen.

Die Schreib-/Lese-Steuerlogik nimmt die Kommandos vom Mikroprozessor entgegen. Er enthält das Initialisierungswort-(ICW-)Register und das Steuerwort-(OCW-)Register, die die verschiedenen Steueranweisungen für den Baustein speichern. Zusätzlich wird die Übertragung der Zustandsinformation auf den Systemdatenbus von diesem funktionellen Block ermöglicht.

Ein L-Pegel an dem CS-(Baustein-Freigabe-)Eingang gibt den Baustein frei. Wenn der Baustein nicht freigegeben ist, kann weder von ihm gelesen noch in ihn geschrieben werden.

Ein L-Pegel an dem WR-(Schreiben-)Eingang ermöglicht es dem Mikroprozessor, Kommandoworte (ICW und OCW) an den Baustein auszugeben.

Ein L-Pegel an dem RD-(Lesen-)Eingang bewirkt entweder das Auslesen des Zustands des Unterbrechungsanforderungsregisters (IRR), des Unterbrechungsbedienungsregisters (ISR), des Unterbrechungsmaskenregisters (IMR) oder der Unterbrechungsebene im BCD-Format vom 8259 auf den Datenbus.

Das Eingangssignal A_0 dient in Verbindung mit WR und RD zum Einschreiben von Kommandos in die verschiedenen Kommandoregister und zum Auslesen der verschiedenen Register des Bausteins. Es kann direkt mit einem der Adressenbits verbunden werden.

Der Anschluss SP/EN (Master-Slave-Programmierung/Bustreiber freigeben) hat eine Doppelfunktion. In einem nicht gepufferten System bestimmt der SP/EN-Eingang, ob der 8259 ein Master- oder ein Slave-Baustein ist. Bei SP = „1" ist der 8259 ein Master-, bei SP = „0" ein Slave-Baustein. In der gepufferten Betriebsart arbeitet der SP/EN-Anschluss als Ausgang, um die Bustreiber freizugeben.

Der Funktionsblock Kaskadierungstreiber/Vergleicher speichert und vergleicht die Kennung aller im System vorhandenen 8259. Die drei E/A-Anschlüsse (CAS 0 bis CAS 2) sind entweder als Ausgänge geschaltet, wenn er als Master-Baustein eingesetzt wird (SP = „1"), oder sie sind Eingänge, wenn er als Slave-Baustein verwendet wird (SP = „0").

Arbeitet der 8259 als Master-Baustein, gibt er die Kennung des die Unterbrechung anfordernden Slave-Bausteins auf den Leitungen CAS 0 bis CAS 2 aus. Der so freigegebene Slave-Baustein legt seine vorprogrammierte Unterbrechungsadresse während der nächsten beiden aufeinanderfolgenden INTA-Pulse auf den Datenbus.

Die wichtigsten Eigenschaften des in einem SPS-System eingesetzten 8259 sind seine Programmierbarkeit und die Möglichkeit, die Unterbrechungsprogramme zu adressieren. Das Letztere ermöglicht das direkte oder indirekte Springen zu den entsprechenden Unterbrechungsprogrammen, ohne die Unterbrechungsquellen abfragen zu müssen.

Die normale Reihenfolge der Ereignisse während einer Unterbrechung ist abhängig vom Typ des benutzten Prozessors. Die Zusammenarbeit des 8259 mit einem 8085-System sieht wie folgt aus und Abb. 2.26 zeigt die Schnittstelle zum Mikroprozessor 8085:

1. Eine oder mehrere Unterbrechungsanforderungsleitungen (IR7 bis IR0) gehen auf H-Pegel und setzen das (die) dazugehörige(n) IRR-Bit(s).
2. Der 8259 nimmt diese Anforderungen an, ermittelt die Priorität und sendet ein INT-Signal zum Mikroprozessor.

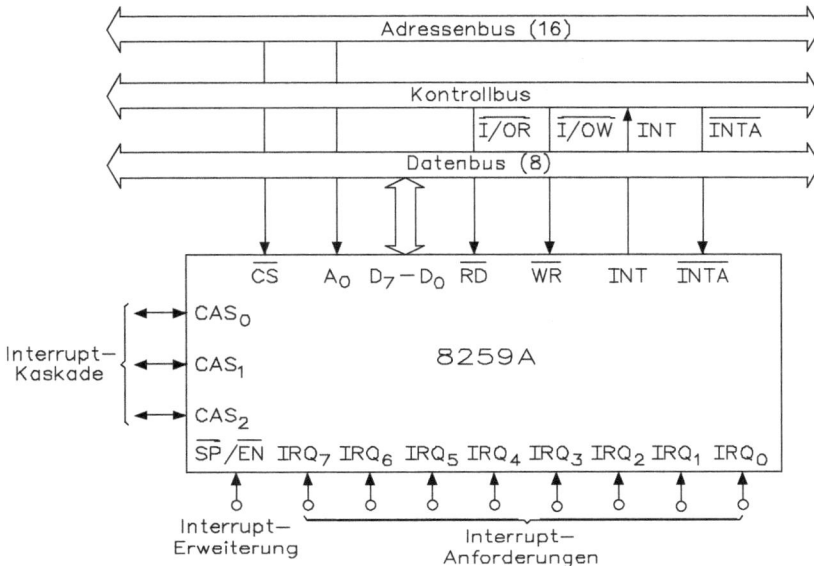

Abb. 2.26: Schnittstelle zum Mikroprozessor 8085.

3. Der Mikroprozessor quittiert das INT-Signal, indem er mit einem INTA-Impuls antwortet.

4. Mit diesem INTA-Impuls wird das zur höchsten Priorität gehörende ISR-Bit gesetzt und das entsprechende IRR-Bit zurückgesetzt. Zusätzlich legt der Baustein über die Anschlüsse D_0 bis D_7 den Code des CALL-Befehls (11001101) auf den 8-Bit-Datenbus.

5. Der CALL-Befehl löst zwei weitere INTA-Impulse aus, die über den Steuerbus an den 8259 gesendet werden.

6. Diese beiden INTA-Impulse veranlassen den Baustein, die vorprogrammierte Unterprogrammadresse auf den Datenbus zu legen. Die niederwertigen acht Bits der Adresse werden beim ersten INTA-Impuls und die höherwertigen acht Bits beim zweiten INTA- Impuls ausgegeben.

7. Damit ist der drei Byte lange CALL-Befehl vom Baustein ausgegeben. In der Betriebsart AEOI (automatic end of interrupt) wird das entsprechende ISR-Bit am Ende des dritten INTA-lmpulses zurückgesetzt. Andernfalls bleibt das ISR-Bit bis zu einem EOI-Befehl am Ende des Unterbrechungsprogramms gesetzt.

Jede Unterbrechungsanforderung kann individuell durch das mit OCW1 programmierte Unterbrechungsmasken-Register (IMR) maskiert werden. Jedes Bit im IMR maskiert den entsprechenden Unterbrechungskanal, falls es auf 1 gesetzt ist. Zum Beispiel: Bit 0 maskiert IR0, Bit 1 maskiert IR1 und so fort. Das Maskieren eines Unterbrechungskanals beeinflusst die anderen Kanäle nicht.

In einigen Anwendungsfällen ist es denkbar, dass während eines Unterbrechungsprogramms die Systemprioritätsstruktur per Software geändert werden soll. Zum Beispiel: Ein Unterbrechungsprogramm soll für einen Teil seiner Laufzeit niedrige priorisierte Unterbrechungsanforderungen sperren und für einen anderen Teil der Laufzeit einige von diesen Anforderungen wieder freigeben. Die Schwierigkeit ist dabei folgende: Wird eine Unterbrechungsanforderung durch die CPU bestätigt (INTA), das ISR-Bit aber noch nicht durch ein EOI-Kommando zurückgesetzt wurde, so sperrt der 8259 alle niedriger priorisierten Anforderungen.

Der Baustein verwendet die voll verschachtelte Betriebsart nach der Initialisierung, wenn kein OCW ausgegeben wurde. In dieser Betriebsart sind die Unterbrechungsanforderungen von 0 bis 7 einer festen Priorität zugeordnet (IR0 höchste). Nachdem eine Unterbrechung quittiert wurde, wird die Anforderung mit der höchsten Priorität ermittelt und ihr Vektor auf den Bus ausgegeben. Zusätzlich wird ein Bit des Unterbrechungsbedienungsregisters (ISR0 bis ISR7) gesetzt. Dieses Bit bleibt gesetzt, bis der Mikroprozessor ein Unterbrechungsende-(EOI-)Kommando unmittelbar vor der Rückkehr aus dem Bedienprogramm ausgibt oder wenn das AEOI-(Automatic-End-Of-Interrupt-)Bit gesetzt ist, bis zur fallenden Flanke des letzten INTA-Impulses. Alle weiteren Unterbrechungen mit niedrigerer Priorität sind gesperrt, wenn das ISR-Bit gesetzt ist, während Unterbrechungen mit höherer Priorität weiterhin freigegeben sind (die aber nur dann quittiert werden, wenn der Mikroprozessor seinen eigenen Unterbrechungseingang durch die Software freigegeben hat). Nach der Initialisierung hat IR0 die höchste und IR7 die niedrigste Priorität. Prioritäten können in die rotierende Priorität verändert werden.

Der Mikroprozessor muss für das Abfragebetrieb-(Polling-)Verfahren seinen Unterbrechungseingang sperren. Die Bedienung eines Geräts wird mit einem Abfragekommando erreicht. Das Abfragekommando wird als OCW3 mit P = „1" vom Mikroprozessor ausgegeben.

Der 8259 behandelt den nächsten RD-Impuls (RD = „0" und CS = „0") als Unterbrechungsquittierung, setzt das entsprechende ISR-Flipflop, wenn eine Anforderung vorliegt, und bestimmt die Prioritätsebene. Die Unterbrechungsanforderung wird zwischen den RD- und WR-Impulsen eingefroren. Im Abfragebetrieb muss vor jedem Lesen ein OCW3 an den Baustein ausgegeben werden. Diese Betriebsart kann dort mit Erfolg eingesetzt werden, wo ein in mehreren Ebenen gemeinsames Programm vorliegt, so dass die INTA-Sequenz nicht benötigt wird (und so ROM-Plätze gespart werden). Eine andere Anwendung des Abfragebetriebs ist die Erweiterung der Anzahl der Prioritätsebenen über 64 hinaus.

Das ISR-Bit kann entweder automatisch mit der steigenden Flanke des letzten INTA-Impulses zurückgesetzt werden (nur wenn das AEOI-Bit in der ICW1 auf „1" gesetzt ist) oder durch ein Unterbrechungsende-Kommando (EOI), das an den 8259 vor Beendigung des Unterbrechungsprogramms ausgegeben werden muss. Wenn ein Slave-Baustein angeschlossen ist, muss das EOI-Kommando zweimal ausgegeben werden: einmal für den Master- und einmal für den entsprechenden Slave-Baustein.

Das EOI-Kommando hat zwei Formen: spezifisch und nicht spezifisch. Wird der 8259A so betrieben, dass die voll verschachtelte Struktur erhalten bleibt, kann er ermitteln, welches Bit mit dem EOI-Kommando zurückgesetzt werden muss. Wird ein nicht spezifisches EOI-Kommando an den Baustein ausgegeben, wird automatisch von allen gesetzten Bits das ISR-Bit mit der höchsten Priorität zurückgesetzt. Denn in der voll verschachtelten Betriebsart ist die höchste gesetzte Ebene im ISR notwendigerweise auch die zeitlich letzte Ebene, die quittiert wurde, und damit ebenso die nächste Programmebene, von der zurückgekehrt wird.

Wird der 8259 jedoch so betrieben, dass die voll verschachtelte Struktur gestört werden kann (wie es bei der rotierenden Priorität geschieht), kann der Baustein nicht mehr die zeitlich als letzte quittierte Ebene ermitteln. In diesem Fall muss ein spezifisches EOI-(SEOI-)Kommando ausgegeben werden, welches die zurückzusetzende ISR-Ebene mit im Kommando enthält. Ein Unterbrechungs-Ende-Kommando wird immer dann ausgegeben, wenn im OCW2 EO1 = „1" ist. Für ein spezifisches EOI müssen SEOI = „1" und EOI = „1" sein. L0 bis L2 ist dann die BCD-Darstellung der zurückzusetzenden Ebene. Diese kann auch die Ebene niedrigster Priorität sein, wie das bei der rotierenden Priorität der Fall ist.

Anmerkung: Obwohl das Rotieren-Kommando mit EOI = „1" ausgegeben werden kann, ist es jedoch nicht daran gebunden. Es sollte beachtet werden, dass ein ISR-Bit, das durch ein Maskenbit im IMR maskiert wurde, nicht durch ein nicht spezifiziertes EOI-Kommando zurückgesetzt wird, wenn sich der 8259 in der Spezial-Masken-Betriebsart befindet.

Wird in ICW4 das AEOI-Bit auf „1" gesetzt, arbeitet der 8259 so lange in der AEOI-Betriebsart, bis das AEOI-Bit in ICW4 wieder zurückgesetzt wird. In dieser Betriebsart führt der 8259 automatisch ein nicht spezifiziertes Unterbrechungsende (EOI) aus, und zwar durch die steigende Flanke des letzten INTA-Impulses.

Vom Systemstandpunkt aus ist dabei zu beachten, dass diese Betriebsart nicht benutzt werden sollte, wenn eine verschachtelte Mehrebenen-Unterbrechungsstruktur mit nur einem 8259 erforderlich ist.

Es gibt Anwendungen, bei denen eine Anzahl von Unterbrechungsanforderungen die gleiche Priorität besitzt. In der Betriebsart A bekommt eine Anforderung, die soeben bedient wurde, die niedrigste Priorität zugeordnet. Bei einer erneuten Anforderung muss ein anforderndes Gerät im ungünstigsten Fall so lange warten, bis die anderen sieben Anforderungen je einmal bedient wurden.

Der Programmierer kann die Priorität der Anforderungen durch die Festlegung der niedrigsten Priorität ändern. Damit wird automatisch die Priorität aller anderen Anforderungen neu festgelegt.

Beispiel: Wenn IR 5 als am niedrigsten priorisierte Anforderung programmiert wird, hat IR 6 anschließend die höchste Priorität.

Die Betriebsart „Pegelgetriggert" wird durch Bit 3 im ICW1 programmiert. Ist LTIM = „1" gesetzt, wird eine Unterbrechungsanforderung durch einen H-Pegel am Eingang erkannt. Eine Flanke ist dabei nicht nötig. Die Anforderung muss vor dem

EOI-(End-of-Interrupt-)Kommando oder bevor die CPU das Unterbrechungssystem wieder freigegeben hat, zurückgenommen werden, da sonst eine weitere Unterbrechungsanforderung bearbeitet wird.

Der Zustand verschiedener Register kann gelesen werden, um die Informationen des Anwenders auf den neuesten Stand zu halten. Die folgenden Register können nach Ausgabe eines passenden OCW3 an den Baustein mit RD gelesen werden.

Das 8-Bit-Unterbrechungsanforderungsregister (IRR) enthält die zu quittierenden Ebenen, die eine Unterbrechung anfordern. Die höchste anfordernde Ebene im IRR wird zurückgesetzt, wenn eine Unterbrechung quittiert wird (wird nicht vom IMR beeinflusst). Das IRR kann gelesen werden, wenn vor dem RD-Impuls ein OCW3 mit ERIS = „1" und RIS = „0" an den Baustein ausgegeben wurde.

In dem 8-Bit-Unterbrechungsbedienungsregister (ISR) stehen die Prioritätsebenen, die gerade bedient werden. Das ISR wird jeweils mit dem Unterbrechungsende-(EOI-)Kommando auf den neuesten Stand gebracht. Das ISR kann gelesen werden, wenn vor dem RD-Impuls ein OCW3 mit ERIS = „1" und RIS = „1" an den Baustein ausgegeben wurde. Wenn eine Leseoperation das gleiche Register betrifft wie die vorangegangene Leseoperation, ist es unnötig, vor dieser Leseoperation ein OCW3 an den Baustein auszugeben; d. h., der 8259 „erinnert" sich daran, welches der beiden Register IRR oder ISR vorher vom OCW3 ausgewählt wurde.

Das Unterbrechungsmasken-Register (IMR) enthält die Angaben über die maskierten Unterbrechungsanforderungsleitungen. Zum Lesen des IMR wird kein WR-Impuls vor dem RD-Impuls benötigt. Der Inhalt des IMR liegt immer dann an den Datenausgängen, wenn RD aktiv und A_0 = „1" ist. Eine Abfrageoperation ersetzt im Abfragebetrieb die Zustand-Leseoperation, wenn im OCW3 P = „1" und ERIS = „1" sind.

2.3.13 Programmierbarer Zähler-/Zeitgeber-Baustein 8253

Der 8253 ist ein programmierbarer Zähler-/Zeitgeber-Baustein. Er benötigt nur eine Versorgungsspannung von +5 V. Der Baustein enthält drei voneinander unabhängig arbeitende 16-Bit-Zähler, die bis zu einer Zählfrequenz von 2 MHz arbeiten. Die verschiedenen Betriebsarten sind über die Software des Mikrocomputersystems einstellbar. Abb. 2.27 zeigt die Innenschaltung des programmierbaren Zähler-/Zeitgeber-Bausteins 8253.

Der 8253 ist ein programmierbarer Zähler-/Zeitgeber-Baustein, der zur Anwendung in Mikrocomputersystemen entworfen wurde. Er ist ein allgemein einsetzbarer Mehrfach-Zeitgeber, der von der Systemsoftware behandelt wird, wie eine Anzahl gewöhnlicher Ein-/Ausgabe-Kanäle.

Der Baustein löst eines der in SPS-Systeme am häufigsten auftretenden Probleme: die programmgesteuerte Erzeugung präziser Verzögerungszeiten. Zur Erfüllung seiner Anforderungen setzt der Programmierer statt der in der Systemsoftware vorgesehenen

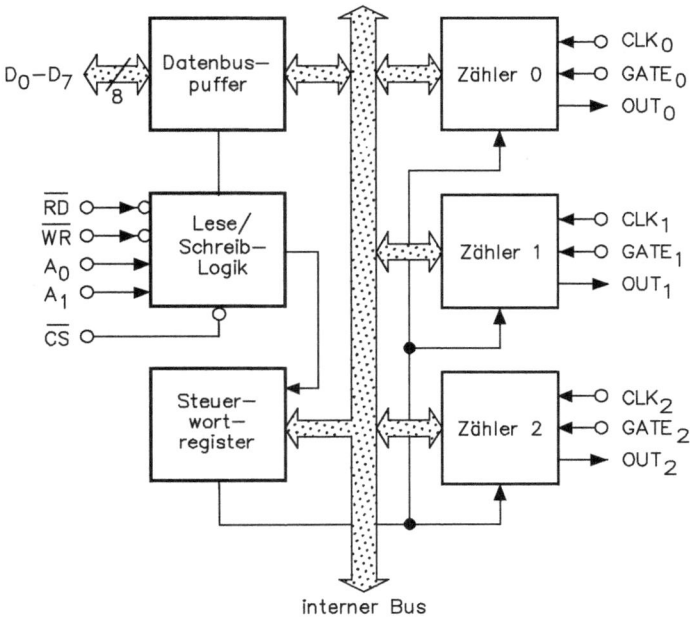

D_0-D_7 8   Datenbus—puffer   Zähler 0   CLK$_0$ / GATE$_0$ / OUT$_0$

$\overline{RD}$ / $\overline{WR}$ / A_0 / A_1 Lese/Schreib—Logik   Zähler 1   CLK$_1$ / GATE$_1$ / OUT$_1$

$\overline{CS}$

Steuer—wort—register   Zähler 2   CLK$_2$ / GATE$_2$ / OUT$_2$

interner Bus

Abb. 2.27: Innenschaltung des programmierbaren Zähler-/Zeitgeber-Bausteins 8253.

Zeitschleifen den 8253 ein. Nachdem der Zähler mit dem gewünschten Anfangswert programmiert wurde, ist er startbereit. Nach Ablauf des Zähldurchlaufs wird ein Zähl-Ende-Signal gegeben, das zur Auslösung einer Programmunterbrechung verwendet werden kann. Es ist daraus bereits zu ersehen, dass der Programmieraufwand relativ gering ist und dass z. B. mehrere Zeitverzögerungen gleichzeitig nebeneinander ablaufen können, indem den einzelnen Zählern verschiedene Unterbrechungsebenen zugewiesen werden. Andere Zähler-/Zeitgeber-Aufgaben, die normalerweise keine Zeitverzögerungsschaltungen sind, aber in SPS-Systemen verwendet werden, können ebenfalls vom 8253 ausgeführt werden, z. B.:

– steuerbarer Signalgenerator,
– Ereigniszähler,
– binärer Frequenzmultiplizierer,
– Echtzeituhr,
– digital einstellbare monostabile Kippstufe,
– komplexer Motor-Steuerbaustein.

Über diese 8-Bit-Tristate-Zweiweg-Schnittstelle ist der Baustein 8253 direkt an den Datenbus eines Mikrocomputersystems anschließbar. Vom Prozessor werden mit einfachen Schreib-/Lese-Befehlen Daten in bzw. aus dem Baustein geschrieben oder gelesen. Der Datenbuspuffer hat drei grundsätzliche Aufgaben:

1. die Einstellung der Betriebsarten durch Einschreiben entsprechender Steuerworte,
2. das Laden von Zähleranfangswerten,
3. das Lesen der Zählerinhalte.

Die Schreib-/Lese-Logik empfängt Steuersignale, die vom Prozessor über den Systemsteuerbus übermittelt werden und erzeugt die für den Funktionsablauf erforderlichen internen Steuersignale. Die Schreib-/Lese-Logik wird mit CS freigegeben oder gesperrt, so dass keine Funktionsänderung ohne vorheriges Auswählen des Bausteins durch die Systemsoftware vorgenommen werden kann.

Durch einen L-Pegel an dem RD-Eingang liest der Prozessor Daten in Form von Zählerinhalten aus dem 8253.

Durch einen L-Pegel an dem WR-Eingang schreibt der Prozessor Daten in Form von Zähleranfangswerten oder Betriebsarten in den 8253.

Diese beiden Eingänge A_0 und A_1 sind im Allgemeinen direkt an den Adressenbus eines SPS-Systems angeschaltet. Über die Eingänge erfolgt die Auswahl einer der drei Zähler sowie des Steuerwortregisters zur Betriebsartauswahl.

Durch einen L-Pegel an diesem CS-Eingang (Bausteinauswahl) wird der Baustein 8253 ausgewählt. Ohne den Baustein ausgewählt zu haben, kann weder eingeschrieben noch ausgelesen werden. Der CS-Eingang hat keinen Einfluss auf die momentane Funktion des Zählers. Tab. 2.14 zeigt die Funktionen der Schreib-/Lese-Logik.

Tab. 2.14: Funktionen der Schreib-/Lese-Logik.

CS	RD	WR	A_1	A_0	
0	1	0	0	0	Zähler 0 laden
0	1	0	0	1	Zähler 1 laden
0	1	0	1	0	Zähler 2 laden
0	1	0	1	1	Steuerwort einschreiben
0	0	1	0	0	Lesen des Zählerinhalts von Zähler 0
0	0	1	0	1	Lesen des Zählerinhalts von Zähler 1
0	0	1	1	0	Lesen des Zählerinhalts von Zähler 2
0	0	1	1	1	Keine Funktion, Datenbusschnittstelle hochohmig
1	X	X	X	X	Baustein gesperrt, Datenbusschnittstelle hochohmig
0	1	1	X	X	Keine Funktion, Datenbusschnittstelle hochohmig

Das Steuerwortregister ist ausgewählt, wenn die beiden Eingänge A_0 und A_1 auf H-Pegel liegen (A_0 = „1" und A_1 = „1"). Die über die Datenbusschnittstelle hereinkommenden Daten werden dann in das Steuerwortregister übernommen. Mit den im Steuerwortregister gespeicherten Informationen wird die Arbeitsweise jedes Zählers bestimmt sowie die Auswahl der Zählart (dual oder dezimal) und das Laden der Zählerregister gesteuert. In das Steuerwortregister kann nur eingeschrieben und nicht ausgelesen werden.

Die drei Zähler sind funktionell vollkommen identisch. Jeder Zähler besteht aus einem vorbelegbaren 16-Bit-Abwärtszähler, der wahlweise für duales oder dezimales Zählen eingestellt werden kann. Die Funktion der Eingänge, GATE-Anschlüsse und Ausgänge wird durch die Auswahl des Steuerwortes im Steuerwortregister bestimmt. Die Zähler arbeiten voneinander unabhängig und können parallel in vollkommen verschiedenen Betriebsarten betrieben werden. Im Format des Steuerwortes sind spezielle Kennzeichen zum Laden des Zähleranfangswertes enthalten, so dass der Aufwand an Systemsoftware möglichst gering bleibt.

Der Anwender kann den Zählerinhalt bei Verwendung eines Zählers als Ereigniszähler mit einem einfachen Lesebefehl auslesen. Für das Lesen der Zählerinhalte während des Zählens besitzt der 8253 ein spezielles Steuerwort und eine Logik, so dass der Eingangstakt nicht gesperrt werden muss.

Der 8253 wird auf die gleiche Weise wie alle anderen Peripheriebausteine der Familie an das System angeschlossen. Über die Systemsoftware werden die internen Funktionsgruppen wie normale Ein-/Ausgabekanäle angesprochen. Drei dieser Kanäle sind Zähler, während der vierte das Steuerwortregister darstellt. Abb. 2.28 zeigt die Systemschnittstelle.

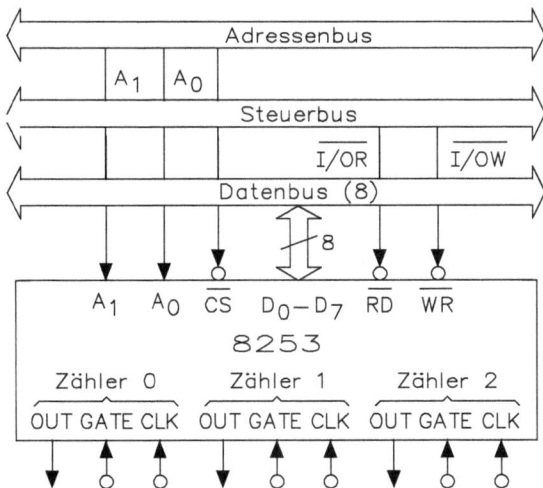

Abb. 2.28: Systemschnittstelle für den 8253.

Im Allgemeinen sind die Selektionseingänge A_0 und A_1 des Bausteins direkt mit den Adressleitungen A_0 und A_1 des Systemadressbusses verbunden. Der Bausteinauswahl-Eingang CS kann entweder direkt vom Adressbus angesteuert werden (lineare

Auswahl) oder, wie in größeren Systemen üblich, über einen Decoder wie z. B. den 8205.

Die Arbeitsweise des 8253 wird vollständig über die Systemsoftware festgelegt. Der Prozessor muss dazu einige Steuerworte an den 8253 ausgeben. Mit diesen Steuerworten wird die Betriebsart, die Anzahl der zu ladenden Zählerbytes und duales oder dezimales (BCD) Zählen festgelegt.

Einmal initialisiert, ist der 8253 bereit, jene Zeitgeberaufgaben durchzuführen, die ihm per Software zugewiesen wurden. Der laufende Zählvorgang jedes Zählers ist völlig unabhängig von denen der anderen Zähler. Mit einer Zusatzlogik des Bausteins können die am häufigsten auftretenden Probleme im Zusammenhang mit der Überwachung und Verarbeitung von externen, asynchronen Signalen gelöst werden.

Die Betriebsart eines Zählers wird durch die Systemsoftware mit Hilfe einfacher Ausgabebefehle festgelegt. Jeder Zähler muss dabei gesondert durch Schreiben eines Steuerwortes in das Steuerwortregister programmiert werden (A_0 = „1" und A_1 = „1").

Der Zähler wird so lange nicht aus dem Zählregister mit dem Zähleranfangswert geladen, bis dieser vollständig (1 Byte oder 2 Byte, wie im Steuerwert vorgegeben) eingeschrieben ist, gefolgt von einer positiven und negativen Flanke am Takteingang. Jeder Lesevorgang auf diesem Zähler vor der negativen Flanke am Takteingang kann zufällig Lesedaten ergeben. Tab. 2.15 zeigt die SC-Zählerauswahl (select counter).

Tab. 2.15: SC-Zählerauswahl.

SC1	SC0	
0	0	Auswahl des Zählers 0
0	1	Auswahl des Zählers 1
1	0	Auswahl des Zählers 2
1	1	Ungültig

Tab. 2.16 zeigt die Betriebsart für RL-Lesen/Laden (read/load).

Tab. 2.16: RL-Lesen/Laden (read/load).

RL1	RL0	
0	0	Zählerinhalt zwischenspeichern
0	1	Lesen/Laden des höherwertigen Bytes
1	0	Lesen/Laden des niederwertigen Bytes
1	1	Zuerst Lesen/Laden des niederwertigen Bytes und anschließend Lesen/Laden des höherwertigen Bytes

Tab. 2.17 zeigt die Auswahl der M-Betriebsart.

Tab. 2.17: Auswahl der M-Betriebsart.

M2	M1	M0	
0	0	0	Betriebsart 0
0	0	1	Betriebsart 1
X	1	0	Betriebsart 2
X	1	1	Betriebsart 3
1	0	0	Betriebsart 4
1	0	1	Betriebsart 5

Der Zähler wird so lange nicht aus dem Zählregister mit dem Zähleranfangswert geladen, bis dieser vollständig (1 Byte oder 2 Byte, wie im Steuerwert vorgegeben) eingeschrieben ist, gefolgt von einer positiven und negativen Flanke am Takteingang. Jeder Lesevorgang auf diesem Zähler von der negativen Flanke am Takteingang kann zufällig Lesedaten ergeben.

Betriebsart 0: Unterbrechungsanforderung bei Zählernulldurchgang

Der Zählerausgang liegt nach dem Ausgeben des Steuerwortes auf L-Pegel. Nachdem der Zähleranfangswert in den ausgewählten Zähler eingeschrieben wurde und der Zählvorgang begonnen hat, bleibt der Zählerausgang weiterhin auf L-Pegel. Bei Erreichen des Zählerendstandes (0) geht der Ausgang auf H-Pegel und bleibt dort so lange, bis ein neuer Zähleranfangswert oder ein neues Steuerwort geladen wird. Der Zähler selbst wird auch nach Erreichen des Zählerendstandes weiter dekrementiert. Wird während des Zählens der Zähler neu geladen, so erfolgt

1. beim Laden des ersten Bytes der Abbruch des laufenden Zählvorgangs,
2. beim Laden des zweiten Bytes der Start mit dem neuen Anfangswert.

Durch einen L-Pegel am GATE-Eingang wird das Zählen gesperrt und durch einen H-Pegel wieder freigegeben. Abb. 2.29 zeigt das Impulsdiagramm für die Betriebsart 0 (Unterbrechungsanforderung bei Zählernulldurchgang).

Betriebsart 1: Programmierbare monostabile Kippstufe

Der Zählerausgang geht nach einer positiven Signalflanke auf den GATE-Eingang und mit der nächsten Periode des Eingangstaktes auf L-Pegel. Nach Erreichen des Endstandes (0) geht der Zählerausgang wieder auf H-Pegel über. Das Einschreiben eines neuen Zähleranfangswertes zu einem Zeitpunkt, bei dem der Ausgang auf L-Pegel liegt, hat keinen Einfluss auf den laufenden Zählvorgang. Der neue Anfangswert wird erst nach erneutem Triggern übernommen. Der aktuelle Zählerstand ist ohne weiteren Einfluss auf den Zählvorgang selbst jederzeit auslesbar (über einen Lesebefehl des Prozessors). Die monostabile Kippstufe ist beliebig oft neu triggerbar, d. h., der Aus-

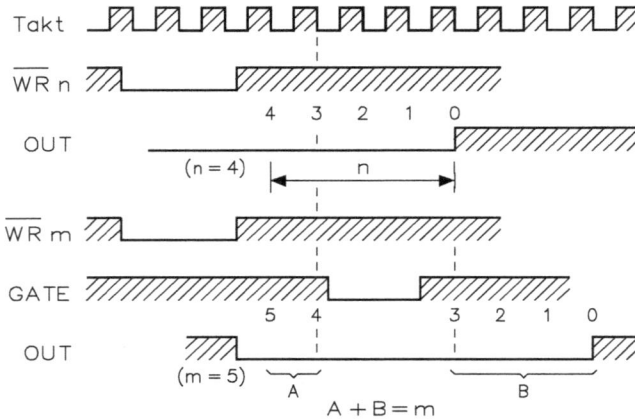

Abb. 2.29: Impulsdiagramm für die Betriebsart 0 (Unterbrechungsanforderung bei Zählernulldurchgang).

gang bleibt nach jeder ansteigenden Flanke des GATE-Eingangssignals auf L-Pegel, bis der Zähler vom Anfangswert bis zum Endwert (0) gezählt hat. Abb. 2.30 zeigt das Impulsdiagramm für die Betriebsart 1 (programmierbare monostabile Kippstufe).

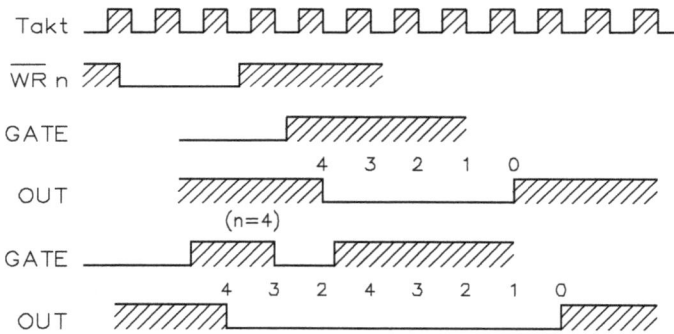

Abb. 2.30: Impulsdiagramm für die Betriebsart 1 (programmierbare monostabile Kippstufe).

Betriebsart 2: Taktgenerator, Teiler durch *N*

Der Zählerausgang geht während eines Zählerdurchlaufs für eine Periode des Eingangstaktes auf L-Pegel. Die Anzahl der Taktperioden von einem Ausgangsimpuls zum nächsten ist gleich dem geladenen Zähleranfangswert. Wird zwischen zwei Ausgangsimpulsen der Zähler mit einem neuen Anfangswert geladen, wird erst die laufende Zählperiode beendet, bevor der Zähler mit dem neuen Wert startet. Mit einem L-Pegel am GATE-Eingang wird am Zählerausgang ein H-Pegel erzeugt. Geht der GATE-Eingang wieder auf H-Pegel über, startet der Zähler erneut mit dem geladenen Anfangswert. Der GATE-Eingang ist daher zum Synchronisieren des Zählers geeignet. Nachdem das Steuerwort für Betriebsart 2 eingeschrieben wurde, bleibt der Zählerausgang so lange auf H-Pegel, bis der Zähleranfangswert vollständig geladen ist. Der Zähler ist also auch über die Software synchronisierbar. Abb. 2.31 zeigt das Impulsdiagramm für die Betriebsart 2 (Taktgenerator, Teiler durch N).

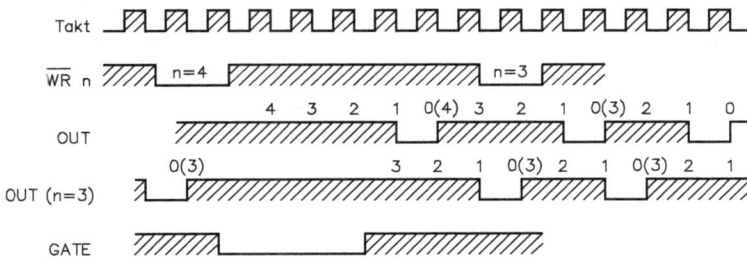

Abb. 2.31: Impulsdiagramm für die Betriebsart 2 (Taktgenerator, Teiler durch N).

Betriebsart 3: Rechteckgenerator

Diese Betriebsart ist ähnlich wie Betriebsart 2 mit dem Unterschied, dass der Zählerausgang so lange auf H-Pegel bleibt, bis der halbe Zähleranfangswert abgezählt wurde (gilt für geradzahlige Startwerte). Anschließend geht der Ausgang auf L-Pegel, bis die andere Hälfte abgezählt ist. Bei ungeradzahligen Zähleranfangswerten N ist der Ausgang für $(N + 1)/2$ Eingangstakte auf H-Pegel und für $(N - 1)/2$ Takte auf L-Pegel. Wird der Zähler während des Zählens mit einem neuen Anfangswert geladen, wird nach dem nächsten Wechsel des Ausgangssignals mit dem neuen Wert weitergearbeitet. Abb. 2.32 zeigt das Impulsdiagramm für die Betriebsart 3 (Rechteckgenerator).

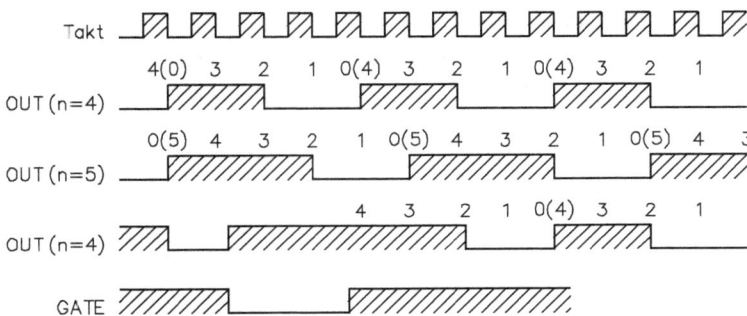

Abb. 2.32: Impulsdiagramm für die Betriebsart 3 (Rechteckgenerator).

Betriebsart 4: Softwaregesteuertes Signal (Strobe)

Nach der Ausgabe des Steuerwortes für diese Betriebsart liegt der Zählerausgang auf H-Pegel. Nach dem Laden des Zähleranfangswertes startet der Zähler. Beim Erreichen des Endstandes 0 liegt am Ausgang für eine Taktperiode L-Pegel und anschließend dauerhaft wieder H-Pegel an. Wird während eines Zählerdurchlaufs ein neuer Zähleranfangswert eingegeben, zählt der Zähler sofort nach beendeter Eingabe mit dem neuen Wert weiter. Wird der Zähler nach Beendigung eines Zählerdurchlaufs neu geladen, startet er ebenfalls nach vollendeter Eingabe mit dem neuen Wert. Mit einem L-Pegel am GATE-Eingang kann das Zählen unterbrochen werden. Abb. 2.33 zeigt das Impulsdiagramm für die Betriebsart 4 (softwaregesteuertes Strobe-Signal).

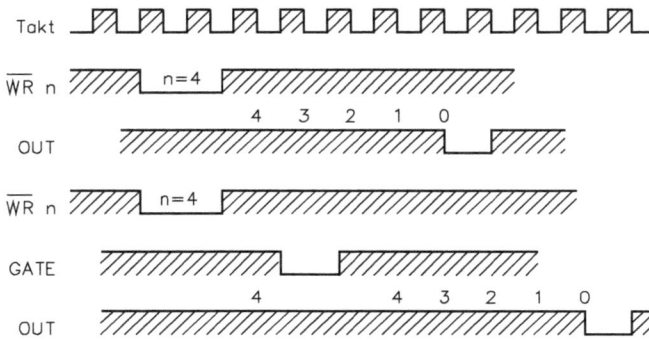

Abb. 2.33: Impulsdiagramm für die Betriebsart 4 (softwaregesteuertes Strobe-Signal).

Betriebsart 5: Hardwaregesteuertes Signal (Strobe)

Der Zähler fängt mit der ansteigenden Flanke eines Triggersignals auf den GATE-Eingang zu zählen an und erzeugt am Ausgang, bei Erreichen des Endwertes (0), für die Länge einer Taktperiode L-Pegel. Der Zähler ist beliebig oft neu triggerbar. Der Ausgang wird dabei so lange nicht auf L-Pegel gehen, bevor nicht der mit der positiven Flanke des Triggersignals gestartete Zählerdurchlauf beendet ist. Abb. 2.34 zeigt das Impulsdiagramm für die Betriebsart 5 (hardwaregesteuertes Strobe-Signal).

Mit Hilfe der Systemsoftware muss jeder Zähler mit der Betriebsart und dem Zähleranfangswert geladen werden. Der Anwender muss dazu ein Steuerwort und die vorher angegebene Anzahl (1 oder 2) Bytes des Zähleranfangswertes in den ausgewählten Zähler schreiben. Die eigentliche Programmiervorschrift ist sehr flexibel. So kann das Einschreiben der Steuerworte in beliebiger Reihenfolge geschehen. Zähler 0 muss z. B. nicht als erster und Zähler 2 nicht als letzter geladen werden. Jeder Zähler hat ein Steuerwortregister mit einer gesonderten Adresse (SCO, SC1), so dass das Laden der Steuerwortregister nicht an eine bestimmte Reihenfolge gebunden ist.

Das Laden des Zähleranfangswertes für einen Zähler muss dagegen genau in der Reihenfolge erfolgen, die durch das Steuerwort mit RL0 und RL1 festgelegt wurde.

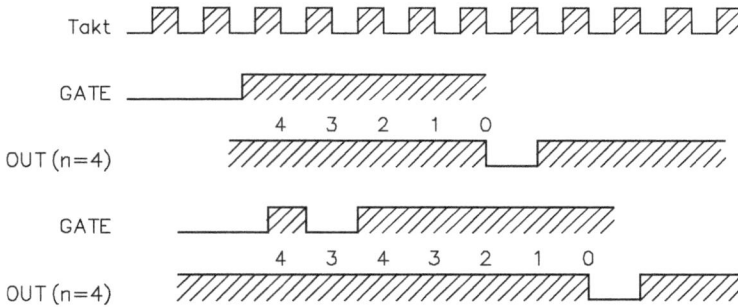

Abb. 2.34: Impulsdiagramm für die Betriebsart 5 (hardwaregesteuertes Strobe-Signal).

Ebenso wie beim Steuerwort ist es jedoch unerheblich, in welcher Reihenfolge die einzelnen Zähler untereinander geladen werden. Absolut notwendig ist es jedoch, den Zähler genau mit der im Steuerwort angegebenen Anzahl von Bytes zu laden (ein Byte oder zwei Bytes).

Die ein Byte oder zwei Bytes des Zähleranfangswertes müssen nicht unmittelbar nach der Ausgabe des Steuerwortes geladen werden. Sie können vielmehr zu jeder beliebigen Zeit nach dem Steuerwort in das entsprechende Zählerregister geschrieben werden, und zwar so lange, bis die im Steuerwort angegebene Anzahl von Bytes geladen wurde. Alle Zähler sind Abwärtszähler, deren geladener Anfangswert dekrementiert wird. Wird das Zählregister mit lauter Nullen geladen, ergibt das die maximale Zähldauer, bei dualem Zählen 2^{16} und bei dezimalem Zählen (BCD) 10^4 Zähltakte.

In Betriebsart 0 (Unterbrechung nach Zählerablauf) startet der Zähler so lange nicht mit einem neuen Zähleranfangswert, bis das Laden vollständig beendet ist. Erst müssen, in Abhängigkeit davon, was im Steuerwort angegeben wurde, ein Byte oder zwei Bytes geladen werden, bevor ein neuer Zähldurchgang gestartet wird.

Bei den meisten Zähleranwendungen wird es notwendig sein, den Zählerinhalt während des Zählens auszulesen und in Abhängigkeit von diesem Wert eine Entscheidung zu treffen.

Ereigniszähler sind die häufigsten Anwendungsfälle, die diese Möglichkeit ausnutzen. Der 8253 hat eine interne Logik, die es ermöglicht, den Zählerinhalt von jedem der drei Zähler auszulesen, ohne den Zählvorgang zu stören. Es gibt zwei Möglichkeiten, wie der Anwender den Zählerinhalt auslesen kann.

Die erste Möglichkeit ist eine einfache Leseoperation von dem ausgewählten Zähler. Durch die Eingänge A0 und A1 des 8253 wird der Zähler, dessen Inhalt ausgelesen werden soll, ausgewählt (das Steuerwortregister, das mit A0 = „1", A1 = „1" ausgewählt wird, kann nicht gelesen werden). Die einzige Bedingung ist, um einen gültigen Zählerinhalt zu bekommen, dass der laufende Zählvorgang des ausgewählten Zählers durch den GATE-Eingang oder mit Hilfe einer externen Logik über den Takteingang unterbrochen wird. Der Zählerinhalt wird wie folgt gelesen (bei RL1 = „1" und RL0 = „1"):

- mit dem ersten Lesebefehl an den ausgewählten Zähler wird das niederwertige Byte (LSB) des Zählerinhalts gelesen,
- mit dem zweiten Lesebefehl das höherwertige Byte (MSB).

Wegen der internen Logik des 8253 ist es unbedingt notwendig, den Lesevorgang vollständig abzuschließen. Ist durch das Steuerwort festgelegt, dass zwei Bytes von einem Zähler gelesen werden sollen, müssen auch beide gelesen werden, bevor der Zähler wieder mit anderen Werten geladen werden kann.

2.3.14 Programmierbarer serieller Schnittstellenbaustein 8251

Der 8251 ist ein universeller Synchron-/Asynchron-Sender/-Empfänger-Baustein für Datenübertragung in Verbindung mit dem Mikroprozessor 8085. Der 8251 ist ein Peripheriebaustein und kann durch den Mikroprozessor für jedes der heute üblichen Datenübertragungsverfahren nach RS232C programmiert werden. Der Baustein übernimmt vom Mikroprozessor Zeichen in Paralleldarstellung und wandelt sie für das Senden in einen seriellen Datenstrom um. Gleichzeitig kann er einen seriellen Datenstrom empfangen und daraus für den Mikroprozessor Zeichen in Paralleldarstellung erzeugen. Der Baustein meldet dem Mikroprozessor, wenn er vom Mikroprozessor ein neues Zeichen zum Senden annehmen kann oder ein Zeichen für den Mikroprozessor empfangen hat. Der Mikroprozessor kann jederzeit den Zustand des Bausteins abfragen. Dabei werden ihm zugleich Aussagen über Datenübertragungsfehler und den Zustand von Steueranschlüssen geliefert. Durch einen nachgeschalteten Treiber ergibt sich eine serielle Schnittstelle nach RS232C. Abb. 2.35 zeigt die Innenschaltung des 8251.

Der 8251 bietet folgende Betriebsarten:
- Durch Zwischenregister wird auch ohne besondere Vorkehrungen verhindert, dass ein zum Senden übergebenes Zeichen durch ein Kommandowort überschrieben wird. Dadurch lassen sich die Programmierung des Bausteins und der Aufwand für die Steuerung durch den Mikroprozessor erheblich vereinfachen.
- Bei Asynchronbetrieb erkennt und meldet der Empfänger automatisch das Auftreten des BREAK-Zustands, so dass der Mikroprozessor von dieser Aufgabe entlastet wird.
- Die Empfänger-Hardware verhindert nach einem RESET-Impuls das Starten des Empfängers, wenn am Eingang der BREAK-Zustand vorhanden ist. Dadurch werden unnötige Interrupts bei offener Empfangsleitung verhindert.
- Bei Ende der Übertragung geht der Ausgang des Senders TxD immer auf H-Pegel. Eine Ausnahme bildet nur der Fall, dass auf BREAK-Zustand programmiert ist.
- Die Sender-Hardware lässt ein Kommando zum Sperren des Senders erst dann wirksam werden, wenn alle an den Baustein übergebenen Zeichen ausgesendet

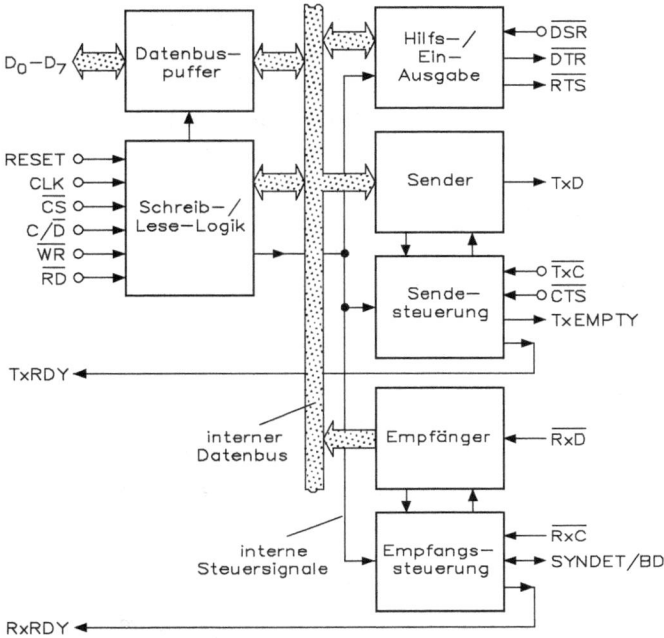

Abb. 2.35: Innenschaltung des programmierbaren seriellen Schnittstellenbausteins 8251.

sind. Es kommt daher nicht mehr vor, dass die Sendung mitten in der Übertragung eines Zeichens abgebrochen wird.

– Wenn der Baustein auf externe Zeichensynchronisation programmiert ist, ist die Schaltung für interne Zeichensynchronisation unwirksam. In diesem Fall kann das Eintreten der Zeichensynchronisation über ein Bit im Statusregister, das beim Lesen eines Statuswortes wieder zurückgesetzt wird, abgefragt werden.

– Im Synchronbetrieb mit interner Zeichensynchronisation werden beim Starten des Suchmodes zunächst alle Bits des Empfangsschieberegisters auf 0 gesetzt. Bei Programmierung auf Doppel-SYNC-Zeichen werden diese als Einheit behandelt. Durch diese Vorkehrungen wird die Gefahr wesentlich verringert, dass fälschlich das Eintreten der Zeichensynchronisation gemeldet wird.

– Solange der Baustein nicht über den Eingang CS freigegeben ist, sind die Signale an den Eingängen RD und WR ohne Einfluss auf die inneren Abläufe.

– Der Status des Bausteins kann jederzeit abgefragt werden. Die Status-Information ändert sich nicht während des Lesezyklus.

– Der Baustein erzeugt keine Störimpulse an seinen Ausgängen und hat bessere statische und dynamische Eigenschaften, was eine höhere Arbeitsgeschwindigkeit und größere Toleranzen ermöglicht.

– Es kann mit einer Übertragungsgeschwindigkeit zwischen 0 und 64 Kbaud (0 bis 64 kbps) gearbeitet werden.

Der 8251 ist ein universeller Synchron-/Asynchron-Sender/-Empfänger, der speziell für den 8085 entwickelt wurde. Wie auch bei anderen Ein-/Ausgabe-Bausteinen in SPS-Systemen werden seine Funktionen durch die Systemsoftware programmiert. Dies geschieht durch Übergabe von Steuerwörtern (Mode-, Kommando-, SYNC1- und SYNC2-Wort), die in Registern im Baustein gespeichert werden und bis zum Überschreiben durch neue Ausgaben dort zur Verfügung stehen. Außerdem kann der Mikroprozessor den Status von Sender und Empfänger durch Einlesen eines Statuswortes aus einem Register im Baustein abfragen. Dieses Konzept macht den 8251 für praktisch jedes serielle Datenübertragungsverfahren einsetzbar.

Für die serielle Datenübertragung mit einem Mikroprozessor muss der Sender die vom Mikroprozessor in Paralleldarstellung gelieferten Zeichen in den zu sendenden seriellen Datenstrom überführen, und der Empfänger muss aus dem empfangenen seriellen Datenstrom zum Abholen durch den Mikroprozessor Zeichen in Paralleldarstellung erzeugen. Das Umwandeln von Parallel- in Serielldarstellung im Sender erfolgt durch das Sendeschieberegister, das Umwandeln von Seriell- in Paralleldarstellung im Empfänger durch das Empfangsschieberegister. Um dem Mikroprozessor mehr Freizügigkeit für den Zeitpunkt zu geben, zu dem er ein Zeichen an den Sender übergibt und ein Zeichen aus dem Empfänger abholt, enthält der Sender außerdem noch ein Sendeparallelregister und der Empfänger ein Empfangsparallelregister. Der Mikroprozessor übergibt Zeichen immer an das Sendeparallelregister, und der Sender holt es von dort in das Sendeschieberegister, sobald er das vorhergehende Zeichen ausgesendet hat. Entsprechend gelangt das empfangene Zeichen im Empfänger zunächst in das Empfangsschieberegister, und der Empfänger übergibt es von dort in das Empfangsparallelregister, von wo es der Mikroprozessor abholen kann.

Der Sender muss außer der Parallel-Seriell-Wandlung der Zeichen noch Bits oder Zeichen, die nur für das spezielle Übertragungsverfahren benötigt werden, in den seriellen Datenstrom einfügen, und der Empfänger muss diese Bits und Zeichen wieder entfernen. Damit wird der Übertragungsweg „transparent", d. h., der Mikroprozessor braucht sich nicht mit den Besonderheiten des Übertragungsverfahrens zu befassen, sondern tauscht mit Sender und Empfänger nur noch einfache Zeichen aus.

Der Datenbuspuffer enthält acht bidirektionale Datentreiber in Tristate-Technik zur Ankoppelung an den Datenbus des Mikroprozessors. Über diese Treiber werden vom Mikroprozessor zu sendende Zeichen, Mode-, Kommando- und SYNC-Wörter in die zugeordneten Register im Baustein eingeschrieben und empfangene Zeichen und Statuswörter aus den zugeordneten Registern ausgelesen.

Die Schreib-/Lese-Steuerung nimmt vom Systemsteuerbus Signale auf und erzeugt Steuersignale für die internen Abläufe im Baustein. Sie enthält die Register für das Mode- und Kommandowort, mit denen die Bausteinfunktion festgelegt wird.

H-Pegel am Eingang RESET bringt den 8251 in den inaktiven Zustand, in dem er bis zur Übergabe eines vollständigen Satzes an Steuerwörtern erhalten bleibt. Die Dauer des RESET-Impulses (H-Pegel) muss mindestens sechs Taktperioden von CLK betragen.

Der über den Eingang CLK zugeführte Takt dient dazu, die internen Abläufe des Bausteins zu steuern. Normalerweise wird an dem Eingang CLK das Signal Φ_2 (TTL) des Taktgenerator-Bausteins 8224 gelegt. Externe Ein- oder Ausgangssignale des Bausteins 8251 hängen nicht vom Signal CLK ab.

L-Pegel am Eingang CS (Bausteinauswahl, chip select) gibt den 8251 frei. Ohne diese Freigabe werden keine Lese- und Schreibzyklen ausgeführt. Wenn der Eingang auf H-Pegel liegt, sind die Datenanschlüsse des Bausteins im hochohmigen Zustand. Die Signale an den Eingängen WR und RD beeinflussen nicht die Abläufe im Baustein.

Beim Einschreiben in und Auslesen aus dem 8251 gibt das Signal C/D die Art des Datenwortes an. Bei C/D = H handelt es sich um ein Mode-, Kommando-, SYNC- oder Statuswort, bei C/D = L um ein Zeichen.

L-Pegel am Eingang WR teilt dem 8251 mit, dass der Mikroprozessor ein Datenwort an den 8251 schickt (Mode-, Kommando-, SYNC-Wort oder Zeichen).

L-Pegel am Eingang RD (Read) teilt dem 8251 mit, dass der Mikroprozessor ein Datenwort vom 8251 erwartet (Statuswort oder Zeichen).

Der 8251 besitzt einen Eingang und zwei Ausgänge, die vom Mikroprozessor durch Einlesen eines Statuswortes direkt abgefragt bzw. durch Ausgeben eines Kommandowortes direkt gesetzt werden können, ohne dass sie noch weitere Auswirkungen auf die Funktion des Bausteins haben. Sie lassen sich daher für beliebige Zwecke verwenden. Die Anschlüsse sind jedoch insbesondere dafür gedacht, die Anpassung von Modems mit Hilfe entsprechender Software zu vereinfachen, und von da ergeben sich auch deren Namen. Abb. 2.36 zeigt die Verbindungen zum Mikroprozessorsystem.

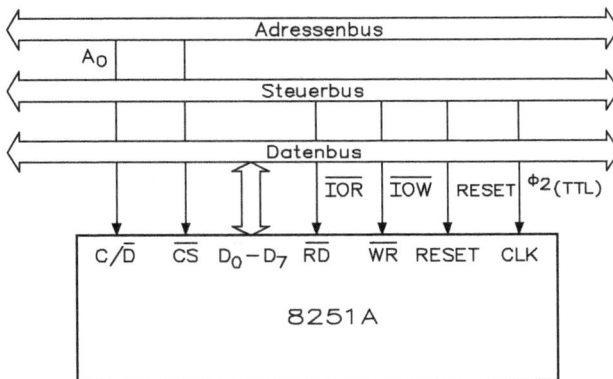

Abb. 2.36: Verbindungen des 8251 zum Mikroprozessorsystem.

Der Sender übernimmt Zeichen in Paralleldarstellung vom Sendeparallelregister in das Sendeschieberegister und sendet sie zusammen mit den je nach Übertragungsverfahren zusätzlich erforderlichen Bits oder Zeichen über den Ausgang für die seriellen Sendedaten TxD als seriellen Datenstrom aus. Der Sender wird von der Sendesteuerung gesteuert. Der Ausgang TxD des Senders ist nach Anlegen eines RESET-Impulses immer dann auf H-Pegel, solange keine Zeichen gesendet werden und nicht BREAK-Zustand programmiert ist.

Die Sendesteuerung steuert alle mit dem Senden serieller Daten zusammenhängenden Vorgänge. Zur Wahrnehmung dieser Funktion tauscht sie Signale aus, sowohl intern mit den anderen Funktionsblöcken des Bausteins als auch extern mit außerhalb des Bausteins liegenden Einheiten.

Die zeitlichen Verhältnisse bei der Ausgabe von Zeichen durch den Sender werden durch den von außen angelegten Sendetakt bestimmt. Die Sendesteuerung leitet von diesem Sendetakt über einen Frequenzteiler, der mit dem Mode-Wort wahlweise auf das Teilverhältnis 1, 16 oder 64 eingestellt werden kann, den Takt für den Bitwechsel am Ausgang für die seriellen Sendedaten TxD ab. Bei Synchronbetrieb ist das Teilverhältnis automatisch 1, bei Asynchronbetrieb kann es unter den genannten Möglichkeiten frei gewählt werden.

Der Empfänger nimmt den seriellen Datenstrom über den Eingang für die seriellen Empfangsdaten RxD auf, tastet ihn ab, gibt die einzelnen Bits in das Empfangsschieberegister, trennt die nur für das spezielle Übertragungsverfahren bedeutsamen Bits oder Zeichen ab und übergibt die vollständigen Zeichen zum Abholen durch den Mikroprozessor an das Empfangsparallelregister. Der Empfänger wird von der Empfangssteuerung gesteuert.

Die Empfangssteuerung steuert alle mit dem Empfang serieller Daten zusammenhängenden Vorgänge. Zu diesem Zweck tauscht sie Signale aus, sowohl intern mit anderen Funktionsblöcken des Bausteins als auch extern mit außerhalb des Bausteins liegenden Einheiten.

Die zeitlichen Verhältnisse beim Abtasten von Zeichen durch den Empfänger werden durch den von außen angelegten Empfangtakt bestimmt. Die Empfangssteuerung leitet von diesem Empfangtakt über einen Frequenzteiler, der mit dem Mode-Wort wahlweise auf das Teilverhältnis 1, 16 oder 64 eingestellt werden kann, den Takt für das Abtasten der Bits am Anschluss für die seriellen Empfangsdaten RxD ab. Bei Synchronbetrieb ist das Teilverhältnis automatisch 1, bei Asynchronbetrieb kann unter den genannten Möglichkeiten frei gewählt werden. Abb. 2.37 zeigt einen seriellen Betrieb einer SPS an einer RS232C-Schnittstelle.

Die Empfangssteuerung unterbindet bei Asynchronbetrieb durch zwei Prüfschaltungen das unerwünschte Anlaufen des Empfängers durch Störungen. Die erste Prüfschaltung verhindert, dass der Empfänger nach einem RESET-Impuls den durch eine offene Leitung am Eingang RxD hervorgerufenen Pegel als Anlaufschritt eines Zeichens interpretiert. Der Empfänger wird nach einem RESET-Impuls erst freigegeben, nachdem am Eingang für die seriellen Empfangsdaten RxD H-Pegel festgestellt wurde. Der nächste Übergang auf L-Pegel wird dann als Beginn eines Anlaufschritts erkannt. Die zweite Prüfschaltung verhindert, dass der Empfänger fälschlich einen Störimpuls als Anlaufschritt eines Zeichens interpretiert. Zu diesem Zweck wird immer dann, wenn ein Anlaufschritt erwartet wird, nach einem H-L-Übergang am Eingang

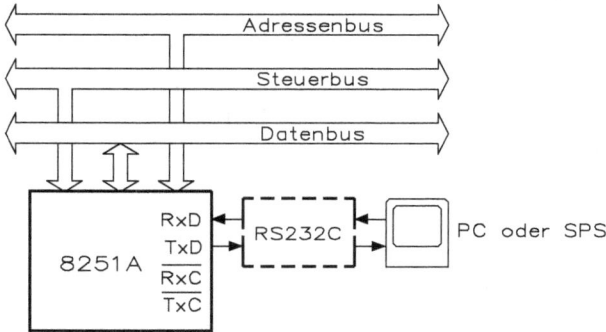

Abb. 2.37: Serieller Betrieb einer SPS an einer RS232C-Schnittstelle.

RxD noch einmal im Abstand einer halben Bitzeit der Pegel geprüft. Wird dabei L-Pegel gefunden, handelt es sich um einen Anlaufschritt, und die Abtastung des Zeichens beginnt. Wird dagegen H-Pegel gefunden, handelt es sich um einen Störimpuls, und der Empfänger wartet weiter auf einen einwandfreien Anlaufschritt.

Auch wenn ein Zeichen vom Empfänger bereits abgetastet ist, können noch Fehler festgestellt werden. Die Empfangssteuerung prüft auf drei Arten von Fehlern: Ein Paritätsfehler PE (parity error) liegt vor, wenn der Baustein auf Betrieb mit Paritätsbit programmiert ist und die Prüfung auf (je nach Programmierung) gerade oder ungerade Parität einen Fehler ergibt. Ein Sperrschrittfehler FE (frame error), der nur bei Asynchronbetrieb auftreten kann, liegt vor, wenn bei der Abtastung des Sperrschritts eines Zeichens H-Pegel gefunden wird. Ein Überlauffehler OE (overrun error) liegt vor, wenn der Empfänger ein neues Zeichen in das Empfangsparallelregister übergeben hat, bevor der Mikroprozessor das alte Zeichen von dort abgeholt hat. Bei Auftreten der genannten Fehler setzt die Empfangssteuerung die entsprechenden Fehlerbits im Statusregister, die dann der Mikroprozessor durch Einlesen des Statuswortes abfragen kann. Die Fehlerbits lassen sich durch Ausgabe eines Kommandowortes zurücksetzen. Das Auftreten von Fehlern beeinflusst darüber hinaus nicht die Arbeit des Empfängers.

Bei Programmierung des Bausteins für Synchronbetrieb mit interner Zeichensynchronisation (d. h. Zeichensynchronisation mit Hilfe von SYNC-Zeichen) arbeitet der Anschluss SYNDET/BD als Ausgang. Er nimmt H-Pegel an, wenn der Empfänger bei Programmierung auf Einfach-SYNC-Zeichen das festgelegte SYNC-Zeichen und bei Programmierung auf Doppel-SYN-0-Zeichen beide festgelegten SYNC-Zeichen eingelesen hat. Der genaue Zeitpunkt für den Übergang auf H-Pegel an Anschluss SYNDET/BD ist die Mitte des letzten Zeichenbits, falls nicht auf Paritätsbit programmiert wurde, bzw. die Mitte des Paritätsbits, falls auf Paritätsbit programmiert wurde. Bei Einlesen des Statuswortes durch den Mikroprozessor wird der Ausgang SYNDET/BD auf L-Pegel zurückgesetzt.

Bei Programmierung des Bausteins für Synchronbetrieb mit externer Zeichensynchronisation (d. h. Zeichensynchronisation mit Hilfe eines besonderen Steuersignals) arbeitet der Anschluss SYNDET/BD als Eingang für das Synchronisationssignal. Nach einer positiven Signalflanke an diesem Eingang beginnt der Empfänger mit dem Abtasten des Eingangs RxD, wobei das erste Bit mit der folgenden ansteigenden Flanke von RxD abgetastet wird. Zum Starten des Empfängers muss mindestens für die Dauer einer Periode von RxD H-Pegel an den Eingang SYNDET-BD gelegt werden, dann darf das Signal wieder auf L-Pegel gehen.

Bei Programmierung des Bausteins für Asynchronbetrieb arbeitet der Anschluss SYNDET/BD als Ausgang. Er nimmt H-Pegel an, wenn beim Abtasten des Signals am Eingang RxD im Anlaufschritt, in den Datenbits, im Paritätsbit und im ersten Bit des Sperrschrittes einheitlich L-Pegel angetroffen wird. Das entspricht dem BREAK-Zustand der Leitung. Der Ausgang wird zurückgesetzt, wenn der Eingang RxD wieder auf H-Pegel geht.

Nach jedem RESET-Impuls müssen zunächst durch Übergabe eines Mode-Wortes an den 8251 die Betriebsart, das Verhältnis von Taktfrequenz und Baudrate und der Aufbau der Zeichen festgelegt werden. Bei der Betriebsart kann man zwischen Asynchronbetrieb, Synchronbetrieb mit interner Zeichensynchronisation und Synchronbetrieb mit externer Zeichensynchronisation wählen. Das Verhältnis von Taktfrequenz und Baudrate ist bei Synchronbetrieb immer 1, kann aber bei Asynchronbetrieb auf 1, 16 oder 64 festgelegt werden. Hinsichtlich des Aufbaus der Zeichen ist zu bestimmen, wieviel Bits ein Zeichen umfassen soll, ob ein Paritätsbit mitgeführt wird und ob die Parität ungerade oder gerade sein soll. Bei Asynchronbetrieb kann man außerdem noch die Länge des Sperrschrittes festlegen. Bei Synchronbetrieb muss bestimmt werden, ob mit Einfach- oder Doppel-SYNC-Zeichen gearbeitet werden soll. In diesem Fall sind außerdem die gewünschten SYNC-Zeichen festzulegen.

Danach kann mit dem Senden und Empfangen von Zeichen begonnen werden. Dazu muss durch Übergabe eines Kommandowortes Sender oder Empfänger freigegeben werden. Der Zustand von Sender und Empfänger kann durch Einlesen eines Statuswortes abgefragt werden.

Das Arbeiten des Bausteins in den verschiedenen Betriebsarten ist am einfachsten zu verstehen, wenn man sich für Asynchron- und Synchronbetrieb völlig getrennte Schaltungen vorstellt, die lediglich im gleichen Gehäuse untergebracht sind. Die Umschaltung auf die gewünschte Schaltung erfolgt durch Übergabe eines Mode-Wortes vom Mikroprozessor.

Der Ausgang im Asynchronbetrieb für die seriellen Sendedaten TxD hat nach einem RESET-Impuls bis zum Senden des ersten Zeichens H-Pegel. Nachdem das Mode-Wort übergeben, der CTS-Eingang auf L-Pegel gelegt und das Bit D0 = TxENABLE im Kommando-Register auf 1 gesetzt ist, ist der Sender bereit. Der Mikroprozessor darf immer dann ein Zeichen zum Senden an den 8251 übergeben, wenn der Ausgang TxRDY auf H-Pegel oder im Statuswort Bit D0 = TxRDY auf 1 ist.

Sobald der 8251 ein Zeichen vom Mikroprozessor erhalten hat, kann er es über den Ausgang TxD senden. Der Sender liefert zunächst den Anlaufschritt (L-Pegel für eine Bitzeit), dann folgen – beginnend mit dem niederwertigen Bit – die Zeichenbits, dann – falls auf Paritätsbit programmiert ist – das Paritätsbit und als letzter der Sperrschritt (L-Pegel) mit der programmierten Länge. Der Bitwechsel am Ausgang TxD erfolgt je nach Programmierung mit jeder 1., 16. oder 64. fallenden Flanke des Sendetaktes TxC. Wenn kein Zeichen zum Senden bereit steht, hat der Ausgang TxD H-Pegel.

Nach dem Festlegen der Betriebsart durch Übergabe des Mode-Wortes fängt der Empfänger sofort mit dem Abtasten des Signals am Eingang für die seriellen Empfangsdaten RxD an. Der Empfänger selbst kann nicht ausgeschaltet werden. Auch die Prüfschaltungen für Zeichenfehler arbeiten ständig und setzen die Fehlerbits im Statuswort. Das mit dem Kommandowort übergebene Steuerbit RxENABLE hat nur die Funktion, das Signal am Ausgang RxRDY und im Statuswort das Bit RxRDY zu aktivieren oder zu deaktivieren. Es soll für das Folgende angenommen werden, dass im Kommandoregister das Bit RxENABLE auf 1 gesetzt ist. Da vor dem Aktivieren des Empfängers bei empfangenen Zeichen bereits Fehler aufgetreten sein können, sollten zunächst die Fehlerbits im Statusregister zurückgesetzt werden.

Der Eingang RxD liegt normalerweise auf H-Pegel. Der Empfänger wartet zunächst auf den Anlaufschritt eines Zeichens, den er dann akzeptiert, wenn eine fallende Signalflanke auftritt und eine halbe Bitzeit danach L-Pegel gefunden wird. Nach einem gültigen Anlaufschritt tastet der Empfänger zunächst die programmierte Anzahl von Zeichenbits ab, anschließend (falls programmiert) das Paritätsbit. Die Abtastung erfolgt mit ansteigenden Flanken des Empfangstaktes RxC ungefähr in Bit-Mitte. Der Empfänger prüft die Parität und den Sperrschritt und setzt im Fehlerfall das Paritätsbzw. Sperrschrittfehlerbit im Statuswort. Nachdem das Zeichen vollständig empfangen ist, wird es in das Empfangsparallelregister übergeben. Der Ausgang RxRDY geht auf H-Pegel und im Statuswort das Bit RxRDY auf 1, und daraus kann der Mikroprozessor erkennen, dass ein Zeichen zum Abholen bereit ist. Wenn der Mikroprozessor das vorhergehende Zeichen noch nicht abgeholt hat, wird es im Empfangsparallelregister vom nächsten Zeichen überschrieben und ist verloren. In diesem Fall wird das Bit für Überlauffehler im Statusregister gesetzt. Das Auftreten der genannten Fehler beeinflusst nicht das Arbeiten des Bausteins. Die Fehlerbits können durch Einlesen des Statuswortes vom Mikroprozessor abgefragt und durch Übergabe eines entsprechenden Kommandowortes zurückgesetzt werden.

Der Abtastzeitpunkt für die Bits wird bei Asynchronbetrieb digital bestimmt. Es ist zu diesem Zweck erforderlich, dass die Frequenz des Empfangstaktes ein Vielfaches (programmierbar 16 oder 64) der Baudrate ist. Die Empfangssteuerung enthält einen Zähler, der durch Programmierung auf das Teilverhältnis 16 bzw. 64 geschaltet werden kann und auf dessen Takteingang der Empfangstakt liegt. Dieser Zähler wird mit dem Anlaufschritt eines Zeichens zurückgesetzt (synchronisiert). Immer wenn der Zähler die mittlere Stellung, d. h. 16/2 = 8 bzw. 64/2 = 32, erreicht hat, liefert er einen Abtastimpuls. Es ist leicht einzusehen, dass bei Asynchronbetrieb dieses Verfahren der digitalen Bitsynchronisation nicht mehr funktioniert, wenn die Frequenz des Empfangstaktes gleich der Baudrate ist. Wenn man jedoch dafür sorgt, dass die Takte für Sender und Empfänger an den beiden Enden einer Übertragungsstrecke völlig synchron sind, kann man auch die Frequenz des Empfangstaktes gleich der Baudrate setzen, in diesem Fall spricht man von einem ISO-Synchronbetrieb.

2.3.15 Programmierbarer E/A-Baustein 8255

Der 8255 ist ein programmierbarer Mehrzweck-E/A-Baustein für 8-Bit-, 16-Bit- und 32-Bit-Mikroprozessoren. Er hat 24 E/A-Anschlüsse, die in zwei Gruppen von je zwölf Anschlüssen getrennt programmiert und im Wesentlichen in drei Betriebsarten benutzt werden können. In der ersten Betriebsart (Betriebsart 0) kann jede Gruppe von zwölf E/A-Anschlüssen in Abschnitten von vier Anschlüssen als Eingang oder Ausgang programmiert werden. In der zweiten Betriebsart (Betriebsart 1) können acht Leitungen jeder Gruppe als Eingang oder Ausgang programmiert werden. Von den verbleibenden vier Anschlüssen werden drei für den Austausch von Quittierungen und für Unterbrechungssteuersignale verwendet. Die dritte Betriebsart (Betriebsart 2) kann als Zweiweg-Bus-Betriebsart bezeichnet werden, bei der acht Anschlüsse für einen Zweiwegbus eingesetzt werden. Fünf weitere Anschlüsse, von denen einer zur anderen Gruppe gehört, werden in diesem Fall für den Quittierungsaustausch benutzt. Normalerweise entfallen bei einer SPS die Betriebsarten 1 und 2. Abb. 2.38 zeigt die Innenschaltung des programmierbaren E/A-Bausteins 8255.

Der 8255 ist ein programmierbarer peripherer Schnittstellen-Baustein (PPS) für Mikrocomputersysteme. Er verbindet als Mehrzweck-E/A-Baustein periphere Geräte mit dem Systemdatenbus. Die funktionellen Eigenschaften des 8255 werden durch Software bestimmt, so dass normalerweise keine zusätzlichen Logikbausteine erforderlich sind, um periphere Geräte oder Schaltungen anzuschließen.

Ein acht Bit breiter Zweigwegpuffer (Datenbuspuffer) mit drei Ausgangszuständen (Tristate) verbindet den 8255 mit dem Systemdatenbus. Daten werden bei der Ausführung der Befehle Eingabe (IN) und Ausgabe (OUT) vom Puffer ausgegeben oder empfangen. Steuerwerte und Zustandsinformationen werden ebenfalls durch den Datenbuspuffer übertragen.

Mit der Schreib-/Lese- und Steuerlogik werden alle internen und externen Übertragungen von Daten- und Steuer- oder Zustandsworten vorgenommen. Er übernimmt Informationen vom Adress- und Steuerbus des Prozessors und gibt entsprechende Befehle an die Steuerlogik der beiden Gruppen.

Mit dem Eingang CS erfolgt die Bausteinauswahl (chip select): Ein L-Pegel an diesem Eingang ermöglicht den Informationsaustausch zwischen dem 8255 und dem Prozessor. Bei einem L-Pegel an dem Eingang Lesen (Read) kann der 8255 Daten oder Zustandsinformationen über den Datenbus an den Prozessor senden. Der L-Pegel an diesem Eingang Schreiben (Write) ermöglicht dem Prozessor, Daten oder Steuerworte

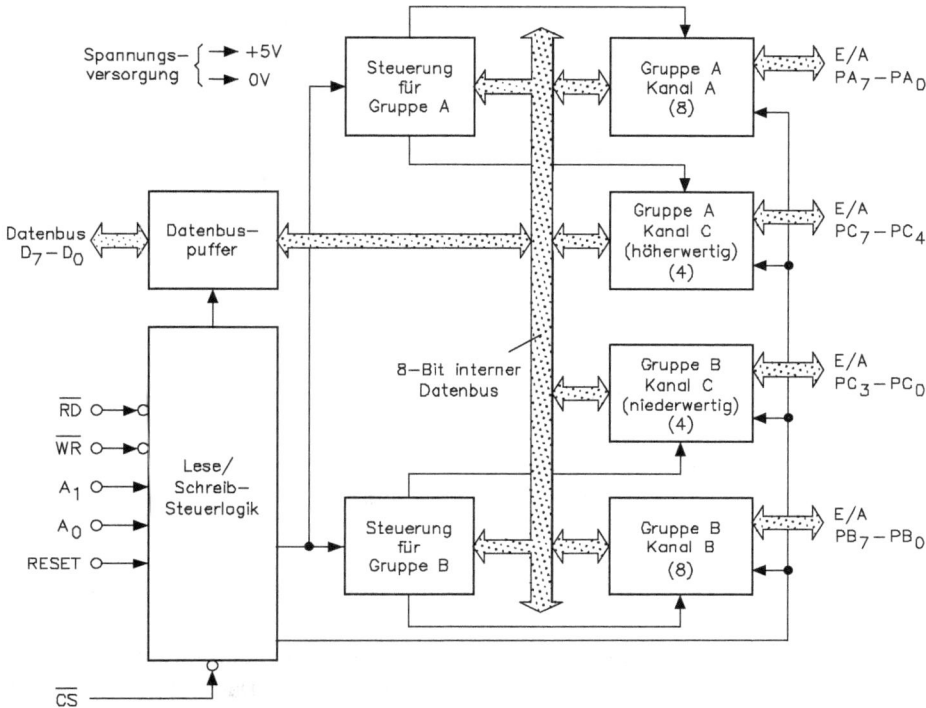

Abb. 2.38: Innenschaltung des programmierbaren E/A-Bausteins 8255.

in den 8255 einzuschreiben. Ein H-Pegel an diesem Eingang Zurücksetzen (Reset) setzt alle internen Register einschließlich des Steuerregisters zurück und bringt alle Kanäle (A, B, C) in die Betriebsart 0 Eingabe.

Kanalauswahl 0 (A_0) und Kanalauswahl 1 (A_1): In Zusammenarbeit mit den RD- und WR-Eingängen steuern diese Eingangssignale die Auswahl eines der drei Kanäle oder des Steuerwortregisters. Normalerweise sind sie mit den niederwertigen Bits (A_0 und A_1) des Adressenbusses verbunden. Tab. 2.18 zeigt die prinzipiellen Betriebsarten des 8255.

Die Funktion jedes einzelnen Kanals ist durch Software zu programmieren. Dies geschieht durch Senden eines Steuerwortes an den 8255, das Informationen wie „Betriebsart", „Bit setzen", „Bit zurücksetzen" und andere Informationen enthält, die die funktionellen Eigenschaften des 8255 bestimmen. Jeder der Steuerblöcke (Gruppe A und Gruppe B) übernimmt „Befehle" von der Schreib-/Lese- und Steuerlogik, empfängt „Steuerworte" vom internen Datenbus und gibt die entsprechenden Befehle an die dazugehörigen Kanäle aus.

– Steuerlogik Gruppe A – Kanal A und Kanal C, höherwertige Bits (C7 bis C4),
– Steuerlogik Gruppe B – Kanal B und Kanal C, niederwertige Bits (C3 bis C0).

Tab. 2.18: Prinzipielle Betriebsarten des programmierbaren E/A-Bausteins 8255.

A1	A0	RD	WR	CS	Eingabe (Lesen)
0	0	0	1	0	Kanal A → Datenbus
0	1	0	1	0	Kanal B → Datenbus
1	0	0	1	0	Kanal C → Datenbus
					Ausgabe (Schreiben)
0	0	1	0	0	Datenbus → Kanal A
0	1	1	0	0	Datenbus → Kanal B
1	0	1	0	0	Datenbus → Kanal C
1	1	1	0	0	Datenbus → Steuerlogik
					Funktionen nicht ausgewählt
X	X	X	X	1	Datenbus → hochohmiger Zustand
1	1	0	1	0	Ungültige Bedingung
X	X	1	1	0	Datenbus → hochohmiger Zustand

In das Steuerwortregister kann nur geschrieben werden. Das Lesen des Steuerwortregisters ist nicht möglich.

Der 8255 enthält drei 8-Bit-Kanäle (A, B und C). Sie können durch entsprechende Softwareprogrammierung verschiedene Funktionen erfüllen. Darüber hinaus besitzt jeder spezielle Merkmale, die den Anwendungsbereich und die Flexibilität des 8255 weiter vergrößern.

Kanal A: ein 8-Bit-Zwischenspeicher für Dateneingabe und ein 8-Bit-Zwischenspeicher für Datenausgabe,

Kanal B: ein 8-Bit-Zwischenspeicher für Dateneingabe oder Datenausgabe,

Kanal C: ein 8-Bit-Datenausgabe-/Zwischenspeicher-Puffer (keine Zwischenspeicherung für die Eingabe). Dieser Kanal kann durch Steuerung der Betriebsart in zwei 4-Bit-Kanäle aufgeteilt werden. Jeder 4-Bit-Kanal besteht aus einem 4-Bit-Zwischenspeicher und kann für die Steuersignalausgänge in Verbindung mit den Kanälen A und B verwendet werden.

Drei wesentliche Betriebsarten (Abb. 2.39) können durch die Systemsoftware festgelegt werden:

Betriebsart 0: einfache Ein-/Ausgabe,

Betriebsart 1: getastete Ein-/Ausgabe,

Betriebsart 2: Zweiwegbus.

Liegt der Zurücksetzeingang (Reset) auf H-Pegel, werden alle Kanäle in den Eingabezustand gebracht (d. h., die 24 Leitungen haben einen hohen Eingangswiderstand). Nach Ende des Zurücksetzsignals bleibt der 8255 im Eingabezustand, ohne dass zusätzliche Einstellungen notwendig sind. Jede der anderen Betriebsarten kann während der Ausführung eines Systemprogramms mit einem einfachen Ausgabebefehl

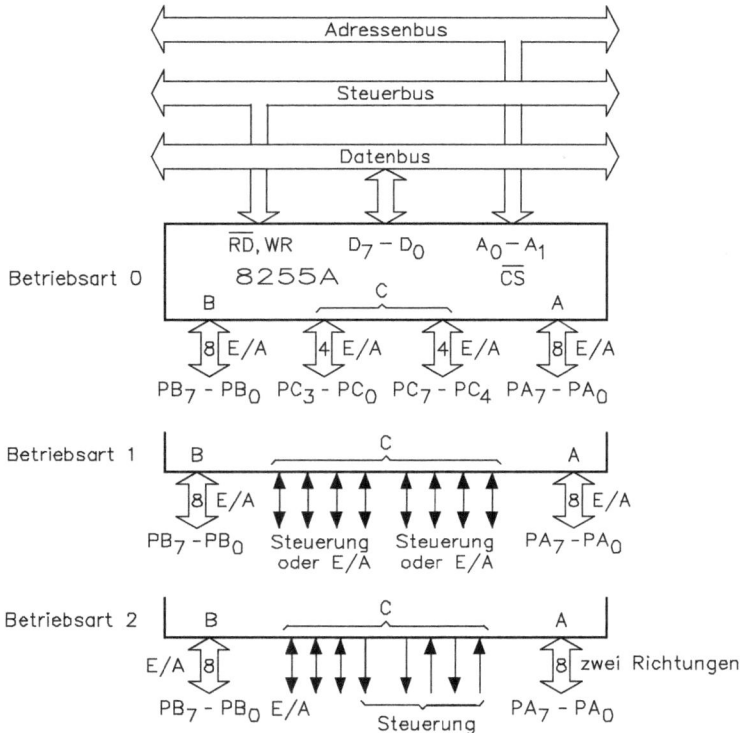

Abb. 2.39: Definition der drei Betriebsarten und der Busschnittstelle.

ausgewählt werden. Damit kann ein einzelner 8255 verschiedene periphere Geräte mit einem einfachen Software-Verwaltungsprogramm bedienen. Die Betriebsarten der Kanäle A und B können unabhängig voneinander definiert werden, während Kanal C entsprechend den Erfordernissen der Kanäle A und B in zwei Teile aufgeteilt wird. Wird die Betriebsart gewechselt, werden alle Ausgaberegister einschließlich des Zustandsflipflops zurückgesetzt. Betriebsarten können kombiniert werden, so dass ihre funktionelle Definition praktisch auf jede E/A-Struktur hin „maßgeschneidert" werden kann. Zum Beispiel kann die Gruppe B für die Betriebsart 0 programmiert sein, um das Schließen von Schaltern zu überwachen oder Rechenergebnisse anzuzeigen, während die Gruppe A für die Betriebsart 1 programmiert sein könnte, um eine Tastatur oder ein Leistungsteil durch eine Unterbrechungssteuerung zu überwachen.

Die möglichen Kombinationen von Betriebsarten erscheinen auf den ersten Blick verwirrend. Aber schon nach einem kurzen Überblick über die gesamte Arbeitsweise des Bausteins wird die einfache und einleuchtende E/A-Struktur erkennbar.

Jedes der acht Bits des Kanals C kann durch einen Ausgabebefehl (OUT) an das Steuerwortregister gesetzt oder zurückgesetzt werden. Diese Eigenschaft verringert den Softwareaufwand in regelungstechnischen Anwendungen.

Wird Kanal C für Zustands- und Steuerzwecke für Kanal A oder B verwendet, können die Bits durch die Operation „Bit Setzen/Zurücksetzen", wie bei einem Datenausgabekanal, gesetzt oder zurückgesetzt werden. Die Bits D_1 bis D_3 des Steuerwortes werden zur Bitauswahl benutzt, während Bit D_0 das ausgewählte Bit von Kanal C setzt oder zurücksetzt.

Ist der 8255 für Betriebsart 1 oder 2 programmiert, stehen Steuersignale zur Verfügung, die als Unterbrechungs-Anforderungssignale für den Prozessor benutzt werden können. Die vom Kanal C erzeugten Unterbrechungsanforderungssignale können durch Setzen oder Zurücksetzen des dazugehörigen INTE-Flipflops gesperrt oder freigegeben werden, indem die Funktion „Bit Setzen/Zurücksetzen" des Kanals 0 angesprochen wird.

3 Steueranweisungen für eine SPS

Am Anfang eines SPS-Systems sind die Eingänge (Input) vorhanden und damit erhält die SPS die elektrischen Signale der Peripherie. Als Eingang bezeichnet man das Signal eines Gebers (Schalter, Initiator, Lichtschranke usw.), die an der Klemme anliegen. Diese Geber sind über die Eingangsklemmen elektrisch mit der SPS zu verbinden, wie Abb. 3.1 zeigt.

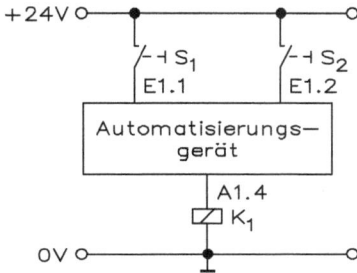

Abb. 3.1: Eingänge mit Tasten und Ausgang mit Relais einer SPS.

Die Eingänge bezeichnet man mit dem Großbuchstaben E (Input).

Als Ausgang (Output) bezeichnet man das Signal, mit dem ein Stellglied (Magnetventil, Motorschütz, Motor usw.) direkt oder über einen Verstärker betätigt wird. Hier muss man zwischen zwei Ausgängen unterscheiden, die mit +24 V oder mit 230 V arbeiten. Diese Stellglieder sind über die Ausgangsklemmen elektrisch mit der SPS verbunden. Man bezeichnet diese Ausgänge mit dem Buchstaben A.

Das Programm, welches die erforderliche Logik zur Steuerung der Maschine liefern soll, muss die Ein- und die Ausgänge in geeigneter Form miteinander verknüpfen. Das Programm ist also eine Folge von Verknüpfungsanweisungen, die dann mit mindestens einer Zuweisungsanweisung abgeschlossen werden. Man kann auch sagen: Es wird immer erst die Bedingung ermittelt und dann gehandelt. Wenn beispielsweise A UND B ODER C UND NICHT D erfüllt ist, dann soll der Ausgang A einschalten.

Zur exakten Unterscheidung der Ein- und Ausgänge reichen die Buchstaben E und A alleine nicht aus. In der Praxis kommen eine Gruppenadresse (Byteadresse) und eine Einzeladresse (Bitadresse) hinzu. Gruppen- und Einzeladresse werden immer durch einen Punkt getrennt.

Beispielsweise kann man in der Bedienungsanleitung einer SPS nachlesen:

Eingänge   E 0.0   bis   E 15.7
Ausgänge   A 0.0   bis   A 15.7

Eine Besonderheit ist der Gebrauch der Ziffer 0. Ist man bereits im Umgang mit Computern vertraut, den wundert es nicht, dass die erste Adresse einer Speicherstelle mit 0 bezeichnet wird. Man muss sich daran gewöhnen, dass die Ziffer 0 – auch dann, wenn

https://doi.org/10.1515/9783110556018-004

sie als erste Ziffer verwendet wird – zur Festlegung einer Adresse ohne Einschränkung genauso benutzt wird wie die restlichen Ziffern. Die Adressen 0 bis 7 legen also acht verschiedene Adressen fest.

Es gibt zwei Gruppen von binären Anweisungen:
- die Zwischenanweisung (erzeugt ein Zwischenergebnis),
- die Endanweisung (Endergebnis steht fest).

Als Beispiel betrachtet man sich eine gewöhnliche (algebraische) Gleichung:

$$7 + 4 + 6 = A.$$

Man unterteilt diese Gleichung in einzelne Schritte mit

$$„7“ \ „+ 4“ \ „+ 6“, „= A“,$$

und eingeteilt ergeben sich vier Anweisungen, die nun untereinandergeschrieben werden.

Erste Anweisung: „7“
Zweite Anweisung: „+ 4“
Dritte Anweisung: „+ 6“
Vierte Anweisung: „= A“

Die erste Anweisung ist kein Rechenbefehl und dies ist typisch für die Erstanweisung. Diese Anweisung dient dazu, dass der Wert 7 in einem Hilfsspeicher, den man als Akkumulator bezeichnet, abgespeichert wird. Für eine solche Aktion benötigt man keinen Rechenbefehl. Der Wert 7 wird also im Akkumulator abgelegt und damit ist die erste Anweisung bereits vollständig abgearbeitet.

Die zweite Anweisung besitzt einen Rechenbefehl, nämlich das Additionszeichen „+“. Diese Anweisung erfordert, dass der Wert 4 zum augenblicklichen Wert des Akkumulators addiert wird. Wenn die zweite Anweisung abgearbeitet ist, steht also der Wert 11 im Akkumulator.

Die dritte Anweisung ist der zweiten ähnlich und lediglich der Wert ist anders. Nach dieser Anweisung hat der Akkumulator den Wert 17.

Die vierte Anweisung besitzt als letzte Anweisung eine Endzuweisung, nämlich das „=“-Zeichen. Nachdem die vierte Anweisung abgearbeitet ist, hat die Variable A den Wert 17. Der Akkumulator hat zwar ebenfalls noch den Wert 17, aber dies ist in diesem Fall ohne jede Bedeutung.

Bei binären Anweisungen (also nicht algebraischen Anweisungen wie im vorherigen Beispiel) gibt es nur wenige Verknüpfungsarten. Die beiden wichtigsten sind
- UND (AND),
- ODER (OR).

Die beiden Anweisungen werden absichtlich in Großbuchstaben geschrieben, um sie von den normalen, umgangssprachlichen Worten „und“ bzw. „oder“ zu unterscheiden.

3.1 Verknüpfungsglieder

In Abb. 3.2 sind die wichtigsten Verknüpfungsglieder der kombinatorischen Logikschaltungen gezeigt.

Bei der Ersatzschaltung für ein ODER-Gatter sind zwei Tasten parallel geschaltet. Drückt man entweder Taste a, leuchtet die Lampe auf, oder man betätigt Taste b, dann leuchtet die Lampe ebenfalls auf. Es ergibt sich die Wertetabelle für eine ODER-Verknüpfung.

Schaltzeichen, Benennung	Ersatzschaltung	Schaltfunktion	Wertetabelle
ODER 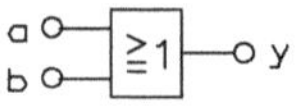	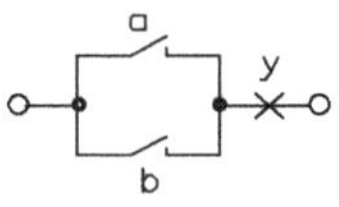	$y = a \lor b$ (a oder b)	a b y 0 0 0 0 1 1 1 0 1 1 1 1
UND 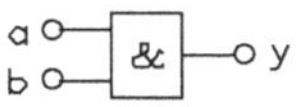	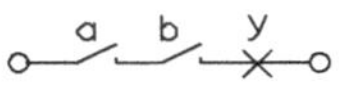	$y = a \land b$ (a und b)	a b y 0 0 0 0 1 0 1 0 0 1 1 1
NICHT 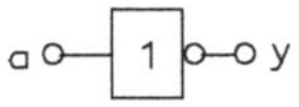	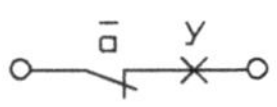	$y = \bar{a}$ (a nicht)	a y 0 1 1 0
NOR 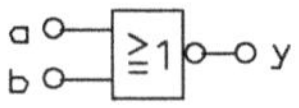	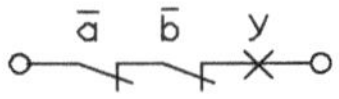	$y = \overline{a \lor b}$ (a nor b)	a b y 0 0 1 0 1 0 1 0 0 1 1 0
Exklusiv-ODER 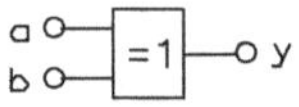	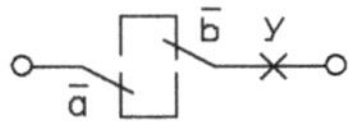 (Wechselschaltung)	$y = (a \land \bar{b}) \lor (\bar{a} \land b)$ (a antivalent b)	a b y 0 0 0 0 1 1 1 0 1 1 1 0
NAND 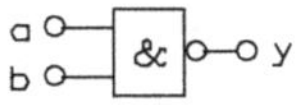	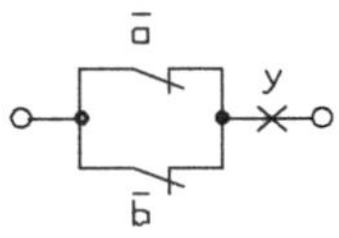	$y = \overline{a \land b}$ (a nand b)	a b y 0 0 1 0 1 1 1 0 1 1 1 0

Abb. 3.2: Verknüpfungsglieder für kombinatorische Logikschaltungen.

Bei der Ersatzschaltung für ein UND-Gatter sind die beiden Tasten in Reihe geschaltet. Man muss Taste a und Taste b drücken, damit durch die Lampe ein Strom fließt. Es ergibt sich die Wertetabelle für eine UND-Verknüpfung.

Bei der Ersatzschaltung für ein NICHT-Gatter hat man einen Schließer als Taste. Solange die Taste nicht betätigt wird, leuchtet die Lampe. Betätigt man die Taste, öffnet sich diese und die Lampe wird dunkel. Es ergibt sich die Wertetabelle für eine NICHT-Funktion.

Bei der Ersatzschaltung für ein NOR-Gatter sind die beiden Tasten in Reihe geschaltet. Man muss Taste a oder Taste b drücken, damit kein Strom fließt und die Lampe erlischt. Es ergibt sich die Wertetabelle für eine NOR-Verknüpfung.

Bei der Ersatzschaltung für ein Exklusiv-ODER-Gatter sind die beiden Tasten in Reihe parallel geschaltet. Man muss Taste a oder Taste b drücken, damit die Lampe leuchtet. Werden beide Tasten nicht betätigt oder man betätigt beide Tasten, leuchtet die Lampe nicht. Es ergibt sich die Wertetabelle für eine Exklusiv-ODER-Verknüpfung.

Bei der Ersatzschaltung für ein NAND-Gatter sind die beiden Tasten parallel geschaltet. Man muss Taste a oder Taste b drücken, damit die Lampe erlischt. Es ergibt sich die Wertetabelle für eine NAND-Verknüpfung.

Außer diesen sechs Verknüpfungen gibt es noch diese:
- Äquivalent (Bisubjunktion, Äquijunktion): $y = (\overline{a} \wedge \overline{b}) \vee (a \wedge b)$
- Inhibition (Sperrgatter): $y = a \wedge \overline{b}$
- Implikation (Subjunktion): $y = a \vee \overline{b}$

3.1.1 Steueranweisungen

Für die Steueranweisungen gelten:
- Alle mit UND verknüpften Bedingungen müssen „wahr" sein d. h., jeder Eingang befindet sich auf 1-Signal, damit auch das Verknüpfungsergebnis „wahr" ist.
- Mindestens eine Bedingung der mit ODER verknüpften Bedingungen muss „wahr" sein, d. h., jeder Eingang befindet sich auf 1-Signal, damit auch das Verknüpfungsergebnis „wahr" ist.

Diese Begriffe kann man abkürzen, und zwar für UND mit U und für ODER mit O. Im Englischen geht das nicht entsprechend und es bleibt bei AND und OR.

Als Endzuweisung benutzt man, wie in der normalen Algebra, das Gleichheitszeichen = und man sagt aber nicht „ist gleich", sondern „ergibt". Eine besondere Abkürzung ist bei nur einem Zeichen nicht notwendig und nicht möglich.

Mit diesen wenigen Anweisungen (U, O und =) und den vereinbarten Bezeichnungen der Ein- und Ausgänge kann man bereits ein einfaches Programm schreiben:

Beispiel: E 1.0 U E 1.3 O E 1.4 = A 1.0

So geschrieben sieht das Ganze etwas unübersichtlich aus. Man gliedert dieses Programm etwas und erhält

„E 1 . 0“ „U E 1 . 3“ „O E 1 . 4“ „= A 1 . 0“

Noch besser ist es, wenn man die Anweisungen untereinander schreibt und damit erhält man

Erste Anweisung:		E 1 . 0
Zweite Anweisung:	U	E 1 . 3
Dritte Anweisung:	O	E 1 . 4
Vierte Anweisung:	=	A 1 . 0

Gelesen (und gesprochen) wird dieses Programm folgendermaßen: Eingang Eins Punkt Null UND Eingang Eins Punkt Eins ODER Eingang Eins Punkt Eins ergibt Ausgang Eins Punkt Null.

Analog zu dem Beispiel mit der algebraischen Zahlengleichung folgt nun eine detaillierte Beschreibung, wie dieses Programm abgearbeitet wird.

Zuvor muss noch eine Besonderheit erwähnt werden. Das Zwischen- oder Hilfsregister, welches als Akkumulator bezeichnet wird, hat eine andere Bezeichnung, wenn man nur binäre Werte abspeichern soll. Leider gibt es bei einzelnen SPS-Herstellern unterschiedliche Bezeichnungen für dieses binäre Hilfsregister.

Normalerweise bezeichnet man dieses Register als Verknüpfungs-Ergebnis-Register oder abgekürzt VKE-Register.

Andere Hersteller gehen bei ihren Beschreibungen nicht auf die Existenz dieses besonderen Registers ein. Natürlich ist dieses Register – unabhängig davon, wie es bezeichnet wird – bei allen SPS-Steuerungen vorhanden.

Die erste Anweisung ist eigentlich nur die Bezeichnung eines Eingangs. Es gibt keinen besonderen Verknüpfungsbefehl, also weder UND noch ODER. Dies ist immer typisch für eine Erstanweisung. Bei einer Erstanweisung ist ja auch noch gar nicht klar, womit eine logische Verknüpfung stattfinden sollte. Die erste Anweisung legt also lediglich den augenblicklichen Wert von E 1.0 in das VKE-Register ab. Damit ist die erste Anweisung vollständig abgearbeitet und anschließend schaltet das Programm der SPS eine Anweisung weiter, damit die nächste (also die zweite) Anweisung abgearbeitet werden kann.

Mit Beginn der Abarbeitung der zweiten Anweisung weiß die SPS nichts mehr von der vorangegangenen ersten Anweisung (zumindest momentan), und dies ist auch nicht erforderlich, denn es gibt das VKE-Register. Alle Anweisungen außer der Erstanweisung verknüpfen immer mit dem momentanen Zwischenergebnis, eben dem VKE-Register, und das VKE-Register wurde genau für diesen Anwendungsfall entwickelt. Die zweite Anweisung führt die UND-Verknüpfung des augenblicklichen Wertes des Eingangs E 1.3 mit dem augenblicklichen Wert des VKE-Registers aus und legt dieses Ergebnis selbst wieder im VKE-Register ab. Das VKE-Register wird also in jedem

Fall überschrieben und besitzt nach vollständiger Abarbeitung einer Anweisung den neuen, aktuellen Wert. Dabei ist es möglich, dass sich der vorherige Wert nicht von dem neuen Wert unterscheidet. Das Schreiben in ein Register ist für ein SPS-System eine so schnell zu bewältigende Aufgabe, dass ein Wert immer in einem Register abgelegt wird, selbst wenn sich der Inhalt dadurch nicht ändern sollte. Als Resultat der zweiten Anweisung liegt also in dem VKE-Register das Zwischenergebnis der UND-Verknüpfung des Eingangs E 1.0 und des Eingangs E 1.3.

Die dritte Anweisung verknüpft den augenblicklichen Wert des Eingangs E 1.4 mit dem augenblicklichen Wert des VKE-Registers auf ODER und legt dieses neue Zwischenergebnis selbst wieder innerhalb von < 1 µs in dem VKE-Register ab.

Die vierte Anweisung nimmt den augenblicklichen Wert des VKE-Registers und weist ihn dem Ausgang A 1.0 zu. Dabei bleibt der Wert des VKE-Registers unverändert.

Man kehrt noch einmal zu der ersten Anweisung zurück. Bei einer Erstanweisung ist ein Verknüpfungsbefehl wie UND oder ODER überflüssig! Aber was soll man anstatt der Verknüpfungsanweisung schreiben?

Es gibt vier Möglichkeiten:
1. keine Angaben bzw. Leertaste,
2. unter UND (ausgewertet wird dies nicht!),
3. nach Belieben UND oder ODER (auch dies kann nicht ausgewertet werden!),
4. ein bisher noch nicht festgelegter Ausdruck, z. B. WENN oder STORE (= Abspeichern und wird in der Regel mit STR abgekürzt).

Außer der erstgenannten kommen alle Möglichkeiten in der Praxis vor. Andere Hersteller lassen nur eine grafische Darstellung der gewünschten Verknüpfung zu (Kontaktplan), und damit entfällt dieser Punkt.

Die bisher vorgestellten Anweisungen UND, ODER und ERGIBT werden ergänzt durch die Negierungen

UND NICHT	(AND NOT)	(abgekürzt UN)
ODER NICHT	(OR NOT)	(abgekürzt ON)
ERGIBT NICHT	(OUT NOT)	(abgekürzt =N)

Die Anweisung ERGIBT NICHT ist bei wenigen SPS-Herstellern zugelassen.

3.1.2 Zusammenfassung der Grundbefehle

Man hat alle grundlegenden und notwendigen Befehle bzw. Anweisungen bisher kennengelernt.

Selbstverständlich gibt es noch eine Fülle weiterer Anweisungen, die sehr nützlich sind und das Programmieren erleichtern und beschleunigen. Unbedingt notwendig sind diese Anweisungen aber nicht, denn mit den aufgeführten Anweisungen lassen sich prinzipiell alle Aufgaben lösen.

Zusammenfassung der sechs (fünf) grundlegenden Binäranweisungen:

U	Operand	UN	Operand
O	Operand	ON	Operand
=	Operand	(=N	Operand)

Operand steht für den Oberbegriff von Eingängen, Ausgängen und allen anderen binären Speicherzellen, mit denen eine Verknüpfung stattfinden soll. Die negierte Ergibt-Anweisung kann und darf entfallen, wenn man die logischen und mathematischen Rechenregeln von „DeMorgan" beherrscht.

Als 1972 die ersten elektronischen Taschenrechner auf den Markt kamen, wurde man mit den Begriffen „umgekehrte polnische Notation" (UPN, von Hewlett Packard) und „algebraisch orientierte Schreibweise" (AOS, von Texas Instruments) konfrontiert.

Kurz zusammengefasst ergibt sich folgender Unterschied:

- UPN verwendet keine Klammern. Stattdessen gibt es ein Stapelregister und eben die besondere – auf dieses Stapelregister abgestimmte – Eingabeart. Zuerst wird der Operand (Zahl) eingegeben und dann der Verknüpfungsbefehl (bzw. Rechenbefehl).
- AOS verwendet Klammern so, wie man es in der Schule gelernt hat. Dafür sind Klammerregister notwendig. Diese Klammerregister werden aber automatisch verwaltet, so dass sich der Anwender nur im Grenzfall (bei Überlauf der Schachtelungstiefe) entsprechend kümmern muss.

Ein Beispiel erläutert den Unterschied: $(3 + 4) * (1 + 8) = ?$

Eingabefolge nach

	AOS	UPN
1.	(	3
2.	3	ENTER
3.	+	4
4.	4	+
5.	)	1
6.	*	ENTER
7.	(	8
8.	1	+
9.	+	*
10.	8	
11.	)	
12.	=	

Tab. 3.1: Eingabefolge von AOS und UPN.

	AOS	UPN	(SR1 … SR4 = Stackregister … 4)
1.	U(	E 1.4 STR	SR3 > SR4; SR2 > SR3; SR1 > SR2; Status E 1. 4 > SR1
2.	U E 1.4	E 1.2 OR	ODER E 1.2 mit SR1
3.	O E 1.2	E 1.0 STR	SR3 > SR4; SR2 > SR3; SR1 > SR2; Status E 1.0 > SR1
4.	)	E 1.1 OR	ODER E 1.1 mit SR1
5.	U(	STR AND	UND SR1 mit SR2 > SR1; SR4 > SR3; SR3 > SR2
6.	U E 1.0	A 1.0 OUT	SR1 > A 1.0
7.	O E 1.1		
8.	)		
9.	= A 1.0		

STR (= STORE = ABSPEICHERN) steht für ENTER (Eingabeabschluss)

Übertragen auf die Verknüpfung von binären Größen (das ist boolesche Algebra!), ergibt sich das folgende Beispiel:

```
( E 1.4 O E 1.2 ) U ( E 1.0 O E 1.1) = A 1.0
```

Die Eingabefolge von AOS und UPN ist in Tab. 3.1 gezeigt.

Nach der Einführung über UPN und deren Verwendung bei Taschenrechnern mag es seltsam erscheinen, dass ausgerechnet Texas Instruments (TI), früher ein wichtiger Hersteller von SPS-Systemen, die UPN verwendet. Allerdings erwähnt TI in seinen Beschreibungen den Begriff UPN nicht. In der Programm-Dokumentation wird sogar entgegen den Vorschriften der UPN die Reihenfolge von Operand und Verknüpfungsbefehl vertauscht. Dies ist möglich, weil eine Befehlszeile definiert war. Beim Ausfüllen einer solchen Befehlszeile ist es gleichgültig, ob der Operand oder der Verknüpfungsbefehl zuerst eingegeben wird. Diese Befehlszeile ist wie ein kleines Formular, bei dem unabhängig von der Reihenfolge der Eingabe alles seinen vorbestimmten Platz erhält.

Berücksichtigt man ferner, dass TI seine Eingänge mit X und seine Ausgänge mit Y (und seine Merker mit CR, control relay) bezeichnet und diese durchnummeriert (keine Aufsplittung von Byte- und Bitadresse), so ergibt sich, bezogen auf TI, folgendes gleichwertiges Beispiel:

```
(X 28 OR X 26 ) AND (X 32 OR X 33) = Y 24
```

Eingabefolge nach TI:
```
1.  STR   X   28
2.  OR    X   26
3.  STR   X   32
4.  OR    X   33
5.  AND   STR
6.  OUT   Y   24
```

Bei dem Begriff „Flag" spricht man im herkömmlichen Sinn von einem Zeichen oder Symbol für eine Nachricht. Kein SPS-Techniker verwendet das Wort „Flag" bei der Programmierung einer SPS, sondern man spricht vom „Merker". In der PC-Technik unterscheidet man von „Flag setzen" oder von „Flag zurücksetzen". Mit der „Erstabfrage" ist hier definiert, dass das Betriebssystem die erste Anweisung erkannt hat, die lediglich eine Zwischenanweisung ausführen soll und daher keine Endanweisung darstellt.

Das Erstabfrageflag wird vom Betriebssystem gesetzt, wenn es eine der folgenden Anweisungstypen erkennt:

UND	Binäroperand	
ODER	Binäroperand	⎫
UND NICHT	Binäroperand	⎬ Bedingungsteil
ODER NICHT	Binäroperand	⎭

Das Flag wird in der Erstabfrage vom Betriebssystem zurückgesetzt, wenn es einen der folgenden Anweisungstypen erkennt:

ERGIBT	Binäroperand	⎫
SETZE	Binäroperand	⎬ Zuweisungsteil
SETZE ZURÜCK	Binäroperand	⎭

Damit kann man die Funktion des Erstabfrageflags allgemein formulieren:
– Das Erstabfrageflag zeigt den Beginn einer neuen binären Verknüpfung an.
– Alle Anweisungen, die sich auf nicht binäre Verknüpfungen beziehen (Sprungbefehle, Byte-, Wort- und Datumanweisungen usw.), haben keinen Einfluss auf das Erstabfrageflag.

3.1.3 Anwendung von Klammern

Die Verwendung von Klammern muss nicht bei allen SPS-Geräten vorkommen. Unbedingt erforderlich ist die Verwendung von Klammern bei der Auswertung binärer Ausdrücke nicht.

Wer die grafischen Darstellungsarten (Funktionsplan FUP oder Kontaktplan KOP) verwendet, braucht sich über die Verwendung von Klammern keine Gedanken zu machen. Anders gesagt: Bei FUP oder KOP gibt es keine Klammerfehler!

Das Rechnen mit binären Ausdrücken bezeichnet man auch als boolesche Algebra. Die hier verwendeten Rechen-(Verknüpfungs-)Regeln sind der normalen (Zahlen-)Algebra angepasst und in der normalen Algebra werden vereinbarungsgemäß Klammern verwendet. Aber auch in der normalen Algebra sind Klammern nicht unbedingt erforderlich! Die Verwendung von Klammern ist nur deswegen vereinbart, weil sie kurze und besser gegliederte Ausdrücke erlauben.

Eine Anweisung, die sich auf binäre Operanden bezieht, ist eben eine Binäranweisung. Wie kann es dann Binäranweisungen ohne Operand geben?

Betrachtet man folgende Anweisungen:

```
U(    UND Klammer auf
O(    ODER Klammer auf
)     Klammer zu
O     ODER
```

In Klammern können binäre Ausdrücke stehen und wenn man diese verknüpfen will, dann benötigt man diese Anweisungen. Der Operand ist nicht gleich erkennbar. Er versteckt sich in einem Klammerausdruck und man bezeichnet dies als impliziten Operanden.

Bei der letzten Anweisung – das einfache ODER – ist die Funktion schwierig zu erklären. Dieses ODER hat in der Tat nichts mit Klammern zu tun. Was ist aber dann der zugehörige Binäroperand?

In der booleschen Algebra (Schaltalgebra) hat der UND-Befehl immer Vorrang vor dem ODER-Befehl. Dies ist eine (willkürliche) Festlegung. Ähnlich festgelegt ist in der „normalen" Algebra, dass die Punktrechnung (Multiplizieren und Dividieren) Vorrang vor der Strichrechnung (Addieren und Subtrahieren) hat. Eine CPU weiß aber in der Regel nichts von dem nachfolgenden Befehl (erst nach vollständiger Abarbeitung des derzeitig aktuellen Befehls wird der nachfolgende Befehl gelesen). Die CPU kann also auch keinen Vorrang erkennen. Auch aus diesem Grund arbeitet man am sichersten in den grafischen Darstellungsarten, denn dort gibt es keine Möglichkeit, einen „Vorrang" darzustellen. Folglich kann man auch keine Fehler machen.

Damit die Auswertung von beliebigen booleschen Ausdrücken ohne Umstellung möglich ist, benötigt man diesen ODER-Befehl.

Beispiel: E 1.4 UND E 1.1 ODER E 1.6 UND E 1.7 = A 1.0

Aus der UND-vor-ODER-Regel ergibt sich direkt eine Verknüpfung zwischen E 1.4 mit E 1.1 und E 1.6 mit E 1.7. Die Zwischenergebnisse werden dann ODER verknüpft:

```
                  O(
U E 1.4           U E 1.4
U E 1.1           U E 1.1
O                 )
U E 1.6           O(
U E 1.7           U E 1.6
= A 1.0           U E 1.7
                  )
                  = A 1.0
```

Die parallel stehenden Anweisungen erfüllen die gleiche Logik, aber es sind drei Anweisungen mehr. Der ODER-Befehl „ohne Operand" (korrekt ohne expliziten Operanden) speichert den Inhalt des VKE-Registers (gleichgültig, wie dieser zustande gekommen ist) in ein Hilfsregister (das Betriebssystem verwendet den Akkumulator) ab. Das Erstabfrageflag wird gesetzt, damit die darauf folgende Anweisung mit dem Aufbau einer neuen Verknüpfung beginnt. Bevor nun die Ergibt-Anweisung ausgeführt wird, wird zunächst das dann aktuelle VKE-Register mit dem Hilfsregister ODER verknüpft. Dieser neue VKE-Registerinhalt wird dann dem Ausgang zugewiesen, jedoch vermeiden die grafischen Darstellungsarten diese Klippen.

- Das logische ODER wird auch als logische Addition (Alternative und als Disjunktion) bezeichnet.
- Das logische UND wird auch als logisches Produkt (Konjunktion) bezeichnet.
- Multiplizieren vor Addieren wird in der normalen Algebra benötigt und so verlangt es auch die boolesche Algebra.

Danach fügt man den bisher vorgestellten Operanden (Ein- und Ausgänge) einen weiteren Operanden zu, und zwar den Merker (Relay). Auch dies ist ein binärer Operand (mit den möglichen Werten 1 oder 0). Merker verwenden keine Verbindung zur Peripherie und sind daher weder mit den Gebern noch mit den Stellgliedern direkt verbunden. Programmtechnisch gesehen sind Merker binäre Variablen und speichertechnisch gesehen sind Merker Speicherzellen im RAM des SPS-Systems vorhanden. Für die Adressierung benutzt man wie bei den Ein- und Ausgängen eine Gruppen- und Bitadresse mit dem Punkt als Trennungszeichen. Tab. 3.2 beinhaltet die binären Basisanweisungen für eine SPS.

Tab. 3.2: Binäre Basisanweisungen.

Operationsteil		Operandenteil			
Op-Code	Mögliche Negierung	Mögliche Parameter	Numerischer Adressteil		
			Byte	Trennung	Bit
U (UND) (AND)	N (NICHT) (NOT)	E (Eingang) A (Ausgang) M (Merker)	0 … 31 (oder größer)	. (Punkt)	0 … 7
O (ODER) (OR)	N (NICHT) (NOT)	E (Eingang) A (Ausgang) M (Merker)	0 … 31 (oder größer)	. (Punkt)	0 … 7
= (ERGIBT) (OUT)	(nur selten möglich)	A (Ausgang) M (Merker)	0 … 31 (oder größer)	. (Punkt)	0 … 7

Anders dargestellt (xx.y steht für die numerische Adresse):

(1)	U	E	xx.y		(8)	ON	E	xx.y
(2)	UN	E	xx.y		(9)	O	M	xx.y
(3)	U	M	xx.y		(10)	ON	M	xx.y
(4)	UN	M	xx.y		(11)	O	A	xx.y
(5)	U	A	xx.y		(12)	ON	A	xx.y
(6)	UN	A	xx.y		(13)	=	A	xx.y
(7)	O	E	xx.y		(14)	=	M	xx.y

Mit diesen 14 Anweisungsarten lässt sich bereits alles durchführen, denn UND, ODER, NEGIERUNG und ZUWEISUNG sind die Basisbefehle aller binären Verknüpfungen. Alle weiteren Anweisungsarten lassen sich auf diese Basisbefehle zurückführen.

3.1.4 Darstellungsarten eines SPS-Programms

Hierunter findet man die Definitionen der Darstellungsarten eines SPS-Programms. Im vorherigen Kapitel wurde die Basissprache entwickelt und die dort verwendete Darstellungsart bezeichnet man als Anweisungsliste (AWL).

Die SPS-Hersteller haben sich bei der Entwicklung zahlreiche Gedanken über die Anwendung gemacht, wie man diejenigen Mechaniker und Elektriker besser bedienen kann, die Steuerungen früher in herkömmlicher Technik entwickelt haben. Herkömmlich war die Erstellung von Stromlaufplänen. In den USA wurden diese Stromlaufpläne in Form von „Ladder"-Diagrammen (Leiterdiagrammen) erstellt und solche Pläne bezeichnet man als Kontaktpläne (KOP). Europäische Ingenieure müssen sich bei der Darstellung von Schließern und Öffnern an die amerikanische Form gewöhnen. Abb. 3.3 zeigt Steueranweisungen für eine SPS.

Mit AWL und KOP konnte man jedoch nicht alle Erwartungen erfüllen. AWL (Anweisungsliste) ergibt sich als Basis und KOP (Kontaktplan) war aus historischen Gründen notwendig. Die Entwickler von elektronischen Logikschaltungen hatten aus guten Gründen eine grafische Darstellungsart gewählt, die sehr übersichtlich war und die jeder Techniker leicht erlernen konnte. Diese Pläne wurden als Funktionspläne (FUP) bezeichnet.

Bei den Steueranweisungen für eine SPS kennt man sechs Grundfunktionen:
- UND: E01 ∧ E02 ∧ E03 ergeben eine UND-Funktion
- ODER: E01 ∨ E02 ∨ E03 ergeben eine ODER-Funktion
- NICHT-Eingang: E01 ∧ E02 ∧ E03 ergeben beispielsweise zwei separate NICHT-Funktionen am Eingang
- NICHT-Ausgang: E01 ∧ E02 ∧ E03 ergeben eine gemeinsame NICHT-Funktion am Ausgang

Funktion	Funktionsplan	Kontaktplan	Anweisungs-liste
UND EO.1 ○─┐ E O.2 ○─┤ SPS ├─○ AO.1 E O.3 ○─┘ Der Ausgang hat 1, wenn alle Eingänge 1 haben.	Befehl: U EO.1 ○─┐ E O.2 ○─┤ & ├─○ AO.1 E O.3 ○─┘	EO.1 EO.2 EO.3 AO.1 ├─┤ ├─┤ ├─┤ ├─( )─┤	U EO.1 U EO.2 U EO.3 = AO.1
ODER EO.1 ○─┐ E O.2 ○─┤ SPS ├─○ AO.1 E O.3 ○─┘ Der Ausgang hat 1, wenn einer der Eingänge 1 hat.	Befehl: O EO.1 ○─┐ E O.2 ○─┤ ≧1 ├─○ AO.1 E O.3 ○─┘	EO.1 AO.1 ├─┤ ├───( )─┤ ┤ EO.2 ├ ├─┤ ├ EO.3	U EO.1 O EO.2 O EO.3 = AO.1
NICHT–Eingang EO.1 ○─┐ E O.2 ○─○ SPS ├─○ AO.1 E O.3 ○─○ Der Ausgang soll 1 haben, wenn EO.1 1 hat und EO.2 und EO.3 nicht 1 haben.	Befehl: N EO.1 ○─┐ E O.2 ○─○ & ├─○ AO.1 E O.3 ○─○	EO.1 EO.2 EO.3 AO.1 ├─┤ ├─┤/├─┤/├─( )─┤	U EO.1 UN EO.2 UN EO.3 = AO.1
NICHT–Ausgang EO.1 ○─┐ E O.2 ○─┤ SPS ├─○ AO.1 E O.3 ○─┘ Der Ausgang soll nicht 1 haben, wenn alle Eingänge 1 haben.	Befehl: N EO.1 ○─┐ E O.2 ○─┤ & ├○─○ AO.1 E O.3 ○─┘	EO.1 EO.2 EO.3 AO.1 ├─┤ ├─┤ ├─┤ ├─(/)─┤	U EO.1 U EO.2 U EO.3 =N AO.1
Exklusiv ODER EO.1 ○─┐ ┤ SPS ├─○ AO.1 E O.2 ○─┘ Der Ausgang soll 1 haben, wenn entweder der eine oder der andere Eingang 1 hat.	Befehl: XO EO.1 ○─┐ ┤ =1 ├─○ AO.1 E O.2 ○─┘	EO.1 EO.2 AO.1 ├─┤ ├─┤/├──●──( )─┤ ├─┤/├─┤ ├──┘ EO.1 EO.2	U EO.1 XO EO.2 = AO.1
Inklusiv ODER EO.1 ○─┐ ┤ SPS ├─○ AO.1 E O.2 ○─┘ Der Ausgang soll 1 haben, wenn an beiden Eingängen ein 0– oder 1–Signal auftritt.	Befehl: XN EO.1 ○─┐ ┤ =1 ├○─○ AO.1 E O.2 ○─┘	EO.1 EO.2 AO.1 ├─┤ ├─┤ ├──●──( )─┤ ├─┤/├─┤/├──┘ EO.1 EO.2	U EO.1 XN EO.2 = AO.1

Abb. 3.3: Steueranweisungen für eine SPS.

- Exklusiv-ODER: $\overline{E01} \wedge E02 \vee E01 \wedge \overline{E02}$, wenn entweder der eine Eingang oder der andere ein 1-Signal hat
- Inklusiv-ODER: $\overline{E01} \wedge \overline{E02} \vee E01 \wedge E02$, wenn entweder beide Eingänge ein 0- oder 1-Signal aufweisen

Im Folgenden wird nur noch auf KOP (Kontaktplan) und FUP (Funktionsplan) eingegangen.

Basis für den Kontaktplan sind die Darstellungen für einen Kontakt und für eine Relaisspule.

Zum Beispiel so:

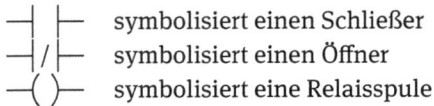

—| |—   symbolisiert einen Schließer
—|/|—   symbolisiert einen Öffner
—( )—   symbolisiert eine Relaisspule

Dies sind Symbole, wie sie in den USA eingeführt und verwendet werden. Während man einen Stromlaufplan von links nach rechts kennt, entwickeln die Amerikaner den Stromlaufplan von oben nach unten. Dies hat ebenfalls darstellungstechnische Vorteile. Sind mehrere solcher Strompfade aneinandergereiht, dann entsteht der Eindruck einer Leiter und so ist auch die amerikanische Bezeichnung „Ladder"-Diagramm zu verstehen.

Die Anwendung der KOP-Darstellung mag für viele Elektriker und Maschinenbauer am Anfang vorteilhaft sein, denn diese Darstellungsweise hat eine Ähnlichkeit mit den uns vertrauten Stromlaufplänen.

Das Argument, mit Hilfe von KOP alte Stromlaufpläne nun in SPS-Programme direkt umzusetzen ist falsch. Der Einsatz eines neuen Steuerungskonzeptes wird immer mit dem Anspruch verbunden sein, die Steuerung entsprechend den neuen Möglichkeiten zu verbessern, und nur so wird eine solche Investition vertretbar sein.

Der Kontaktplan (KOP) ist aufgrund der Kundenforderungen an die SPS-Hersteller entstanden. Das Argument der hohen Umschulungskosten sollte von vielen Elektrikern entkräftet werden, denn die FUP-Darstellung hat erhebliche Vorteile. Wer sich ernsthaft mit SPS beschäftigen möchte oder muss, der sollte mit der FUP-Darstellung vertraut sein. Selbstverständlich ist eine SPS optimiert, wenn sie sowohl KOP- als auch FUP-fähig ist. Der Anwender kann zwischen KOP, AWL und FUP wählen.

Komplexe Logikeinheiten, wie Zeitgeber, Zähler, Flipflops und andere, lassen sich nicht mit dem bisher festgelegten Zeichenvorrat im Kontaktplan darstellen. Es ist naheliegend, hierfür die gleiche Darstellungsform zu wählen, wie sie in der nachstehend beschriebenen FUP-Darstellung festgelegt worden ist.

Basis für den Funktionsplan ist das Rechteck. Dieses Rechteck symbolisiert den häufig zitierten „schwarzen Kasten" und in unserem Fall symbolisiert der Kasten eine elektronische Schaltung. Der Aufbau dieser Schaltung interessiert den Anwender wenig. Sehr wohl interessiert aber, welche logische Funktion von diesem Kasten erwartet wird, und daher schreibt man diese Funktion verschlüsselt in diesen Kasten ein.

Ein UND-Gatter oder eine UND-Funktion wird durch ein &-Zeichen symbolisiert.

Ein ODER-Gatter oder eine ODER-Funktion wird durch eine >=1-Zeichenfolge symbolisiert.

Ohne Ein- und Ausgangssignale sind solche Funktionen nicht sinnvoll. Die Ein- und Ausgänge müssen ebenfalls dargestellt werden. Hierfür gibt es eine einfache Regel, links werden die Eingänge dargestellt und rechts die Ausgänge.

Abb. 3.4 zeigt die Darstellungen für komplexere SPS-Funktionen.

Funktion	Funktionsplan (FUP)	Kontaktplan (KOP) Erläuterung	Anweisungsliste
Vergleicher	E 0.1 ○—[ZI Q]—○ A0.1 E 0.2 ○—◁[ZII F] >	Es wird unterschieden: > größer >= größer gleich < kleiner <= kleiner gleich ! = gleich ≠ ungleich	U (L E 0.1 U E 0.2 >F) = A 0.1
Arithmetik	E 0.1 ○—[+]—○ A0.1 E 0.2 ○—	E 0.1 und E 0.2 werden arithmetisch verknüpft. Das Ergebnis wird am Ausgang A 0.1 ausgegeben. Im Beispiel wird addiert (+)	L E 0.1 L E 0.1 +F T A 0.1
Setzen, Rücksetzen (Speichern)	E 0.1 ○—[S Q]—○ A0.1 E 0.2 ○—◁[R]	E0.1 —┤ ├—[S Q]—( )— —┤/├—◁[R] A0.1 E0.2	U E 0.1 S A 0.1 UN E 0.2 R A 0.1 ... ...
Zählen	E 0.1 ○—[Z Q]—○ A0.1 E 0.2 ○—◁[R]	E0.1 —┤ ├—[Z Q]—( )— —┤/├—◁[R] A0.1 E0.2	U E 0.1 ZV Z 1 UN E 0.2 R Z 1 U Z 1 = A 0.1
Impuls (Verzögerung)	E 0.1 ○—[1⊓L]—○ A0.1	KT0 1.2 ○—[TW]—( )— —┤ ├—[1⊓L] A0.1 E0.1	U E 0.1 L KT0 1.2 SI T 5 U T 5 = A 0.1

Abb. 3.4: Darstellungen für komplexere SPS-Funktionen.

Obwohl die DIN-Norm (DIN 40700, Teil 14 Schaltzeichen, digitale Informationsverarbeitung) diese Schaltungen beinhaltet, darf man deren Kenntnis nicht allgemein voraussetzen. Man sollte daher zumindest durch einen Kommentar die Funktion näher erläutern. Außerdem lassen nahezu heute alle auf dem Markt befindlichen SPS-Geräte eine direkte Programmierung mit diesen Logikgattern nicht zu.

Weitere FUP-Symbole sind SR-Flipflop, für monostabile Zeiten (Monoflop), universelle Zähler und spezielle Vergleicherfunktionen.

3.1.5 Einfache SPS-Programmierbeispiele

Bevor man sich logisch und kontrolliert mit der Erstellung eines Programms beschäftigt, sollte man nachstehende Ratschläge einhalten.

– Man soll niemals sofort mit dem Programmieren beginnen.
– Man schreibt erst die Ein- und Ausgangslisten (in vielen Fällen sind dies die Zuordnungslisten). Ein wichtiges Nebenergebnis beim Erstellen dieser Listen ist das

allmähliche Vertrautwerden mit der neuen Aufgabenstellung. Während man sich bemüht, den Ein- und Ausgängen „vernünftige", d. h. die Funktion erläuternde Begriffe zuzuordnen (technologische Namensgebung), beginnt man bereits mit der Analyse der Aufgabenstellung. Es ist hierbei nicht notwendig, die Listen sofort lückenlos und vollständig zu erzeugen. Unklarheiten werden zunächst ausgeklammert und es hilft, die unklaren Namensgebungen zunächst mit „???" auszufüllen.

– Man definiert bereits die Bausteine, die eventuell notwendig sind. Ein möglicher Irrtum oder Denkfehler zu diesem frühen Zeitpunkt hat noch keine unangenehmen Konsequenzen. Ärgerlich wird die Angelegenheit erst dann, wenn man nach vielen Programmierstunden erkennen muss, dass das Gesamtkonzept nicht gut strukturiert ist.

Bei den später notwendigen ausführlichen Überlegungen zur Programmstruktur hilft es aber, wenn man den Programm-Bausteinen bereits einen Namen gegeben hat. Man führt besser Namen und Begriffe ein, als mit Nummern und begriffsleeren Zahlen zu arbeiten.

– Man erstellt Schriftfüße oder Programmköpfe mit Auftragsnummer, Anlagennamen, Kundennamen und Anschrift usw.

Für die Ermittlung der Aufgabenstellung sind folgende Schritte wichtig:
– Das Sichten der Pläne (Bauteileanordnung, Fließschemata, Funktionsbeschreibung, Stromlaufpläne usw.) hat zu erfolgen.
– Wie arbeiten bzw. funktionieren die Geber und Sensoren?
– Wie arbeiten bzw. funktionieren die Stellglieder?
– Kritische (natürlich konstruktive) Beurteilung der Planungsunterlagen. Was kann man einfacher und besser machen? Ist die Maschine oder Anlage ausreichend instrumentiert oder fehlt noch ein notwendiger Geber?
– Gibt es in Zukunft ähnliche Aufgabenstellungen? Wenn ja, was kann man unter diesem Gesichtspunkt standardisieren oder anpassen?
– Ohne Verständnis der Anlage oder der Maschine kann kein vernünftiges Programm geschrieben werden.

– Strategiefragen:
  – Anlagenorientiert:
    – Welche Anlagenteile oder Maschinengruppen können als eigenständige Funktion verstanden werden?
    – Welche Einteilung in Steuerungsbereiche ist sinnvoll?
  – Steuerungsorientiert:
    – Welche mehrfach vorkommenden Funktionsgruppen sind erkennbar?
    – Welches Einschaltverhalten ist notwendig?
    – Welches Ausschaltverhalten ist notwendig?

- – Was macht die Maschine/Anlage bei Not-Aus:
    - – Spannungsausfall (total oder teilweise),
    - – Energieausfall (pneumatisch, hydraulisch),
    - – Programmverlust,
    - – Fehlbedienung?
- – Wie sieht es aus mit der Schnittstelle Mensch – Maschine?
    - – Anordnung und Funktion der Befehlsgeber,
    - – Melde- und Alarmsystem,
    - – Bedienungsfreundlichkeit,
    - – idiotensicher (das ist ein Fachbegriff und keineswegs eine beleidigende Unterstellung!).

Abb. 3.5 zeigt eine Ein-Aus-Schaltung eines Relais mit Selbsthaltung. Das Relais kann damit z. B. einen Drehstrommotor ein- und ausschalten. Betätigt man die Taste S_2, zieht das Relais K_1 an und der Kontakt K_1 schließt. Lässt man die Taste S_2 wieder los, bleibt das Relais durch den Schaltkontakt K_1 angezogen, denn es ergibt sich eine Selbsthaltung. Mit der Taste S_1 (Öffner) wird der Strom für das Relais unterbrochen und das Relais geht in den Ruhezustand, der Motor schaltet ab.

Abb. 3.6 zeigt die Ein-Aus-Schaltung von zwei Relais mit Selbsthaltung und Verriegelung. Betätigt man den Schalter S_2, zieht das Relais K_1 an, d. h., gleichzeitig schließt der Selbsthaltekontakt K_1 und der Verriegelungskontakt K_1 öffnet sich. Würde man den Schalter S_3 schließen, kann das Relais K_2 nicht anziehen, weil kein Strom fließen kann. Erst wenn das Relais K_1 abgefallen ist, kann das Relais K_2 anziehen und gleichzeitig öffnet sich der Ruhekontakt K_2.

Die Schaltung von Abb. 3.7 arbeitet mit zwei Merkern. Die Verknüpfungsergebnisse der Zentraleinheit werden im Datenspeicher abgelegt. Ausgangsvariable können Merker und Ausgaben sein. Merker sind interne Speicher für binäre Informationen. Die Merker weisen den Charakter einer Ausgangsvariablen auf, jedoch ohne Zugang zur physikalischen Ausgangsebene. Bei remanenten Merkern ist die gespeicherte binäre Information durch Batteriepufferung bei Spannungsausfall gesichert. Nach Ende des Programmdurchlaufs werden die Verknüpfungsergebnisse aus dem Datenspeicher über den E/A-Bus an die Ausgabebaugruppen gegeben. Das Abbild der Verknüpfungsinformation der Ausgaben im Datenspeicher wird als Prozessabbild der Ausgabeebene bezeichnet. Die Ausgabebaugruppen setzen die internen Zustandsinformationen in entsprechende Pegel zur Ansteuerung der Stellglieder um.

Nach dem Transfer des Prozessabbildes an die Ausgaben beginnt die SPS einen neuen Bearbeitungszyklus mit dem Einlesen der Zustandsinformation in das Prozessabbild der Eingabeebene.

Bei umfangreichen Verknüpfungen ist es zweckmäßig, Zwischenergebnisse abzuspeichern. Sie sind im weiteren Verlauf der Programmbearbeitung wieder abzufragen und zu verarbeiten. Für eine solche Zwischenspeicherung steht der Operandenbereich der Merker zur Verfügung.

Schaltung Kontaktplan Funktionsplan Anweisungsliste

U E 1.2
O A 1.2
U E 1.1
= A 1.2

oder

U E 1.1
U(
U E 1.2
O A 1.2
)
= A 1.2

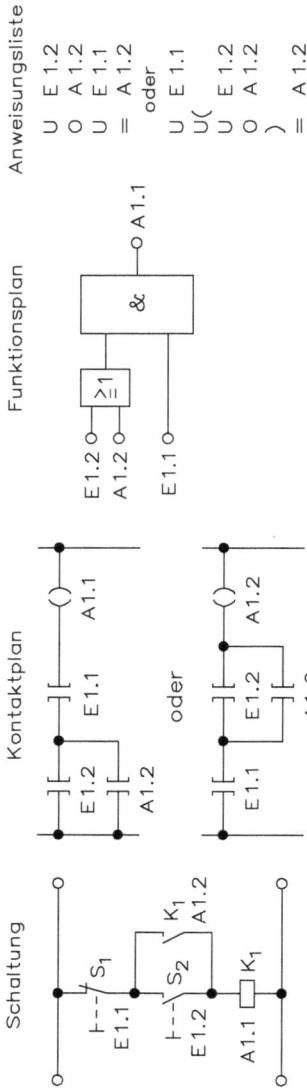

Abb. 3.5: Ein-Aus-Schaltung eines Relais mit Selbsthaltung.

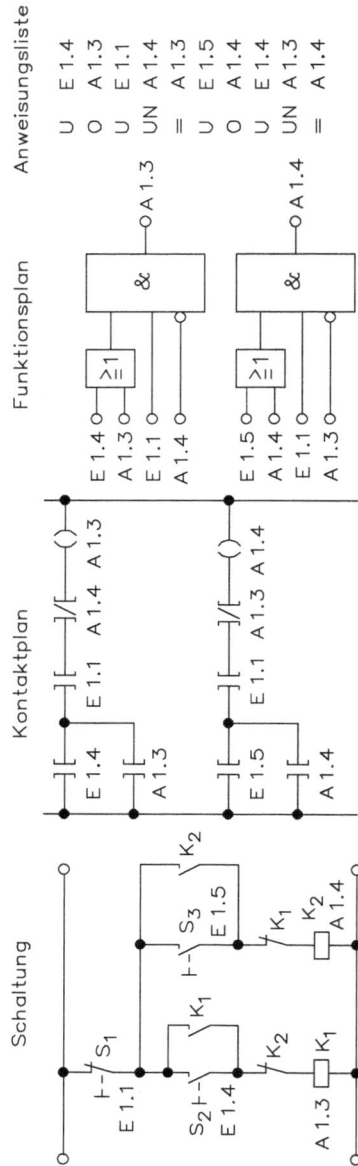

Schaltung Kontaktplan Funktionsplan Anweisungsliste

U E 1.4
O A 1.3
U E 1.1
UN A 1.4
= A 1.3

U E 1.5
O A 1.4
U E 1.4
UN A 1.3
= A 1.4

Abb. 3.6: Ein-Aus-Schaltung von zwei Relais mit Selbsthaltung und Verriegelung.

Schaltung   Kontaktplan   Funktionsplan   Anweisungsliste

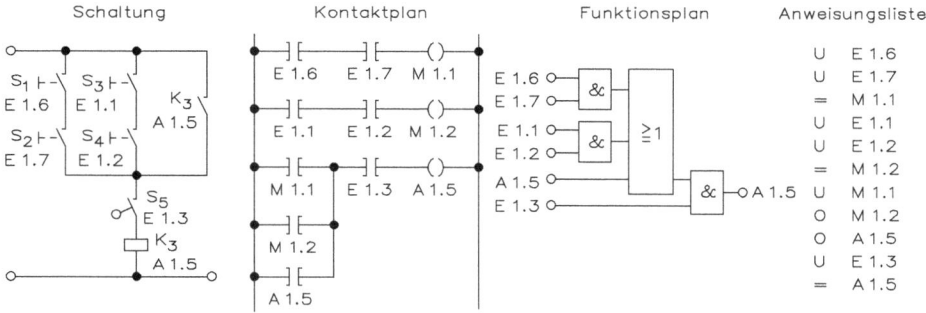

Abb. 3.7: SPS-Programm mit zwei Merkern.

Ein Merker kann programmtechnisch wie ein Ausgang behandelt werden, ohne wirklich „nach außen" zu führen. Weiterhin wird ein Teil dieses Operandenbereiches durch eine Batterie im Gerät auch bei Spannungsausfall mit Strom versorgt, so dass eine remanente Speicherung möglich ist.

Einen Merker, der zum Zwischenspeichern von Verknüpfungsergebnissen verwendet wird, bezeichnet man als Zwischenmerker. Als derartige Zwischenmerker genutzte Merker lassen sich innerhalb des Programms mehrfach verwenden.

Merker können übrigens auch mit speicherndem Verhalten programmiert werden. Wie bei den Ausgängen lässt sich ebenso ein Merker mit einem speichernden Verhalten für eine Selbsthaltung einsetzen.

Zwischenmerker lassen sich auch innerhalb von Verknüpfungen einsetzen. Diese Zwischenmerker werden dann mit dem Zeichen „#" gekennzeichnet und als „Relaisspule" dargestellt. In diesen Zwischenmerkern ist das bis dahin wirksame Verknüpfungsergebnis gespeichert, das dann wieder – auch mehrfach – abgefragt und weiter verknüpft werden kann. Die Abfrage ist als Kontaktsymbol dargestellt.

Zwischenmerker sind sinnvoll anzuwenden, wenn die Darstellungsgrenzen des Bildschirmes überschritten werden bzw. die Verknüpfung zu unübersichtlich wird. Hier wird mit einem Zwischenmerker das Programm abgebrochen und im nächsten Netzwerk weiterprogrammiert.

Zwischenmerker werden in einer Anweisungsliste nicht besonders gekennzeichnet. Soll hier ein bestimmtes Verknüpfungsergebnis mehrfach verwendet werden, wird ein Merker zugewiesen, in unserem Beispiel der Merker M 1.0. Dieser Merker kann dann in weiteren Verknüpfungen abgefragt werden.

Schließt man in der Steuerung den Taster S_1 und den Schalter S_2, ist die UND-Bedingung erfüllt und der Merker M 1.1 wird gesetzt. Schließt man den Taster S_3 und den Schalter S_4, ist die UND-Bedingung erfüllt und der Merker M 1.2 wird gesetzt. Der Schalter S_5 muss geschlossen sein, damit die linke oder die rechte UND-Bedingung erfüllt wird. Das Relais wird über den Kontakt K_3 selbsthaltend. Das Relais K_3 lässt sich nur über den Öffner S_5 ausschalten.

Mit Hilfe eines RS-Flipflops kann man eine Speicheroperation ausführen. Mit einem 1-Signal an dem Eingang S (Set) lässt sich das Flipflop setzen und mit einem 1-Signal an dem Eingang R (Reset) zurücksetzen. Abb. 3.8 zeigt eine Steuerung mit RS-Flipflop.

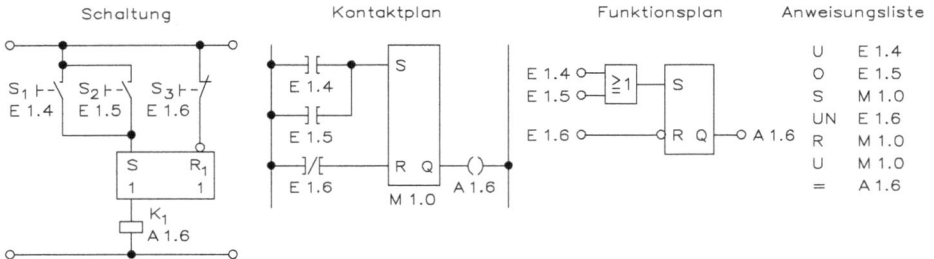

Abb. 3.8: Steuerung mit RS-Flipflop.

Mit dem Taster S_1 oder dem Taster S_2 kann man das Flipflop über den S-Eingang setzen. Das Zurücksetzen erfolgt über den negierten R-Eingang. Normalerweise ist der Taster S_3 geschlossen und durch die Negation liegt der Eingang R auf 0-Signal. Öffnet man den Schalter S_3, entsteht ein 0-Signal, das invertiert wird. Damit setzt sich das Flipflop zurück.

3.1.6 Programmierregeln

Auf Basis der IEC1131-3 sollen normgerechte Programme in allen Automatisierungsgeräten laufen können. Im Zusammenhang mit den in der IEC festgelegten Programmiersprachen müssen nochmals die Aktivitäten erwähnt werden. Tab. 3.3 zeigt die Schlüsselwörter für die Deklaration der Datentypen.

Steuerungsprogramme lassen sich schreiben als
– Anweisungsliste (Instruction List, IL),
– Kontaktplan (Ladder Diagram, LD),
– Funktionsbausteine (Function Block Diagram, FBD),
– strukturierter Text (Structured Text, ST),
– Ablaufsteuerung (Sequential Function Chart, SFC).

Die Programmierung in der Anweisungsliste (AWL) ist eine textuelle Sprache und wird in der IEC-Norm als Instruction List (IL) beschrieben. Zum Programmieren sind die in der Tab. 3.4 aufgelisteten Operationen vorgesehen. Die lineare Programmabarbeitung bedeutet, dass jede Anweisung ausgeführt und mit dem aktuellen Akkumulatorinhalt verarbeitet wird. Dabei bleibt das neue Verknüpfungsergebnis im Akkumulator erhalten und es hat sich nichts geändert.

Tab. 3.3: Schlüsselwörter für die Deklaration der Datentypen.

Schlüsselwort	Datentyp
BOOL	Boolescher Wert mit 0 oder 1
EDGE	Flankenerkennung boolescher Wert mit 0 oder 1
SINT	Kurze Festkommazahl mit acht Bit
INT	Festkommazahl mit 16 Bit
DINT	Doppelte Festkommazahl mit 32 Bit
LINT	Lange Festkommazahl mit 64 Bit
USINT	Kurze Festkommazahl ohne Vorzeichen mit acht Bit
UINT	Festkommazahl ohne Vorzeichen mit 16 Bit
UDINT	Doppelte Festkommazahl ohne Vorzeichen mit 32 Bit
ULINT	Lange Festkommazahl ohne Vorzeichen mit 64 Bit
REAL	Gleitkommazahl mit 32 Bit
LREAL	Lange Gleitkommazahl mit 64 Bit
TIME	Zeitdauer
DATE	Nur Datum
TIME_OF_DAY	Tageszeit
DATE_AND_TIME	Datum und Tageszeit
STRING	Zeichenkette mit variabler Länge
BYTE	Bitkette der Länge mit acht Bit
WORD	Bitkette der Länge mit 16 Bit
DWORD	Bitkette der Länge mit 32 Bit
LWORD	Bitkette der Länge mit 64 Bit

Neben der symbolischen Darstellung der Operanden, die im Bereich der Variablende-klaration im Kopf eines Programms zu finden sind, können auch direkt Ein-, Ausgänge und Merker verwendet werden. Für diese Operanden sind die Kennungen aus Tab. 3.5 vorgesehen.

Die Variablengröße wird wie in Tab. 3.6 aufgelistet gekennzeichnet.

Jede direkte Bezeichnung eines Operanden mit den Symbolen der zwei letzten Tabellen beginnt mit dem %-Zeichen, wie die Beispiele zeigen.

%	I X 1 5	Eingangsbit 15
%	O X 1 5	Ausgangsbit 15
%	I W 1 0	Eingangswort 10

Der Kontaktplan (KOP) ist eine grafische Darstellungsform, die an die Stromlaufpläne, die aus der Relaistechnik bekannt sind, anknüpft. Entwerfen kann man die Steue-rungsaufgaben mit aufgelisteten Symbolen. Im Vergleich mit den herkömmlichen KOP-Editoren sind hier beispielsweise die Kontaktsymbole für die Flankenerkennung neu. Dazu kommt die Möglichkeit, die KOP- mit den FUP-Symbolen zu verbinden, was auch in der STEP5-Syntax praktiziert wird. Tab. 3.7 zeigt die Graphiksymbole für einen Kontaktplan.

Tab. 3.4: Operationen in der „Instruction List".

Operator	Modifizierer	Variablentyp	Bedeutung
LD	N	$-^1$	Setze Verknüpfungsergebnis (VKE) gleich dem Operanden
ST	N	$-^1$	Speichert das Verknüpfungsergebnis auf Operandenadresse
S	$-^2$	BOOL	Setzt Operand auf 1
R	$-^2$	BOOL	Setzt Operand auf 0
AND	N, (	BOOL	Boolesches UND
&	N, (	BOOL	Boolesches UND
OR	N, (	BOOL	Boolesches ODER
XOR	N, (	BOOL	Boolesches Exklusiv-ODER
ADD	(	$-^1$	Addition
SUB	(	$-^1$	Subtraktion
MUL	(	$-^1$	Multiplikation
DIV	(	$-^1$	Division
GT	(	$-^1$	Vergleich auf größer >
GE	(	$-^1$	Vergleich auf größer oder gleich ≥
EQ	(	$-^1$	Vergleich auf gleich =
LE	(	$-^1$	Vergleich auf kleiner oder gleich ≤
LT	(	$-^1$	Vergleich auf kleiner <
JMP	C, N	Label	Sprung nach Label
CAL	C, N	Name	Ruft Funktionsbaustein auf[3]
RET	C, N		Kehrt aus aufgerufener Funktion zurück
	)	$-^1$	Bearbeitung der zurückgestellten Operation

1 Der Operator ist typgebunden oder ein allgemein generierter Datentyp.
2 Die Anweisung wird nur bearbeitet, wenn das Verknüpfungsergebnis ein 1-Signal hat. Wird der Modifizierer N verwendet, so wird als eine Anweisung ein 0-Signal des Verknüpfungsergebnisses bearbeitet.
3 Dem Namen eines Funktionsblockes folgt eine Parameterliste.

Tab. 3.5: Operandenkennung.

Kennung	Bedeutung
I	Eingang
O	Ausgang
M	Merker

Eine abstrakte Steuerungsbeschreibung bietet sich mit dem strukturierten Text an. Diese Beschreibungsform ist aus den Programmiersprachen bekannt. Für die abstrakte Beschreibung von Funktionsgleichungen schreibt die IEC-Norm die in Tab. 3.8 aufgelisteten Operationssymbole vor.

Tab. 3.6: Kennzeichnung der Variablengröße.

Größe der Variablen
X   Bitlänge
B   Bytelänge (acht Bit)
W   Doppelwortlänge (16 Bit)
L   Langwort (64 Bit)

Tab. 3.7: Typische Graphiksymbole für einen Kontaktplan aus dem Jahre 1975.

Symbole	Bedeutung
*** —| |—	Normaler offener Kontakt
*** —|/|—	Normaler geschlossener Kontakt
*** —|P|—	Reaktion auf positive Flanke
*** —|N|—	Reaktion auf negative Flanke
*** —( )—	Normaler direkter Ausgang
*** —(/)—	Normaler negierter Ausgang
*** —(S)—	Speichernde Ausgabe, wird nur beim Verknüpfungsergebnis 1 verwendet
*** —(R)—	Speicherndes Zurücksetzen, wird nur beim Verknüpfungsergebnis 1 verwendet
*** —(M)—	Ausgabe über einen Merker
*** —(SM)—	Setzen eines Merkers
*** —(RM)—	Zurücksetzen eines Merkers
***	Kennzeichen des Operanden

Die Auflistungsreihenfolge gibt auch die Priorität der einzelnen Operationen an. Je höher eine Operation in der Tabelle platziert ist, desto höher ist auch deren Priorität. Man kann verzweigte Strukturen mit den in der Tab. 3.9 aufgelisteten Anweisungen realisieren und dies sind im Allgemeinen Wiederholschleifen, die aus der Programmierung bekannt sind.

Tab. 3.8: Symbole für die Funktionsbeschreibung im strukturierten Text.

Operation	Symbol
Klammerfunktion	(Ausdruck), Identifikator (Argument, z. B. LN(a))
Exponent	**, z. B. A**B = EXP B*LN(a)
Negation Complement	- NOT
Multiplikation Division Modulo	* / MOD
Addition Subtraktion	+ -
Vergleichen	<; >; <=; >=
Äquivalenz Nichtäquivalenz	= <>
Binär UND Binär UND	& AND
Binär ODER Binär EXOR	OR XOR

Abb. 3.9 zeigt eine Programmierregel I für eine SPS. Die Verknüpfungen beginnen geräteabhängig entweder mit einem Ladebefehl, einem UND-Befehl oder einem ODER-Befehl. Sind im Eingang „externe Öffner" das Abschaltsignal, so ist N (Negation) nur erforderlich, wenn dieser einen R-Eingang (Zurücksetzen) eines Flipflops ansteuert.

Abb. 3.10 zeigt eine Programmierregel II für eine SPS. Geräteabhängig kann ein Befehl oder eine Verknüpfung von Befehlen entweder nur einen Operanden oder beliebig viele Operanden (z. B. Ausgänge) ansteuern.

Abb. 3.11 zeigt eine Programmierregel III für eine SPS. Ein Operand (z. B. Ein- und Ausgänge) lässt sich mehrfach programmieren, ohne dass sich ein Nachteil ergibt.

Abb. 3.12 zeigt eine Programmierregel IV für eine SPS. In einem Signalweg muss eine ODER-Verknüpfung vor einer UND-Verknüpfung programmiert werden. Diese Programmierregel gilt nicht für alle SPS-Geräte.

Abb. 3.13 zeigt eine Programmierregel V für eine SPS. Merker sind Hilfsspeicher und sie dienen zur Speicherung von Zwischenergebnissen. Das Programmieren von Merkern ist wegen der teilweise erzwungenen Regel „ODER vor UND" unbedingt erforderlich.

Abb. 3.14 zeigt eine Programmierregel VI für eine SPS. Das Programmieren einer Einschaltverzögerung wird getrennt nach AWL-Eingabe vom PC-Programmiergerät eingegeben.

Tab. 3.9: Befehle für den strukturierten Programmaufbau.

Aussagetyp	Beispiel
Zuweisung	`a := a; c := c + 1 oder d := SIN(x)`
Funktionsblockaufruf und Ausgangsverwendung	`CMD_TRM(IN := %IX3, PT := T*20 ms)` `a := CMD_TMR.Q`
RETURN	`RETURN`

IF	`IF d < 0.1 THEN NOO := 0`
	`    ELSIF d = 2 THEN`
	`      NOO := 1`
	`ELSE`
	`      NOO := 2`
	`END_IF`

CASE	`TW := BCD_TO_INT`
	`CASE TW OF`
	`    1.5: DISPLAY := OVEN_TEMP;`
	`    2:   DISPLAY := MOTOR_SPEED;`
	`    3:   DISPLAY := GRASS-TARE;`
	`    ELSE DISPLAY := = =;`
	`END_CASE`

FOR	`J := 99`
	`FOR I := 1 TO 80 BY 2 DO`
	`    IF WORDS(I) = "Key" THEN`
	`      J := I`
	`      EXIT`
	`    END_IF`
	`END_FOR`

WHILE	`n := 1`
	`WHILE n <= 100 & WORD(n) <> "Key" DO`
	`    n := n+2`
	`END_WHILE`

REPEAT	`n := 1`
	`REPEAT`
	`    n := n + 2`
	`UNTIL n = 100 OR WORD(n) = "Key"`
	`END_REPEAT`

EXIT	`EXIT`
Beenden einer Aussage	`; ;`

Programmierregel	Kontaktplan	Anweisungsliste 1	Anweisungsliste 2
Verknüpfungen beginnen geräteabhängig entweder mit dem Ladebefehl, dem UND–Befehl oder dem ODER–Befehl. Geben externe Öffner das Abschaltsignal, so ist N (Negation) nur erforderlich, wenn diese einen R–Eingang (Rücksetzen) ansteuern.	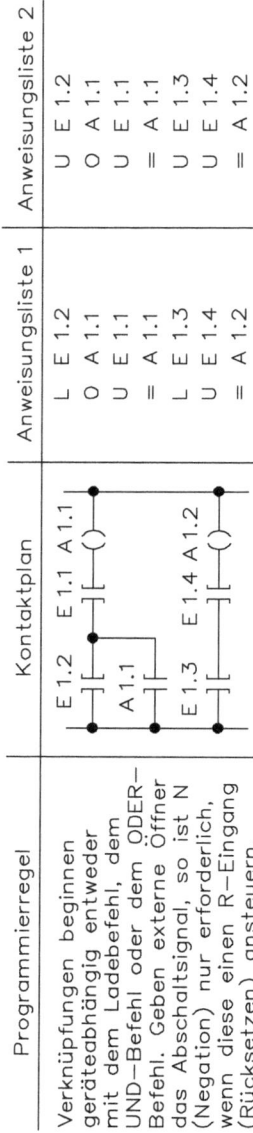	L E 1.2 O A 1.1 U E 1.1 = A 1.1 L E 1.3 U E 1.4 = A 1.2	U E 1.2 O A 1.1 U E 1.1 = A 1.1 U E 1.3 U E 1.4 = A 1.2

Abb. 3.9: Programmierregel I für eine SPS.

Programmierregel	Kontaktplan	Anweisungsliste 1	Anweisungsliste 2
Geräteabhängig kann ein Befehl oder eine Verknüpfung von Befehlen entweder nur einen Operand oder beliebig viele Operanden (z.B. Ausgänge) ansteuern.	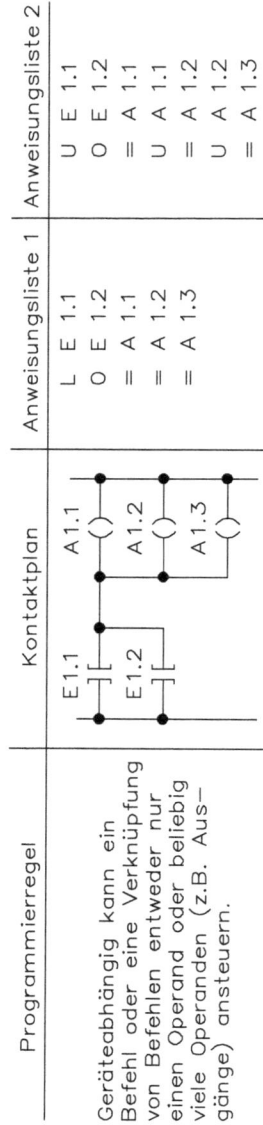	L E 1.1 O E 1.2 = A 1.1 = A 1.2 = A 1.3	U E 1.1 O E 1.2 = A 1.1 U A 1.1 = A 1.2 U A 1.2 = A 1.3

Abb. 3.10: Programmierregel II für eine SPS.

Programmierregel	Kontaktplan	Anweisungsliste 1	Anweisungsliste 2
Ein Operand kann mehrfach programmiert werden.	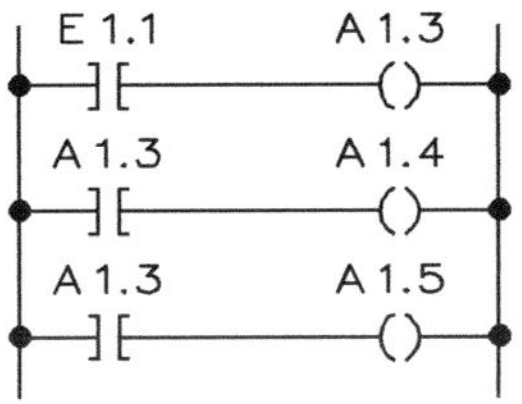 E 1.1 A1.3 A1.3 A1.4 A1.3 A1.5	L E 1.1 = A 1.3 L A 1.3 = A 1.4 L A 1.3 = A 1.5	U E 1.1 = A 1.3 L A 1.3 = A 1.4 L A 1.3 = A 1.5

Abb. 3.11: Programmierregel III für eine SPS.

Programmierregel	Kontaktplan	Anweisungsliste 1	Anweisungsliste 2
In einem Stromweg muss eine ODER–Verknüpfung vor einer UND–Verknüpfung programmiert werden. (Gilt nicht für alle SPS).	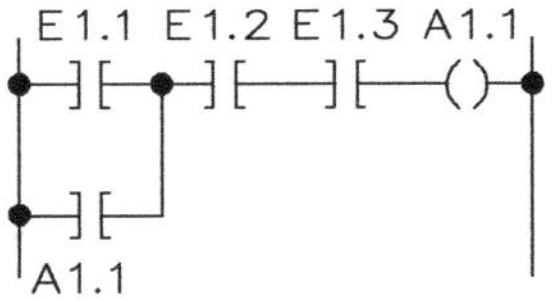 E 1.1 E 1.2 E 1.3 A1.1 A1.1	L E 1.1 O A 1.1 U E 1.2 U E 1.3 = A 1.1	U E 1.1 O A 1.1 U E 1.1 U E 1.3 = A 1.1

Abb. 3.12: Programmierregel IV für eine SPS.

Programmierregel	Kontaktplan	Anweisungsliste 1	Anweisungsliste 2
Merker sind Hilfsspeicher zum Speichern von Zwischenergebnissen. Das Programmieren von Merkern ist wegen der teilweise erzwungenen Regel "ODER vor NICHT" notwendig.	E 1.1 E 1.3 M 1.1 E 1.2 E 1.3 M 1.1 A 1.1 A 1.1	L E 1.1 O E 1.2 U E 1.3 = M 1.1 L E 1.4 O A 1.1 U M 1.1 = A 1.1	L E 1.1 O E 1.2 U E 1.3 = M 1.1 L E 1.4 O A 1.1 U M 1.1 = A 1.1

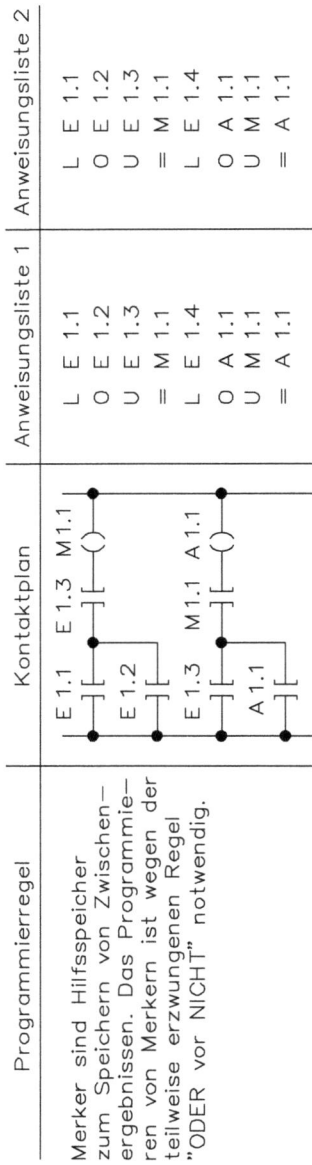

Abb. 3.13: Programmierregel V für eine SPS.

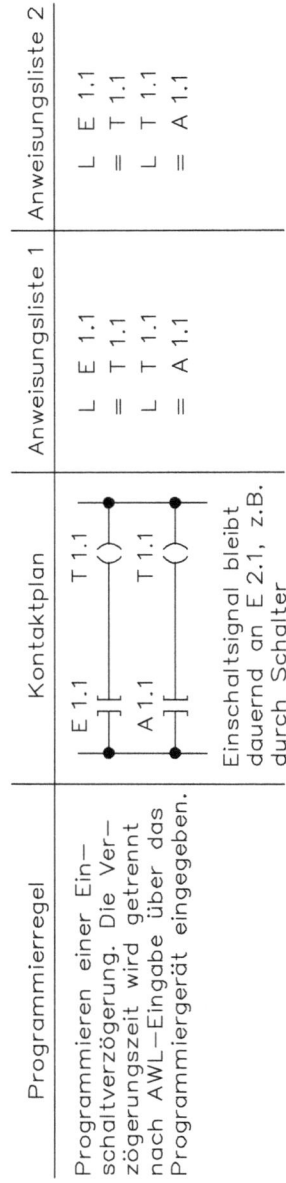

Programmierregel	Kontaktplan	Anweisungsliste 1	Anweisungsliste 2
Programmieren einer Einschaltverzögerung. Die Verzögerungszeit wird getrennt nach AWL-Eingabe über das Programmiergerät eingegeben.	E 1.1 T 1.1 A 1.1 T 1.1 Einschaltsignal bleibt dauernd an E 2.1, z.B. durch Schalter	L E 1.1 = T 1.1 L T 1.1 = A 1.1	L E 1.1 = T 1.1 L T 1.1 = A 1.1

Abb. 3.14: Programmierregel VI für eine SPS.

Programmierregel	Kontaktplan	Anweisungsliste 1	Anweisungsliste 2
Eine Ausschaltverzögerung muss bei vielen Geräten über eine Einschaltverzögerung programmiert werden.	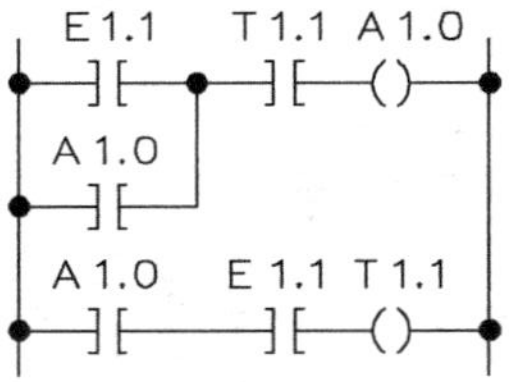 E1.1 T1.1 A1.0 A1.0 A1.0 E1.1 T1.1 Einschaltsignal bleibt dauernd an E1.1, z.B. durch Schalter	L E 1.1 O A 1.0 UN T 1.1 = A 1.0 L A 1.0 UN E 1.1 = T 1.1	L E 1.1 O A 1.0 UN T 1.1 = A 1.0 L A 1.0 UN E 1.1 = T 1.1

Abb. 3.15: Programmierregel VII für eine SPS.

Abb. 3.15 zeigt eine Programmierregel VII für eine SPS. Durch die verschiedenen SPS-Geräte muss eine Ausschaltverzögerung durch eine Einschaltverzögerung programmiert werden.

3.2 Funktionen und Programmierung eines SPS-Zählers

Die Programmiersprache für eine SPS enthält eine Zählerfunktion, mit der z. B. an einem Eingang eintreffende Impulse gezählt werden können. Abb. 3.16 zeigt den Zähler mit seinen Eingangsfunktionen.

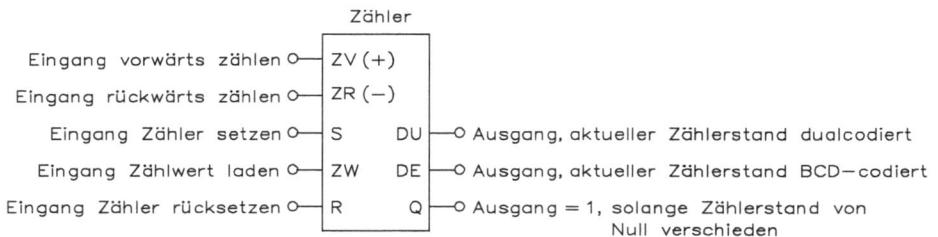

```
                              Zähler

Eingang  vorwärts  zählen o──┤ ZV (+)

Eingang  rückwärts zählen o──┤ ZR (−)

      Eingang Zähler setzen o──┤ S      DU ├──o Ausgang, aktueller Zählerstand dualcodiert

    Eingang Zählwert laden o──┤ ZW      DE ├──o Ausgang, aktueller Zählerstand BCD−codiert

Eingang Zähler rücksetzen o──┤ R       Q ├──o Ausgang = 1, solange Zählerstand von
                                                 Null verschieden
```

Abb. 3.16: FUP-Darstellung eines Zählers mit seinen Eingangsfunktionen.

Der als Konstante geladene Zählerwert 40 wird in den Baustein übernommen, wenn vor der Setzoperation der Anweisungsliste (AWL) das Verknüpfungsergebnis von 0- nach 1-Signal (positiver Signalwechsel) wechselt, also eine positive Flanke auftritt. Der Zähler wird auf 0-Signal gesetzt, wenn vor der Zurücksetzoperation der AWL das Verknüpfungsergebnis 1 ansteht. Der Zählerwert wird um 1 erhöht, wenn vor der Vorwärtszähloperation der Anweisungsliste das Verknüpfungsergebnis von 0- nach 1-Signal wechselt. Der Zählerwert wird um 1 verringert, wenn vor der Rückwärtszähloperation der Anweisungsliste das Verknüpfungsergebnis von 0- nach 1-Signal wechselt. Der Zählerausgang kann auf den Zählerwert von 0 abgefragt werden. Die Abfrage liefert als Ergebnis 1-Signal, wenn das Zählerergebnis > 0 ist. Wichtig: Die Programmierung von Zählern ist produktabhängig.

Das Register für einen Zähler ist nach Tab. 3.10 aufgegliedert.

Die Abfragen U Z xx bzw. O Z xx nehmen immer Bezug auf den aktuellen Wert des Ausgangsbits Q (Bit 15). Insofern handelt es sich bei diesen Anweisungen um echte binäre Anweisungen und diese haben daher Auswirkungen auf das VKE-Register. Das Gleiche gilt für die Zuweisungsanweisungen S Z xx (SETZE Zähler) und R Z xx (SETZE Zähler ZURÜCK). Der Operand Z (Zähler) ist also sowohl ein Binäroperand als auch ein Wortoperand.

Solange der aktuelle Zählwert größer 0 ist, ist das Ausgangsbit Q auf 1-Signal gesetzt.

Tab. 3.10: Register für einen SPS-Zähler.

15	14	13	12	11	10	9	8	7	6	5	4	3	2	1	0
Q	0	ZV	ZR	S	F	W	W	W	W	W	W	W	W	W	W

Zählwert 0 … 1023

Hilfsbit zur Flankenwertung für Freigabe
Hilfsbit zur Flankenwertung für Setzen des Wertes
Hilfsbit zur Flankenwertung für Rückwärtszähler
Hilfsbit zur Flankenwertung für Vorwärtszähler
Immer 0
Ausgangsbit

Negative Zählerwerte, d. h. Zahlen kleiner als 0, sind nicht zugelassen.

Es gibt keine Fehlermeldung oder Warnung bei Überlauf (weder beim Vorwärts- noch beim Rückwärtszählen).

3.2.1 Grundfunktionen des Zählers

Ein Zähler lässt sich über binäre Operationen auf seinen Zustand abfragen. Das Ergebnis kann in andere binäre Verknüpfung eingebunden werden. Man erhält ein 1-Signal, solange der Zählerstand größer als 0 ist. Der momentane Zählwert kann über die Operationen „Lade codiert" (LC) oder „Lade" (L) BCD- bzw. binärcodiert in den AKKU 1 geladen werden. Somit ist es möglich, den Wert im SPS-Programm weiterzuverarbeiten oder auch an die Peripherie auszugeben. Das Listing lautet:

Operand	Zuweisung	
U	E	0.0
L	KZ	010
S	Z	1

Ein Zähler wird zurückgesetzt, wenn das VKE am Zurücksetzeingang des Zählers ein 1-Signal erhält. Solange sich das VKE auf 1-Signal befindet, ist der Zähler zurückgesetzt, d. h., der Zählwert wird auf 0 gesetzt, und die binäre Abfrage des Zählers liefert ein 0-Signal. Zum Zurücksetzen ist kein Flankenwechsel am Zurücksetzeingang notwendig. Es ergibt sich folgende AWL:

Operand	Zuweisung	
U	E	0.1
R	Z	1

Ein Zähler lässt sich setzen, sobald das Verknüpfungsergebnis (VKE) am Setzeingang von 0- nach 1-Signal wechselt. Durch das Setzen ist es möglich, einen Zähler mit einem Wert vorzubelegen. Dabei wird zuerst der Zählerwert in den Akkumulator 1 geladen und danach wird der Setzbefehl ausgeführt. Es ergibt sich folgende AWL:

```
L    Z    1        dualcodiert laden
T    AW   0
LC   Z    1        BCD-codiert laden
T    AW   2
```

3.2.2 Operationen des Zählers

Ein Zähler kann mit einem Zählwert vorbelegt werden. Der Wert wird nur bei einer positiven Flanke (0- nach 1-Signal) am S-Eingang übernommen, und zwar aus dem AKKU 1. Zuvor muss dieser Wert also geladen sein. Wie Tab. 3.11 zeigt, stehen noch weitere Möglichkeiten für den Ladevorgang zur Verfügung.

Tab. 3.11: Weitere Möglichkeiten für den Ladevorgang des Zählers.

Operation	Beschreibung
L_KZ...	Laden eines konstanten Zählwertes
L DW...	Laden eines BCD-codierten Datenwortes
L EW...	Laden eines BCD-codierten Eingangswortes
L AW...	Laden eines BCD-codierten Ausgangswortes
L MW...	Laden eines BCD-codierten Merkerwortes

Über den Befehl L_KZ lässt sich ein Zähler mit einem konstanten Zählwert vorbelegen. Es ergibt sich folgender Aufbau:

```
L_KZ 040
        → Zählwert von 0 bis 999
```

Durch diesen Befehl wird die BCD-codierte Zahl von 40 im AKKU 1 abgelegt. Mit dem Wert kann ein Zähler vorbelegt werden. Der Wert kann ebenfalls aus Eingangs-, Ausgangs-, Merker- oder Datenwörtern geladen werden. Das Wort muss dabei das Format von Tab. 3.12 aufweisen.

Im Beispiel wird der dezimale Wert 491 geladen. Er kann z. B. an Eingängen anstehen (Ziffernschalter) oder intern als Datenwort abgelegt sein.

Tab. 3.12: Format für das Laden der Eingangs-, Ausgangs-, Merker- oder Datenwörter.

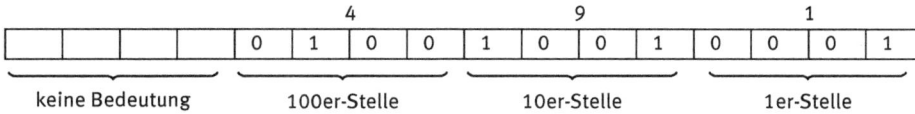

			4			9			1		
		0	1	0	0	1	0	0	1	0	0	0	1

keine Bedeutung   100er-Stelle   10er-Stelle   1er-Stelle

Der Wert eines Vorwärtszählers wird mit jeder positiven Flanke des VKE am Eingang E 0.1 um 1-Signal erhöht, bis der maximale Zählerstand von 999 erreicht ist. Eine binäre Abfrage des Zählers liefert ein 1-Signal, sobald der Zählerstand von 0 verschieden ist.

Beispiel: Es soll die Bauteiledurchgangsrate auf einem Förderband erfasst werden. Ein auf dem Band befindliches Teil betätigt einen Schalter, dessen Signal als Zählimpuls verwendet wird. Es ist ein Taster vorzusehen, mit dem der Zählerstand zurückgesetzt werden kann.

Operand	Zuweisung
E 0.0	Zählimpulse
E 0.1	Taster für die Zählerrückstellung

Listing:

```
U    E    0.0        Zählimpulse
ZV   Z    1          Vorwärtszähler
U    E    0.1        Reset
R    Z    1
```

Beim Rückwärtszähler wird der Wert des Zählers mit jeder positiven Flanke des VKE am ZR-Eingang um 1 verkleinert. Sollte der minimale Zählerstand von 0 erreicht sein, wird er nicht weiter verringert. Der Zähler kann keine negativen Werte darstellen. Eine binäre Abfrage erzeugt ein 1-Signal, solange der Zählerstand von 0 unterschiedlich ist.

Beispiel: An einer Eingangstür mit Zugangskontrolle ist ein Schalter angebracht, dessen Signal sich als Zählimpuls verwenden lässt. Nach dem 100. Kunden soll eine Lampe aufleuchten. Über einen Taster soll der Zähler wieder auf den Wert 100 gesetzt werden, und gleichzeitig ist die Lampe auszuschalten.

Operand	Zuweisung
E 0.0	Zählimpulse
E 0.1	Taster zum Setzen des Zählers
E 0.2	Reset
A 1.0	Lampe

Listing:

```
U    E    0.1        Taster
L    KZ  100
S    Z    1          Zähler setzen
U    E    0.0        Zählimpulse
ZR   Z    1          Rückwärtszähler
U    E    0.2        Reset
R    Z    1
UN   Z    1
=    A    1.0        Lampe
```

3.2.3 Beispiele für SPS-Zählerfunktionen

Über einen Zähler soll die Stückzahl der gefertigten Teile in einer Produktionsstraße erfasst und bei Erreichen des Zählerstands 0 eine Meldung ausgegeben werden. Der Zähler soll sich dann über einen Taster auf den Zählerstand 50 setzen lassen.

Operand	Zuweisung
E 0.0	Resettaste
E 0.1	Zählimpulse
E 0.2	Übernahmetaste
A 1.0	Anzeige für Lampe
Z 1	Zähler

Listing:

```
U    E    0.1
ZR   Z    1          Zähle rückwärts
U    E    0.2
L    KZ  50          Laden des Zählers
S    Z    1          Setze den Zähler
U    E    0.0
R    Z    1          Reset des Zählers
UN   Z    1
=    A    1.0        Zähler ungleich NULL
```

Über eine positive Flanke an E 0.1 zählt der Zähler rückwärts. Das wird über die Anweisung ZR (zähle rückwärts) bestimmt. Durch eine positive Flanke an E 0.2 wird der Zähler auf den konstanten Zählwert (KZ) von 50 gesetzt. Eine positive Flanke an E 0.0 setzt den Zähler immer auf 0, ohne Rücksicht auf den momentanen Zählerstand. Der Bitausgang des Zählers hat 1-Signal, solange der Zählerstand 0 noch nicht erreicht ist. Da der Ausgang A 0.0 aber anzeigen soll, ob der Zählerstand 0 ist, muss man den Zähler negiert über UN Z1 abfragen.

Im nächsten Beispiel wird die Druckleitung eines Betriebs über Nacht nicht belastet. Da die Leitung an einigen Stellen undicht ist, schaltet sich nachts der Druckluftkompressor zu, wenn der Druck in der Leitung einen bestimmen Wert unterschreitet. Es soll nun über einen Zähler festgehalten werden, wie oft der Kompressor über Nacht aktiviert wurde. Über eine Lampe soll angezeigt werden, wenn der Kompressor mindestens einmal zugeschaltet wurde. Der Stand des Zählers ist BCD-codiert auszugeben. Es ist ein Taster vorzusehen, mit dem sich der Zählerstand wieder auf 0 zurücksetzen lässt.

Operand	Zuweisung
E 0.0	Kompressor eingeschaltet
E 0.1	Taster für Zählerreset
A 1.0	Anzeige für Zähler > 0
AW 2	Anzeige des Zählerstands

Listing:

```
U    E    0.0      Kompressor wurde eingeschaltet
ZV   Z    1        Vorwärts zählen
U    E    0.1      Taster für Zähler auf 0 setzen
R    Z    1        Zurücksetzen des Zählers
LC   Z    1        Zählerstand BCD-codiert laden
T    AW   2        Ausgabe am Ausgangswort 2
U    Z    1        Binäre Abfrage
=    A    1.0      Zählerstand größer
```

3.3 Zeitfunktionen

In der SPS-Technik benötigt man für zahlreiche Anwendungen eine zeitliche Verzögerung. STEP5 stellt folgende fünf verschiedene Zeittypen zur Verfügung:
– Impuls SI,
– verlängerter Impuls SV,
– Einschaltverzögerung SE,
– speichernde Verzögerung SS,
– Ausschaltverzögerung SA.

Aus den Bezeichnungen der einzelnen Zeitfunktionen kann man bereits das Anwendungsgebiet erkennen. So wird die SI-Zeit vor allem verwendet, um einen kurzen Impuls z. B. an einen Merker oder Ausgang weiterzugeben, auch wenn der Operand, der die Zeit ansteuert, viel länger seinen Zustand beibehält.

3.3.1 Grundfunktionen

Die Zeitfunktion lässt sich durch Ladefunktionen mit einem Anfangswert durchführen. Dieser Anfangswert muss beim Start der Zeit im AKKU-1-Signal vorhanden sein. Die Möglichkeiten von Tab. 3.13 stehen zur Verfügung, um einen Zeitwert zu laden.

Tab. 3.13: Möglichkeiten für den Ladevorgang eines Zeitwertes.

Operation	Beschreibung
L KT	Laden eines konstanten Zeitwertes
L DW	Laden eines BCD-codierten Datenwortes
L EW	Laden eines BCD-codierten Eingangswortes
L AW	Laden eines BCD-codierten Ausgangswortes
L MW	Laden eines BCD-codierten Merkerwortes

Das Register für einen Zeitwert ist nach Tab. 3.14 aufgegliedert.

Tab. 3.14: Zeitregister in einer SPS.

15	14	13	12	11	10	9	8	7	6	5	4	3	2	1	0
—	—	R	R	W	W	W	W	W	W	W	W	W	W	W	W

keine Bedeutung	Zeitbasis $0 \ldots 3$	Zeitwert $0 \ldots 9 \cdot 100$	Zeitwert $0 \ldots 9 \cdot 10$	Zeitwert $0 \ldots 9 \cdot 1$

Der Zeitbereich wird als 3-stelliger BCD-Code eingegeben. Der mögliche Wertebereich liegt zwischen 0 und 999. Diese Angabe wird ergänzt durch die gewählte Zeitbasis:

0 = multipliziert mit 0,01

1 = multipliziert mit 0,1

2 = multipliziert mit 1

3 = multipliziert mit 10

Damit lässt sich ein Zeitwert von minimal 10 ms und maximal 9.990 s (= 2,775 h) wählen. Wünscht man noch größere Zeiten, muss man „kaskadieren", d. h. mehrere Zeitgeber hintereinanderschalten, oder man verknüpft Zähler und Zeiten in einer geeigneten Weise.

Über den Befehl LKT lässt sich eine Zeit mit konstantem Zeitwert laden. Es ergibt sich folgender Aufbau:

```
LKT  050.0
                   Zeitbasis 0 ... 3
                   Zeitwert 0 ... 999
```

Abb. 3.17 zeigt das Anschlussschema für die zeitlichen Funktionen.

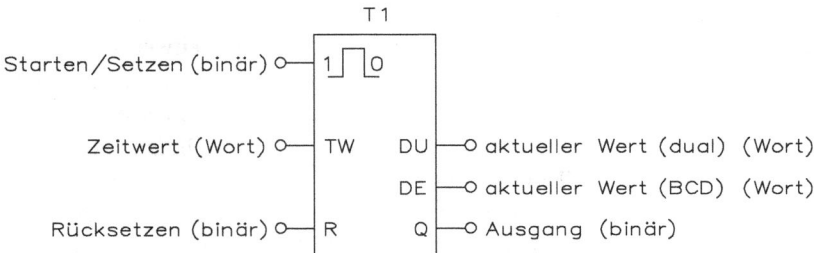

Abb. 3.17: Anschlussschema für die zeitlichen Funktionen.

Für die Zeitbasis ergibt sich eine Codierung nach Tab. 3.15.

Tab. 3.15: Codierung für die Zeitbasis.

Zeitbasis	0	1	2	3
Zeitfaktor	10 ms	100 ms	1 s	10 s

Wie zu erkennen ist, beträgt der größtmögliche einstellbare Zeitwert

$$10\,\text{s} \cdot 999 = 9.990\,\text{s} = 166,5\,\text{min} = 2,775\,\text{h}.$$

Bei der Zeitbasis sollte man den kleinstmöglichen Faktor wählen, da die Ungenauigkeit einer Zeit der Zeitbasis entspricht. Wählt man z. B. die Zeitbasis 2, läuft die Zeit mit einer Genauigkeit von einer Sekunde ab. Man muss demnach eine Zeit von 2 s einstellen und der prozentuale Fehler erhöht sich so, dass eine Wahl der Zeitbasis von 2 nicht mehr vertretbar ist. Man sollte in diesem Fall immer Zeitbasis 0 mit Zeitwert 200 wählen, da hier der Fehler nur bei 10 ms liegt.

Ähnlich wie bei den Zählern kann man auch bei den Zeitgebern den Wert durch Eingangs-, Ausgangs-, Merker- oder Datenwörter laden. Das geladene Wort hat dabei so auszusehen, wie Tab. 3.16 zeigt.

Tab. 3.16: Aufbau eines Datenwortes mit dem Wert „491".

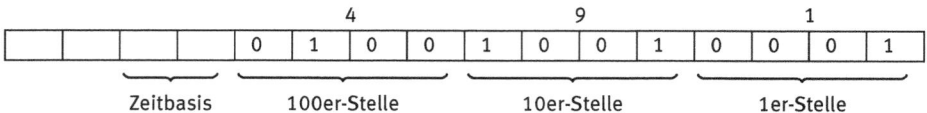

				4				9				1			
				0	1	0	0	1	0	0	1	0	0	0	1

Zeitbasis   100er-Stelle   10er-Stelle   1er-Stelle

Der Wert muss BCD-codiert hinterlegt sein, wobei die Bits 11, 12 und 13 die Zeitbasis angeben. Für dieses Beispiel gilt Zeitbasis 3, da beide Stellen 1 aufweisen. Damit errechnet sich eine Zeitbasis von $491 \cdot 10\,\mathrm{s} = 4.910\,\mathrm{s} = 81,83\,\mathrm{min}$.

Ähnlich wie der momentane Stand bei Zählern lässt sich der Zeitwert eines Zeitbausteins BCD-codiert ausgeben. Hierzu ist der Befehl „Lade codiert" (LC) vorhanden. Der Zählerstand lässt sich auch dezimal mit dem Befehl „Lade" (L) anzeigen.

Eine Zeit kann durch den Wechsel des VKE-Zustands am Starteingang getriggert werden. Bei den Zeitarten SI, SV, SE und SS bewirkt ein Wechseln des VKE von 0-Signal auf 1-Signal das Starten der Zeit. Eine Ausnahme stellt die Zeitart SA dar. Bei ihr führt ein Wechsel des VKE von 1-Signal nach 0-Signal zum Starten der Zeit. Dabei wird der Zeitwert, der im AKKU 1 geladen ist, als Anfangswert übernommen. Es wird dann im Zeitraster auf den Zählerstand 0-Signal heruntergezählt. Zum Zurücksetzen einer Zeit muss das VKE am Reset-Eingang ein 1-Signal aufweisen. Ist dies der Fall, wird der programmierte Zeitwert auf 0-Signal gesetzt. Solange am Zurücksetzeingang ein VKE von 1-Signal liegt, liefert der Zeitgeber eine binäre Abfrage mit 0-Signal. Anders als beim Starteingang ist beim Zurücksetzeingang kein Flankenwechsel des VKE notwendig, damit die gewählte Aktion ausgeführt wird.

Man kann eine Zeit über binäre Operationen auf ihren Zustand abfragen und das Ergebnis in eine andere binäre Verknüpfung einbinden. Der momentane Wert eines Zeitglieds lässt über die Operation „Lade codiert" (LC) oder „Lade" (L) den Wert als BCD bzw. dualcodiert in den AKKU 1 laden. Damit ist es möglich, den Wert im SPS-Programm weiterzuverarbeiten oder auch an die Peripherie auszugeben.

3.3.2 Programmieren der Zeitfunktionen

Mit der Zeitart SI kann ein Impuls aufbereitet werden, d. h., wenn das VKE am Starteingang von 0- nach 1-Signal wechselt, läuft die geladene Zeit ab. Die binäre Abfrage liefert ein 1-Signal. Nach Ablauf der Zeit erscheint ein 0-Signal. Wird das VKE am Starteingang auf 0-Signal gesetzt, setzt dies die Zeit ebenfalls auf 0-Signal. Abb. 3.18 zeigt das Zeitdiagramm für die Zeitart SI.

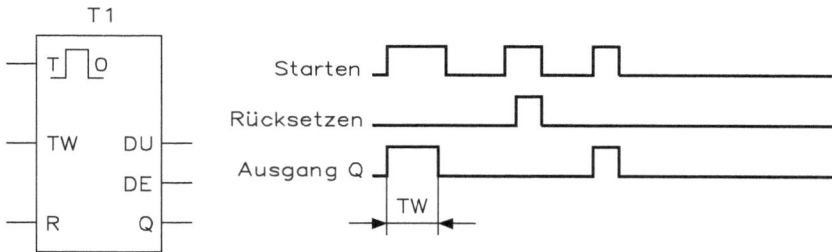

Abb. 3.18: Zeitdiagramm für SPS-Zeitart SI (maximale Impulslänge).

Diese Zeit wird bei einem Signalwechsel von 0-Signal nach 1-Signal (positive Flanke) am Setzeingang gestartet. Bei einem Signalwechsel von 1-Signal nach 0-Signal (negative Flanke) wird die Zeit zurückgesetzt. Auf diese Weise sind am Ausgang Q nur Impulslängen möglich, die dem Zeitwert entsprechen. Natürlich sind kürzere Impulse möglich.

Unabhängig davon, ob die Zeit gestartet wird oder bereits läuft, kann der Ausgang Q mit Hilfe des Zurücksetzeingangs R zurückgesetzt werden. Das Starten oder Ablaufen der Zeit wird durch den Zurücksetzeingang nicht beeinflusst.

Sobald Eingang E 0.0 ein 1-Signal erhält, soll beispielsweise eine am Ausgang A 1.0 angeschlossene Lampe für $t = 7$ s aufleuchten. Sollte der Eingang vor Ablauf von $t = 7$ s auf 0-Signal wechseln, soll die Lampe ausschalten.

Listing:

```
U   E    0.0
L   KT   700.0     Lade den Zeitwert (700 · 10 ms)
SI  T    1
U   T    1         Binäre Abfrage der Zeit
=   A    1.0       Lampe
```

Mit der Zeitart SV (verlängerter Impuls) lässt sich ein Impuls aufbereiten. Der Unterschied zu SI besteht darin, dass die geladene Zeit auf jeden Fall abläuft, auch wenn das VKE am Starteingang auf 0 wechselt. Damit lässt sich ein Impuls von konstanter Dauer realisieren. Abb. 3.19 zeigt das Zeitdiagramm für die Zeitart SV. Sobald Eingang E 0.0 ein 1-Signal erhält, soll eine Lampe für $t = 7$ s aufleuchten. Die Lampe liegt am Ausgang A 1.0. Sollte der Eingang vor Ablauf der Zeit auf 0-Signal wechseln, muss die Lampe weiterhin leuchten.

Mit der Zeitart SE (Einschaltverzögerung) lässt sich verzögert einschalten. Wechselt das VKE am Starteingang auf 1-Signal, läuft die geladene Zeit ab. Danach liefert die binäre Abfrage ein 1-Signal. Wechselt das VKE am Starteingang auf 0-Signal, wird die Zeit auf 0-Signal gesetzt. Abb. 3.20 zeigt das Zeitdiagramm für die Zeitart SE.

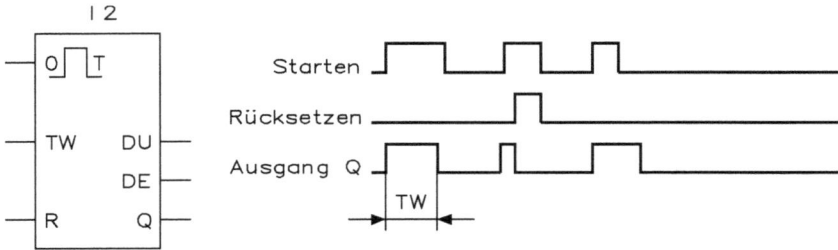

Abb. 3.19: Zeitdiagramm für SPS-Zeitart SV (mimimale Impulslänge).

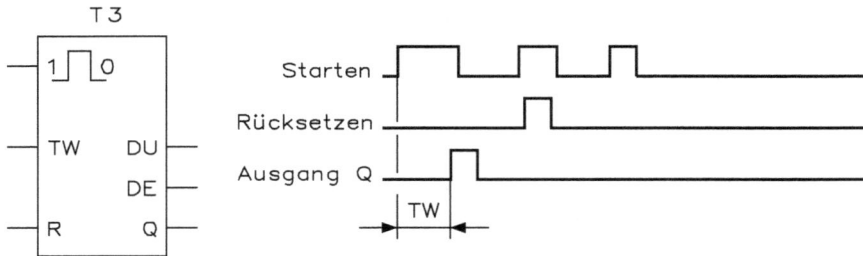

Abb. 3.20: Zeitdiagramm für SPS-Zeitart SE (Einschaltverzögerung).

Diese Zeit wird bei einem Signalwechsel von 0-Signal nach 1-Signal (positive Flanke) am Setzeingang gestartet. Bei einem Signalwechsel von 1-Signal nach 0-Signal (negative Flanke) wird die Zeit nicht zurückgesetzt. Eine einmal gestartete Zeit läuft auf jeden Fall ab. Eine positive Flanke am Setzeingang bei bereits laufender Zeit startet die Zeit erneut (nachtriggern). Hierdurch sind Impulse möglich, die länger sind als der Zeitwert.

Unabhängig davon, ob die Zeit gestartet wird oder bereits läuft, kann der Ausgang Q mit Hilfe des Zurücksetzeingangs R zurückgesetzt werden. Das Starten oder Ablaufen der Zeit wird durch den Zurücksetzeingang nicht beeinflusst.

Erhält Eingang E 0.0 ein 1-Signal, soll beispielsweise nach einer Verzögerungszeit von $t = 3$ s eine Lampe aufleuchten. Wechselt der Pegel am Eingang wieder auf 0-Signal, soll die am Ausgang A 1.0 liegende Lampe sofort abgeschaltet werden.

```
U    E    0.0
L    KT   300.0    Lade den Zeitwert (300 · 10 ms)
SE   T    1
U    T    1        Binäre Abfrage der Zeit
=    A    1.0      Lampe
```

Mit der Zeitart SS (speichernde Einschaltverzögerung) kann man verzögertes Einschalten realisieren. Der Unterschied zu Zeitart SE besteht darin, dass sich diese Zeit nicht zurücksetzen lässt, wenn ein Wechsel des VKE am Starteingang auf 0-Signal stattfindet. Somit muss sich diese Zeitart explizit selbst zurücksetzen. Abb. 3.21 zeigt das Zeitdiagramm für die Zeitart SS.

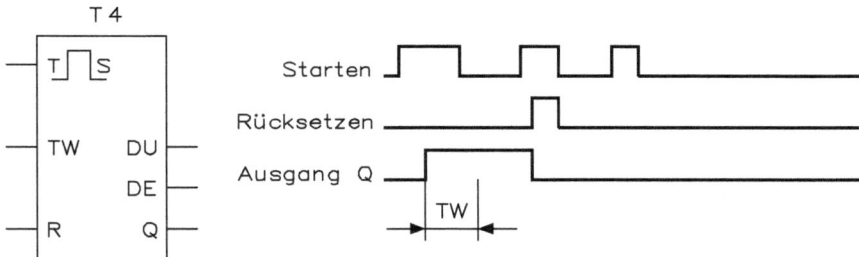

Abb. 3.21: Zeitdiagramm für SPS-Zeitart SS (speichernde Einschaltverzögerung).

Diese Zeit wird bei einem Signalwechsel von 0-Signal nach 1-Signal (positive Flanke) am Setzeingang gestartet. Solange die Zeit läuft, ist der Ausgang Q auf 0-Signal. Erst wenn die Zeit abgelaufen ist, wechselt der Ausgang Q von 0-Signal auf 1-Signal. Bei einem Signalwechsel von 1-Signal nach 0-Signal (negative Flanke) wird die Zeit nicht zurückgesetzt. Diese Zeit kann also nur mit dem Zurücksetzeingang wieder zurückgesetzt werden.

Unabhängig davon, ob die Zeit gestartet wird oder bereits läuft oder – in diesem Fall – bereits abgelaufen ist, kann der Ausgang Q mit Hilfe des Zurücksetzeingangs R zurückgesetzt werden. Das Starten oder Ablaufen der Zeit wird durch den Zurücksetzeingang nicht beeinflusst.

Erhält Eingang E 0.0 ein 1-Signal, muss beispielsweise eine Lampe sofort aufleuchten. Wechselt der Zustand des Eingangs auf 0-Signal, soll die Lampe für eine Zeitdauer von $t = 3$ s weiterleuchten. Die Lampe lässt sich über den Eingang E 0.1 ausschalten. Das führt ebenfalls zum Zurücksetzen der Zeit.

```
U    E    0.0
L    KT   300.0     Lade den Zeitwert (300 · 10 ms)
SE   T    1
U    T    0.1
R    T    1         Zurücksetzen der Zeit
U    T    1
=    A    1.0       Binäre Abfrage
```

Mit der Zeitart SA (Ausschaltverzögerung) kann man eine programmierbare Ausschaltverzögerung realisieren. Wechselt das VKE am Starteingang auf 0-Signal, läuft die geladene Zeit ab. Sollte während dieser Zeit das VKE am Starteingang wieder auf 1-Signal wechseln, wird die Zeit auf den Eingangswert gesetzt. Eine binäre Abfrage der Zeit liefert 1-Signal, solange das VKE am Starteingang auf 1-Signal liegt oder die Zeit läuft. Abb. 3.22 zeigt das Zeitdiagramm für die Zeitart SA.

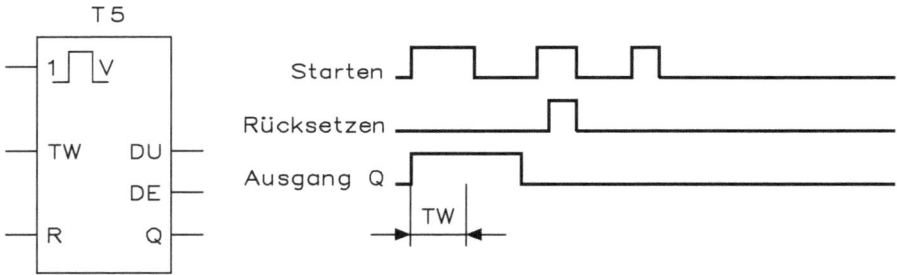

Abb. 3.22: Zeitdiagramm für SPS-Zeitart SA (Ausschaltverzögerung).

Diese Zeit wird bei einem Signalwechsel von 1-Signal nach 0-Signal (negative Flanke) am Setzeingang gestartet. Solange die Zeit läuft, ist der Ausgang Q auf 1-Signal. Erst wenn die Zeit abgelaufen ist, wechselt der Ausgang Q von 1-Signal auf 0-Signal. Bei einem Signalwechsel von 0-Signal nach 1-Signal (positive Flanke) wird die Zeit zurückgesetzt und der Ausgang Q wechselt auf 1-Signal.

Unabhängig davon, ob die Zeit gestartet wird oder bereits läuft oder – in diesem Fall – noch nicht läuft, kann der Ausgang Q mit Hilfe des Zurücksetzeingangs R zurückgesetzt werden. Das Starten oder Ablaufen der Zeit wird durch den Zurücksetzeingang nicht beeinflusst.

Bei 1-Signal am Eingang E 0.0 soll eine am Ausgang A 1.0 angeschlossene Lampe aufleuchten. Wechselt der Zustand des Eingangs auf 0, muss die Lampe noch weitere 4 s leuchten und dann ausschalten.

```
U    E    0.0
L    KT   400.0      Lade den Zeitwert (400 · 10 ms)
SA   T    1
U    T    1
=    A    1.0        Binäre Abfrage
```

Tab. 3.17 zeigt die Zusammenfassung der Zeitbefehle.

Tab. 3.17: Anweisungen mit dem Operanden Zeit.

Operationsteil	Operandenteil			
Op-Code	Mögliche Negierung	Mögliche Parameter	Numerischer Adressteil, kein Bitadressteil	
SI (SETZE Impuls) (SET impuls)	Nicht möglich	T (Zeit) Impuls	0 … 31 oder größer	Kein Trennpunkt	Keine Bitadresse
SV (SETZE verlängerten Impuls) (SET elongation impuls)	Nicht möglich	T (Zeit) verlängerter Impuls	0 … 31 oder größer	Kein Trennpunkt	Keine Bitadresse
SE (SETZE verlängerten Impuls) (SET on delay)	Nicht möglich	T (Zeit) einschaltverzögert	0 … 31 oder größer	Kein Trennpunkt	Keine Bitadresse
SS (SETZE speichernde Einschaltverzögerung) (SET on delay)	Nicht möglich	T (Zeit) speichernde Einschalt-verzögerung	0 … 31 oder größer	Kein Trennpunkt	Keine Bitadresse
SA (SETZE ausschaltverzögert) (SET off delay)	Nicht möglich	T (Zeit) ausschaltverzögert	0 … 31 oder größer	Kein Trennpunkt	Keine Bitadresse
L (LADE) ! vor S*- ! (LOAD) ! Befehl !	Nicht möglich	Zeitkonstante KT WWW.R	0 … 999 immer BCD	Trennpunkt für Raster	Zeitraster 0 … 3

Tab. 3.17: (fortgesetzt)

Operationsteil	Operandenteil				
Op-Code	Mögliche Negierung	Mögliche Parameter	Numerischer Adressteil, kein Bitadressteil		
L (LADE) ! vor S*-! (LOAD) ! Befehl !	Nicht möglich	Zeitvariable MW (Merkerwort) DW (Datenwort)	0 … 31 oder größer	Kein Trennpunkt	Keine Bitadresse
R (ZURÜCKSETZEN) (RESET)	(Nur selten möglich)	Zeitwert T (Zeit)	0 … 31 oder größer	Kein Trennpunkt	Keine Bitadresse
L (LADE) (LOAD)	Nicht möglich	Zeitwert T (Zeit) (Ausgang !)	0 … 31 oder größer	Kein Trennpunkt	Keine Bitadresse
LC (LADE CODIERT) (LOAD CODED)	Nicht möglich	Zeitwert T (Zeit) (Ausgang !)	0 … 31 oder größer	Kein Trennpunkt	Keine Bitadresse
U (UND) (AND)	N (NICHT) (NOT)	Zeitwert T (Zeit)	0 … 31 oder größer	Kein Trennpunkt	Keine Bitadresse
O (ODER) (OR)	N (NICHT) (NOT)	Zeitwert T (Zeit)	0 … 31 oder größer	Kein Trennpunkt	Keine Bitadresse

3.3.3 Beispiele für SPS-Zeitfunktionen

Als Beispiel soll ein SPS-Programm für einen Lüftermotor geschrieben werden. Der Lüfter kühlt eine größere Maschine, sobald diese eingeschaltet wird. Schaltet man den Motor aus, soll der Lüfter noch 2 min nachlaufen. Eine Lampe zeigt an, dass er noch in Betrieb ist.

Operand	Zuweisung
E 0.0	große Maschine läuft
A 1.0	Lüftermotor
A 1.1	Lampe für den Lüftermotor einschalten

Listing:

U	E	0.0	große Maschine läuft
L	KT	120.2	Lade den Zeitwert von 2 min (120 · 100 ms)
SA	T	1	Nachlaufzeit
U	T	1	Nachlaufzeit
=	A	1.0	Lüftermotor
=	A	1.1	Lampe für Lüftermotor

Eine Lampe soll als Beispiel über einen Taster eingeschaltet werden. Sie muss dann für 3 min leuchten. Wird während der Leuchtzeit die Taste betätigt, soll die Lampe um diese Zeit nachleuchten.

Operand	Zuweisung
E 0.0	Taster Lampe Ein, Schließer
A 1.0	Lampe

Listing:

U	E	0.0	große Maschine läuft
L	KT	120.2	Lade den Zeitwert von 2 min (120 · 100 ms)
SV	T	1	Nachlaufzeit
U	T	1	Nachlaufzeit
=	A	1.0	Lüftermotor
=	A	1.1	Lampe für Lüftermotor

3.4 Vergleichsfunktionen

Die Funktion eines Vergleichers vergleicht die Formate von Byte, Wörter oder Daten. Das VKE-Register wird beeinflusst, obwohl dies nicht binäre Operanden sind. Ist die Aussage wahr, dann wird das VKE-Register auf 1 gesetzt, und ist die Aussage falsch, dann wird das VKE-Register auf 0 gesetzt. Als Operanden kommen nur die Akku-Register 0 und 1 in Frage. Daher erübrigt sich die Angabe von Operanden. Es ist Aufgabe des Programmierers, die beiden Akkus vor dem Vergleichsbefehl so zu belegen, dass ein sinnvoller Vergleich entsteht. Beim Programmieren in einer grafischen Darstellungsart (FUP oder KOP) werden die notwendigen Ladebefehle automatisch erzeugt. Abb. 3.23 zeigt das Symbol eines Vergleichers.

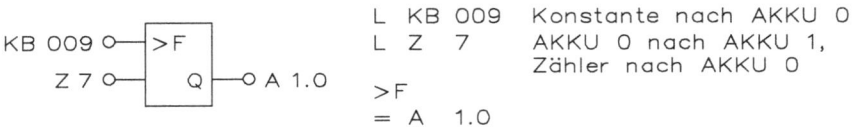

```
KB 009 o─┌──┐>F          L  KB 009   Konstante nach AKKU 0
   Z 7 o─┤   Q├─o A 1.0   L  Z  7     AKKU 0 nach AKKU 1,
         └──┘                        Zähler nach AKKU 0
                         >F
                         =  A   1.0
```

Abb. 3.23: Symbol eines Vergleichers.

Beispiel: Ist der Inhalt von Zähler 3 größer als 7?
    Wenn ja, dann schalte Ausgang A 1.0.

Das F in dem Symbol sagt aus, wie die Inhalte von AKKU 0 und 1 interpretiert werden sollen – in diesem Fall als „16-Bit-Festpunktzahl". In den meisten Programmiersprachen wird dies als Integer-Zahl bezeichnet.
    Erweitert man den Speicherbereich auf 32 Bit, dann erhält man eine 32-Bit-Festpunktzahl (Long-Integer). Dies wird als D (für Datum) gekennzeichnet. Die meisten SPS-Hersteller definieren auch eine 32-Bit-Gleitpunktzahl (Floating Point Number).
    Als Kennzeichen für diese Zahlenart wird G verwendet.

Hinweis: Selbstverständlich wird mit diesen Befehlen auch das Erstabfrageflag beeinflusst.

Der Programmierer muss verhindern, dass „Äpfel mit Birnen" verglichen werden. In der Praxis kommen die Gleitpunktzahlen kaum vor. Daher bleibt in der Regel nur zu entscheiden, ob 16 oder 32 Bit verglichen werden sollen. Sind die zu vergleichenden Operanden nicht als Zahlen zu verstehen, dann entsteht kein Fehler, solange man sich beschränkt auf die Vergleiche „gleich" oder „ungleich". Die Vergleiche „größer" oder „kleiner" können zu unerwarteten Ergebnissen führen, denn Bit 15 bzw. Bit 31 wird als Vorzeichen einer Festpunktzahl interpretiert. Tab. 3.18 zeigt eine Übersicht der 16-Bit-Vergleichsbefehle, Tab. 3.19 eine Übersicht der 32-Bit-Vergleichsbefehle und Tab. 3.20 eine Übersicht der 32-Bit-Gleitkomma-Vergleichsbefehle.

Tab. 3.18: 16-Bit-Vergleichsbefehle.

Operationsteil		Operandenteil			
Op-Code	Mögliche Negierung	Mögliche Parameter	Numerischer Adressteil, kein Bitadressteil		
!=F (GLEICH) (EQUAL)	Nicht möglich	Immer Vergleich von Akku 0 und 1	Keine Adresse (implizit)	Kein Trennpunkt	Keine Bitadresse
<F (KLEINER) (LESS)	Nicht möglich	Immer Vergleich von Akku 0 und 1	Keine Adresse (implizit)	Kein Trennpunkt	Keine Bitadresse
>F (GRÖSSER) (MORE)	Nicht möglich	Immer Vergleich von Akku 0 und 1	Keine Adresse (implizit)	Kein Trennpunkt	Keine Bitadresse
><F (UNGLEICH) (NOT EQUAL)	Nicht möglich	Immer Vergleich von Akku 0 und 1	Keine Adresse (implizit)	Kein Trennpunkt	Keine Bitadresse
<=F (KLEINER GLEICH) (LESS EQUAL)	Nicht möglich	Immer Vergleich von Akku 0 und 1	Keine Adresse (implizit)	Kein Trennpunkt	Keine Bitadresse
>=F (GRÖSSER GLEICH) (MORE EQUAL)	Nicht möglich	Immer Vergleich von Akku 0 und 1	Keine Adresse (implizit)	Kein Trennpunkt	Keine Bitadresse

Tab. **3.19**: 32-Bit-Vergleichsbefehle.

Operationsteil		Operandenteil			
Op-Code	Mögliche Negierung	Mögliche Parameter	Numerischer Adressteil, kein Bitadressteil		
!=D (GLEICH) (EQUAL)	Nicht möglich	Immer Vergleich von Akku 0 und 1	Keine Adresse (implizit)	KeinTrennpunkt	Keine Bitadresse
<D (KLEINER) (LESS)	Nicht möglich	Immer Vergleich von Akku 0 und 1	Keine Adresse (implizit)	KeinTrennpunkt	Keine Bitadresse
>D (GRÖSSER) (MORE)	Nicht möglich	Immer Vergleich von Akku 0 und 1	Keine Adresse (implizit)	KeinTrennpunkt	Keine Bitadresse
><D (UNGLEICH) (NOT EQUAL)	Nicht möglich	Immer Vergleich von Akku 0 und 1	Keine Adresse (implizit)	KeinTrennpunkt	Keine Bitadresse
<=D (KLEINER GLEICH) (LESS EQUAL)	Nicht möglich	Immer Vergleich von Akku 0 und 1	Keine Adresse (implizit)	KeinTrennpunkt	Keine Bitadresse
>=D (GRÖSSER GLEICH) (MORE EQUAL)	Nicht möglich	Immer Vergleich von Akku 0 und 1	Keine Adresse (implizit)	KeinTrennpunkt	Keine Bitadresse

Tab. 3.20: 32-Bit-Gleitkomma-Vergleichsbefehle.

Operationsteil		Operandenteil			
Op-Code	Mögliche Negierung	Mögliche Parameter	Numerischer Adressteil, kein Bitadressteil		
!=G (GLEICH) (EQUAL)	Nicht möglich	Immer Vergleich von Akku 0 und 1	Keine Adresse (implizit)	Kein Trennpunkt	Keine Bitadresse
<G (KLEINER (LESS)	Nicht möglich	Immer Vergleich von Akku 0 und 1	Keine Adresse (implizit)	Kein Trennpunkt	Keine Bitadresse
>G (GRÖSSER) (MORE)	Nicht möglich	Immer Vergleich von Akku 0 und 1	Keine Adresse (implizit)	Kein Trennpunkt	Keine Bitadresse
>G (UNGLEICH) (NOT EQUAL)	Nicht möglich	Immer Vergleich von Akku 0 und 1	Keine Adresse (implizit)	Kein Trennpunkt	Keine Bitadresse
<=G (KLEINER GLEICH) (LESS EQUAL)	Nicht möglich	Immer Vergleich von Akku 0 und 1	Keine Adresse (implizit)	Kein Trennpunkt	Keine Bitadresse
>=G (GRÖSSER GLEICH) (MORE EQUAL)	Nicht möglich	Immer Vergleich von Akku 0 und 1	Keine Adresse (implizit)	Kein Trennpunkt	Keine Bitadresse

–   Befehle für eine 16-Bit-Vergleichsoperation lauten:

```
!=F ;  ><F ;  >F ;  ><F ;  <=F ;  >=F
```

–   Befehle für eine 32-Bit-Vergleichsoperation lauten:

```
!=D ;  ><D ;  >D ;  ><D ;  <=D ;  >=D
```

–   Befehle für eine 32-Bit-Gleitkommaoperation lauten:

```
!=G ;  ><G ;  >G ;  ><G ;  <=G ;  >=G
```

Muss ein Programm innerhalb einer SPS zwei Zahlenwerte miteinander vergleichen, setzt man einen digitalen Vergleicher ein. Beide Zahlenwerte müssen in die beiden Akkumulatoren geladen werden. Es gibt insgesamt sechs Vergleichsmöglichkeiten, wie Tab. 3.21 zeigt.

Tab. 3.21: Vergleichsmöglichkeiten in einer SPS.

Operation	Vergleich
!=F	Akku 2 gleich Akku 1
><F	Akku 2 ungleich Akku 1
>F	Akku 2 größer Akku 1
<=F	Akku 2 kleiner oder gleich Akku 1
>=F	Akku 2 größer oder gleich Akku 1

Das Ergebnis eines Vergleichs beeinflusst das Verknüpfungsergebnis VKE und die Anzeigebits ANZ0 bzw. ANZ1. Diese Anzeigebits werden später noch bei den Sprungbefehlen ausführlich beschrieben. Das Ergebnis eines Vergleichs lässt sich dadurch mit Sprungbefehlen oder binären Funktionen auswerten. Es ist darauf zu achten, dass nur Zahlen des gleichen Zahlensystems miteinander verglichen werden, da sonst undefinierte Ergebnisse auftreten.

Es soll der Zahlenwert, der am Eingangswort 5B (binärcodierter Wert) anliegt, mit der Zahl 305D (dezimal) auf Gleichheit überprüft werden. Entspricht der anstehende Zahlenwert der Zahl 305D, soll der Ausgang A 0.0 anzeigen.

L	EW	5	Lade Eingangswert
L	KT	+305	Lade konstante Zahl 305
!=F			Vergleiche auf Gleichheit
=	A	0.0	Ergebnis auf Ausgang

Bei dieser Aufgabe lädt der Prozessor zuerst den Wert 5B, der im binären Format ansteht, in den Akku 1. Danach lädt er die Festpunktzahl 305D in den Akku 1. Der Inhalt von Akku 1 mit dem Eingangswert 5B wird in Akku 2 geschoben. Danach wird der Vergleich durchgeführt und über den Ausgang ausgegeben.

3.4.1 Untersuchen von Vergleichsoperationen

Das folgende Listing zeigt den Vergleich auf Gleichheit (!=F):

```
L    EW  10        Lade Eingangswert 10
L    EW  20        Lade Eingangswert 20
!=F                Vergleiche auf Gleichheit
=    A    0.0      Zuweisung des VKE
```

Die Eingangswerte (EW) 10 und 20 werden auf Gleichheit überprüft. Sollten die Inhalte der beiden Wörter identisch sein, wird Ausgang A 0.0 das VKE mit 1-Signal übergeben. Andernfalls hat er 0.
 Das folgende Listing zeigt den Vergleich auf Ungleichheit (><F):

```
L    EW  10        Lade Eingangswert 10
L    EW  20        Lade Eingangswert 20
><F                Vergleiche auf Ungleichheit
=    A    0.0      Zuweisung des VKE
```

Die Eingangswerte 10 und 20 werden auf Ungleichheit überprüft. Falls die Inhalte der beiden Wörter nicht identisch sind, wird Ausgang A 0.0 das VKE mit 1-Signal übergeben. Andernfalls führt er 0-Signal. Das Listing zeigt den Vergleich auf größer (>F):

```
L    EW  10        Lade Eingangswert 10
L    EW  20        Lade Eingangswert 20
>F                 Vergleiche auf größer
=    A    0.0      Zuweisung des VKE
```

Die Eingangswerte 10 und 20 werden auf „größer" überprüft. Sollte der Inhalt des ersten Operanden (EW 10) größer sein als der des zweiten (EW 20), wird Ausgang A 0.0 VKE mit 1-Signal übergeben. Andernfalls führt Ausgang A 0.0 ein 0-Signal. Das folgende Listing zeigt den Vergleich auf „größer oder gleich" (>=F):

```
L    EW  10        Lade Eingangswert 10
L    EW  20        Lade Eingangswert 20
>=F                Vergleiche auf größer oder gleich
=    A    0.0      Zuweisung des VKE
```

Der Inhalt der Eingangswerte 10 und 20 wird auf „größer oder gleich" überprüft. Sollten die Inhalte des ersten Operanden (EW 10) größer oder gleich sein als der Inhalt des zweiten Operanden (EW 20), wird Ausgang A 0.0 das VKE mit 1-Signal übergeben. Andernfalls führt Ausgang A 0.0 ein 0-Signal. Das folgende Listing zeigt den Vergleich auf kleiner (<F).

L	EW	10	Lade Eingangswert 10
L	EW	20	Lade Eingangswert 20
<F			Vergleiche auf kleiner
=	A	0.0	Zuweisung des VKE

Der Inhalt der Eingangswerte 10 und 20 wird auf „kleiner" überprüft. Sollten die Inhalte des ersten Operanden (EW 10) kleiner sein als der Inhalt des zweiten Operanden (EW 20), wird Ausgang A 0.0 das VKE mit 1-Signal übergeben. Andernfalls führt Ausgang A 0.0 ein 0-Signal. Das folgende Listing zeigt den Vergleich auf größer oder gleich" (>=F):

L	EW	10	Lade Eingangswert 10
L	EW	20	Lade Eingangswert 20
>=F			Vergleiche auf größer oder gleich
U	E	0.1	
=	A	1.0	Zuweisung des VKE

3.4.2 Beispiele für Vergleichsoperationen

Bei allen Vergleichsoperationen werden die Anzeigen ANZ0 und ANZ1 auf gleiche Weise beeinflusst, d. h. unabhängig von der Art des Vergleichs. In Tab. 3.22 ist diese Beeinflussung dargestellt. Daher sind auch die verschiedenen Sprungoperationen angegeben, mit denen sich dieser Anzeigenstatus auswerten lässt.

Tab. 3.22: Beeinflussung durch Vergleichsoperationen in Verbindung mit den einzelnen Sprungbefehlen.

Ist der erste Operand gegenüber dem zweiten Operanden	ANZ1	ANZ0	Zu verwendende Sprungfunktion
kleiner	0	1	SPN, SPM
größer	1	0	SPN, SPP
gleich	0	0	SPZ

Obwohl nur die Vergleichsfunktion „Vergleich auf gleich" programmiert ist, lässt sich über die Sprungfunktionen SPP und SPM auswerten, in welchem Verhältnis die Werte in den Eingangswörtern zueinander stehen. Ist z. B. der Wert im EW 10 größer als der Wert im EW 20, wird die Sprungfunktion SPP ausgeführt und zur Marke GROE gesprungen. Ausgang A 0.0 geht allerdings nur dann auf 1-Signal, wenn die beiden Werte im EW 10 und EW 20 identisch sind. Dabei wird keine der Sprungfunktionen ausgeführt.

In diesem Beispiel soll die binäre Auswertung einer Vergleichsoperation untersucht werden. Da die Vergleichsoperationen auch das VKE beeinflussen, besteht die Möglichkeit, sie in binäre Verknüpfungen mit einzubeziehen. Je nach Position des Vergleichs innerhalb der Verknüpfung sind hierbei unterschiedliche Techniken in der Programmierung anzuwenden.

```
      L    EW 10          Lade Eingangswert 10
      L    EW 20          Lade Eingangswert 20
      ! =F                Vergleiche auf gleich
      =    A 0.0          Anzeige, wenn Werte gleich sind
      SPM = KLEI
      SPP = GROE
      BEA
GROE
      SPA PB 2            Programm für größer
      BEA
KLEI
      SPA PB 3            Programm für kleiner
      BEA
```

In diesem Beispiel wird das Ergebnis des Vergleichs zwischen dem Inhalt des Eingangswertes 10 und des Eingangswertes 20 mit dem Zustand des Eingangs E 0.1 über UND verknüpft, d. h., der Ausgang liefert 1-Signal, wenn die Werte in EW 10 UND EW 20 identisch sind UND Eingang E 0.1 auf 1-Signal liegt.

```
L    EW 10          Lade Eingangswert 10
L    EW 20          Lade Eingangswert 20
! =F                Vergleiche auf gleich
U    A 1.0          Ergebnis an A1.0
=    A 0.0          Anzeige, wenn Werte gleich sind
```

In diesem Beispiel wird das Ergebnis des Vergleichs zwischen dem Inhalt des Eingangswertes 10 und des Eingangswertes 20 mit dem Zustand des Eingangs E 0.1 über UND verknüpft, d. h., der Ausgang liefert 1-Signal, wenn die Werte in EW 10 und EW 20 identisch sind UND Eingang E 0.1 auf 1-Signal liegt.

Ausgang A 1.0 liefert ein 1-Signal, wenn der Wert im EW 2 größer ist als der Wert des EW 4 UND der Wert im EW 10 identisch ist mit dem Wert des EW 20 UND der Eingang E 0.1 ein 1-Signal hat.

```
L    EW  2          Lade Eingangswert 2
L    EW  4          Lade Eingangswert 4
>F                  Vergleich auf größer
U(
L    EW  10         Lade Eingangswert 10
L    EW  20         Lade Eingangswert 20
!=F                 Vergleich auf gleich
)
U    E  0.1         Abfrage Zustand E 0.1
=    A  1.0         Ergebnis an A 1.0
```

In einem praktischen Beispiel soll ein Trockenofen von einem Förderband mit Bauteilen versorgt werden. Die Anzahl der zu trocknenden Teile sollte 20 nicht überschreiten. Tritt dieser Fall ein, soll er durch eine Lampe signalisiert werden. Es ist ein Taster vorzusehen, mit dem sich der Zähler auf 0 zurücksetzen lässt.

Operand	Zuweisung
E 0.0	Zählimpuls
E 0.1	Taster, Zähler auf Null
A 1.0	Lampe max. Anzahl überschritten

Listing:

```
U    E  0.0         Zählimpuls
ZV   Z  1           Teileanzahl
U    E  0.1         Taster Zähler auf 0 setzen
R    Z  1           Teileanzahl
L    Z  1           Teileanzahl
L    KF  +  20      Laden der Zahl 20
>F                  Vergleich auf größer
=    A  1.0         Lampe
```

3.4.3 Speicheroperationen mit RS-Flipflop

Viele Aufgaben in der SPS erfordern einen Speicher, der kurzzeitig verfügbare Informationen für eine spätere Weiterverarbeitung festhält. Asynchron arbeitende Speicher übernehmen die Eingangsinformation zu einem Zeitpunkt, an dem eine Änderung gegenüber dem gespeicherten Zustand auftritt. Man bezeichnet sie statische Speicher und ein typischer Vertreter ist das RS-Flipflop. Taktgesteuerte Speicher übernehmen dagegen die Eingangsinformation abhängig von einem am Takteingang anliegenden Impuls. Bei taktzustandsgesteuerten Speichern geschieht das, wenn der

Taktimpuls einen bestimmten Zustand hat, also „0" oder „1". Speicher dieser Funktion lassen sich dadurch realisieren, dass man asynchron arbeitende Speicher durch eine Ansteuerschaltung erweitert. Die an den J- und K-Eingängen anstehenden Signale werden bei einem positiven oder einem negativen Taktimpuls in den Speicher übernommen. Das JK-Flipflop hat immer noch die beiden statischen Eingänge S und R zum direkten Setzen oder Zurücksetzen des Speichers.

Speicher, die abhängig vom Wechsel des Taktsignals die Eingangsinformation übernehmen, bezeichnet man als taktflankengesteuert. Sie werden durch einen statischen Speicher mit dynamischer Ansteuerung realisiert, die differenzierend wirkt, also du/dt des Taktsignals erfasst. Hierfür sind Kondensatoren erforderlich, die vor Eintreffen der auslösenden Taktflanke aufgeladen sein müssen, damit diese dann einen Impuls mit einer zum Umschalten des Speichers ausreichenden Zeitdauer abgeben. Allein hieraus ist zu erkennen, dass bei taktflankengesteuerten Speichern verschiedene Zeitbedingungen einzuhalten sind. Da das in der Praxis immer zu Problemen führte, entwickelte man die JK-Flipflops, die mit statischen Verknüpfungsgliedern arbeiten. Mit ihnen erreicht man im praktischen Einsatz eine wesentlich größere Sicherheit.

Mit einem RS-Flipflop lassen sich einfache Speichereinheiten realisieren. Die Abb. 3.24 zeigt das Symbol für ein RS-Flipflop und die Innenschaltung.

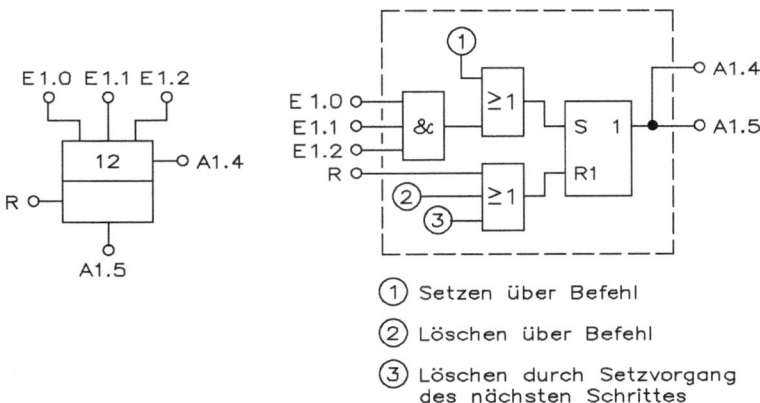

Abb. 3.24: Symbol und Innenschaltung eines RS-Flipflops.

Im Symbol erkennt man zwei Felder. Im oberen Feld A steht die frei wählbare Schrittnummer. Ein Schritt wird speichernd gesetzt, wenn alle Eingangsvariablen auf 1-Signal liegen, denn es handelt sich also um eine UND-Verknüpfung. Das Flipflop kann durch einen Befehl oder durch 1-Signal am R-Eingang gelöscht werden. Setzen über den S-Eingang und Zurücksetzen über den R-Eingang kann man nur dann, wenn an einem der Flipflop-Eingänge 1-Signal anliegt. Ist in einem Programmdurchlauf die

Bedingung R = S = 1 vorhanden, führt der Ausgang 1-Signal. Dieser Zustand bleibt erhalten, auch wenn im weiteren Verlauf ein 0-Signal an dem S-Eingang entsteht.

Beide Anweisungen sind Zuweisungen, d. h., sie lassen sich auch als „EIN" und „AUS" bezeichnen. Während die ERGIBT-Anweisung (=) sowohl einschaltet als auch ausschaltet, schalten diese Anweisungen nur ein oder nur aus.

Was einmal mit der Anweisung S eingeschaltet wurde, bleibt so lange eingeschaltet, bis es mit der Anweisung R wieder ausgeschaltet wird. Der Operand bleibt selbst dann eingeschaltet, wenn der einschaltende Eingang nicht mehr wahr ist. Umgekehrt bleibt der Operand selbst dann ausgeschaltet, wenn der ausschaltende Eingang nicht mehr wahr ist.

Ein solcher Operand hat also immer zwei Eingänge, d. h. einen Eingang, mit dem er eingeschaltet werden kann, und einen Eingang, mit dem er sich ausschalten lässt.

Ein solches Gebilde bezeichnet man in der Elektronik als Flipflop oder auch als Kippglied. In der konventionellen Elektrik spricht man von einer Selbsthaltung.

Im Konfliktfall soll ein solches Flipflop gleichzeitig ein- und ausgeschaltet werden. Setzt sich hierbei das Einschalten durch, so hat das Flipflop einschalt-vorrangiges (einschalt-dominantes) Verhalten. Umgekehrt spricht man von ausschalt-vorrangigem (ausschalt-dominantem) Verhalten. Programmtechnisch erzeugt man das jeweils gewünschte Verhalten allein durch die Reihenfolge der Programmierung. Das zuletzt programmierte setzt sich immer durch.

U	E	1.0	schaltet ein	Merker M 1.0 ist ausschalt-dominant
S	M	1.0		
U	E	1.1	schaltet aus	
R	M	1.0		

U	E	1.1	schaltet aus	Merker M 1.1 ist einschalt-dominant
R	M	1.1		
U	E	1.0	schaltet ein	
S	M	1.0		

Abb. 3.25 zeigt das Flipflop als Merker in grafischen Darstellungsarten.

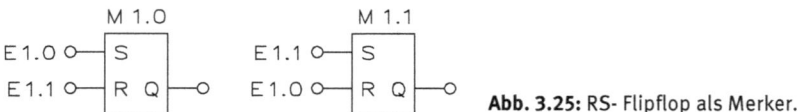

Abb. 3.25: RS- Flipflop als Merker.

Tab. 3.23 zeigt die Bedingungen für das Setzen und Zurücksetzen.
Die Eingänge für Setzen und Zurücksetzen sind vergleichsweise vertauscht. Der jeweils untere Eingang ist der zuletzt programmierte Eingang und setzt sich daher durch. Mit Q wird der Ausgang bezeichnet.

Tab. 3.23: Bedingungen für das Setzen und Zurücksetzen.

Operationsteil		Operandenteil		
Op-Code	Mögliche Negierung	Mögliche Parameter	Numerischer Adressteil, kein Bitadressteil	
S (SETZEN) (SET)	(Nur selten möglich)	A (Ausgang) M (Merker)	0 … 31 (oder größer) . (Punkt)	0 … 7
R (ZURÜCKSETZEN) (RESET)	(Nur selten möglich)	A (Ausgang) M (Merker)	0 … 31 (oder größer) . (Punkt)	0 … 7

3.4.4 Schmier- und Flankenmerker

Häufig findet man auf der Einschaltseite den einzuschaltenden Merker (negiert). Begründet wird dies damit, dass dann der Merker nur mit einer Flanke eingeschaltet wird. Dies bringt aber nicht den geringsten Vorteil und ist daher überflüssig! Abb. 3.26 zeigt das RS-Flipflop als Schmiermerker.

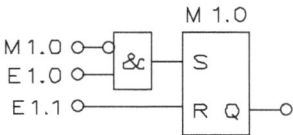

Abb. 3.26: RS-Flipflop als Schmiermerker.

Einen Merker, der sich innerhalb eines Programms ständig ändert, bezeichnet man als „Schmiermerker". Das ist in etwa so, wie wenn man sich auf einen Schmierzettel laufend Zwischenergebnisse notiert. Ist das Endergebnis ermittelt, hat der Schmierzettel seine Bedeutung verloren. Man könnte alles ausradieren und den Zettel erneut verwenden.

Bei einem Schmiermerker ist das „Ausradieren" (Löschen) nicht erforderlich. Er steht dennoch wieder zur Verfügung, sobald seine lokal begrenzte Aufgabe erfüllt ist.

Wer Klammern nicht liebt oder nicht zur Verfügung hat, kann die Verknüpfung so aufsplitten, dass nur einfache UND- oder ODER-Verknüpfungen entsprechenden Schmiermerkern zugewiesen werden. Dann werden die Schmiermerker selbst zusammengefasst und einem Ausgang zugewiesen.

Es gehört zu einem guten Programmierstil, dass jeder fremde Entwickler des Programms sofort erkennen kann, dass Schmiermerker verwendet worden sind.

Am einfachsten geschieht dies dadurch, dass in dem begleitenden Kommentar diese Merker als Schmiermerker bezeichnet werden. Darüber hinaus hat jeder erfahrene, z. B. STEP5-Programmierer sofort bei der Verwendung der (nicht remanenten) Merkerwörter MW 200 und aufwärts den Verdacht, dass dieser Merkerbereich als

Schmiermerker verwendet worden ist. Fehlt ein Kommentar, dann muss der Verdacht der Richtigkeit im Programm überprüft werden.

Eine große Anwendung von Schmiermerkern gehört sicher nicht zu einem guten Programmierstil. Es gibt seltene Ausnahmefälle, wo die zur Verfügung stehenden Merker knapp werden.

Beispiel: Ein Exklusiv-ODER ist mit einer weiteren UND-Bedingung in Abb. 3.27 verknüpft und setzt dann einen Ausgang – mit Verwendung von Klammern.

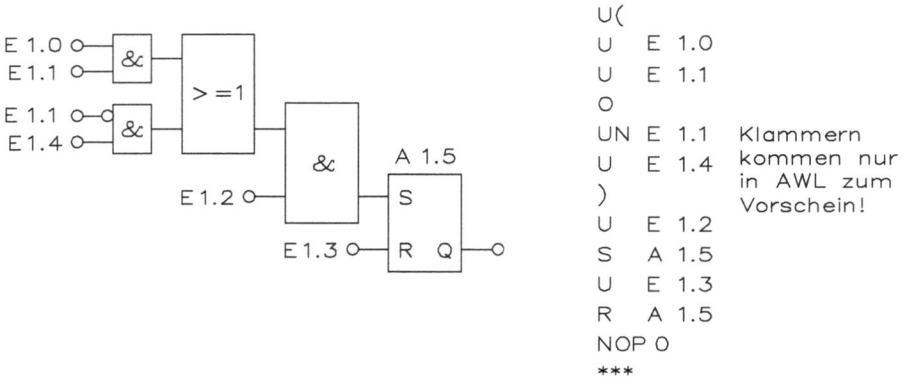

```
U(
U    E 1.0
U    E 1.1
O
UN   E 1.1    Klammern
U    E 1.4    kommen nur
)             in AWL zum
U    E 1.2    Vorschein!
S    A 1.5
U    E 1.3
R    A 1.5
NOP 0
***
```

Abb. 3.27: Exklusiv-ODER mit Klammern.

In Abb. 3.28 kommt das Exklusiv-ODER ohne Klammern aus.

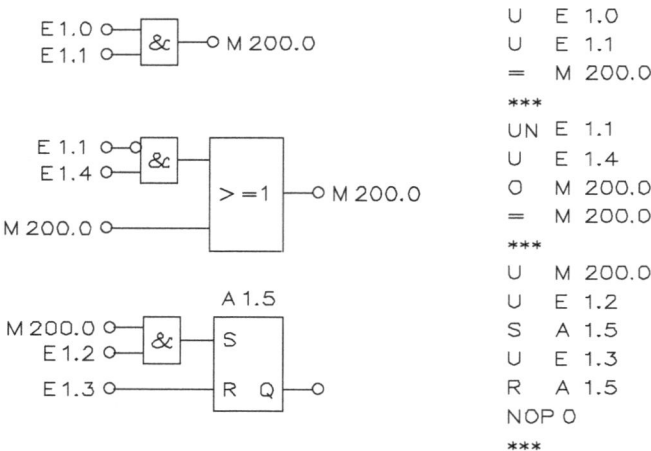

```
U    E 1.0
U    E 1.1
=    M 200.0
***
UN   E 1.1
U    E 1.4
O    M 200.0
=    M 200.0
***
U    M 200.0
U    E 1.2
S    A 1.5
U    E 1.3
R    A 1.5
NOP 0
***
```

Abb. 3.28: Exklusiv-ODER mit Klammern.

Der Schmiermerker wird also in ähnlicher Weise behandelt wie ein Akku und er speichert das aktuelle Zwischenergebnis. Das gewählte Beispiel fordert Kritik heraus, denn ideal ist diese Programmierweise nicht, aber recht weit verbreitet.

Eine bessere Bezeichnung für den „Flankenmerker" wäre „Ein-Zyklus-Merker" (one shot relay). Dies würde das Verständnis wesentlich erleichtern, aber diese Bezeichnung ist in der Praxis nicht üblich.

Der besagte „Ein-Zyklus-Merker" bzw. der so genannte Flankenmerker soll dann vorhanden sein, wenn ein Ereignis beginnt (das wäre die steigende Flanke) oder wenn ein Ereignis aufhört (das wäre die fallende Flanke). Man benötigt diese Merker, um davon eine und nur eine Aktion abhängig zu programmieren. Die Zähleingänge eines Zählers funktionieren so. Gezählt wird nur bei einem Signalwechsel von „0" auf „1". Allerdings erledigt hier das Betriebssystem die Flankenauswertung und der Benutzer muss sich nicht darum kümmern. Es gibt aber Situationen, in denen der Programmierer die Flankenauswertung selbst vornehmen muss.

Leider zeigt die Praxis, dass viel zu viele Flankenmerker programmiert werden. Daher sind einige Anmerkungen notwendig, bevor die eigentliche Technik zur Erzeugung eines Flankenmerkers erläutert wird.

Wer eine SPS als zyklische Maschine verstanden hat und infolgedessen die Reihenfolge der Programmierung geschickt wählen kann, der setzt den Flankenmerker auch nur in Ausnahmefällen ein.

Beispiel: Ein Fahrzeug soll im „Tippbetrieb" gefahren werden. Nur so lange der Taster „Links" betätigt ist, darf sich das Fahrzeug bewegen. Abb. 3.29 zeigt ein SPS-Programm für den „Tippbetrieb".

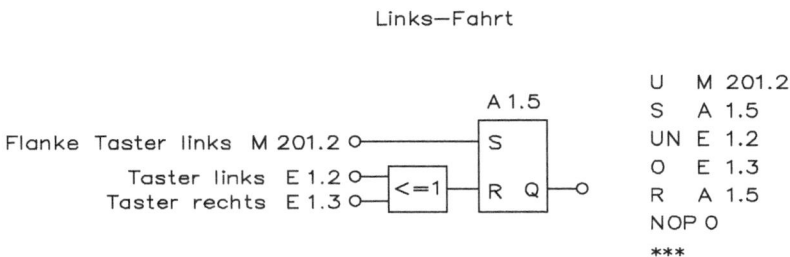

Abb. 3.29: SPS-Programm für den „Tippbetrieb" in der Funktion „Linksfahrt".

Der Bediener betätigt den Taster „Links" und das Fahrzeug fährt so lange links, bis er entweder den Taster „Links" loslässt oder den Taster „Rechts" zusätzlich betätigt.

Achtung: Zur Erfüllung der gewünschten Funktion ist kein Flankenmerker notwendig!

Die Schaltung von Abb. 3.30 erfüllt die gewünschte Funktion.

Links—Fahrt

```
                                    A 1.5        U    E 1.2
                                                 S    A 1.5
   Taster links   E 1.2 o─────────┐             UN   E 1.2
                                   │  S          O    E 1.3
   Taster links   E 1.2 o─┐        │             R    A 1.5
   Taster rechts  E 1.3 o─┤ <=1    R   Q  ─o     NOP  O
                          └────────┘
```

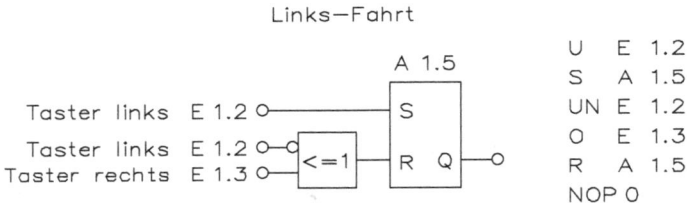

Abb. 3.30: SPS-Programm für den „Tippbetrieb" in der Funktion „Linksfahrt".

Diese Schaltung kann man weiter vereinfachen, denn das Flipflop entfällt, wie Abb. 3.31 zeigt.

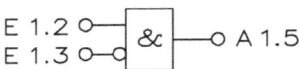

```
E 1.2 o─┐ &  ─o A 1.5
E 1.3 o─o┘
```
Abb. 3.31: Vereinfachte Schaltung für den „Tippbetrieb".

Man verändert die Aufgabenstellung so, dass eine Flanke zum Einschalten notwendig ist.

Das Fahrzeug hat Zwischenpositionen und soll in jeden Fall anhalten, auch wenn der Taster noch betätigt wird. Die modifizierte Schaltung sieht so aus, wie Abb. 3.32 zeigt.

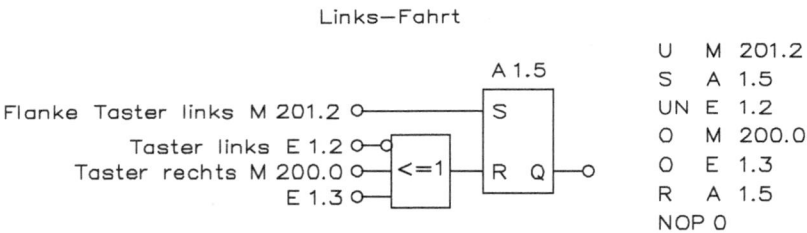

Links—Fahrt

```
                                        A 1.5          U    M 201.2
                                                       S    A 1.5
Flanke Taster links M 201.2 o─────────┐               UN   E 1.2
                                       │  S            O    M 200.0
       Taster links   E 1.2 o─┐        │              O    E 1.3
       Taster rechts M 200.0 o─┤ <=1   R   Q ─o       R    A 1.5
               E 1.3 o─────────┘                      NOP  O
```

Abb. 3.32: Modifizierte Schaltung für den „Tippbetrieb" in der Funktion „Linksfahrt".

Es ist auf der Einschaltseite eine Flanke notwendig, denn sonst würde die Flanke „Position" lediglich für einen Zyklus abschalten, also nur so kurz, dass man sie nicht erkennt.

Nachstehend die Standardmethode Abb. 3.33 zum Programmieren einer Flanke in FUP und AWL. Es ergibt sich das Programm für eine positive Flanke von E 1.2 > M 201.2.

Man benötigt also zwei Merker. Der erste Merker beinhaltet den gewünschten Flankenmerker selbst und dieser Flankenmerker führt definitionsgemäß nur für einen Zyklus mit einem 1-Signal aus. Daher ist kein remanenter Merker notwendig. Der zweite Merker ist ein Hilfsmerker und dieser sollte remanent sein, damit nach Spannungswiederkehr nicht eine unbeabsichtigte neue Flanke erzeugt wird.

```
                                M 101.2         U   E  1.2
                                                UN  M  101.2
  E 1.2 o—┌────┐                 ┌────┐          =   M  201.2 ⎫ Konnektor
  M 101.2 o—o & ├── # M 201.2 ──┤ S  │          U   M  201.2 ⎭ in FUP "#"
         └────┘                 │    │          S   M  101.2
                    E 1.2 o—o R  Q ├—o          UN  E  1.2
                                └────┘          R   M  101.2
                                                NOP 0
                                                ***
```

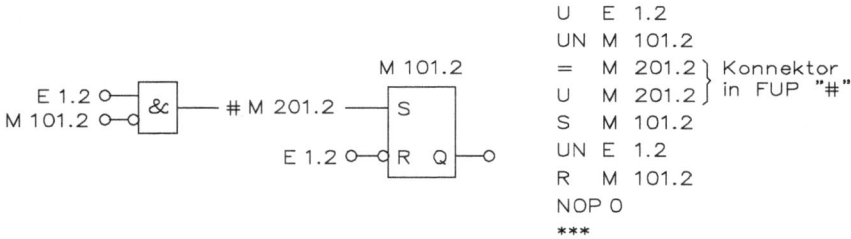

Abb. 3.33: Programmieren einer Flanke in FUP.

Es ist sinnvoll, die Bezeichnung von Flanken- und Hilfsmerker an das auslösende Signal anzupassen. Daher ergeben sich für den Schalter S 1.2 bzw. für den Eingang E 1.2 der Flankenmerker M 201.2 und der Hilfsmerker M 101.2.

Beide Merker (Flanken- und Hilfsmerker) dürfen an keiner anderen Stelle des Programms mit einer Zuweisungsanweisung (S oder R) programmiert sein, denn sie müssen eindeutig sein (englisch unique). Damit ist die Verwendung von Schmiermerkern ausgeschlossen.

Der Flankenmerker reagiert auf die positive (steigende) Flanke eines Signals. Abb. 3.34 zeigt die Schaltung.

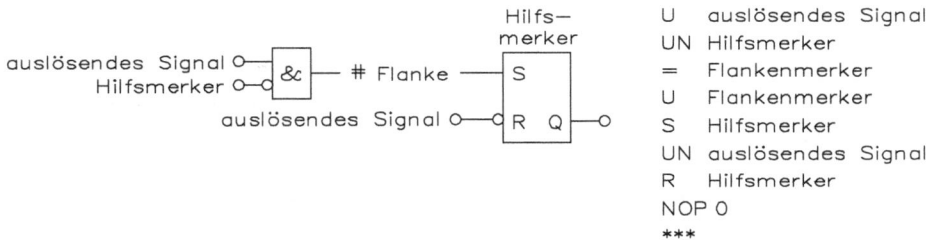

```
                                 Hilfs—          U   auslösendes Signal
                                 merker          UN  Hilfsmerker
auslösendes Signal o—┌────┐      ┌────┐          =   Flankenmerker
      Hilfsmerker o—o & ├─ # Flanke ─┤ S  │      U   Flankenmerker
                     └────┘      │    │          S   Hilfsmerker
         auslösendes Signal o—o R  Q ├—o         UN  auslösendes Signal
                                 └────┘          R   Hilfsmerker
                                                 NOP 0
                                                 ***
```

Abb. 3.34: Schaltung für einen Flankenmerker positive (steigende) Flanke.

In AWL sind sieben Anweisungen vorhanden, aber es geht noch kürzer.

Positive Flanke E 1.2 > M 201.2, wie Abb. 3.35 zeigt.

```
                                 U   E  1.2
  E 1.2 o—┌────┐                 UN  M  101.2
  M 101.2 o—o & ├—o M 201.2      =   M  201.2
         └────┘                  ***
                                 U   E  1.2
  E 1.2 o—┌────┐                 =   M  101.2          Abb. 3.35: Flankenmerker
         ┤ & ├—o M 101.2         ***                   für eine positive Flanke.
         └────┘
```

Das letzte Segment (U E 1.2 ; = M 4.5) erscheint so einfach, dass man versucht ist, diese Anweisungen als überflüssig einzuordnen.

Solche Gedanken sind aber ein Irrtum. Das letzte Segment ist notwendig, hinreichend und darf in der Reihenfolge keinesfalls mit dem ersten Segment vertauscht werden.

Zum Verständnis helfen hier – wie immer – ein Impulsdiagramm und die Erinnerung daran, dass man es mit einer zyklisch arbeitenden Maschine zu tun hat.

Ausgelöst (getriggert) wird dieser Merker grundsätzlich durch einen Signalwechsel, entweder von 0- nach 1-Signal (positiver Signalwechsel = steigende Flanke) oder umgekehrt von 1- nach 0-Signal (negativer Signalwechsel = fallende Flanke). Abb. 3.36 zeigt das Impulsdiagramm für einen Flankenmerker.

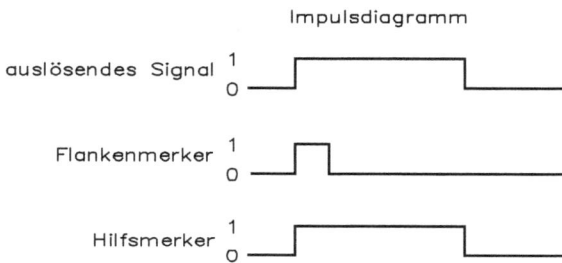

Abb. 3.36: Impulsdiagramm für einen Flankenmerker.

Das wichtigste Ergebnis, welches man dem Impulsdiagramm entnimmt, ist die Erkenntnis, dass die steigende Flanke des Hilfsmerkers die fallende des Flankenmerkers erzeugt. Dies darf natürlich erst dann erfolgen, wenn der Flankenmerker schon eine positive Flanke hatte!

Am Rande sei noch der Begriff „Konnektor" (Verbinder) erläutert. Nach einer Zuweisung wie =, S und R ist in der Regel ein Segment (oder Netzwerk) beendet. Mit Hilfe des Konnektors lassen sich grafisch zwei Anweisungen gleichzeitig darstellen, nämlich „= Merker" und „U Merker". Auf diese Weise kann man das (eigentlich fällige) Segmentende nach „= Merker" unterdrücken. In AWL kontrolliert der Programmierer das Segmentende selbst, d. h., er kann es nach Belieben eingeben.

Es sei noch erwähnt, dass das Betriebssystem von einigen SPS-Maschinen die besondere Programmierung einer Flankenauswertung für einen Eingang überflüssig macht, weil es die Flanken aller Eingänge selbst erzeugt.

3.4.5 Sprunganweisungen

Mit Sprunganweisungen sollen Anweisungen übersprungen werden und die übersprungenen Anweisungen werden nicht ausgeführt. Das Sprungziel ist die erste Anweisung, die dann wieder ausgeführt werden soll. Das Sprungziel muss entweder durch eine vom Programmierer festgelegte „Marke" oder durch eine Sprungweite festgelegt sein.

Normalerweise lässt STEP5 die Verwendung von Marken zu. Hierbei sind nur Sprünge innerhalb eines Bausteins erlaubt. Beim Einfügen oder Löschen von Befehlen müssen dann gegebenenfalls die Sprungbefehle korrigiert werden.

Es gibt bedingte und unbedingte (absolute) Sprunganweisungen. Die normale bedingte Sprunganweisung (SPB) folgt dem VKE-Register. Führt dieses eine 1 durch, dann wird der Sprung ausgeführt. Das VKE-Register bleibt auf 1. Das ERAB-Flag wird nicht beeinflusst.

Führt das VKE-Register eine 0, dann wird der Sprung nicht ausgeführt.

Achtung: Bevor nun die auf die Sprunganweisung folgende Anweisung ausgeführt wird, wird bei STEP5-SPS-Geräten das VKE-Register auf „1" gesetzt. Erst dann wird

Tab. 3.24: Sprunganweisungen.

Operationsteil		Operandenteil	
Op-Code	Mögliche Negierung	Möglicher Parameter	Numerischer Adressteil, kein Bitadressteil
SPA SPRINGE ABSOLUT JUMP ABSOLUT	Nicht möglich	Sprungmarke	Die Zielmarke darf nur 127 Anweisungen vor oder nach dem Sprungbefehl liegen
SPB SPRINGE BEDINGT JUMP CONDITIONAL	Nicht möglich	Sprungmarke	Die Zielmarke darf nur 127 Anweisungen vor oder nach dem Sprungbefehl liegen
SPP SPR, WENN POSITIV JUMP IF POSITIVE	Nicht möglich	Sprungmarke	Die Zielmarke darf nur 127 Anweisungen vor oder nach dem Sprungbefehl liegen
SPM SPR, WENN NEGATIV JUMP IF NEGATIVE	Nicht möglich	Sprungmarke	Die Zielmarke darf nur 127 Anweisungen vor oder nach dem Sprungbefehl liegen
SPZ SPR, WENN NULL JUMP IF ZERO	Nicht möglich	Sprungmarke	Die Zielmarke darf nur 127 Anweisungen vor oder nach dem Sprungbefehl liegen
SPO SPR, WENN ÜBERLAUF JUMP IF OVERFLOW	Nicht möglich	Sprungmarke	Die Zielmarke darf nur 127 Anweisungen vor oder nach dem Sprungbefehl liegen
SPN SPR, WENN <>NULL JUMP IF NOT ZERO	Nicht möglich	Sprungmarke	Die Zielmarke darf nur 127 Anweisungen vor oder nach dem Sprungbefehl liegen
SPS SPR, WENN ÜBERLAUF JUMP IF OVERFLOW	Nicht möglich	Sprungmarke	Die Zielmarke darf nur 127 Anweisungen vor oder nach dem Sprungbefehl liegen

die folgende Anweisung ausgeführt. Das ERAB-Flag wird auch in diesem Fall nicht beeinflusst.

Dieses eindeutige Verhalten hat Vorteile, ist aber häufig in der Praxis schwer nachzuvollziehen. Es gehört zu einem guten Programmierstil, möglichst keine binären Verknüpfungen über Sprunganweisungen hinweg zu entwickeln. Will man darauf nicht verzichten, sollte dies in dem begleitenden Kommentar klar erkennbar sein.

Bei Absolutsprüngen bleibt das VKE-Register erhalten, aber dies sollte man nicht ausnutzen. Beim Sprungziel sollte man möglichst immer mit einer neuen Verknüpfung beginnen.

Beim Rechnen mit Zahlen werden unter anderem besondere Zustandsflags (negativ, positiv, null, ungleich-null, Überlauf und speichernder Überlauf) beeinflusst. Von diesen Flags kann man ebenfalls Sprünge abhängig machen. Bei diesen Sprüngen bleiben VKE-Register und ERAB-Flag unbeeinflusst. Tab. 3.24 zeigt die Sprunganweisungen.

3.4.6 Arithmetikanweisungen

Im Allgemeinen soll eine SPS keine komplexen Rechenaufgaben ausführen. Daher genügen meist der Additions- und der Subtraktionsbefehl. Es gibt aber Grenzfälle, wo man aus Kostengründen keinen zusätzlichen Mikrocomputer installieren will. Dann kommen unter Umständen auch alle Rechenbefehle für die Gleitkommzahlen zum Einsatz.

Bei SPS-Geräten werden folgende Zahlenarten unterschieden:

16-Bit-Festpunktzahlen	F: $-32.768 \dots +32.767$
32-Bit-Festpunktzahlen	D: $-2.147.483.648 \dots +2.147.483.647$
32-Bit-Gleitpunktzahlen	G: $-1,7 \cdot 10^{-38} \dots -1,5 \cdot 10^{+38} \dots 0 \dots +1,5 \cdot 10^{-39} \dots +1,7 \cdot 10^{-38}$

Festpunktzahlen entsprechen den Integer-Zahlen in anderen Programmiersprachen. Das höchstwertige Bit ist als Vorzeichen definiert („0" = positiv und „1" = negativ). Negative Zahlen werden im so genannten Zweierkomplement dargestellt (alle Bits wechseln und eine 1 wird zur Korrektur addiert).

Die Gleitpunktzahlen setzen sich zusammen aus zwei Festpunktzahlen Bit 0 bis 23 für die Mantisse und Bit 24 bis 31 für den Exponenten. Auch hier ist das jeweils höchstwertige Bit als Vorzeichen definiert. Tab. 3.25 zeigt die Arithmetikweisungen für Festpunktzahlen und Tab. 3.26 die Arithmetikweisungen für Gleitpunktzahlen.

Zusätzlich gibt es noch Umwandlungsbefehle zwischen Gleit- und Festpunktzahlen und für die Komplimentdarstellung. Die Anwendung ist jedoch sehr selten.

Die Multiplikation von positiven Festpunktzahlen mit 2 (oder allgemein kleinen geraden Zahlen) wird schneller mit dem Befehl SLW 1 (SLW x) ausgeführt!

Tab. 3.25: Arithmetikweisungen für Festpunktzahlen.

Operationsteil		Operandenteil	
Op-Code	**Mögliche Negierung**	**Möglicher Parameter**	**Numerischer Adressteil, kein Bitadressteil**
+F ADDIERE ADD INTEGER	Nicht möglich	Akku 1 + Akku 2 = Akku 1	Kein expliziter Operand, Akku-Inhalt wird als 16-Bit-Festpunktzahl interpretiert
-F SUBTRAHIERE SUBTRACT INTEGER	Nicht möglich	Akku 1 + Akku 2 = Akku 1	Kein expliziter Operand, Akku-Inhalt wird als 16-Bit-Festpunktzahl interpretiert
×F MULTIPLIZIERE MULTIPLY INTEGER	Nicht möglich	Akku 1 + Akku 2 = Akku 1	Kein expliziter Operand, Akku-Inhalt wird als 16-Bit-Festpunktzahl interpretiert
:F DIVIDIERE DIVIDE INTEGER	Nicht möglich	Akku 1 = Akku 2 = Akku 1 Low[1]	Kein expliziter Operand, Akku-Inhalt wird als 16-Bit-Festpunktzahl interpretiert
ADD BF[2] ADDIERE Konstante ADD CONSTANT	Nicht möglich	Akku 1 + Konstante = Akku 1	Kein expliziter Operand, Akku-Inhalt wird als 16-Bit-Festpunktzahl interpretiert
ADD KF[3] ADDIERE Konstante ADD CONSTANT	Nicht möglich	Akku 1 + Konstante = Akku 1	Kein expliziter Operand, Akku-Inhalt wird als 16-Bit-Festpunktzahl interpretiert

1 In Akku 1 ist 1 im Divisionsrest hinterlegt!
2 BF = Bytekonstante
3 KF = Festpunktkonstante

Tab. 3.26: Arithmetikweisungen (Gleitpunktzahlen).

Operationsteil		Operandenteil	
Op-Code	**Mögliche Negierung**	**Möglicher Parameter**	**Numerischer Adressteil, kein Bitadressteil**
+G ADDIERE ADD FLN[1]	Nicht möglich	Akku 1 + Akku 2 = Akku 1	Kein expliziter Operand, Akku-Inhalt wird als 32-Bit-Gleitpunktzahl interpretiert
-G SUBTRAHIERE SUBTRACT FLN[1]	Nicht möglich	Akku 1 + Akku 2 = Akku 1	Kein expliziter Operand, Akku-Inhalt wird als 32-Bit-Gleitpunktzahl interpretiert
×G MULTIPLIZIERE MULTIPLY FLN[1]	Nicht möglich	Akku 1 + Akku 2 = Akku 1	Kein expliziter Operand, Akku-Inhalt wird als 32-Bit-Gleitpunktzahl interpretiert
: DIVIDIERE DIVIDE FLX[1]	Nicht möglich	Akku 1 + Akku 2 = Akku 1 Low[2]	Kein expliziter Operand, Akku-Inhalt wird als 32-Bit-Gleitpunktzahl interpretiert

1 FPN = Floating Point Number (Gleitkommazahl)
2 In Akku 1 ist 1 im Divisionsrest hinterlegt!

3.4.7 Operanden größer als ein Bit

Alle bisher besprochenen Operanden (Eingang, Ausgang und Merker) waren nur ein Bit groß und es handelt sich um echte boolesche Operanden. Man kann diese Operanden in Gruppen von acht Bit – also zu einem Byte – zusammenfassen. Bei einer Zusammenfassung zu 16 Bit spricht man von Wörtern, und fasst man 32 Bit zusammen, spricht man von einem Datum. Für diese Operandengruppen (Byte, Wörter und Daten) erscheinen Befehle sinnvoll, die die direkte Verarbeitung ermöglichen und sich nicht auf nur ein Bit beschränken.

Für die Definitionen dieser Operanden arbeitet man mit den Zeichen B (für Byte), W (für Wort oder word) und D (für Datum).

Bei Eingängen, Merkern und Ausgängen ergeben sich so die Bezeichnungen:
- EB für ein Eingangsbyte
- MB für ein Merkerbyte
- AB für ein Ausgangsbyte

- EW für ein Eingangswort
- MW für ein Merkerwort
- AW für ein Ausgangswort

- ED für ein Eingangsdatum
- MD für ein Merkerdatum
- AD für ein Ausgangsdatum

Es sei noch erwähnt, dass man nicht beliebige Bit zu einem Byte, Wort oder Datum zusammenfassen kann, sondern nur solche Bit, die speichertechnisch zusammengehören, d. h., keine über den Speicherbereich verteilte Bits sind möglich. So setzt sich das Eingangsbyte EB 3 aus den Eingängen E 3.0, E 3.1, E 3.2, E 3.3, E 3.4, E 3.5, E 3.6 und E 3.7 zusammen. Es kommen also alle Bitadressen von 0 bis 7 vor:

EB 3

E 3.7	E 3.6	E 3.5	E 3.4	E 3.3	E 3.2	E 3.1	E 3.0

Vereinfacht sieht dies so aus:

EB 3

7	6	5	4	3	2	1	0

Bei dem Eingangswort EW 5 ergeben sich so die Eingänge E 5.0 bis E 5.15. Die Bitadressen 8 bis 15 sind aber hier nicht üblich. Wenn man sagt, dass EW 5 aus EB 5 und EB 6 besteht, dann benötigt man die Bitadressen 8 bis 15 nicht. EW 5 besteht also aus E 5.0 bis E 5.7 und E 6.0 bis E 6.7.

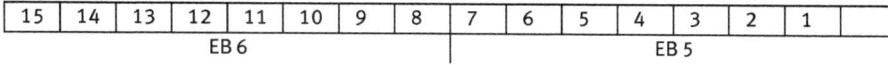

EW 5

15	14	13	12	11	10	9	8	7	6	5	4	3	2	1	
			EB 6								EB 5				

EW 5

EB 6	EB 5

MD 8 besteht so aus MB 8, MB 9, MB 10 und MB 11:

MD 8

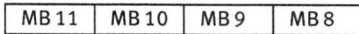

MB 11	MB 10	MB 9	MB 8

Die Adressbezeichnung wird immer von der niederwertigsten Adresse abgeleitet.

Mit einem VKE-Register, das nur ein Bit groß ist, kann man natürlich keine Verknüpfungen von Bytes, Wörtern und Daten vornehmen. Hierfür ist – wie allgemein in der Informatik üblich – das Akkumulatorregister zuständig.

Die beiden wichtigsten Befehle sind hier:

LADEN   (BYTE oder WORT oder Datum)
TRANSFERIEREN   (BYTE oder WORT oder Datum)

- LADEN legt den Inhalt eines der Operanden in den AKKU ab.
- TRANSFERIEREN legt den Inhalt des AKKU in einen der Operanden ab.
- LADEN und TRANSFERIEREN werden mit L bzw. T abgekürzt.

Beispiele:

L   MB 3   Der Inhalt von MB 3 wird in den AKKU kopiert.
                Der Inhalt von MB 3 wird nicht verändert.
T   AB 7   Der AKKU-Inhalt wird nach AB 7 kopiert.
                Der AKKU-Inhalt wird nicht verändert.

Beide Anweisungen zusammen haben zur Folge, dass der Inhalt von MB 3 nach AB 7 kopiert worden ist. Hierfür war der Umweg über den AKKU als Hilfsregister notwendig.

Die beiden Anweisungen L MB 3; T AB 7 erledigen die gleiche Arbeit wie folgende 16 Anweisungen:

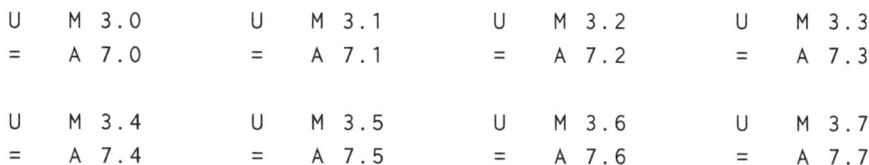

U	M 3.0	U	M 3.1	U	M 3.2	U	M 3.3
=	A 7.0	=	A 7.1	=	A 7.2	=	A 7.3

U	M 3.4	U	M 3.5	U	M 3.6	U	M 3.7
=	A 7.4	=	A 7.5	=	A 7.6	=	A 7.7

Spezielle Bitprozessoren erledigen typisch eine Anweisung in einer Mikrosekunde und das sind 16 µs. Für eine Byte- oder Wortanweisung sind aber 20 bis 40 µs typisch, folglich nicht schneller, aber kürzer und – eventuell – eleganter.

In Tab. 3.27 ist entsprechende Erweiterung der tabellarischen Zusammenfassung des Grundwortschatzes gezeigt.

Tab. 3.27: Basisanweisungen für Byte, Wort und Datum.

Operationsteil		Operandenteil			
Op-Code	Mögliche Negierung	Möglicher Parameter		Numerischer Adressteil, kein Bitadressteil	
L (LADE) (LOAD)	Nicht möglich	EB ED AB AD MB	0 … 31 (oder größer)	Trennpunkt entfällt	Keine Bitadresse
T (TRANSFERIERE) (TRANSFER)	Nicht möglich	EW AW MW MD	0 … 31 (oder größer)	Trennpunkt entfällt	Keine Bitadresse

Wer Tab. 3.27 aufmerksam betrachtet, den werden vielleicht die Anweisungen L EB xx, T EW xx oder L ED xx verwundern. Warum sollte man die Eingänge mit einem Wert überschreiben? Zunächst macht es keinen Sinn. Die Eingänge werden vom Betriebssystem entsprechend den Gebern, die an die Peripherie angeschlossen sind, geladen. Veränderungen dieses Prozessabbildes durch den Anwender müssen zu Problemen führen. An dieser Stelle sei daher ausdrücklich vor diesen Befehlen gewarnt.

3.4.8 Schiebe- und Rotationsanweisungen

Zur Ansteuerung von Ventilen, Robotern usw. benötigt man diese Befehle nicht. Von einigen SPS-Technikern werden diese Befehle auch als Assemblerbefehle bezeichnet, wobei man wohl mehr auf die Kompliziertheit hinweisen will. Man darf die Kenntnis der Wirkungsweise dieser Befehle nicht bei jedem Betriebselektriker voraussetzen. Anders gesagt: Diese Befehle werden für Spezialaufgaben benötigt (z. B. Codeumwandlungen). Tab. 3.28 zeigt Schiebe- und Rotationsanweisungen.

3.4.9 Bausteinbezogene Anweisungen

Anweisungen, bezogen auf einen Ausgang oder auf eine Variable, kann man in der Regel zu einem Segment oder Netzwerk zusammenfassen. Mehrere Netzwerke lassen sich dann in einem Programmbaustein oder Modul zusammenfassen. Dies ermöglicht

Tab. 3.28: Schiebe- und Rotationsanweisungen.

Operationsteil		Operandenteil	
Op-Code	**Mögliche Negierung**	**Möglicher Parameter**	**Numerischer Adressteil, kein Bitadressteil**
SLW SCHIEBE LINKS SHIFT LEFT	Nicht möglich	Bitpositionen 0 … 15 Wort	Anzahl der Bitpositionen, um die geschoben werden soll: sinnvoll nur 1 … 15
SRW SCHIEBE RECHTS SHIFT RIGHT	Nicht möglich	Bitpositionen 0 … 15 Wort	Anzahl der Bitpositionen, um die geschoben werden soll: sinnvoll nur 1 … 15
SVW SCHIEBE RECHTS VOR SHIFT RIGHT signed	Nicht möglich	Bitpositionen 0 … 15 Wort mit Vorzeichen	Anzahl der Bitpositionen, um die geschoben werden soll: sinnvoll nur 1 … 15
SLD SCHIEBE LINKS SHIFT LEFT	Nicht möglich	Bitpositionen 0 … 31 Datum	Anzahl der Bitpositionen, um die geschoben werden soll: sinnvoll nur 1 … 31
SVD SCHIEBE RECHTS VOR SHIFT RIGHT signed	Nicht möglich	Bitpositionen 0 … 31 Datum mit Vorzeichen	Anzahl der Bitpositionen, um die geschoben werden soll: sinnvoll nur 1 … 31
RLD ROTIERE LINKS ROTATE LEFT	Nicht möglich	Bitpositionen 0 … 31 Datum	Anzahl der Bitpositionen, um die geschoben werden soll: sinnvoll nur 1 … 31
RRD ROTIERE RECHTS ROTATE RIGHT	Nicht möglich	Bitpositionen 0 … 31 Datum	Anzahl der Bitpositionen, um die geschoben werden soll: sinnvoll nur 1 … 31

eine übersichtliche und an die Steuerungsaufgabe angepasste Gliederung. Dies ermöglicht auch eine rationelle Aufgabenteilung auf mehrere Programmierer. Man kann ebenso ausgetestete Bausteine aus anderen Steuerungen übernehmen und bezeichnet dies auch als strukturierte Programmierung. Bei kleinen SPS-Geräten ist dies häufig nicht möglich.

Tab. 3.29 setzt eine rationelle Aufgabenteilung voraus, dass Programmbausteine möglich sind. Die Hersteller unterscheiden hier Programmbausteine (PB), Funktionsbausteine (FB), Datenbausteine (DB) und Organisationsbausteine (OB).

3.4.10 Systembefehle

Die Anweisungen von Tab. 3.30 beziehen sich auf STEP5. Generell erlauben Systembefehle den beliebigen Zugriff auf den SPS-Speicherraum. Ferner ist die Manipulation von Systemregistern möglich. Die Folgen für das System können sich negativ auswir-

Tab. 3.29: Bausteinbezogene Anweisungen.

Operationsteil		Operandenteil	
Op-Code	Mögliche Negierung	Möglicher Parameter	Numerischer Adressteil, kein Bitadressteil
SPA BAUSTEINAUFRUF ABSOLUT CALL MODUL ABSOLUT	Nicht möglich	PB FB SB	0 … 255 = Baustein-Nr. 0 … 255 = Baustein-Nr. 0 … 255 = Baustein-Nr.
SPB BAUSTEINAUFRUF BEDINGT CALL MODUL CONDITION	Nicht möglich	PB FB SB	0 … 255 = Baustein-Nr. 0 … 255 = Baustein-Nr. 0 … 255 = Baustein-Nr.
A AUFRUF DATENBAUSTEIN OPEN DATA MODUL	Nicht möglich	DB	0 … 255 = Baustein-Nr.
BE BAUSTEIN ENDE END OF MODUL	Nicht möglich	Kein Operand	Dies ist der letzte Befehl in einem Baustein
BEB BAUSTEIN ENDE BEDINGT END OF MODUL CONDITION	Nicht möglich	Kein Operand	Abhängig von VKE wird der Baustein verlassen oder nicht
BEA BAUSTEIN ENDE ABSOLUT END OF MODUL ABSOLUT	Nicht möglich	Kein Operand	Nur für Testzwecke: Baustein wird verlassen, obwohl danach noch Befehle existieren

ken, wenn die notwendige interne Kenntnis fehlt. Wichtig: Bevor man sich an Systembefehle heranwagt, sollte man die Firmenschriften genau durchlesen und beachten. Und wenn man die Systeme benötigt, dann nur in Sonderfällen.

3.4.11 Indirekte Adressierung

Für einfache Programme ist die Technik der indirekten Adressierung überflüssig, denn das Programm wird unübersichtlich.

Es gibt jedoch Situationen, bei denen die Verwendung der indirekten Adressierung erhebliche Vorteile hat. Häufig lassen sich sogar „elegant" kurze Programme mit dieser Technik erstellen.

Man betrachte eine beliebige Anweisung:

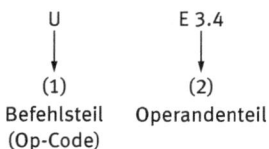

```
   U              E 3.4
   |               |
   ↓               ↓
  (1)             (2)
Befehlsteil    Operandenteil
(Op-Code)
```

Tab. 3.30: Systembefehle.

Operationsteil		Operandenteil	
Op-Code	Mögliche Negierung	Möglicher Parameter	Numerischer Adressteil, kein Bitadressteil
LIR LADE INDIREKT REGISTER LOAD INDIRECT REGISTER	Nicht möglich	Register-Nr. 0 ... 15	Lade den Inhalt der Speicherzelle, die durch den AKKU adressiert ist, ins Register
TIR TRANSF. INDIREKT REGISTER WRITE INDIRECT REGISTER	Nicht möglich	Register-Nr. 0 ... 15	Transferiere Registerinhalt nach Speicherzelle, die durch den Akku adressiert ist
TNB BLOCK TRANSFER byteweise	Nicht möglich	Blocklänge 0 ... 255	Akku 1 adressiert Quelle, Akku 2 adressiert Ziel
TNW BLOCK TRANSFER wortweise	Nicht möglich	Blocklänge 0 ... 254	Akku 1 adressiert Quelle, Akku 2 adressiert Ziel
SPR SPRINGE RELATIV im SPS-Speicher	Nicht möglich		Sprungziel 0 ... 65535 ohne Rücksicht auf Bausteingrenzen
BI BEARBEITE INDIREKT	Nicht möglich		Aufrufender Funktionsbaustein enthält Parameter, die aufgerufener FB ausführt
B BEARBEITE SYSTEM-DATENWORT	Nicht möglich	BS 0 ... 255	Der im Systemdatenwort hinterlegte Befehl wird ausgeführt
TAK TAUSCHE AKKU 1 + 2	Nicht möglich		Inhalt von Akku 0 und 1 tauschen

- Diese Anweisung lässt sich in der dargestellten Weise unterteilen.
- Der Befehlsteil (Operationscode) sagt, was geschehen soll.
- Der Operandenteil ergänzt den Befehl und sagt, womit etwas durchgeführt werden soll.

Der Operandenteil lässt sich weiter unterteilen:

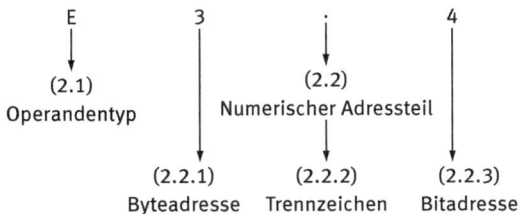

Eine Anweisung wird in der Regel in einer 16-Bit-Speicherzelle abgelegt. (Wenige Ausnahmen benötigen zwei 16-Bit-Speicherzellen.)

Es ergibt sich aus obigem Beispiel folgender Maschinencode:

15	14	13	12	11	10	9	8	7	6	5	4	3	2	1	0
1	1	0	0	0	1	0	0	0	0	0	0	0	0	1	1

Befehlsteil (hier U E bzw. U A)   Bitadresse   Byteadresse 3
                                    0 … 7 (hier 4)
                                    → Kennbit für Eingang = 0 und für Ausgang = 1

Hinweis: Hexadezimal wird die Anweisung U E 3.4 also als C403H codiert.

Einfacher und sinnvoller wird die nachfolgende Betrachtung, wenn man den Adressteil auf die Basis bezieht. Diese Basis ist natürlich die Adresse 0. Man betrachtet daher die Anweisung U E 0.0.

15	14	13	12	11	10	9	8	7	6	5	4	3	2	1	0
1	1	0	0	0	1	0	0	0	0	0	0	0	0	0	0

im Hex-Code C000H

Nun legt man in einem Hilfswort (im Beispiel MW 100) den Adressteil ab, der eigentlich benutzt werden soll.

Beispiel: Nicht U E 0.0 ist gewünscht, sondern U E 15.0.

Man legt daher den Byte-Adressteil 15 im Hilfswort MW 100 ab und erhält folgende Darstellungen:

15	14	13	12	11	10	9	8	7	6	5	4	3	2	1	0
0	0	0	0	0	0	0	0	0	0	0	0	1	1	1	1

in Hex-Code 000FH

Im Folgenden entfällt bei der Darstellung eines Registers die Kopfzeile, denn man begnügt sich mit der vereinfachten Darstellung.

MW 100

0	0	0	0	0	1	0	0	0	0	0	0	1	1	1	1

in Hex-Code 000FH

Der Befehl U E 0.0 sieht dann so aus:

U E 0.0

1	1	0	0	0	1	0	0	0	0	0	0	0	0	0	0

in Hex-Code C000H

Anschließend verknüpft man beide Register auf ODER:

MW 100

0	0	0	0	0	0	0	0	0	0	0	0	1	1	1	1

in Hex-Code 000FH

ODER

U E 0.0

1	1	0	0	0	0	0	0	0	0	0	0	0	0	0	0

in Hex-Code C000H

Damit ergibt sich:

U E 15.0

1	1	0	0	0	0	0	0	0	0	0	0	1	1	1	1

in Hex-Code C00FH

Das Verknüpfen auf ODER ergibt also genau den Befehlscode, den man benötigt.

Ändert man den Inhalt von MW 100 in 13 (00DH) und verknüpft mit ODER, ergibt sich:

U E 13.0

1	1	0	0	0	0	0	0	0	0	0	0	1	1	0	1

in Hex-Code C00DH

Ändert man den Inhalt von MW 100 in 020DH und verknüpft auf ODER, dann ergibt sich:

U E 13.2

1	1	0	0	0	0	1	0	0	0	0	0	1	1	0	1

in Hex-Code C20DH

Es bleibt die Frage, wie das Verknüpfen auf ODER durchgeführt werden soll.

Die Antwort lautet: Das Verknüpfen auf ODER geschieht automatisch durch das Betriebssystem, wenn man das wünscht.

Dies kann mit dem Betriebssystem durch die folgenden Befehle bearbeitet werden:

– Bearbeite indirekt Merkerwort (B MW 100).

– Bearbeite indirekt Datenwort (B DW 100).

Bezogen auf das letzte Beispiel lautet also das vollständige Programm:

```
L    KH 020D          Bitadresse 2, Byteadresse 13
T    MW 100           ablegen in Merkerwort
B    MW 100           indirekte Adressierung für nachfolgende Anweisung
U    E 0.0            nicht E 0.0 wird verknüpft auf UND, sondern
                      der Eingang, der durch MW 100 adressiert ist.
```

Die Anweisung B MW xy speichert also den Inhalt des Wortes in ein Hilfsregister ab und bereitet das Verknüpfen auf ODER mit der direkt folgenden Anweisung vor. Nach der folgenden Anweisung wird nicht die Anweisung selbst, sondern das Ergebnis des Verknüpfens auf ODER ausgeführt.

In der Praxis zeigt sich, dass diese indirekte Adressierung für binäre Befehle wenig geeignet ist – es sei denn, der Programmierer will bewusst das Programm mit dem Trick „indirekte Adressierung" so vernebeln, dass die eigentliche Logik nicht verstanden werden kann.

Für die Konstruktion von FIFO (first in, first out), Auftragsblöcken und Ähnlichem ist die indirekte Adressierung aber hervorragend geeignet.

Das Gleiche gilt für „berechnete" Sprunganweisungen, und dies wäre zum Beispiel eine Sprungleiste. So kann man beispielsweise bei vorgegebenen sechs „Betriebsarten" direkt zu dem entsprechenden Programmteil springen.

3.4.12 Regel nach DeMorgan

Was sich hinter der Überschrift der DeMorgan-Regeln verbirgt, ist sehr wichtig und muss von jedem Programmierer beherrscht werden.

Häufig denkt man:

```
              WENN (1)
              ODER
Aussage  1    WENN (2)
              DANN NICHT (3)
```

Grafisch dargestellt im Funktionsplan (FUP) sieht dies so aus, wie Abb. 3.37 zeigt.

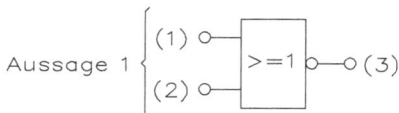

Abb. 3.37: Darstellung im Funktionsplan (FUP).

Man beachte die Negierung an der Ausgangsseite des ODER-Gatters. Daher wird dieses Gatter auch als NOR-Gatter bezeichnet.

Diese Aussage lässt sich auch umkehren:

```
            WENN  NICHT  (1)
            UND
Aussage 2   WENN  NICHT  (2)
            DANN  (3)
```

Im Funktionsplan (FUP) sieht dies so aus, wie Abb. 3.38 zeigt.

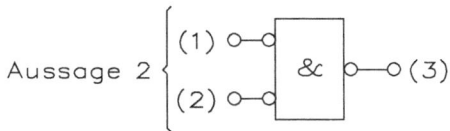

Abb. 3.38: Darstellung im Funktionsplan (FUP).

Man beachte die Negierungen an der Eingangsseite des UND-Gatters. Beide Aussagen sind wertgleich!

Die DeMorgan-Regel: Invertiert man bei einem Logikgatter die Ein- und die Ausgänge (oder den Ausgang) und kehrt man ebenfalls die Logikfunktion um (aus UND wird ODER bzw. umgekehrt), dann sind beide Aussagen wertgleich.

Weil dieses Thema so wichtig ist, soll an einem Beispiel noch einmal der Zusammenhang herausgestellt werden.

Anhand eines Kaffeetrinkers sollen die DeMorgan-Regeln erklärt werden. Der eine trinkt seinen Kaffee nur schwarz, also so:

```
WEDER    Zucker
NOCH     Milch
ABER     Appetit
DANN     Kaffee
```

Im Funktionsplan sieht das so aus, wie Abb. 3.39 zeigt.

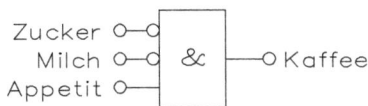

Abb. 3.39: Funktionsplan.

Das Gleiche noch einmal mit anderen Worten, die an die formale Logiksprache (in etwa AWL) angepasst sind:

```
         KEINEN      Zucker   UN  Zucker
UND      KEINE       Milch    UN  Milch
UND                  Appetit  U   Appetit
DANN                 Kaffee   =   Kaffee
```

Nun dreht man das Ganze um:

```
ENTWEDER             Zucker
ODER                 Milch
ODER     KEINEN      Appetit
DANN     KEINEN      Kaffee
```

Wenn man den Funktionsplan verwendet, erhält man Abb. 3.40.

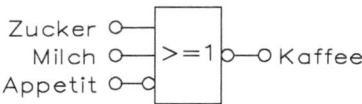

Abb. 3.40: Funktionsplan.

Möglich ist auch für dieses Beispiel der Funktionsplan nach Abb. 3.41.

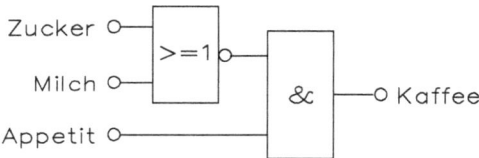

Abb. 3.41: Funktionsplan.

Viele SPS-Hersteller lassen in der für ihr Produkt entwickelten Logiksprache die Negierung für Zuweisungsanweisungen (S, R und =) nicht zu.

Viele Programmierer tun sich schwer bei der Anwendung der DeMorgan-Regel im Zusammenhang mit bedingten Sprunganweisungen. Da wird beispielsweise programmiert:

```
       U    E 2.2
       UN   M 2.2
       SPB=M001        Aktion notwendig
       SPA=M002        Sprung nach weiter
M001   U    E 2.3
       R    M 2.2
       U    E 2.2
       S    M 2.2
M002                   Weiter
```

Die beiden direkt aufeinanderfolgenden Sprunganweisungen sind nicht elegant. Man kehrt die Logik vor der ersten Sprunganweisung nach DeMorgan um.

```
        ON   E  2.2      diese Anweisungen
        ON   M  2.2      wurden umgekehrt
        SPB=M001         Sprung nach weiter erhält neues Ziel
        U    E  2.3      Aktion notwendig
        R    M  2.2
        U    E  2.2
        S    M  2.2
M001                     Weiter
```

Das sieht doch wesentlich eleganter aus. Eine Sprunganweisung und eine Marke sind entfallen.

3.4.13 Parametrierung

Häufig gibt es in einer Anlage mehrere gleichartige Anlagenteile, die mit gleicher Logik gesteuert werden können. Es ist zweckmäßig, dass man einen Baustein, der die geforderte Funktion erfüllt, auch für die anderen Gruppen verwenden möchte, obwohl dort andere Ein- und Ausgänge angeschlossen sind. In diesem Fall muss dieser Baustein aber so beschaffen sein, dass die allgemein (formal) bezeichneten Ein- und Ausgänge beim Abarbeiten des Programms automatisch gegen die jeweils aktuellen Ein- und Ausgänge ausgetauscht werden.

Und genauso funktioniert die Parametrierung. Immer dann, wenn ein Formaloperand auftaucht, wird dieser anhand einer Parameterliste gegen den aktuellen Operanden ausgetauscht. Diese Parametrierung ist dann nicht nur auf Ein- und Ausgänge beschränkt, sondern gilt für alle Operandenarten (Merker, Zeiten, Zähler usw.).

Ein parametrierter Baustein wird immer zusammen mit einer neuen Parameterliste aufgerufen. Anhand dieser Liste erfolgt der Austausch durch das Betriebssystem.

Dies ist ein sehr bequemer und rationeller Weg, gleichartige Anlagenteile zu versorgen. Leider gibt es auch Nachteile. Zum einen wird das Programm langsam, denn das Austauschen kostet Zeit. Häufig wächst hierdurch die Zykluszeit auf nicht mehr akzeptable Werte, was manchmal erst bei der Inbetriebnahme erkannt wird. Die Parameter selbst müssen vom Programmierer eindeutig bezeichnet werden. Bei einigen ist die Parameterbezeichnung auf nur vier Zeichen begrenzt. Dies zwingt zu manchmal schwer verständlichen Abkürzungen und der begleitende Kommentar sollte dies berücksichtigen.

Man kann diese Nachteile durch eine Quasi-Parametrierung vermeiden. Hierfür bieten sich zwei Möglichkeiten an.

Im ersten Fall existiert für jeden Anlagenteil ein eigener Baustein mit gleicher Logik aber unterschiedlichen Operanden. Durch Kopieren und Umschreiben der Operanden werden diese Bausteine im einfachsten Fall erzeugt. Anhand von Operandenlisten kann man diesen Vorgang automatisieren und dieser Vorgang wird als Umverdrahten bezeichnet. Bezogen auf die Zykluszeit ist dies die günstigste Methode. Ist eine Änderung notwendig, dann muss diese in allen Bausteinen durchgeführt werden.

Im zweiten Fall werden Schmiermerker verwendet. Bevor der Baustein bearbeitet wird, muss man die gesamte Peripherie (Ein- und Ausgänge) und alle Variablen in den Schmiermerkerbereich kopieren. Der umgekehrte Vorgang ist nach Abarbeiten des Bausteins notwendig. Die Zykluszeit wird hier nur geringfügig zusätzlich erhöht. Da es wie bei der „echten" Parametrierung nur einen gemeinsamen Baustein gibt, wird eine Änderung ohne weiteren Aufwand in allen Anlagenteilen wirksam.

3.4.14 Kommentar

Ein Programm ohne Kommentar ist in der Praxis eine Zumutung!!!

Es mag sein, dass der Programmersteller absichtlich verhindern will, dass irgendeine andere Person das Programm versteht.

Liegen jedoch solche oder ähnliche Absichten nicht vor, dann muss ein Programm ausreichend kommentiert werden.

Kommentieren heißt erläutern oder erklären.

Und hier ein paar Beispiele für unsinnige Kommentare:

Anweisung		Kommentar	
U	E 3.5	und Eingang 3.5	
L	MB 34	Laden des Merkerbyte 34	so was sollte man nicht
S	A 1.2	Setzen des Ausgangs	als Kommentar schreiben

Der Kommentar wird automatisch gut, wenn er sich auf die Anlage bezieht!

Der Baustein heißt z. B. Kessel heizen, der Ausgang Dampfeinlassventil, die Störmeldung, einen Endlagenfehler und Dampfeinlassventil.

Wichtig sind auch Ortsangaben: z. B. Förderband Warenausgang 3. Etage.

Wer den Ein- und Ausgängen technologische (also anlagen- oder maschinenbezogene) Namen gibt, der kann im weiteren Verlauf mit den Kommentar sparsam umgehen. Insofern sind gute Ein- und Ausgangslisten eine wichtige Rationalisierungsmaßnahme.

Umfangreiche „Romane" müssen wirklich nicht sein. Aber manchmal ist es hilfreich, eine komplizierte Programmiertechnik, deren Kenntnis man nicht bei jedem Betriebselektriker vermuten kann, in wenigen Sätzen zu erläutern.

Abkürzungen sind immer ein Problem. Hier hat jede Branche und jede Firma ihre eigenen Gepflogenheiten, an die man sich anpassen muss.

HM für Hilfsmerker und FM für Flankenmerker sind allgemein üblich.

Behauptung:

- 50 % der Zeit sind notwendig für die Erstellung des Programmcodes.
- 50 % der Zeit sind notwendig für einen vernünftigen begleitenden Kommentar.

3.4.15 Ablaufkette

Es gibt auch andere Namen, die das Gleiche oder etwas Ähnliches meinen und man spricht auch von einem Schrittschaltwerk.

Beispiel: Ein Gerät soll ein Teil von einem Bereitstellungsplatz holen und zu einem Bestimmungsort bringen.

Man überlegt und legt fest, welche Ablaufschritte möglich wären:

1. Das Gerät muss „transportbereit" sein.
2. Die Steuerung muss einen Transportauftrag erhalten.
3. Der Transportauftrag muss auf Ausführbarkeit überprüft werden.
4. Das Gerät muss zum Bereitstellungsplatz fahren.
5. Das Teil muss am Bereitstellungsplatz vorhanden sein (überprüfen).
6. Das Teil wird übernommen.
7. Das Gerät fährt zum Bereitstellungsplatz.
8. Der Bereitstellungsplatz muss leer sein (überprüfen).
9. Das Teil wird abgegeben.
10. Die Steuerung meldet an Auftraggeber „Auftrag ausgeführt".
11. Die Steuerung ist erneut „transportbereit". Also weiter bei 2.

Bei der Programmierung gibt es zwei grundsätzlich unterschiedliche Möglichkeiten.

In einem Merkerwort werden die verschiedenen Schritte notiert:

Schritt 01: „Bereit"
MV 100

15	14	13	12	11	10	9	8	7	6	5	4	3	2	1	0
0	0	0	0	0	0	0	0	0	0	0	0	0	0	0	1

Methode 1

oder

MV 100

15	14	13	12	11	10	9	8	7	6	5	4	3	2	1	0
0	0	0	0	0	0	0	0	0	0	0	0	0	0	0	1

Methode 2

Schritt 02: „Auftrag erhalten"
MV 100

15	14	13	12	11	10	9	8	7	6	5	4	3	2	1	0
0	0	0	0	0	0	0	0	0	0	0	0	0	0	1	1

Methode 1

oder

MV 100

15	14	13	12	11	10	9	8	7	6	5	4	3	2	1	0
0	0	0	0	0	0	0	0	0	0	0	0	0	0	1	0

Methode 2

Schritt 03: „Auftrag überprüft und positiv quittiert"
MV 100

15	14	13	12	11	10	9	8	7	6	5	4	3	2	1	0
0	0	0	0	0	0	0	0	0	0	0	0	0	1	1	1

Methode 1

oder

MV 100

15	14	13	12	11	10	9	8	7	6	5	4	3	2	1	0
0	0	0	0	0	0	0	0	0	0	0	0	0	1	0	0

Methode 2

Schritt 04: „Fahrt zum Bereitstellungsplatz"
MV 100

15	14	13	12	11	10	9	8	7	6	5	4	3	2	1	0
0	0	0	0	0	0	0	0	0	0	0	0	1	1	1	1

Methode 1

oder

MV 100

15	14	13	12	11	10	9	8	7	6	5	4	3	2	1	0
0	0	0	0	0	0	0	0	0	0	0	0	1	0	0	0

Methode 2

usw. ...

Schritt 11: „Bereit"
MV 100

15	14	13	12	11	10	9	8	7	6	5	4	3	2	1	0
0	0	0	0	0	1	1	1	1	1	1	1	1	1	1	1

Methode 1

oder

MV 100

15	14	13	12	11	10	9	8	7	6	5	4	3	2	1	0
0	0	0	0	0	1	0	0	0	0	0	0	0	0	0	0

Methode 2

Der Unterschied ist sofort erkennbar!

Bei der ersten Methode wird bei jedem Schrittende das nächsthöherwertige Bit gesetzt. Die bereits gesetzten Bits bleiben erhalten.

Bei der zweiten Methode wird bei jedem Schrittende das nächsthöherwertige Bit gesetzt. Das jeweils niederwertige Bit (kennzeichnend für den alten, nun beendeten Schritt) wird zurückgesetzt.

Zunächst sieht es so aus, als ob die erste Methode vorteilhafter ist, denn bei einem Schrittwechsel braucht man nur das neue Bit zu setzen, also nur eine Anweisung zu programmieren.

In Abb. 3.42 ist der Wechsel von Schritt 8 nach 9 gezeigt.

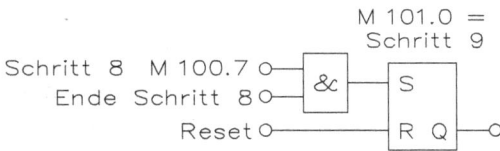

```
                            M 101.0 =
                            Schritt 9
Schritt 8  M 100.7 o─┐  ┌───┐  ┌───┐
   Ende Schritt 8 o──┤ & ├──┤ S │
                     └───┘  │   │
           Reset o──────────┤ R Q ├──o    Abb. 3.42: Wechsel von Schritt 8 nach 9.
                            └───┘
```

Zum Schluss – nach Ende des letzten Schrittes – wird die Reset-Bedingung aktiviert oder in das Merkerwort 100 der Wert „0" als Startbedingung für den Beginn einer neuen Ablaufkette transferiert.

Die Erfahrung zeigt aber, dass diese Methode viele Nachteile hat. Bei der Programmierung der Aktionen, die von einem Schritt abhängig sind, muss man feststellen, dass eine eindeutige Schrittzuordnung nur umständlich zu erreichen ist. So wird zum Beispiel die Definition von Schritt 5 in Abb. 3.43 gezeigt.

```
M 100.4 o─┐  ┌───┐     Schritt 5 aktiv
M 100.5 o─o┤ & ├──o   (weil Schritt 5 gesetzt,     Abb. 3.43: Funktionsplan für
          └───┘        aber Schritt 6 noch nicht)   Schritt 5.
```

Übersichtlicher ist nach der zweiten Methode der einfache Bezug auf Bit M 100.4, denn hier ist nur ein Bit gesetzt.

Die Schrittweiterschaltung (Transition) nach der zweiten Methode könnte so aussehen, wie Abb. 3.44 zeigt.

Es gibt noch einen anderen Befehl, mit dem sich solche Ablaufketten elegant programmieren lassen: SLW 1 = schiebe nach links um eine Position.

Dieser Schiebebefehl gilt nur für den Akkumulator und nicht für irgendein Merkerwort. Man muss daher so programmieren:

```
L    MW 100
SLW  1
T    MW 100
```

Es fehlt noch die jeweilige Weiterschaltbedingung.

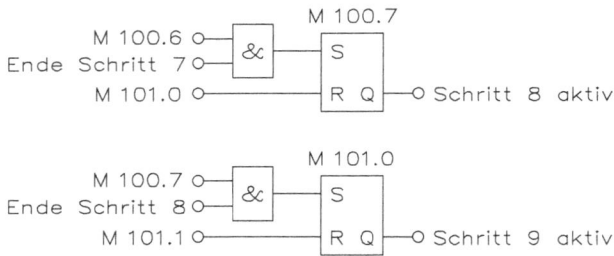

Abb. 3.44: Funktionsplan für Schritt 7 und Schritt 8.

3.4.16 Querverweisliste

Die Querverweisliste (cross-reference list) gibt Auskunft über die Verwendung aller Operanden (Eingänge, Ausgänge, Merker, Zähler, Zeiten und Bausteine). Sie ist ein wichtiges Kontrolldokument zur Aufdeckung von Programmierfehlern.

Im einfachsten Fall wird aufgedeckt, was schlicht und einfach vergessen wurde.

Ferner wird aufgedeckt, welche Operanden verwendet wurden, ohne diesen jemals einen Wert zuzuweisen.

Umgekehrt wird einem Operanden ein Wert zugewiesen, ohne dass jemals hierauf Bezug genommen wird. So etwas bezeichnet man auch als „Leiche".

3.5 Ablauf eines SPS-Programms

Die Komponenten einer SPS können als einzelne Baugruppen steckbar in einen Baugruppenträger oder als Kompletteinheit in einem Gehäuse ausgeführt sein. Dies sind konstruktive Äußerlichkeiten, die auf alle elektronischen Steuergeräte zutreffen können.

Nachstehend sind zwei organisatorische Details beschrieben, die wesentliche Grundlage für das Verständnis einer SPS sind.

3.5.1 SPS als Zyklus-Maschine

Wie bereits gezeigt wurde, arbeitet eine SPS zyklisch. Zyklisch heißt, dass die SPS wiederkehrend ist oder immer wieder von vorne beginnt.

Anders als bei einer konventionellen (verbindungsorientierten) Steuerung wird ein Befehl nach dem anderen abgearbeitet. Ist man bei dem letzten Befehl angelangt, beginnt alles wieder von vorne. Solange die SPS arbeitet, gibt es keine Pause. Typisch sind 100 bis 10.000 Zyklen in der Sekunde und Abb. 3.45 zeigt die zyklische Verarbeitungsweise.

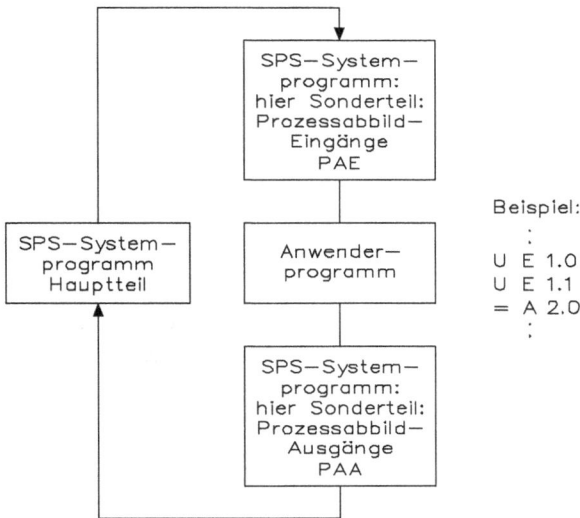

Abb. 3.45: Beispiel für eine zyklische Verarbeitungsweise.

Das SPS-Systemprogramm ist vom SPS-Hersteller entwickelt worden. Es ist in der Regel in Form von PROM in der Zentraleinheit (CPU) hinterlegt.

Der Hersteller liefert also nicht nur eine Ansammlung von elektronischen Bausteinen, gedruckten Schaltungen, Steckverbindungen und Gehäusen, sondern auch ein Programm, ohne das der Rest wertlos wäre. Dieses Betriebs- oder Systemprogramm ist wesentlicher Bestandteil der so genannten Firmware.

Eine SPS ist also eine Einheit bestehend aus Hardware und Firmware.

Das Betriebsprogramm liefert eine wichtige Besonderheit, bevor es das Anwenderprogramm aufruft und ausführt. Diese Besonderheit wird als Aktualisieren des Prozessabbildes bezeichnet. Diese Aktualisierung erfolgt in zwei Etappen.

Zuerst wird das Eingangsprozessabbild aktualisiert, dann wird das Anwenderprogramm abgearbeitet und danach das Ausgangsprozessabbild aktualisiert. Die entsprechenden Fachausdrücke heißen „Input Image Table" und „Output Image Table" oder zusammengefasst „I/O Image Table".

Das Betriebsprogramm soll das Anwenderprogramm aufrufen. Dies ist natürlich nur möglich, wenn das Betriebsprogramm die Bezeichnung des Anwenderprogramms kennt. Heute verwenden die Hersteller einen Organisationsbaustein. Ist ein solcher Organisationsbaustein (OB) in der Bausteinliste eingetragen, dann ruft das Betriebssystem diesen auf. Dieser OB ruft dann seinerseits andere Bausteine auf. Fehlt ein OB, wird das Anwenderprogramm nicht bearbeitet.

3.5.2 Speicherplan einer SPS

Zum Speicherplan (memory map) gehört alles, was adressiert werden kann. Bei 16 Adressleitungen (sehr weit verbreitet) kann man so 64 Kbyte adressieren – in Hex-Zahlen von 0000 bis FFFF, dezimal von 0 bis 65.535, was 65.536 Byte entspricht.

Damit ist nicht gesagt, dass dieser gesamte Bereich auch tatsächlich zum Lesen und/oder Speichern zur Verfügung steht. Das Programm (Systemprogramm) soll den Zugriff des Prozessors auf nicht installierte Bereiche verhindern. Gelingt dies nicht, „stürzt" das Programm ab. Solange man sich in dem von den SPS-Lieferfirmen spezifizierten (offiziellen) Rahmen bewegt, ist diese Fehlermöglichkeit kein Thema. Das Gleiche gilt für Bereiche, die nur gelesen werden können. Auch hier verhindert ein gutes (fehlerfreies) Betriebssystem, dass auf eine Speicherzelle in diesem Bereich zugegriffen werden kann.

Es gibt auch Bereiche, die nicht an Speicherbausteine angeschlossen sind (RAM oder ROM), aber sich dennoch so verhalten, als könnte der Prozessor lesen und schreiben. An einem solchen Bereich sind dann die Schnittstellenbausteine zur Peripherie angeschlossen. Beim Lesen wird die externe Situation der angeschlossenen Geber festgestellt und dann in „echte" Speicherbereiche übertragen. Beim Schreiben erhalten die angeschlossenen Stellglieder den in einem echten Speicherbereich vorher

	7	6	5	4	3	2	1	0			
Peripherie									FFFF F080	
Peripherie: Anschluss von Gebern und Stellgliedern									F07F F000	Dieser Bereich ist in zwei Richtungen aktiv. Die Geber werden gelesen und in PAE hinterlegt. Das PAA wird zu den Stellgliedern transferiert.
Reserve oder nicht benutzt									EFFF	
RAM für Datenbausteine (Anwenderspeicher)										Das Beispiel zeigt einen nur grob detaillierten Speicherplan. Eine Seite sollte zwecks Übersichtlichkeit ausreichen. Die detaillierte Kenntnis des jeweiligen Speicherplans ist in der Regel für den Programmierer nicht erforderlich.
RAM für Bausteinlisten, Stack und Sonstiges										
RAM für Prozessabbild Ausgänge = PAA A 0.0 ... A 127.7									927F 9200	
RAM für Prozessabbild Eingänge = PAE E 0.0 ... E 127.7									91FF 9180	
RAM für Zeiten T 0 ... T 63									917F 9100	
RAM für Zähler Z 0 ... Z 63									90FF 9080	
RAM für Merker M 0.0 ... M 127.7									907F 9000	
4 KByte Betriebssystem abgelegt in PROM—Bausteinen									8FFF 8000	
Reserve: mögliche Erweiterung des Anwenderspeichers									7FFF 4000	
Anwenderspeicher: Platz für ein 16KByte großes EPROM									3FFF 0000	Wenn für eine Anweisung 16 Bit notwendig sind, dann fasst dieser EPROM—Bereich 8192 Anweisungen.

Abb. 3.46: Beispiel für den Speicherplan einer 8-Bit-SPS.

festgelegten Wert (Ein oder Aus bzw. 1 oder 0). Die Peripheriebausteine, die die Stellglieder versorgen, sind so konstruiert, dass sie den Ausgabezustand an ein Stellglied
nicht zwischendurch ändern, sondern so lange warten, bis sie vom Prozessor aktuelle Daten übernommen haben. Insofern haben diese – für Stellglieder zuständigen –
Peripheriebausteine eine speichernde Funktion.

Abb. 3.46 zeigt ein Beispiel für den Speicherplan einer 8-Bit-SPS.

4 Programmorganisation

Die heutigen Automatisierungsgeräte ermöglichen dem Anwender mit ihrem Aufbau eine strukturierte Programmierung. Das eröffnet die Möglichkeit, das Gesamtprogramm in einzelne, in sich abgeschlossene Programmabschnitte (Bausteine) aufzuteilen. Dieses Verfahren bietet dem Anwender folgende Vorteile:
- einfache und übersichtliche Programmierung
- Möglichkeit zur Standardisierung von wiederverwendbaren Programmteilen
- einfache Programmorganisation
- leichte und einfache Änderungen
- einfacher Programmtest
- einfache Inbetriebnahme

Die in S5 und S7 bearbeiteten Programme bestehen aus System- und Anwenderprogrammen.

Das Systemprogramm ist die Gesamtheit aller Anweisungen und Vereinbarungen zur Verwirklichung geräteinterner Betriebsfunktionen und umfasst z. B. das Sicherstellen von Daten beim Ausfall der Versorgungsspannung, organisatorische Funktionen beim Schachteln von S5- und S7-Bausteinen usw. Das Systemprogramm ist in EPROM-Bausteinen auf der Zentralbaugruppe sicher vor Spannungsausfällen hinterlegt. Der Anwender hat aber auch keinen Zugriff auf das Systemprogramm.

4.1 Anwenderprogramme

Anwenderprogramme sind die Gesamtheit aller Anweisungen und Vereinbarungen für die analoge und digitale Signalverarbeitung, durch die eine zu steuernde Anlage bzw. der Prozess gemäß der Aufgabenstellung der Steuerung beeinflusst wird. Die Anwenderprogramme sind zweckmäßig in Bausteine unterteilt und damit strukturiert.

Ein Baustein ist ein nach Funktion, Struktur oder Verwendungszweck abgegrenzter Teil des Programms. Bei der Programmiersprache S5 unterscheidet man Bausteine, in denen die Anweisungen zur Signalverarbeitung stehen (Organisationsbausteine, Programmbausteine, Funktionsbausteine und Schrittbausteine), sowie Bausteine, in denen Daten hinterlegt sind (Datenbausteine).
- Organisationsbausteine (OB) dienen der Verwaltung des Anwenderprogramms in Form einer Auflistung der zu bearbeitenden Programmbausteine. Es gibt sie für die zyklische, alarmgesteuerte und zeitgesteuerte Programmbearbeitung.
- Mit Programmbausteinen (PB) wird das Anwenderprogramm in zweckdienlicher Art so gegliedert, dass die übergeordneten Bausteine eine Programmübersicht darstellen, während in den untergeordneten Programmbausteinen sinnvoller-

https://doi.org/10.1515/9783110556018-005

weise alle technologisch zusammenhängenden Funktionen, wie z. B. die Funktionen eines Stellgliedes, zusammengefasst werden.

- In den Funktionsbausteinen (FB) werden häufig wiederkehrende oder sehr komplexe Funktionen realisiert. Funktionsbausteine werden in der Praxis komplett geliefert (Standardfunktionsbausteine), können vom Anwender aber auch selbst programmiert werden. Im Funktionsbaustein stehen neben den Grundoperationen „ergänzende Operationen" und „Systemoperationen" zur Verfügung. Funktionsbausteine sind auch parametrierbar, was bedeutet, dass die von einem Funktionsbaustein realisierte Funktion mit verschiedenen Operanden (Bausteinparametern) ablaufen kann.
- Schrittbausteine (SB) werden in Ablaufketten eingesetzt, wobei je Ablaufschritt ein Schrittbaustein verwendet wird. Schrittbausteine werden vom Funktionsbaustein „Ablaufsteuerung" aufgerufen, der die Organisation einer Ablaufkette übernimmt.
- In Datenbausteinen (DB) stehen die Daten, mit denen das Anwenderprogramm arbeitet.

Alle programmierten Bausteine werden vom Programmiergerät in beliebiger Reihenfolge im Programmspeicher abgelegt:

Programmspeicher

PB1
PB2
DB1
FB1
FB2
DB5
SB5
SB10
OB1

Die Programmorganisation legt fest, ob und in welcher Reihenfolge die Programm- und Funktionsbausteine bearbeitet werden sollen (Abb. 4.1). Dazu werden in Organisationsbausteinen (OB) die entsprechenden Aufrufe als bedingte oder unbedingte Aufrufe für die gewünschten Bausteine programmiert.

Diese Organisationsbausteine werden wie die anderen Bausteine ebenfalls im Programmspeicher hinterlegt. Bei den verschiedenen Möglichkeiten der Programmbearbeitung gibt es auch unterschiedliche Organisationsbausteine.

Von Programm-, Funktions- und Schrittbausteinen können weitere Programm-, Funktions- und Schrittbausteine in beliebigen Kombinationen aufgerufen werden. Die maximal zulässige Schachtelungstiefe beträgt einschließlich des Organisationsbausteins 16 Bausteine, wobei Datenbausteine nicht mitgezählt werden.

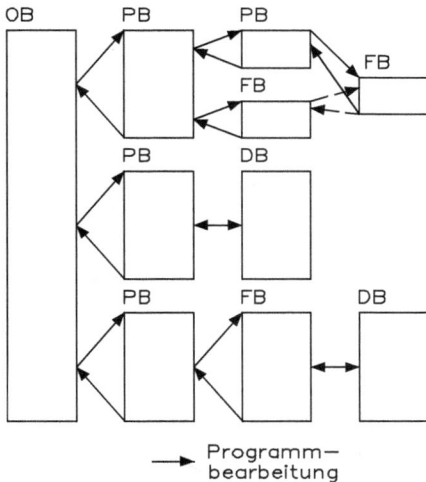

Abb. 4.1: Aufbau einer Programmorganisation mit OB (Organisationsbaustein), PB (Programmbaustein), FB (Funktionsbaustein) und DB (Datenbaustein).

Für die Bearbeitung eines Anwenderprogramms in den Automatisierungsgeräten gibt es drei Möglichkeiten:
– zyklische Programmbearbeitung
– alarmgesteuerte Programmbearbeitung
– zeitgesteuerte Programmbearbeitung

4.1.1 Programmierung und Aufruf von Programmbausteinen

Programmbausteine können zunächst einmal mit Grundoperationen erstellt werden. Darüber hinaus können sie aber auch in den drei Darstellungsarten KOP, FUP und AWL der Programmiersprache S5 und S7 ein- oder ausgegeben werden.

Die Programmierung eines Programmbausteins (PB) beginnt mit der Angabe einer Programmbausteinnummer zwischen 0 und 255 (Beispiel: PB 25). Danach folgt das eigentliche Steuerungsprogramm, das immer mit der Anweisung BE abgeschlossen wird.

Die Wörter im Programmspeicher werden vom Bausteinkopf belegt, den das Programmiergerät automatisch zum Programmbaustein generiert, wie Abb. 4.2 zeigt.

Ein Programmbaustein sollte immer ein abgeschlossenes Programm beinhalten. Verknüpfungen über die Bausteingrenzen sind nicht sinnvoll und führen häufig zu Programmierfehlern.

Die Programmbausteine werden zur Bearbeitung durch Aufruf des Bausteins freigegeben (Abb. 4.3). Diese Bausteinaufrufe können innerhalb eines Organisations-, Programm- oder Funktionsbausteins programmiert werden. Sie sind vergleichbar mit „Sprung in ein Unterprogramm" und können sowohl unbedingt als auch bedingt (SPB PBx) ausgeführt werden.

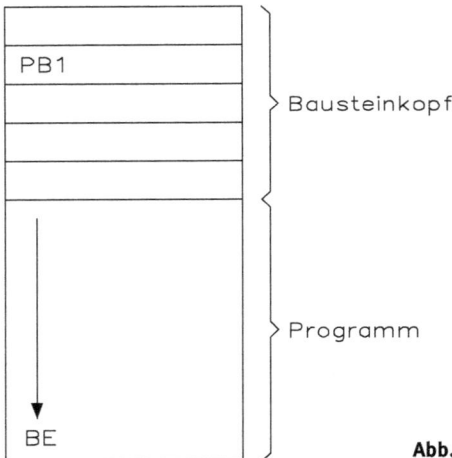

Abb. 4.2: Aufbau eines Programmbausteins.

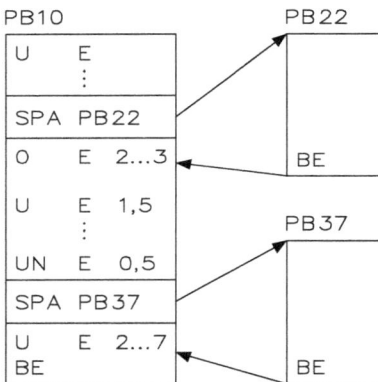

Abb. 4.3: Aufruf der Programmbausteine
PB 10, PB 22 und PB 37.

Nach der Anweisung BE (Bausteinende) wird in den Baustein zurückgesprungen, in dem der Bausteinaufruf programmiert ist. Sowohl nach einem Bausteinaufruf als auch nach BE kann das Verknüpfungsergebnis nicht mehr weiter verknüpft werden. Das Verknüpfungsergebnis wird jedoch in den „neuen Baustein" mitgenommen und kann dort ausgewertet werden.

Die Definition eines unbedingten Aufrufs (SPA PB XY) ist, dass der angesprochene Programmbaustein unabhängig vom vorherigen Verknüpfungsergebnis bearbeitet wird.

Die Definition eines bedingten Aufrufs (SPB PB XY) ist, dass der angesprochene Programmbaustein abhängig vom vorherigen Verknüpfungsergebnis bearbeitet wird.

Beispiel:
- SPA PB 1: Der Programmbaustein PB 1 wird unabhängig vom vorherigen Verknüpfungsergebnis bearbeitet.
- SPB PB 20: Der Programmbaustein PB 20 wird abhängig vom vorherigen Verknüpfungsergebnis bearbeitet, und zwar wie folgt:
    - bei Verknüpfungsergebnis 1 wird PB 20 bearbeitet,
    - bei Verknüpfungsergebnis 0 wird PB 20 nicht bearbeitet.

4.1.2 Programmierung und Aufruf von Datenbausteinen

In Datenbausteinen (DB) werden die Daten abgespeichert, die im Anwenderprogramm benötigt werden. Daten können sein:
- beliebige Bitmuster, z. B. für Anlagenzustände,
- Zahlen (hexadezimal, dual, dezimal), z. B. für Zeitwert, Rechenergebnis etc.,
- alphanumerische Zeichen, z. B. für Meldetexte.

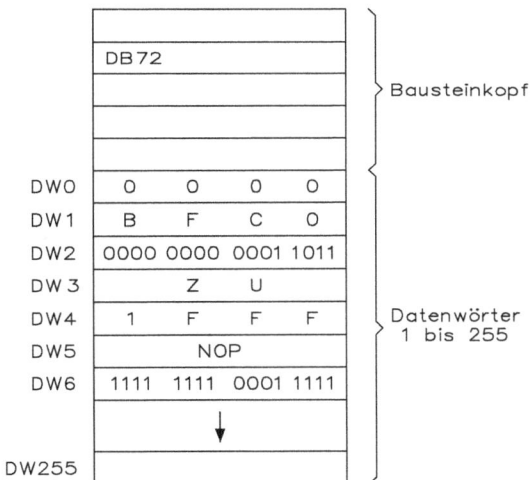

Abb. 4.4: Ausbau des Datenbausteins DB 72.

Die Programmierung beginnt mit der Angabe einer Datenbausteinnummer zwischen 2 und 255 (Beispiel: DB 72). Jeder Datenbaustein kann aus bis zu 256 Datenwörtern zu 16 Bit bestehen (Abb. 4.4). Die Einrichtung von Datenwörtern muss in aufsteigender Reihenfolge der Datenwörter, beginnend mit Datenwort 0, erfolgen. Dabei sollte das Datenwort 0 (DW 0) vom Anwender nicht verwendet werden, da es als Zwischenspeicher für bestimmte Funktionsbausteine dient. Wird das Servicegerät 333 eingesetzt, so ist Datenbaustein DB 6 bereits belegt. Festzuhalten ist also, dass die Datenwörter 0 der Datenbausteine freigehalten werden müssen. Der Datenbaustein 0 ist vom Anwender nicht zu verwenden, da er für das Betriebssystem reserviert ist. Weiterhin sind für

Regelungsfunktionen die Datenbausteine DB 2, DB 3 und DB 4 zur Datenübergabe frei-zuhalten.

Der Datenbaustein DB 1 parametriert interne Funktionen des SPS-Gerätes, ist je-doch nicht in allen Automatisierungssystemen vorhanden. Weitere Datenbausteine werden von der Standardsoftware angesprochen. Die Nummern dieser Datenbau-steine sind in der Softwarebeschreibung enthalten.

Jedes Datenwort belegt im Programmspeicher ein Speicherwort. Vom Program-miergerät wird außerdem zu jedem Datenbaustein ein Bausteinkopf generiert, der wei-tere fünf Wörter im Programmspeicher belegt.

Der Aufruf von Datenbausteinen (ADB XY) läuft folgendermaßen ab:

– Datenbausteine (DB) können nur unbedingt aufgerufen werden. Der Aufruf bleibt im Baustein so lange gültig, bis ein neuer Aufruf erfolgt.

– Der Aufruf eines Datenbausteins kann in einem Programmbaustein, Funktions-baustein, Organisationsbaustein oder Schrittbaustein programmiert werden.

– Wird von einem Programmbaustein, in dem bereits ein Datenbaustein adressiert wurde, in einen weiteren Programmbaustein verzweigt, in dem ein zweiter Da-tenbaustein aufgerufen wird, so ist der zweite Baustein nur vom Aufruf bis zum Ende des Programmbausteins gültig. Nach dem Rücksprung in den aufrufenden Programmbaustein gilt wieder der alte Datenbaustein.

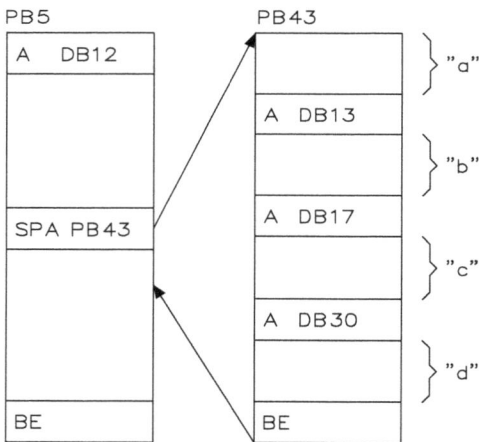

Abb. 4.5: Beispiel für den Aufruf des Programmbausteins PB 5.

Im Programmbaustein PB 5 (Abb. 4.5) wird der Datenbaustein DB 12 aufgerufen und im Folgenden werden die Daten dieses Bausteins bearbeitet. Nach dem Aufruf SPA PB 4 wird dann der Programmbaustein PB 43 bearbeitet. Der Datenbaustein DB 12 ist jedoch nach wie vor gültig, bis mit dem Aufruf von Datenbaustein DB 13 der Datenbereich gewechselt wird.

In Abschnitt „b" des PB 43 wird DB 13 gültig. Das gilt entsprechend auch für DB 17. Er wird in Abschnitt „c" gültig. Im Abschnitt „d" wird schließlich DB 30 gültig.

Mit dem Rücksprung (Bausteinwechsel) in Programmbaustein PB 5 erlangt dann wieder DB 12 Gültigkeit.

Die in den 255 Datenbausteinen hinterlegten Daten werden mit Lade-, Transfer- und Bearbeitungsoperationen angesprochen, wenn sich die entsprechenden Anweisungen mit den Operanden DR, DL und DW darauf beziehen.

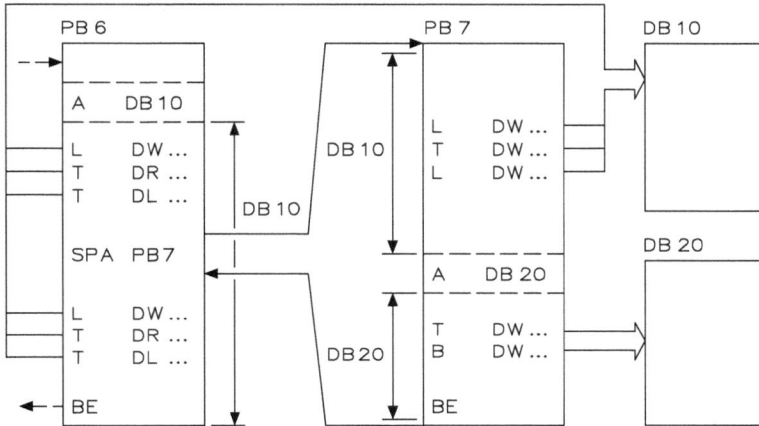

Abb. 4.6: Beispiel für den Aufruf des Programmbausteins mit Datenbaustein DB 10 und DB 20.

Der im Programm von Abb. 4.6 des Programmbausteins, Funktionsbausteins oder Schrittbausteins enthaltene Datenbausteinaufruf A DB ... markiert, auf welchen Datenbaustein sich alle folgenden Anweisungen mit den Operanden DR, DL, DW beziehen.

Diese Markierung bleibt auch dann weiterhin gültig, wenn durch einen Bausteinaufruf der aktuelle Baustein verlassen wird. Erst wenn im weiteren Verlauf der Programmbearbeitung ein neuer Datenbaustein aufgerufen wird (z. B. ADB 20), beziehen sich die anschließenden Anweisungen mit den Operanden DR, DL und DW auf diesen neu aufgerufenen Datenbaustein DB 20.

Vor Verlassen eines Bausteins (z. B. bei dem Aufruf SPA PB 7) wird der zuletzt aufgerufene Datenbaustein (im Beispiel DB 10) von der Zentralbaugruppe in einem Stapelspeicher („STACK") gespeichert. Wird das Programm nach dem Rücksprung zu einem späteren Zeitpunkt hinter der Absprungstelle wieder fortgesetzt, so beziehen sich alle folgenden Anweisungen mit den Operanden DL, DR und DW wieder auf den vor der Absprungstelle aufgerufenen Datenbaustein (im Beispiel DB 10).

In den Datenbausteinen (DB) werden die Daten gespeichert, die bei der Bearbeitung des Anwenderprogramms gelesen oder verändert werden. Ein Datenbaustein kann bis zu 256 Datenwörter (DW, 16-Bit-Wörter) enthalten. Reicht die Menge nicht, wird ein weiterer Datenbaustein aufgerufen. Der Speicherplatz für die gewünschte

Menge an Datenwörtern wird durch das Programmieren eines Datenbausteins und das anschließende Übertragen in den AG-Speicher reserviert.

Bei der Eingabe von Datenwörtern kann für jedes Datenwort ein eigenes Datenformat angegeben werden. Diese Datenformate werden aber auf der Anwender-Diskette im Laufwerk A:>, auf Festplatte C:> oder USB-Stick E:> gespeichert. Mit ihrer Hilfe besorgt das PC-Programmiergerät beim Lesen von Datenbausteinen die erforderlichen Codeumsetzungen, so dass der Inhalt der einzelnen Datenwörter im gewünschten Format direkt lesbar wird (Abb. 4.7).

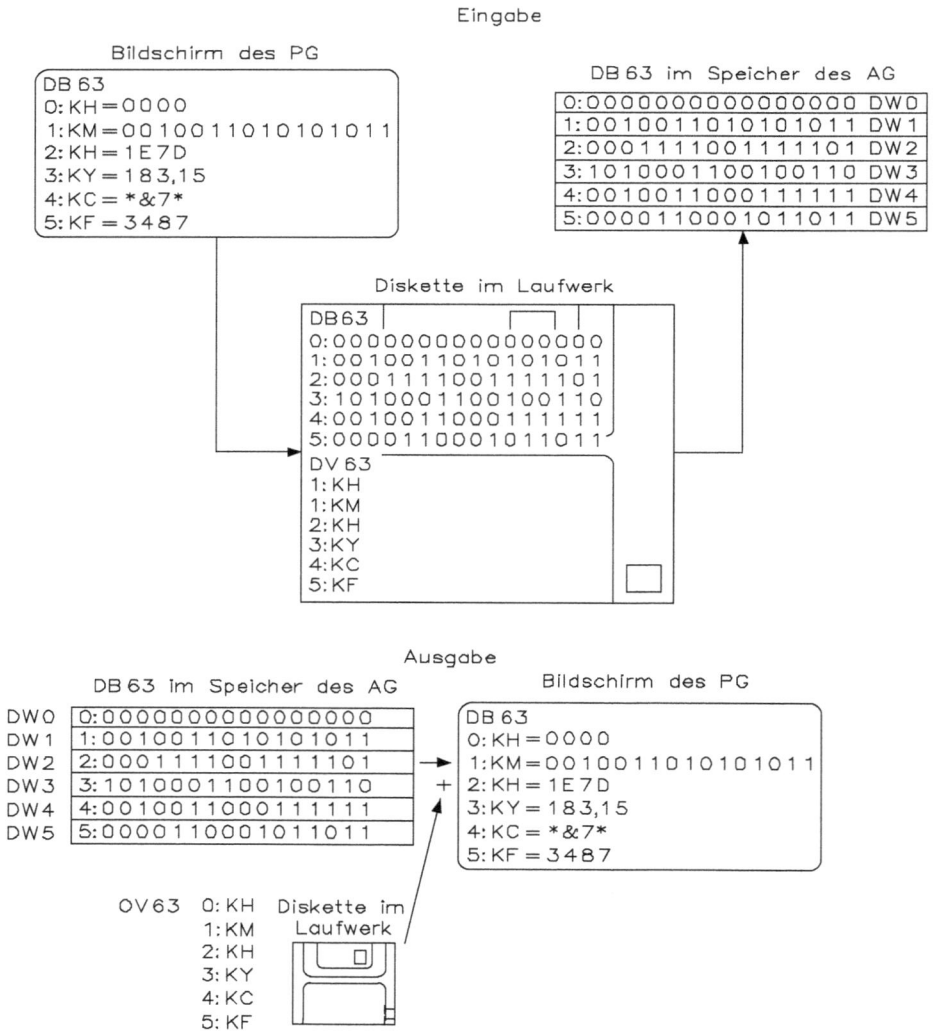

Eingabe

Bildschirm des PG

```
DB 63
0: KH = 0000
1: KM = 0010011010101011
2: KH = 1E7D
3: KY = 183,15
4: KC = *&7*
5: KF = 3487
```

DB 63 im Speicher des AG

```
0: 0000000000000000 DW0
1: 0010011010101011 DW1
2: 0001111001111101 DW2
3: 1010001100100110 DW3
4: 0010011000111111 DW4
5: 0000110001011011 DW5
```

Diskette im Laufwerk

```
DB 63
0: 0000000000000000
1: 0010011010101011
2: 0001111001111101
3: 1010001100100110
4: 0010011000111111
5: 0000110001011011
DV 63
1: KH
1: KM
2: KH
3: KY
4: KC
5: KF
```

Ausgabe

DB 63 im Speicher des AG

```
DW0   0: 0000000000000000
DW1   1: 0010011010101011
DW2   2: 0001111001111101
DW3   3: 1010001100100110
DW4   4: 0010011000111111
DW5   5: 0000110001011011
```

Bildschirm des PG

```
DB 63
0: KH = 0000
1: KM = 0010011010101011
2: KH = 1E7D
3: KY = 183,15
4: KC = *&7*
5: KF = 3487
```

```
OV 63   0: KH    Diskette im
        1: KM    Laufwerk
        2: KH
        3: KY
        4: KC
        5: KF
```

Abb. 4.7: Inhalt der einzelnen Datenwörter auf der Diskette und Festplatte im gewünschten Format.

Achtung: Der Datenbaustein DB 0 darf niemals verwendet werden. Er befindet sich im Systemdatenbereich des Automatisierungsgerätes und enthält die Bausteinadressliste. Mit dieser geschieht die Programmverwaltung. Sie enthält alle Sprung- und Rücksprungadressen, Informationen zu den gültigen Datenbausteinen u. a.

Der Datenbaustein „DB 1 list" ist für die Initialisierung von bestimmten Baugruppen reserviert.

Die Datenbausteine DB 2 ... DB 9 sind für bestimmte Standard-Funktionsbausteine reserviert.

Das Datenwort DW 0 dient vielfach als Hilfsregister und es sollte keine Daten enthalten.

Datenbausteine sollten immer auf die Festplatte, Diskette oder den USB-Stick geschrieben werden (Datenformate!) und diese werden erst anschließend in den AG-Speicher übertragen.

Die Besonderheit bei Datenbausteinen ist der Datenbausteinvorkopf (DV). In diesem Kopf sind die Formatangaben für alle Wörter des Datenbausteins enthalten. Der Kopf wird bei jedem Abspeichern auf den Speichermedien (Festplatte, USB-Stick, Disketten usw.) automatisch erzeugt. Im Automatisierungsgerät befindet sich der Datenbaustein ohne Datenbausteinvorkopf und dieser lässt sich nicht in das Automatisierungsgerät übertragen.

Eingabe:
DB 63

0:	KH = 0000;	KH = Sedezimalzahl (hexadezimal)
1:	5<KH 0000>	Eingabe mit Wiederholungsfaktor
6:	IKF = -32768;	KF = Festpunktzahl
7:	KF = +32767;	
8:	KG = "DIES IST DER DATENBAUSTEIN DB 63"	
		KC = Textzeichen
24:	KG = "DIES IST DER"	KC = Textzeichen
30:	KG = "DATENBAUSTEIN DB 63"	
40:	KT 152.3;	KT = Zeitwert
41:	KZ 064;	KZ = Zählerwert
43:		

Ausgabe:
DB 63

BW 0 soll reserviert werden

0:	KFI = 0000;	
1:	KH = 0000	
2:	KH = 0000;	5 Datenwörter reserviert

```
 3:   KFI = 0000;
 4:   KFi = 0000;
 5:   KK  = 0000;
 6:   KF  = -32768;
 7:   KF  = +32767;
 8:   C   = "DIES IST DER DATENBAUSTEIN DB 63"
                                              Durch den Wechsel
24:   KC  = "DIES IST DER"                    „KC" – „C" wird der Text
30:   C   = "DATENBAUSTEIN DB 63"             zeilenweise ausgegeben
40:   KT 152.3;
41:   KZ 064;
42:   KY 000.000;
43:
```

4.1.3 Programmierung und Aufruf von Funktionsbausteinen

Funktionsbausteine sind ebenso Teile des Anwenderprogramms wie z. B. Programmbausteine. Sie weisen jedoch gegenüber Programmbausteinen vier wesentliche Unterschiede auf:
–   Funktionsbausteine lassen sich parametrieren, d. h., es können die Aktualoperanden vorgegeben werden, mit denen ein Funktionsbaustein arbeiten soll.
–   Funktionsbausteine können mit einem gegenüber den Programmbausteinen erweiterten Operationsvorrat programmiert werden. Dieser erweiterte Operationsvorrat besteht aus den ergänzenden Operationen der Programmiersprache S5.
–   Das Programm eines Funktionsbausteins lässt sich nur als Anweisungsliste erstellen und dokumentieren.
–   Der Funktionsbaustein wird grafisch als „Black Box" dargestellt.

Funktionsbausteine repräsentieren im Anwenderprogramm eine komplexe, abgeschlossene Funktion. Sie können entweder als Softwareprodukt von den Herstellern bezogen (Standard-Funktionsbausteine) oder vom Anwender selbst programmiert werden. Ergänzende Operationen, die zusätzlich zu den Grundoperationen eingesetzt werden, können nur in Funktionsbausteinen programmiert werden.

Ein Baustein besteht mindestens aus dem Bausteinkopf und dem Bausteinrumpf (Abb. 4.8). Funktionsbausteine müssen zusätzlich mit einem Vorkopf (FV) versehen sein.

Der Bausteinkopf enthält alle Angaben, die das Programmiergerät benötigt, um den Funktionsbaustein grafisch darzustellen und die Operanden bei der Parametrierung des Funktionsbausteins prüfen zu können. Dieser Bausteinkopf wird vom Anwender mit Unterstützung durch das Programmiergerät noch vor der Programmierung des Funktionsbausteins eingegeben.

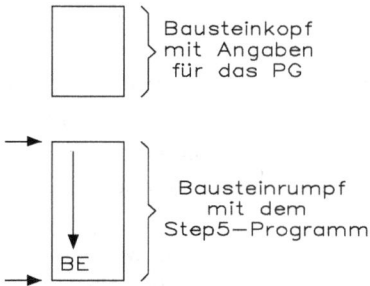

Abb. 4.8: Aufbau eines Bausteinkopfes und Bausteinrumpfes.

Die üblichen Informationen für die Programmierung werden im Bausteinkopf (fünf Worte lang) des Funktionsbausteinkopfes abgespeichert:
- Name des Funktionsbausteins
- Namen der Bausteinparameter
- Kennzeichen der Bausteinparameter
  - Art des Bausteinparameters
  - Typ des Bausteinparameters

Der Bausteinrumpf enthält das eigentliche Programm des Funktionsbausteins. In ihm wird die auszuführende Funktion mit der Programmiersprache S5 beschrieben und niedergelegt. Bei einem Aufruf des Funktionsbausteins wird nur der Bausteinrumpf bearbeitet.

Zur Programmierung eines Funktionsbausteins steht, wie bereits erwähnt, neben den Grundoperationen ein erweiterter Operationsvorrat zur Verfügung.

Mit Funktionsbausteinen (FB) werden häufig wiederkehrende oder sehr komplexe Funktionen realisiert. Sie stehen nur einmal im Programmspeicher und werden von einem übergeordneten Baustein einmal oder mehrfach aufgerufen, wobei für jeden Aufruf andere Parameter verwendet werden können.

Die Funktionsbausteine werden wie die Programm- und Datenbausteine unter einer bestimmten Bezeichnung (FB 0 bis FB 255) im Programmspeicher abgelegt.

Der Aufruf eines Funktionsbausteins kann innerhalb eines Programmbausteins, eines Schrift- oder Organisationsbausteins oder eines anderen Funktionsbausteins programmiert werden. Der Aufruf selbst setzt sich aus der Aufrufanweisung und der Parameterliste zusammen.
- Für einen unbedingten Aufruf (SPA FB XY) gilt, dass der angesprochene Funktionsbaustein unabhängig vom vorherigen Verknüpfungsergebnis arbeitet.
- Für einen bedingten Aufruf (SPB FB XY) gilt, dass der angesprochene Funktionsbaustein nur dann bearbeitet wird, wenn das vorherige Verknüpfungsergebnis „VKE" = 1 ist.

Der in den Programmbausteinen programmierbare Funktionsumfang ist auch in den Funktionsbausteinen programmierbar. Zusätzlich steht ein erweiterter Funktionsumfang, die so genannten „ergänzenden Funktionen", zur Verfügung. Da die meisten ergänzenden Funktionen ohnehin grafisch nicht darstellbar sind, können Programme innerhalb von Funktionsbausteinen nur als Anweisungsliste programmiert und dokumentiert werden. Dies trifft dann aber auch auf die Grundfunktionen innerhalb von Funktionsbausteinen zu.

Funktionsbausteine können ohne Bausteinparameter programmiert werden, z. B. wenn ergänzende Operationen im Programm Verwendung finden sollen. Nach dem Eingabekommando muss ein Name für den Funktionsbaustein eingegeben werden. Nach dem Übergehen des Bausteinparameters kann „normal" weiterprogrammiert werden.

Funktionsbausteine enthalten im weitesten Sinne Unterprogramme, die zwar im gesamten Anwenderprogramm nur einmal vorhanden sind, aber mehrfach mit gleichen oder unterschiedlichen Operanden bearbeitet werden können.

Die Eingabe eines Funktionsbausteins mit Bausteinparametern gliedert sich in zwei große Bereiche:
– Angabe des Bausteinnamens und der Parameterliste,
– Programmierung der Funktion, die der Funktionsbaustein ausführen soll.

Nach der Namenseingabe werden alle Bausteinparameter mit Namen, Art und Typ eingegeben, wie das nachfolgende Beispiel zeigt.

```
FB 200
BIB: 00001
NETZWERK 1

NAME: TEST
```

BEZ:	OEL	E/A/D/B/T/Z:	E	BI/BY/W/D:	BI	} Parameterliste der
BEZ:	GITTER	E/A/D/B/T/Z:	E	BI/BY/W/D:	BI	} im FB verwendeten
BEZ:	LICHT	E/A/D/B/T/Z:	A	BI/BY/W/D:	BI	} Formaloperanden

Bausteinparameter   Bausteinparameterart   Bausteinparametertyp
(Formaloperand)

Bei Bedarf kann als Bibliotheksnummer eine Zahl von 0 bis 99.999 vorgegeben werden. Diese Nummer erhält dann der Funktionsbaustein unabhängig von seinem symbolischen bzw. absoluten Parameter zugesprochen.

Eine Bibliotheksnummer sollte nur einmal vorgegeben werden, um einen bestimmten Funktionsbaustein eindeutig identifizieren zu können. Standard-Funktionsbausteine verwenden demgegenüber eine Produktnummer und in dem Beispiel ergibt sich die Bibliotheksnummer: BIB = 00001.

Der Name eines Funktionsbausteins ist bis zu acht Zeichen lang. Er dient der Bezeichnung des Funktionsbausteins und ist nicht identisch mit dem symbolischen Anlagenkennzeichen. Das erste Zeichen des Namens muss ein Buchstabe sein. In dem Beispiel trägt der Funktionsbaustein den Namen „TEST".

Der Name eines Bausteinparameters ist bis zu vier Zeichen lang und muss mit einem Buchstaben beginnen. Wird kein Name eingegeben, schließt das Programmiergerät die Eingabe des Bausteinkopfes automatisch ab.

Wird kein Name eines Bausteinparameters definiert, ist dieser Funktionsbaustein nicht parametrierbar.

Zum Programmieren steht in diesem Fall der gesamte S5-Anweisungsvorrat mit Ausnahme der Substitutionsanweisungen zur Verfügung.

Die Länge der Parameterliste ist auf maximal 40 Bausteinparameter (Formaloperanden) begrenzt. In dem Beispiel sind die Namen der Bausteinparameter (Formaloperanden):

```
OEL, GITTER, LICHT
```

Diese Formaloperanden werden im Programm des Bausteins verwendet und später bei der Programmbearbeitung im Automatisierungsgerät durch so genannte Aktualoperanden ersetzt.

Für die Eingabe sind folgende Arten von Bausteinparametern zulässig:
-   E: Eingangsparameter
-   A: Ausgangsparameter
-   D: Datum (Konstante)
-   B: Baustein
-   T: Zeit
-   Z: Zähler

Die Bezeichnungen E, D, B, T oder Z sind Parameter, die bei grafischer Darstellung auf der linken Seite des Funktionssymbols gezeichnet werden. Nur die mit „A" gekennzeichneten Parameter werden bei der grafischen Darstellung auf der rechten Seite des Funktionssymbols gekennzeichnet.

In dem Beispiel sind als Bausteinparameterarten die Eingangsparameter (E) und Ausgangsparameter (A) angegeben.

Bei der Parametrierung des Funktionsbausteins prüft das Programmiergerät, ob der eingegebene Operand auch zulässig ist. Für einen bestimmten Bausteinparameter kann daher nur ein bestimmter Operandentyp angegeben werden:

BI   für einen Operanden mit Bitadresse
BY   für einen Operanden mit Byteadresse
W   für einen Operanden mit Wortadresse
D   für einen Operanden mit Doppelwortadresse

Für den Parametertyp „BI" sind folgende Aktualoperanden zugelassen:

E	n.m	Eingang	z. B.	E 1.3
A	n.m	Ausgang	z. B.	A 2.5
M	n.m	Merker	z. B.	M 100.1

Für den Parametertyp „BY" sind folgende Aktualoperanden zugelassen:

EB n	Eingangsbyte	z. B.	EB 7
AB n	Ausgangsbyte	z. B.	AB 16
MB n	Merkerbyte	z. B.	MB 152
DL n	Datum linkes Byte	z. B.	DL 58
DR n	Datum rechtes Byte	z. B.	DR 17
PY n	Peripheriebyte	z. B.	PY 88

Für den Parametertyp „W" sind folgende Aktualoperanden zugelassen:

EW n	Eingangswort	z. B.	EW 38
AW n	Ausgangswort	z. B.	AW 52
MW n	Merkerwort	z. B.	MW 124
DW n	Datenwort	z. B.	DW 24
PW n	Peripheriewort	z. B.	PW 18
BS n	Systemdaten (Wort)	z. B.	BS 136
BA n	Systemtransferdaten	z. B.	BA 8 (Wort)

Für den Parametertyp „D" sind folgende Aktualoperanden zugelassen:

ED n	Eingangsdoppelwort
AD n	Ausgangsdoppelwort
MD n	Merkerdoppelwort
DD n	Datendoppelwort

In dem Beispiel ist bezüglich des Typs der Bausteinparameter BI angegeben. Damit darf nur mit den E-, A- und M-Aktualoperanden gearbeitet werden.

Ist die Art des Bausteinparameters ein „B", ist keine weitere Typangabe zulässig. Als Aktualoperanden sind in diesem Fall zugelassen:

DB n	Datenbausteine	z. B.	DB 5

Ausgeführt wird der Befehl: A DBn

FB n	Funktionsbausteine	z. B.	FB 89

Ausgeführt wird: SPA

PB n   Programmbausteine   z. B.   PB 131

Ausgeführt wird: SPA

SB n   Schrittbausteine   z. B.   SB 45

Ausgeführt wird: SPA ...

Für die Bausteinparameter „T" oder „Z" ist keine weitere Typangabe zulässig. Bei der Parametrierung aufgerufener Funktionsbausteine ist hier dann nur der Operand T (Zeit) oder Z (Zähler) zugelassen.

Nach der Eingabe des Namens sowie der Parameterliste zum Funktionsbaustein FB 200 kann die Programmierung der Funktionen beginnen, die der FB 200 ausführen soll.

Das neue Beispiel ist eine Fortsetzung des vorherigen Beispiels:

```
FB 200
NETZWERK 1
NAME: TEST
```

BEZ:	OEL	E/A/D/B/T/Z:	E	BI/BY/W/D:	BI	
BEZ:	GITTER	E/A/D/B/T/Z:	E	BI/BY/W/D:	BI	} Parameterliste
BEZ:	LICHT	E/A/D/B/T/Z:	A	BI/BY/W/D:	BI	

:	U = OEL	
:	U = GITTER	} Funktionsprogramm
:	= = LICHT	

Formaloperand

Abweichend von den Regeln für alle anderen Bausteinarten steht in den Funktionsbausteinen das S5-Programm nicht direkt hinter dem Bausteinkopf. In den ersten Speicherzellen stehen vielmehr in maximal vier Wörtern erst einmal die Zeichen für den Namen des Funktionsbausteins und in je drei weiteren Wörtern die Angaben über jeden einzelnen Formaloperanden (Art, Typ und Bezeichnung).

Die Parameterliste muss im Funktionsbaustein vorhanden sein, da bei seinem Aufruf diese Liste durch Aktualoperanden ergänzt und zusätzlich geprüft wird, ob jeder zugewiesene Aktualoperand nach Art und Typ den Angaben in der Liste entspricht. Da diese Parameterliste vom Automatisierungsgerät nicht bearbeitet werden darf (in der Liste stehen keine Steueranweisungen!), wird sie mit einem unbedingten Sprung übersprungen.

– Kennzeichen für Formaloperanden ist das Zeichen „="
– Gegensatz: Kennzeichen für Symboloperanden: „–"

Im anschließenden S5-Programm sind die Formaloperanden durch Zahlen gekennzeichnet, die der Position dieses Operanden in der Parameterliste entsprechen.

Bei der Programmbearbeitung im Automatisierungsgerät wird nach dem im PB 25 stehenden Aufruf SPA FB 200 die Bearbeitung am Anfang des FB 200 fortgesetzt. Mit SPA + 14 wird die Parameterliste übersprungen und mit der Bearbeitung der S5-Anweisungen begonnen. Wird eine Anweisung mit einem Formaloperanden wie z. B. U = 01 gelesen, so wird diese Anweisung vom Gerät durch den im PB in der Parameterliste an erster Stelle stehenden Aktualoperanden, in Abb. 4.9 also E 0.2, ergänzt (substituiert) und erst anschließend bearbeitet.

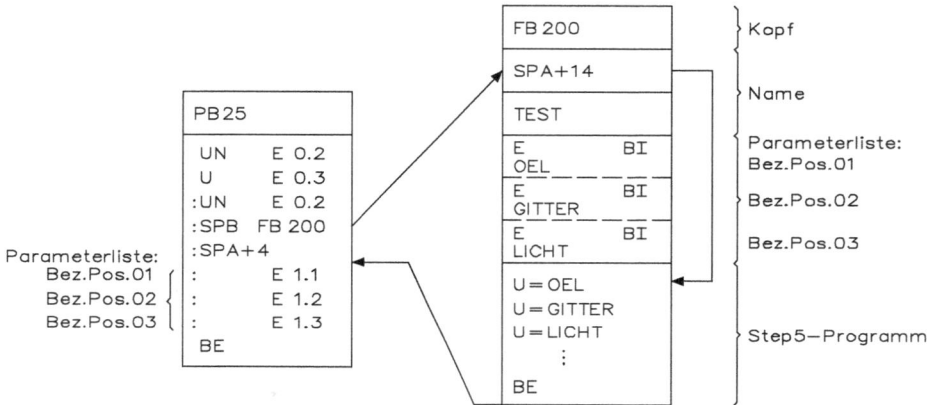

Abb. 4.9: Programmbeispiel für einen Aufruf des Funktionsbausteins FB 200.

Am Ende des Funktionsbausteins (BE) wird das Programm im PB 25 hinter der Aufrufanweisung SPA FB 200 fortgesetzt und mit SPA + 4 die dort stehende Parameterliste übersprungen. Alle internen Sprunganweisungen (SPA + 14; SPA + 4) werden bei der Programmeingabe vom PG-Programmiergerät selbstständig errechnet und als MCS-Code eingefügt, diese ist somit auch nicht als S5-Anweisung am PC-Programmiergerät sichtbar!

Beim Aufruf eines Funktionsbausteins in einem PB, OB, SB oder anderen FB muss nach der Aufrufanweisung SPA FB/SPB FB in der Parameterliste jedem Formaloperanden ein Aktualoperand zugeordnet werden. Bei der Bearbeitung des im Funktionsbaustein stehenden Programms werden vom Automatisierungsgerät anstelle der im FB stehenden Formaloperanden die in der Parameterliste zugeordneten Aktualoperanden verwendet. Das nachfolgende Beispiel zeigt das Programm im PB 25 nach dem Funktionsbausteinaufruf mit SPA FB 200.

PB 25

```
          NETZWERK 1
          : UN                E 0.2
          : U                 E 0.3
          : U                 E 0.4
          : =                 A 8.0
          : SPA               FB 200
NAME      :           TEST
OEL       :           E 1.1  ⎫
GITTER    :           E 1.2  ⎬ Parameterliste
LICHT     :           A 1.3  ⎭
          : BE
```

Netzwerk 1

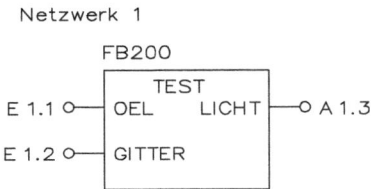

Abb. 4.10: Darstellung in AWL und Funktionsplan.

Abb. 4.10 zeigt das gleiche Programm von dem AWL-Beispiel in der Kontakt-/Funktionsplandarstellung.

Das Programm wird im Automatisierungsgerät folgendermaßen abgearbeitet:

| Festlegen der Funktion | Festlegen der Operanden |
| Programm im Funktionsbaustein | Aufruf des Funktionsbausteins |

```
                                      : SPA    FB 200
                            NAME  : TEST
  : U = OEL                 OEL     :      E 1.1
  : U = GITTER              GITTER :      E 1.2
  : = = LICHT               LICHT  :      A 1.3
  : U    E 1.1  ⎫
  : U    E 1.2  ⎬ Aktualoperand
  : =    A 1.3  ⎭
ausgeführtes Programm
```

Ein Funktionsbaustein kann mehrfach aufgerufen und bei jedem dieser Aufrufe mit anderen Aktualoperanden versorgt oder „parametriert" werden, wie Abb. 4.11 zeigt. Diese Liste mit Aktualoperanden ist Bestandteil des Funktionsbausteinaufrufs.

PB 251

```
U       E 1.0
U       E 1.5
:U      M 10.1
:SPA  FB 200
:SPA+4
:       E 1.1
:       E 1.2
:       A 1.3
U       E 0.6
UN      E 0.7
U       E 1.7
:U      M 10.2
:SPA  FB 200
:SPA+4
:       E 2.1
:       E 2.2
:       A 2.3
U       E 0.0
=       A 1.6
BE
```

Parameterliste:
Bez.Pos.01
Bez.Pos.02
Bez.Pos.03

Parameterliste:
Bez.Pos.01
Bez.Pos.02
Bez.Pos.03

1.Aufruf
2.Aufruf

```
FB 200
SPA+14
TEST
E       BI    OEL
E       BI    GITTER
E       BI    LICHT
U = OEL
U = GITTER
U = LICHT
:
BE
```

Kopf
X Name
Parameterliste:
Bez.Pos.01
Bez.Pos.02
Bez.Pos.03
Step5–Programm

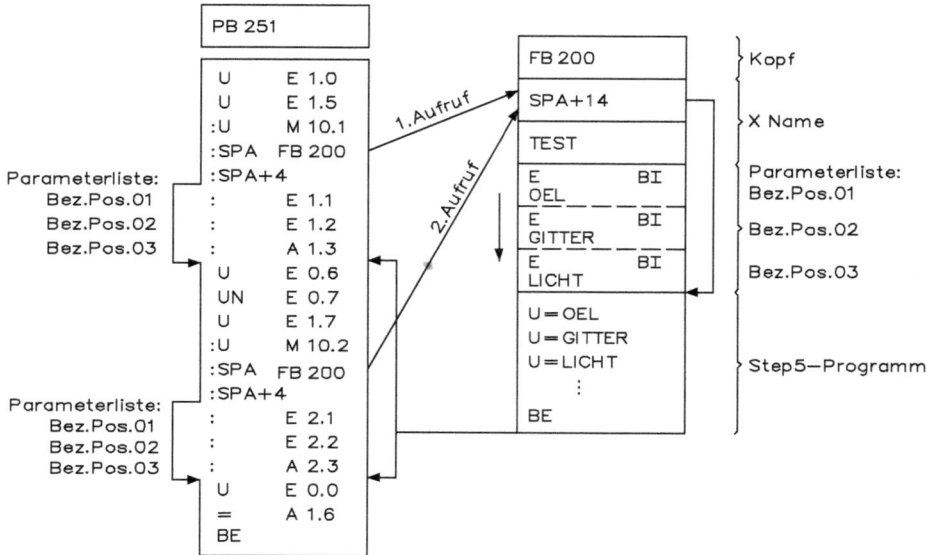

Abb. 4.11: Mehrmaliger Aufruf des Funktionsbausteins FB 200.

Der Aufbau des Bausteinkopfes vom Funktionsbaustein wird folgendermaßen vom Programm durchgeführt:

```
FB  255  AG  150A        LAE = 22              ABS

NETZWERK  1
NAME    : TEST
BEZ     : EINS      E/A/D/B/T/Z: E      BI/BY/W/D:BI
BEZ     : ZWEI      E/A/D/B/T/Z: A      BI/BY/W/D:BY

        : A         DB255
        : U         = EINS
        SPB         = EEEE
        : L         KB0
        : T         : ZWEI
EEEE    : BE
```

```
70      70  - -  Synchro. -Muster
08      FF  - -  FB 255
84      00  - -  AG 150A mit Parameter/BibNr.
00      00  - -  BibNr.
00      16  - -  BibNr./LAE = 22
```

2D	0B	– –	SPA + 11
54	45	– –	
53	54	– –	NAME (8 Zeichen max. hier: Test___
20	20	– –	
20	20	– –	
02	80	– –	Code für 1. Bezeichner *** siehe unteres Beispiel ***
45	49	– –	Name des 1. Bezeichners (max. 4 Zeichen), hier Eins
4E	53	– –	
08	40	– –	Code für 2. Bezeichner *** siehe unteres Beispiel ***
5A	57	– –	Name des 1. Bezeichners (max. 4 Zeichen), hier Zwei
45	49	– –	
20	FF	– –	A DB 255 1. Programmanweisung
07	01	– –	U = 1. Parameter
FA	03	– –	SPB + 3
28	02	– –	L KB 0
66	02	– –	T = 2. Parameter
65	00	– –	BE

Hexmuster für Bezeichnercode:

Parameterart	Parametertyp
E/A	BI/BY/W/D
E = 02	BI = 80
A = 08	BY = 40
	W = 20
	D = 10
	KM/KH/KY/KC/KF/KT/KZ/KG
D = 04	KM = 80
	KH = 40
	KY = 20
	KC = 10
	KF = 04
	KT = 02
	KZ = 01
	KG = 08
B/T/Z	Typangabe immer 00
B = 07	
T = 05	
Z = 06	

Ein Funktionsbaustein ohne Angabe von Bausteinparametern ist nicht parametrierbar. Zum Programmieren steht aber auch hier der gesamte S5-Anweisungsvorrat mit Ausnahme der Substitutionsanweisungen zur Verfügung.

Nicht parametrierbare Funktionsbausteine erfüllen praktisch die Aufgabe von Unterprogrammen, die auch einmal oder mehrmals aufgerufen werden können. Der Unterschied zwischen parametrierbaren und nicht parametrierbaren Funktionsbausteinen liegt in den Operanden. Nicht parametrierbare Funktionsbausteine arbeiten stets mit denselben Aktualoperanden.

Der Funktionsbaustein FB 201 ist wie folgt programmiert:

```
FB  201
        NETZWERK  1
        NAME      : SCHUTZTOR
        : U       E  1 . 2
        : U       E  1 . 3
        : O       E  1 . 4
        : ON      E  1 . 5
        : U       E  1 . 6
        : =       A  8 . 0
        : BE
```

Der Programmbaustein PB 253 ist wie folgt programmiert:

```
PB  253
        NETZWERK  1
        : U       E  0 . 0
        : UN      E  0 . 1
        : O       E  2 . 3
        : O       E  2 . 4
        : SPA     FB  201
NAME    : SCHUTZTOR
        : U       E  1 . 7
        : =       A  8 . 7
        : BE
```

Beim Aufruf von PB 253 wird dann folgendes Programm ausgeführt:

```
PB  253
              NETZWERK  1
              :  U       E  0.0
              :  UN      E  0.1
              :  O       E  2.3
              :  O       E  2.4
              :  SPA     F  B
NAME          :  SCHUTZTOR
              :  U       E  1.2  ⎫
              :  U       E  1.3  ⎪
              :  O       E  1.4  ⎪
              :  ON      E  1.5  ⎪
              :  U       E  1.6  ⎬  FB 201
              :  =       A  8.0  ⎪
              :  =       E  1.7  ⎪
              :  =       A  8.7  ⎪
              :  BE               ⎭
```

4.1.4 Standard-Funktionsbausteine

Standard-Funktionsbausteine sind fertig programmierte Softwarebausteine, die in Anwenderprogramme für die Automatisierungsgeräte eingebunden werden können. Sie enthalten in sich abgeschlossene komplexe Funktionsabläufe, die beim Programmieren von Anwenderprogrammen häufig benötigt werden.

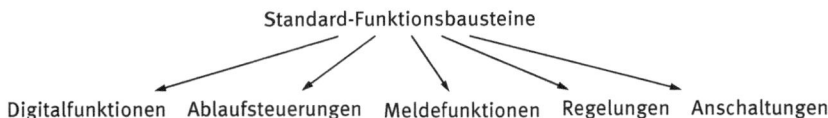

Standard-Funktionsbausteine

Digitalfunktionen   Ablaufsteuerungen   Meldefunktionen   Regelungen   Anschaltungen

So gibt es z. B. Standard-Funktionsbausteine für Multiplikation, Codewandlung, Meldung, Ablaufsteuerungen und Regelung. Sie werden im Anwenderspeicher der Automatisierungsgeräte abgelegt und können dann vom Anwender bei Bedarf in sein Anwenderprogramm mit einbezogen werden. Sie können weiterhin während des Programmablaufs mehrmals aufgerufen und, da sie parametrierbar sind, auch mit den jeweils gewünschten Aktualparametern versorgt werden.

Hinweise für das Programmieren mit Standard-Funktionsbausteinen:

– Im Anwenderprogramm dürfen nicht verwendet werden: Datenbausteine DW 0, Zeit T 0 und Zähler Z 0.

– Im Datenwort DW 0 aller Datenbausteine und in einigen Merkerbytes M dürfen keine Informationen gespeichert werden (sie dienen nur als Hilfsspeicher).

– Die Funktionsbeschreibung der verwendeten Standard-Funktionsbausteine muss sorgfältig durchgelesen werden, denn sie enthält wichtige Informationen (z. B. über gesperrte Merkerbytes).

– Bei den technischen Daten muss kontrolliert werden, ob von dem verwendeten Standard-Funktionsbaustein andere Standard-Funktionsbausteine oder Datenbausteine aufgerufen werden. Diese Bausteine müssen dann nämlich zuerst von der Standard-FB-Diskette oder anderen Standardspeichermedien auf die Anwenderdiskette oder andere Standardspeichermedien übertragen werden.

4.2 Organisationsbausteine

Das Gesamtprogramm eines Automatisierungsgerätes besteht aus System- und Anwenderprogramm. Das Systemprogramm ist die Gesamtheit aller Anweisungen und Vereinbarungen zu geräteinternen Betriebsfunktionen (z. B. Sicherstellung von Daten bei Ausfall der Versorgungsspannung).

Das Systemprogramm ist ein fester Bestandteil des Automatisierungsgerätes (EPROM). Es kann und darf vom Anwender nicht verändert werden.

Das Anwenderprogramm ist die Gesamtheit aller vom Anwender programmierten Anweisungen und Vereinbarungen für die Signalverarbeitung, mit denen eine zu steuernde Anlage bzw. der Prozess gemäß der Steuerungsaufgabe beeinflusst wird.

Die Schnittstellen zwischen System- und Anwenderprogramm sind die Organisationsbausteine.

Die Organisationsbausteine (OB) sind wie die Programm- oder Funktionsbausteine Teile des Anwenderprogramms. Ein Organisationsbaustein wird in der Regel nur vom Systemprogramm aufgerufen. Der Anwender kann einen Organisationsbaustein zwar nicht aufrufen, aber programmieren und so indirekt Einfluss auf das Systemprogramm nehmen.

Die Organisationsbausteine werden wie Programmbausteine programmiert. Sie haben den gleichen Grundoperationsvorrat und die gleiche Länge von maximal 4.096 Anweisungen (= $2 \cdot 4.096 = 8.192$ Byte). Die Programmierung und die Dokumentation sind in allen drei Darstellungsarten möglich, d. h. ebenso mit der Anweisungsliste (AWL) wie mit dem Funktionsplan (FUP) und dem Kontaktplan (KOP).

Die folgenden Abschnitte besprechen die verfügbaren Organisationsbausteine im Zusammenhang mit ihrem funktionellen Einsatz wie folgt:
- zyklische Programmbearbeitung (4.2.1)
- alarmgesteuerte Programmbearbeitung (4.2.2)
- zeitgesteuerte Programmbearbeitung (4.2.3)
- Inbetriebnahme (4.2.4)
- Gerätefehler (4.2.5)
- Organisationsbausteine für Sonderfunktionen (4.2.6)

4.2.1 Programmierung der zyklischen Bearbeitung

Die zyklische Bearbeitung ist die „normale" Bearbeitung von Programmen in speicherprogrammierbaren Steuerungen (Abb. 4.12). Der Prozessor beginnt in dieser Betriebsart mit der Programmbearbeitung am Anfang des S5-Programms, arbeitet die mit S5 erstellten Anweisungen der Reihe nach bis zum Ende des Programms ab und beginnt dann wieder neu mit der Bearbeitung desselben Programms an dessen Beginn. Die Steuerung dieses Ablaufs obliegt dem Organisationsbaustein 1 (OB 1), wie Abb. 4.12 zeigt.

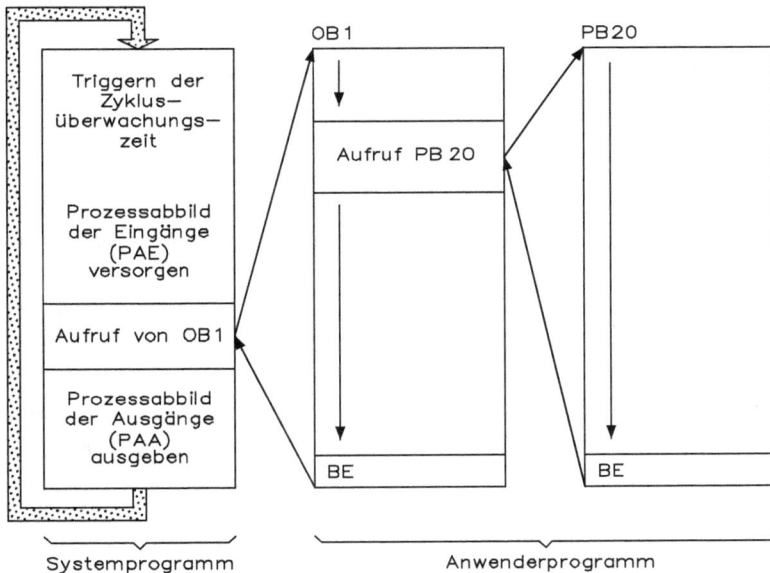

Abb. 4.12: Steuerung eines SPS-Programms mit dem Organisationsbaustein 1 (OB 1).

Der Organisationsbaustein 1 (OB 1) bildet die Schnittstelle zwischen dem Systemprogramm und der zyklischen Bearbeitung des Anwenderprogramms. Die erste S5-Anweisung im OB 1 ist gleichzeitig die erste Anweisung des Anwenderprogramms, also gleichbedeutend mit dem Programmanfang.

Im OB 1 werden die Programm- und Funktionsbausteine des zyklischen Programms aufgerufen. In diesen aufgerufenen Bausteinen können weitere Bausteinaufrufe stehen, was bedeutet, dass die Bausteine geschachtelt werden können. Im Automatisierungsgerät steht neben dem OB 1 auch der FB 0 für die zyklische Bearbeitung zur Verfügung. Die Bearbeitung des FB 0 erfolgt wie für den OB 1 beschrieben, wenn kein OB 1 im Anwenderprogramm vorhanden ist. Sind sowohl der OB 1 als auch der FB 0 vorhanden, so wird vom Systemprogramm nur der OB 1 zyklisch bearbeitet.

Damit sich Signalwechsel nicht störend auswirken, die während des Programmzyklus auftreten, werden die Eingangs- und Ausgangssignale in je einem Prozessabbild zwischengespeichert. Vor Beginn eines Bearbeitungszyklus wird dann das Eingangsabbild (PAE) aktualisiert. Während der Programmbearbeitung werden die Ergebnisse im Ausgangsabbild (PAA) zwischengespeichert, das am Ende des Bearbeitungszyklus schließlich an die Ausgabebaugruppen ausgegeben wird. Danach beginnt ein neuer Zyklus.

Beim Datentransfer zwischen dem Prozessabbild und den Peripheriebaugruppen werden nur die als vorhanden eingetragenen Baugruppen angesprochen. Den entsprechenden Eintrag führt das Gerät selbsttätig bei jedem Neustart (Anlaufverhalten aus dem Stoppzustand) durch. Der Eintrag ermöglicht damit einen zeitoptimalen Datentransfer und die Erkennung solcher Fehler in den Peripheriebaugruppen, die einen Quittierungsverzug bewirken.

Die Zykluszeit wird grundsätzlich durch einen „Watch-Dog-Timer" überwacht. Sie wird zu Beginn des Zyklus gestartet (getriggert). Von diesem Zeitpunkt an läuft die Überwachungszeit bis zur nächsten Triggerung. Demzufolge werden alle Programmteile der zyklischen, der zeitgesteuerten sowie der alarmgesteuerten Bearbeitung erfasst.

Die Laufzeit des Anwenderprogramms ergibt sich aus der Summe der Laufzeiten aller aufgerufenen Bausteine. Wird ein Baustein n-mal aufgerufen, so muss seine Laufzeit bei der Summenbildung n-mal berücksichtigt werden.

Aus der Summe der im Zyklus abzuarbeitenden Anweisungen und den von den SPS-Herstellern angegebenen durchschnittlichen Bearbeitungszeiten für 1.000 Anweisungen lässt sich die Zykluszeit des Anwenderprogramms abschätzen.

Der für ein Programm erforderliche Speicherplatz kann wie folgt grob abgeschätzt werden:

– Anweisungen in Programm- und Schrittbausteinen:

$$A: \quad \sum (PB - AW + SB - AW) = 8 \cdot (E + A) + 12$$
$$= \left(\sum \text{Antriebe} + \sum \text{Ablaufketten} + \sum \text{Regelkreise} \right)$$

– Anweisungen in Funktionsbausteinen:

$$B: \quad \sum FB - AW(\text{Anzahl der FB}) + 150$$

– Datenwörter:

$$C: \quad \sum DW = 2 \cdot \sum \text{Antriebe} + \sum \text{Schritte (Ablaufkette)}$$
$$+ 10 \cdot \sum \text{Regelkreise} + 10 \cdot \sum \text{Meldungen}$$
$$+ 256 \text{ (für Protokollierung)}$$

– Anweisungen in Organisationsbausteinen:

$$E: \quad \sum OB - AW: \quad \frac{8 \cdot \sum (E + A)}{150}$$

– Erforderlicher Speicherplatz:

$$\approx A + B + C$$

Der Organisationsbaustein OB 1 enthält eine Grobgliederung des Anwenderprogrammes. Diese Dokumentation des Bausteins soll bereits auf den ersten Blick die wesentlichen Programmstrukturen zeigen (Abb. 4.13):

```
SPA      PB  1       Ablaufsteuerung
SPA      PB  2       Einzelsteuerungsebene
SPA      PB  20      Meldungsausgabe
```

4.2.2 Alarmgesteuerte Programmbearbeitung

Mit dem Automatisierungsgerät kann eine alarmgesteuerte Bearbeitung durchgeführt werden. Eine alarmgesteuerte Bearbeitung liegt vor, wenn ein vom Prozess kommendes Signal die CPU veranlasst, die zyklische (als auch zeitgesteuerte) Bearbeitung zu unterbrechen, um ein spezifisches Programm zu bearbeiten. Nach der Bearbeitung dieses Programms kehrt die CPU zur Unterbrechungsstelle zurück und setzt dort die Bearbeitung fort. Hierzu sind intelligente Peripheriebaugruppen (IP) und/oder digitale Eingabebaugruppen mit programmierbarer Alarmerzeugung erforderlich.

Grundsätzlich sind vier Alarmquellen möglich. Abhängig von der Quelle wird ein fest zugeordneter OB aufgerufen:

```
Alarm A   →   OB 2
Alarm B   →   OB 3
Alarm C   →   OB 4     Bei mittleren und größeren
Alarm D   →   OB 5     Automatisierungsgeräten
```

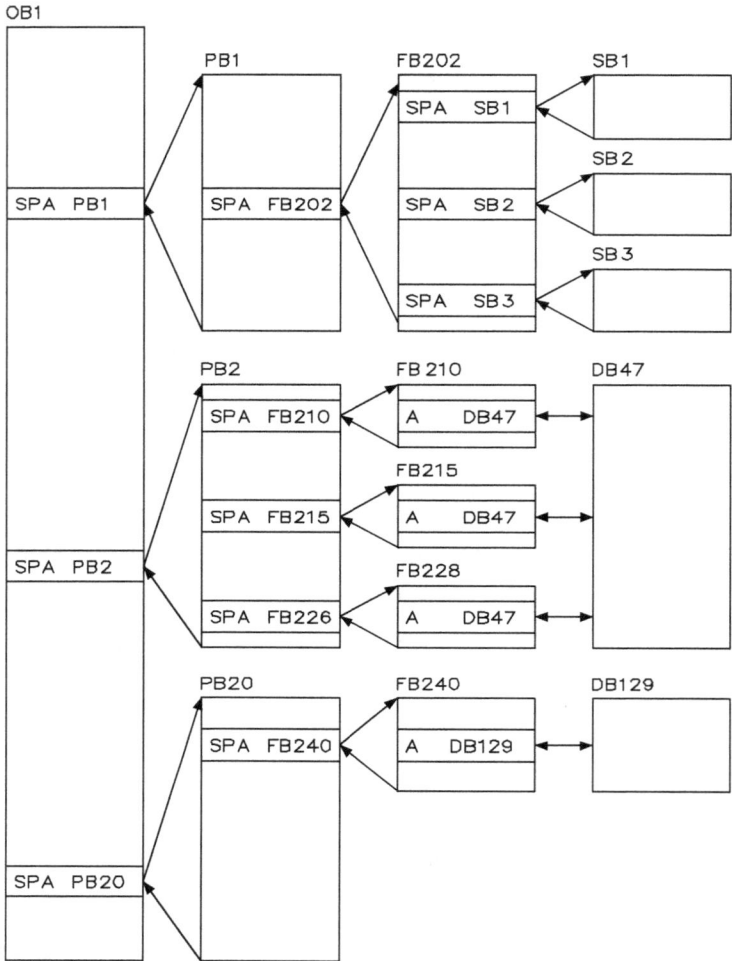

Abb. 4.13: Programmstrukturen eines SPS-Programms.

– Unterbrechungsstellen: Das zyklische und auch das zeitgesteuerte Programm können (von wenigen Ausnahmen abgesehen) nach jedem S5-Befehl unterbrochen werden. Eine laufende Prozessalarm-Behandlung kann nicht unterbrochen werden. Das Systemprogramm lässt sich durch einen Prozessalarm unterbrechen und dafür sind Unterbrechungsstellen im Systemprogramm alle 10 ms vorgesehen.

Wenn in dem Alarm-Bearbeitungsprogramm (OB 2 ... OB 5) ein parametrierter Funktionsbaustein aufgerufen wird, der im zyklischen oder zeitgesteuerten Programm ebenfalls bearbeitet wird, so ist vor seinem Aufruf im zyklischen als auch zeitgesteuerten Programm der Prozessalarm zu sperren und erst nach seiner Bearbeitung wieder freizugeben.

- Alarm sperren: Mit dem Befehl AS kann die Alarmbearbeitung gesperrt, mit dem Befehl AF wieder freigegeben werden. Der Programmabschnitt, der in der zeitlichen Reihenfolge der zyklischen Programmbearbeitung zwischen diesen Anweisungen steht, lässt sich durch einen Prozessalarm nicht unterbrechen.
- Alarmpriorität: Der Prozessalarm ist höher priorisiert als der Zeitalarm. Der Alarm A hat dabei die höchste, der Alarm D die niedrigste Priorität.

Neben verschiedenen intelligenten Peripheriebaugruppen (IP) kann auch eine digitale Eingabebaugruppe mit programmierbarer Alarmerzeugung einen Prozessalarm auslösen. Diese intelligenten Peripheriebaugruppen können auf einen beliebigen Steckplatz im Automatisierungsgerät gesteckt werden und besitzen acht Eingänge. Im Gegensatz zu den „normalen" digitalen Eingabebaugruppen werden diese Eingänge nicht durch das Betriebssystem abgefragt. Dafür kann ein Signalwechsel am Eingang einen Alarm A auslösen.

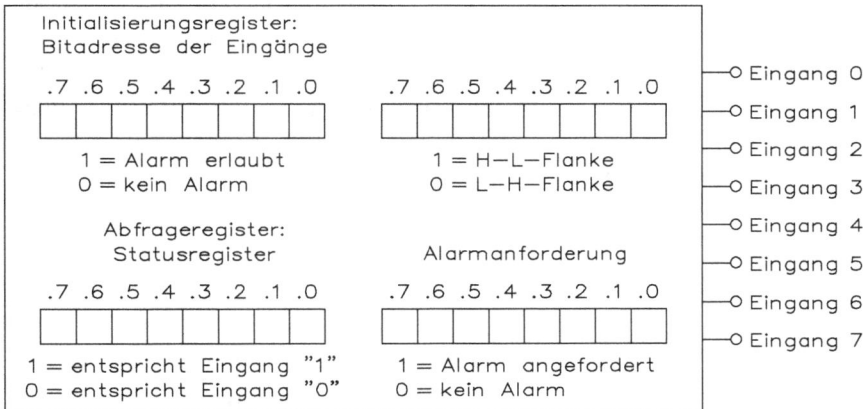

Abb. 4.14: Register in der intelligenten Peripheriebaugruppe.

Diese Baugruppe in Abb. 4.14 besitzt zwei 16-Bit-Register. Die Adressen der Register ergeben sich aus dem Steckplatz der Baugruppe. Ist die Anfangsadresse des Steckplatzes zum Beispiel 8, so wird das Initialisierungsregister mit einem Transferbefehl zur Peripherieadresse 8 angesprochen. Das Abfrageregister wird hingegen mit einem Ladebefehl von der Peripherieadresse 8 adressiert. Bei einer variablen Steckplatzadressierung ist die Baugruppe so einzustellen, dass diese auf einem Steckplatz als eine 16-Bit-Digital-Baugruppe erkannt wird.

Um diese Baugruppe in Funktion zu versetzen, muss sie programmiert werden:
- Welche Eingänge sollen einen Alarm (auch Interrupt genannt) auslösen?
- Soll der Interrupt durch eine steigende oder fallende Flanke ausgelöst werden?

Diese Programmierung (auch Initialisierung oder Parametrierung genannt) erfolgt durch das Beschreiben des Initialisierungsregisters, was meistens in den Anlaufbausteinen OB 21 und OB 22 vorgenommen wird.

Eine IP-Baugruppe soll sich auf dem Steckplatz 8 im Automatisierungsgerät befinden. Sollen ferner die Eingänge E 0.0 bis E 0.3 mit steigender und der Eingang E 0.6 bei fallender Flanke einen Alarm auslösen, so muss die Initialisierung der Baugruppe in den Anlaufbausteinen wie folgt vorgenommen werden:

Programm für OB 21 und OB 22:

```
L    KM  0100  1111  0100  000        Inhalt des Initialisierungsregisters
T    PW  8                            Baugruppenadresse
:                                     weitere Anweisungen
BE
```

Für die Auswertung der statischen Signalzustände werden alle acht Eingänge im Statusregister abgelegt. In dem Beispiel sind die Eingänge E 0.4, E 0.5 und E 0.7 für die Interrupt-Auslösung gesperrt, können aber als „normale" digitale Eingänge benutzt werden. Ihr Signalzustand ist im Statusregister der Baugruppe abgelegt. Er muss vom Anwenderprogramm abgefragt werden, da das Betriebssystem des Automatisierungsgerätes nicht für eine Übertragung ins PAE sorgt. Die Abfrage kann in jedem Baustein des Anwenderprogramms erfolgen.

Soll beispielsweise eine „1" am Eingang 4 und am Ausgang A 16.0 mit „1" angezeigt werden, so könnte das Programm im PB 15 folgendermaßen aussehen:

```
PB  15
:
:
L    PY  8         Laden des Statusregisters aus dem High-Byte
                   des Abfrageregisters
T    MB  12        Zwischenspeicherung im Merker-Byte
                   zwecks bitweiser Abfragemöglichkeit
:
U    M  12.4       Bitweise Abfrage
=    A  16.0       Zuweisung des VKE-Ergebnisses
```

Auf diese Weise lassen sich die statischen Signalzustände der Eingänge auswerten, gleichgültig, ob sie einen Alarm auslösen oder nicht.

Erfolgt ein Signalwechsel an einem interruptfähigen Eingang (entsprechend Initialisierung der Baugruppe), so wird in das Interrupt-Anforderungsregister eine „1" für den auslösenden Eingang eingetragen, und man hat eine Alarm-(Interrupt-) Auswertung. Die Auslösung eines Alarms A erfolgt als Meldung an die CPU. Die CPU unterbricht daraufhin die Bearbeitung des zyklischen Anwenderprogramms. Diese Unterbrechung ist, von wenigen Ausnahmen abgesehen, nach jedem Befehl möglich. Die momentanen Ergebnisse wie Akku-1- und Akku-2-Inhalt sowie die Zustandsbits (Flags) werden in einem Betriebssystemstack abgelegt.

Die Adresse des nächsten Befehls (die Rücksprungadresse) sowie die Anfangsadresse des gültigen Datenbausteins werden im Bausteinstack gespeichert. Danach erfolgt der Aufruf des OB 2. Durch die Abarbeitung seines ersten Befehls wird die Programmabarbeitung fortgesetzt.

Bedingt durch die Reaktionszeit der intelligenten Peripheriebaugruppe von ca. 1 ms und die internen Vorgänge in der CPU, ergibt sich eine zu berücksichtigende Gesamtverzögerungszeit von ca. 2,7 ms.

In den OB 2 wird die Reaktion auf den Interrupt programmiert. Dazu muss zunächst das Interrupt-Anforderungsregister abgefragt werden. Durch diese Abfrage steht der Inhalt des Anforderungsregisters in Akku 1 für eine Auswertung zur Verfügung. Andererseits wird durch diese Abfrage der Baugruppe signalisiert, dass eine Reaktion erfolgt ist. Die Baugruppe setzt daraufhin das Anforderungsregister auf „0". Von diesem Zeitpunkt an werden neu eingehende Interrupts erkannt, indem wieder das Anforderungsregister beschrieben wird. Die erneute Alarmauslösung wird jedoch von der CPU erst akzeptiert, wenn die Bearbeitung des ersten Prozessalarms beendet ist.

Hinsichtlich unseres Beispiels könnte die Auswertung des Prozessalarms im OB 2 folgendermaßen programmiert werden:

Listing: Programm des OB 2.

```
L    PY  9        Abfrage des Interrupt-Anforderungsregisters
T    MB  9        Zwischenspeicherung zwecks bitweiser Abfrage
U    M 9.0        Abfrage, ob Eingang 0 Interrupt ausgelöst hat
SPB  FB  20       Reaktionsprogramm
U    M 9.1        Abfrage, ob Eingang 1 Interrupt ausgelöst hat
SPB  FB  21       Reaktionsprogramm
U    M 9.2        Abfrage, ob Eingang 2 Interrupt ausgelöst hat
=    A 17.0       Meldung als einzige Reaktion
U    M 9.3        Abfrage, ob Eingang 3 Interrupt ausgelöst hat
SPB  PB  126      Reaktionsprogramm
U    M 9.6        Abfrage, ob Eingang 6 Interrupt ausgelöst hat
SPB  PB  127      Reaktionsprogramm
L    AW  17       Information des aktualisierten PAA-Bereichs
T    PY  17       Ausgabe an die Ausgabebaugruppe
BE
```

Durch die Reihenfolge der bitweisen Abfrage ergibt sich eine Priorisierung der Interrupt-Eingänge.

Bei der Programmierung der Reaktion ist zu beachten, dass das Programm nur im Fall des Alarms abgearbeitet wird. So wirkt sich die Zuweisung des VKE (im Beispiel:

Interrupt-Auslösung von Eingang 2) so lange wie eine „Setz-Operation" aus, bis eine weitere Alarmbearbeitung erfolgt.

Soll beispielsweise jede positive Flanke am Eingang 0 die Vorwärtszählung des Z4 zur Folge haben, so könnte das Programm im FB 20 wie folgt aussehen:

Listing: Programm FB 20.

```
ZVZ4         VKE = „1" zählt Z4 vorwärts
RUZ  4.53    Zurücksetzen des Flankenmerker-Bits,
             damit im nächsten Ansprung des FB 20
             das VKE = „1" wieder zum Vorwärtszählen führt
BE
```

Ein vom Prozess kommendes Signal kann bei mittleren Automatisierungsgeräten auch einen Alarm und damit eine Unterbrechung des zyklischen oder zeitgesteuerten Programms auslösen. Dafür steht lediglich eine Alarmleitung (IR) zur Verfügung. Die Alarm-(Interrupt-)Erzeugung ist nur bei Einsatz einer interruptfähigen Digital-Eingabe-Baugruppe möglich. Infolge dieses Interrupts wird der OB 2 aufgerufen, über den der Anwender die gewünschte Reaktion veranlassen kann.

Im Unterschied ist eine Unterbrechung des zyklischen Programms nur an den Bausteingrenzen möglich, und zwar dann, wenn ein Baustein aufgerufen wird oder bei der Rückkehr zum übergeordneten Baustein nach einer Baustein-Ende-Anweisung. Die maximale Reaktionszeit zwischen dem Auftreten eines Prozessalarms und seiner Bearbeitung entspricht daher der Bearbeitungszeit des längsten Bausteins.

Eine alarmgesteuerte Bearbeitung kann nur durch auftretende Gerätefehler unterbrochen werden, nicht durch eine zeitgesteuerte oder eine erneute Anforderung der alarmgesteuerten Bearbeitung.

Wenn ein Programmteil nicht unterbrochen werden darf, kommen folgende Programmiermöglichkeiten infrage:
– Das Programm enthält keinen Bausteinwechsel.
– Das Programm steht selbst in einem alarmgesteuerten Programm.
– Die Alarmbearbeitung wird mit AS gesperrt und mit AF kann sie wieder freigegeben werden.

Mit dem mittleren Automatisierungsgerät kann eine alarmgesteuerte Bearbeitung durchgeführt werden. Eine alarmgesteuerte Bearbeitung liegt vor, wenn ein vom Prozess kommendes Signal die CPU im Automatisierungsgerät veranlasst, die zyklische Bearbeitung zu unterbrechen und ein spezifisches Programm zu bearbeiten. Nach der Bearbeitung dieses Programms kehrt die CPU zur Unterbrechungsstelle im zyklischen Programm zurück und setzt dort die Bearbeitung fort.
– Alarmquellen: Digitaleingabebaugruppen mit Prozessalarm liegen vor.
– Anwenderschnittstelle: Bei Alarm A wird der OB 2, bei Alarm B der OB 3 bearbeitet. Sind die Alarmorganisationsbausteine nicht programmiert, wird in der zyklischen Programmbearbeitung fortgefahren.

- Unterbrechungsstellen: Das zyklisch bearbeitete Programm kann nach jedem S5-Befehl unterbrochen werden. Integrierte Funktionsbausteine zählen dies als jeweils einen S5-Befehl.
- Alarm sperren: Mit dem Befehl AS kann die Alarmbearbeitung gesperrt und mit dem Befehl AF wieder freigegeben werden.
- Alarmpriorität: Eine laufende Alarmbehandlung kann nicht unterbrochen werden. Bei gleichzeitigem Auftreten von Alarm A und Alarm B wird Alarm A zuerst behandelt.

Mit den Automatisierungsgeräten lässt sich auch eine alarmgesteuerte Bearbeitung durchführen. Eine alarmgesteuerte Bearbeitung liegt vor, wenn ein vom Prozess kommendes Signal den Prozessor im Automatisierungsgerät veranlasst, die zyklische Bearbeitung zu unterbrechen und ein besonderes Programm zu bearbeiten. Nach der Bearbeitung dieses Programms kehrt der Prozessor zur Unterbrechungsstelle im zyklischen Programm zurück und setzt dort dessen Bearbeitung fort. Die Steuerung dieses Ablaufs obliegt den Organisationsbausteinen OB 2 bis OB 9. Die Organisationsbausteine OB 2 bis OB 9 dienen damit als Schnittstellen zwischen dem Systemprogramm und der alarmgesteuerten Bearbeitung. Jeder dieser Organisationsbausteine ist einem bestimmten Bit des Eingangsbytes 0 zugeordnet, wie Tab. 4.1 zeigt.

Tab. 4.1: Zuordnung der Organisationsbausteine.

Organisationsbaustein	Eingang
OB 2	E 0.0
OB 3	E 0.1
OB 4	E 0.2
OB 5	E 0.3
OB 6	E 0.4
OB 7	E 0.5
OB 8	E 0.6
OB 9	E 0.7

Wechselt der Signalzustand eines Bits von „0" nach „1" (positive Flanke) oder von „1" nach „0" (negative Flanke), löst dies jedes Mal die Bearbeitung des dazugehörigen Organisationsbausteins aus.

Die zyklische Bearbeitung kann nicht an jeder beliebigen Stelle des Programms durch eine alarmgesteuerte Bearbeitung unterbrochen werden. Dies ist lediglich an den Bausteingrenzen möglich (Abb. 4.15), aber nur dann, wenn von einem Baustein zum nächsten gewechselt wird – sei es durch den Aufruf eines neuen Bausteins oder durch die Rückkehr zum übergeordneten Baustein nach einer Bausteinende-Anweisung –, kann das Systemprogramm einen Organisationsbaustein für die alarmgesteuerte Bearbeitung aufrufen.

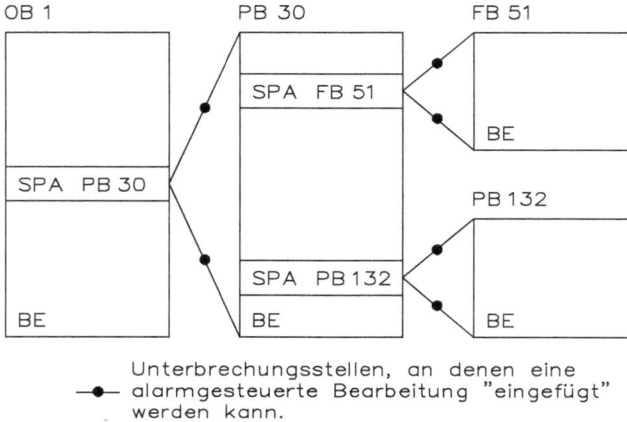

Abb. 4.15: Unterbrechungsstellen, an denen eine alarmgesteuerte Bearbeitung „eingefügt" werden kann.

Werden bei der Bearbeitung dieses Organisationsbausteins für eine alarmgesteuerte Bearbeitung weitere Bausteine aufgerufen, so kann das Programm an diesen Bausteingrenzen von der zeitgesteuerten Bearbeitung her unterbrochen werden. Es kann aber auch bei allen Fehlern unterbrochen werden.

Die Reihenfolge der Bearbeitung, d. h. die Priorität, ist bei gleichzeitig auflaufenden Alarmen durch den Parameter des ansteuernden Bits festgelegt. Erkennt der Prozessor einen „gleichzeitigen" Signalzustandswechsel zweier Bits im Eingangsbyte 0, so hat das Bit mit dem kleineren Parameter die höhere Priorität, wie Tab. 4.2 zeigt.

Tab. 4.2: Bearbeitung nach Prioritäten bei gleichzeitigem Signalzustandswechsel.

E 0.0	→	höchste Priorität
E 0.1	→	
E 0.2	→	
E 0.3	→	
E 0.4	→	
E 0.5	→	
E 0.6	→	
E 0.7	→	niedrigste Priorität

Damit wird der Organisationsbaustein zuerst bearbeitet, der dem Bit mit der höheren Priorität zugeordnet ist. Erst wenn das Programm diesen Organisationsbaustein abgearbeitet ist, wird der Organisationsbaustein mit der dann höchsten Priorität bearbeitet usw.

Die Prioritäten einer alarmgesteuerten Bearbeitung können sich aber auch verschieben, wenn während der Bearbeitung eines alarmgesteuerten Programms ein weiterer Prozessalarm aufläuft. In diesem Fall wird nach Abschluss der Bearbeitung des Alarms mit der höheren Priorität die Reihenfolge neu festgelegt, so dass sich die Zeitdauer für den Beginn der Bearbeitung des am niedrigsten priorisierten Alarms weiter vergrößern kann.

Tritt während der Bearbeitung eines „Alarmprogramms" ein neuer Alarm auf, so wird nach Beendigung dieser Bearbeitung (Abschluss des betreffenden Organisationsbausteins mit der Anweisung BE) zunächst neu priorisiert. Die noch anstehenden Signale werden zusammen mit dem neu hinzugekommenen Signal auf die jeweils höhere Priorität hin untersucht und dann der Organisationsbaustein mit der höchsten Priorität bearbeitet.

Während der Bearbeitung eines Bausteins kann grundsätzlich keine alarmgesteuerte Bearbeitung stattfinden. Ein auftretender Alarm wird daher erst bei einem Bausteinwechsel bearbeitet, also wenn ein Baustein aufgerufen oder seine Bearbeitung beendet wird.

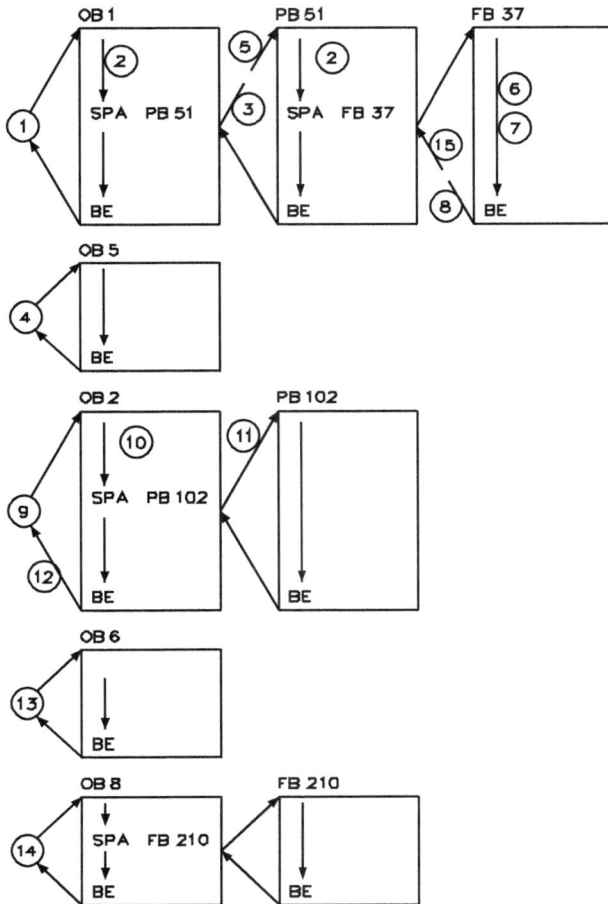

Abb. 4.16: Treten mehrere Alarme gleichzeitig auf, wird die Bearbeitung des Alarms mit der niedrigsten Priorität erst dann aufgenommen, wenn alle Alarme mit höherer Priorität bearbeitet sind.

Die längstmögliche Reaktionszeit zwischen dem Auftreten eines Alarms und seiner Bearbeitung entspricht so der Bearbeitungszeit eines Bausteins. Treten zwei Alarme (Abb. 4.16) gleichzeitig auf, vergrößert sich die Reaktionszeit für den Alarm mit der niedrigeren Priorität weiter, da zuerst das zyklische Programm bis zum nächsten Bausteinwechsel weiter bearbeitet wird.

Danach zieht der Prozessor die Bearbeitung des höher priorisierten „Alarmprogramms" vor. Erst wenn dies beendet ist, kann mit der Bearbeitung des niedriger priorisierten „Alarmprogramms" begonnen werden. Damit ist die Reaktionszeit dieses niedriger priorisierten Programms um die Bearbeitungszeit des ranghöheren Programms verlängert worden. Treten mehrere Alarme gleichzeitig auf, wird die Bearbeitung des Alarms mit der niedrigsten Priorität erst dann aufgenommen, wenn alle Alarme mit höherer Priorität bearbeitet sind, wie Abb. 4.17 zeigt.

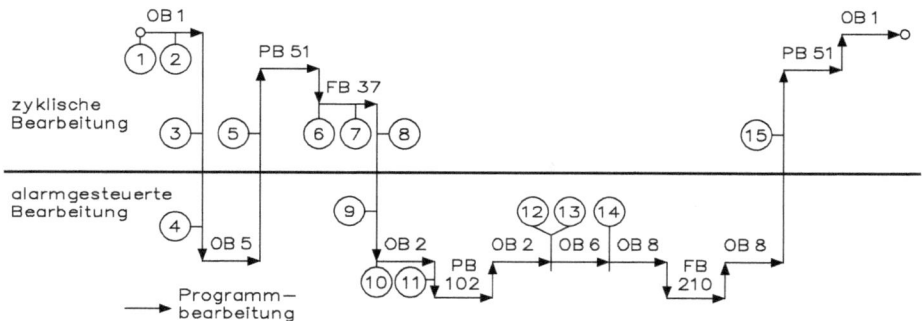

Abb. 4.17: Grafische Darstellung der Bausteinaufrufe des vorhergehenden Beispiels in der Reihenfolge ihrer Bearbeitung.

Erläuterungen zu Abb. 4.16 und 4.17:

1. Beginn der zyklischen Bearbeitung: Das Systemprogramm ruft den Organisationsbaustein OB 1 auf.

2. Auftreten eines Alarms am Eingang E 0.3: Der Signalzustand des Eingangs E 0.3 ändert sich von „0" nach „1" (positive Triggerflanke).

3. Bausteinwechsel: Der Wechsel des Signalzustands am Eingang E 0.3 wird registriert und ausgewertet. Die Bearbeitung des zyklischen Programms wird unterbrochen.

4. Aufruf OB 5: Das Systemprogramm ruft den Organisationsbaustein OB 5 auf, der dem Eingang E 0.3 zugeordnet ist. Das Programm dieses Organisationsbausteins wird bis zur Anweisung BE (Bausteinende) bearbeitet. Danach springt der Prozessor zurück in das Systemprogramm.

5. Fortsetzung der zyklischen Bearbeitung: Da kein weiterer Alarm vorliegt, wird die Bearbeitung des zyklischen Programms an der unterbrochenen Stelle fortgesetzt.

6. Auftreten eines Alarms am Eingang E 0.6: Der Signalzustand des Eingangs E 0.6 ändert sich von „0" nach „1" (positive Triggerflanke).

7. Auftreten eines Alarms am Eingang E 0.0: Der Signalzustand des Eingangs E 0.0 ändert sich von „0" nach „1" (positive Triggerflanke).

8. Bausteinwechsel: Die Wechsel der Signalzustände an den Eingängen E 0.6 und E 0.0 werden registriert und ausgewertet. Die Bearbeitung des zyklischen Programms wird unterbrochen. Der dem Eingang E 0.0 zugeordnete Organisationsbaustein wird zuerst bearbeitet, da dieser Eingang gegenüber dem Eingang E 0.6 eine höhere Priorität aufweist.

9. Aufruf OB 2: Das Systemprogramm ruft den Organisationsbaustein OB 2 auf, der dem Eingang E 0.0 zugeordnet ist. Nun wird zunächst das Programm dieses Organisationsbausteins bearbeitet.

10. Auftreten eines Alarms am Eingang E 0.4: Der Signalzustand des Eingangs E 0.4 ändert sich von „0" nach „1" (positive Triggerflanke).

11. Aufruf des Bausteins PB 102: Da der Prozessor eine alarmgesteuerte Bearbeitung durchführt, werden weder der „alte" Alarm am Eingang E 0.6 noch der „neue" Alarm am Eingang E 0.4 beachtet. Die alarmgesteuerte Bearbeitung des Organisationsbausteins OB 2 wird bis zur Anweisung BE (Bausteinende) durchgeführt. Danach springt der Prozessor zurück in das Systemprogramm.

12. Prioritätswahl: Nun registriert das Systemprogramm die zwei noch anstehenden Alarme, den „alten" Alarm am Eingang E 0.6 und den „neuen" Alarm am Eingang E 0.4. Der dem Eingang E 0.4 zugeordnete Organisationsbaustein wird zuerst bearbeitet, da dieser Eingang gegenüber Eingang E 0.6 eine höhere Priorität aufweist.

13. Aufruf OB 6: Der Prozessor bearbeitet nun zunächst den Organisationsbaustein OB 6, der Eingang E 0.4 zugeordnet ist. Nach der Bausteinende-Operation springt der Prozessor zurück in das Systemprogramm.

14. Aufruf OB 8: Jetzt liegt nur noch der Alarm am Eingang E 0.6 vor. Das Systemprogramm ruft den Organisationsbaustein OB 8 auf, der diesem Eingang zugeordnet ist. Das Programm dieses Organisationsbausteins wird wie das Programm aller in diesem Baustein aufgerufenen Programm- und Funktionsbausteine bis zur BE-Anweisung bearbeitet. Anschließend springt der Prozessor zurück in das Systemprogramm.

15. Fortsetzung der zyklischen Bearbeitung: Da kein weiterer Alarm vorliegt, wird die Bearbeitung des zyklischen Programms an der unterbrochenen Stelle fortgesetzt.

Ein alarmgesteuertes Programm kann, wie erläutert, nur an einer Bausteingrenze in das zyklische Programm „eingeschoben" werden. An dieser Stelle wird dann das zyklische Programm auch unterbrochen. Eine solche Unterbrechung kann sich negativ auswirken, wenn ein zyklischer Programmteil in einer bestimmten Zeit bearbeitet sein muss, will man z. B. eine bestimmte Reaktion erreichen.

Es besteht also durchaus die Notwendigkeit, einen Programmteil vor einer Unterbrechung durch eine alarmgesteuerte Bearbeitung zu schützen. Dafür kommen folgende Programmierungsmöglichkeiten infrage:

(a) Das Programm enthält keinen Bausteinwechsel und kann daher auch nicht unterbrochen werden.

(b) Das Programm ist ein Teil eines alarmgesteuerten Programms. Hier kann es auch bei einem Bausteinwechsel nicht von einem weiteren Alarm unterbrochen werden.

(c) Man programmiert die Operation „Alarme sperren" (AS) und hebt die sperrende Wirkung mit der Operation „Alarm freigegeben" (AF) wieder auf, was nur in Funktionsbausteinen möglich ist. Zwischen den Operationen AS und AF wird keine alarmgesteuerte Bearbeitung durchgeführt. Die zeitgesteuerte Bearbeitung wird damit nicht gesperrt.

Die Alarmsignale werden über eine normale Eingabebaugruppe eingegeben, wo die Codierung der Eingangsadresse mit Byte „0" beginnt. Da die Eingänge E 0.0 bis E 0.7 die Alarmbearbeitung auslösen, können die weiteren auf der Bausteingruppe noch vorhandenen Eingänge dann als „normale" Eingänge verwendet werden.

4.2.3 Programmierung der zeitgesteuerten Bearbeitung

Bei dieser Art der Programmbearbeitung werden bestimmte Programmabschnitte im Zeitraster automatisch in die zyklische Programmbearbeitung eingeschoben. Durch diese Programmiermöglichkeit kann die mittlere Zykluszeit für ein Anwenderprogramm gesenkt werden. Diese zeitgesteuerte Programmbearbeitung ist für die Lösung von Regelungsaufgaben erforderlich.

Die zyklische Programmbearbeitung ist bei einer speicherprogrammierbaren Steuerung der Regelfall. An den Übergängen von einem Baustein zum anderen (S5: nach jeder S5-Anweisung) kann jedoch eine alarm- oder zeitgesteuerte Programmbearbeitung „eingeschoben" werden. Die maximale Verzögerungszeit zwischen dem Auftreten eines Alarms und seiner Bearbeitung entspricht der Bearbeitungszeit eines Bausteins. Im AG kann eine Unterbrechung nach jedem Befehl erfolgen, wie Abb. 4.18 zeigt.

Für die zeitgesteuerte Bearbeitung steht der OB 13 zur Verfügung. Bei Verwendung eines großen Automatisierungsgerätes sind außerdem OB 10, OB 11 und OB 12 vorhanden. Diese Zeit-Organisationsbausteine können das zyklische, nicht aber das alarmgesteuerte Programm unterbrechen. Die Unterbrechung kann, von wenigen Ausnahmen abgesehen, nach jedem Befehl erfolgen.

Das Systemprogramm kann nicht durch Zeitalarm unterbrochen werden. Das Zeitraster für die Programmunterbrechung kann für jeden OB als Vielfaches von 10 ms eingestellt werden. Dafür stehen folgende Systemdatenworte zur Verfügung:

Unterbrechungspunkt, an dem eine alarm— oder zeitgesteuerte Programm— bearbeitung eingeschaltet wird.

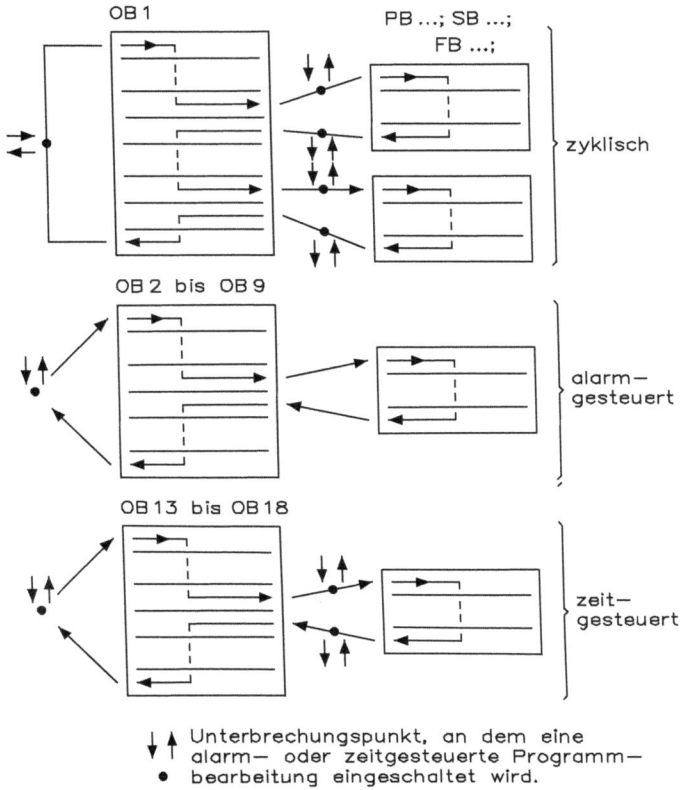

Abb. 4.18: Unterbrechungspunkt, an dem eine alarm- oder zeitgesteuerte Programmbearbeitung eingeschoben wird.

BS 97	Zeitintervall für OB 13
BS 98	Zeitintervall für OB 12
BS 99	Zeitintervall für OB 11
BS 100	Zeitintervall für OB 10

Die Zeitintervalle sind auf 100 ms voreingestellt, können aber in jedem Anwenderprogrammteil geändert werden:

Listing: Programm im FB.

```
L  KH  (Wert)        Wert = 0000 Aufruf des OB 13 unterdrückt
                     Wert = 0001 entspricht 10 ms
                     Wert FFFF entspricht ca. 10 min
T  BS  97            für Zeitintervall OB 13
```

Sinnvoll ist eine „Initialisierung" in den Anlauf-Organisationsbaustein. Ist jedoch kein entsprechender OB programmiert, erfolgt auch keine Unterbrechung.

Ist das Zeitintervall kleiner als die Laufzeit des Zeitunterbrechungsprogramms (z. B. des OB 13), so würde sich das Programm selbst „unterbrechen" wollen. Dieser Zustand wird als Fehler erkannt, und das Automatisierungsgerät geht in den Stoppzustand. Werden bei einer Anwendung mehrere Zeitunterbrechungen programmiert, so besitzt der OB 13 die höchste, der OB 10 die niedrigste Priorität. Abb. 4.19 zeigt eine Zusammenfassung der unterbrechungsgesteuerten Programmbearbeitung bei einem kleinen Automatisierungsgerät.

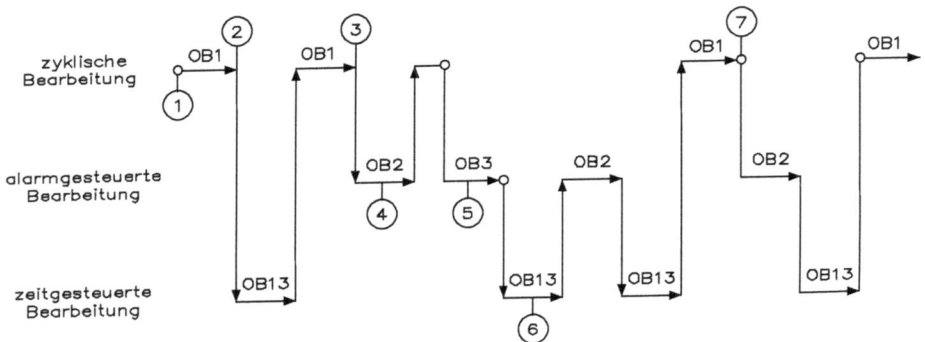

Abb. 4.19: Zusammenfassung der unterbrechungsgesteuerten Programmbearbeitung bei einem kleinen Automatisierungsgerät.

Erläuterungen zu Abb. 4.19:
1. Beginn der zyklischen Programmbearbeitung. Das zyklische Programm besteht aus dem OB 1, der durch das Systemprogramm aufgerufen wird.
2. Während der zyklischen Programmbearbeitung OB 1 tritt ein Weckalarm, der im OB 13 programmiert wurde, auf. An der nächsten Unterbrechungsstelle wird das Zeitalarmprogramm OB 13 aufgerufen. Nach dessen Abarbeitung wird im zyklischen Programm OB 1 fortgefahren.
3. Während der zyklischen Programmbearbeitung OB 1 tritt ein Prozessalarm (z. B. Alarm A) auf. Das zyklische Programm OB 1 wird an der nächstmöglichen Unterbrechungsstelle abgebrochen und das Systemprogramm ruft den Prozessalarm OB 2 auf.
4. Tritt während der Prozessalarmbearbeitung OB 2 ein weiterer Prozessalarm (z. B. Alarm B) auf, wird der Prozessalarm OB 2 zunächst zu Ende bearbeitet. Danach wird das zyklische Programm OB 1 wieder aufgerufen. An der nächstmöglichen Unterbrechungsstelle ruft das Systemprogramm den OB 3 auf.

5. Während der alarmgesteuerten Bearbeitung OB 3 tritt ein Weckalarm, der im OB 13 programmiert wurde, auf. Der OB 3 wird bis zum Ende bearbeitet. Danach ruft das Systemprogramm das zeitgesteuerte Programm OB 13 auf.

6. Während der Bearbeitung des Zeitalarms OB 13 tritt ein Prozessalarm (z. B. Alarm A) auf. Der Zeitalarm OB 13 wird an der nächsten Unterbrechungsstelle durch den Aufruf des alarmgesteuerten Programms OB 2 unterbrochen. Der Prozessalarm OB 2 wird zu Ende bearbeitet. Danach wird der restliche Teil des Zeitalarms OB 13 abgearbeitet und im zyklischen Programm OB 1 fortgefahren.

7. Treten während der zyklischen Programmbearbeitung OB 1 gleichzeitig ein Prozessalarm (z. B. Alarm A) und ein Weckalarm (z. B. OB 13) auf, wird an der nächsten Unterbrechungsstelle das alarmgesteuerte Programm OB 2 vollständig abgearbeitet. Danach erfolgt der Aufruf des Zeitalarms OB 13. Wurde dieser abgearbeitet, wird im zyklischen Programm OB 1 fortgefahren.

Das mittlere Automatisierungsgerät für die Verarbeitung nach S5 und S7 kann auch eine zeitgesteuerte Bearbeitung durchführen. Eine zeitgesteuerte Bearbeitung liegt dann vor, wenn ein von einer „inneren Uhr" kommendes Signal den Prozessor im Automatisierungsgerät veranlasst, die normale zyklische Bearbeitung zu unterbrechen, um ein spezifisches Programm zu bearbeiten.

Nach der Bearbeitung dieses Programms kehrt der Prozessor zur Unterbrechungsstelle im zyklischen Programm zurück und setzt dort seine Bearbeitung fort.

Der Organisationsbaustein OB 13 ist die Schnittstelle zwischen Systemprogramm und zeitgesteuerter Bearbeitung. Er wird alle 100 ms vom Systemprogramm aufgerufen.

Das zyklisch bearbeitete Programm kann nur an den Bausteingrenzen durch eine zeitgesteuerte Bearbeitung unterbrochen werden. Die zeitgesteuerte Bearbeitung kann sowohl durch eine alarmgesteuerte Bearbeitung an den Bausteingrenzen als auch durch Gerätefehler zu beliebigen Zeitpunkten unterbrochen werden.

Während der Bearbeitung eines Bausteins kann keine zeitgesteuerte Bearbeitung stattfinden. Deshalb wird ein zeitgesteuertes Programm erst dann aufgerufen, wenn ein Baustein aufgerufen oder beendet wird. Die maximale Reaktionszeit zwischen dem Auftreten und der Bearbeitung entspricht daher der Bearbeitungszeit eines Bausteins.

Wenn zu diesem Zeitpunkt noch Prozessalarme anstehen, wird das zeitgesteuerte Programm erst bearbeitet, nachdem alle anstehenden Prozessalarme vollständig abgearbeitet sind. Die maximale Reaktionszeit zwischen dem Auftreten und der Bearbeitung des zeitgesteuerten Programms wächst in diesem Fall um die Bearbeitungszeit der Prozessalarme.

Bei größeren Automatisierungsgeräten, die S5 und S7 verarbeiten, dienen die Organisationsbausteine OB 13 bis OB 18 als Schnittstellen zwischen dem Systemprogramm und der zeitgesteuerten Bearbeitung. Jeder dieser Organisationsbausteine wird in einem bestimmten Zeitraster bearbeitet, wie Tab. 4.3 zeigt.

Tab. 4.3: Organisationsbausteine für die zeitgesteuerte Bearbeitung.

Organisationsbaustein	Zeitraster
OB 13	0,1 s
OB 14	0,2 s
OB 15	0,5 s
OB 16	1,0 s
OB 17	2,0 s
OB 18	5,0 s

Auch das zyklisch bearbeitete Programm kann nur an den Bausteingrenzen durch eine zeitgesteuerte Bearbeitung unterbrochen werden.

Ist die Bearbeitungszeit eines zeitgesteuerten Programms größer als das kleinste Zeitraster von 100 ms, müsste sich dieses zeitgesteuerte Programm selbst unterbrechen. In diesem Fall erkennt aber das Systemprogramm einen unerlaubten Zustand und löst im Automatisierungsgerät den Stoppzustand aus.

Kommt es während einer zeitgesteuerten Bearbeitung zu Bausteinwechseln, kann das Systemprogramm an diesen Stellen eine alarmgesteuerte Bearbeitung einschieben. Ist dies unerwünscht, muss während der zeitgesteuerten Bearbeitung jede alarmgesteuerte Bearbeitung gesperrt werden.

Abb. 4.20 zeigt den Programmablauf für die alarm- und zeitgesteuerte Bearbeitung bei Auftreten mehrerer Alarme in einer schematischen Darstellung, Abb. 4.21 zeigt das zeitliche Diagramm.

Erläuterungen zu Abb. 4.20 und 4.21:

1. Beginn der zyklischen Bearbeitung: Das Systemprogramm ruft OB 1 auf. In diesem OB 1 wird PB 17 aufgerufen.
2. Auftreten eines Alarms am Eingang E 0.1: Der Signalzustand des Eingangs E 0.1 ändert sich von „0" nach „1" (positive Triggerflanke).
3. Auftreten eines zeitgesteuerten Alarms der „inneren Uhr": Das Zeitprogramm für das 100-ms-Raster soll bearbeitet werden.
4. Bausteinwechsel: Das Systemprogramm registriert eine Anforderung sowohl für eine alarm- als auch zeitgesteuerte Bearbeitung. Die zyklische Programmbearbeitung wird unterbrochen. Das Programm der zeitgesteuerten Bearbeitung wird vor dem Programm der alarmgesteuerten Bearbeitung abgearbeitet.
5. Das Systemprogramm ruft OB 13 auf: Das Programm dieses Organisationsbausteins wird bis an die nächste Bausteingrenze bearbeitet.
6. Prioritätswechsel: An dieser Bausteingrenze wird die zeitgesteuerte Bearbeitung durch die alarmgesteuerte Bearbeitung unterbrochen.
7. Das Systemprogramm ruft OB 3 auf: Das Programm dieses Organisationsbausteins sowie die Programme aller in diesem Baustein aufgerufenen Programm- und Funktionsbausteine werden bis zur Bausteinende-Anweisung bearbeitet.

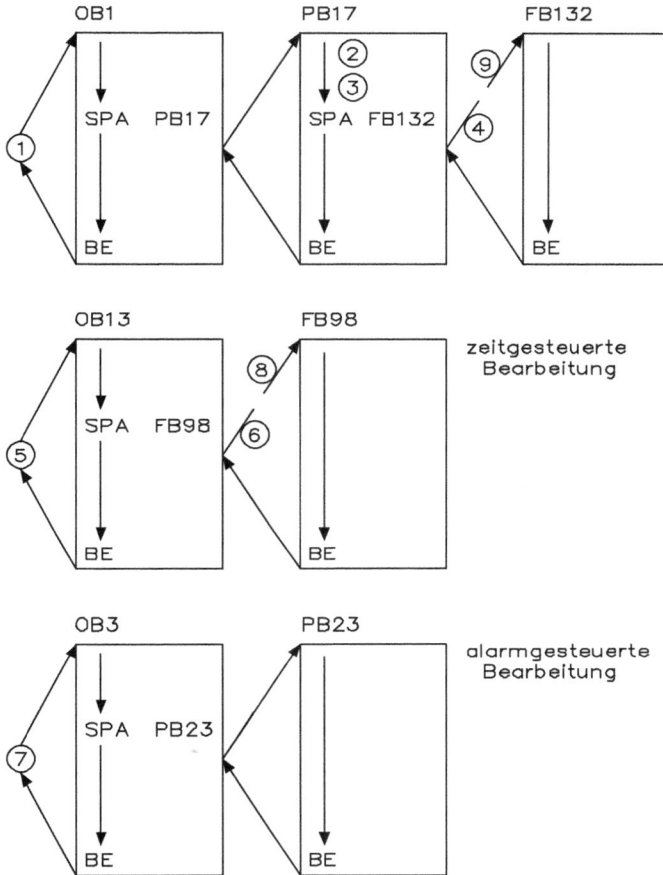

Abb. 4.20: Alarm- und zeitgesteuerte Bearbeitung bei Auftreten mehrerer Alarme.

8. Rücksprung zu FB 98: Erst jetzt wird in FB 98 gesprungen und das Programm der zeitgesteuerten Bearbeitung zu Ende geführt. Danach springt der Prozessor zurück in das Systemprogramm.
9. Da kein weiterer Alarm vorliegt, wird die Bearbeitung des zyklischen Programms an der unterbrochenen Stelle fortgesetzt.

Während der Bearbeitung eines Bausteins kann keine zeitgesteuerte Bearbeitung stattfinden. Deshalb erfolgt der Aufruf eines zeitgesteuerten Programms erst dann, wenn ein Baustein aufgerufen oder beendet wird.

Stehen zu diesem Zeitpunkt noch Prozessalarme an, so werden diese erst dann bearbeitet, wenn die zeitgesteuerte Bearbeitung bis an die nächste Bausteingrenze erfolgte. Erst im Anschluss werden der auslösende Prozessalarm und alle während der Bearbeitung neu hinzugekommenen Prozessalarme abgearbeitet.

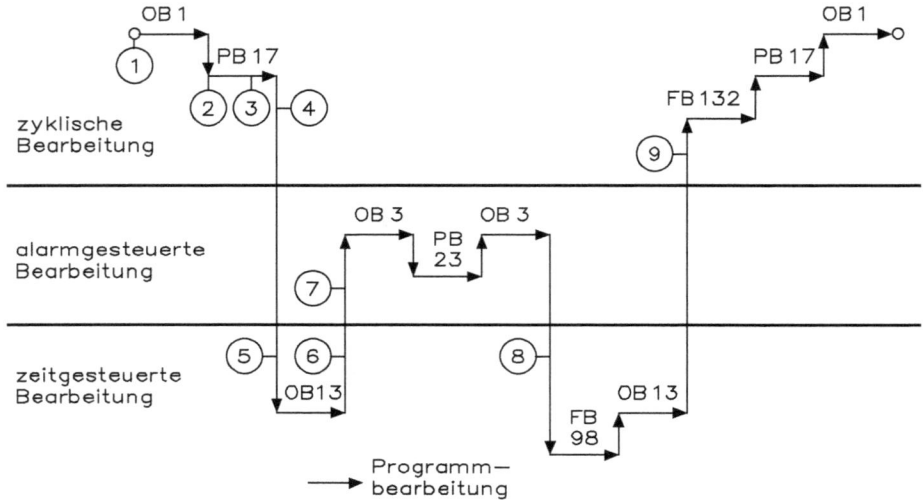

Abb. 4.21: Zeitlicher Verlauf der alarm- und zeitgesteuerten Bearbeitung bei gleichzeitigem Auftreten mehrerer Alarme.

Schließlich wird das zeitgesteuerte Programm fortgesetzt und beendet.

Die maximale Reaktionszeit bis zur Bearbeitung eines zeitgesteuerten Programms entspricht somit der Bearbeitungszeit eines Bausteins. Die Bearbeitung des zeitgesteuerten Programms wird aber bei anstehenden Prozessalarmen an den Bausteingrenzen unterbrochen.

Tab. 4.4 zeigt eine Übersicht zur alarm- und zeitgesteuerten Bearbeitung von Automatisierungsgeräten.

4.2.4 Programmieren des Anlaufverhaltens

Das Automatisierungsgerät kennt zwei Betriebsarten.

(a) RUN: Das Anwenderprogramm wird zyklisch bearbeitet. Im Programm gestartete Zeiten laufen ab. Die Ein- und Ausgabebaugruppen sind freigegeben.

(b) STOP: Das Anwenderprogramm wird nicht bearbeitet. Bei Eintritt des Stoppzustands werden die aktuellen Werte bei Zeiten, Zählern, Merkern und die des Prozessabbilds beibehalten. Die Ausgabebaugruppen sind gesperrt, alle Ausgänge führen 0-Signal.

Wird mit dem Betriebsartenschalter ein Anlauf aus dem Stoppzustand eingeleitet, führt das Betriebssystem folgende Neustartroutine durch, wie Abb. 4.22 zeigt.

Tab. 4.4: Übersicht zur alarm- und zeitgesteuerten Bearbeitung.

Fall	Art	Arbeitsweise des Automatisierungsgerätes
1	Auftritt eines Prozessalarms bei zyklischer Bearbeitung des Programms	Unterbrechung der zyklischen Bearbeitung an der nächsten Bausteingrenze; vollständige Bearbeitung des zeitgesteuerten Alarms; Rücksprung in das unterbrochene zyklische Programm.
2	Auftritt eines zeitgesteuerten Alarms bei zyklischer Programmbearbeitung	Unterbrechung der zyklischen Bearbeitung an der nächsten Bausteingrenze; Bearbeitung des zeitgesteuerten Alarms; Rücksprung in das unterbrochene zyklische Programm.
3	Gleichzeitiger Auftritt von zeitgesteuerten Alarmen und Prozessalarmen bei zyklischer Programmbearbeitung	Unterbrechung der zyklischen Bearbeitung an der nächsten Bausteingrenze; vollständige Bearbeitung des zeitgesteuerten Alarms an der nächsten Bausteingrenze; vollständige Bearbeitung des zeitgesteuerten Alarms; Rücksprung in die unterbrochene zyklische Programmbearbeitung.
4	Auftritt weiterer Prozessalarme bei Bearbeitung eines Prozessalarms	Vollständige Bearbeitung des ersten Prozessalarms und vollständige Bearbeitung der weiteren Prozessalarme entsprechend ihrer Priorität (keine Schachtelung möglich).
5	Auftritt eines weiteren zeitgesteuerten Alarms bei Bearbeitung eines zeitgesteuerten Alarms	Führt zum Stoppzustand des Automatisierungsgerätes.
6	Auftritt eines Prozessalarms bei Bearbeitung eines zeitgesteuerten Alarms	Unterbrechung der Bearbeitung des zeitgesteuerten Alarms an der nächsten Bausteingrenze; vollständige Bearbeitung des Prozessalarms; Rücksprung in die unterbrochene Programmbearbeitung.
7	Auftritt eines zeitgesteuerten Alarms bei Bearbeitung eines Prozessalarms	Unterbrechung der Bearbeitung des Prozessalarms an der nächsten Bausteingrenze; vollständige Bearbeitung des zeitgesteuerten Alarms; Rücksprung in die unterbrochene Bearbeitung des Prozessalarms.
8	Auftritt eines Prozessalarms und eines weiteren zeitgesteuerten Alarms bei Bearbeitung eines zeitgesteuerten Alarms	Unterbrechung der Bearbeitung des zeitgesteuerten Alarms an der nächsten Bausteingrenze; Bearbeitung des Prozessalarms; das Auftreten eines weiteren zeitgesteuerten Alarms führt zum Stoppzustand des Automatisierungsgerätes.
9	Auftritt eines zeitgesteuerten Alarms und eines weiteren Prozessalarms bei Bearbeitung eines Prozessalarms	Unterbrechung der Bearbeitung des Prozessalarms an der nächsten Bausteingrenze; vollständige Bearbeitung des zeitgesteuerten Alarms, da dieser von einem auftretenden Prozessalarm nicht unterbrochen wird; Rücksprung in die unterbrochene Bearbeitung der noch anstehenden Prozessalarme; bei Bearbeitung des zeitgesteuerten Alarms werden keine weiteren Prozessalarme akzeptiert, da der zeitgesteuerte Alarm bereits eine Prozessalarmbearbeitung unterbrochen hat.

```
┌─────────────────────────┐   ┌─────────────────────────┐   ┌──────────────┐
│  Betriebsartenschalter  │   │                      1) │   │              │
│     STOP ──► RUN        │   │   Netzwiederkehr        │   │              │
│   PG—Kommando RUN       │   │                         │   │              │
└───────────┬─────────────┘   └───────────┬─────────────┘   │  Neustart—   │
            │                             │                  │  Routine     │
┌───────────▼─────────────┐   ┌───────────▼─────────────┐   │              │
│      Einlesen der       │   │      Einlesen der       │   │              │
│   Kontrollspur* für die │   │   Kontrollspur* für die │   │              │
│       Peripherie        │   │       Peripherie        │   │              │
└───────────┬─────────────┘   └───────────┬─────────────┘   │              │
┌───────────▼─────────────┐   ┌───────────▼─────────────┐   │              │
│   Löschen des PA, der   │   │   Löschen des PA, der   │   │              │
│  nicht remanenten Zeiten,│  │  nicht remanenten Zeiten,│  │              │
│    Zähler und Merker    │   │    Zähler und Merker    │   │              │
└───────────┬─────────────┘   └───────────┬─────────────┘   └──────────────┘
┌───────────▼─────────────┐   ┌───────────▼─────────────┐   ┌──────────────┐
│                         │   │                         │   │              │
│   Bearbeitung OB21**    │   │   Bearbeitung OB22**    │   │   Anlauf     │
│                         │   │                         │   │              │
└───────────┬─────────────┘   └───────────┬─────────────┘   └──────────────┘
            │                             │
            └──────────────┬──────────────┘
            ┌──────────────▼──────────────┐
            │  Freigeben der Ausgänge***   │
            └──────────────┬──────────────┘
                           │◄───────────────┐
            ┌──────────────▼──────────────┐ │           ┌──────────────┐
            │        PAE einlesen         │ │           │              │
            └──────────────┬──────────────┘ │           │              │
            ┌──────────────▼──────────────┐ │           │   RUN        │
            │       Bearbeitung OB1       │ │           │              │
            └──────────────┬──────────────┘ │           └──────────────┘
            ┌──────────────▼──────────────┐ │
            │         PAA ausgeben        │─┘
            └─────────────────────────────┘
```

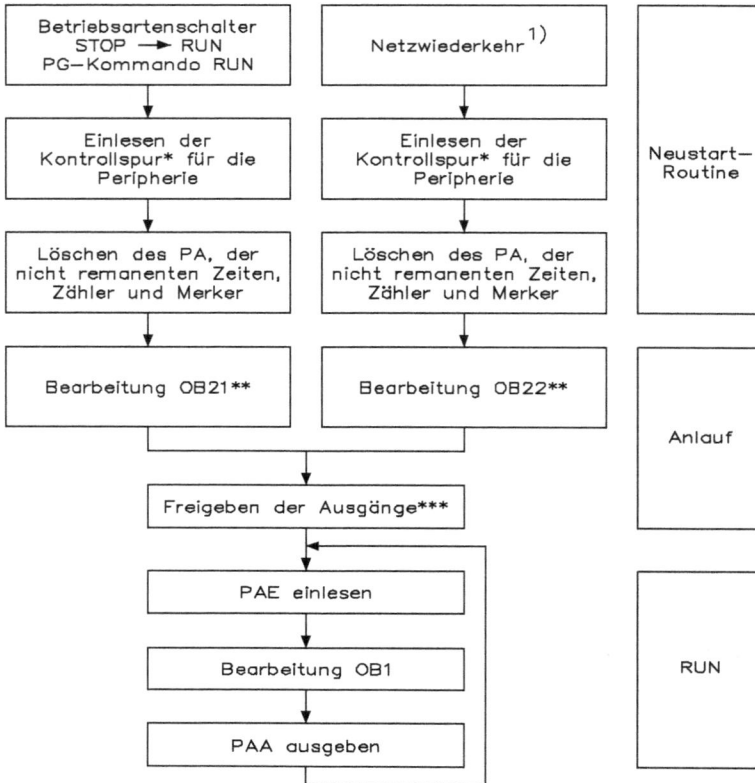

Abb. 4.22: Anlaufverhalten aus dem Stoppzustand, wenn AG bei NETZ-AUS in RUN war.

* Auf der Kontrollspur wird die gesteckte digitale/analoge Peripherie abgebildet.

** Steht im OB 21 bzw. OB 22 die Operation AF (Alarm freigeben), ist ab diesem Zeitpunkt eine Unterbrechung durch zentralen Prozessalarm möglich. Ist diese Operation nicht im ANLAUF-OB verwendet worden, können Alarm- und Zeit-OBs erst nach Abarbeitung des ANLAUF-OB wirksam werden. Signal BASP (Befehlsausgabe sperren) wird aufgehoben.

*** Freigabe der Ausgänge

1) Verhalten nach dem Einschalten der Stromversorgung oder Neustart

Die Neustartroutine erfolgt wie bei Anlauf aus dem Stoppzustand. Zusätzlich werden Batterie, Speichermodul und Zustand vor „NETZ AUS" wie folgt ausgewertet (Abb. 4.23).

–   Das Prozessabbild wird gelöscht.

–   Die digitalen Ausgänge werden mit 0-Signal beschrieben.

–   Der Bestückungsausbau der Ein- und Ausgabebaugruppen wird eingelesen und abgespeichert.

–   Das Anwendermodul wird geprüft.

–   Die Adressliste für das Anwenderprogramm wird aufgebaut.

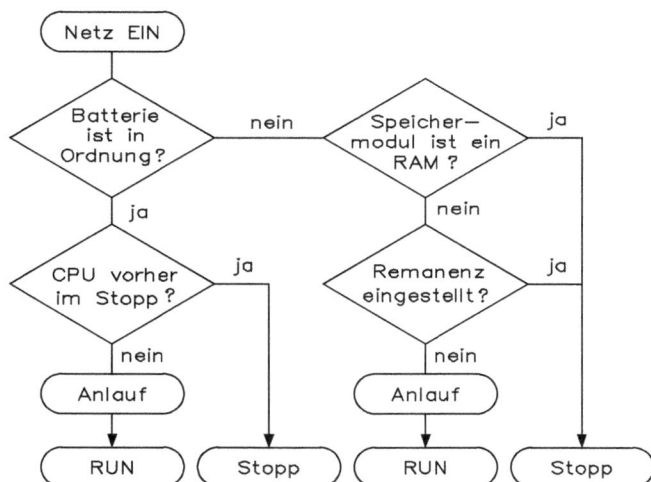

Abb. 4.23: Diagramm für das Anlaufverhalten nach Netzausfall.

Die Remanenz kann am Funktionsschalter am Bedienfeld der CPU eingestellt werden. Bei eingestellter Remanenz bleibt die Hälfte der Merker, Zeiten, Zähler bei Anlauf nach „NETZ AUS" oder „STOP" erhalten. Voraussetzung: Bei Anlauf aus „NETZ AUS" muss die Pufferbatterie in der Stromversorgung vorhanden sein. Tab. 4.5 zeigt das Verhalten für die Remanenz.

Tab. 4.5: Verhalten für die Remanenz.

	Merker	Zeiten	Zähler
Schalterstellung RE (remanent)	M 0.0 bis M 127.7 remanent	T 0 bis T 63 remanent	Z 0 bis Z 63 remanent
Schalterstellung RE (nicht remanent)	Keine remanenten Merker	Keine remanenten Zeiten	Keine remanenten Zähler

Hinweis: Wird bei einem Anlauf nach „NETZ EIN" Batterieausfall bei eingestellter Remanenz erkannt, geht das Automatisierungsgerät in den Stoppzustand.

Das Systemprogramm des Automatisierungsgerätes unterscheidet die drei verschiedenen Anlaufarten:
- manuellen Neustart,
- manuellen Neustart mit „Gedächtnis" (Merker und Koppelmerker werden nicht gelöscht),
- automatischen Neustart mit „Gedächtnis" (nur nach Spannungswiederkehr).

Das Auslösen des manuellen Neustartes mit „Gedächtnis" geht so:
- Wahlschalter in Mittelstellung,
- Stoppschalter von „STOP" nach „RUN",
- bei Mehrprozessorbetrieb anschließend den Neustart des Gerätes durchführen, damit der Start des Koordinierungsprozessors eingeleitet wird.

Beim Neustart mit „Gedächtnis" werden die vor dem Stoppzustand des Automatisierungsgerätes erfassten Ergebnisse und Betriebszustände berücksichtigt, d. h., Merker und Koppelmerker werden nicht gelöscht. Die (bei „STOP") aktuellen Zeit- und Zählwerte werden jedoch gelöscht.

Das Auslösen des manuellen Neustartes ohne „Gedächtnis" erfolgt nach:
- Festhalten des Wahlschalters in Stellung „RESET",
- Stoppschalter von „STOP" nach „RUN".
- Bei Mehrprozessorbetrieb ist anschließend der Neustart des Gerätes durchzuführen, damit der Start des Koordinierungsprozessors eingeleitet wird.

Dabei führt das Systemprogramm folgende Tätigkeiten durch:
- Löschen aller (bei „STOP") aktuellen Zeitwerte,
- Löschen aller (bei „STOP") aktuellen Zählwerte,
- Zurücksetzen aller Merker.

Im Organisationsbaustein OB 20 kann der Anwender ein Programm hinterlegen, das vor Beginn der zyklischen Programmbearbeitung bestimmte Tätigkeiten ausführt, z. B. Merker setzt, Zeit startet, Ausgänge setzt und bei geeignetem Ausbaugrad den Datenverkehr des Gerätes mit peripheren Geräten vorbereitet. Der Organisationsbaustein muss mit BE abgeschlossen werden. Nach der Bearbeitung des OB 20 beginnt die zyklische Bearbeitung durch Aufruf des OB 1.

Der automatische Neustart mit „Gedächtnis" erfolgt nach:
- „NETZ AUS" nach „NETZ EIN" im Zyklus,
- Schalterstellung unverändert.

Bei Ausfall der Netzspannung und anschließender Spannungswiederkehr versucht das Automatisierungsgerät automatisch einen Neustart. Dabei wird zuerst vom Systemprogramm der Organisationsbaustein OB 22 aufgerufen, in dem der Anwender ein Voreinstellen bestimmter Zustände programmieren kann.

Die Funktion des automatischen Neustartes ist mit der des manuellen Neustartes mit „Gedächtnis" identisch. Wenn das Automatisierungsgerät keinen automatischen Neustart durchführen soll, muss im OB 22 die Anweisung „STOP" programmiert werden.

```
OB 22    :    STP    „STOP"
         :    BE     Bausteinende
```

Bei jeder Anlaufart für kleine Automatisierungsgeräte ruft das Systemprogramm einen Organisationsbaustein auf, den der Anwender für ein bestimmtes Anlaufverfahren selbst programmieren kann. Ist dies nicht erforderlich, kann die Programmierung dieser Organisationsbausteine natürlich unterbleiben.

Für einen Neustart von Hand wird der Stoppschalter an der Zentralbaugruppe von „STOP" auf „Betrieb" gestellt. Daraufhin führt das Systemprogramm folgende Tätigkeiten aus:
- Löschen aller aktuellen Zeitwerte,
- Löschen aller aktuellen Zählwerte,
- Zurücksetzen aller Merker,
- Laden des Eingangsprozessabbilds (PAE) mit Generierung der Kontrollspur zur Erfassung aller eingesteckten und nicht defekten Eingabebaugruppen,
- Löschen des Ausgangsprozessabbilds (PAA) mit Generierung der Kontrollspur und Zurücksetzen aller Ausgänge,
- Aufbau der Adressliste (Adressen aller im Anwenderspeicher programmierten Bausteine),
- Aufruf des Organisationsbausteins OB 20: Im Organisationsbaustein 20 kann der Anwender ein Programm abspeichern, das etwaige vor Beginn der zyklischen Programmbearbeitung gewünschte Tätigkeiten ausführt, z. B. Merker setzen, Zeiten starten, Ausgänge setzen usw. Der Organisationsbaustein muss mit BE abgeschlossen werden,
- nach der Bearbeitung des OB 20 beginnt die zyklische Bearbeitung mit dem Aufruf des OB 1.

Bei einem Wiederanlauf werden die vor dem „STOP" des Automatisierungsgerätes erfassten Ergebnisse und Betriebszustände berücksichtigt.

Zum Wiederanlauf des Automatisierungsgerätes wird der Stoppschalter von „STOP" auf „Betrieb" umgeschaltet und gleichzeitig die Wiederanlauftaste betätigt. Daraufhin ruft das Systemprogramm zunächst den Organisationsbaustein OB 21 auf, in dem der Anwender ein Programm zur Voreinstellung bestimmter Zustände ablegen kann. Der OB 21 muss mit BE abgeschlossen werden.

Nach der Bearbeitung des OB 21 wird das zyklische Programm an der unterbrochenen Stelle fortgesetzt, da die Zeiten während des Stoppzustands weitergelaufen sind.

Merker, Zeiten, Zähler und Prozessabbild werden während der Anlaufphase vom Systemprogramm nicht verändert und auch weiterhin nur vom Anwenderprogramm beeinflusst.

Am Ende des festgesetzten Zyklus werden dann die Ausgänge sowie das Ausgangsprozessabbild (PAA) gelöscht und die Sperre der Befehlsausgabe aufgehoben, so dass alle Ausgänge Nullsignal abgeben. Anschließend wird das Prozessabbild der Eingänge (PAE) geladen und die zyklische Programmbearbeitung mit dem Aufruf des OB 1 fortgesetzt.

Bei Netzausfall und anschließender Spannungswiederkehr versucht das Automatisierungsgerät, einen Wiederanlauf automatisch durchzuführen. Dabei wird zuerst vom Systemprogramm der Organisationsbaustein OB 22 aufgerufen, in dem der Anwender Voreinstellungen für bestimmte Zustände programmieren kann. Der weitere Ablauf des automatischen Wiederanlaufs entspricht dem des manuellen Wiederanlaufs.

Soll das Automatisierungsgerät keinen automatischen Wiederanlauf durchführen, muss im OB 22 die Anweisung „STOP" programmiert werden.

```
OB 22   :   STP     STOP
        :   BE      Bausteinende
```

4.2.5 Gerätefehler

Das Systemprogramm kann das fehlerhafte Arbeiten des Zentralprozessors, etwaige Fehler im Systemprogramm oder die Auswirkungen einer fehlerhaften Programmierung durch den Anwender feststellen. Bei einigen dieser Fehler kann der Zentralprozessor nicht mehr einwandfrei arbeiten. Das Automatisierungsgerät geht dann in den Stoppzustand.

Das Systemprogramm ermöglicht es dem Anwender, durch Aufruf entsprechender Organisationsbausteine das weitere Verhalten des Automatisierungsgerätes bei den folgenden Fehlern selbst zu bestimmen:
– Aufruf eines nicht geladenen Bausteins,
– Quittierungsverzug bei Einzelzugriff auf Peripheriebaugruppen,
– Quittierungsverzug beim Aktualisieren des Prozessabbilds,
– Adressierfehler,
– Zykluszeit-Überschreitung,
– Substitutionsfehler,
– Quittierungsverzug bei Eingangsbyte 0.

Der Anwender kann beim Auftreten einer dieser Fehler das Automatisierungsgerät weiterlaufen lassen, er kann es in den Stoppzustand bringen oder ein spezielles Programm bearbeiten lassen, z. B. Setzen von Anzeigen, die nicht durch das Signal „Befehlsausgabe sperren" (BASP) mit anschließendem „STOP" abgeschaltet werden.

Das Fehlerverhalten und die Möglichkeiten der Beeinflussung dieses Verhaltens sind bei den verschiedenen Gerätetypen unterschiedlich.

Das Systemprogramm erkennt selbsttätig, wann immer im Anwenderprogramm ein Baustein aufgerufen wird, der nicht geladen bzw. durch das Programmiergerät für „ungültig" erklärt wurde. Dies gilt für Programm-, Funktions- und Schrittbausteine, die „unbedingt" oder auch bedingt aufgerufen werden.

Wird der Aufruf eines nicht geladenen Bausteins erkannt, ruft das System-programm den Organisationsbaustein OB 19 auf. In diesem Organisationsbaustein kann das weitere Verhalten des Automatisierungsgerätes bestimmt werden. Wird der Organisationsbaustein OB 19 nicht belegt, wird der Aufruf des nicht geladenen Bau-steins vom Prozessor wie eine Nulloperation (NOP) behandelt. Die Bearbeitung des S5-Programms wird fortgesetzt.

Ein Quittierungsverzug tritt ein, wenn sich eine Ein- oder Ausgabebaugruppe nach einer Adressierung nicht innerhalb einer bestimmten Zeit mit einem „READY"-Signal meldet. Voraussetzung dafür ist aber, dass diese Peripheriebaugruppe beim Neustart des Automatisierungsgerätes vorhanden und nicht defekt war. Die Ursache des Quittierungsverzugs kann in einem Defekt an der Baugruppe liegen oder aus der Entfernung der Baugruppe während des Betriebs resultieren.

Folgende Arten des Quittierungsverzugs unterbrechen die zyklische Bearbeitung und sorgen für den Aufruf eines entsprechenden Organisationsbausteins:

– Quittierungsverzug bei Einzelzugriff auf eine Peripheriebaugruppe bei Lade- oder Transferoperationen: Das Systemprogramm ruft hier den OB 23 auf.
– Quittierungsverzug beim Aktualisieren des Prozessabbilds: Das Systemprogramm ruft dann den OB 24 auf. Sind die aufgerufenen Organisationsbausteine OB 23 bzw. OB 24 nicht programmiert, wird die Bearbeitung des Anwenderprogramms fortgesetzt.
– Quittierungsverzug bei Anwahl des Eingangsbytes 0 (Alarmeingänge): Das Sys-temprogramm ruft dann den OB 28 auf. Ist der OB 28 nicht programmiert, geht das Automatisierungsgerät mit Auftreten des Fehlers (Quittierungsverzug) bei EB 0 in den Stoppzustand.
– Quittierungsverzug bei Einzelzugriff auf eine dezentrale Peripheriebaugruppe im erweiterten Adressiervolumen: Das Systemprogramm ruft OB 29 auf. Ist der auf-gerufene Organisationsbaustein nicht programmiert, wird die Bearbeitung des Anwenderprogramms fortgesetzt.
– Die Ursache eines Quittierungsverzugs kann auch ein defekter oder nicht vorhan-dener Speicher sein. Meldet sich eine angesprochene Adresse im Externspeicher nicht mit einem „READY"-Signal zurück, erkennt dies das Systemprogramm und ruft OB 30 auf. Wurde dieser Baustein nicht programmiert, wird die Bearbeitung des Anwenderprogramms fortgesetzt.

Ein Adressierfehler tritt auf, wenn mit einer S5-Operation ein Eingang oder ein Aus-gang im Prozessabbild angesprochen wird, der schon beim Neustart als „nicht vorhan-den" registriert wurde. Das Systemprogramm unterbricht nun die Bearbeitung des S5-Programms und ruft den Organisationsbaustein OB 25 auf. In diesem Organisations-baustein kann das weitere Verhalten des Automatisierungsgerätes bestimmt werden.

Achtung: Ist der Organisationsbaustein OB 25 nicht programmiert, geht der Prozessor beim Auftreten eines Adressierfehlers in den Stoppzustand.

Soll bei einem erkannten Adressierfehler kein spezielles Programm bearbeitet werden, genügt es, wenn eine Bausteinende-Anweisung im Operationsbaustein OB 25 programmiert wird:

```
OB 25   :   BE        Bausteinende
```

Die Zykluszeit umfasst die gesamte Zeitdauer einer zyklischen Programmbearbeitung. Darin sind enthalten der Aufruf und die Bearbeitung des Organisationsbausteins OB 1, die in diesem Organisationsbaustein aufgerufenen Programm- und Funktionsbausteine mit ihren Schachtelungen sowie alle in diesem Zyklus bearbeiteten zeit- und alarmgesteuerten Programmteile.

Das zyklische Programm endet mit einer Bausteinende-Anweisung im Organisationsbaustein OB 1.

Überschreitet diese Bearbeitungszeit nun eine bestimmte Zeitdauer, die im Prozessor eingestellte „Zykluszeit" von 100 ms (mittlere Automatisierungsgeräte) oder 500 ms (kleine Automatisierungsgeräte), registriert das Systemprogramm automatisch die Zykluszeitüberschreitung als Fehler. Eine solche Zykluszeitüberschreitung kann z. B. durch fehlerhafte Programmierung entstehen, wenn etwa bei einem bestimmten Prozessabstand der Prozessor in einer Programmschleife läuft oder der Taktgenerator ausfällt.

Tritt eine Zykluszeitüberschreitung auf, unterbricht das Systemprogramm die Bearbeitung des S5-Programms und ruft den Organisationsbaustein OB 26 auf. In diesem Organisationsbaustein kann das weitere Verhalten des Automatisierungsgeräts bestimmt werden.

Achtung: Ist der Organisationsbaustein OB 26 nicht belegt, geht der Prozessor beim Auftreten einer Zykluszeitüberschreitung in den Stoppzustand.

Soll bei einer erkannten Zykluszeitüberschreitung kein spezielles Programm bearbeitet werden, genügt es, wenn eine Bausteinende-Anweisung im Organisationsbaustein OB 26 programmiert wird:

```
OB 26   :   BE        Bausteinende
```

Hinweis: Die Programmbearbeitung wird zusätzlich durch einen Weckalarm von 100 ms überwacht. Falls während dieser Zeitdauer keine Bausteingrenzenüberschreitung (Bearbeitung der Anweisungen BE bzw. BEB) auftritt, geht der Prozessor trotz Programmierung des OB 26 in den Stoppzustand.

Der Prozessor führt bei der Bearbeitung des S5-Programms innerhalb eines Funktionsbausteins eine Substitution durch, wenn er eine Operation mit dem Operanden „Bausteinparameter *X*" ausführt. Der Operand *X* wird dabei durch den im Aufruf des Funktionsbausteins stehenden Operanden ersetzt, also substituiert.

Eine nicht zulässige Substitution wird vom Prozessor erkannt. Das Systemprogramm unterbricht dann die Bearbeitung des S5-Programms und ruft den Organisationsbaustein OB 27 auf, in diesem Organisationsbaustein kann das weitere Verhalten des Automatisierungsgerätes bestimmt werden.

Achtung: Ist der Organisationsbaustein OB 27 nicht belegt, geht der Prozessor beim Auftreten eines Substitutionsfehlers in den Stoppzustand.

Soll bei einem erkannten Substitutionsfehler kein spezielles Programm bearbeitet werden, genügt es, wenn eine Bausteinende-Anweisung im Operationsbaustein OB 27 programmiert wird:

```
OB 27   :   BE        Bausteinende
```

Wenn im Gesamtaufbau ein Externspeicher und eine überwachende Parity-Baugruppe vorhanden sind, werden eventuelle Unstimmigkeiten zwischen einem Lese- und Schreibvorgang im externen Speicher dem Systemprogramm als Parity-Fehler mitgeteilt.

Das Systemprogramm ruft dann OB 30 auf, so dass durch das Programmieren dieses Bausteins die Möglichkeit besteht, den gemeldeten Fehler zu korrigieren. Sonst erfolgt keine weitere Reaktion.

Bei der Beeinflussung der Zyklusüberwachungszeit muss man zwischen den einzelnen SPS-Geräten unterscheiden. Für kleinere Automatisierungssysteme gilt: Die im Systemdatenbereich BS 96 voreingestellte Zyklusüberwachungszeit beträgt 500 ms. Dieser Wert lässt sich im Anwenderprogramm (nur in Funktionsbausteinen) überschreiben und ist dann vom nächsten Zyklus an gültig.

Listing: FB-Anwender-Programm

```
:
: L KF (0 < Wert <= +255)     Wert · 10 ms = Zyklusüberwachungszeit
: T BS 96                     Überschreiben des alten Wertes
:
```

Außerdem lässt sich die im BS 96 eingestellte Überwachungszeit an jeder Stelle des Anwenderprogramms durch den Aufruf des OB 31 neu starten (Nachtriggern). Voraussetzung ist, dass der OB 31 im Anwenderprogramm vorhanden ist. Er muss nur den Befehl BE beinhalten. Schreibvorgänge werden im externen Speicher dem Systemprogramm als Parity-Fehler mitgeteilt.

Für mittlere Automatisierungssysteme gilt: Die Zyklusüberwachungszeit ist fest und beträgt 100 ms. Sie kann an jeder Stelle des Anwenderprogramms durch den Aufruf des OB 222 nachgetriggert, d. h. wieder gestartet werden. Der OB 222 kann nicht vom Anwender programmiert werden und ist im Betriebssystem der CPU bereits vorhanden.

Für größere Automatisierungssysteme gilt: Die im DX 0 eingestellte Überwachungszeit (DX-0-Parametrierung durch das Programmiergerät) wird in jedem Zyklus gestartet. Durch den Aufruf des OB 31 kann im Anwenderprogramm die Zyklusüberwachungszeit beeinflusst werden. Die Zeitvorgabe durch den Anwender erfolgt durch die Versorgung von Akku 1 mit einem Wert von 1 bis 255. Durch den Aufruf des OB 31 wird dann die Zeit (Wert · 10 ms) vom Systemprogramm gestartet. Enthalten OB 31 und DX 0 unterschiedliche Angaben, ist der OB 31 maßgebend.

4.2.6 Organisationsbausteine für Sonderfunktionen

Neben den Organisationsbausteinen OB 1 bis OB 39 können mit dem Automatisierungsgerät diverse Betriebssystem-Sonderfunktionen als Organisationsbausteine mit Nummern größer als OB 39 aufgerufen werden. Diese Organisationsbausteine für Sonderfunktionen können vom Anwender nicht programmiert, sondern lediglich aufgerufen werden. Sie enthalten kein S5-Programm. Sonderfunktionsorganisationsbausteine können auch innerhalb von Organisationsbausteinen der Nummer OB 1 bis OB 39 aufgerufen werden. Tab. 4.6 zeigt die Bezeichnungen bzw. absoluten Parameter für die Betriebssystem-Sonderfunktionen.

Tab. 4.6: Bezeichnungen bzw. absolute Parameter für die Betriebssystem-Sonderfunktionen.

Absoluter Parameter	Bezeichnungen bzw. Bearbeitungsanstoß
OB 221	Löschen aller Schieberegister
OB 222	Zykluszeittriggerung
OB 240	Initialisierung des Schieberegisters
OB 241	Aufruf des Schieberegisters Nr. 1 im Zyklus
OB 242	Aufruf des Schieberegisters Nr. 2 im Zyklus
OB 243	Aufruf des Schieberegisters Nr. 3 im Zyklus
OB 244	Aufruf des Schieberegisters Nr. 4 im Zyklus
OB 245	Aufruf des Schieberegisters Nr. 5 im Zyklus
OB 246	Aufruf des Schieberegisters Nr. 6 im Zyklus
OB 247	Aufruf des Schieberegisters Nr. 7 im Zyklus
OB 248	Aufruf des Schieberegisters Nr. 8 im Zyklus
OB 250	Initialisierung des PID-Reglers
OB 251	Aufruf des PID-Reglers im Zyklus
OB 255	Datenbaustein aus dem Anwenderprogrammspeicher in den Datenbaustein RAM übertragen

Tab. 4.7 zeigt die Organisationsbausteine für Neustart, Anlaufbetrieb und Gerätefehlbehandlung.

Tab. 4.7: Organisationsbausteine für Neustart, Anlaufbetrieb und Gerätefehlbehandlung.

Absoluter Parameter	Bezeichnung bzw. Bearbeitungsanstoß	Reaktion bei nicht-programmiertem OB	OB vertreten bei SPS-Anlagen		
			Kleine	Mittlere	Große
OB 10	Aufruf eines nicht geladenen Bausteins	Keine	–	–	×
OB 20	Neustart manuell	Keine	–	×	×
OB 21	Wiederanlauf manuell	Keine	×	×	×
OB 22	Wiederanlauf automatisch nach Ausfall der Netzspannung	Keine	–	–	×
OB 23	Quittierungsverzug bei Einzelzugriff auf Peripheriebaugruppen	Keine	–	–	×
OB 24	Quittierungsverzug	STOP	–	–	×
OB 25	Aktualisieren des Prozessabbilds	STOP	–	–	×
OB 26	Adressierfehler	STOP	–	–	×
OB 27	Zyklusüberschreitung	STOP	–	–	×
OB 28	Substitutionsfehler	STOP	–	×	×
OB 29	Quittierungsverzug bei Eingangsbyte 0	Keine	–	–	×
OB 30	Quittierungsverzug bei dezentraler Peripherie und erweitertem Adressiervolumen	Keine	–	–	×
OB 31	Quittierungsverzug und Parity-Fehler beim Externspeicher	Keine	×	–	×
OB 32	Einstellung der Zykluszeit	STOP	–	–	×
OB 33	Transferfehler	STOP	–	–	×
OB 34	Weckfehler: Bei einer Zeitbearbeitung tritt eine weitere Zeitbearbeitung für eine Anwenderschnittstelle auf, Batterieausfall	Keine	×	×	×

4.3 BSTACK

Ein Stack ist eine Speichereinheit (Abb. 4.24), die das Steuerwerk z. B. für die Speicherung von Rücksprungadressen benötigt. Ein Stack besteht aus mehreren Speicherzellen, in die nacheinander die einzelnen Informationen eingetragen werden. Diese Speichereinheit arbeitet nach dem LIFO-Prinzip (last in, first out). Beim Löschen wird zuerst die Information gelöscht, die zuletzt eingetragen wurde. Mit einem Stapelzeiger (Stackpointer) registriert das Steuerwerk in einer zusätzlichen Speicherzelle, in welche Zeile des Stapelspeichers zuletzt eine Information eingetragen worden ist.

Tab. 4.8 zeigt den Adressierungsablauf in einem Stack und Abb. 4.24 dient als Vorlage.

Tab. 4.8: Adressierungsablauf in einem Stack.

BAUST.NR.	BAUST.ADR.	RÜCKSPR.-ADR	REL-ADR.	DB-NR.	DB-ADR.
PB 30	C8A6	C8F0	004A	15	C9DE
PB 23	C980	C9AD	0020	12	C9EE
PB 21	C9AC	C9D2	0026	12	C9EE
OB 1	C912	C92C	001A		
OB 43	1324	13A2	007E		
		095E			

Im Bausteinstack eines Automatisierungsgerätes werden im Verlauf der Programmbearbeitung bei jedem Verlassen eines Bausteins zwei Informationen eingetragen:
- die Anfangsadresse des Datenbausteins, der vor dem Verlassen des Bausteins gültig war (DB-ADR.),
- die Nummer der Speicheradresse, an der die Programmbearbeitung nach der Rückkehr aus dem aufgerufenen Baustein fortgesetzt werden soll (RÜCKSPR.-ADR.).

Ein Rücksprung zu dem Baustein, in dem der zuletzt erfolgte Bausteinaufruf steht, ist nach einer Unterbrechung der zyklischen Programmbearbeitung durch einen Fehler nicht mehr möglich. Die in den Bausteinstack eingetragenen Informationen können mit dem PC-Programmiergerät daher nur im Stoppzustand des Automatisierungsgerätes gelesen werden (Ausgabe BSTACK). In Ergänzung zur Ausgabe des Unterbrechungsstacks (USTACK) liefert der Bausteinstack Informationen, in welcher Reihenfolge die Bausteine vom OB 43 des Betriebssystems über den OB 1 (von unten nach oben gelesen) bis zur Fehlerstelle bearbeitet wurden (Abb. 4.24). In der obersten Zeile steht dann der Baustein, der als letzter fehlerfrei bearbeitet worden ist.

Die relative Bausteinadresse (REL.-ADR.) markiert die Rücksprungadresse hinter der Sprunganweisung, die zum Verlassen des Bausteins geführt hat.

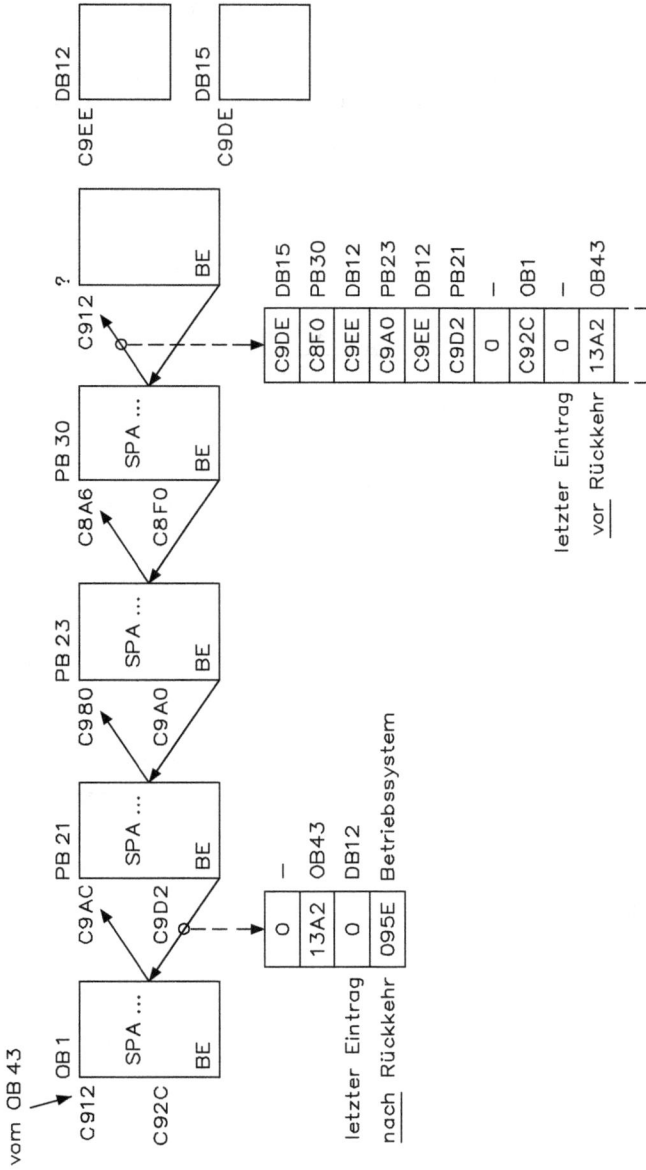

Abb. 4.24: Wirkungsweise eines Stacks in einem Automatisierungsgerät.

Achtung: Alle Angaben sind Byteadressen in hexadezimalen Zahlen. Der letzte Eintrag wird in Abb. 4.24 gezeigt.

4.3.1 Unterbrechungsstack (USTACK)

Ein Unterbrechungsstack (Abb. 4.25) ist ein Kellerspeicher, in den das Mikroprogramm beim Auftreten von Unterbrechungen des zyklischen Betriebs die Informationen einträgt, die das zentrale Steuerwerk entweder zur Fortsetzung des zyklischen Betriebs hinter der Unterbrechungsstelle oder zur Gewährleistung eines Wiederanlaufs benötigt. In den Unterbrechungsstack werden außerdem alle Kennungen eingetragen, die Auskunft über die Ursache der Unterbrechung geben.

Steuerbits							
NB NB	PBSSCH NB	BSTSCH NB	SCHTAE REMAN	ADRBAU NB	SPABBR NB	NAUAS NB	QUIT NB
STOZUS NB	STOANZ NB	NEUSTA MAFEHL	NB NB	BATPUF NB	NB AF	BARB NB	BARBEND NB
ASPNEP KEINAS	ASPNRA SYNFEH	KOPFNI NINEU	PROEND NB	ASPNEEP NB	PADRFE NB	ASPLUE SUMF	RAMADFE URLAD

Unterbrechungsstock

Tiefe: 01

BEF—REG:	0000	SAZ:	E30A	DB—ADR:	0000
BST—STP:	EB07	Bausteinnr.:	1	DB—Nr.:	
		REL—SAZ:	0000		
Akku 1:	FFF1	Akku 2:	00FF		

Klammern: | KE1 | 000 | KE2 | 000 | KE3 | 000 | KE4 | 000 | KE5 | 000 | KE6 | 000

Ergebnisanzeige: | ANZ1 | ANZ0 | OVFL | CARRY | ODER | STATUS | VKE | ERAB

Störungsursache: | STOPS | | SUF | | TRAF | NNN | STS | STUE
NAU | QVZ | | ZYK | | PEU | BAU | ASPFA

Abb. 4.25: Steuerbits und Unterbrechungsstack.

Der Inhalt des Unterbrechungsstacks kann im Stoppzustand des Gerätes mit dem PG gelesen werden (Ausgabe USTACK). Weiterhin zeigt das SPS-Programmiergerät den Inhalt der Systemdatenwörter SD 5, SD 6 und SD 7 an, die in Einzelfällen zusätzliche Informationen über die Unterbrechungsursache liefern:

1. Steuerbits in den Systemdatenwörtern SD 5 und SD 6: Die Steuerbits sind interne Anzeigen des Betriebssystems (Merker). Die Auswertung ist im Störfall nur in wenigen Ausnahmefällen sinnvoll, da hierzu auch Spezialkenntnisse erforderlich sind.

2. Steuerbits im Systemdatenwort SD 7: Diese Anzeige liefert zusätzliche Angaben über die Unterbrechungsursache.

3. Angaben über die Unterbrechungsstelle (Fehlerort) sind zu treffen.

4. Zustand des Rechenwerks: Dazu gehören der Inhalt von Akku 1 und Akku 2 sowie des Klammerspeichers und die Ergebnisanzeigen für binäre und digitale Operationen, deren Bearbeitung durch den Stoppzustand unterbrochen worden ist.

5. Unterbrechungsursache im USTACK: Diese Zeile liefert dem Anwender die erste Information über die Ursache einer Unterbrechung der zyklischen Bearbeitung. Die angezeigte Ursache ist entscheidend für das weitere Vorgehen bei der sich anschließenden Fehlerdiagnose.

4.3.2 USTACK-Anzeigen

Steuerbits im Systemdatenwort SD 5
ENDSCH: Auftreten eines Stoppzustands bei Funktion Baustein schieben
PBSSCH: Bausteine sollen vom AG-Speicher (RAM) zum EPROM übertragen werden
BSTSCH: Vorbereitung für Baustein schieben
SCHTAE: Funktion Baustein schieben wird bearbeitet
ADRBAU: Aufbau der Bausteinadressenliste nach Urlöschen
SPABBR: Funktion Baustein schieben abgebrochen
NAUAS: Signal an Anschaltung bei Netzausfall
QUIT: zyklische Bearbeitung wegen der Anzeige „PBSSCH" unterbrochen
NSTPAN: nach Urlöschen wird Neustart oder Wiederanlauf durchgeführt

Steuerbits im Systemdatenwort SD 6
STOZUS: Stoppschalter mit
STOANZ: zugehörigem Flankenmerker
NEUSTA: Neustart: zyklischer Betrieb nur über Neustart möglich
WIEDAN: Wiederanlauf: zyklischer Betrieb über Wiederanlauf möglich,
    wenn Bit „NEUSTA" nicht gesetzt ist
BATPUF: Zentralgerät enthält Pufferbatterie für RAM-Speicher
DATEIN: ohne Bedeutung
BARB: Zustandsanzeige für die Betriebsart
BARBEND: Bearbeitungskontrolle
NB: Bit ist nicht belegt
UAFEHL: Unterbrechungsstack wurde ohne erkennbaren Fehler bearbeitet

MAFEHL: Sammelmeldung für Anzeigen im Systemdatenwort SD 7

EOVH: Gerät enthält Eingangsbyte 0 (Alarmbearbeitung)

WANAU: Wiederanlauf nach Netzspannungsausfall über OB 22

ABFS: Alarmbearbeitung freigegeben

OBWIED: Organisationsbaustein für Wiederanlauf von Hand (OB 21) wird bearbeitet

OBNAU: Organisationsbaustein für automatischen Wiederanlauf (OB 22)
wird bearbeitet

Steuerbits im Systemdatenwort SD 7 (Unterbrechungsursache)

TESBST: Fehler im Bausteinkopf des Testbausteins

QVZNIO: zusätzlich zu den Anzeigen QVZ und/oder ADF wurde im aktuellen Unter-brechungsanzeigenwort eine weitere Anzeige gesetzt

KOPFNI: beim Aufbau der Bausteinadressenliste wurde die Bausteinart nicht erkannt

PROEND: ohne Bedeutung

WECKFE: eine zeitgesteuerte Bearbeitung wurde vor nächstem Zeitimpuls nicht be-endet

PADRFE: EPROM-Modul falsch adressiert

ASPLUE: Anwenderspeicher lückenhaft adressiert

RAMADFE: Anwender-RAN4 falsch adressiert

KEINAS: AG enthält keinen Anwenderspeicher oder Speicher nicht adressiert

SYNFEH: Synchronisationsmuster „7070" in einem Bausteinkopf nicht vorhanden oder fehlerhaft

NINEU*: Neustart konnte nicht durchgeführt werden (Urlöschen!)

NIWIED*: Wiederanlauf kann nicht durchgeführt werden (Neustart!)

RUFBST: Aufruf eines im AG nicht vorhandenen Bausteins im Anwenderprogramm

QVZNIN: Ursache für Quittierungsverzug konnte vom Gerät nicht interpretiert werden

SUMF: Summenfehler im EPROM des Betriebssystems, EPROM-Modul austauschen, Neustart

URLAD: zyklischer Betrieb nur nach Urlöschen und Neustart möglich

Angabe über die Unterbrechungsstelle (Fehlerort)

TIEFE: Im Unterbrechungsstack können vor dem Stoppzustand bis zu vier Fehler-anzeigen eingetragen werden. Der letzte Eintrag wird mit der Tiefe 01 gekenn-zeichnet. Wenn auf dem Bildschirm die Frage „WEITER?" erscheint, enthält das USTACK noch weitere Einträge, die mit der Taste aufgerufen werden können. Tritt

---

* Waren beide Anzeigen gleichzeitig vorhanden und bleibt ein Neustart weiter erfolglos, sind nach-einander die Zentralbaugruppen auszutauschen, wenn möglich.

auch nach dem vierten Eintrag noch ein Fehler auf, kann dieser nicht mehr bearbeitet werden, das Register ist dann „übergelaufen".

BEF-REG: MC-5-Code der zuletzt bearbeiteten Anweisung. Bei Programmierfehlern ist dies in den meisten Fällen die fehlerhafte Anweisung.

BSI-STP: Adresse der Speicherzelle, in die im Bausteinstack BSTACK der letzte Eintrag erfolgte. Diese Anzeige ist ohne Bedeutung. Bei Bedarf „Ausgabe BSTACK" durchführen.

SAZ: Adresse der Speicherzelle, in der die Anweisung steht, die das Gerät, wäre der Stoppzustand nicht eingetreten, als nächstes bearbeitet hätte. Bei Wiederanlauf wird die Programmbearbeitung bei dieser Adresse fortgesetzt. Der Inhalt dieser Speicherzelle kann im MC-5-Code mit „Ausgabe ADR: AG, "SAZ"!" gelesen werden. Einfacher lässt sich der Fehlerort über „Baustein-Nr." und „REL-SAZ" finden (Schlüsselschalter auf Eingangssperre)!

BST-NR.: Angabe des vor dem Stoppzustand bearbeiteten Bausteins OB-PB-FB-SB. Bei Programmfehlern muss mit „Ausgabe AG, "BST-NR."" der Fehlerort in diesem Baustein gesucht werden.

REL-SAZ: Relative Adresse im genannten Baustein: Relative Bausteinadressen werden auf dem Bildschirm des Programmiergerätes zusätzlich angezeigt, wenn der Schlüsselschalter „Eingabesperre" nach links gedreht wird. Die relative Bausteinadresse entspricht der absoluten Adresse „SAZ". Die fehlerhafte Anweisung steht direkt vor der relativen Adresse.

DB-ADR: Anfangsadresse des im Programm zuletzt aufgerufenen Datenbausteins DB-NR. Nummer des im Programm zuletzt aufgerufenen Datenbausteins.

Zustand des Rechenwerks

Die Auswertung der im Folgenden abgedruckten Ergebnisanzeigen ist für die Fehlerdiagnose ohne große Bedeutung.

AKKU 1: Inhalt des Akkumulators 1

AKKU2: Inhalt des Akkumulators 2

KSTP: Klammerstackzeiger: Er gibt die Ebene des Klammerstacks KWE1 ... 3 an, die bei einer binären Verknüpfung zuletzt bearbeitet wurde.

KE1 ... 3: Ergebnisse der Verknüpfungen in den drei Ebenen des Klammerstacks

ANZ0 / 1: Anzeigebits 1 und 0 (Positiv-/Negativflag) werden von verschiedenen Operationen beeinflusst, wie z. B. Rechen-, Vergleichs- und Bit-Testergebnis bei Schiebeoperationen

OVFL: Überlauf: Bei der eben abgeschlossenen arithmetischen Operation ist der Zahlenbereich überschritten worden

CARRY: Übertrag zwischen den beiden Bytes des Rechenwerks

ODER: ODER-Speicher: Bei einer vorangegangenen ODER-Verknüpfung war das VKE = 1

STATUS: Signalzustand des zuletzt bearbeiteten Operanden VKE, Verknüpfungsergebnis bei der zuletzt bearbeiteten Anweisung

ERAB: zuletzt bearbeitete Anweisung war Erstabfrage, d. h. der Anfang einer neuen Verknüpfung

Unterbrechungsursache

STOPS: Betriebsartenschalter an Zentralbaugruppe in Stoppstellung

TF: Testfeld angeschlossen und freigegeben

SUF: Substitutionsfehler: kann bei der Bearbeitung von Funktionsbausteinen auftreten, wenn in der Parameterliste ein Aktualoperand fehlt oder falsch ist

STUEB: Bausteinstack (BSTACK: übergelaufen): tritt auf bei einer Programmschleife oder dann, wenn mehr als 16 Bausteine geschachtelt sind

STUEU: Unterbrechungsstack (USTACK) übergelaufen: Treten bei der Bearbeitung eines Unterbrechungsereignisses weitere Ereignisse auf, werden die Daten der aktuellen Unterbrechungsbearbeitung im Unterbrechungsstack eingetragen. Beim fünften Ereignis dieser Art tritt ein Überlauf auf, das Automatisierungsgerät schaltet in den Stoppzustand

NAU: Netzspannungsausfall: Stoppzustand, wenn die Netzspannung ausfällt, die untere Toleranzgrenze von −10 % unterschritten oder die 5-V-Spannungsversorgung gestört wird

QVZ: Quittierungsverzug: tritt auf, wenn eine Ein- oder Ausgabebaugruppe nach einer Adressierung nicht innerhalb einer bestimmten Zeit ein Quittierungssignal zurückmeldet. Voraussetzung dafür ist, dass die Peripheriebaugruppe beim Neustart des Automatisierungsgerätes vorhanden und nicht defekt war. Die Ursache des Quittierungsverzugs können auch Defekte auf der Baugruppe oder die Entfernung einer Baugruppe während des Betriebs sein. Ein Quittierungsverzug tritt auch bei einem Speicherzugriff (lesend oder schreibend) ein, wenn
  - der adressierte Speicher nicht gesteckt ist,
  - die Quittierungsschaltung des Speichermoduls selbst defekt ist,
  - der adressierte Speicherbereich auf einer gemischten Speicherbaugruppe liegt und sich die eingestellten Moduladressen von RAM und EPROM in diesem Bereich überlappen.

Bei einem Quittierungsverzug des Speichers geht das Automatisierungsgerät in den Stoppzustand, da mit einem teilweisen Verlust des Anwenderprogramms oder der Systemdaten zu rechnen ist. Das Automatisierungsgerät kann erst nach Urlöschen und Neustart in Betrieb genommen werden.

Bei Einzelzugriff wird, sobald eine Baugruppe fehlt oder defekt ist, immer QVZ erkannt, wenn die Baugruppe mit L PB ..., L PW ..., T PB ... und T PW ... angesprochen wird (OB 23). Dies gilt aber nur, wenn eine Peripheriebaugruppe bei Neustart vorhanden war (OB 24); Blocktransfer.

ADF: Adressierfehler: tritt auf, wenn mit einer S5-Operation ein Ein- oder Ausgang im Prozessabbild angesprochen wird, der beim Neustart als „nicht vorhanden" registriert war. Adressierfehler L AB ..., L AW ..., T AB ..., T AW ..., L EB ..., L EN ..., T EB ... und T EW ... bei Baugruppen, die beim Neustart nicht vorhanden waren

ZYK: Zykluszeitüberschreitung: Sie kann z. B. durch fehlerhafte Programmierung ausgelöst werden, wenn bei einem bestimmten Prozessstand der Prozessor in einer Programmschleife läuft. Sie kann aber auch durch den Ausfall des Taktgenerators entstehen

TI: Stoppzustand eingetreten während der Bearbeitung der gestarteten Zeitglieder (Zusatz-Anzeige)

BAU: Ausfall der Pufferbatterie für die Versorgung aller RAM-Speicher wie z. B. bei Kurzschluss

5 SPS-Sprache S5 mit PG-2000

Mit der Programmiersprache PG-2000 der Process-Informatik (www.process-informa
tik.de) kann man auf einfache und komfortable Weise S5D-Dateien erstellen und bearbeiten. Alle Bausteine einer S5D-Datei werden nach dem Öffnen der Datei vom Buchhalter angezeigt. Man selektiert die zu bearbeitenden Bausteine und ändert diese oder
fügt neue Bausteine ein.

- S5D-Dateien (Speicherung): Man kann die Daten entweder auf Diskette, Festplatte, CD-ROM oder USB-Stick speichern, je nach SPS-Gerät.
- S5D-Dateien (Laden): Man kann die Daten der SPS-Programme komplett oder nur
  teilweise in das AG (Automatisierungsgerät) übertragen, d. h., man überträgt nur
  die Daten der selektierten Bausteine.

Genauso einfach bearbeitet man mit PG-2000 die im Automatisierungsgerät befindlichen Bausteine, indem man diese vom Buchhalter auflisten lässt:

- die gewünschten Bausteine selektieren und bearbeiten oder neue Bausteine hin-
  zufügen,
- diese danach wieder in das Automatisierungsgerät übertragen,
- diese auf Diskette, Festplatte, CD-ROM oder USB-Stick speichern.

PG-2000 stellt drei leistungsstarke Werkzeuge zum Bearbeiten und Erstellen von Bausteinen zur Verfügung:

- AWL-Editor: Man definiert mithilfe eines speziellen Texteditors die Bausteine in
  Form einer Anweisungsliste.
- FUP-Editor: Mit diesem FUP-Graphik-Editor erstellt man das Programm in der gra-
  fischen Form eines Funktionsplans.
- KOP-Editor: Mit diesem KOP-Graphik-Editor erstellt man das Programm in der gra-
  fischen Form eines Kontaktplans.

Unter der Menürubrik „Optionen" kann man für jeden Editortyp sowohl Farben als
auch die Schriftart definieren.

PG-2000 bietet mit „AG-Funktionen" mehrere Möglichkeiten an, einfach und
übersichtlich die Programmabarbeitung der Automatisierungsgeräte zu überwachen oder zu beeinflussen. Hier findet man zum Beispiel nützliche Funktionen
zur Überwachung und Steuerung von Variablen, zum Komprimieren oder Löschen
der Automatisierungsgeräte, zur Anzeige des AG-Status und so weiter.

Wünscht man weitere detaillierte Informationen über bestimmte Fenster, Menü-
punkte oder Schaltflächen (z. B. in der Werkzeugleiste), so erreicht man diese schnell
und einfach mit der kontaktsensitiven Hilfefunktion.

https://doi.org/10.1515/9783110556018-006

5.1 Installation der Software

Die Software PG-2000 ist unter PG-2000 bei der Firma Process-Informatik über das Internet erhältlich. Nach dem Laden von PG-2000 erhält man den Hinweis: „S5 & S7 Programmierung 32-Bit". Nach dem Laden klickt man PG-2000 an und es erscheint Abb. 5.1.

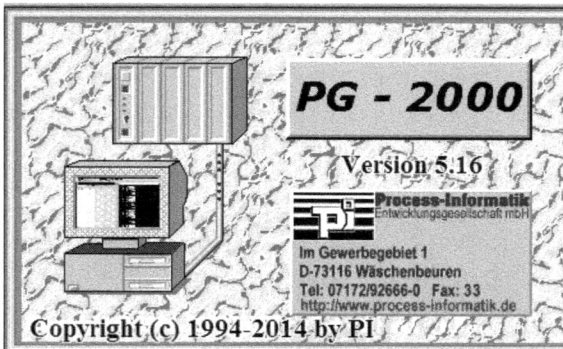

Abb. 5.1: Fenster für den Aufruf von „S5 & S7 Programmierung 32-Bit".

Dadurch erscheint sofort Abb. 5.2, wobei der Buchhalter bereits geöffnet wurde.

Abb. 5.2: Aufruf des Buchhalters.

Klickt man die obere Befehlsleiste an, öffnen sich die entsprechenden Funktionen.
- Datei: Die Befehle entsprechen den üblichen Windowsbefehlen.
- Markieren: Hier befinden sich die Befehle im Buchhaltermenü. Man kann die Bausteine folgendermaßen markieren:
  - durch Mausklick auf die gewünschte Zeile,
  - durch Drücken der Leertaste in der gewünschten Zeile,
  - durch Aufrufen der nachfolgenden Kommandos im Menü Markieren:
    - Alles markieren,
    - Alles demarkieren,
    - Alle K-Bausteine markieren,
    - Alle K-Bausteine demarkieren,
    - Alle MC5-Bausteine markieren,

- Alle MC5-Bausteine demarkieren,
- Gruppenmarkierung ändern,
- Bausteinmarkierung ändern,
- letzte Markierung.

5.1.1 Buchhalter

Markierte Bausteine werden in der ganz linken Buchhalterspalte mit folgendem Zeichen gekennzeichnet: „»".

Man beachte, dass sich sämtliche Markierungskommandos auf die im Buchhalter angezeigten Bausteine beziehen. Will man z. B. alle MC5-Bausteine zum AG übertragen, so muss man zuerst sämtliche MC5-Bausteinarten im Buchhalter anzeigen lassen, dann alle MCS-Bausteine markieren und diese dann übertragen. Versehentliches Löschen oder Übertragen falscher Bausteine wird auf diese Weise vermieden.

Mit Hilfe des Kommandos „Summe der markierten Bausteine" kann man z. B. den Speicherplatzbedarf eines Programms im AG abschätzen.

- Alles markieren: Dieser Befehl markiert alle Bausteine des Buchhalters. Markierte Bausteine werden in der ganz linken Buchhalterspalte mit folgendem Zeichen gekennzeichnet: „»".
- Alle K-Bausteine markieren: Dieser Befehl markiert alle Kommentarbausteine des Buchhalters. Markierte Bausteine werden in der ganz linken Buchhalterspalte mit folgendem Zeichen gekennzeichnet: „»".
- Alle MCS-Bausteine markieren: Dieser Befehl markiert alle MCS-Bausteine (Bausteine mit Step5-Programmcode) des Buchhalters. Markierte Bausteine werden in der ganz linken Buchhalterspalte mit folgendem Zeichen gekennzeichnet: „»".
- Alles demarkieren: Dieser Befehl demarkiert alle Bausteine des Buchhalters.
- Alle K-Bausteine demarkieren: Dieser Befehl demarkiert alle Kommentarbausteine des Buchhalters.
- Alle MCS-Bausteine demarkieren: Dieser Befehl demarkiert alle MC5-Bausteine (Bausteine mit Step5-Programmcode) des Buchhalters.
- Gruppenmarkierung ändern: Dieser Befehl ändert die Markierung des gerade aktuellen Bausteins und überträgt diese Markierung auf alle gleichartigen Bausteine (z. B. alle Funktionsbausteine).
- Bausteinmarkierung ändern: Dieser Befehl ändert die Markierung des gerade aktuellen Bausteins, auf welchem der Cursor im Buchhalter steht.
- Letzte Markierung: Dieser Befehl macht die zuletzt ausgeführte Markierungsaktion rückgängig und stellt die zuletzt veränderte Markierung wieder her.
- Summe der markierten Bausteine: Dieser Befehl gibt die Summe des belegten Speicherplatzes aller markierten Bausteine an. Das Ergebnis des gesamten Speicherplatzes in Byte wird im Eingabefeld der Werkzeugleiste ausgegeben.

Unter dem Feld „Baustein" im Buchhaltermenü findet man folgende Befehle:
- Neuer Baustein: Man wählt mit diesem Kommando, um im Buchhalter einen neuen Baustein einzufügen, im darauffolgenden Dialogfenster muss man den Namen des neuen Bausteins angeben.
- Bearbeiten: Dieser Befehl stellt den Baustein im AWL-, FUP- oder KOP-Editor dar. Dies erreicht man alternativ durch Drücken von <RETURN> in der gewünschten Bausteinzeile oder durch einen Maus-Doppelklick in die jeweilige Zeile. Die Editor-Voreinstellung muss zuvor im Menü Ansicht getroffen werden.
- Gehe zu Baustein ...: Mit Hilfe dieses Kommandos wechselt man zum Eingabefeld innerhalb der Buchhalter-Werkzeugleiste. Dieses Eingabefeld dient zum schnellen Aufsuchen von Buchhaltereinträgen, die dem dort angegebenen Suchbegriff entsprechen. Der Wechsel zum Eingabefeld innerhalb der Buchhalter-Werkzeugleiste ist außerdem mit Hilfe der Tastenkombination STRG+F oder durch Eingabe eines Suchbegriffs möglich. Im ersten Fall bleibt die evtl. im Eingabefeld vorhandene Eingabe erhalten und kann editiert werden, im weiteren Fall wird eine neue Eingabe begonnen.
- Übertragen: Dieser Befehl überträgt die im Buchhalter markierten Bausteine an ein bestimmtes Ziel. Nach dem Aufrufen diese Kommandos erscheint ein Dialogfenster, in welchem man das Ziel der Übertragung festlegen kann.

5.1.2 Übertragung der Bausteine

An folgende Ziele kann man Bausteine übertragen:
- in eine Datei,
- in das AG,
- in das Simulations-AG,
- in das EPROM-Programmiergerät.

- Umbenennen: Mit Hilfe dieses Kommandos kann man einen bereits bestehenden Baustein umbenennen. Setzt man den Cursor auf die Zeile des Bausteins, den man umbenennen will, dann ruft man das Kommando „Umbenennen" auf. Nach dem Aufrufen dieser Kommandos erscheint ein Dialogfenster, in welchem man zur Eingabe des neuen Bausteinnamens aufgefordert wird. Man bestätigt die Eingabe mit „OK". Jetzt wird im Buchhalter der neue Bausteinname angezeigt.
- Löschen: Dieses Kommando löscht alle im Buchhalter markierten Bausteine.
- Vergleichen: Dieser Befehl vergleicht die im Buchhalter markierten Bausteine mit den gleichnamigen Bausteinen einer anderen Datei oder den Bausteinen des AG. Nachdem man dieses Kommando angewählt hat, muss man im darauffolgenden Dialogfenster angeben, mit welcher Datei die markierten Bausteine verglichen werden sollen. Hat man die Wahl getroffen und diese mit „OK" bestätigt, so werden alle gleichnamigen Bausteine nacheinander verglichen, d. h., wurde z. B., der

OB 1, PB 20, PB 30 im Buchhalter markiert, so wird der OB 1 mit dem OB 1 der angegebenen Datei der PB 20 mit dem PB 20 der angegebenen Datei usw. verglichen.

- Drucken: Dieser Befehl druckt nacheinander alle im Buchhalter markierten Bausteine aus.
- Bausteinliste drucken: Es wird eine Liste der in der aktuellen Datei enthaltenen Bausteine ausgedruckt. Bei eingeschalteter Symbolik und Symbolikkommentar wird der entsprechende Symbolikoperand und -kommentar ausgedruckt.
- Suchen: Es werden die aktuell markierten Bausteine nach einem Suchbegriff durchsucht. Dieser Suchbegriff und die entsprechende Definition können im nachfolgenden Dialog eingestellt werden.
- Ersetzen: Es werden die aktuell markierten Bausteine nach einem Suchbegriff durchsucht und nach Bestätigung durch einen anderen Text ersetzt.
- Querverweisliste: Dieser Befehl erstellt eine Querverweisliste für alle Operanden, welche in den Bausteinen des aktuellen Buchhalters vorkommen. In dem diesem Kommando folgenden Dialogfenster kann man noch zusätzlich angeben, welche Operandenarten in der Querverweisliste berücksichtigt werden sollen. Die so erstellte Querverweisliste wird beim Verlassen des Querverweisfensters abgespeichert. Man ruft zu einem späteren Zeitpunkt wieder das Kommando „Querverweisliste" für dieselbe Datei auf, so kann man wählen, ob die gespeicherte Querverweisliste angezeigt oder ob eine neue Querverweisliste erzeugt werden soll.

Beispiel: Man legt zunächst einen Baustein an, wie Abb. 5.3 zeigt.

```
Netzwerk 1 von 1
    :U    E    32.6
    :L    MB   10
    :L    EW   35
    :O    A    11.2
    :BE
```

Abb. 5.3: Anlegen eines Bausteins.

Dann wählt man den gewünschten Baustein im Buchhalter aus, wie Abb. 5.4 zeigt.

Mark	Baustein	Größe	Adresse
	OB 001	32 W	
	OB 002	10 W	
	OK 001	108 W	
	OK 002	15 W	
	PB 010	17 W	
	PK 010	91 W	
	DB 020	19 W	
	DV 020	18 W	
	DK 020	79 W	

Abb. 5.4: Inhalt des angewählten Bausteins im Buchhalter.

5.1.3 Querverweisliste

Anschließend öffnet man mit folgendem Dialog aus dem Menü Baustein „? Querverweisliste“ (oder alternativ die Tastenkombination STRG+Q), man konfiguriert diesen nach den kundenspezifischen Anforderungen und dann bestätigt man anschließend mit „OK“, wie Abb. 5.5 zeigt.

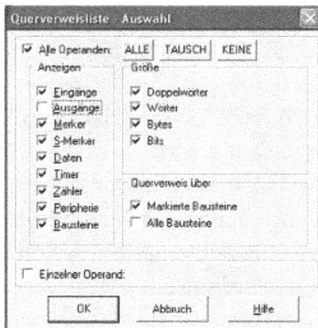

Abb. 5.5: Auswahl der Querverweisliste.

Nun wird die gewünschte Querverweisliste erstellt und angezeigt, wie Abb. 5.6 verdeutlicht.

```
Operand________Symbolik___________Bst_____NW/Z____NW/Z____NW/Z____NW/Z____NW/Z____NW/Z____NW/Z____
E   32.6                              OB 002   1/U
EW  35                                OB 002   1/L
Operand________Symbolik___________Bst_____NW/Z____NW/Z____NW/Z____NW/Z____NW/Z____NW/Z____NW/Z____
MB  10                                OB 002   1/L
___________________________ENDE_QUERVERWEISLISTE__________________________________
```

Abb. 5.6: Erstellung der Querverweisliste.

- Belegungsplan: Dieser Befehl erstellt einen Belegungsplan für alle Eingänge, Ausgänge und Merker, auf die in den Bausteinen der aktuellen Datei lesend oder schreibend zugegriffen wird. Dabei werden bit-, byte-, wort- und doppelwortweise Zugriffe erfasst. Der erstellte Belegungsplan wird in einem „Belegungsplan“-Fenster dargestellt und beim Schließen des „Belegungsplan“-Fensters abgespeichert. Man ruft zu einem späteren Zeitpunkt wieder das Kommando Belegungsplan für dieselbe Datei auf und so kann man wählen, ob der gespeicherte Belegungsplan angezeigt oder ob ein neuer Belegungsplan erzeugt werden soll.
- Programmstruktur: Dieser Befehl erstellt eine Darstellung der gegenseitigen Bausteinaufrufe innerhalb des in der aktuellen Datei gespeicherten SPS-Programms. Auf dieses Kommando folgt ein Dialogfenster, in dem man angibt, welche Bausteine bei der Erstellung des Programmstruktur-Diagramms beachtet werden sollen, aber die für die Zyklusbearbeitung relevanten Bausteine sind nicht bei

allen Steuerungen der SIMATIC-S5-Baureihe einheitlich. Nach Angabe der relevanten Bausteine wird das Programmstruktur-Diagramm erzeugt und in einem „Programmstruktur"-Fenster dargestellt. Beim Schließen des „Programmstruktur"-Fensters wird das erzeugte Diagramm abgespeichert. Man ruft zu einem späteren Zeitpunkt wieder das Kommando Programmstruktur für dieselbe Datei auf, so kann man wählen, ob das gespeicherte Diagramm angezeigt oder ob ein neues Diagramm erzeugt werden soll.

– Umverdrahten manuell: Bevor man dieses Kommando aufruft, muss man erst diejenigen Bausteine im Buchhalter markieren, welche bei der Umverdrahtung berücksichtigt werden sollen.

Dialogfenster „Manuelles Umverdrahten"

Hat man die entsprechenden Bausteine markiert und das obige Kommando aufgerufen, so erscheint zuerst ein Dialogfenster, in welchem man paarweise alte und neue Operanden eingeben kann. Nachdem man mit „OK" bestätigt hat, muss man eine der darauf gezeigten Schaltflächen ("AG", „Datei" ...) auswählen, um festzulegen, wo die Umverdrahtung vorgenommen werden soll. Hat man sich für Datei entschieden, kann man im nachfolgenden „Datei speichern unter"-Dialogfenster angeben, in welcher Datei die Bausteine nach dem Umverdrahten abgespeichert werden sollen. Hat man alle Angaben mit „OK" bestätigt, werden nun in allen zuvor markierten Bausteinen die angegebenen alten Operanden durch die neuen Operanden ersetzt.

Wurde die Umverdrahtung abgeschlossen, wird im hierauf erscheinenden Dialogfenster das Ergebnis der Umverdrahtung angezeigt. Hier kann man eine Liste über die Anzahl der Umverdrahtungen je markiertem Baustein und die Gesamtanzahl der Umverdrahtungen entnehmen.

– Umverdrahten automatisch: Zum automatischen Umverdrahten werden zwei gleichartige Symbolikdateien benötigt. Eine Übersicht der ausgeführten Umverdrahtung zeigt Abb. 5.7.

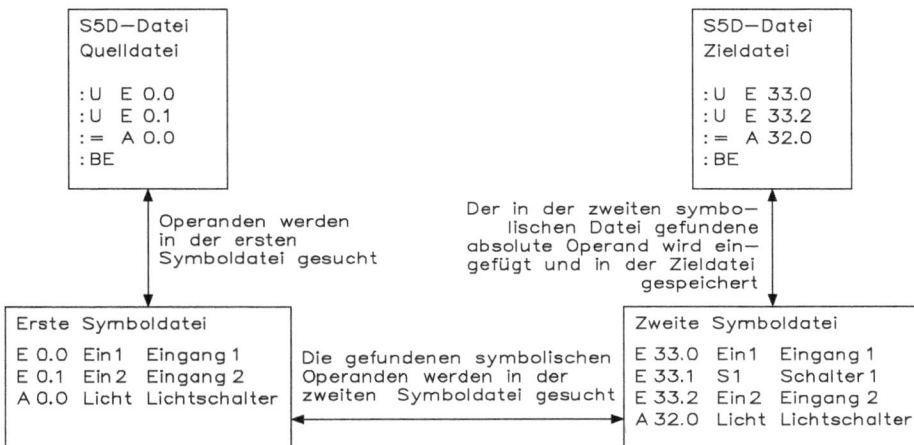

Abb. 5.7: Umverdrahtung der Querverweisliste.

Die Ausgabe der veränderten Operandenzeilen ist genauso wie bei Umverdrahten manuell. Der Vorteil liegt darin, dass sehr viele Operanden in einem Rutsch umgesetzt werden können sowie das teilweise hardwareunabhängig entwickelt werden kann.

5.1.4 Datenbausteinmasken

Datenbausteinmasken werden dazu verwendet, das Verhalten der Steuerung in Verbindung mit mehreren CPUs oder bei Fehlern im Anwenderprogramm zu definieren. Diese Masken gibt es erst ab der Steuerung AG 135U.

– Peripheriezuordnung im DB 1: In dieser Maske werden die Peripheriezuordnungen von digitalen Ein-/Ausgängen und Koppelmerkern zu einer CPU definiert. Diese Maske ist also dazu da, das störungsfreie Zusammenarbeiten mehrerer CPUs in einem Gehäuse mit Rückwandbus sicherzustellen, indem für jede CPU die möglichen Ein-/Ausgänge freigegeben werden. Der Eintrag „Zeitenblocklänge" gibt an, wie viel Zeitzellen aktualisiert werden, wobei bei ungeraden Werten auf gerade Werte von der Steuerung abgerundet wird. Tab. 5.1 zeigt die Minimal- und Maximalwerte der Ein- und Ausgänge.

Tab. 5.1: Minimal- und Maximalwerte der Ein- und Ausgänge.

Name	Minimalwerte	Maximalwerte
Digitale Eingänge	0	127
Digitale Ausgänge	0	127
Koppelmerker Eingänge	0	255
Koppelmerker Ausgänge	0	255
Zeitenblocklänge	0	256

– AG 135U Parametrierung (CPU 928, R-Prozessor) des DX 0, wie Abb. 5.8 zeigt.
– Anlauf nach „NETZ EIN": gibt an, wie die CPU auf das Einsetzen des Versorgungsstroms reagieren soll. Es gibt zwei mögliche Einstellungen: „Default" oder „Neustart".
– Mehrprozessoranlauf synchronisieren: Wenn nur eine CPU im Gehäuse mit Rückwandbus steckt, kann dieser Punkt auch auf „NEIN" gestellt werden und es erfolgt eine Synchronisation.
– Blockübertragung der Koppelmerker: Die Koppelmerker werden gegenseitig gesperrt, so dass nicht gleichzeitig auf eine Speicherstelle zugegriffen werden kann, d. h., der Zugriff dauert etwas länger. Diese Verzögerung wird benötigt, um einen Datenaustausch über die Koppelmerker vorzunehmen.

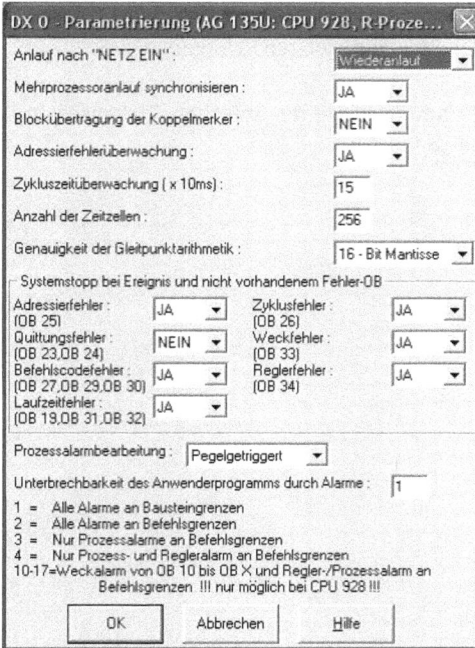

Abb. 5.8: Parametrierung des internen Prozessors (AG 135U).

- Adressierfehlerüberwachung: Zugriffe auf nicht erlaubte Adressbereiche werden normalerweise mit einem Systemstopp der CPU beantwortet und diese Einstellung lässt sich abschalten. Dies erhöht die Ausführungsgeschwindigkeit des Programms, da nicht mehr geprüft wird.
- Zykluszeitüberwachung: Der Ablauf des OB 1 wird von der CPU überwacht, so dass bei Endlos-Schleifen die CPU in Stopp gehen kann. Die Überwachungszeit lässt sich hier im Bereich von 1 ms bis 13 s ändern.
- Anzahl der Zeitzellen: Dieser Wert gibt an, wie viel Zeitzellen aktualisiert werden sollen, wobei bei ungeraden Werten auf gerade Werte abgerundet wird. Den gleichen Eintrag gibt es auch in der DB 1-Maske, jedoch ist der Eintrag im DX 0 höher priorisiert.
- Genauigkeit der Gleitpunktarithmetik: Es gibt zwei Einstellungen, 16-Bit- oder 24-Bit-Mantisse, was sich proportional auf die Ausführungsgeschwindigkeit auswirkt.
- Systemstopp bei Ereignis und nicht vorhandenem Fehler-OB: Hier wird für die meisten Fehlerfälle definiert, ob die CPU beim Auftreten eines Fehlers in Stopp gehen soll, Voraussetzung, dass der entsprechende Fehler-OB nicht vorhanden ist.
- Prozessalarmbearbeitung: Hier wird definiert, ob eine Interruptbearbeitung nur an Flanken „flankengetriggert" oder auch „pegelgetriggert" werden soll. Bei Pegeltriggerung können von einem Signal her mehrere Interrupts ausgelöst werden.

– Unterbrechbarkeit des Anwenderprogramms durch Alarme: Hier wird definiert, ob und welche Alarme an Befehls- oder Bausteingrenzen erfolgen.

Parametrierung DX 0: Abb. 5.9 zeigt die Parametrierung des internen Prozessors mit dem AG 155U.

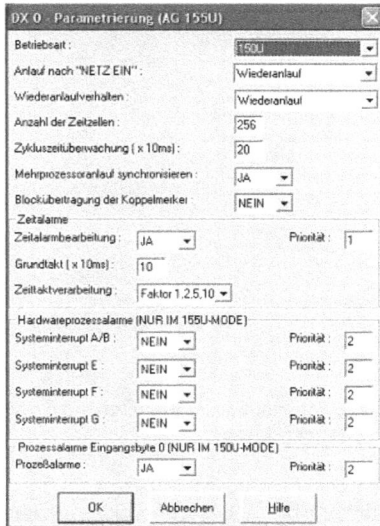

Abb. 5.9: Parametrierung des internen Prozessors im AG 155U.

– Betriebsart: Hier kann die Betriebsart der CPU ausgewählt werden. In der Betriebsart AG 150U können noch zusätzlich die Prozessalarme über das Eingangsbyte 0 definiert werden. Bei der Betriebsart AG 155U arbeitet man mit einem Hardwareprozessalarm.
– Anlauf nach „NETZ EIN": Dieser Wert gibt an, wie beim Wiederanlauf der CPU zu verfahren ist – mögliche Einstellungen „Wiederanlauf" (Default) oder Neustart.
– Wiederanlaufverhalten: Hier wird angegeben, wie beim Wiederanlauf der CPU zu verfahren ist – mögliche Einstellungen „Wiederanlauf" (Default) oder „Neustart".
– Anzahl der Zeitzellen: Dieser Wert gibt an, wie viel Zeitzellen aktualisiert werden, wobei bei ungeraden Werten auf gerade Werte von der Steuerung abgerundet wird. Den gleichen Eintrag gibt es auch in der DB 1-Maske, jedoch ist der Eintrag im DX 0 höher priorisiert.
– Zykluszeitüberwachung: Der Ablauf des OB1 wird von der CPU überwacht, so dass bei Endlos-Schleifen die CPU in Stopp gehen kann. Die Überwachungszeit kann hier im Bereich von 1 ms bis 13 s verändert werden.
– Mehrprozessoranlauf synchronisieren: Wenn sich nur eine CPU im Rack (Rückwandbus) befindet, kann dieser Punkt auch auf „NEIN" gestellt werden, was dazu führt, dass keine Synchronisation erfolgt.

- Blockübertragung der Koppelmerker: Die Koppelmerker werden gegenseitig gesperrt, so dass nicht gleichzeitig auf eine Speicherstelle zugegriffen werden kann, und somit ist der Zugriff serialisiert, es dauert aber auch etwas länger. Dies wird benötigt, um einen Datenaustausch über Koppelmerker zu synchronisieren.
- Zeitalarmbearbeitung: Hier wird eingestellt, ob überhaupt Zeitalarme erzeugt werden.
- Priorität: Hier wird eine Priorität zwischen 1 und 5 angegeben.
- Grundtakt: Dieser gibt die Einheit an und im Standardfall sind dies 10 ms.
- Zeittaktverarbeitung: Sie gibt an, ob der erzeugte Zeittakt für die Weckalarme 1, 2, 5, 10 oder 1, 2, 4, 8 ist.
- Systeminterrupt A/B: Hier wird angegeben, ob und mit welcher Priorität die Systeminterrupts A, B, C und D bearbeitet werden.
- Systeminterrupt E: Hier wird angegeben, ob und mit welcher Priorität die Systeminterrupts E bearbeitet werden.
- Systeminterrupt F: Hier wird angegeben, ob und mit welcher Priorität die Systeminterrupts F bearbeitet werden.
- Systeminterrupt G: Hier wird angegeben, ob und mit welcher Priorität die Systeminterrupts G bearbeitet werden.
- Prozessalarme: Hier wird angegeben, ob und mit welcher Priorität die Hardware-Prozessinterrupts bearbeitet werden.

G95F Diagnose

Man kann in diesem Menü den Diagnose-Baustein des AG95F auswerten lassen. Es wird immer der DB 254 des aktiven Buchhalters ausgewertet, egal ob der Buchhalter von einer Datei oder vom AG ist. Es stehen folgende Dialoge zur Verfügung:
- Meldungen
- Onboard
- Signalgruppen
- Extern
- L1

- Meldungen: Es werden im DB 254 die Datenworte 1, 34, 37, 62 sowie 64 bis 191 Dialog dargestellt, wie Abb. 5.10 zeigt.
    - System-ID: Hier wird die System-ID angezeigt, welche aus dem DB 1 übernommen wurde.
    - Fehlerort: Es werden die bisher erkannten Fehlerorte (Teil-CPU A und/oder B) angezeigt und man erkennt, dass an Teilgerät A und B ein Fehler aufgetreten ist.
- Reaktion: Es wird die bisher aufgetretene Systemreaktion angezeigt. Es sind folgende Reaktionen möglich:
    - Harter Stopp: Das System muss urgelöscht werden.

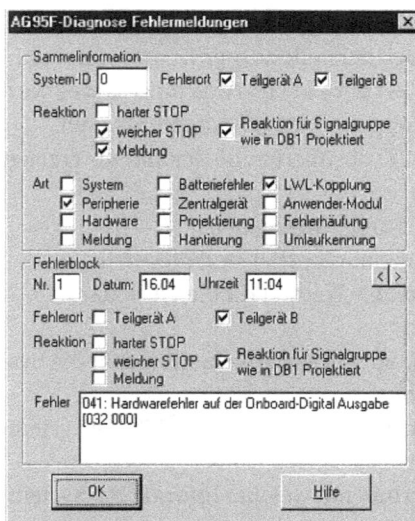

Abb. 5.10: Meldungen der Fehlerdiagnose.

 - Weicher Stopp: Das System kann mit einem Stopp-Run-Übergang wieder gestartet werden.
 - Meldung: Es wird nur ein Eintrag im Diagnose-Baustein DB 254 erzeugt, die Steuerungen bleiben im Run-Zustand.
 - DB 1: Im DB 1 kann die Reaktion auf einen Fehler eingetragen werden.
 - Art: Es wird das Abbild der Fehlerarten angezeigt. Es sind folgende Arten möglich:
 - System: Es wurde ein Systemfehler erkannt.
 - Peripherie: Es wurde ein Fehler in der Peripherie erkannt (Onboard/extern).
 - Hardware: Es wurde ein Hardwarefehler erkannt (Kurzschlüsse).
 - Meldung: Es wurde eine Meldung im DB254 erzeugt.
 - Batteriefehler: Die Batterie fehlt oder ist fehlerhaft.
 - Zentralgerät: Die CPU hat einen Fehler erkannt.
 - Projektierung: Der DB 1 wurde nicht korrekt geändert.
 - Hantierung: Es wurde ein Hantierungsfehler erkannt.
 - LWL-Kopplung: Die LWL-Kopplung hat einen Fehler.
 - Anwender-Modul: Im Anwender-Programm wurde ein Fehler erzeugt.
 - Fehlerhäufung: Es wurden sehr viele Fehler zum gleichen Zeitpunkt erzeugt.
 - Umlaufkennung: Es wurden mehr als 16 Fehler im DB 254 eingetragen.
 - Fehlerblock: Es wird ein Fehlerblock dargestellt und standardmäßig wird immer der zuletzt eingetragene Fehlerblock angezeigt. Mit den Bedienknöpfen lässt sich innerhalb der Fehlerblock-Liste navigieren. Es werden pro Fehlerblock die folgenden Informationen dargestellt:
 - Nr: Nummer des angezeigten Fehlerblocks von 0 bis 15,
 - Datum: Datum, an dem der Fehlerblock erzeugt wurde,
 - Uhrzeit: es wird der Fehlerort angezeigt (Teil-CPU A oder B),

– Fehlerort: es wird die eingeleitete Fehler-Reaktion angezeigt, harter Stopp verursacht einen Anlauf nur nach Urlöschen und ein weicher Stopp ist nur nach einem Top-Run-Übergang möglich,

– Reaktion: DB1-Reaktion für eine Signalgruppe gemäß DB1-Parametrierung ist eine Meldung mit Eintrag im Fehlerblock,

– Fehler: in dieser Anzeige wird nun der Fehler näher spezifiziert; eventuell gibt es noch Zusatzinformationen die in eckigen Klammern angegeben werden:

    – [032 000]:

        – 032: Bytenummer keine Bitangabe

        – 000: Signalgruppe

    – [032.2 000]:

        – 032.2: Bitnummer

        – 000: Signalgruppe

    – [077]: Länge des L1-Bus-Frames

    – [DB1 DW 3]: Position im DB1, die einen Fehler aufweist.

– Onboard-Peripherie: Es werden im DB254 die Datenworte 38 und 39 ausgewertet und in einem Dialog dargestellt, wie Abb. 5.11 zeigt.

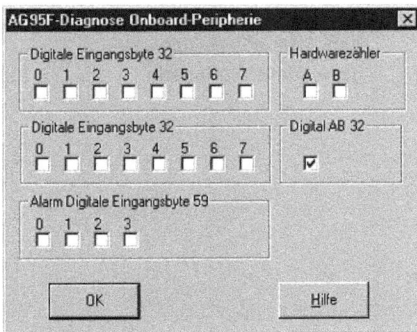

Abb. 5.11: AG95F-Diagnose der Onboard-Peripherie.

– Signalgruppen: Es werden im DB254 die Datenworte 35 und 36 ausgewertet und in einem Dialog dargestellt, wie Abb. 5.12 zeigt.

– Externe Peripherie: Es werden im DB254 die Datenworte 40 bis 55 ausgewertet und in einem Dialog dargestellt, wie Abb. 5.13 zeigt.

– L1: Es wird im DB254 das Datenwort 56 ausgewertet und in einem Dialog dargestellt, wie Abb. 5.14 zeigt.

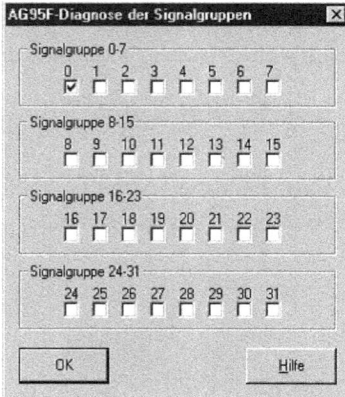

Abb. 5.12: AG95F-Diagnose der Signalgruppen.

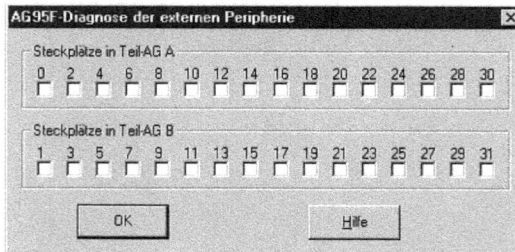

Abb. 5.13: AG95F-Diagnose der externen Peripherie.

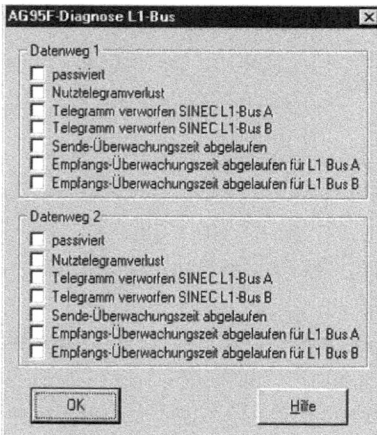

Abb. 5.14: Diagnose für den L1-Bus.

Kommandos im Menü Querverweis des „Querverweisliste"-Fensters
- … Gehe zu Eingänge
- … Gehe zu Ausgänge
- … Gehe zu Merker
- … Gehe zu Timer
- … Gehe zu Zähler
- … Gehe zu Daten
- … Gehe zu Peripherie
- … Gehe zu S-Merker
- … Gehe zu Bausteine
- … Gehe zu Operand
- Editor
- Sortieren

- Mit den Kommandos „Gehe zu" kann man zwischen den einzelnen Operanden-Bereichen der Querverweisliste springen. Als Abkürzung kann man folgende Tasten drücken:

E	Eingänge
A	Ausgänge
M	Merker
T	Timer
Z	Zähler
D	Daten
P	Peripherie
S	Sonder-Merker
B	Bausteine
O	Operand

- Editor – Querverweis aufsuchen: Man wählt mit diesem Kommando, um den Baustein, in dem sich der aufgeführte Operand befindet, anzuzeigen. Nach Ausführung des Kommandos steht der Cursor auf der Programmzeile innerhalb des Bausteinfensters, in der dieser Operand vorkommt.
  Zur Abkürzung dieses Kommandos kann man auch die <RETURN>-Taste drücken.
- Sortieren der Querverweisliste.

5.1.5 Querverweisliste

Man wählt mit diesem Kommando, um die vorliegende Querverweisliste sortieren zu lassen. Nach Aufruf dieses Kommandos kann man in einem Dialogfenster Einstellungen für die Sortierung der Querverweisliste treffen.

Zur Erläuterung der möglichen Einstellungen wählt man die Hilfe-Schaltfläche dieses Dialogfensters. Abb. 5.15 zeigt das Dialogfenster für das AG95F.

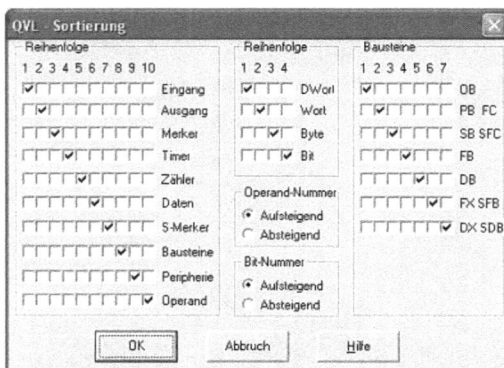

Abb. 5.15: Dialogfenster für das AG95F.

Man kann folgende Einstellungen vornehmen:
- Reihenfolge der Operanden (erstes Sortierkriterium): Man gibt hier an, in welcher Reihenfolge die Operanden in der Querverweisliste vorkommen sollen. Man wählt für jeden Platz in der Sortierfolge (1 bis 10) die gewünschte Operandenart. Für jeden Platz in der Sortierfolge darf nur ein Operand angewählt werden.
- Sortierfolge der Operanden-Adresse wird festgelegt.
- Sortierfolge der Bit-Nummer bei Bit-Operanden (zweites Sortierkriterium): Man gibt hier an, ob die Operanden-Adresse und die Bit-Nummer bei Bit-Operanden numerisch aufsteigend oder absteigend sortiert werden sollen.
- Reihenfolge der Operandengröße (drittes Sortierkriterium): Man gibt hier an, in welcher Reihenfolge die Operandengröße sortiert werden soll. Die Sortierung gilt innerhalb des Bereichs für jede Operandenart. Man wählt für jeden Platz in der Sortierfolge (1 bis 4) die gewünschte Operandengröße. Für jeden Platz in der Sortierfolge darf nur eine Operandengröße angewählt werden.
- Reihenfolge der Bausteine, in denen ein Operand gefunden wird (viertes Sortierkriterium): Man gibt hier an, in welcher Reihenfolge die Nennungen der Bausteinarten, in denen ein bestimmter Operand gefunden wird, sortiert werden sollen. Man wählt für jeden Platz in der Sortierfolge (1 bis 7) die gewünschte Bausteinart. Für jeden Platz in der Sortierfolge darf nur eine Bausteinart angewählt werden.

5.2 Editor für AWL, FUP und KOP

Das Programm beinhaltet drei Editoren, wie Abb. 5.16 zeigt:
– AWL-Editor
– FUP-Editor
– KOP-Editor

Abb. 5.16: Editor für AWL, FUP und KOP.

5.2.1 AWL-Editor

Um den Baustein im AWL-Editor bearbeiten zu können, muss man im Buchhalter zuvor den Cursor auf die entsprechende Zeile setzen. Man wählt nun im Menü Baustein den Befehl Bearbeiten aus. Alternativ kann man auf die entsprechende Baustein-Zeile des Buchhalters doppelklicken oder <RETURN> drücken. Der Baustein wird in dem ausgewählten Editor dargestellt.

AWL-, FUP- oder KOP-Editor wählt man im Menü Ansicht oder durch die entsprechenden Schaltflächen der Werkzeugleiste an. Für den AWL-Editor ist dies nachfolgende Schaltfläche:

Der AWL-Editor teilt sich, wie nachstehend in Tab. 5.2 gezeigt, in fünf Spalten auf.

Tab. 5.2: Aufteilung des AWL-Editors.

Spalte 1	Spalte 2	Spalte 3	Spalte 4	Spalte 5
Sprungmarken	Operator	Operand	Symbolischer Operand	Anweisungs-kommentar
		Klammernebene	Füllstand	
MARK	L	MW 0		Symbolik-kommentar Füllstand des Mischtanks

Zwischen den einzelnen Spalten bewegt man sich
- vorwärts mit TAB,
- rückwärts mit SHIFT+TAB.

Man fügt eine Zeile mit der Tastenkombination STRG+N oder mit dem Kommando Zeile einfügen aus dem AWL-Editormenü Bearbeiten ein.

Man löscht eine Zeile mit der Tastenkombination STRG+Y oder mit dem Kommando Zeile löschen aus dem AWL-Editormenü Bearbeiten.

Ein neues Netzwerk fügt man folgendermaßen ein:

1. Man fügt eine neue Zeile an der gewünschten Stelle ein.
2. Man gibt in dieser neuen Zeile ∗∗∗ ein.
3. Man bestätigt mit <RETURN>. Daraufhin wird das vorhergehende Netzwerk abgeschlossen und ein neues Netzwerk erzeugt.

- Operand und Operator werden nach dem Drücken von <RETURN> automatisch richtig in die Spalten 2 und 3 eingerückt und man muss dies nicht selbst positionieren.
- Nach dem Auslösen von <RETURN> erfolgt eine Plausibilitätsprüfung. Wurde ein Fehler entdeckt, wird die jeweilige Zeile der unter dem Menü Optionen-Farben definierten Fehlerfarbe dargestellt.
- Groß- und Kleinschreibung werden nicht unterschieden. Nach dem Drücken von <RETURN> werden alle Kleinbuchstaben in Großbuchstaben umgewandelt.
- Sprungmarken müssen in Spalte 1 positioniert werden und dürfen *nicht* mit einem Leerzeichen beginnen.
- Kommentare müssen in Spalte 5 positioniert werden.

Muss man am Anfang des Programms einen Datenbaustein im AWL-Editor darstellen, für den kein DV-Baustein (Datenbaustein-Verweisdaten) existiert, muss man in diesem Dialogfenster angeben, in welchem Format die Daten dargestellt werden sollen. Man wählt hierzu eines der angegebenen Formate mit der Maus oder der Tastatur aus, man bestätigt die Wahl mit der „OK"-Schaltfläche. Wenn man den Datenbaustein in eine Datei speichern will, wird automatisch ein DV-Baustein erzeugt und mit abgelegt. Dieser DV-Baustein enthält dann alle Formatangaben wie sie zur Zeit des OB-Speicherns im AWL-Editor eingetragen waren, also ebenfalls die Formate, welche man selbstverständlich auch nachträglich ändert.

Der Editor für Kommentarbausteine und für die Symbolikliste ist eine Abwandlung des AWL-Editors. Bezüglich des Aufbaus und der Bedienung gelten die Ausführungen unter AWL-Editor.

Unterschiede bestehen im Aufbau der Menüs Bearbeiten und Suchen. Zur Erläuterung von Kommandos, die nicht in jedem Menü vorkommen, wählt man die Hilfe zum jeweiligen Menüpunkt.

5.2.2 FUP-Editor

Um den Baustein im FUP-Editor bearbeiten zu können, muss man im Buchhalter zuvor
den Cursor auf die entsprechende Zeile setzen. Danach wählt man im Menü Baustein
den Befehl „Bearbeiten" aus.

Alternativ kann man auf die entsprechende Baustein-Zeile des Buchhalters doppelklicken oder <RETURN> drücken. Der Baustein wird in dem ausgewählten Editor
dargestellt. AWL-, FUP- oder KOP-Editor wählt man im Menü „Ansicht" oder durch
die entsprechende Schaltfläche der Werkzeugleiste an. Für den FUP-Editor ist dies die
nachfolgende Schaltfläche:

Lässt sich der Baustein nicht als Funktionsplan darstellen, so bleibt das Fenster leer.
Innerhalb des Bausteins bewegt man sich im FUP-Editor mit Hilfe der vertikalen und
horizontalen Scrollbalken.

Mit der nachfolgenden Schaltfläche wird nach dem aktuellen Netzwerk ein neues,
leeres Netzwerk eingefügt:

Mit den Tasten STRG+BILD↑ (CTRL+PAGE UP) bewegt man das Netzwerk zurück. Alternativ kann man hierzu die folgende Schaltfläche anklicken:

Mit den Tasten STRG+BILD↓ (CTRL+PAGE DOWN) bewegt man sich ein Netzwerk vorwärts. Alternativ kann man hierzu die folgende Schaltfläche anklicken:

Mit der folgenden Schaltfläche wird das aktuell dargestellte Netzwerk gelöscht, wobei
noch eine Sicherheitsabfrage erfolgt:

Mit der folgenden Schaltfläche wird ein Fenster geöffnet, in dem alle Netzwerke mit
Überschriften zur Auswahl angezeigt werden:

Es kann entweder die Netzwerknummer oder per Doppelklick auf das Netzwerk ein Sprung in das entsprechende Netzwerk ausgelöst werden. Dies funktioniert auch im Funktionsplan oder Kontaktplan, wie Abb. 5.17 zeigt.

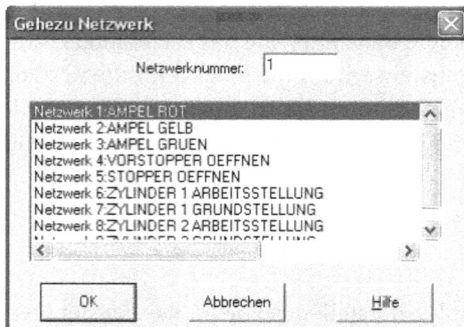

Abb. 5.17: Netzwerknummer in der Funktion „Gehe zu Netzwerk".

Des Weiteren stehen die nachfolgenden Tasten bei der Editierung zur Verfügung, falls man sich im S5/V5-Bedienungsmodus befindet. Diese Bedienungsart mit Hilfe der S5/V5-Funktionstasten kann man im Dialogfenster „Einstellungen" hinzuschalten. Man erreicht dieses Dialogfenster mit dem Befehl „Einstellungen ..." im Menü „Optionen". Hier findet man auch weitere Hilfe-Hinweise.

- EINFG (INSERT): Einfügen eines Elementes an der aktuellen Position
- ENTF (DELETE): Löschen eines Elementes an der aktuellen Position
- POS 1 (HOME): Cursor geht in die linke obere Ecke
- ENDE (END): Cursor geht in die rechte obere Ecke
- TAB: Cursor springt auf das nächste Eingabefeld
- SHIFT+TAB: Cursor springt auf das vorhergehende Eingabefeld
- PFEIL HOCH: verschiebt Fensterinhalt nach unten
- PFEIL RUNTER: verschiebt Fensterinhalt nach oben
- PFEIL LINKS: verschiebt Fensterinhalt nach rechts
- PFEIL RECHTS: verschiebt Fensterinhalt nach links

Um ein neues Element einzufügen wählt man mit der Maus zuerst das entsprechende Element aus der Palette aus. Danach klickt man mit der Maus auf die Verbindung, in welche das Element eingefügt werden soll.

Man hat außerdem die Möglichkeit, ein bereits gesetztes Element in ein anderes Element desselben Typs umzuwandeln, d. h., man kann ein Und- in Oder-Element, ein Gleich-Element in ein Größer-Element usw. ändern. Dabei muss der Typ des Elementes beibehalten werden. Nachfolgend eine Liste aller Elementtypen:

- UND, ODER
- Timer
- Zähler

- Vergleiche
- Setzen/Zurücksetzen vorrangig
- Arithmetik mit einem Eingangsparameter
- Arithmetik mit zwei Eingangsparametern
- Sonderfunktionen ohne Parameter

Um ein Element aus dem FUP-Editor von Abb. 5.18 in ein anderes umzuwandeln, wählt man zuerst aus der Palette das neue Element aus, und klickt danach auf das zu ändernde Element (Sub-Menü).

SUB-Menü-Ausgänge, von links nach rechts sind dies:
- Zeitfunktion Einschaltverzögerung
- Zeitfunktion Ausschaltverzögerung
- Zeitfunktion Impuls
- Zeitfunktion speichernde Einschaltverzögerung
- Zeitfunktion verlängerter Impuls

SUB-Menü-Ausgänge, von links nach rechts sind dies:
- Zähler vorwärts
- Zähler rückwärts

SUB-Menü-Ausgänge, von links nach rechts sind dies:
- Vergleich auf ungleich
- Vergleich auf gleich
- Vergleich auf größer gleich
- Vergleich auf kleiner gleich
- Vergleich auf größer
- Vergleich auf kleiner

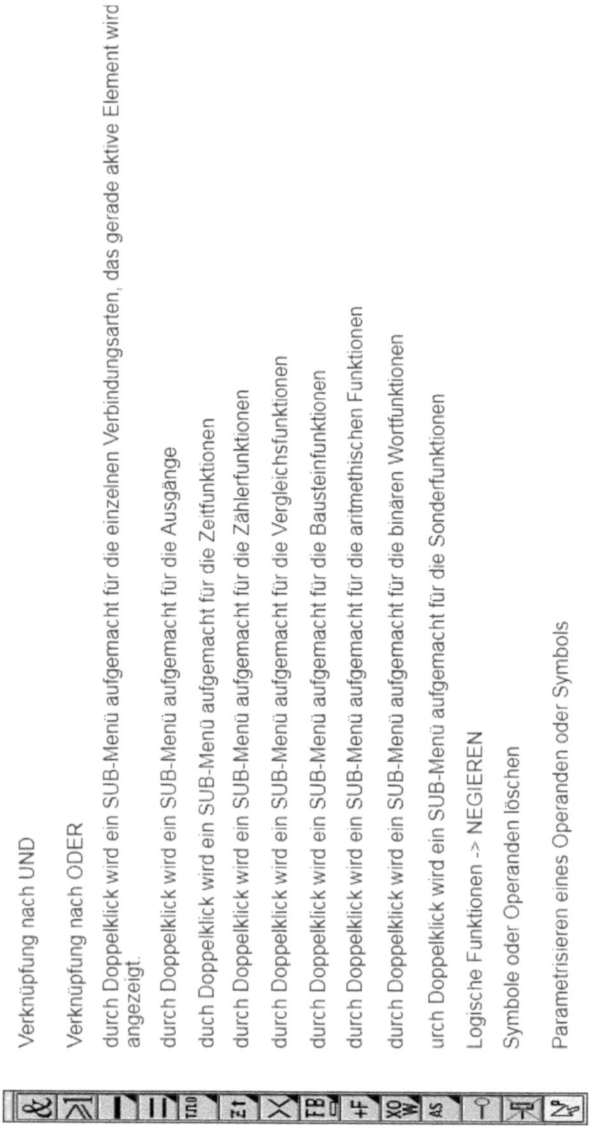

Verknüpfung nach UND

Verknüpfung nach ODER

durch Doppelklick wird ein SUB-Menü aufgemacht für die einzelnen Verbindungsarten, das gerade aktive Element wird angezeigt.

durch Doppelklick wird ein SUB-Menü aufgemacht für die Ausgänge

duch Doppelklick wird ein SUB-Menü aufgemacht für die Zeitfunktionen

durch Doppelklick wird ein SUB-Menü aufgemacht für die Zählerfunktionen

durch Doppelklick wird ein SUB-Menü aufgemacht für die Vergleichsfunktionen

durch Doppelklick wird ein SUB-Menü aufgemacht für die Bausteinfunktionen

durch Doppelklick wird ein SUB-Menü aufgemacht für die aritmethischen Funktionen

durch Doppelklick wird ein SUB-Menü aufgemacht für die binären Wortfunktionen

urch Doppelklick wird ein SUB-Menü aufgemacht für die Sonderfunktionen

Logische Funktionen -> NEGIEREN

Symbole oder Operanden löschen

Parametrisieren eines Operanden oder Symbols

Abb. 5.18: Elemente für den FUP-Editor.

SUB-Menü-Ausgänge, von links nach rechts sind dies:
- unbedingter Sprung in einen Funktionsbaustein
- bedingter Sprung in einen Funktionsbaustein
- unbedingter Sprung in einen erweiterten Funktionsbaustein
- bedingter Sprung in einen erweiterten Funktionsbaustein
- Auswahl eines Datenbausteins
- Erzeugen eines Datenbausteins
- Auswahl eines erweiterten Datenbausteins
- Erzeugen eines erweiterten Datenbausteins

SUB-Menü-Ausgänge, von links nach rechts sind dies:
- Ganzzahladdition
- Ganzzahlsubtraktion
- Ganzzahlmultiplikation
- Ganzzahldivision
- Gleitkommazahladdition
- Gleitkommazahlsubtraktion
- Gleitkommazahlmultiplikation
- Gleitkommazahldivision
- Doppelwortaddition
- Doppelwortsubtraktion
- Byte-Konstante zum Akkumulator addieren
- Wort-Konstante zum Akkumulator addieren
- Doppelwort-Konstante zum Akkumulator addieren

SUB-Menü-Ausgänge, von links nach rechts sind dies:
- X-ODER-Wort
- UND-Wort
- ODER-Wort
- Einerkomplement Wort
- Zweierkomplement Wort
- Zweierkomplement Doppelwort
- Schieben Links Wort
- Schieben Links Doppelwort
- Schieben Rechts Wort
- Rotieren Links Doppelwort
- Rotieren Rechts Doppelwort
- Schieben Rechts Wort, mit Vorzeichenübernahme
- Schieben Rechts Doppelwort, mit Vorzeichenübernahme
- BCD in Ganzzahl wandeln
- Ganzzahl in BCD wandeln
- BCD in Doppelwort wandeln
- Doppelwort in BCD wandeln
- Ganzzahl in Gleitkomma
- Gleitkomma in Ganzzahl
- Übertrager

SUB-Menü-Ausgänge, von links nach rechts sind dies:
- Alarme sperren
- Alarme wieder freigeben
- Akkumulatorinhalt tauschen
- Wert auf den Akkumulatorstack legen
- Beende absolut

5.2.3 KOP-Editor

Um den Baustein im KOP-Editor bearbeiten zu können, muss man im Buchhalter zuvor den Cursor auf die entsprechende Zeile setzen. Danach wählt man im Menü Baustein den Befehl „Bearbeiten" aus.

Alternativ kann man auf die entsprechende Bausteinzeile des Buchhalters doppelklicken oder <RETURN> drücken. Der Baustein wird in dem ausgewählten Editor
dargestellt. AWL-, FUP- oder KOP-Editor wählt man im Menü Ansicht oder durch die
entsprechende Schaltfläche der Werkzeugleiste an. Für den KOP-Editor ist dies die
nachfolgende Schaltfläche:

Lässt sich der Baustein nicht als Kontaktplan darstellen, so verbleibt der Baustein
in der Darstellungsart Anweisungsliste. Innerhalb des Bausteins bewegt man sich im
KOP-Editor mit Hilfe der vertikalen und horizontalen Scrollbalken oder durch die Cur-
sortasten.

Mit der nachfolgenden Schaltfläche wird nach dem aktuellen Netzwerk ein neues,
leeres Netzwerk eingefügt:

Mit den Tasten STRG+BILD↑ (CTRL+PAGE UP) bewegt man ein Netzwerk zurück, alternativ kann man hierzu die folgende Schaltfläche anklicken:

Mit den Tasten STRG+BILD↓ (CTRL+PAGE DOWN) bewegt man ein Netzwerk vorwärts, alternativ können hierzu die folgende Schaltfläche angeklickt werden:

Mit der nachfolgenden Schaltfläche wird das aktuell dargestellte Netzwerk gelöscht,
wobei automatisch noch eine Sicherheitsabfrage erfolgt:

Mit der nachfolgenden Schaltfläche wird ein Fenster geöffnet, in dem alle Netzwerke
mit Überschriften zur Auswahl angezeigt werden:

Es kann entweder die Netzwerknummer oder per Doppelklick auf das Netzwerk ein
Sprung in das entsprechende Netzwerk ausgelöst werden. Dies funktioniert auch im
Funktions- oder Kontaktplan.

Des Weiteren stehen die nachfolgenden Tasten bei der Editierung zur Verfügung, falls man sich im S5/V5-Bedienungsmodus befindet. Diese Bedienungsart mit Hilfe der S5/V5-Funktionstasten lassen sich im Dialogfenster „Einstellungen" hinzuschalten. Man erreicht dieses Dialogfenster mit dem Befehl „Einstellungen ..." im Menü „Optionen". Hier findet man auch weitere Hilfe-Hinweise.

- EINFG (INSERT): Einfügen eines Elementes an der aktuellen Position
- ENTF (DELETE): Löschen eines Elementes an der aktuellen Position
- POS 1 (HOME): Cursor geht in die linke obere Ecke
- ENDE (END): Cursor geht in die rechte obere Ecke
- TAB: Cursor springt auf das nächste Eingabefeld
- SHIFT+TAB Cursor springt auf das vorhergehende Eingabefeld
- PFEIL HOCH verschiebt Fensterinhalt nach unten
- PFEIL RUNTER verschiebt Fensterinhalt nach oben
- PFEIL LINKS verschiebt Fensterinhalt nach rechts
- PFEIL RECHTS verschiebt Fensterinhalt nach links

Um eine neues Element einzufügen, wählt man mit der Maus zuerst das entsprechende Element aus der Palette aus. Danach klickt man mit der Maus auf die Verbindung, in welche das Element eingefügt werden soll.

Man hat außerdem die Möglichkeit, ein bereits gesetztes Element in ein anderes Element desselben Typs umzuwandeln, d. h., man kann ein UND- in ein ODER-Element, ein Vergleich-auf-Gleich- in ein Vergleich-auf-größer-Element usw. ändern. Dabei muss der Typ des Elementes beibehalten werden. Nachfolgend eine Liste aller Elementtypen:

- UND, ODER
- Timer
- Zähler
- Vergleiche
- Setzen/Zurücksetzen vorrangig
- Arithmetik mit einem Eingangsparameter
- Arithmetik mit zwei Eingangsparametern
- Sonderfunktionen ohne Parameter

Um ein Element in ein anderes umzuwandeln, wählt man zuerst aus der Palette das neue Element aus und klickt danach auf das zu ändernde Element.

Abb. 5.19 zeigt die Elemente für den KOP-Editor.

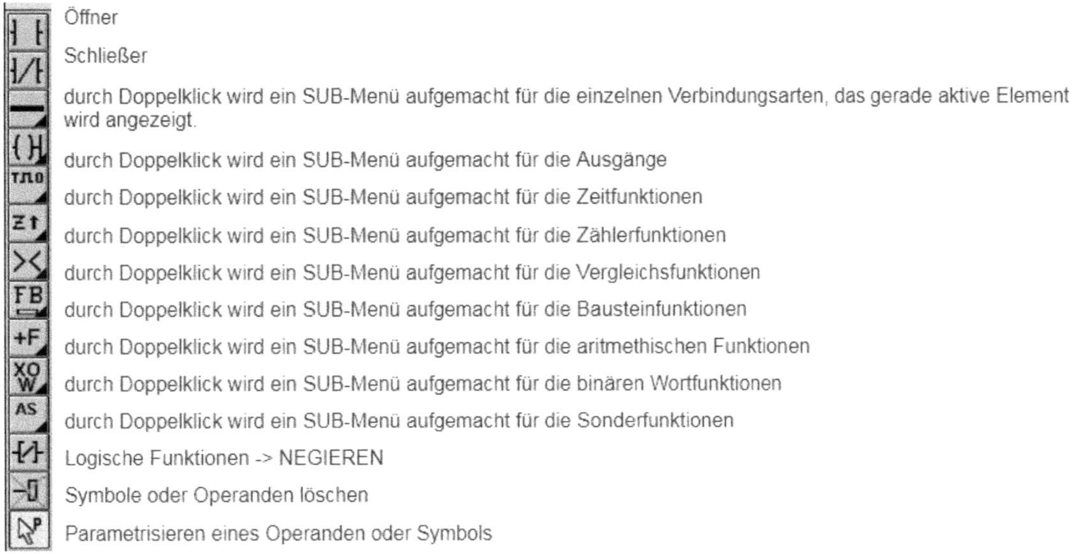

Öffner

Schließer

durch Doppelklick wird ein SUB-Menü aufgemacht für die einzelnen Verbindungsarten, das gerade aktive Element wird angezeigt.

durch Doppelklick wird ein SUB-Menü aufgemacht für die Ausgänge

durch Doppelklick wird ein SUB-Menü aufgemacht für die Zeitfunktionen

durch Doppelklick wird ein SUB-Menü aufgemacht für die Zählerfunktionen

durch Doppelklick wird ein SUB-Menü aufgemacht für die Vergleichsfunktionen

durch Doppelklick wird ein SUB-Menü aufgemacht für die Bausteinfunktionen

durch Doppelklick wird ein SUB-Menü aufgemacht für die aritmethischen Funktionen

durch Doppelklick wird ein SUB-Menü aufgemacht für die binären Wortfunktionen

durch Doppelklick wird ein SUB-Menü aufgemacht für die Sonderfunktionen

Logische Funktionen -> NEGIEREN

Symbole oder Operanden löschen

Parametrisieren eines Operanden oder Symbols

Abb. 5.19: Elemente für den KOP-Editor.

{H S R # S R
         R Q S Q

SUB-Menü-Ausgänge, von links nach rechts sind dies:
- Ausgang
- Setzausgang
- Zurücksetzausgang
- Zwischenmerker
- Flipflop mit vorrangigem Zurücksetzen
- Flipflop mit vorrangigem Setzen

T⎍0 0⎍T 1⎍ T⎍5 1⎍V RT

SUB-Menü-Ausgänge, von links nach rechts sind dies:
- Zeitfunktion Einschaltverzögerung
- Zeitfunktion Ausschaltverzögerung
- Zeitfunktion Impuls
- Zeitfunktion speichernde Einschaltverzögerung
- Zeitfunktion verlängerter Impuls

Z↑ Z↓ SZ RZ Z↑ Z↓
              MOD MOD

SUB-Menü-Ausgänge, von links nach rechts sind dies:
- Zähler vorwärts
- Zähler rückwärts

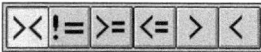

>< != >= <= > <

SUB-Menü-Ausgänge, von links nach rechts sind dies:
- Vergleich auf ungleich
- Vergleich auf gleich
- Vergleich auf größer gleich
- Vergleich auf kleiner gleich
- Vergleich auf größer
- Vergleich auf kleiner

SUB-Menü-Ausgänge, von links nach rechts sind dies:
- unbedingter Sprung in einen Funktionsbaustein
- bedingter Sprung in einen Funktionsbaustein
- unbedingter Sprung in einen erweiterten Funktionsbaustein
- bedingter Sprung in einen erweiterten Funktionsbaustein
- Auswahl eines Datenbausteins
- Erzeugen eines Datenbausteins
- Auswahl eines erweiterten Datenbausteins
- Erzeugen eines erweiterten Datenbausteins

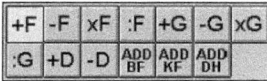

SUB-Menü-Ausgänge, von links nach rechts sind dies:
- Ganzzahladdition
- Ganzzahlsubtraktion
- Ganzzahlmultiplikation
- Ganzzahldivision
- Gleitkommazahladdition
- Gleitkommazahlsubtraktion
- Gleitkommazahlmultiplikation
- Gleitkommazahldivision
- Doppelwortaddition
- Doppelwortsubtraktion
- Byte-Konstante zum Akkumulator addieren
- Wort-Konstante zum Akkumulator addieren
- Doppelwort-Konstante zum Akkumulator addieren

SUB-Menü-Ausgänge, von links nach rechts sind dies:
- X-ODER-Wort
- UND-Wort
- ODER-Wort
- Einerkomplement Wort
- Zweierkomplement Wort
- Zweierkomplement Doppelwort
- Schieben Links Wort
- Schieben Links Doppelwort
- Schieben Rechts Wort
- Rotieren Links Doppelwort
- Rotieren Rechts Doppelwort
- Schieben Rechts Wort mit Vorzeichenübernahme
- Schieben Rechts Doppelwort mit Vorzeichenübernahme
- BCD in Ganzzahl wandeln
- Ganzzahl in BCD wandeln
- BCD in Doppelwort wandeln
- Doppelwort in BCD wandeln
- Ganzzahl in Gleitkomma
- Gleitkomma in Ganzzahl
- Übertrager

SUB-Menü-Ausgänge, von links nach rechts sind dies:
- Alarme sperren
- Alarme wieder freigeben
- Akkumulatorinhalt tauschen
- Wert auf den Akkumulatorstack legen
- Beende absolut

5.3 Beispiele der Grundoperationen

Der Befehlsvorrat der Programmiersprache STEP5 und STEP7 besteht aus Grundoperationen und ergänzenden Operationen. Grundoperationen dienen der Ausführung einfacher binärer Funktionen. Man kann in der Regel in allen drei Darstellungsarten arbeiten, im Kontaktplan (KOP), Funktionsplan (FUP) und in der Anweisungsliste (AWL) und simulieren. Auch das Beheben von Programmierfehlern ist möglich. Dennoch sind die Programme an eine simulierte oder reale SPS-Anlage zu übergeben.

Ergänzende Operationen sind für die Bearbeitung komplexer Funktionen wie Regeln, Melden, Protokollieren usw. vorgesehen. Diese Operationen lassen sich grafisch nicht darstellen und am Programmiergerät nur in einer Anweisungsliste (AWL) ein- bzw. ausgeben.

5.3.1 UND-Funktion in KOP, FUP und AWL

In diesem Kapitel sind die drei Möglichkeiten für die Programmierung nach Kontaktplan, Funktionsplan und der Anweisungsliste gezeigt. Man kann ein SPS-Programm einfach erstellen, indem man PG-2000 anklickt. Es erscheint ein Fenster und man klickt auf „Datei, Neu". Es öffnet sich ein weiteres Fenster und dann klickt man auf „Baustein, Neuer Baustein", und ein Fenster öffnet sich. Man gibt OB 1 ein und schließt das Fenster mit „OK" ab. Jetzt kann man zwischen Kontaktplan, Funktionsplan und Anweisungsliste wählen.

Die UND-Funktion wird im Kontaktplan als Reihenschaltung abgebildet. Die Darstellung der Kontaktsymbole kennzeichnet die Abfrage des über dem Kontaktsymbol stehenden Operanden auf Signalzustand „0" oder „1".

Ist das Kontaktsymbol ein Schließer, werden die zugehörigen Operanden – im Beispiel E 1.1 und E 1.2 – auf den Signalzustand „1", abgefragt. Führen diese Operanden den Signalzustand „1", muss man sich diese Kontaktsymbole als geschlossen vorstellen. Abb. 5.20 zeigt den Kontaktplan mit dem Fenster für die Parametereingabe und den Schaltungselementen.

Die Darstellung in Abb. 5.20 entspricht nicht der eines konventionellen Stromlaufplans!

Ist das Kontaktsymbol ein Schließer, werden die zugehörigen Operanden – im Beispiel E 1.1 und E 1.2 – auf den Signalzustand „1", abgefragt. Führen diese Operanden den Signalzustand „1", muss man sich diese Kontaktsymbole als geschlossen vorstellen. Man kann im „Parameter"-Fenster zwischen Schließer und Öffner wählen. Ist das Kontaktsymbol ein Öffner, werden die Operanden – in unserem Beispiel E 1.3 – auf einen Signalzustand von „0" abgefragt. Führen diese Operanden den Signalzustand „1", muss man sich diese Kontaktsymbole als geöffnet vorstellen. Nur dann, wenn bei einer Reihenschaltung alle Kontaktsymbole geschlossen sind, führt der Ausgang A 1.1 den Signalzustand „1", d. h., das Relais hat angezogen.

Datei   Bearbeiten   Suchen   Ansicht   AG-Funktionen   Optionen   Fenster   Controller   Hilfe

tzwerk 1 von 1   zyklischer Baustein   Bib =
```
:U     E     1.1
:U     E     1.2
:UN    E     1.3
:=     A     1.1
:BE
```

Datei   Bearbeiten   Suchen   Ansicht   AG-Funktionen

tzwerk 1 von 1   zyklischer Baustein   Bib =

E 1.1

E 1.2   &

E 1.3   =   A 1.1

Datei   Bearbeiten   Suchen   Ansicht   AG-Funktionen   Option

Netzwerk 1 von 1   zyklischer Baustein   Bib =

```
   E 1.1         E 1.2         E 1.3         A 1.1
├───┤ ├─────────┤ ├────────┤/├──────( )───┤
```

Abb. 5.20: AWL, KOP und FUP für eine UND-Funktion.

Im Beispiel von Abb. 5.20 führt Ausgang A 1.1 nur dann Signalzustand „1", wenn auch die Eingänge E 1.1 sowie E 1.2 Signalzustand „1" (Schließersymbole sind dann geschlossen) und der Eingang E 1.3 den Signalzustand „0" führen (Öffnersymbol bleibt geschlossen).

Hinweis: Man kann aus den Darstellungen der Kontaktsymbole keine Funktionsrückschlüsse auf die an der SPS-Anlage angeschlossenen Geber ziehen.

An den Eingängen E 1.1 und E 1.2 von Abb. 5.20 werden die Operanden auf ihren Signalzustand abgefragt. Führen diese Operanden einen Signalzustand „1", ist auch das Abfrageergebnis gleich „1". Führen die Operanden Signalzustand „0", ist das Abfrageergebnis dementsprechend „0". An den Eingängen mit Negationszeichen – wie hier E 1.3 – werden die Operanden auf Signalzustand „0" abgefragt. Das Abfrageergebnis ist „1", wenn die Operanden an negierten Eingängen Signalzustand „0" führen. Bei „1" ist das Abfrageergebnis demgemäß „0". Beim Parametrieren erscheint ein Fenster für die Eingabe eines Operanden und hier lässt sich auch der Eingang negieren.

Im Beispiel führt der Ausgang A 1.1 Signalzustand „1", wenn die Eingänge E 1.1 sowie E 1.2 Signalzustand „1" und E 1.3 Signalzustand „0" führen.

In der Anweisungsliste werden alle Operanden der Reihe nach abgefragt und das Ergebnis der Abfragen mit UND verknüpft. Die Abfrage auf Signalzustand „1" und die Verknüpfung des abgefragten Signalzustands nach UND werden durch die Operation „U" gekennzeichnet. In Verbindung mit dieser Operation steht der Operand, der angibt, wo abgefragt werden soll.

In dem Beispiel der AWL werden die Eingänge E 1.1 und E 1.2 auf Signalzustand „1" abgefragt. Führen diese Operanden Signalzustand „1", ist auch das Abfrageergebnis „1". Das Abfrageergebnis ist damit der Signalzustand, der verknüpft werden soll. Die Abfrage auf einen Signalzustand „0" und die Verknüpfung des abgefragten Signalzustands nach UND werden durch die Operation UN gekennzeichnet.

Im Beispiel wird der Eingang E 1.3 auf Signalzustand „0" abgefragt. Das Abfrageergebnis ist „1", wenn dieser Operand „0" führt. Führt ein auf Signalzustand „0" abgefragter Operand aber Signalzustand „1", muss das Abfrageergebnis „0" sein.

In der ersten Anweisung fragt der SPS-Prozessor den Eingang E 1.1 ab. Das Ergebnis der Abfrage wird gespeichert. In der nächsten Anweisung wird der Eingang E 1.2 abgefragt. Das Ergebnis dieser Abfrage wird mit dem bereits im Prozessor stehenden Ergebnis der ersten Abfrage nach UND verknüpft und ein erstes Verknüpfungsergebnis (VKE) gebildet. Dieses Verknüpfungsergebnis wird gespeichert und mit dem Ergebnis der nächsten Abfrage verknüpft. So geht das weiter, bis alle zu verknüpfenden Signalzustände abgefragt sind und im letzten Schritt das endgültige VKE für die weitere Programmbearbeitung gespeichert zur Verfügung steht.

Die UND-Verknüpfung ist erfüllt, wenn das Verknüpfungsergebnis „1" ist. Mit dem Verknüpfungsergebnis kann dann z. B. ein Ausgang angesteuert werden. Im vorhergehenden Beispiel wird das Verknüpfungsergebnis der UND-Funktion dem Ausgang A 1.1 zugewiesen. Ist die Verknüpfung erfüllt, wird der Ausgang A 1.1 gesetzt. Er führt dann Signalzustand „1".

5.3.2 ODER-Funktion in KOP, FUP und AWL

Die ODER-Funktion wird im Kontaktplan als Parallelschaltung abgebildet. Die Darstellung der Kontaktsymbole kennzeichnet die Abfrage des über dem Kontaktsymbol stehenden Operanden auf Signalzustand „0" oder „1".

Ist das Kontaktsymbol ein Schließer, werden die dazugehörenden Operanden (in Abb. 5.21 die Eingänge E 1.1 und E 1.2) auf Signalzustand „1" abgefragt. Der Schließer wird „betätigt", d. h. geschlossen, wenn die betreffenden Operanden Signalzustand „1" führen. Ist das Kontaktsymbol ein Öffner, wird der Operand des Eingangs E 1.1 auf Signalzustand „0" abgefragt. Der Öffner wird dann „betätigt" d. h. geöffnet, wenn die betreffenden Operanden den Signalzustand „1" führen. Wenn bei einer Parallelschaltung mindestens ein Kontakt geschlossen ist, führt der Ausgang A 1.2 Signalzustand „1".

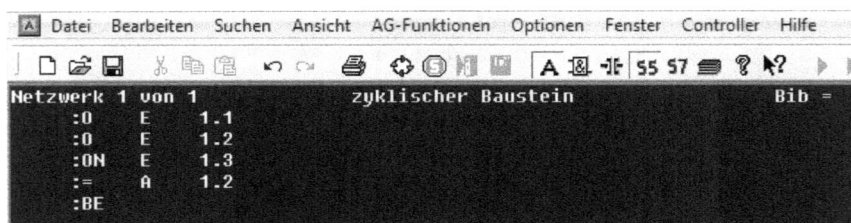

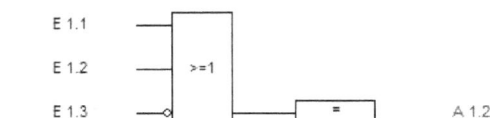

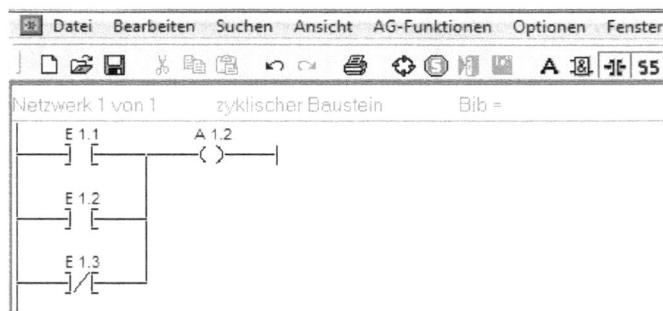

```
Datei  Bearbeiten  Suchen  Ansicht  AG-Funktionen  Optionen  Fenster  Controller  Hilfe

Netzwerk 1 von 1                      zyklischer Baustein                        Bib =
        :0      E      1.1
        :0      E      1.2
        :ON     E      1.3
        :=      A      1.2
        :BE
```

```
Datei  Bearbeiten  Suchen  Ansicht  AG-Funktionen  Optionen  Fenster  Controller

Netzwerk 1 von 1      zyklischer Baustein      Bib =

E 1.1 ───────┐
             │  >=1
E 1.2 ───────┤
             │           ┌───┐
E 1.3 ──────o┘           │ = │      A 1.2
                         └───┘
```

```
Datei  Bearbeiten  Suchen  Ansicht  AG-Funktionen  Optionen  Fenster

Netzwerk 1 von 1      zyklischer Baustein      Bib =
    E 1.1           A 1.2
───┤ ├─────────────( )──────┤
    E 1.2
───┤ ├──
    E 1.3
───┤/├──
```

Abb. 5.21: ODER-Funktion in AWL, KOP und FUP.

In Abb. 5.21 führt der Ausgang A 1.2 nur dann den Signalzustand „0", wenn die Eingänge E 1.1 und E 1.2 Signalzustand „0" führen und der Eingang E 1.3 den Signalzustand „1" führt. Die Anzahl der Kontakte sowie die Menge der Strompfade sind theoretisch unbegrenzt, praktisch aber z. B. durch die Bildschirmbreite dann doch eingeengt.

Die Operanden E 1.1 und E 1.2 werden auf den Signalzustand „1" abgefragt. Führen die Operanden tatsächlich „1", ist auch das Abfrageergebnis „1". Der Operand E 1.3 wird auf einen Signalzustand von „0" abgefragt. Das Abfrageergebnis an diesem Eingang ist „1", wenn der Operand „0" führt. Wenn mindestens ein Abfrageergebnis „1" ist, ist die ODER-Funktion erfüllt. Bei einer erfüllten ODER-Funktion führt der Ausgang A 1.2 dann den Signalzustand „1".

Eine ODER-Funktion kann beliebig viele Eingänge aufweisen und theoretisch unbegrenzt oft verwendet werden. Auch Reihenfolge und Verhältnis von negierten zu nicht negierten Eingängen sind beliebig.

In der Anweisungsliste werden die Operanden der Reihe nach abgefragt und das Ergebnis der Abfragen wird nach ODER verknüpft. Die Abfrage bezüglich des Signalzustands „1" und die Verknüpfung des abgefragten Signalzustands werden durch die Operation O (ODER) angewiesen. In Verbindung mit dieser Operation stehen die Operanden E 1.1 und E 1.2. Führen diese Operanden den Signalzustand „1", ist auch das Abfrageergebnis gleich „1".

Eine Abfrage auf den Signalzustand „0" und die Verknüpfung des abgefragten Signalzustands nach ODER werden durch die Operation ON gekennzeichnet. Davon ist der Eingang E 0.1 betroffen. Führt dieser den Signalzustand „0", ist das Abfrageergebnis demgemäß „1".

In Abb. 5.21 wird der Ausgang A 1.2 gesetzt, wenn die ODER-Funktion erfüllt ist. Der Ausgang A 1.2 führt damit nur dann den Signalzustand „0", wenn die Eingänge E 1.1 und E 1.2 Signalzustand „0" und Eingang E 1.3 Signalzustand „1" führen.

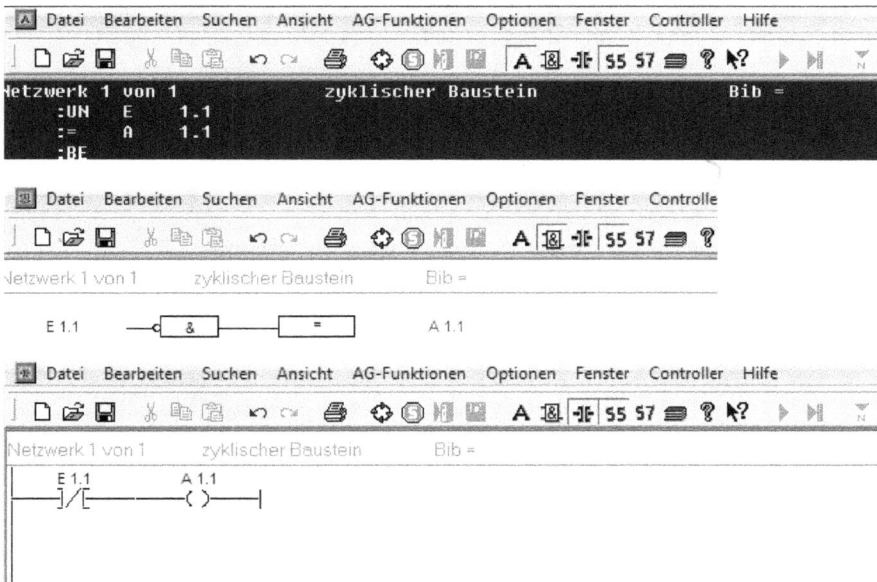

Abb. 5.22: NICHT-Funktion in AWL, KOP und FUP.

5.3.3 NICHT-Funktion in KOP, FUP und AWL

Hat der über dem Symbol stehende Operand den Signalzustand „1", so ist das Abfrageergebnis „0". Hat der über dem Symbol stehende Operand den Signalzustand „0", dann ist das Abfrageergebnis „1". Das Abfrageergebnis hat also immer den negierten Zustand des Operandensignals. Abb. 5.22 zeigt eine NICHT-Funktion in AWL, KOP und FUP.

Die NICHT-Funktion wird grafisch als Rechteck dargestellt, in das normalerweise das Symbol „1" eingetragen wird.

Ausnahme: In der Programmiersprache STEP 5 wird das Symbol durch ein UND ersetzt. Das Glied hat dort auch nur einen, und zwar einen negierten Eingang sowie einen Ausgang. Am Eingang werden die Operanden abgefragt, in Abb. 5.22 also der Eingang E 1.1.

Führt der Eingang E 1.1 einen Signalzustand „0", muss Ausgang A 1.1 Signal „1" führen. Das Eingangssignal wird also negiert.

In der Anweisungsliste wird der Operand, in unserem Beispiel also Eingang E 1.1, nach dem Signalzustand abgefragt.

Die Abfrage auf Signalzustand „0" wird durch die Operation UN gekennzeichnet. Eine NICHT-Funktion ist dann erfüllt, wenn der Operand Signalzustand „0" führt. In unserem Beispiel wird der Ausgang A 1.1 gesetzt, wenn die NICHT-Funktion erfüllt ist. Er führt nur dann Signalzustand „1", wenn der Eingang E 1.1 Signal „0" führt.

5.3.4 Ansteuerung mehrerer Ausgänge in AWL, KOP und FUP

Es können mehrere Ausgänge parallel angesteuert werden. Diese Ausgänge werden im Kontaktplan untereinandergesetzt und reagieren gleichermaßen (Abb. 5.23).

5.3.5 UND-vor-ODER-Verknüpfung in AWL, KOP und FUP

Bei der aus Reihen- und Parallelschaltung zusammengesetzten Verknüpfung in Abb. 5.24 sind innerhalb parallel geschalteter „Zweige" Kontakte in Reihe angeordnet. Es müssen mindestens die Kontaktsymbole eines Zweigs geschlossen sein, damit der Ausgang A 1.1 Signalzustand „1" führt.

Im Beispiel von Abb. 5.23 müssen die Operanden eines Zweigs den Signalzustand „1" führen, damit der Ausgang A 1.1 den Signalzustand „1" hat.

```
 D ☞ ⊟   ✂ 🖺 🖺   ⮌ ⮎   🖶 ⬦⬯🖸 🖾 🖾  A ⌧ ⊣⊢ 55 57 🖳 ? ▶?   ▶ ⊳⊩
Netzwerk 1 von 1                zyklischer Baustein              Bib =
   :U     E    1.1
   :U     E    1.2
   :=     A    1.1
   :=     A    1.2
   :BE
```

```
 🖳 Datei  Bearbeiten  Suchen  Ansicht  AG-Funktionen  Optionen  Fenster  Controller

 D ☞ ⊟   ✂ 🖺 🖺   ⮌ ⮎   🖶 ⬦⬯🖸 🖾 🖾  A ⌧ ⊣⊢ 55 57 🖳 ? ▶

Netzwerk 1 von 1      zyklischer Baustein      Bib =
```

```
 🖳 Datei  Bearbeiten  Suchen  Ansicht  AG-Funktionen  Optionen  Fenster  Controlle

 D ☞ ⊟   ✂ 🖺 🖺   ⮌ ⮎   🖶 ⬦⬯🖸 🖾 🖾  A ⌧ ⊣⊢ 55 57 🖳 ?

etzwerk 1 von 1      zyklischer Baustein      Bib =
```

Abb. 5.23: Ansteuerung mehrerer Ausgänge in AWL, KOP und FUP.

Bei den aus UND- und ODER-Funktionen zusammengesetzten Verknüpfungen führen die Ausgänge der UND-Funktionen auf eine ODER-Funktion. Die Verknüpfungsergebnisse der UND-Funktion werden dann zusammen mit den anderen Eingängen der ODER-Funktion (E 1.5 und E 1.6) nach ODER verknüpft. Ausgang A 1.1 führt dann den Signalzustand „1", wenn eine UND-Funktion erfüllt ist oder an E 1.5 bzw. E 1.6 Signalzustand „1" liegt.

Die aus UND- und ODER-Funktionen zusammengesetzte Verknüpfung lässt sich in der AWL ohne Klammern schreiben. Dazu werden lediglich zuerst die UND-Funktionen bearbeitet und dann ihre Verknüpfungsergebnisse nach ODER verknüpft. Diese UND-vor-ODER-Bearbeitung ermöglicht ein spezieller Bitprozessor im Automatisierungsgerät.

Die erste UND-Funktion (E 1.1 und E 1.2) ist mit der zweiten UND-Funktion (E 1.3 und E 1.4) durch ein einzelnes O verbunden, das für eine ODER-Funktion steht. Diese Operation ist immer dann notwendig, wenn eine UND-Funktion „vor" einer ODER-

Datei Bearbeiten Suchen Ansicht AG-Funktionen Optionen Fenster Controller Hilfe

```
Netzwerk 1 von 1              zyklischer Baustein                  Bib =
   :U      E      1.1
   :U      E      1.2
   :O
   :U      E      1.3
   :U      E      1.4
   :O      E      1.5
   :O      E      1.6
   :=      A      1.1
   :BE
```

Datei Bearbeiten Suchen Ansicht AG-Funktionen Optionen Fenster Controller Hilfe

Netzwerk 1 von 1   zyklischer Baustein   Bib =

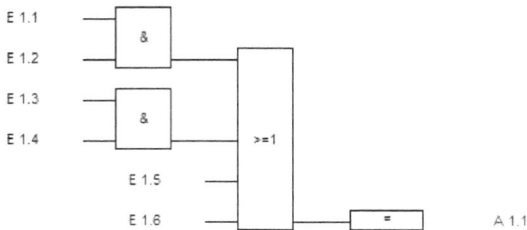

Datei Bearbeiten Suchen Ansicht AG-Funktionen Optionen Fenster Controller Hilfe

Netzwerk 1 von 1   zyklischer Baustein   Bib =

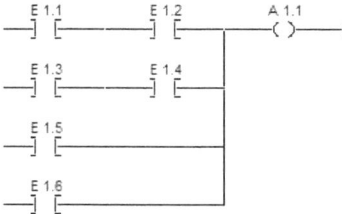

Abb. 5.24: UND-vor-ODER-Verknüpfung in AWL, KOP und FUP.

Funktion steht. Dieses einzelne O wird dann vor der zweiten UND-Funktion programmiert; nach dieser ist es nicht mehr notwendig. Die Eingänge, die direkt auf die ODER-Funktion führen, werden wie beschrieben programmiert (O E 1.5 und O E 1.6). Zum Abschluss steht das Ergebnis der gesamten Verknüpfung zur Verfügung und wird dem Ausgang A 1.1 zugewiesen.

5.3.6 ODER-vor-UND-Verknüpfung in AWL, KOP und FUP

Bei der in Abb. 5.25 aus Reihen- und Parallelschaltungen zusammengesetzten Verknüpfung sind innerhalb einer Reihenschaltung parallel geschaltete Kontakte angeordnet.

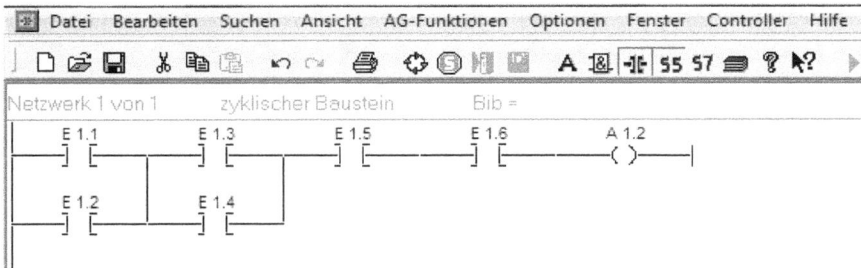

```
A  Datei  Bearbeiten  Suchen  Ansicht  AG-Funktionen  Optionen  Fenster  Controller  Hi
```
```
Netzwerk 1 von 1              zyklischer Baustein                        Bil
      :U(
      :O      E    1.1                        01
      :O      E    1.2                        01
      :)                                      01
      :U(
      :O      E    1.3                        01
      :O      E    1.4                        01
      :)                                      01
      :U      E    1.5
      :U      E    1.6
      :=      A    1.2
      :BE
```

```
🔲 Datei  Bearbeiten  Suchen  Ansicht  AG-Funktionen  Optionen  Fenster  Controller  Hilfe
```
```
Netzwerk 1 von 1       zyklischer Baustein        Bib =

    E 1.1        E 1.3        E 1.5        E 1.6        A 1.2
  ──┤ ├──┤ ├────┤ ├──┤ ├────┤ ├────┤ ├────────( )────┤

    E 1.2        E 1.4
  ──┤ ├──┤ ├────┤ ├──┤ ├──
```

Abb. 5.25: ODER-vor-UND-Verknüpfung in AWL und FUP.

Der Ausgang A 1.2 führt den Signalzustand „1", wenn ein Kontaktsymbol eines parallel geschalteten Zweigs und die in Reihe geschalteten Kontaktsymbole geschlossen sind.

Bei der aus UND- und ODER-Funktion zusammengesetzten Verknüpfung führen die Ausgänge der ODER-Funktionen auf eine UND-Funktion. Die Verknüpfungsergebnisse dieser ODER-Funktionen werden zusammen mit den Eingängen E 1.1 und E 1.2 nach UND verknüpft. Erst wenn beide ODER-Funktionen erfüllt sind und auch beide Eingänge E 1.3 und E 1.4 den Signalzustand „1" führen, ergibt sich am Ausgang A 1.2 der Signalzustand „1".

Die aus UND- und ODER-Funktionen zusammengesetzte Verknüpfung in Abb. 5.25 muss in der AWL mit Klammern geschrieben werden, will man andeuten, dass die ODER-Funktionen vor der UND-Funktion zu bearbeiten sind. Auch in der Programmiersprache STEP 5 werden die ODER-Funktionen dementsprechend in Klammern gesetzt: „Klammer auf" ist mit einer UND-Funktion „kombiniert". Das Ergebnis der gesamten Verknüpfung wird schließlich dem Ausgang A 1.2 zugewiesen.

5.3.7 Berücksichtigung der Geber (Sensoren)

Bei der Erstellung des Programms muss unabhängig davon, ob es als Funktionsplan, Anweisungsliste oder Kontaktplan dargestellt wird, die Art der Geber beachtet werden. Schon vor Programmerstellung muss bekannt sein, ob die verwendeten Geber Öffner oder Schließer sind. Das SPS-System hat keine Möglichkeit festzustellen, ob ein Eingang mit einem Schließer oder einem Öffner belegt ist. Es kann nur die Signalzustände „1" und „0" erkennen bzw. unterscheiden.

Da sich die Programmierung aber nach der Funktion der Geber richten muss, entstehen hier je nach Ausführung der Geber Unterschiede. Der Eingang, an dem ein Schließer angeschlossen ist, muss anders behandelt werden als der Eingang, an dem ein Öffner angeschlossen ist.

Im Allgemeinen werden allerdings Schließer verwendet. Bei der Realisierung einer Steuerungsfunktion ist dies aber nicht immer möglich. In vielen Fällen, wie z. B. bei Ruhestromkreisen, ist die Verwendung von Öffnern unerlässlich.

Beide Geber (S_1 und S_2) sind Schließer (Abb. 5.26). Das Relais K_1 soll nur dann ziehen, wenn Taster S_1 betätigt und Taster S_2 nicht betätigt ist.

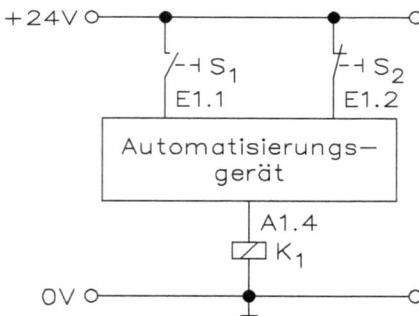

Abb. 5.26: Automatisierungsgerät mit zwei Tastern.

Der Ausgang A 1.4 führt nur dann den Signalzustand „1", wenn bei einer Reihenschaltung wie hier alle Kontaktsymbole geschlossen sind. Wird Geber S_1 betätigt, führt der Eingang E 1.1 den Signalzustand „1". Er muss deshalb als Abfrage auf „1" programmiert werden. Das Kontaktsymbol wird dann bei Signalzustand „1" geschlossen. Ist der Geber S_2 nicht betätigt, führt dieser Eingang Signalzustand „0". Er muss als Abfrage auf „0" programmiert werden. Damit ist dieses Kontaktsymbol bei Signalzustand „0" – wie gefordert – geschlossen.

Der Ausgang A 1.4 führt nur dann den Signalzustand „1", wenn die UND-Funktion erfüllt ist. Wird der Geber S_1 betätigt, führt der Eingang E 1.1 den Signalzustand „1",

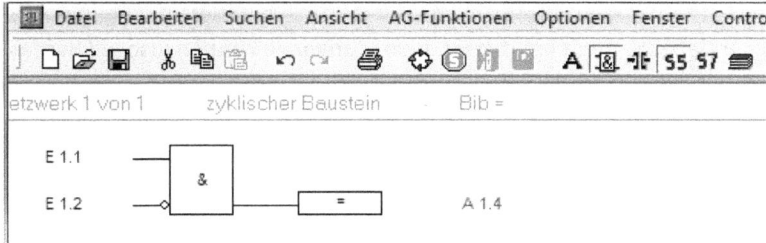

Abb. 5.27: Automatisierungsgerät mit zwei Tastern in KOP.

der direkt auf die UND-Funktion geführt wird. Ist Geber S_2 nicht betätigt, führt der Eingang E 1.2 Signalzustand „0". Um die UND-Funktion erfüllen zu können, muss dieser Eingang daher negiert zur UND-Funktion geführt werden (Abb. 5.27). Die Anweisungsliste lautet:

```
:U    E  1.1
:UN   E  1.2
:=    A  1.4
```

Der Ausgang A 1.4 führt nur dann Signalzustand „1", wenn das Ergebnis der von der Zuweisung programmierten Verknüpfung „1" ist. Bei einer UND-Funktion wie hier ist das dann der Fall, wenn alle Abfragen ein Abfrageergebnis von „1" liefern. Ist der Geber S_1 betätigt, führt Eingang E 1.1 Signalzustand „1". Er wird deshalb auf diesen Signalzustand „1" abgefragt. Wenn der Geber S_2 nicht betätigt ist, führt der Eingang E 1.2 den Signalzustand „0". Um Abfrageergebnis „1" zu erhalten, muss dieser Eingang auf einen Signalzustand „0" abgefragt werden.

Der am Eingang E 1.0 angeschlossene Geber (S_1) ist ein Schließer, der angeschlossene Geber (S_2) ein Öffner am Eingang E 1.1. Das Relais K_1 soll nur dann ziehen, wenn Taster S_1 betätigt und Taster S_2 nicht betätigt ist. Abb. 5.28 zeigt das Automatisierungsgerät mit zwei Tastern.

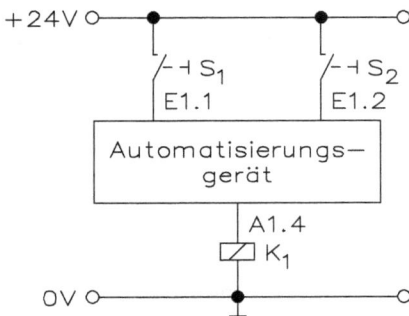

Abb. 5.28: Automatisierungsgerät mit zwei Tastern.

Eingang E 1.1 führt „1" beim Kontaktplan, wenn der Geber S₁ betätigt ist. Eingang E 1.2 führt „1", wenn der Geber S₂ nicht betätigt ist. Beide Eingänge können also auf Signalzustand „1" abgefragt werden (Abb. 5.29).

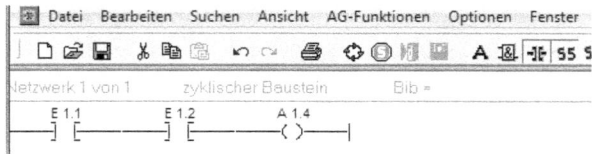

Abb. 5.29: Automatisierungsgerät mit zwei Tastern in FUP.

Ausgang A 1.4 führt nur dann Signalzustand „1", wenn alle Kontaktsymbole geschlossen sind. Ist der Geber S₁ betätigt, führt der Eingang E 1.1 Signalzustand „1". Gleiches gilt, wenn Geber S₂ nicht betätigt ist. Der Eingang E 1.2 führt dann ebenfalls Signalzustand „1". Beide Eingänge werden daher auf Signalzustand „1" abgefragt.

Ausgang A 1.4 führt bei der Anweisungsliste nur dann Signalzustand „1", wenn die UND-Funktion erfüllt ist. Wenn nun der Geber S₁ betätigt wird, führt der Eingang E 1.1 Signalzustand „1" und wird deshalb direkt auf die UND-Funktion geführt. Der Eingang E 1.2 führt Signalzustand „1", wenn der Geber S₂ nicht betätigt ist. Er kann daher ebenfalls direkt auf die UND-Funktion geführt werden. Die Anweisungsliste lautet:

```
:U   E 1.1
:U   E 1.2
:=   A 1.4
```

Der Ausgang A 1.4 führt nur dann Signalzustand „1", wenn alle Abfragen das Abfrageergebnis „1" liefern.

5.3.8 Umwandlung von konventioneller Steuerungstechnik in SPS

Die folgende Schaltung in konventioneller Steuerungstechnik (Abb. 5.30) soll umgewandelt werden.

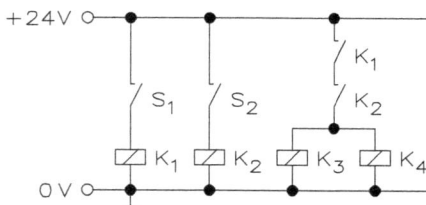

Abb. 5.30: Stromlaufplan einer konventionellen Steuerungstechnik.

Als erste Aufgabe ist eine Zuweisungsliste zu erstellen:

S_1 = E 1.1
S_2 = E 1.2
K_1 = A 1.1
K_2 = A 1.2
K_3 = A 1.3
K_4 = A 1.4

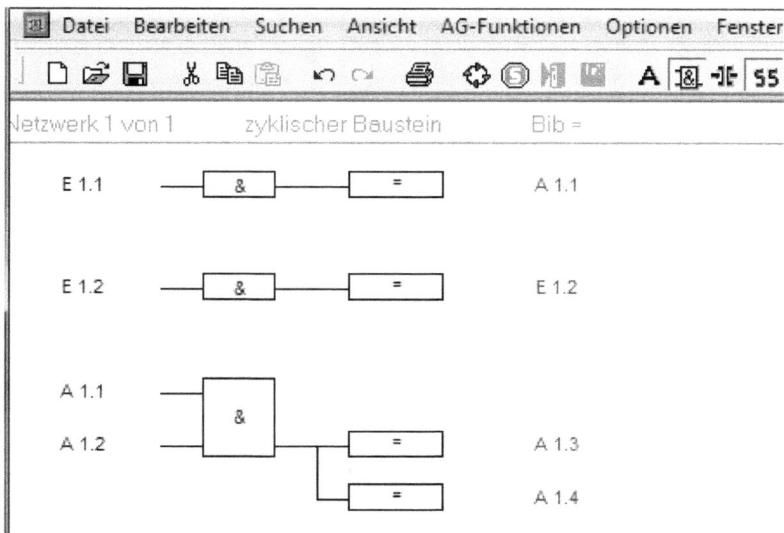

Abb. 5.31: Umwandlung einer konventionellen Steuerungstechnik in ein SPS-Programm mittels KOP.

Abb. 5.31 zeigt einen KOP für die Umwandlung einer konventionellen Steuerungstechnik. Die Anweisungsliste lautet:

```
: U    E  1 . 1
: =    A  1 . 1
: U    E  1 . 2
: =    A  1 . 2
: U    A  1 . 1
: U    A  1 . 2
: =    A  1 . 3
: =    A  1 . 4
```

Die folgende Schaltung in konventioneller Steuerungstechnik (Abb. 5.32) soll umgewandelt werden.

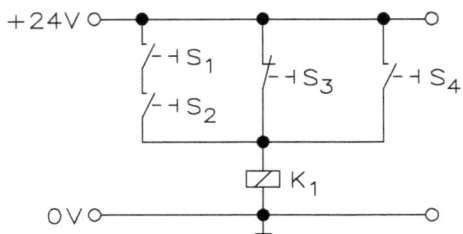

Abb. 5.32: Stromlaufplan einer konventionellen Steuerungstechnik.

Als erste Aufgabe ist eine Zuweisungsliste zu erstellen:

S_1 = E 1.1
S_2 = E 1.2
S_3 = E 1.3
S_4 = E 1.4
K_1 = A 1.1

Abb. 5.33 zeigt Funktions- und Kontaktplan für das Beispiel einer konventionellen Steuerungstechnik.

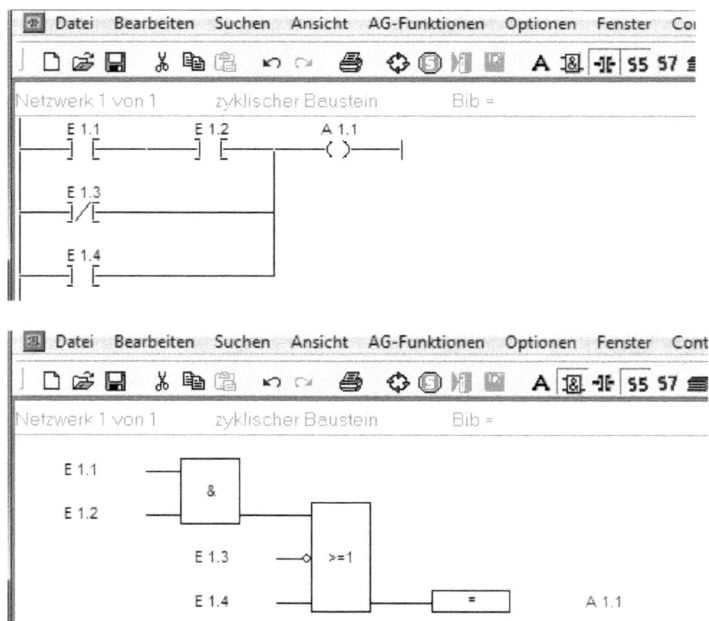

Abb. 5.33: FUP und KOP für die konventionelle Steuerungstechnik.

Die Anweisungsliste lautet:

```
: U    E  1 . 1
: U    E  1 . 2
: ON   E  1 . 3
: O    E  1 . 4
: =    A  1 . 1
```

Als erste Aufgabe ist eine Zuweisungsliste zu erstellen:

$S_1 = E\,1.1$
$S_2 = E\,1.2$
$S_3 = E\,1.3$
$S_4 = E\,1.4$
$K_0 = A\,1.1$
$K_1 = A\,1.2$
$H_1 = A\,1.3$
$H_2 = A\,1.4$

Abb. 5.35 zeigt einen KOP für die Umwandlung einer konventionellen Steuerungstechnik. Die Anweisungsliste lautet:

```
: U (
: O    E  1 . 1
: O    A  1 . 1
: )
: U    E  1 . 2
: UN   A  1 . 2
: =    A  1 . 0
: U (
: O    E  1 . 3
: O    A  1 . 2
: )
: U    E  1 . 4
: UN   A  1 . 1
: =    A  1 . 2
: U    A  1 . 1
: =    A  1 . 3
: U    A  1 . 2
: =    A  1 . 4
```

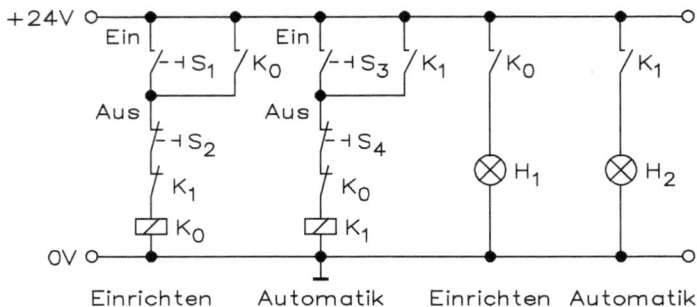

Abb. 5.34: Stromlaufplan einer konventionellen Steuerungstechnik.

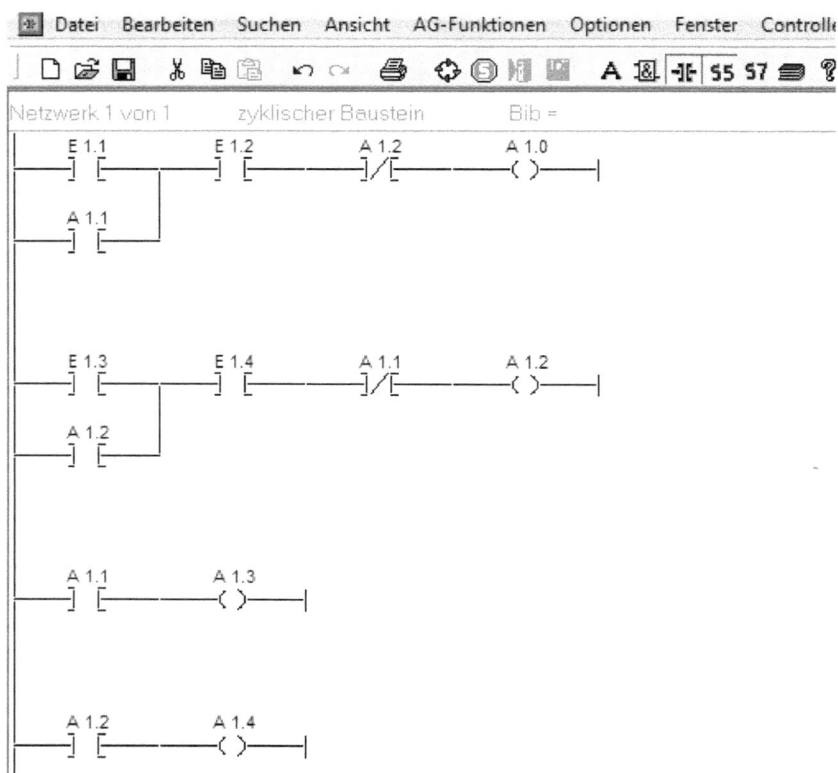

Abb. 5.35: KOP für die konventionelle Steuerungstechnik.

5.4 Speicherfunktionen

Zu den Grundfunktionen der Programmiersprache STEP5 gehören die Speicherfunktionen. Sie können sowohl in Funktions- wie in Kontaktplandarstellung, aber auch in einer Anweisungsliste dargestellt werden. Eine Grundspeicherfunktion ist das RS-Flipflop.

5.4.1 RS-Speicher mit vorrangigem Zurücksetzen

Liegt an beiden Eingängen dieser Speicherfunktion der Signalzustand „1", wird der Zurücksetzeingang vorrangig behandelt. Die Speicherfunktion wird zurückgesetzt

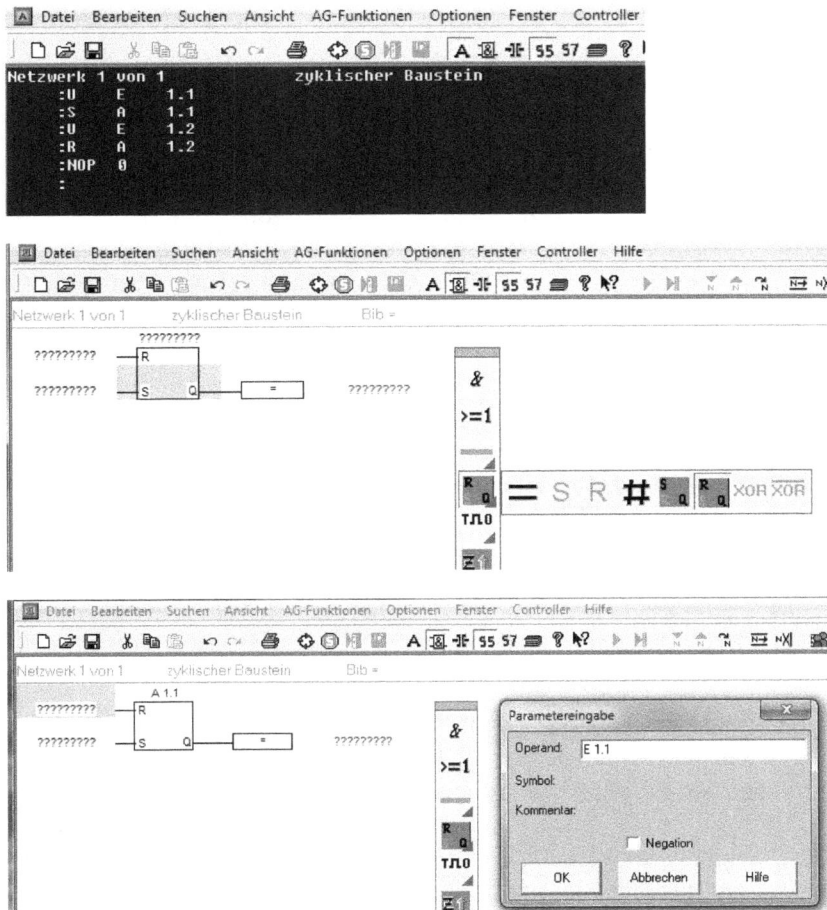

Abb. 5.36: AWL und FUP für einen RS-Speicher mit vorrangigem Zurücksetzen.

oder bleibt zurückgesetzt. Ein Signalzustand „0" an beiden Eingängen bewirkt keine Änderung des Ausgangs. Abb. 5.36 zeigt AWL und FUP für einen RS-Speicher mit vorrangigem Zurücksetzen.

Die Anweisungsliste lautet:

```
: U    E  1 . 1
: S    A  1 . 1
: U    E  1 . 2
: R    A  1 . 1
: NOP
: ***
```

Wird die Operation S mit Verknüpfungsergebnis „1" bearbeitet, d. h., der Eingang E 1.1 führt den Signalzustand „1", wird der Ausgang A 1.1 gesetzt. „Ausgang gesetzt" heißt demnach, dass der Ausgang Signalzustand „1" führt.

Wird die Setzoperation bei gesetzten Operanden mit Verknüpfungsergebnis „0" bearbeitet, d. h. wenn Eingang E 1.1 wieder Signalzustand „0" führt, bleibt der Ausgang A 1.1 gesetzt. Das Flipflop ändert seinen Signalzustand auch dann nicht, wenn er wiederholt mit Verknüpfungsergebnis „1" oder „0" bearbeitet wird.

Der Operand wird zurückgesetzt, wenn die Zurücksetzoperation mit Verknüpfungsergebnis „1" bearbeitet wird. Hier wird Ausgang A 1.1 zurückgesetzt, wenn Eingang E 1.2 den Signalzustand „1" führt. „Ausgang zurückgesetzt" heißt somit, dass der Ausgang Signalzustand „0" führt.

Wenn die Zurücksetzoperation bei zurückgesetzten Operanden mit dem Verknüpfungsergebnis „0" bearbeitet wird, bleibt der Operand zurückgesetzt. Er ändert seinen Signalzustand auch dann nicht, wenn die Zurücksetzoperation wiederholt mit einem Verknüpfungsergebnis von „1" oder „0" bearbeitet wird.

Vor einer Setz- bzw. Zurücksetzoperation können auch binäre Verknüpfungen stehen. Das Ergebnis dieser Verknüpfungen ist dann bei der entsprechenden Operation wirksam (Abb. 5.37).

5.4.2 Speicherfunktion mit vorrangigem Setzen

Liegt an beiden Eingängen dieser Speicherfunktion in Abb. 5.38 der Signalzustand „1", wird nun der Setzeingang vorrangig behandelt. Die Speicherfunktion wird oder bleibt gesetzt. Ein Signalzustand „0" an beiden Eingängen bewirkt keine Änderung des Ausgangs.

Wird die Operation S mit Verknüpfungsergebnis „1" bearbeitet, d. h., der Eingang E 1.2 führt den Signalzustand „1", wird der Ausgang A 1.1 gesetzt. „Ausgang gesetzt" heißt demnach, dass der Ausgang Signalzustand „1" führt.

```
Datei  Bearbeiten  Suchen  Ansicht  AG-Funktionen  Optionen  Fenster  Controller

 D ☞ 🖫  ✄ 🗈 🗈  ⤺ ⤻  🖨  ✧ ◉ 🗐 🖾  A 🗐 🕂 55 57 🖴 ? ▶

Netzwerk 1 von 1              zyklischer Baustein
    :U    E    1.1
    :UN   E    1.2
    :S    A    1.1
    :O    E    1.3
    :O    E    1.4
    :ON   E    1.5
    :R    A    1.1
    :U    A    1.1
    :=    A    1.1
    :BE
```

```
Datei  Bearbeiten  Suchen  Ansicht  AG-Funktionen  Optionen  Fenster  Controller

 D ☞ 🖫  ✄ 🗈 🗈  ⤺ ⤻  🖨  ✧ ◉ 🗐 🖾  A 🗐 🕂 55 57 🖴 ? ▶

Netzwerk 1 von 1      zyklischer Baustein        Bib =
```

```
Datei  Bearbeiten  Suchen  Ansicht  AG-Funktionen  Optionen  Fenster  Controller  Hilfe

 D ☞ 🖫  ✄ 🗈 🗈  ⤺ ⤻  🖨  ✧ ◉ 🗐 🖾  A 🗐 🕂 55 57 🖴 ? ▶?  ▶ ▶|  ⌐ ⌐ ⌐  ⊡ ⊠  ▦

Netzwerk 1 von 1      zyklischer Baustein        Bib =
```

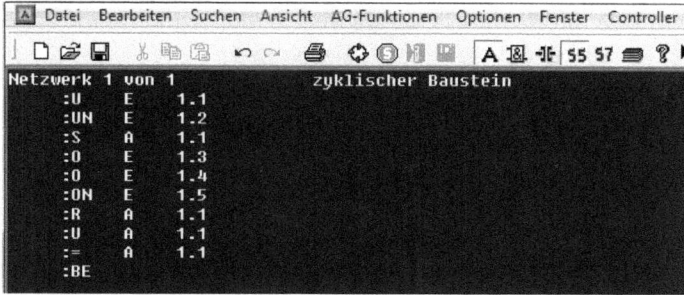

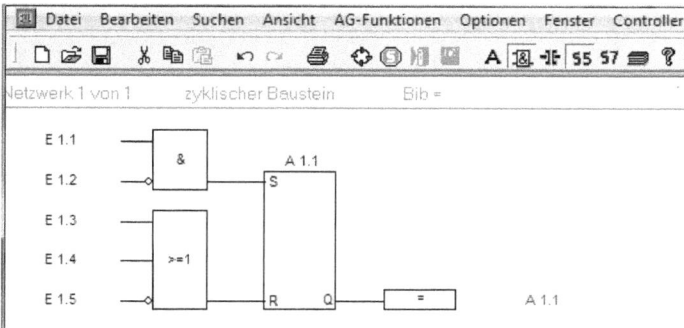

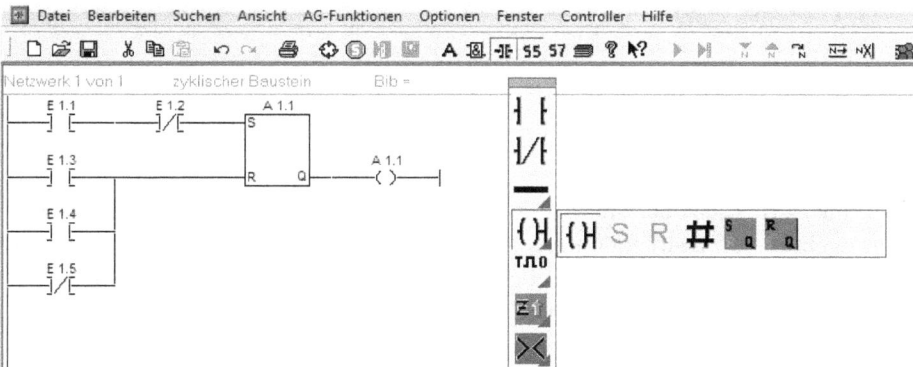

Abb. 5.37: RS-Speicher mit binären Eingangsverknüpfungen in KOP, FUP und AWL.

Wird die Setzoperation bei gesetzten Operanden mit Verknüpfungsergebnis „0" bearbeitet, d. h. wenn Eingang E 1.2 wieder Signalzustand „0" führt, bleibt der Ausgang A 1.1 gesetzt. Er ändert seinen Signalzustand auch dann nicht, wenn er wiederholt mit Verknüpfungsergebnis „1" oder „0" bearbeitet wird.

Der Operand wird zurückgesetzt, wenn die Zurücksetzoperation mit Verknüpfungsergebnis „1" bearbeitet wird. Hier wird Ausgang A 1.1 zurückgesetzt, wenn Eingang E 1.2 den Signalzustand „1" führt. „Ausgang zurückgesetzt" heißt somit, dass der Ausgang Signalzustand „0" führt.

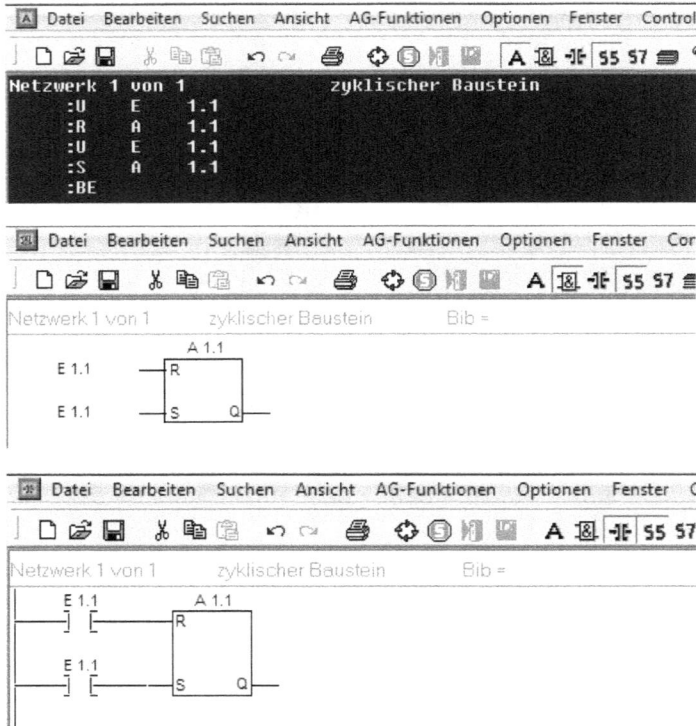

Abb. 5.38: AWL, FUP und KOP für eine Speicherfunktion mit vorrangigem Setzen.

Wenn die Zurücksetzoperation bei zurückgesetzten Operanden mit dem Verknüpfungsergebnis „0" bearbeitet wird, bleibt der Operand zurückgesetzt. Er ändert seinen Signalzustand auch dann nicht, wenn die Zurücksetzoperation wiederholt mit einem Verknüpfungsergebnis von „1" oder „0" bearbeitet wird.

Vor einer Setz- bzw. Zurücksetzoperation können auch binäre Verknüpfungen stehen. Das Ergebnis dieser Verknüpfungen ist dann bei der entsprechenden Operation wirksam (Abb. 5.39).

Achtung: In einem Netzwerk in Kontaktplänen ist nur jeweils ein Speicherglied darstellbar! Es darf auch nicht in Verbindung mit Zeiten, Zählern und Vergleichern programmiert werden.

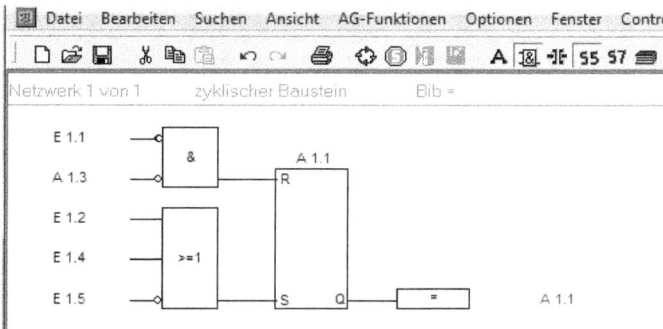

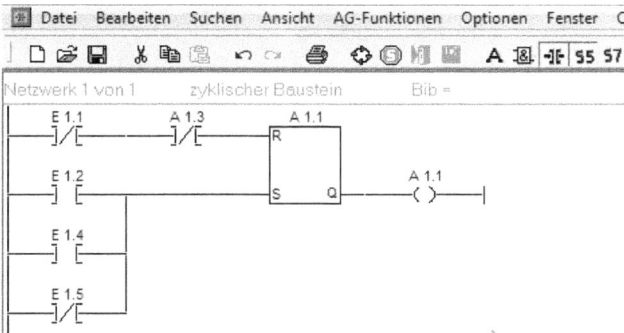

Abb. 5.39: AWL, FUP und KOP für einen RS-Speicher mit vorrangigem Setzen und binären Eingangs-verknüpfungen.

5.4.3 Speicherndes Verhalten durch Selbsthaltung

In der SPS-Praxis unterscheidet man zwischen:
- Selbsthaltung mit vorrangigem Zurücksetzen (Abb. 5.40),
- Selbsthaltung mit vorrangigem Setzen (Abb. 5.41).

Die in einem Stromlaufplan übliche Darstellung einer Speicherfunktion wird mit der Selbsthaltung des anzusteuernden Ausgangs verwirklicht. Diese Realisierung kann

```
A  Datei  Bearbeiten  Suchen  Ansicht  AG-Funktionen  Optionen  Fenster  Controlle

Netzwerk 1 von 1                    zyklischer Baustein
      :U(
      :O      E    1.1                        01
      :O      A    1.5                        01
      :)                                      01
      :U      E    1.2
      :=      A    1.5
      :
```

SPS Programmier Software PG 2000 V 5.16 - [OB 001 - Unbenannt1]

Datei Bearbeiten Suchen Ansicht AG-Funktionen Optionen Fenster Contr

Netzwerk 1 von 1   zyklischer Baustein   Bib =

Datei Bearbeiten Suchen Ansicht AG-Funktionen Optionen Fenster Co

Netzwerk 1 von 1   zyklischer Baustein   Bib =

Abb. 5.40: AWL, FUP und KOP für eine Selbsthaltung mit vorrangigem Zurücksetzen.

so in den Kontaktplan übernommen werden, hat jedoch gegenüber der gezeigten Darstellungsart den Nachteil, dass man die Speicherfunktion nicht auf den ersten Blick erkennt.

Bei der hier besprochenen Darstellungsmethode wird der Kontakt des „Ausgangsrelais" parallel zu dem Strompfad geführt, der die Verknüpfung für das Setzen dieses Ausgangs enthält. Mit dieser Methode lässt sich sowohl vorrangiges Setzen als auch vorrangiges Zurücksetzen erzielen.

Vorrangiges Zurücksetzen: Führt der Eingang E 1.2 (Zurücksetzbedingung) den Signalzustand „0", so ist auch das Abfrageergebnis „0". Damit wird ebenso das Verknüpfungsergebnis der UND-Verknüpfung „0". Dem Ausgang A 1.5 wird also zwangsläufig VKE „0" zugewiesen, unabhängig vom Signalzustand des Eingangs E 1.1 (Setzbedingung).

```
A  Datei  Bearbeiten  Suchen  Ansicht  AG-Funktionen  Optionen  Fenster  Controller

Netzwerk 1 von 1                    zyklischer Baustein
       :O     E     1.2
       :O     A     1.5
       :U     A     1.4
       :U     E     1.1
       :=     A     1.4
       :
```

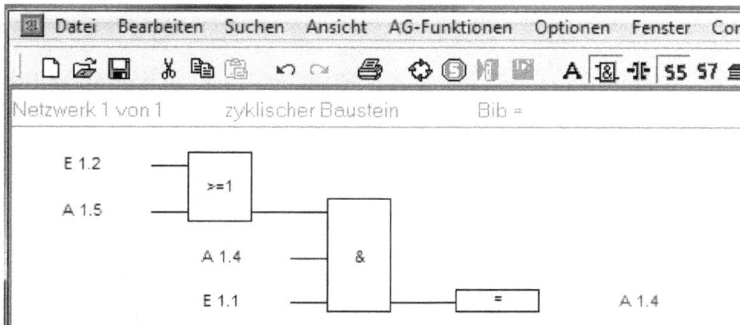

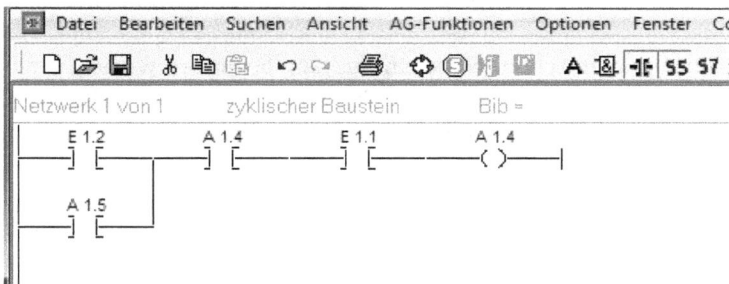

Abb. 5.41: AWL, FUP und KOP für eine Selbsthaltung mit vorrangigem Setzen.

Vorrangiges Setzen: Führt der Eingang E 1.1 (Setzbedingung) den Signalzustand „1",
so wird unabhängig vom VKE der UND-Verknüpfung ein VKE = „1" gebildet, das dem
Ausgang A 1.4 zugewiesen wird. Ein einmal gesetzter Ausgang kann sich durch die
Rückkopplung auch dann selbst halten, wenn die Setzbedingung nicht mehr erfüllt
ist.

Die Realisierung einer Speicherfunktion durch Selbsthaltung ist prinzipiell auch
beim Funktionsplan möglich. Sie wird in Anlehnung an die Kontaktplandarstellung
gezeigt.

Die Anweisungsliste lautet:

Zurücksetzen vorrangig	Setzen vorrangig
: U (	: O E 1 . 2
: O E 1 . 1	: O A 1 . 5
: O A 1 . 5	: U A 1 . 4
:)	: U E 1 . 1
: U E 1 . 2	: = A 1 . 4
: = A 1 . 5	

Ein einmal gesetzter Ausgang kann sich durch die Rückkopplung auch dann selbst halten, wenn die Setzbedingung nicht mehr erfüllt ist.

5.4.4 Speichern binärer Zwischenergebnisse

Bei umfangreichen Verknüpfungen ist es zweckmäßig, Zwischenergebnisse abzuspeichern und sie im weiteren Verlauf der Programmbearbeitung wieder abzufragen und zu verarbeiten. Für eine solche Zwischenspeicherung steht der Operandenbereich Merker zur Verfügung.

Ein Merker kann programmtechnisch wie ein Ausgang behandelt werden, ohne wirklich „nach außen" zu führen. Weiterhin wird ein Teil dieses Operandenbereichs durch eine Batterie im Gerät auch bei Spannungsausfall mit Strom versorgt, so dass eine remanente Speicherung möglich ist.

Einen Merker, der zum Zwischenspeichern von Verknüpfungsergebnissen verwendet wird, bezeichnet man als Zwischenmerker. Als derartige Zwischenmerker genutzte Merker können innerhalb des Programms mehrfach verwendet werden.

Merker können übrigens auch mit speicherndem Verhalten programmiert werden. Es gelten dann die gleichen Regeln, wie sie für den Operandenbereich Ausgänge beschrieben sind. Mit den Ausgängen lässt sich auch bei einem Merker ein speicherndes Verhalten durch Selbsthaltung realisieren.

Zwischenmerker können auch innerhalb von Verknüpfungen gesetzt werden. Diese Zwischenmerker werden dann mit dem Zeichen „#" gekennzeichnet und als „Relaisspule" dargestellt. In diesen Zwischenmerkern ist das bis dahin wirksame Verknüpfungsergebnis gespeichert, das dann wieder – auch mehrfach – abgefragt und weiterverknüpft werden kann. Die Abfrage ist als Kontaktsymbol dargestellt.

In Abb. 5.42 entsteht der Ausgang A 8.0 aus einer Reihenschaltung, die vom Eingang E 1.4 und dem Netzwerk aus den Eingängen E 2.0, E 2.1, E 1.2 und E 1.3 gebildet wird. Das Verknüpfungsergebnis des Netzwerks ist im Merker M 1.0 zwischengespeichert, wo es in Verbindung mit den Eingängen E 1.5, E 2.6 und E 2.7 auch dazu benutzt wird, den Ausgang A 8.1 anzusteuern.

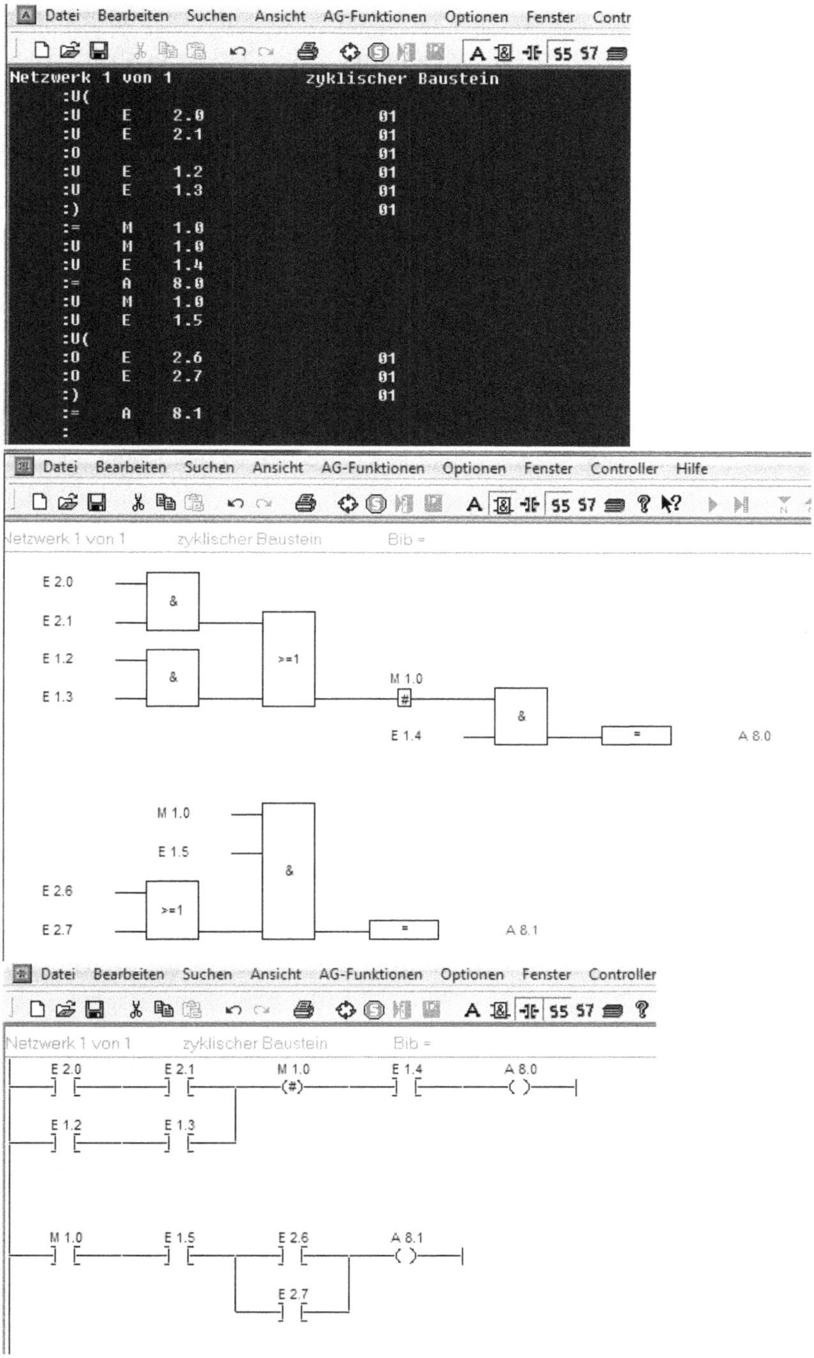

Abb. 5.42: AWL, FUP und KOP zum Speichern binärer Zwischenergebnisse.

Zwischenmerker sind sinnvoll anzuwenden, wenn die Darstellungsgrenzen des Bildschirms überschritten werden bzw. die Verknüpfung zu unübersichtlich wird. Hier wird mit einem Zwischenmerker abgebrochen und im nächsten Netzwerk weiterprogrammiert.

Zwischenmerker werden in einer Anweisungsliste nicht besonders gekennzeichnet. Soll hier ein bestimmtes Verknüpfungsergebnis mehrfach verwendet werden, wird ein Merker zugewiesen, in unserem Beispiel der Merker M 1.0. Dieser Merker kann dann in weiteren Verknüpfungen abgefragt werden.

5.4.5 Merker mit speicherndem Verhalten

In Abb. 5.43 ist ein Merker mit speicherndem Verhalten enthalten, der Merker M 11.0. Er wird dann gesetzt, wenn in dem Strompfad mit den Kontakten E 1.2 und E 1.3 „Strom" fließt. Er wird zurückgesetzt, wenn in dem anderen Strompfad mit den Kontakten E 1.4 oder E 1.5. „Strom" fließt, wobei hier Zurücksetzen vorrangig ist. Der gesetzte Merker M 11.0 führt am Ausgang Q „Strom", so dass das Relais A 1.0 anzieht, wenn Kontakt E 1.6 geschlossen ist.

5.4.6 Flankenauswertung

Eine Flankenauswertung muss dann erfolgen, wenn eine steigende oder fallende Signalflanke erfasst und ausgewertet werden soll. Von einer „Flanke" spricht man dann, wenn sich ein Signalzustand, z. B. der eines Eingangs ändert. Eine steigende (positive) Flanke liegt vor, wenn das Signal vom Zustand „0" in den Zustand „1" wechselt. Im umgekehrten Fall spricht man von einer fallenden (negativen) Flanke.

Das Äquivalent zu einer Flankenauswertung ist in der konventionellen Steuerung der Wischkontakt. Gibt dieser Wischkontakt beim Einschalten des Relais einen Impuls ab, entspricht dies einer steigenden Flanke. Ein Impuls des Wischkontaktes beim Abschalten entspricht der fallenden Flanke.

Ein Programm zur Erkennung und Auswertung der Signalflanken wird bei speicherprogrammierbaren Steuerungen (SPS) als Flankenauswerter bezeichnet.

Bei der folgenden Programmbesprechung ist zu beachten, dass die Bearbeitung der im Programmspeicher stehenden Anweisungen nacheinander erfolgt. Bei der Flankenauswertung wird in jedem Zyklus untersucht, ob sich der Signalzustand z. B. eines Eingangs gegenüber dem im vorangegangenen Zyklus geändert hat. Der alte Signalzustand des Eingangs muss deshalb wegen der Vergleichsmöglichkeit gespeichert werden. Dafür sorgt ein Merker, der so genannte Flankenmerker.

Stimmen die Signalzustände von Flankenmerker und abgefragtem Eingang überein, ist keine Signalflanke aufgetreten. Stimmt der Signalzustand von Merker und Eingang dagegen nicht überein, liegt eine Signalflanke vor. In diesem Fall wird dann ein

Datei Bearbeiten Suchen Ansicht AG-Funktionen Optionen Fenster Controller

```
Netzwerk 1 von 1                  zyklischer Baustein
   :U(
   :U      E     1.1                      01
   :U      E     1.2                      01
   :S      M    11.0                      01
   :O      E     1.3                      01
   :O      E     1.4                      01
   :R      M    11.0                      01
   :U      M    11.0                      01
   :)                                     01
   :U      E     1.5
   :=      A     1.0
   :
```

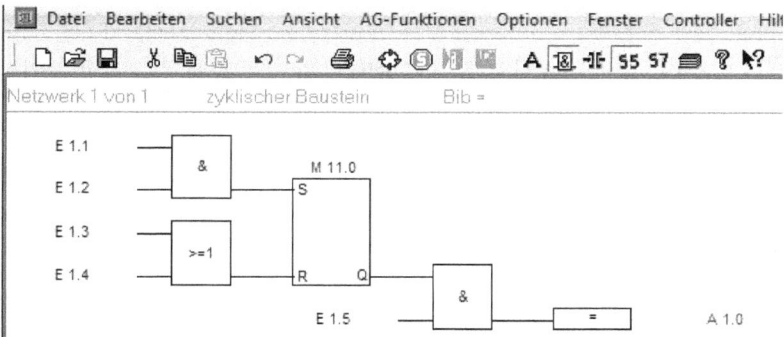

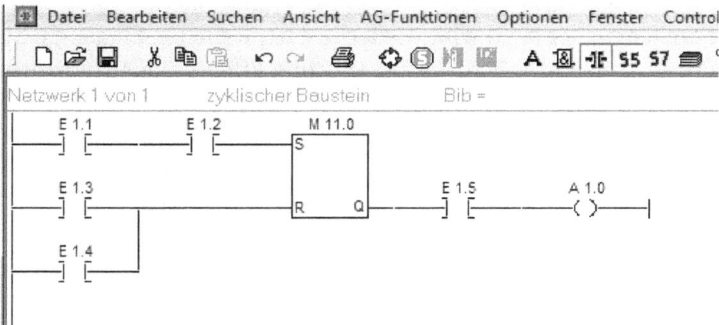

Datei Bearbeiten Suchen Ansicht AG-Funktionen Optionen Fenster Controller Hilf

Netzwerk 1 von 1   zyklischer Baustein   Bib =

```
   E 1.1 ─────┐
              │  &      M 11.0
   E 1.2 ─────┘         S

   E 1.3 ─────┐
              │ >=1
   E 1.4 ─────┘         R     Q ──┐
                                  │  &
                        E 1.5 ─────┘     = ──── A 1.0
```

Datei Bearbeiten Suchen Ansicht AG-Funktionen Optionen Fenster Control

Netzwerk 1 von 1   zyklischer Baustein   Bib =

```
   E 1.1      E 1.2      M 11.0
  ─┤ ├──────┤ ├──────┐S
                      │
   E 1.3              │           E 1.5      A 1.0
  ─┤ ├────────┬───────┤R   Q ──────┤ ├───────( )──────┤
              │
   E 1.4      │
  ─┤ ├────────┘
```

Abb. 5.43: AWL, FUP und KOP für einen Merker mit speicherndem Verhalten.

zweiter Merker gesetzt, der so genannte „Impulsmerker". Dieser Impulsmerker dient als Zwischenergebnisspeicher und kann dementsprechend verwendet werden.

Liegt eine Signalflanke vor, führt der Impulsmerker Signalzustand „1". Er kann abgefragt und weiterverknüpft werden. Der Impulsmerker entspricht direkt dem Wischkontakt.

Nach Erkennen der Signalflanke muss der Flankenmerker natürlich noch den Zustand des abgefragten Eingangs annehmen, damit beim nächsten Abfragezyklus nicht nochmals die gleiche Signaländerung ausgewertet wird.

5.4.7 Auswertung einer steigenden Flanke

Eine steigende (positive) Flanke liegt vor, wenn der Eingang E 1.5 den Signalzustand „1" und der Flankenmerker M 5.0 einen Signalzustand „0" führt. Dann erhält der Impulsmerker M 10.0 für einen Bearbeitungszyklus Signal „1" und damit wird aber auch der Flankenmerker M 5.0 gesetzt, der bei Signalzustand „0" am Eingang E 1.5 wieder zurückgesetzt wird. Abb. 5.44 zeigt AWL, FUP und KOP.

Das bedeutet, dass der Flankenmerker also immer dem Signalzustand des Eingangs nachgeführt wird. Damit ist aber im nächsten Bearbeitungszyklus die UND-Funktion nicht mehr erfüllt, woraus folgt, dass der Impulsmerker M 10.0 nur für eine Zykluszeit den Signalzustand „1" führen kann.

5.4.8 Auswertung einer fallenden Flanke

Eine fallende Flanke liegt vor, wenn am Eingang E 0.6 Signalzustand „0" anliegt und der Flankenmerker M 5.0 Signalzustand „1" führt. Dann erhält der Impulsmerker M 10.0 für einen Bearbeitungszyklus Signal „1" und der Flankenmerker M 5.0 wird zurückgesetzt. Der Flankenmerker M 5.0 wird wieder gesetzt, wenn am Eingang E 1.1 Signalzustand „1" anliegt. Abb. 5.45 zeigt die AWL, KOP und FUP für die Auswertung einer fallenden (negativen) Flanke.

Der Flankenmerker wird also immer dem Signalzustand des Eingangs nachgeführt, wodurch im nächsten Bearbeitungszyklus die UND-Funktion nicht mehr erfüllt ist. Der Impulsmerker M 10.0 führt daher nur für eine Zykluszeit den Signalzustand „1".

Die Anweisungsliste lautet:

```
: UN  E   1.1
: U   M   5.0
: =   M  10.0        Impulsmerker
: U   M  10.0
: R   M   5.0        Zurücksetzen des Flankenmerkers
: U   E   1.1
: S   M   5.0        Setzen des Flankenmerkers
: U   M   5.0
: =   A   1.5
: BE
```

| Datei | Bearbeiten | Suchen | Ansicht | AG-Funktionen | Optionen | Fenster | Controller |

```
Netzwerk 1 von 1              zyklischer Baustein
   :U      E     1.1
   :UN     M     5.0
   :S      M    11.0
   :=      M    10.0
   :
   :U      M    10.0
   :S      M     5.0
   :U      E     1.2
   :R      M     5.0
   :U      M     5.0
   :=      A     1.5
   :BE
```

| Datei | Bearbeiten | Suchen | Ansicht | AG-Funktionen | Optionen | Fenster |

Netzwerk 1 von 1   zyklischer Baustein   Bib =

| Datei | Bearbeiten | Suchen | Ansicht | AG-Funktionen | Optionen | Fenster | C |

Netzwerk 1 von 1   zyklischer Baustein   Bib =

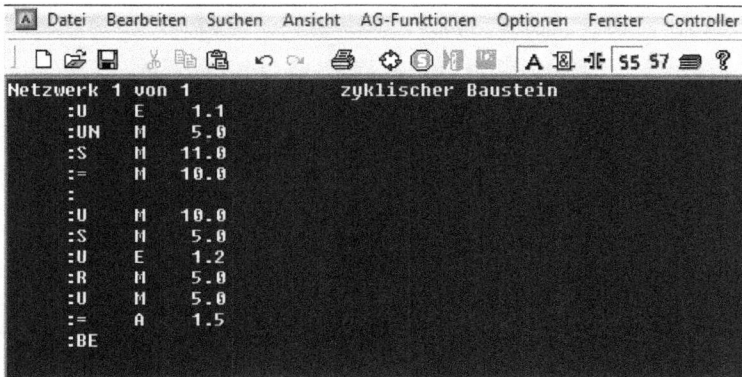

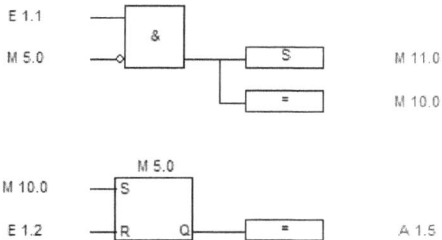

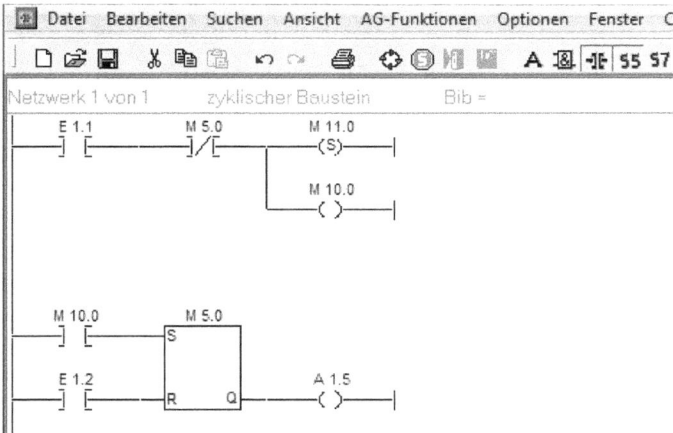

Abb. 5.44: AWL, FUP und KOP für eine steigende (positive) Flanke.

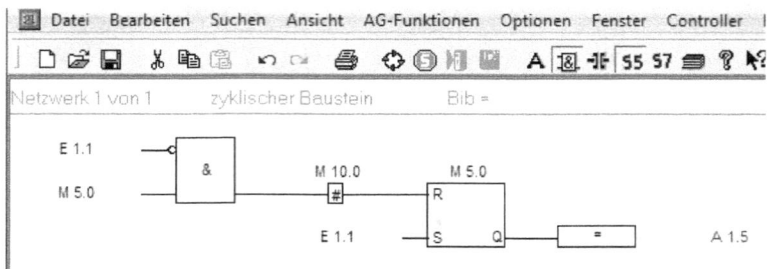

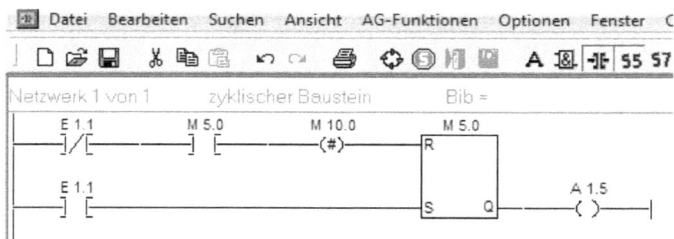

Abb. 5.45: AWL, KOP und FUP für eine fallende (negative) Flanke.

5.5 Zeitfunktionen

In STEP 5 stehen uns zahlreiche Zeitfunktionen zur Verfügung.

5.5.1 Vorgabe der Zeitdauer

Jedes Zeitglied wird von einem 16-Bit-Wort im Zeitbereich des Speichers repräsentiert. Dieses Zeitwort enthält die Angaben über den aktuellen Zeitwert und das Zeitraster dualcodiert. Die Zustandsbits benötigt der Prozessor zum Bearbeiten der Zeitfunktion. Das Zeitraster gibt die Zeitdauer an, nach der der Zeitwert um eine Einheit verringert wird. Der Zeitwert ist die Zahl der Einheiten, die die Zeitfunktion umfasst. Die aktuelle Zeitdauer ergibt sich aus der Multiplikation von Zeitwert und Zeitraster.

Obwohl die Zeitwörter im Speicher dual codiert vorliegen, müssen bei der Vorgabe der Zeitdauer in allen Fällen sowohl das Zeitraster als auch der Zeitwert im BCD-Code angegeben werden, wie das nachfolgende Beispiel zeigt:

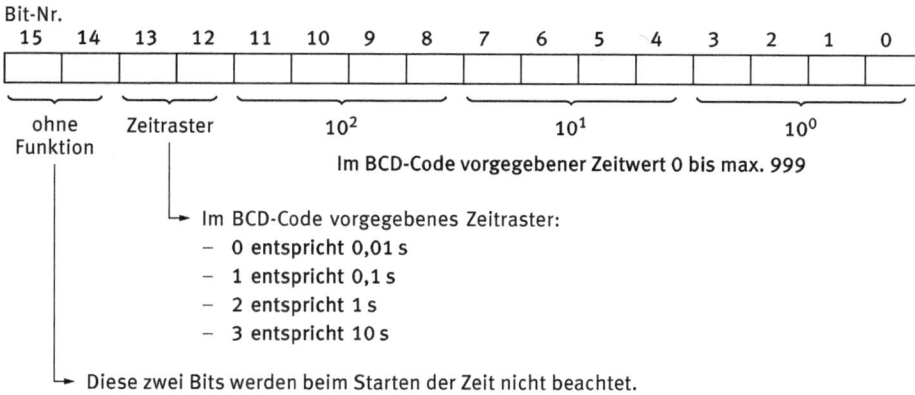

Bit-Nr.

15	14	13	12	11	10	9	8	7	6	5	4	3	2	1	0

ohne Funktion   Zeitraster 10^2 10^1 10^0

Im BCD-Code vorgegebener Zeitwert 0 bis max. 999

↳ Im BCD-Code vorgegebenes Zeitraster:
- 0 entspricht 0,01 s
- 1 entspricht 0,1 s
- 2 entspricht 1 s
- 3 entspricht 10 s

↳ Diese zwei Bits werden beim Starten der Zeit nicht beachtet.

Das nachfolgende Beispiel zeigt die Bit-Belegung bei der Vorgabe einer Zeitdauer von 329 Sekunden.

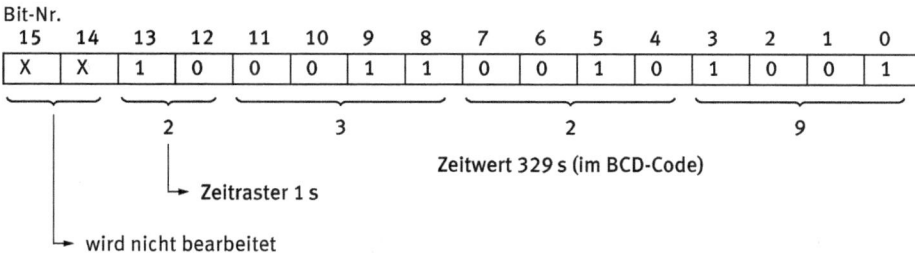

Bit-Nr.

15	14	13	12	11	10	9	8	7	6	5	4	3	2	1	0
X	X	1	0	0	0	1	1	0	0	1	0	1	0	0	1

2   3   2   9

Zeitwert 329 s (im BCD-Code)

↳ Zeitraster 1 s

↳ wird nicht bearbeitet

Entsprechend dem vorgegebenen Zeitraster wird nach dem Starten der Zeitwert um jeweils eine Einheit reduziert, bis er den Wert „0" erreicht.

Bei der direkten Vorgabe der Zeitdauer in Form einer Konstanten (KT) steht hinter der Angabe des Zeitwertes die Angabe des Zeitrasters in Dezimalzahlen, vom Zeitwert durch einen Punkt getrennt, wie die folgenden Beispiele zeigen:
- KT 20.2 – die Zeit ist mit 20 s vorgegeben.
- KT 999.1 – die Zeit ist mit 99,9 s vorgegeben.
- KT 100.0 – die Zeit ist mit 1 s vorgegeben.

Für das Programmieren einer Zeit ist Folgendes einzuhalten:
1. Die Zeit wird mit einer positiven Flanke am Starteingang gestartet (Ausnahme: Die Ausschaltverzögerung wird mit einer negativen Flanke gestartet.).
2. Direkt vor der Startoperation muss die Angabe für die Zeitdauer mit Zeitwert und Zeitraster programmiert werden.
3. Beim Zurücksetzen wird die Bearbeitung der Zeitzelle beendet und der aktuelle Zeitwert gelöscht.
4. Werden nach dem Start der Zeitbearbeitung, aber noch vor Ablauf des vorgegebenen Zeitwertes, die Operationen SI T, SE T und SA T mit Verknüpfungsergebnis VKE = „0" bearbeitet, wird der aktuelle Zeitwert in der Zeitzelle gespeichert, bis die Zeitzelle zurückgesetzt oder die Zeitbearbeitung erneut gestartet wird. Abb. 5.46 zeigt den Programmablauf.

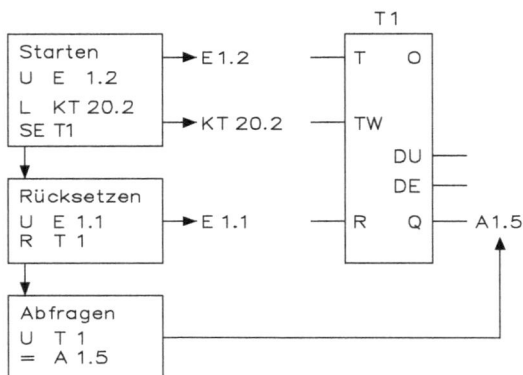

Der binäre Ausgang Q muss außerhalb DU/DE liegen.

Abb. 5.46: Programmablauf.

Der binäre Ausgang Q muss außerhalb des Bereichs DU/DE liegen.

Eine Zeit wird gestartet, wenn das Verknüpfungsergebnis vor der Startoperation wechselt. Für das Starten einer Zeit ist immer ein solcher Wechsel des Signalzustands notwendig. Jede Zeit kann auf eine der folgenden fünf Arten gestartet werden:
– als Impuls,
– als verlängerter Impuls,
– als Einschaltverzögerung,
– als speichernde Einschaltverzögerung,
– als Ausschaltverzögerung.

Bei einer Ausschaltverzögerung muss das Verknüpfungsergebnis VKE von „1" nach „0" wechseln. In allen anderen Fällen muss es von „0" nach „1" wechseln, um die Zeit starten zu können.

Eine Zeit wird zurückgesetzt, wenn zum Zeitpunkt der Zurücksetzoperation das Verknüpfungsergebnis „1" ansteht. Wenn das Verknüpfungsergebnis „1" ansteht, liefert Abfragen der Zeit auf den Signalzustand „1" ein Abfrageergebnis von „0".

Beim Zurücksetzen einer Zeit wird die Bearbeitung dieser Zeitfunktion beendet und der Zeitwert auf „0" gesetzt.

5.5.2 Starten einer Zeit als Impuls (SI-Betriebsart)

Diese Zeit wird bei einem Signalwechsel von „0" nach „1" (positive Flanke) am Setzeingang gestartet. Bei einem Signalwechsel von „1" nach „0" (negative Flanke) wird die Zeit zurückgesetzt. Auf diese Weise sind am Ausgang Q nur Impulslängen möglich, die dem Zeitwert entsprechen. Natürlich sind kürzere Impulse möglich. Abb. 5.47 zeigt das Symbol und das Impulsdiagramm.

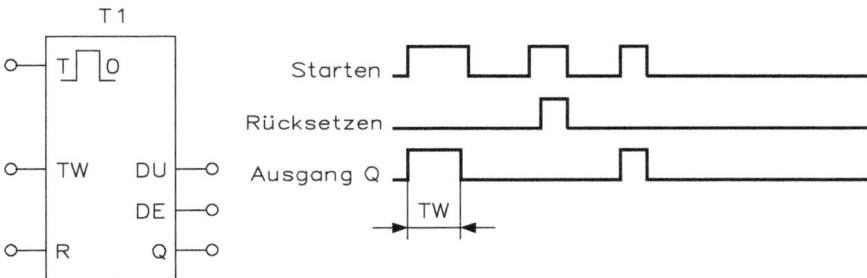

Abb. 5.47: Symbol und das Impulsdiagramm für die SI-Betriebsart.

Unabhängig davon, ob die Zeit gestartet wird oder bereits läuft, kann der Ausgang Q mit Hilfe des Zurücksetzeingangs R zurückgesetzt werden. Das Starten oder Ablaufen der Zeit wird durch den Zurücksetzeingang nicht beeinflusst.

Abb. 5.48 zeigt AWL, FUP und KOP einer Zeit als Impuls (mit maximaler Impulslänge).

Die Zeit wird hier mit der Zeitkonstanten KT 10.2, also auf zehn Sekunden, bestimmt.

Die Anweisungen NOP kennzeichnen Anschlüsse an grafischen Symbolen, die nicht mit Operanden belegt sind. Auf die Ausführung der programmierten Zeitfunktionen haben diese Anweisungen jedoch keinen Einfluss. Sie werden aber immer gebraucht, wenn eine Umwandlung aus einer AWL in einen KOP oder FUP erfolgen soll. Verzichtet man auf eine KOP- und FUP-Darstellung, kann NOP weggelassen werden.

Die Zeit wird gestartet, wenn das Verknüpfungsergebnis am Start-Eingang der Zeit von „0" nach „1" wechselt. Die Zeit läuft mit dem vorgegebenen Zeitraster ab. Die Ab-

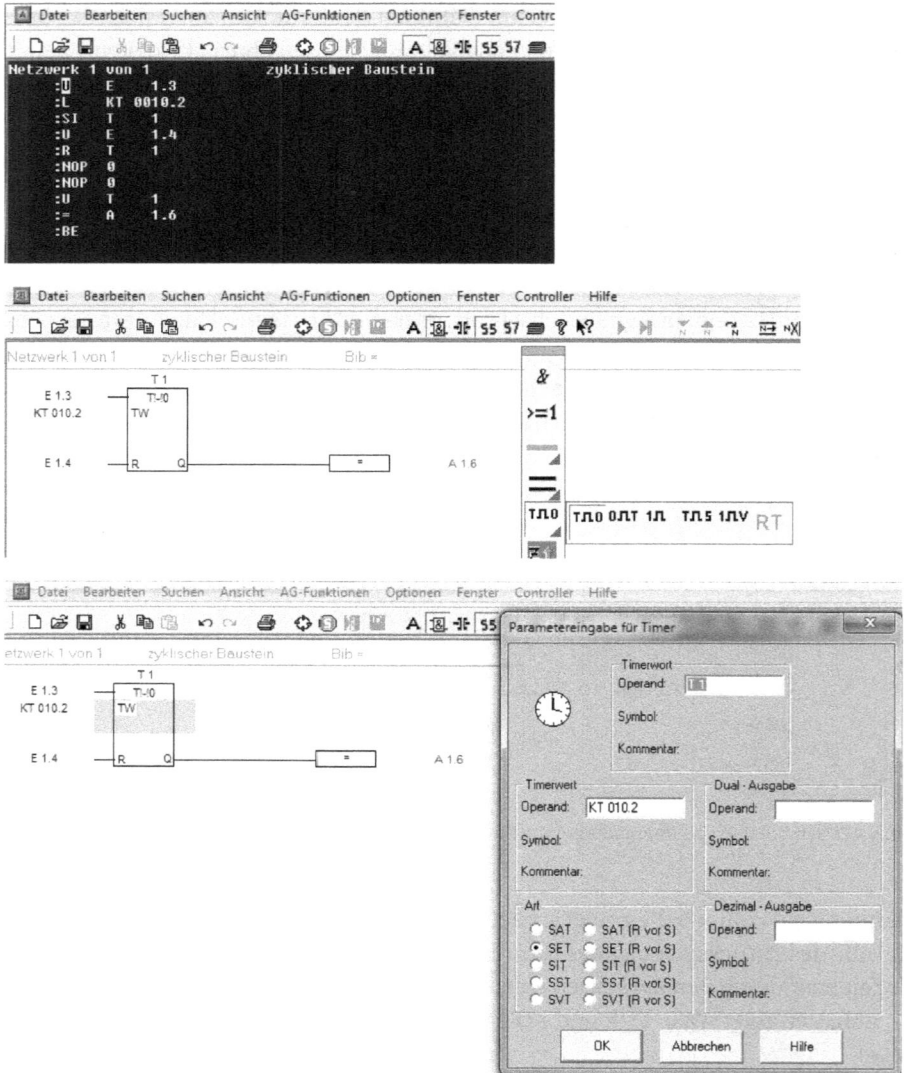

Abb. 5.48: AWL, FUP und KOP einer Zeit als Impuls (mit maximaler Impulslänge).

frage der Zeit auf Signalzustand „1" liefert also das Abfrageergebnis „1" an Ausgang Q, solange die Zeit läuft und am Starteingang VKE „1" anliegt.

Wechselt das Verknüpfungsergebnis am Starteingang noch vor Ablauf der Zeit nach „0", werden der Flankenmerker und der Hilfsmerker zur binären Abfrage auf Signalzustand „0" gesetzt, der Restwert des Zeitwertes bleibt in der Zeitzelle erhalten. Die Abfrage der Zeit auf Signalzustand „1" liefert dann das Abfrageergebnis „0" an Ausgang Q.

Die Zeit wird zurückgesetzt, wenn bei laufender Zeit der Zurücksetzeingang mit dem Verknüpfungsergebnis „1" angesteuert wird. Eine Abfrage des Zeitglieds auf den Signalzustand „1" ergibt dann das Abfrageergebnis „0" des Zeitglieds. Wechselt das Verknüpfungsergebnis am Zurücksetzeingang von „1" nach „0", während das Verknüpfungsergebnis „1" am Starteingang anliegt, bleiben die Zeit und der Ausgang Q davon unbeeinflusst.

Bei nicht laufender Zeit hat das Verknüpfungsergebnis „1" am Zurücksetzeingang keine Wirkung.

Wechselt jedoch bei anliegendem Zurücksetzsignal das Verknüpfungsergebnis am Starteingang von „0" nach „1", wird die Zeit zwar gestartet, durch das nachfolgend programmierte Zurücksetzen jedoch sofort wieder zurückgesetzt.

Die anderen Betriebsarten lassen sich einfach über die Parametrierung einstellen.

5.6 Zählerfunktionen

In den Anfängen der SPS-Geräteherstellung konnte man Zählerfunktionen nur über besondere Hardwarebaugruppen realisieren. Der Zählerwert wurde hier direkt auf der Baugruppe eingestellt. Lediglich das Starten und Abfragen eines Zählers konnten im Programm berücksichtigt werden. Heute werden bei den meisten Automatisierungsgeräten Zählerfunktionen durch komplexe Systemfunktionen verwirklicht, dem Anwender stehen hier entsprechende Operandenbereiche zur Verfügung. Allerdings sind hierbei die Zählereignisfolgen sehr eingeschränkt. Je nach Hersteller schwanken diese zwischen 20 Hz und 500 Hz. Will man schnellere Ereignisse erfassen, gibt es hierfür besondere Hardwarezählerbaugruppen, die Frequenzen bis zu 2 MHz zulassen und direkt über das Bussystem angesprochen werden können.

Bei den S5-Geräten stellt ein Zähler jeweils ein 16-Bit-Wort in diesem Operandenbereich dar, in dem Zustandsbits und Zählerwert untergebracht sind. Die Zustandsbits benötigt der Prozessor zum Bearbeiten des Zählers. Der Zählwert ist der eigentliche „Inhalt" des Zählers, er entspricht dem Zählerstand.

Im Kontaktplan kann je Netzwerk nur eine Zählfunktion dargestellt werden.

Die Zählerfunktionen bilden einen Operandenbereich im Speicher des Zentralprozessors. Für einen „Zähler"-Operanden ist jeweils ein 16-Bit-Wort reserviert, das den Zählwert und die erforderlichen Zustandsbits für die Bearbeitung einer Zählfunktion durch den Prozessor enthält.

Setzen eines Zählers (S)

Ein Zähler wird nur dann gesetzt, wenn das Verknüpfungsergebnis vor der Setzoperation von „0" nach „1" wechselt, d. h., der Prozessor setzt einen Zähler nur bei einer steigenden Signalflanke, was aber ausschließlich für die erstmalige Bearbeitung gilt.

Bei wiederholter Bearbeitung bleibt der Zähler unbeeinflussbar, und zwar unabhängig davon, ob das Verknüpfungsergebnis „1" oder „0" ist. Bei einer erneuten, erstmaligen Bearbeitung mit dem Verknüpfungsergebnis „1" wird der Zähler wieder neu gesetzt (Flankenauswertung).

Als Zählwert wird beim Setzen eines Zählers der im Akkumulator 1 stehende Wert übernommen. Als Zählwert werden dem Akkumulator 12 Bit rechtsbündig entnommen, deren Aufbau im Folgenden gezeigt ist.

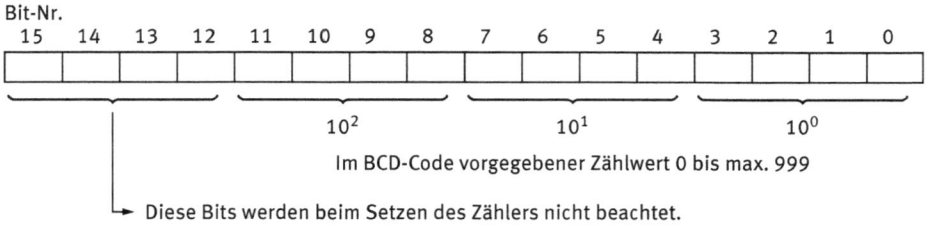

Bit-Nr.

15	14	13	12	11	10	9	8	7	6	5	4	3	2	1	0

10^2 10^1 10^0

Im BCD-Code vorgegebener Zählwert 0 bis max. 999

➙ Diese Bits werden beim Setzen des Zählers nicht beachtet.

Vorgegeben ist ein Zählwert von 169. Die Belegung der Bits wird im Folgenden gezeigt.

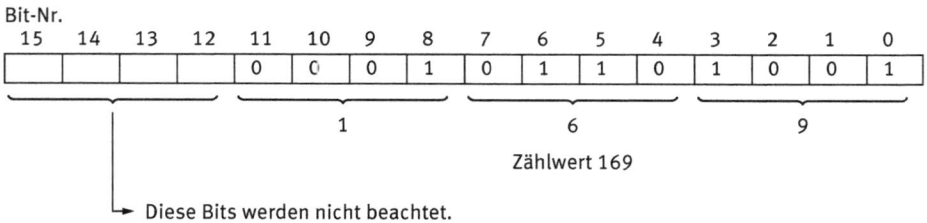

Bit-Nr.

15	14	13	12	11	10	9	8	7	6	5	4	3	2	1	0
				0	0	0	1	0	1	1	0	1	0	0	1

1 6 9

Zählwert 169

➙ Diese Bits werden nicht beachtet.

Der im BCD-Code vorgegebene Zählwert wird dual in das betreffende Zählwort transferiert und dort bearbeitet. Im Zählwort liegt der Zählwert von Bit 0 bis Bit 9 im Dualcode vor. Die restlichen Bits sind Zustandsbits, die der Prozessor für die Bearbeitung des Zählers benötigt. Abb. 5.49 zeigt das Symbol mit den fünf Eingängen und drei Ausgängen.

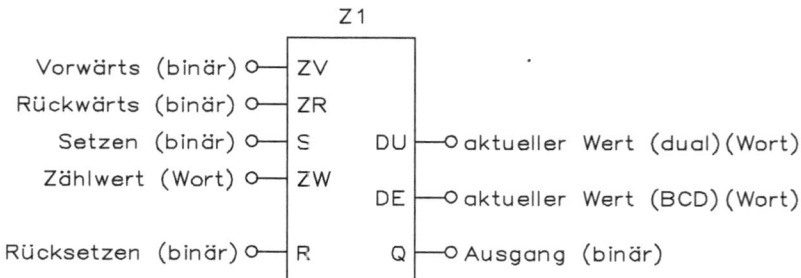

Abb. 5.49: Symbol des Zählers.

Ein Zähler wird vorwärts gezählt, wenn das Verknüpfungsergebnis am Vorwärtszähleingang (Funktions- und Kontaktplandarstellung) bzw. vor der Vorwärtszähloperation (Anweisungsliste) von „0" nach „1" wechselt. Zum Vorwärtszählen eines Zählers ist also immer ein Signalzustandswechsel von „0" nach „1" notwendig.

Der Zählwert wird bei jedem dieser Signalzustandswechsel am Vorwärtszähleingang um eine Einheit erhöht, bis die obere Grenze von 999 erreicht ist. Ein Signalzustandswechsel am Vorwärtszähleingang zeigt dann keine Wirkung mehr und ein Übertrag findet nicht statt.

Ein Zähler wird rückwärts gezählt, wenn das Verknüpfungsergebnis am Rückwärtseingang (Kontakt- und Funktionsplandarstellung) bzw. vor der Rückwärtszähloperation (Anweisungsliste) von „0" nach „1" wechselt. Zum Rückwärtszählen ist also immer ein solcher Signalzustandswechsel notwendig.

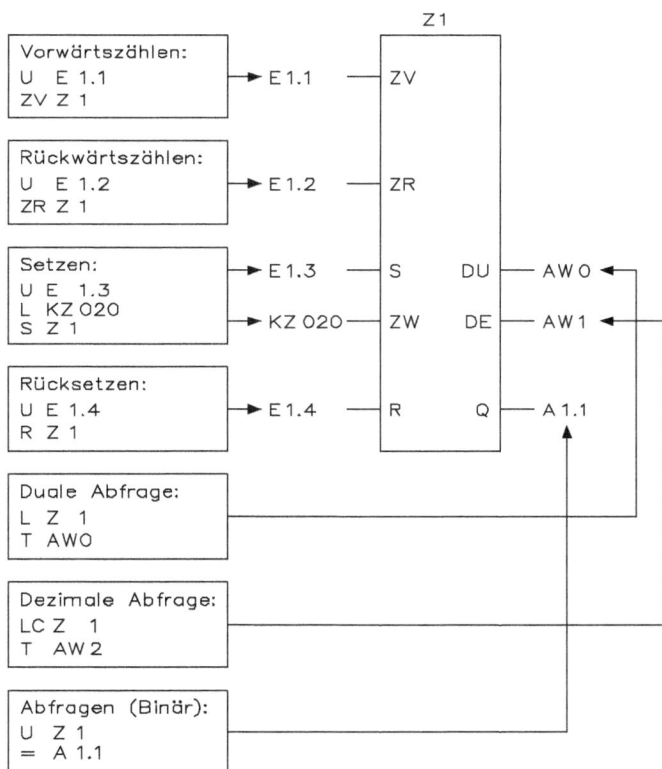

Abb. 5.50: Zählerfunktionen.

Der Zählwert wird bei jedem Signalzustandswechsel am Rückwärtszähleingang um eine Einheit vermindert, bis die untere Grenze 0 erreicht ist. Ein Signalzustandswechsel am Rückwärtszähleingang zeigt dann keine Wirkung mehr, ein Zählen mit negativen Zählwerten gibt es nicht.

Ein Zähler wird zurückgesetzt, wenn am Zurücksetzeingang (Kontakt- und Funktionsplandarstellung) und vor der Zurücksetzoperation (Anweisungsliste) das Verknüpfungsergebnis „1" ansteht. Abfragen des Zählers am Ausgang Q auf Signalzustand „1" liefern das Abfrageergebnis „0". Der Zählwert wird beim Zurücksetzen eines Zählers auf „0" gesetzt (gelöscht).

Damit das Zurücksetzen eines Zählers „statisch" und unabhängig vom Verknüpfungsergebnis an den anderen Eingängen des Zählers wirkt, ist es notwendig, dass das Zurücksetzen eines Zählers in Anweisungslisten sofort im Anschluss an das Setzen und noch vor der Abfrage programmiert wird wie in Abb. 5.50, und das Funktionsdiagramm ist in Abb. 5.51 dargestellt.

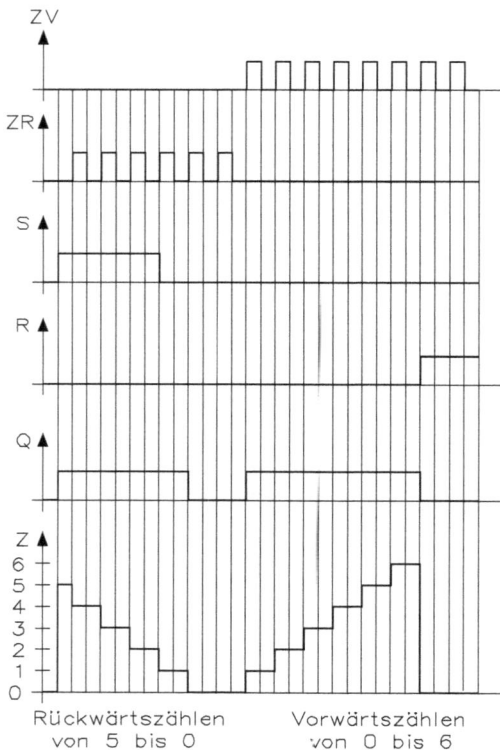

Abb. 5.51: Funktionsdiagramm der Zählerfunktionen.

Der im Zähler stehende Zählwert kann als Dualzahl (DU) oder als BCD-codierte Dezimalzahl (DE) in den Akkumulator geladen und von dort in andere Operandenbereiche transferiert werden. Der Zähler kann auf einen Zählwert von gleich oder größer 0 abgefragt werden. Abfragen auf Signalzustand „1" liefern bei einem Zählwert größer 0

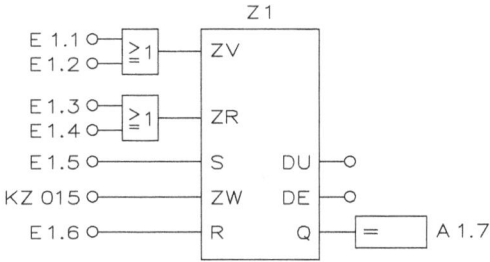

Abb. 5.52: Realisierung eines Zählers.

das Ergebnis „1" und das Ergebnis, wenn der Zählwert gleich 0 ist. Die negierten Abfragen UN Z und ON Z liefern das entgegengesetzte Ergebnis zu den Abfragen U Z bzw. O Z.

Achtung: Beim Setzen einer Zahl in den Zähler wird eine um +1 vom Sollwert abweichende Zahl in den Zählerspeicher transferiert, wenn im Augenblick des Signalwechsels am Setzeingang S von „0" nach „1" an den Eingängen ZV bzw. ZR noch der Zustand „1" vorhanden ist. Dieser Fehler lässt sich vermeiden, wenn das Setzsignal (Eingang E 0.5) als ODER-Verknüpfung zusätzlich auf beide Zähleingänge geschaltet wird, wie in Abb. 5.52. Dann muss realisiert werden, dass das Setzsignal dynamisch anliegt, da ansonsten die Zähleingänge blockiert werden.

Abb. 5.53 zeigt den Kontakt- und Funktionsplan für die Realisierung eines Zählerbetriebs. Wie schon bei den Zeitfunktionen erwähnt, müssen in der Anweisungsliste alle nicht belegten Ein- und Ausgänge des Zählers mit NOP 0 belegt werden, da sonst eine Umwandlung in die Kontakt- und Funktionsplandarstellung unmöglich ist. Die nicht belegten Ausgänge im Beispiel sind DU (Dualausgang) und DE (Dezimalausgang).

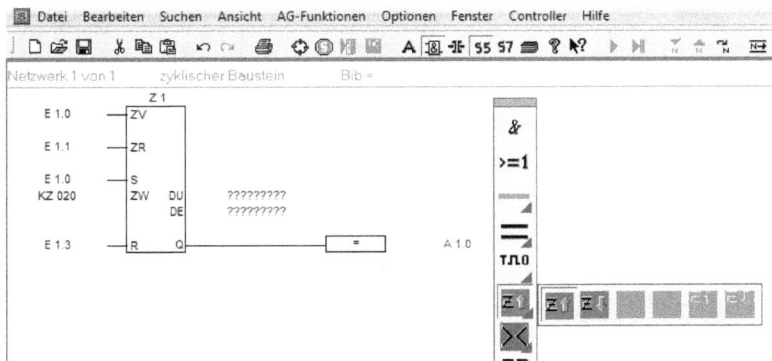

Abb. 5.53: AWL, KOP und FUP für die Realisierung eines Zählerbetriebs.

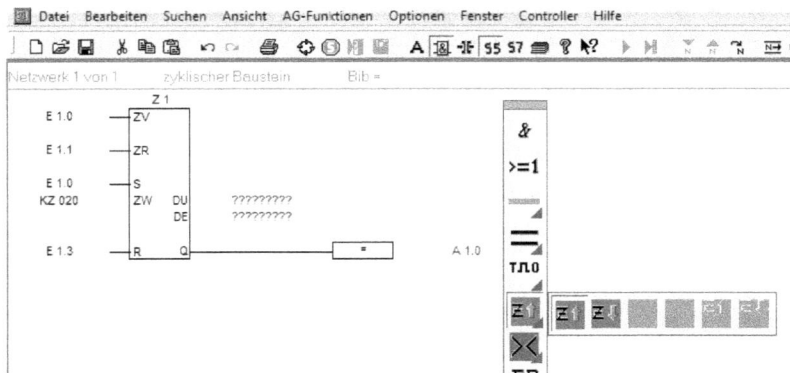

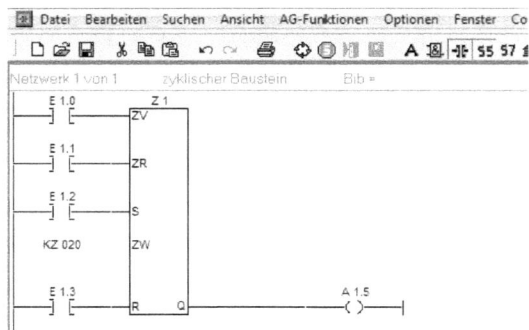

Abb. 5.53: (fortgesetzt)

5.7 Vergleicher

STEP 5 bietet die Möglichkeit, den Inhalt zweier digitaler Operanden direkt zu vergleichen. Das geschieht durch den Vergleich der Bitmuster, wozu die Länge der Operanden (Byte, Wort, Doppelwort) in Verbindung mit der Vergleichsoperation angegeben wird.

Vergleicher vergleichen Byte, Wörter oder Daten. Das VKE-Register wird beeinflusst, obwohl dies nicht binäre Operanden sind. Ist die Aussage wahr, dann wird das VKE-Register auf „1" gesetzt. Ist die Aussage falsch, dann wird das VKE-Register auf „0" gesetzt. Als Operanden kommen nur die Akku-Register 0 und 1 in Frage. Daher erübrigt sich die Angabe von Operanden. Es ist Aufgabe des Programmierers, die beiden Akkus vor den Vergleichsbefehl so zu belegen, dass ein sinnvoller Vergleich entsteht. Beim Programmieren in einer grafischen Darstellungsart (FUP oder KOP) werden die notwendigen Ladebefehle automatisch erzeugt. An Vergleichen sind möglich:

	Symbolik in STEP 5	Betriebsart
„gleich" 1	!=	„E" (Equal oder Gleich)
„ungleich"	><	„NE" (Not Equal oder Ungleich)
„größer"	>	„M" (More oder Größer)
„größer-gleich"	>=	„ME" (More Equal oder Größer Gleich)
„kleiner"	<	„L" (Less oder Kleiner)
„kleiner-gleich"	<=	„LE" (Less Equal oder Kleiner Gleich)

Das Ergebnis des Vergleichs ist binär, wobei der Signalzustand „1" bedeutet, dass die Vergleichsbedingung erfüllt ist, während der Signalzustand „0" für eine nicht erfüllte Vergleichsbedingung steht. Das binäre Ergebnis steht dann als Verknüpfungsergebnis zur Verfügung und kann auch weiterverarbeitet werden. Zusätzlich werden die Anzeigeflags ANZ 0 und ANZ 1 beeinflusst.

Bei einer Vergleichsfunktion werden immer die Inhalte von Akkumulator 1 und Akkumulator 2 miteinander verglichen. Man muss deshalb vor der Vergleichsfunktion die zu vergleichenden Operanden in die Akkumulatoren laden. Abb. 5.54 zeigt das Prinzip eines Vergleichs.

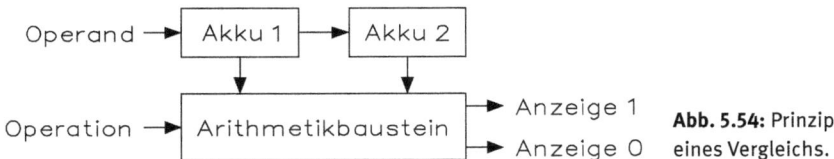

Abb. 5.54: Prinzip eines Vergleichs.

Die Inhalte beider Akkumulatoren bleiben von der Ausführung der Vergleichsoperationen unberührt, werden von ihnen also nicht verändert.

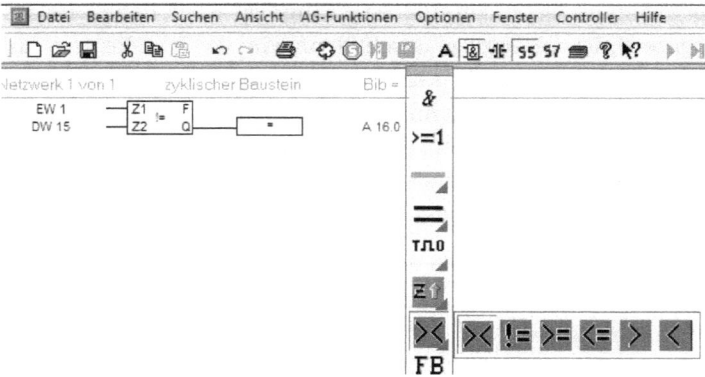

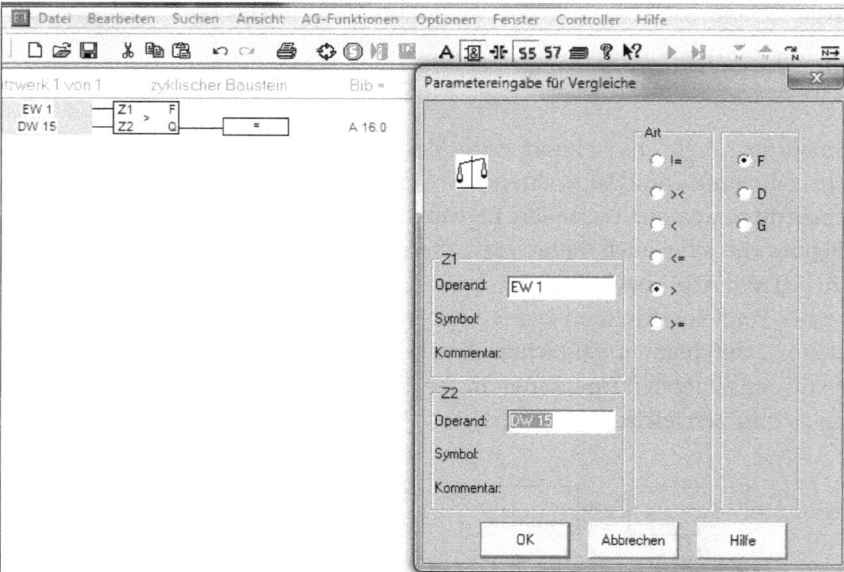

Abb. 5.55: AWL und FUP für den Gleich-Vergleicher.

In der Kontaktplandarstellung (KOP) kann pro Netzwerk nur eine Vergleichsfunktion dargestellt werden. Sie kann nicht in Verbindung mit RS-Speicherfunktionen, Zeiten und Zählern programmiert werden.

5.7.1 Gleich-Vergleicher

Für den Gleich-Vergleicher gilt der Kontakt- und Funktionsplan von Abb. 5.55.

Das Bitmuster des am Eingang Z1 liegenden Operanden wird mit dem Bitmuster des am Eingang Z2 liegenden Operanden verglichen. Sind beide gleich, führt der Ausgang den Signalzustand „1". Bei der Angabe F zur Zahlendarstellung werden 16 Bit verglichen, bei D und G 32 Bit, dies ist jedoch nur ab SPS-Anlagen S5-135U möglich.

Für die Anweisungsliste sind einige Programmabläufe zu berücksichtigen. Mit der ersten Anweisung wird der Inhalt des Operanden am Eingang Z1 in den Akkumulator 1 geladen. Mit der nachfolgenden Ladeoperation wird der Inhalt von AKKU 1 in den AKKU 2 geschoben und der Inhalt des 2. Operanden in den AKKU 1 geladen. Danach folgt die Vergleichsoperation (! =) mit der Angabe der Zahlendarstellung (F). In der darauffolgenden Anweisung kann das binäre Ergebnis des Vergleichs weiterverarbeitet werden. Es ergibt sich folgende Anweisungsliste:

```
:L   EW  1      Laden des Wertes von Eingangswort EW 1
:L   DW  15     Laden des Wertes von Doppelwort DW 15
:!=  F          Der Inhalt beider Operanden wird nach „GLEICH" verglichen
                (Festpunkt-Charakteristik)
:=   A  16.0    Ist der Vergleich erfüllt, wird der Ausgang A 16.0
                auf Signalzustand „1" gesetzt
```

5.7.2 Vergleich am Anfang einer Verknüpfung

Abb. 5.56 zeigt den AWL, FUP und KOP für einen Vergleich am Anfang einer Verknüpfung.

Die Anweisungsliste lautet:

```
:U(                 oder:     :L   EW  7
:L   EW  7                    :L   DW  4
:L   DW  4                    :!=  F
:!=  F                        :U   E  3.0
:)                            :=   A  16.0
:U   E  3.0
:=   A  16.0
```

Die drei ersten Anweisungen umfassen die Vergleichsfunktion. Dazu wird der Wert des Eingangswortes EW 7 mit dem Wert des Datenwortes DW 4 auf Gleichheit verglichen. Das Abfrageergebnis wird abhängig vom Inhalt der beiden Operanden gebildet und als Verknüpfungsergebnis in den Prozessor übernommen.

Das Abfrageergebnis einer Vergleichsfunktion wird immer wie eine Erstabfrage behandelt.

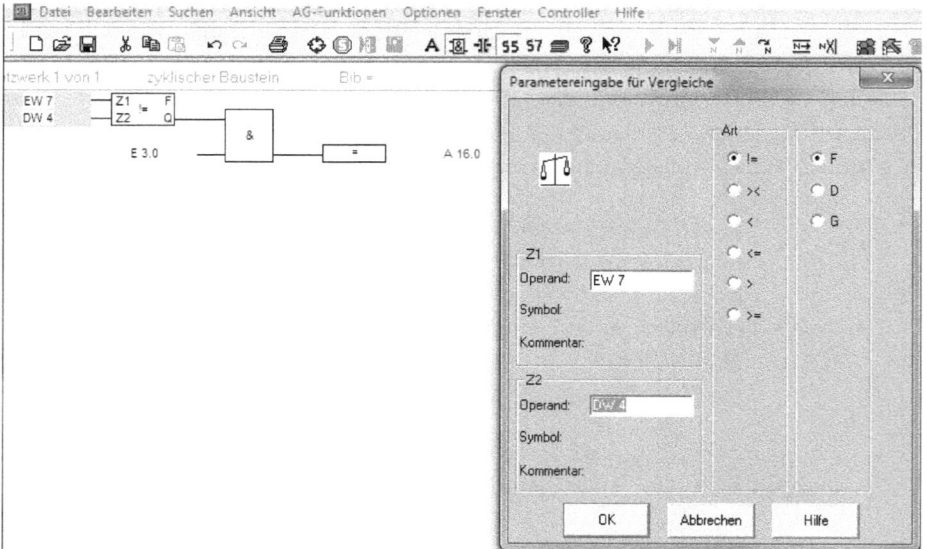

Abb. 5.56: AWL, FUP und KOP für einen Vergleich am Anfang einer Verknüpfung.

Das Verknüpfungsergebnis kann nun im Prozessor weiterverknüpft werden. Im obigen Beispiel wird es mit dem Signalzustand des Eingangs E 3.0 nach UND verknüpft, das Ergebnis dieser Verknüpfung wird dem Ausgang A 16.0 zugewiesen.

Ausgang A 16.0 wird gesetzt, wenn die Bitmuster von Eingang EW 7 und vom Datum DW 4 gleich sind und wenn der Eingang E 3.0 den Signalzustand „1" führt.

5.7.3 Vergleich innerhalb einer Verknüpfung

Will man eine Vergleichsfunktion innerhalb einer binären Verknüpfung programmieren, so kann man die Vergleichsanweisungen in Klammern setzen. Abb. 5.57 zeigt AWL, KOP und FUP für einen Vergleich innerhalb einer Verknüpfung.

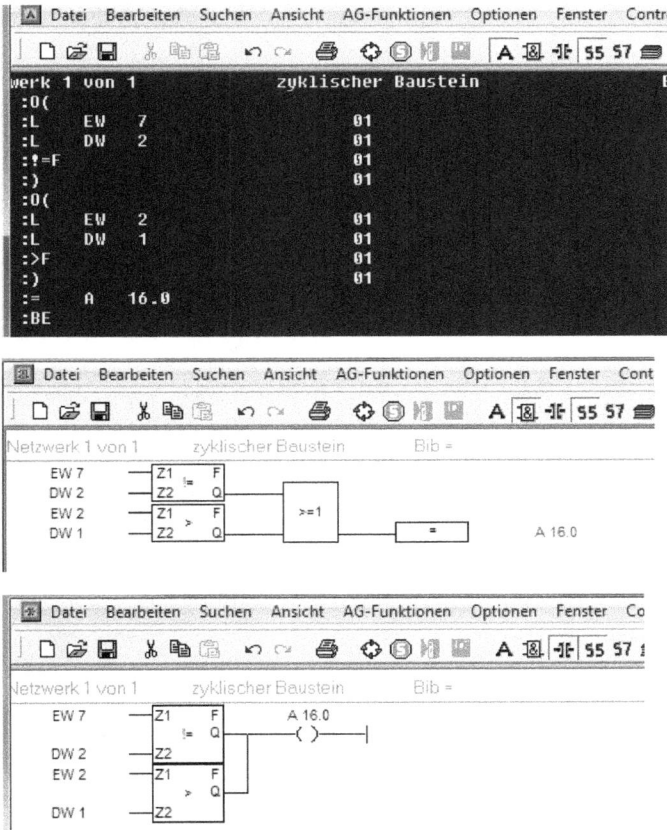

Abb. 5.57: AWL, KOP und FUP für einen Vergleich innerhalb einer Verknüpfung.

Der Ausgang A 16.0 soll den Signalzustand „1" führen, wenn die Vergleichsbedingungen 1 oder 2 erfüllt sind. Das binäre Ergebnis von Vergleich 1 wird als Verknüpfungsergebnis in den Prozessor übernommen und mit der Anweisung O zwischengespeichert.

Dann wird das Verknüpfungsergebnis des folgenden Klammerausdrucks gebildet. In Abb. 5.57 ist es das Ergebnis des Vergleichs 2. Dies wird nun mit dem zwischengespeicherten Ergebnis des ersten Vergleichs nach ODER verknüpft, sobald die Operation „Klammer zu" bearbeitet wird. Das daraus resultierende Verknüpfungsergebnis wird schließlich dem Ausgang A 16.0 zugewiesen.

5.8 Simulation von SPS-Programmen

Der Bildschirminhalt ist horizontal in acht Bereiche, die so genannten „Ebenen", unterteilt. Jedes Funktionssymbol oder die Beschriftung seines Ein- oder Ausgangs benötigt auf dem Bildschirm eine Ebene für sich.

Die Beschriftung der Ein- und Ausgänge steht direkt am Funktionssymbol. Die gesamte Verknüpfung beginnt am linken Bildschirmrand. Der Bildschirmrand ist nach oben verschiebbar.

Die für die Darstellung eines Kontaktplans zur Verfügung stehende Bildschirmfläche ist in acht Spalten und sechs Zeilen unterteilt. Die Spalten sind zehn Zeichen breit. Verknüpfungen stehen in den ersten sieben Spalten, die Ausgänge in der achten Spalte. Die Kontakte in einer Verknüpfung werden linksbündig an den Bildschirmrand bzw. an einen Abzweig angebunden.

Kontaktsymbol und zugehörige Operandenbezeichnung sind jeweils im gleichen Feld untergebracht. Die vertikalen Verbindungen zwischen den Kontakten (Abzweigen) werden auf die Grenze zwischen den Feldern gelegt. Für komplexe Funktionssymbole werden allerdings je nach Größe auch mehrere Felder benötigt.

Der Bildschirminhalt ist nach oben verschiebbar. Pro Netzwerk bzw. pro Ausgang können max. 16 Zeilen programmiert werden, wie Abb. 5.58 zeigt.

Jede Darstellungsart der Programmiersprache STEP 5 hat ihre Grenzen. Daraus ergibt sich, dass ein in AWL geschriebener Programmbaustein nicht ohne Weiteres in KOP oder FUP dargestellt werden kann und dass darüber hinaus die grafischen Darstellungsarten KOP und FUP gegebenenfalls auch nicht vollständig kompatibel sind.

Ist ein Programm in Form eines KOP oder FUP eingegeben, dann ist es auch grundsätzlich in eine AWL umsetzbar.

5.8.1 Statusbits in AWL

Die Darstellung in einer Anweisungsliste (AWL) erfolgt folgendermaßen:

Netzwerk 1	AWL-Status	((	VKE	Status/Akku1	--Akku2--	Zustand	SAZ
:U	E 1.7		0	0		10010001	B058
:U	E 2.6		0	0		10010001	B05A
:UN	E 0.5		0	1		10010001	B05C
:UN	E 1.4		0	0		10010001	B05E
=	A 2.7		0	0		10010101	B060
:BE							

Klammerebene

Verknüpfungsebene

Signalzustand

Ergebnisanzeigenbit

Absolute Speicheradresse

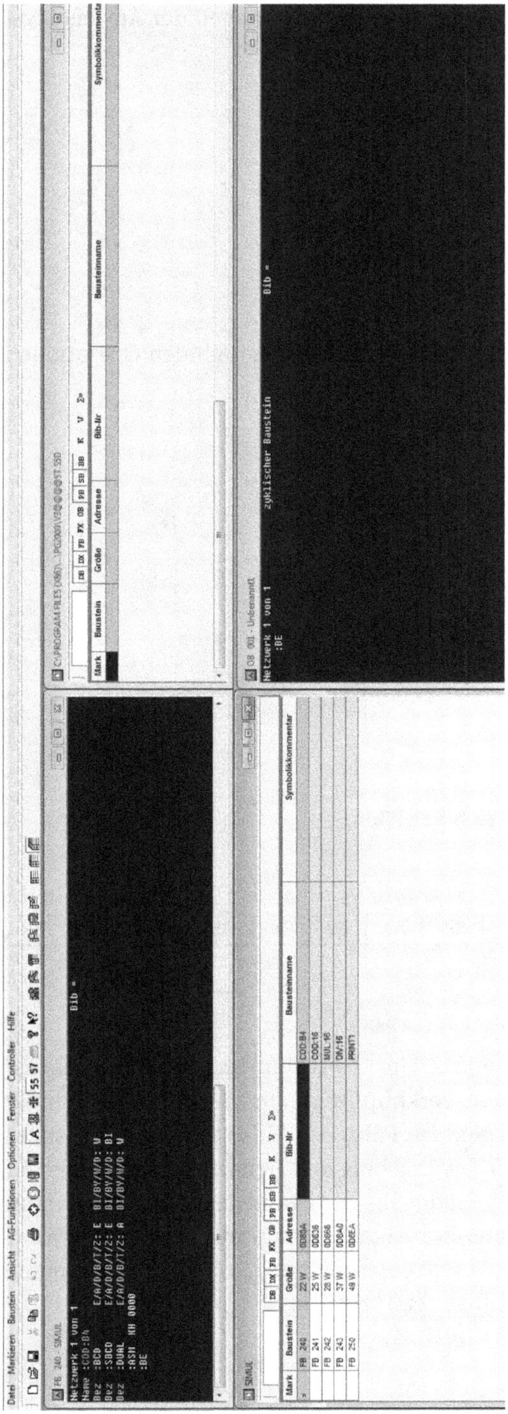

Abb. 5.58: Bildschirminhalt eines SPS-Programms für die Simulation.

Wie in der Abbildung gezeigt, ist bei der Signalflussanzeige neben der Anweisungsliste tabellarisch angegeben:
- die aktuelle Klammerebene,
- das Verknüpfungsergebnis,
- der Signalzustand (Status),
- der Inhalt von Akku 1,
- der Inhalt von Akku 2,
- der Zustand der Ergebnisanzeigenbits (Rechenwerk),
- die absolute Speicheradresse SAZ.

Der Inhalt der beiden Akkumulatoren wird allerdings nur bei digitalen Operationen
angezeigt.

Die Ergebnisanzeigenbits haben folgende Bedeutung:

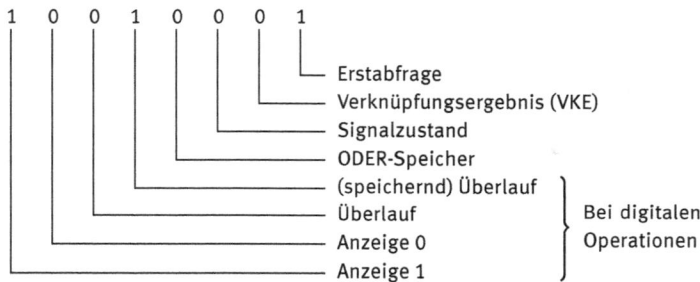

```
1   0   0   1   0   0   0   1
│   │   │   │   │   │   │   └── Erstabfrage
│   │   │   │   │   │   └────── Verknüpfungsergebnis (VKE)
│   │   │   │   │   └────────── Signalzustand
│   │   │   │   └────────────── ODER-Speicher
│   │   │   └────────────────── (speichernd) Überlauf  ⎫
│   │   └────────────────────── Überlauf               ⎬ Bei digitalen
│   └────────────────────────── Anzeige 0              ⎬ Operationen
└────────────────────────────── Anzeige 1              ⎭
```

Wird in STEP7 programmiert, erweitert sich STEP5:

Bit-Nr.

15	14	13	12	11	10	9	8	7	6	5	4	3	2	1	0
								BIE	A1	A0	OV	OS	OR	VKE	/ER

Für die Bedeutung der Statusbits gilt:
- /ER (Erstabfragebit): Der Signalzustand „0" im /ER-Bit gibt an, dass für die nächste Verknüpfungsoperation eine neue Verknüpfungskette beginnt. Der Schräg-
strich bedeutet, dass das /ER-Bit negiert ist. Führt das /ER-Bit den Signalzustand
„0", dann speichert eine Operation das Ergebnis der Signalzustandsabfrage im
VKE-Bit und setzt das /ER-Bit auf „1". Ist der Signalzustand des /ER-Bits „1", dann
verknüpft eine Operation das Ergebnis ihrer Signalzustandsabfrage mit dem Wert,
der im VKE-Bit gespeichert wurde. Ausgabeoperationen (S, R, =) und bestimmte
andere Operationen setzen das /ER-Bit auf „0" zurück.

- VKE (Verknüpfungsergebnis-Bit): Das VKE-Bit speichert das Ergebnis von Verknüpfungs- oder Vergleichsoperationen. Die erste Operation in einer Kette von Operationen fragt den Signalzustand eines Operanden ab und erhält als Ergebnis „0" oder „1". Die Operation speichert das Ergebnis im VKE. Die zweite Operation fragt ebenfalls den Signalzustand eines Operanden ab und verknüpft nun dieses Ergebnis nach den Regeln der booleschen Logik mit dem Wert, der im VKE gespeichert ist. Das Ergebnis dieser Verknüpfungsoperation wird nun wieder im VKE gespeichert und ersetzt den vorherigen Wert. Jede nachfolgende Operation führt also eine Verknüpfung mit zwei Werten aus: mit dem Ergebnis der Operandenabfrage und mit dem aktuellen VKE.
- STA (Statusbit): Das Statusbit speichert den Wert eines angesprochenen Bits. Der Status einer Verknüpfungsoperation, die aus einem Speicherbereich liest (U, UN, O, ON, X oder XN), ist gleich dem Wert des abgefragten Bits. Es handelt sich um den Status einer Verknüpfungsoperation, der in einen Speicherbereich geschrieben werden kann.
- OR (ODER-Bit): Das OR-Bit wird benötigt, wenn eine UND-vor-ODER-Verknüpfung auszuführen ist.
- OV (Überlaufbit): Das OV-Bit zeigt Fehler durch Überlauf an. Es wird z. B. bei arithmetischen Operationen gesetzt, nachdem ein Fehler aufgetreten ist (Überlauf, unzulässige Operationen usw.).
- OS (Überlaufbit): Das OS-Bit wird zusammen mit dem OV-Bit gesetzt, wenn ein Fehler auftritt. Das OS-Bit bleibt gesetzt, bis eine der folgenden Operationen auftritt, z. B. springe, wenn OS = „1" (Bausteinaufrufe und Bausteinende).
- A1, A0 (Anzeigebits): Die Bits A1 und A0 informieren über das Ergebnis einer arithmetischen Operation, einer Vergleichsoperation oder einer digitalen Operation und bei Schiebe- oder Rotieroperationen, die aus dem Operanden geschoben wurden.
- BIE (Binärergebnis-Bit): Das BIE-Bit ist ein Bindeglied von der Bit- zur Wortverarbeitung. Es ermöglicht die binäre Interpretation des Ergebnisses einer Wortoperation und dessen Einbindung in eine binäre Verknüpfungskette. Das BIE ermöglicht die Rettung des VKE vor einer VKE-verändernden Operation. Somit steht das VKE (im BIE) zur Fortführung der unterbrochenen Bitkette wieder zur Verfügung.

Hinweis: In diesem Buch wird für die beschriebenen Bit- und Digitaloperationen nur deren Beeinflussung durch bzw. deren Auswirkung auf das VKE-Bit betrachtet.

5.8.2 Emulieren eines SPS-Programms

Das S5-EMU Bedienprogramm greift auf Funktionen einer S5EMU-DLL zurück, wobei diese die eigentliche SPS zur Verfügung stellt. Auf die gleiche DLL greift auch PG-2000 zu, wobei sich noch ein Treiber-Layer dazwischen befindet.

Beim Kopieren von Windows-Anwendungsprogrammen kommt es oftmals vor, dass diese Programme unter einer neuen Umgebung ihren Dienst bereits beim Start versagen. Bei den DLLs (Dynamic Link Libraries) handelt es sich um Programmbibliotheken, auf die mehrere verschiedene Anwendungsprogramme zugreifen können, ohne dass die DLLs mehrfach in den Speicher geladen werden. Damit enthalten DLLs verschiedene Programmfunktionen, die sich für diverse Aufgaben verwenden lassen.

Beim Start eines Anwendungsprogramms wird Windows mitgeteilt, welche DLLs verwendet werden. Diese befinden sich aus Gründen der zentralen Zugriffsmöglichkeit im Windows-Systemverzeichnis. Da diese beim Kopieren des Verzeichnisses mit dem Anwendungsprogramm nicht mit auf den neuen Rechner übertragen werden, muss dies nachträglich manuell ausgeführt werden. In der Regel wird der Name der benötigten DLL innerhalb der Fehlermeldung angezeigt.

Das Laden der benötigten DLLs wird vom Windows-Kernel bei Bedarf erledigt, d. h., wenn nur PG-2000 geladen wurde, dann sind PG-2000, die Treiber-DLL PCS 595E.DLL und S5EMUDLL.DLL im Hauptspeicher. Abb. 5.59 zeigt die Struktur des Emulators.

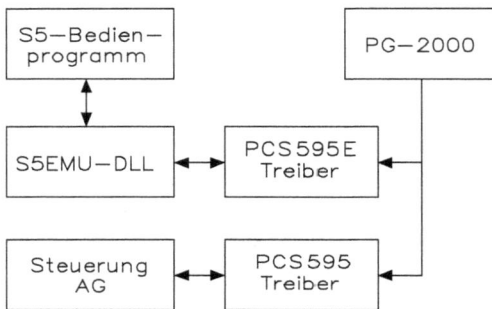

Abb. 5.59: Struktur des Emulators.

Nach Doppelklick auf das „S5-EMU32"-Icon wird der Benutzer zuerst aufgefordert, ein neues Statusblatt zu erstellen, wie Abb. 5.60 zeigt.

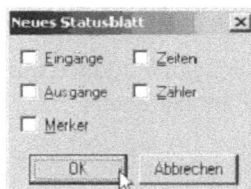

Abb. 5.60: Erstellung eines neuen Statusblattes.

Dabei lassen sich bereits Vorbelegungen durchführen:
- Wählt man die „Checkbox-Eingänge" aus, erhält man die Eingangsbytes EB 0 bis EB 31.
- Wählt man die „Checkbox-Ausgänge" aus, erhält man die Ausgangsbytes AB 0 bis AB 31.
- Wählt man die „Checkbox-Merker" aus, erhält man die Merkerbytes MB 0 bis MB 31.
- Wählt man die „Checkbox-Zeiten" aus, erhält man die Zeiten T 0 bis T 31.
- Wählt man die „Checkbox-Zähler" aus, erhält man die Zähler Z 0 bis Z 31.

Wurden keine Angaben definiert, wird ein leeres „Status"-Blatt geöffnet, wie Abb. 5.61 zeigt.

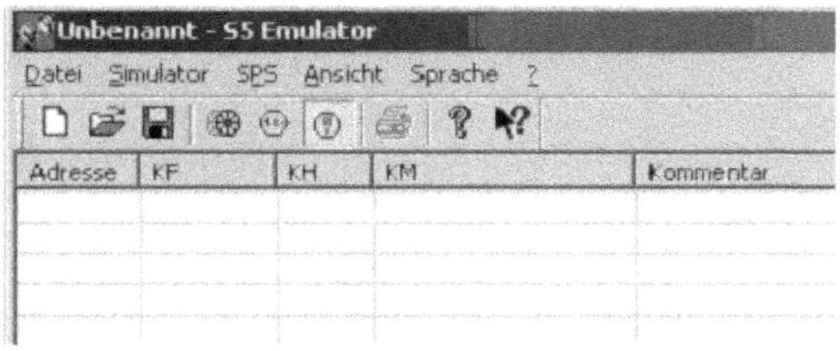

Abb. 5.61: Leeres „Status"-Blatt, wenn keine Angaben definiert wurden.

Es wird ein neues Fenster geöffnet. In dieses Fenster kann man die Variablen und Werte sowie einen Kommentar eingeben. Abb. 5.62 zeigt ein Fenster für den Emulator.

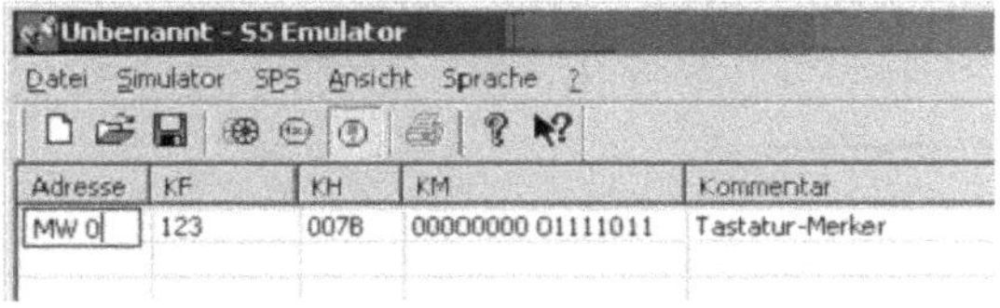

Abb. 5.62: Fenster für den Emulator.

Durch einen Doppelklick auf eine Zeile innerhalb der Tabelle lässt sich dieser Wert dann ändern. Die Werte werden mit der <RETURN>-Taste bestätigt. Zum Entfernen einer Zeile drückt man die ENTF-Taste. Das Einfügen einer leeren Zeile wird mit der EINFG-Taste ausgelöst. Standardmäßig ist der Emulator nach Programmstart nicht im SPS-Zyklus, d. h., es wird nicht im OB 1 des MC5-Programms ausgeführt.

Es sind folgende Angaben in der Adresse möglich, wobei Tab. 5.3 die Ein- und Ausgangsinformationen zeigt.

Das Statusblatt kann in einer Datei gespeichert und von dort wieder gelesen werden, wie Abb. 5.63 zeigt.

Tab. 5.3: Angaben in der Adresse und Beschreibung.

Adresse			Beschreibung
E	→ 0.0		Eingangsbit
I	→ 123.4		
EB	→ 3		Eingangsbyte
IB	→ 123		
EW	→ 120		Eingangswort
IW	→ 124		
A	→ 0.0		Ausgangsbit
Q	→ 123.4		
AB	→ 3		Ausgangsbyte
IB	→ 124		
AW	→ 120		Ausgangswort
QW	→ 124		
M	→ 0.0		Merkerbit
F	→ 123.4		
MB	→ 3		Merkerbyte
FB	→ 123		
MW	→ 120		Merkerwort
MW	→ 124		
DB	→ 10 → D	→ 0.1	Datenbit im Datenbaustein
DB	→ 10 → DW	→ 10	Datenwörter im Datenbaustein
T	→ 5		Timerwort
Z	→ 6		Zählwort
C	→ 123		

Abb. 5.63: Speicherung des Statusblattes.

Der Benutzer hat nun drei Möglichkeiten, sein Programm zu testen, wie Abb. 5.64 zeigt.

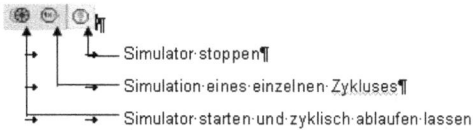

Abb. 5.64: Möglichkeiten zum Testen seines Programms.

Das Gleiche ist auch über das Menü möglich, wie Abb. 5.65 zeigt.

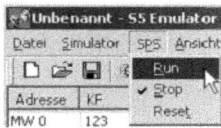

Abb. 5.65: Testen seines Programms über das Menü.

Der Zustand der simulierten SPS wird im Menü angezeigt und kann dort auch geändert werden und Abb. 5.66 zeigt die Auswertung.

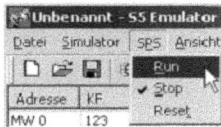

Abb. 5.66: Auswertung über das Menü.

Run: Schlüsselschalter auf Run stellen
Stop: Schlüsselschalter auf Stop stellen
Reset: Urlöschen der SPS ausführen

Die Button- und die Statusleiste sind zu- oder abschaltbar, wie Abb. 5.67 zeigt.

Abb. 5.67: Button- und Statusleiste.

Die verwendete Sprache kann gewählt werden, die Änderung wird aber erst nach dem Neustart des Programms gültig, wie Abb. 5.68 zeigt. Abb. 5.69 zeigt Hinweise des SPS-Programms.

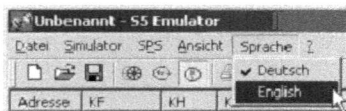

Abb. 5.68: Emulator in Deutsch.

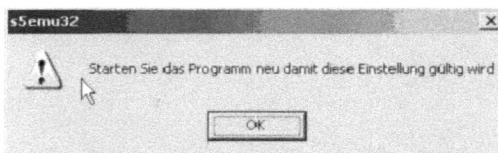

Abb. 5.69: Hinweise des Simulators für das SPS-Programm.

5.8.3 Fehlermeldungen

Je nachdem, welche Programmfehler aufgetreten sind, meldet sich die simulierte AG mit einer genauen Beschreibung des Fehlers und der Fehlerstelle. Die Sprache wird nur vom S5-Emulator-Bedienprogramm vorgegeben.

Es gibt folgende Fehlermeldungen:
– „unbekannter Befehl" bzw. „0x70, unbekannter Befehl"
– „STS oder STP"
– „SPA FB, der FB ist nicht vorhanden" bzw. „SPB FB, der FB ist nicht vorhanden"
– „SPA OB, der OB ist nicht vorhanden" bzw. „SPB OB, der OB ist nicht vorhanden"
– „SPA PB, der PB ist nicht vorhanden" bzw. „SPB PB, der PB ist nicht vorhanden"
– „SPA SB, der SB ist nicht vorhanden" bzw. „SPB SB, der SB ist nicht vorhanden"
– „SPB, der Bausteintyp ist unbekannt"
– „SPx, unbekannter Sprungtyp"
– „kein Anwenderspeicher mehr"
– „OB1 nicht vorhanden"
– „unbekannter indirekter Befehl"
– „unbekannter Schiebebefehl"
– „unbekannter Komplementbefehl"
– „ausgewählter Datenbaustein unbekannt"
– „Datenwort ist im Datenbaustein nicht vorhanden"
– „unbekannter Ladebefehl"
– „unbekannter Transferbefehl"
– „unbekannte Akkuoperation"

- „unbekannte binäre Akkuoperation"
- „unbekannte Akkuabfrageart"
- „OB1 nicht vorhanden"
- „unbekannte binäre Bitabfrageart"
- „unbekannter Bitoperand"
- „unbekannte Bitoperation"
- „unbekannte Akkuoperation (Byte)"
- „unbekannte Akkuoperation (Wort)"
- „unbekannte Klammeroperation"
- „Klammerebene Unterlauf"
- „unbekannte Alarmoperation"
- „LIR, unbekanntes Register"
- „TIR, unbekanntes Register"
- „unbekannte Timerart" bzw. „unbekannte Zählerart"
- „unbekannte Zurücksetzart"
- „bearbeitetes Wort, unbekannter Art"
- „Klammerebene Überlauf"
- „rekursiver OB13 Aufruf"
- „Zykluszeitüberlauf"
- „Timerwort zu groß" bzw. „Zählerwort zu groß"

Sollte ein Fehler auftreten, so meldet sich das AG und geht in den Stoppzustand, wobei nach der Fehlerbeseitigung der Stoppschalter betätigt werden muss (zuerst „STOP" und dann „RUN"!):

Es werden folgende Daten dargestellt:
- BST: In welchem Baustein trat der Fehler auf?
- CMD: Hexadezimalcode des ausgeführten Befehls
- ERR: Fehlermeldung im Klartext

Wichtig: Die simulierte SPS reagiert viel extremer als eine reale SPS, z. B. beim Zugriff auf ein Datenwort, welches z. B. nicht vorhanden ist. Die Simulations-SPS führt sofort einen „STOP" aus, aber eine reale SPS arbeitet weiter.

Der Benutzer öffnet die simulierte AG unter dem Menüpunkt „Datei/Öffnen" und es erscheint Abb. 5.70.

Es erscheint der Buchhalter des simulierten Automatisierungsgerätes auf dem Bildschirm, wie Abb. 5.71 zeigt.

Der FB 250 ist ein interner Baustein und der OB 1 wurde neu erstellt. Das Bearbeiten der Bausteine sowie der Zugriff auf das simulierte AG laufen analog, wie mit einem realen AG.

Wichtig: Die AG-Funktionen haben nur eine Wirkung auf die simulierte SPS, wenn der Buchhalter oder ein Baustein der simulierten SPS aktiv ist!

Abb. 5.70: Fenster für das simulierte Automatisierungsgerät (AG).

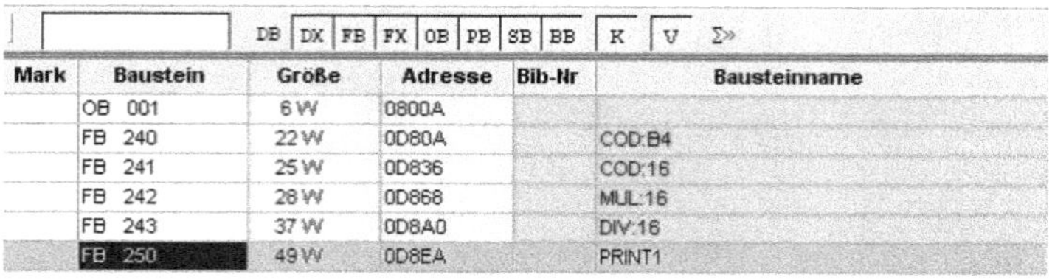

Mark	Baustein	Größe	Adresse	Bib-Nr	Bausteinname
	OB 001	6 W	0800A		
	FB 240	22 W	0D80A		COD:B4
	FB 241	25 W	0D836		COD:16
	FB 242	28 W	0D868		MUL:16
	FB 243	37 W	0D8A0		DIV:16
	FB 250	49 W	0D8EA		PRINT1

Abb. 5.71: Buchhalter im simulierten Automatisierungsgerät.

5.8.4 Möglichkeiten der Fehlersuche in einem Programm

Prinzipiell gilt, dass alle Mechanismen zur Fehlersuche implementiert wurden, und dies wird im Beispiel gezeigt. Man öffnet das simulierte AG und gibt folgendes Programm ein, wie Abb. 5.72 zeigt.

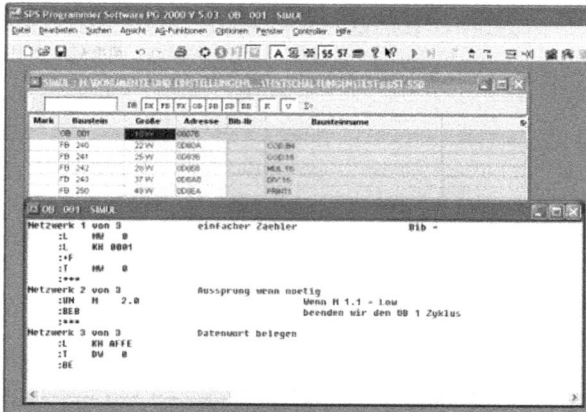

Abb. 5.72: Fehlerhaftes Programm.

Man begutachtet das Programm zuerst im „Status Baustein", indem man aus dem Menü „AG-Funktionen" den Befehl „Status Baustein" auswählen, wie Abb. 5.73 zeigt.

```
SIMUL - OB  001
Netzwerk 1 von 3                 einfacherDBADR=0000 UKE|Status/Akku1|---Akku2
     :L    MW    0                                      0   EF9F         EFA0
     :L    KH 0001                                      0   0001         EF9F
     :+F                                                0   EFA0         EF9F
     :T    MW    0                                      0   EFA0         EF9F
     :***
```

Abb. 5.73: Fehlersuche im „Status Baustein".

Man erkennt, der Zähler läuft hoch und das zweite Netzwerk muss noch begutachtet werden, wie Abb. 5.74 zeigt.

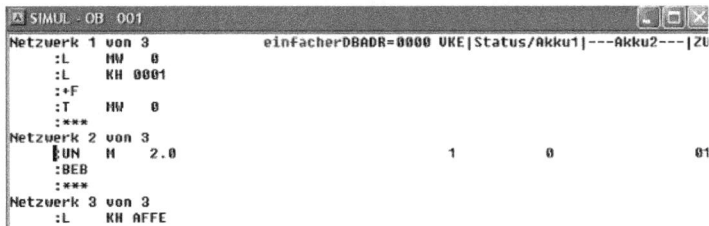

```
SIMUL - OB  001
Netzwerk 1 von 3                 einfacherDBADR=0000 UKE|Status/Akku1|---Akku2---|ZU
     :L    MW    0
     :L    KH 0001
     :+F
     :T    MW    0
     :***
Netzwerk 2 von 3
     :UN   M   2.0                              1       0              01
     :BEB
     :***
Netzwerk 3 von 3
     :L    KH AFFE
```

Abb. 5.74: Fehlersuche im zweiten Netzwerk.

Der zyklische Baustein OB 1 wird hier aufgrund eines Tippfehlers generell beendet, man beendet den Status und geht in „Steuern Variable", wobei man den Merker M 2.0 setzt, wie Abb. 5.75 zeigt.

```
STEUERN VARI...
Mark | Adresse | Art | Wert
  *  | M  2.0  | KM  | 1
```

Abb. 5.75: Fehlersuche, wobei man den Merker M 2.0 setzt.

Man bekommt sofort eine Fehlermeldung, dass der ausgewählte Datenbaustein fehlt. Man erzeugt den Datenbaustein und fügt A DB1 0 ein. Nachdem das simulierte AG neu gestartet wurde, wird der Wert des Datenwortes geändert.

Danach startet man das S5-EMU-Bedienprogramm und die Simulation ändert sich, wie Abb. 5.76 zeigt.

Adresse	KF	KH	KM
DB 10 DW 0	32393	7E89	01111110 10001001
MW 0	56094	DB1E	11011011 00011110
M 2.0	0	0	0

Abb. 5.76: Fehlerbehebung nach der Simulation.

Durch Ändern des Zustands von Bit M 2.0 wird nun im Datenbaustein DB 1 statt des Datenworts 0 der Wert „ENDE" eingetragen.

Zum Schluss ein Bildschirmauszug (Abb. 5.77) einer simulierten Fehlersuche innerhalb eines Programms.

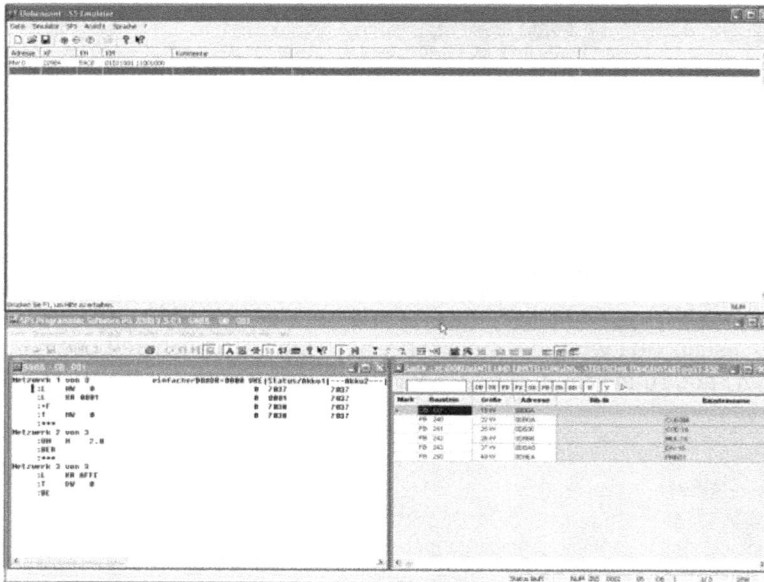

Abb. 5.77: Bildschirmauszug einer simulierten Fehlersuche.

Wie zu sehen ist, können beide Programme gleichzeitig bedient und bearbeitet werden, aber man kann auch jedes einzelne Programm separat bedienen und ablaufen lassen.

Für die Auflistung gilt:

E / A / D / B / T / Z

Diese Abkürzungen stehen für die Speicherbereiche in der S5-CPU, dies zeigt Tab. 5.4.

Tab. 5.4: Speicherbereiche in der S5/S7-CPU.

Abk.	Bezeichnung	Bereich	Funktion des Speicherbereichs
E EB EW ED	Eingang Eingangsbyte Eingangswort Eingangsdoppelwort	Prozessorabbild der Eingänge	Zu Beginn des Zyklus liest das Betriebssystem der SPS-CPU die Eingänge aus dem Prozess und zeichnet die Werte im Prozessabbild auf. Das Programm verwendet diese Werte bei seiner zyklischen Bearbeitung.
A AB AW AD	Ausgang Ausgangsbyte Ausgangswort Ausgangsdoppelwort	Prozessorabbild der Ausgänge	Während des Zyklus errechnet das Programm die Ausgangswerte und legt diese im Prozessabbild der Ausgänge ab. Am Ende des Zyklus liest das Betriebssystem der SPS-CPU die errechneten Ausgangswerte aus dem Prozessabbild der Ausgänge und sendet diese zu den Ausgängen.
M MB MW MD	Merker Merkerbyte Merkerwort Merkerdoppelwort	Merker	Dieser Bereich stellt einen Speicherplatz für die Zwischenergebnisse zur Verfügung, die das Programm errechnet hat.
PEB PEW PED	Peripherieeingangsbyte Peripherieeingangswort Peripherieeingangsdoppelwort	Peripheriebereich Eingang: externe Eingänge	Dieser Bereich ermöglicht dem Programm den direkten Zugriff auf die Eingabebaugruppe. Hinweis: Analogeingabebaugruppen werden in der Regel über das PEW angesprochen.
PAB PAW PAD	Peripherieausgangsbyte Peripherieausgangswort Peripherieausgangsdoppelwort	Peripheriebereich Ausgang: externe Ausgänge	Dieser Bereich ermöglicht dem Programm den direkten Zugriff auf die Ausgabebaugruppe. Hinweis: Analogausgabebaugruppen werden in der Regel über das PAW angesprochen.
T	Zeit (T)	Zeiten	Dieser Bereich stellt Zeitzellen zur Verfügung. In diesem Bereich greift der Zeitimpulszähler auf die Zeitzellen zu, um sie durch Verringerung (−1) des Zeitwertes zu aktualisieren. Zeitoperationen greifen auf die Zeitzellen zu.
Z	Zähler (Z)	Zähler	Dieser Bereich stellt Speicherplatz für die Zähler zur Verfügung. Zähloperationen greifen auf sie zurück.

Für die Auflistung gilt:

`BI / BY / W / D`

Die Art der Parameter für die Bezeichner ist in Tab. 5.5 gezeigt.

Tab. 5.5: Art der Parameter für einen Bezeichner.

Parameterart	Parametertyp	
E/A	BI:	Bitoperand (1-Bit-Format)
	BY:	Byteoperand (1-Bit-Format)
	W:	Wortoperand (1-Bit-Format)
	D:	Doppelwortoperand (1-Bit-Format)
D	KM:	Bitmuster
	KH:	Hexadezimalzahl
	KY:	2-Byte-Zahl
	KC:	Zwei ASCII-Zeichen
	KF:	Festpunktzahl
	KT:	Zeitkonstante
	KZ:	Zählkonstante
	KG:	Gleitpunktzahl

5.9 Steuerungen von Motoren

Der Drehstrommotor beherrscht die Antriebstechnik. Abgesehen von Einzelantrieben kleiner Leistung, die häufig von Hand geschaltet werden, steuert man die meisten asynchronen Drehstrommmotoren mit Hilfe von Schützen und Schützkombinationen in Verbindung mit SPS-Anlagen. Die Leistungsangaben in Kilowatt oder die Stromangabe in Ampere sind deshalb das kennzeichnende Merkmal für die richtige Auswahl von Schützen, die dann von einer SPS angesteuert werden.

Die konstruktive Gestaltung der Motoren ist für die zum Teil recht unterschiedlichen Bemessungsströme bei gleicher Leistung verantwortlich. Sie bestimmen weiterhin das Verhältnis von Einschwingspitze und Stillstandstrom zum Bemessungsbetriebsstrom (I_e).

Das Schalten von Elektrowärmeanlagen, Beleuchtungseinrichtungen, Transformatoren und von Anlagen zur Blindleistungskompensation mit ihrer typischen Eigenart erhöht die Vielfalt der unterschiedlichen Beanspruchungen von Schützen.

Die Schalthäufigkeit kann in allen Anwendungsfällen stark variieren. Die Skala reicht z. B. von weniger als einer Schaltung pro Tag bis zu tausend und mehr Schaltspielen pro Tag. Bei asynchronen Drehstrommotoren trifft dabei nicht selten die hohe Schalthäufigkeit mit Ein- bzw. Ausschalttippen und Gegenstrombremsen zusammen.

Schütze werden durch verschiedenartige Befehlsgeräte von Hand oder automatisch in Abhängigkeit einer SPS-Anlage von Weg, Zeit, Druck oder Temperatur betätigt. Notwendige Abhängigkeiten mehrerer Schütze untereinander lassen sich durch Verriegelungen über ihre Hilfsschalter leicht herstellen. Die Hilfsschalter der Schütze können als Spiegelkontakt zum Signalisieren des Zustands der Hauptkontakte eingesetzt werden. Ein Spiegelkontakt ist ein Öffner-Hilfskontakt, der nicht gleichzeitig mit den Schließer-Hauptkontakten geschlossen sein kann.

Leistungsschütze werden nach IEC/EN 60 947, VDE 0660 gebaut und geprüft. Für jede Motorbemessungsleistung zwischen 3 kW und 900 kW steht ein geeignetes Schütz zur Verfügung.

Aufgrund elektronischer Antriebe verbrauchen DC-Schütze von 10 A bis 150 A eine Halteleistung von nur 0,5 W. Selbst bei Schützen über 150 A liegt die Halteleistung bei 2,1 W und lässt sich direkt von einer SPS ansteuern. Die Spulenanschlüsse sind an der Frontseite der Schütze angeordnet und sie werden nicht durch die Hauptstromverdrahtung verdeckt. Schütze bis 32 A lassen sich direkt mit der SPS ansteuern. Bei allen DC-Schützen ist eine Schutzbeschaltung in der Elektronik integriert. Bei allen AC-Schützen bis 200 A können die Schutzbeschaltungen einfach bei Bedarf auf der Front aufgesteckt werden.

5.9.1 Schutzmaßnahmen von Motoren

Die Ansteuerung der Schütze erfolgt auf drei verschiedene Arten:
– konventionell über Spulenanschlüsse A1–A2,
– direkt aus einer SPS über die Anschlüsse A3–A4,
– durch einen leistungsarmen Kontakt über die Anschlüsse A10–A11.

Die Ansteuerung der Schütze kann auch konventionell über die Spulenanschlüsse A1–A2 erfolgen. Es stehen zwei Spulenvarianten (110 ... 120 V und 220 ... 240 V, jeweils bei 50/60 Hz) zur Verfügung.

Die meisten Motorschütze verfügen über einen integrierten Hilfsschalter als Schließer oder Öffner.

Der Markt für DC-betätigte Schütze wächst auf Grund der fortschreitenden Elektronikverbreitung weiter. Während bis 1990 noch AC-betätigte Schütze mit zusätzlichen Widerständen ausgerüstet waren und bis vor kurzem spezielle DC-Spulen mit viel Kupfer gewickelt wurden, ist eine Weiterentwicklung eingeleitet worden, denn die Elektronik hat Einzug in die Steuerung der DC-betätigten Schütze gehalten. Die eingesetzten Schützreihen (seit 1995) sind bei der Entwicklung insbesondere auf DC-angesteuerte Schütze optimiert worden. Die DC-betätigten Schütze werden nicht mehr konventionell nur über eine Spule ein- und ausgeschaltet, sondern die Spule wird durch eine interne Elektronik gesteuert. Die Integration der Elektronik in die Steuerung der Schütze ist durch verschiedene technische Merkmale möglich, die

die Schütze in ihrer alltäglichen Anwendung auszeichnen. Die DC-betätigten Schütze decken mit nur vier Steuerspannungsvarianten den kompletten DC-Steuerspannungsbereich ab:

- 24 ... 27 V DC,
- 48 ... 60 V DC,
- 110 ... 130 V DC,
- 200 ... 240 V DC.

Leistungsschütze werden nach der Norm IEC/EN 60947-4-1 gebaut. Die Forderung, die Betriebssicherheit auch bei kleinen Netzschwankungen zu gewährleisten, wird durch sicheres Einschalten der Schütze im Bereich von 85 % bis 110 % der Bemessungsbetätigungsspannung realisiert. Einige DC-betätigten Schütze decken einen noch weiteren Bereich ab, in dem sie zuverlässig einschalten. Sie ermöglichen einen sicheren Betrieb zwischen $0,7 \cdot U_{cmin}$ und $1,2 \cdot U_{cmax}$ der Bemessungsbetätigungsspannung. Die über die Norm hinausgehende Spannungssicherheit erhöht die Betriebssicherheit auch bei weniger stabilen Netzverhältnissen.

Konventionell angesteuerte Schütze erzeugen beim Abschalten durch die Stromänderung dI/dt an der Spule Spannungsspitzen, die auf andere Bauteile im selben Steuerstromkreis negative Auswirkungen haben können. Um eine Schädigung zu vermeiden, werden Schützspulen häufig parallel mit zusätzlichen Schutzbeschaltungen (RC-Gliedern, Varistoren oder Dioden) beschaltet. Viele DC-betätigten Schütze schalten auf Grund der Elektronik netzrückwirkungsfrei ab. Eine zusätzliche Schutzbeschaltung ist folglich nicht notwendig, da die Spulen nach außen hin keine Überspannungen erzeugen können. Die anderen DC-betätigten Schütze verfügen über eine integrierte Schutzbeschaltung. Zusammenfassend kann bei der Projektierung von DC-betätigten Schützen das Thema Überspannungsschutz in Steuerstromkreisen entfallen, da alle DC-betätigten Schütze netzrückwirkungsfrei oder beschaltet sind, wobei die Datenblätter unbedingt zu beachten sind.

Die Elektronik stellt der Spule zum Einschalten des Schützes eine hohe Einschaltleistung zur Verfügung und reduziert diese nach dem Einschaltvorgang auf die benötigte Halteleistung. Das ermöglicht es, die AC- und DC-betätigten Schütze in den gleichen Abmessungen zu realisieren. Bei der Projektierung von AC- und DC-betätigten Schützen entfällt die zusätzliche Betrachtung der unterschiedlichen Einbautiefen, so dass das gleiche Zubehör verwendet werden kann.

Die Elektronik steuert bei den DC-betätigten Schützen den Einschaltvorgang der Schütze. Für den Anzug des Schützes wird eine entsprechend hohe Leistung zur Verfügung gestellt, die das Schütz sicher einschalten lässt. Zum Halten des Schützes wird nur eine sehr geringe Leistung benötigt und die Elektronik stellt lediglich diese Leistung zur Verfügung. Die minimierten Halteleistungen bedeuten in der Projektierung auch eine wesentliche Reduzierung in der Wärmeentwicklung im Schaltschrank. Das ermöglicht einen Einbau der Schütze Seite an Seite im Schaltschrank.

Motorschutzrelais, in den Normen als Überlastrelais bezeichnet, zählen zur Gruppe der stromabhängigen Schutzeinrichtungen. Sie überwachen die Temperatur der Motorwicklung mittelbar über den in den Zuleitungen fließenden Strom und bieten einen bewährten und preiswerten Schutz vor Zerstörung durch
– Nichtanlauf,
– Überlastung,
– Phasenausfall.

Motorschutzrelais nutzen die Eigenschaft des Bimetalls aus, Form und Zustand bei Erwärmung zu ändern. Wird ein bestimmter Temperaturwert erreicht, betätigen sie einen Hilfsschalter. Erwärmt wird das Bimetall durch vom Motorstrom durchflossene Widerstände. Das Gleichgewicht zwischen zugeführter und abgegebener Wärme stellt sich je nach Stromstärke bei verschiedenen Temperaturen ein.

Wird die Ansprechtemperatur erreicht, löst dies das Relais aus. Die Auslösezeit ist von der Stromstärke und Vorbelastung des Relais abhängig. Sie muss für alle Stromstärken unterhalb der Gefährdungszeit der Motorisolation liegen. Aus diesem Grund sind in EN 60947 für Überlastung Maximalzeiten angegeben. Zur Vermeidung von unnötigen Auslösungen sind darüber hinaus für den Grenzstrom und den Motorstillstand Minimalzeiten festgelegt.

Motorschutzrelais bieten aufgrund ihrer Konstruktion einen wirkungsvollen Schutz bei Ausfall einer Phase. Ihre so genannte Phasenausfallempfindlichkeit entspricht den Anforderungen von IEC 947-4-1 und VDE 0660 Teil 102. Damit bieten diese Relais auch die Voraussetzungen für den Schutz von EEx e-Motoren.

Wenn sich die Bimetalle im Hauptstromteil des Relais infolge dreiphasiger Motorüberlastung ausbiegen, wirken sie alle drei auf eine Auslöse- und eine Differentialbrücke. Ein gemeinsamer Auslösehebel schaltet bei Erreichen der Grenzwerte den Hilfsschalter um. Auslöse- und Differentialbrücke liegen eng und gleichmäßig an den Bimetallen an. Wenn nun z. B. bei Phasenausfall ein Bimetall nicht so stark ausbiegt (oder zurückläuft) wie die beiden anderen, legen Auslöse- und Differentialbrücke unterschiedliche Wege zurück. Dieser Differenzweg wird im Gerät durch eine Übersetzung in zusätzlichen Auslöseweg umgewandelt und dadurch erfolgt die Auslösung schneller.

5.9.2 Motorsteuerung mit Rastschalter

Die Abkürzungen für die Bezeichnungen in Abb. 5.78 lauten:

$F_1 ... F_3$	Hauptsicherungen	
F_4	Steuersicherung	
F_5	Motorschutzrelais	→ E 1.1
S_1	Rastschalter für Schlüsselbetrieb	→ E 1.2
K_1	Schütz	→ A 1.1
M_1	Motor	

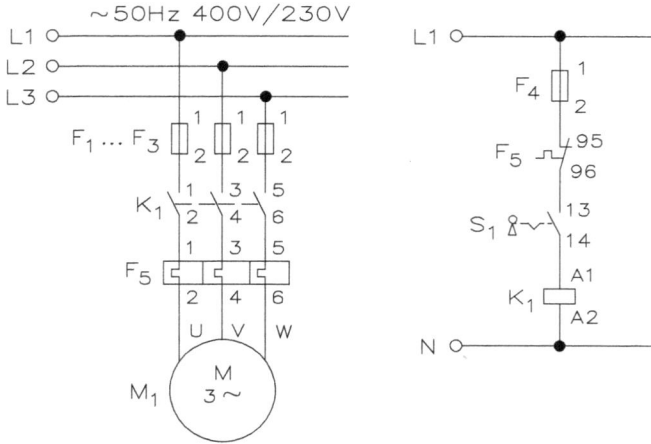

Abb. 5.78: Schalten mit schlüsselgesichertem Rastschalter.

Abb. 5.78 zeigt ein Beispiel zum Ein- und Ausschalten eines Drehstrommotors mit schlüsselgesichertem Rastschalter. Ergänzen lässt sich diese Schaltung noch mit einer „NOT-AUS"-Abschaltung. Der „NOT-AUS"-Hauptschalter mit rotem Griff auf gelbem Grund ist in der „AUS"-Stellung eingerastet. Die Eigenschaften des Lasttrennschalters, der sich direkt im Versorgungsnetz befinden sollte, müssen in der „AUS"-Stellung abschließbar sein und das Ausschaltvermögen muss ausreichend für die Ströme aller Verbraucher bzw. der Strom des größten Motors im blockierten Zustand sein. Die Antriebe mit U-Auslöser sind zu sichern, damit bei einem Wiedereinschaltbefehl kein automatischer Wiederanlauf erfolgen kann. Diese Schaltung soll nun in der Anweisungsliste realisiert werden.

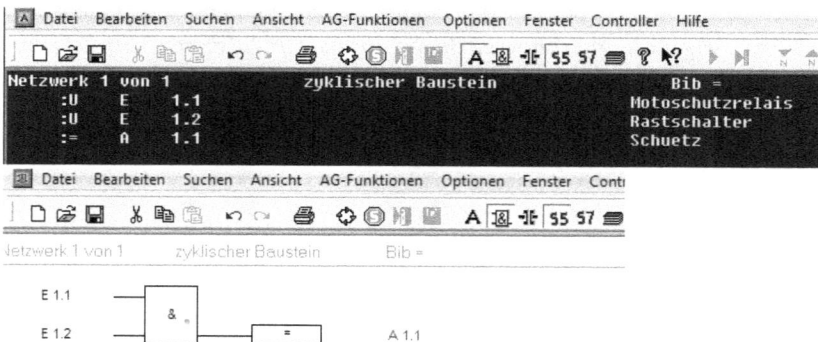

Abb. 5.79: AWL und FUP zum Schalten mit schlüsselgesichertem Rastschalter.

Abb. 5.79 zeigt ein SPS-Programm mit Dokumentation. Geben Sie U E 1.1 ein, drücken Sie die Tabulatortaste und Ihr Programm rückt auf einen bestimmten Punkt. Sie können nun den Kommentar schreiben und erhalten so eine Dokumentation für Ihre Schaltung.

Man sieht, der Kommentar ist nur in der Anweisungsliste sichtbar und nicht im Kontakt- bzw. Funktionsplan.

5.9.3 Pressensteuerung mit Zweihandbedienung

Pressen zählen zu den „gefährlichen Maschinen" und deshalb werden hierfür besondere Anforderungen gestellt. Um Arbeitsunfälle zu vermeiden und auch um höhere Taktraten zu erreichen, werden diese meist im Automatikbetrieb genutzt. Bei dieser Betriebsart lässt sich das Risiko einer Verletzung auf die Zeitspanne während des Einrichtens, der Wartung oder des Schmierens reduzieren. Da diese Arbeiten von eingewiesenen Personen durchgeführt werden, ist man der Meinung, und das sehen auch die gesetzlichen Normengeber so, dass für den Einrichtbetrieb ein geringeres Risiko angenommen werden kann. Diese geringere Risikoeinstufung lässt sich auch auf die gesamte Maschine übertragen, um somit die Kosten zu reduzieren.

Wird die Presse jedoch manuell bedient, sieht die Sache ganz anders aus. Die Risikobeurteilung stellt die Frage nach der Häufigkeit und Dauer der Gefährdung. Kann beim Einrichten, Schmieren und bei Wartungsarbeiten von „gelegentlichem Eingriff" ausgegangen werden, so muss bei dem Produktionsbetrieb von einem „zyklischen Eingriff" ausgegangen werden. Zyklischer Eingriff ist gleichzusetzen mit „häufig bis dauernd" und deshalb wird für solche Pressen meist die Kategorie 4 gefordert.

Kommt als Sicherheitseinrichtung eine Zweihandbedienung zum Einsatz, hat dies den Vorteil, dass der Bediener während der gefährlichen Bewegung beide Hände immer außerhalb des Gefahrenbereichs hat und mit dem gleichzeitigen Drücken zweier Tasten beschäftigt ist. Dem steht jedoch der Nachteil der Umständlichkeit entgegen.

Zur Bereichsabsicherung werden deshalb vorwiegend berührungslos wirkende Schutzeinrichtungen eingesetzt und diese weisen den Vorteil auf, dass sie keine Extra-Bewegung und auch keine zusätzliche mechanische Belastung für den Bediener bedeuten. Angeordnet im angemessenen Abstand direkt vor der Gefahrenstelle kann der Bediener in den Gefahrenbereich sicher eingreifen, um Werkstücke hineinzugeben oder herauszunehmen. Wird die berührungslos wirkende Schutzeinrichtung mit einer Zweitaktsteuerung verknüpft, ist ein halbautomatischer Betrieb möglich, ohne dass der Bediener den Start auslösen muss.

Zweihandbedienpulte ermöglichen das einfache Montieren von zwei Starttasten für die gefährliche Bewegung. Durch das besondere Design des Zweihandbedienpultes benötigt der Bediener beide Hände, um die gefährliche Bewegung einzuleiten, und ist deshalb nicht in der Lage, während der gefährlichen Bewegung in den Gefahrenbereich zu greifen. Zweihandüberwachungsrelais kontrollieren die Starttasten für gefährliche Bewegung. Das Ausgangssignal kommt nur, wenn beide Tasten innerhalb von 500 ms betätigt werden. Wird eine der beiden Tasten losgelassen, ist kein Ausgangssignal vorhanden und die gefährliche Bewegung wird gestoppt. Erst wenn beide Tasten neu und gleichzeitig betätigt werden, kommt das Ausgangssignal wieder.

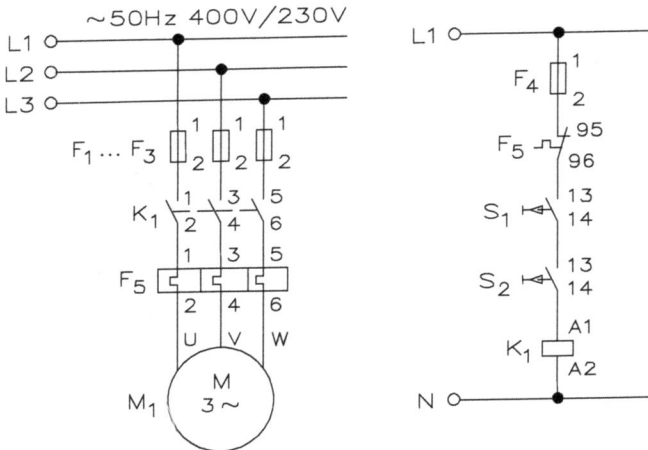

Abb. 5.80: Motorschaltung mit Zweihandschalter.

Abb. 5.80 zeigt eine Steuerschaltung mit Zweihandschalter für handbetätigte Taster an Werkzeug- und Produktionsmaschinen. Die Steuerung ist nur eingeschaltet, wenn Taster S_1 und Taster S_2 gleichzeitig betätigt werden. Die in Reihe geschalteten Schließer bilden eine UND-Verknüpfung, d. h., beide Schließer müssen immer geschlossen sein, um ein Steuersignal auslösen zu können.

In diesem Fall ist eine Motorschaltung mit einer standardgerechten Zweihandeinrichtung nach prEN 574 ausgerüstet. Die Stellteile sind so angeordnet, dass unbeabsichtigtes oder bewusstes einhändiges Einschalten unter keinen Umständen möglich ist. Diese Schaltung muss in Eigenverantwortung vom Konstrukteur erstellt werden. Hier ist außerdem immer eine sicherheitsgerichtete Projektierung der Stromversorgung und Schaltorgane wichtig. Die Zuverlässigkeit der Schutzfunktion hängt nicht nur von den gewählten Betriebsmitteln und der Verschaltung ab.

Wichtig ist hier ein „verschweißfreier" Aufbau, d. h., wird der Stromkreis geöffnet, also die Gefahr „abgeschaltet", darf ein Verschweißen der Kontakte nicht möglich sein. Für den Hauptstromkreis ist die Verschweißfreiheit nicht gefordert. Dient das Schaltgerät aber der Sicherheit, könnte eine Risikobewertung für eine Überdimensionierung bzw. einen redundanten Aufbau erforderlich sein. Daher muss man sicherstellen, dass bei Überstrom oder im Falle eines Kurzschlusses das Schutzorgan ausgelöst wird, bevor die Kontakte der Schaltgeräte verschweißen. Natürlich soll das Schutzorgan den Motoranlauf oder das Einschalten von Transformatoren ohne Beschädigungen vornehmen können.

Ein Kurzschluss im Steuerstromkreis kann zu unkontrollierten Zuständen führen, schlimmstenfalls führt dies zum Versagen der Sicherheitsfunktionen. Entweder können

– Kontakte verschweißen oder
– der Kurzschlussstrom bewirkt kein Ansprechen des Kurzschlussschutzorgans.

In beiden Fällen kommt es auf die richtige Wahl des Kurzschlussorgans und des Transformators an. Bei der Auswahl von Überstromschutzorganen müssen die Steuergeräte gegen Überstrom hinreichend geschützt sein, z. B. gegen Verschweißen von Kontakten der Steuergeräte. Man wählt also den niedrigsten Wert des maximal zulässigen Überstromschutzorgans aus, das für die verwendeten Schaltgeräte angegeben ist. Man beachte außerdem, dass der unbeeinflusste Kurzschlussstrom in den Steuerkreisen nicht größer ist als 1.000 A. Die Schaltgeräte nach EN 60947-5-1 sind bis zu diesem Maximalwert durch die angegebenen Schutzorgane gegen Verschweißen sicher.

Abb. 5.81: SPS-Programm in AWL zum Schalten mit schlüsselgesichertem Rastschalter.

Abb. 5.81 zeigt das SPS-Programm in AWL mit Dokumentation.

5.9.4 Motorsteuerung mit Selbsthaltung

Abb. 5.82 zeigt eine Schaltung für die Selbsthaltung, d. h., nach Betätigung des Tasters S_2 bleibt die Steuerung so lange eingeschaltet, bis entweder S_1 (Austaster) oder F_5 (Motorschutzrelais) oder F_4 (Steuersicherung) den Steuerkreis unterbricht.

Das Motorschutzrelais F_5 in Abb. 5.83 mit dem Schalter S_1 (Austaster) sind Öffner und bilden eine UND-Schaltung. Der Schalter S_2 und der Kontakt K_1 sind Schließer und bilden eine ODER-Schaltung. Wird der Schalter S_2 kurzzeitig betätigt, zieht das Relais an und der Kontakt K_1 wird geschlossen. Öffnet sich der Eintaster S_2, bleibt das Relais angezogen. Spricht das Motorschutzrelais an, wird der Stromfluss unterbrochen und das Relais fällt ab. Das Gleiche gilt auch, wenn der Austaster betätigt wird.

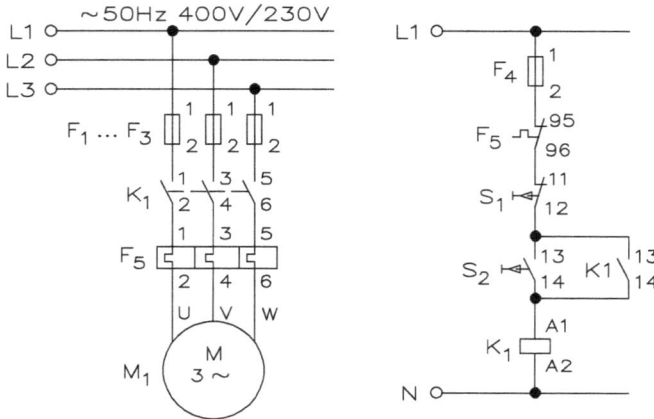

Abb. 5.82: Motorsteuerung mit Selbsthalteschaltung.

Abb. 5.83: SPS-Programm in AWL mit Selbsthalteschaltung.

Gerade diese Anlagen müssen gegen Wiederanlauf geschützt sein, damit ein selbsttätiger Wiederanlauf bei Spannungswiederkehr keinen gefährlichen Zustand verursacht. Außerdem kann in der Anwendung auch durch Spannungsausfall ein Fehlverhalten der elektrischen Ausrüstung auftreten. Schütze müssen eine Spannungssicherheit von min. 85 % bis 110 % der Steuerspannung nach EN 60947 aufweisen. Nach Spannungswiederkehr läuft die Maschine nur durch einen bewussten Einschaltbefehl an. Steuerspannungseinbrüche bis –15 % unter dem Nennwert dürfen nicht zum Abschalten führen.

Die Verwendung von Transformatoren zur Versorgung von Steuerstromkreisen ist für die meisten Maschinen in der Industrie vorgeschrieben. Ausnahmen bilden nur
-   Maschinen von weniger als 3 kW mit einem einzigen Motoranlasser und höchstens zwei äußeren Steuergeräten,
-   Haushalts- und ähnliche Maschinen, deren elektrische Ausrüstung sich innerhalb des Maschinengehäuses befindet.

Der unbeeinflusste Kurzschlussstrom im Sekundärkreis wird bei Steuertransformatoren mit einer Bemessungsleistung bis zu 4.000 VA an 230 V nicht größer als 1.000 A werden. Zusammen mit dem geeigneten Schutzorgan ist unter diesen Bedingungen das Verschweißen der Schaltelemente hinreichend ausgeschlossen.

Tritt ein Kurzschluss auf, soll das Schutzorgan schnell ansprechen. Der Kurzschlussstrom muss hoch genug sein, damit er durch den Schnellauslöser innerhalb von 0,2 s ausgeschaltet wird. Hier muss man folgende Einflussgrößen für den Kurzschlussstrom ermitteln:

- Transformator
- Leitungslänge
- Leitungsquerschnitt

Danach wählt man ein entsprechendes Kurzschlussschutzorgan aus, dessen maximaler Ansprechwert kleiner ist als der Kurzschlussstrom.

5.9.5 Motorsteuerung mit Endschalter

Abb. 5.84 zeigt eine Schaltung für die Verriegelung durch Endschalter. Hierzu gibt es mehrere Möglichkeiten für die Überwachung von beweglichen Schutzeinrichtungen. In der Kategorie 1* verwendet man z. B. einen Positionsschalter mit Zuleitung, wenn keine besondere Gefährdung vorliegt. Auch kann man diese bei gelegentlichen Eingriffen in den Gefahrenbereich einsetzen oder wenn die Anhaltezeit kleiner als die Zugriffs- bzw. Zugangszeit ist. Für die Startbedingung gilt, dass die Schutzeinrichtung geschlossen sein muss. Der Positionsschalter für diese Variante ist zwangsöffnend, die Schütze mit zwangsgeführten Kontaktelementen ausgestattet, die elektromechanischen Bauteile sind fest verdrahtet, die Positionsschalter und Zuleitungen müssen vor mechanischen Beanspruchungen geschützt angeordnet sein. Die Schaltung ist gelegentlich auf ihre Funktion zu testen. Abb. 5.85 zeigt ein SPS-Programm für eine Motorsteuerung mit Verriegelung durch mechanische Endschalter.

Die Kategorie 1* gilt auch, wenn der Positionsschalter keiner besonderen Gefährdung ausgesetzt ist, was aber nicht für die Zuleitungen gilt. In diesem Fall muss die Zuleitung fehlerüberwacht sein. Diese Variante kann man auch bei nicht zyklischen Eingriffen in den Gefahrenbereich verwenden, wenn die Anhaltezeit kleiner als die Zugriffs- bzw. Zugangszeit ist oder wenn für die Startbedingung erforderlich ist, dass die Schutzeinrichtung geschlossen sein muss. Die Positionsschalter müssen zwangsöffnend sein, ebenso sind die Schütze mit zwangsgeführten Kontaktelementen auszustatten. Die elektromechanischen Bauteile sind fest verdrahtet und die Positionsschalter müssen vor mechanischen Beanspruchungen geschützt angeordnet sein. Der mechanische Antrieb des Positionsschalters ist gelegentlich auf Funktion zu überprüfen.

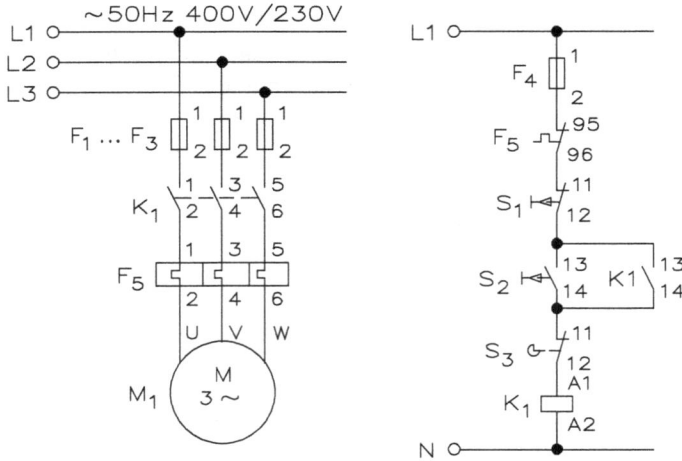

Abb. 5.84: Motorsteuerung mit Verriegelung durch mechanische Endschalter.

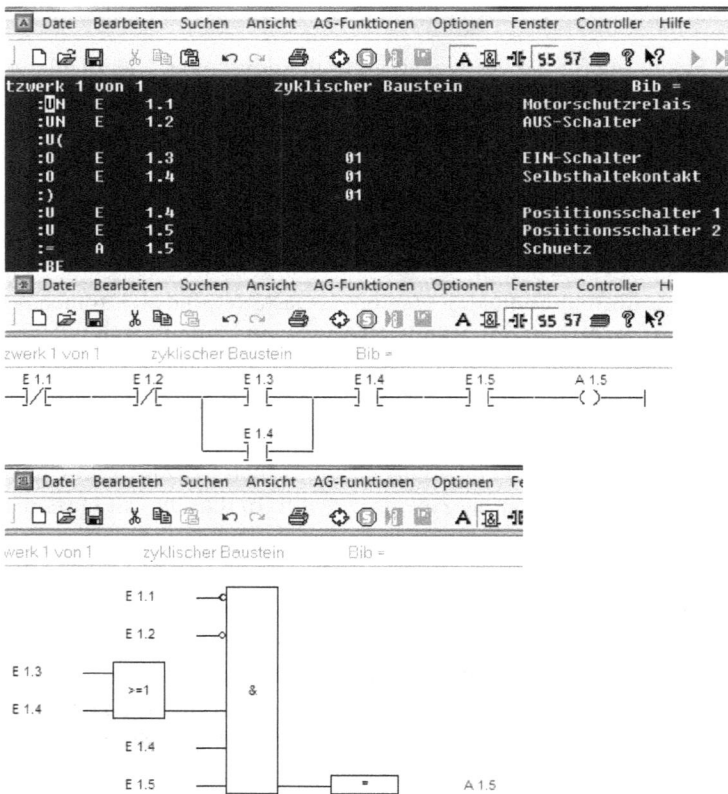

Abb. 5.85: SPS-Programm für eine Motorsteuerung in AWL, FUP und KOP.

Wie sind Positionstaster an einer beweglichen Verdeckung anzubringen und mit welchen Kontakten müssen diese ausgerüstet sein? Je nach der vorgenommenen Risikobeurteilung kann die Stellung der Schutztür mit einem oder zwei Positionstastern überwacht werden. Wird nur ein Positionstaster an der Schutzeinrichtung angebracht, muss, solange die Gefahrenquelle nicht abgedeckt ist, dieser betätigt sein. Für den Fall „Schutztür geschlossen" ist der Positionsschalter nach Abb. 5.86 anzuordnen.

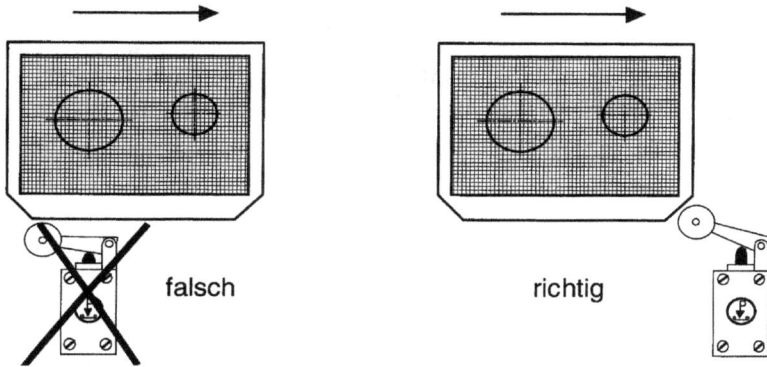

Abb. 5.86: Richtige und falsche Anordnung des Positionsschalters bei geschlossener Schutztür.

Für den Fall „Schutztür nicht geschlossen" ist der Positionsschalter nach Abb. 5.87 anzuordnen.

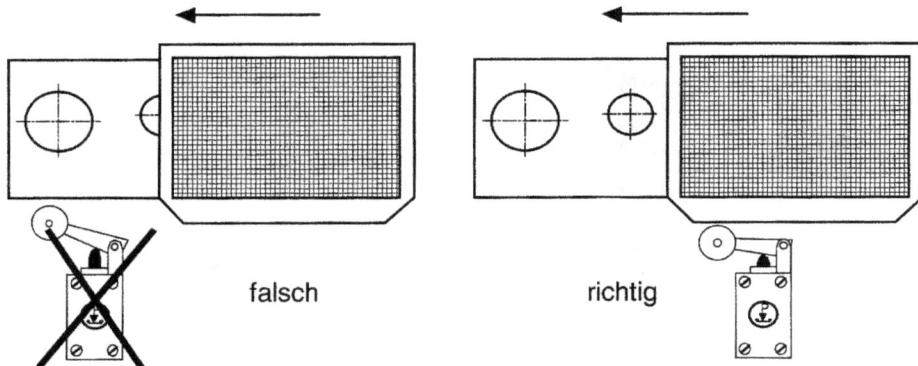

Abb. 5.87: Richtige und falsche Anordnung des Positionsschalters bei nicht geschlossener Schutztür.

Weiterhin gelten folgende Prämissen:

– Der Positionstaster muss direkt durch die Schutzeinrichtung betätigt werden und nicht indirekt durch einen Federmechanismus oder eine andere indirekte Kraft.

– Der Kontakt in diesem Positionstaster muss eine Öffnerfunktion durch Zwangsbetätigung aufweisen. Sind mehrere Kontakte im Positionstaster enthalten, so müssen diese zueinander zwangsgeführt sein.

– Es ist nicht zulässig, den Positionsschalter so anzubringen, dass die gefährliche Bewegung mit dem Schließen der Schutztür eingeschaltet wird.

Wird als Sicherheitsschalter ein Positionstaster mit Schließerfunktion eingesetzt, so ist die Öffnerfunktion nicht zwangsbetätigt. Abb. 5.88 zeigt den Normalfall, Abb. 5.89 das Hängenbleiben des Schließers (Nichtöffnung) im Fehlerfall.

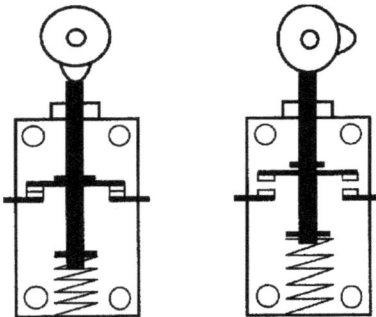

Abb. 5.88: Schließerkontakt im Normalfall; links: Kontakt wird durch Betätigen geschlossen; rechts: Kontakt wird durch Federkraft geöffnet.

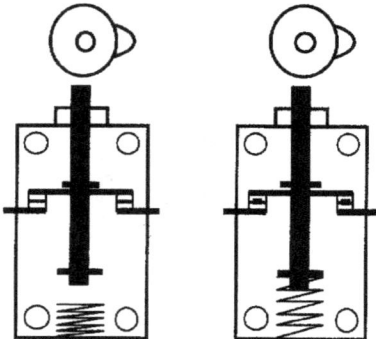

Abb. 5.89: Schließerkontakt im Fehlerfall; links: Kontakt bleibt bei Federbruch geschlossen; rechts: Kontakt bleibt nach Verschweißen geschlossen.

Anmerkung: Diese Art der Positionstaster kann in ihrer Funktion nicht als sicher angesehen werden und ist deshalb als Sicherheitsschalter nicht zulässig. Durch Federkraft ist keine sicherheitsgerechte Abschaltung möglich, da die Feder brechen kann oder unter Umständen zu schwach ist, um im Gefahrenfall einen verschweißten Kontakt zu öffnen.

Drei sicherheitsgerechte Forderungen sind für Positionstaster formuliert.

– Zwangsbetätigung der Öffnerfunktion Abb. 5.90 zeigt eine Schaltung mit sicherheitsgerechtem Positionstaster als Öffner.

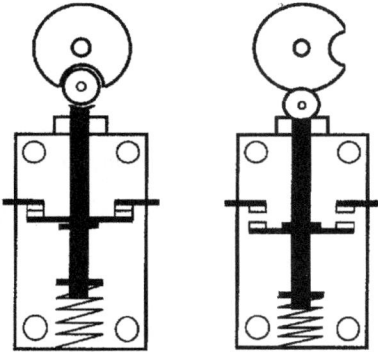

Abb. 5.90: Sicherheitsgerechter Positionstaster als Öffner; links: Kontakt wird durch Federkraft geschlossen; rechts: Kontakt wird durch Betätiger geöffnet.

– Zwangsöffner und Abb. 5.91 zeigen eine Schaltung mit sicherheitsgerechtem Zwangsöffner im Fehlerfall.

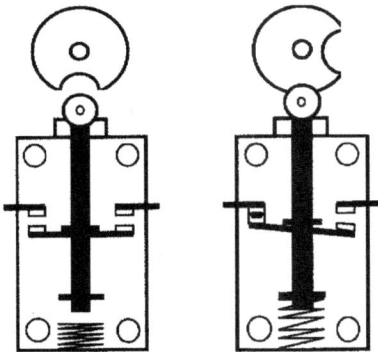

Abb. 5.91: Sicherheitsgerechter Zwangsöffner im Fehlerfall; links: Kontakt bleibt bei Federbruch offen; rechts: Kontakt wird nach Verschweißen geöffnet.

– Zwangsführung der Kontakte und Abb. 5.92 zeigen einen zwangsgeführten Positionstaster im Normalfall.

Ist der Positionstaster mit Öffner- und Schließerkontakten bestückt, kann der Schließerkontakt als Stellungsüberwachung des Öffnerkontaktes verwendet werden. Dazu muss sichergestellt werden, dass im Fehlerfall zu keinem Zeitpunkt Öffner und Schließer gleichzeitig geschlossen sind. Abb. 5.93 zeigt die Auswirkungen im Fehlerfall.

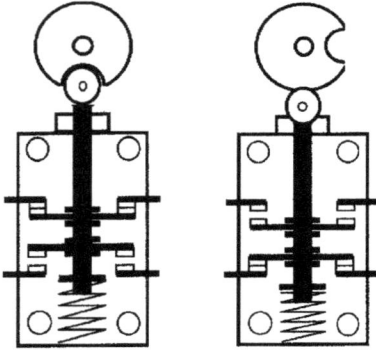

Abb. 5.92: Zwangsgeführter Positionstaster im Normalfall; links: Öffner und Schließer in Ruheposition; rechts: Öffner und Schließer in Gefahrenposition.

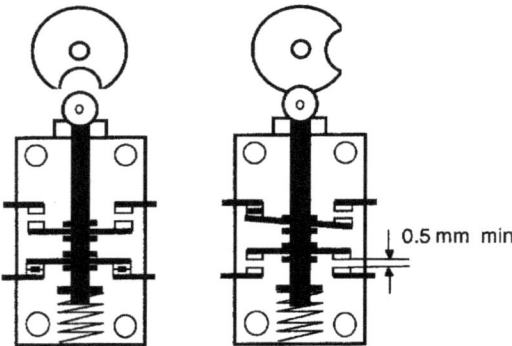

0.5 mm min

Abb. 5.93: Zwangsgeführter Positionstaster im Fehlerfall; links: nach Verschweißen des Schließerkontaktes bleibt der Öffnerkontakt offen; rechts: nach Verschweißen des Öffnerkontaktes wird dieser zwangsgeöffnet und der Schließer bleibt offen.

Wenn man den Positionsschalter und die Zuleitung fehlerüberwacht ausführt, kommt man zur Kategorie 4. In diesem Fall können Positionsschalter und Zuleitungen besonderer Gefährdung ausgesetzt sein. Ein zyklischer Eingriff in den Gefahrenbereich ist jederzeit möglich. Dies gilt auch, wenn die Anhaltezeit kleiner als die Zugriffs- bzw. Zugangszeit ist und für die Startbedingung muss die Schutzeinrichtung geschlossen sein. Der Positionsschalter ist zwangsöffnend und die Schütze sind mit zwangsgeführten Kontaktelementen ausgestattet. Die Zuleitungen sind getrennt zu verlegen und die elektromechanischen Bauteile muss man fest verdrahten. Bei Installation und Verdrahtung muss sichergestellt sein, dass die Schaltgeräte ordnungsgemäß montiert und zusammengefügt sind. Die Spannungsversorgung darf nicht für weitere Schaltungen bzw. Bauteile durchgeschleift sein. Das Bezugspotential ist als Ring auszuführen.

5.9.6 Stern-Dreieck-Schalter

Das Drehmoment eines Drehstromkurzschlussläufers kann durch äußere Beschaltung mit Drosseln oder Widerständen bzw. durch Spannungsabsenkung beeinflusst werden. Die einfachste Form ist die Y/Δ-Schaltung. Normalerweise wird die Wicklung des Motors in Dreieckschaltung Δ, z. B. für eine Netzspannung von 400 V, ausgelegt. Arbeitet der Motor in der Anlaufphase mit der Sternschaltung an dem 230-V-Netz, ergibt sich ein Drehmoment von 1/3 des Momentes in der Dreieckschaltung. Der Strom, auch als Anlaufstrom definiert, erreicht ebenfalls nur den Wert in der Dreieckschaltung. Eine Verringerung des Anlaufmomentes und somit auch des Anlaufstroms wird durch die Stern-Dreieck-Schaltung erreicht.

Stern-Dreieck-Schalter wurden früher als mechanische Walzen- oder Nockenschalter gebaut. Hierbei sind auf einer mittels Hebel drehbaren Walze geometrische Kontaktstreifen aufgebracht, die bei der Drehung auf feststehenden Anschlusskontakten „schleifen" und auf diese Weise die Kontakte so verbinden, dass in einer Stellung die Sternschaltung und in der zweiten Stellung die Dreieckschaltung der Motorwicklungen erreicht wird. Die Kontaktreihe 1 steht fest, während die Reihen Y und Δ, die sich auf der Walze befinden, verschiebbar sind. Im Ruhezustand befinden sich die Reihen Y und Δ in der Stellung 0. Bewegt man die Kontaktreihe, wird zuerst die Stellung Y erreicht und die drei Enden der Wicklungen sind miteinander verbunden. In der Stellung Δ sind die Wicklungen so verbunden, dass sich eine Dreieckschaltung ergibt.

Der Stern-Dreieck-Schalter hat zur Folge, dass die aufgenommene Leistung bei Sternschaltung nur etwa einem Drittel der Nennleistung des Motors entspricht. Dementsprechend ist auch der Strom in der Sternschaltung Y geringer als bei Direkteinschaltung in Dreieck Δ. Wenn man aber den Läufer nicht nur mit kurzgeschlossenen Kupfer- oder Aluminiumstäben, sondern mit Wicklungen ähnlich den Wicklungen des Ständers versieht, ergibt sich eine weitere Möglichkeit eines besseren Anlaufbetriebs.

Reduzierung von Anlaufbeschleunigung und Bremsverzögerung und damit sanfter Hochlauf bzw. sanftes Abbremsen lassen sich auch bei bestimmten Anwendungen durch das zusätzliche Massenträgheitsmoment eines Grauguss-Lüfters erreichen. Hierbei ist jedoch immer die Schalthäufigkeit zu überprüfen.

Durch Anlasstransformatoren, entsprechende Drosseln oder Widerstände wird ein vergleichbarer Effekt wie mit der Y/Δ-Umschaltung erreicht, wobei man die Größe der Drosseln bzw. der Widerstände für die Drehmomentengröße anpassen muss.

Wie Abb. 5.94 zeigt, benötigt man für einen Stern-Dreieck-Schalter drei Netzschütze (K1M, K3M und K5M) und ein zeitverzögertes Relais K1T. Taster 1 betätigt das Zeitrelais KT4 und dessen als Sofortkontakt ausgebildeter Schließer KT4/17-18 gibt Spannung an Sternschütz K3M. K3M zieht an und legt über Schließer K3M/14-13 Spannung an Netzschütz K1M. K1M und K3M gehen über die Schließer K1M/14-13 und K1M/44-43 in Selbsthaltung. K1M bringt den Motor M1 in Sternschaltung an die Netz-

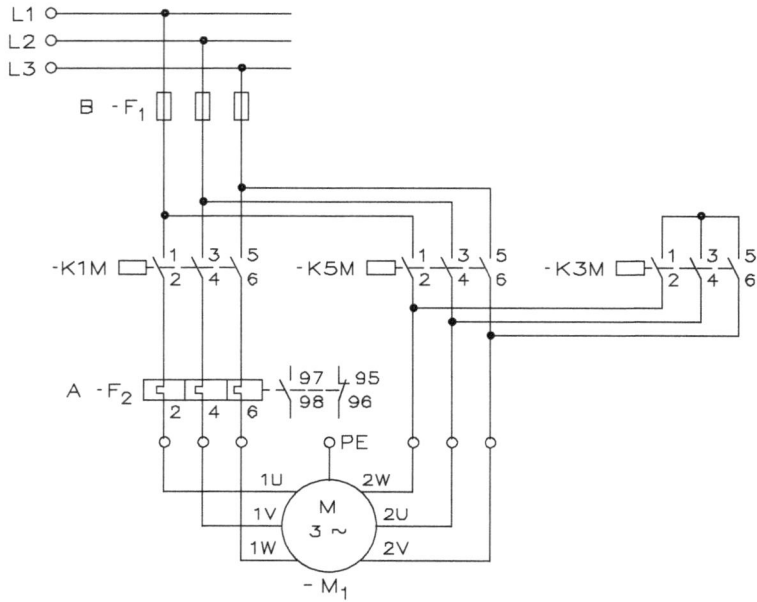

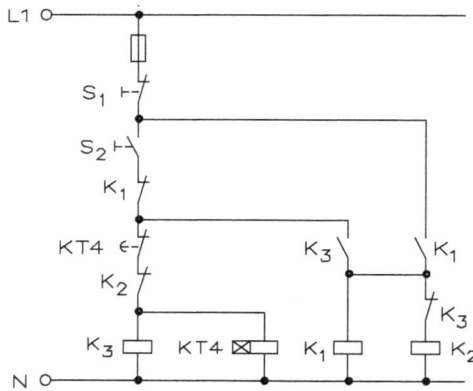

Abb. 5.94: Relais- und Schützsteuerung für einen Stern-Dreieck-Schalter.

spannung. Das Netzschütz K1M verbindet die drei Leitungen L1, L2 und L3 mit den Wicklungsanschlüssen 1W, 1V und 1U des Motors. Mit Hilfe des Netzschützes K3M werden die drei Wicklungsanschlüsse 2W, 2V und 2U für die Sternfunktion kurzgeschlossen.

Entsprechend der eingestellten Umschaltzeit öffnet K1T/17-18 den Stromkreis K3M. Nach einer programmierbaren Verzögerungszeit von 5 s wird über KT4/17-28 der Stromkreis K5M geschlossen. Sternschütz K3M fällt ab. Dreieckschütz K5M zieht an und legt den Motor M1 an die volle Netzspannung. Gleichzeitig unterbricht Öffner K5M/22-21 den Stromkreis K3M und verriegelt damit gegen erneutes Einschalten während des Betriebszustands. Ein neuer Anlauf ist nur möglich, wenn vorher mit Taste 0 oder bei Überlast durch den Öffner 95-96 am Motorschutzrelais F2 oder über den Schließer 13-14 des Motorschutz- oder Leistungsschalters ausgeschaltet worden ist.

Abb. 5.94 zeigt typische CAD-Verdrahtungspläne für den Leistungs- und den Steuerungsteil einer Stern-Dreieck-Schaltung. Verdrahtungspläne beinhalten die leitenden Verbindungen zwischen elektrischen Betriebsmitteln. Sie zeigen die inneren oder äußeren Verbindungen und geben im Allgemeinen keinen Aufschluss über die Wirkungsweise. Anstelle von Verdrahtungsplänen können auch Verdrahtungstabellen verwendet werden. In der Praxis setzt man folgende Pläne ein:

- Geräteverdrahtungsplan: Darstellung aller Verbindungen innerhalb eines Gerätes oder einer Gerätekombination
- Verbindungsplan: Darstellung der Verbindung zwischen den Geräten und Gerätekombinationen
- Anschlussplan: Darstellung der Anschlusspunkte einer elektrischen Einrichtung und der daran angeschlossenen inneren und äußeren leitenden Verbindungen
- Anordnungsplan: Darstellung der räumlichen Lage der elektrischen Betriebsmittel, muss nicht maßstabsgetreu sein

Abb. 5.95 zeigt ein SPS-Programm für eine Stern-Dreieck-Schaltung. Für die Schütze gelten:

K_1 Netzschütz
K_2 Dreieckschütz
K_3 Sternschütz
KT4 Zeitrelais mit 5 s.

Aus dieser Zuordnung lässt sich Tab. 5.6 erstellen.

Tab. 5.6: Operandenzuordnung für die Stern-Dreieck-Schaltung.

Operand	Zuordnung
E 0.0	Motorschutzrelais S_1, Öffner
E 0.1	Taste S_2, Öffner
E 0.2	Taste S_3, Schließer
A 1.0	Netzschütz K_1
A 1.1	Dreieckschütz K_2
A 1.2	Sternschütz K_3
T 1	Zeitrelais KT4

```
 A  Datei  Bearbeiten  Suchen  Ansicht  AG-Funktionen  Optionen  Fenster  Controller  Hilfe

   D  🖝 🖫   🔏 🖹 🖺   ↩ ↪    🖨  ◇ ◐ ▨ 🖩   A ▨ ⊣⊢  55 57 🗏 ？ ▶?   ▶  ▶◀

Netzwerk 1 von 2              zyklischer Baustein                   Bib =
     :O(
     :UN   E    0.0                01                Schalter S1
     :U    E    0.0                01                Schalter S2
     :U    A    1.0                01                Schuetz K1
     :)                           01
     :O(
     :U    E    0.0                01                Schalter S1
     :U    A    1.0                01                Schuetz K2
     :U    A    1.2                01                Schuetz K3
     :)                           01
     :UN   T    1                                    Timer KT4
     :UN   A    1.1                                  Schuetz K2
     :=    A    1.2                                  Schuetz K3
     :L    KT 0500.0
     :SE   T    1
     :
     :O(
     :U    E    0.0                01                Schalter S1
     :U    E    0.0                01                Schalter S1
     :UN   A    1.0                01                Schuetz K1
     :U    A    1.2                01                Schuetz K3
     :)                           01
     :U    E    0.0                                  Schalter S1
     :U    A    1.0                                  Schuetz K1
     :)
     :***
Netzwerk 2 von 2
     :=    A    1.0                                  Schuetz K1
     :=    M    0.0                                  Merker
     :U    M    0.0                                  Merker
     :UN   A    1.2                                  Schuetz K3
     :=    A    1.1                                  Schuetz K2
     :
     :BE
```

Abb. 5.95: SPS-Programm in AWL für eine Stern-Dreieck-Schaltung.

5.9.7 Drehrichtungsänderung bei einem Drehstrommotor

Die Drehrichtung bei einem Drehstrommotor kann nur durch Änderung der Drehrichtung des Drehfelds erreicht werden. Wenn man von den ankommenden Leitungen L1, L2 und L3 bei den Klemmen an den Anschlussbuchsen zwei Leitungen vertauscht, ergibt sich eine Drehrichtungsänderung.

Wie Abb. 5.96 zeigt, sind für eine Wendeschaltung zwei Varianten möglich. Ohne Tastenverriegelung (Steuerschaltung links) lässt sich über den Taster S_2 der Rechtslauf durchführen. Der Schütz K_1 zieht an und die Leitungen L1, L2 und L3 liegen an den Wicklungsanschlüssen 1U, 1V und 1W. Lässt man den Taster S_2 los, kann über den Kontakt K_1 der Strom fließen und Schütz K_1 hält sich selbst. Wenn man nun Taster S_3 betätigt, zieht der Schütz K_2 an und unterbricht über den Ruhekontakt K_2 den Strom für Schütz K_1. Da der Schütz K_2 direkt die Leitungen L1, L2 und L3 dann auf den Motor schaltet, wobei die Phasen L1 und L3 getauscht werden, wird der Drehstrommotor ohne Stillstand vom Rechts- in den Linkslauf umgeschaltet! Dieses Problem gilt auch für die Schaltung mit Tastenverriegelung.

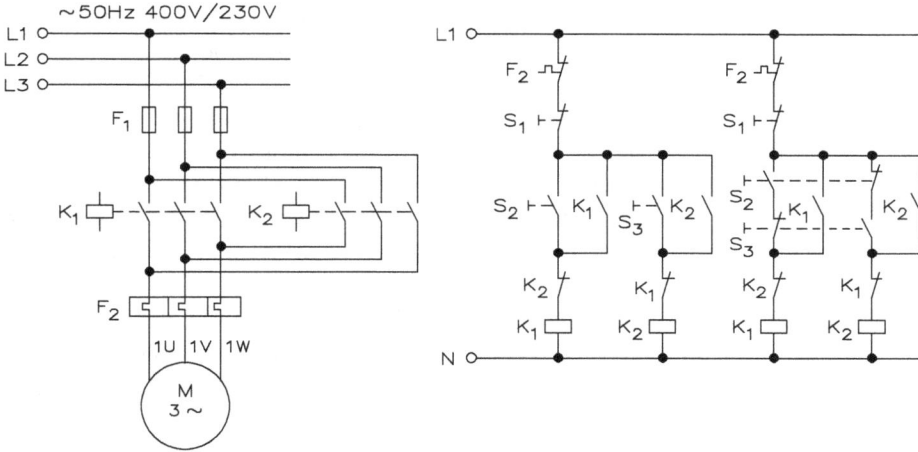

Abb. 5.96: Wendeschaltung für einen Drehstrommotor ohne und mit Tastenverriegelung. Taster S_2 ist für den Rechtslauf und S_3 für den Linkslauf vorgesehen.

Motorschutzrelais mit Wiedereinschaltsperre müssen stets bei Dauerkontaktgabe (z. B. Druckwächter, Grenztaster, Drehzahlstillstandmelder usw.) verwendet werden. Erst wenn der Motor stillsteht, kann die gleiche oder die andere Drehrichtung freigegeben werden.

Abb. 5.97 zeigt ein SPS-Programm einer Wendeschaltung für einen Drehstrommotor ohne Tastenverriegelung. An eine Wendeschaltung für einen Drehstrommotor werden hohe Ansprüche gestellt. Leistungsschalter und Lasttrennschalter schützen elek-

```
Netzwerk 1 von 1          zyklischer Baustein          Bib =
      :UN   E    1.0                                  Motorschutzrelais
      :UN   E    1.1                                  Schalter "Aus"
      :UN   E    1.5                                  Drehzahlstillstandmelder
      :U(
      :O    E    1.3              01                  EIN-Schalter fuer Rechts
      :O    A    1.5              01                  Selbsthaltekontakt
      :)                          01
      :UN   A    1.2                                  Verriegelung
      :=    A    1.1                                  Schutz fuer Rechtslauf
      :UN   E    1.0                                  Motorschutzrelais
      :UN   E    1.5                                  Drehzahlstillstandmelder
      :UN   E    1.1                                  Schalter "Ein
      :U(
      :O    E    1.4              01                  EIN-Schalter fuer Links
      :O    A    1.2              01                  Selbsthaltekontakt
      :)                          01
      :UN   A    1.1                                  Verriegelung
      :=    A    1.2                                  Schuetz fuer Links
      :BE
```

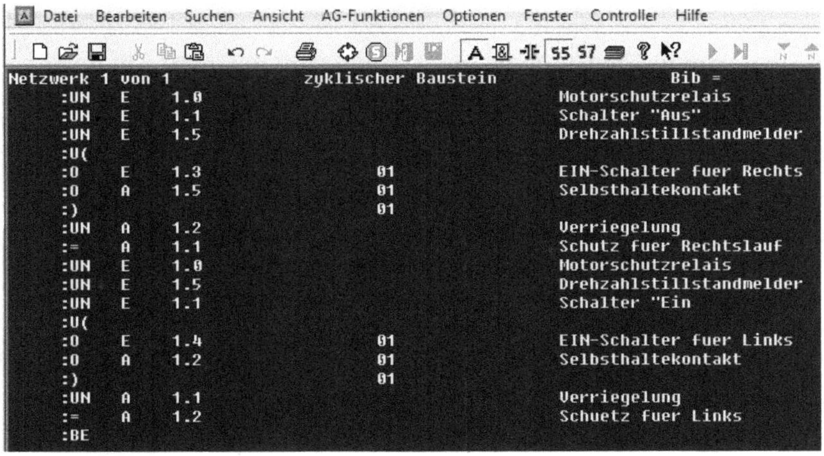

Abb. 5.97: SPS-Programm in AWL für eine Wendeschaltung für einen Drehstrommotor ohne Tastenverriegelung.

trische Betriebsmittel vor thermischer Überlastung und bei Kurzschluss. Sie decken den Nennstrombereich von 20 ... 1.600 A ab. Je nach Ausführung besitzen sie zusätzliche Schutzfunktionen wie Fehlerstromschutz, Erdschlussschutz oder die Möglichkeit zum Energiemanagement durch Erkennen von Lastspitzen und gezieltem Lastabwurf. Die Leistungsschalter sollen sich durch ihre kompakte Bauform und strombegrenzenden Eigenschaften auszeichnen. In den gleichen Baugrößen wie die Leistungsschalter gibt es Lasttrennschalter ohne Überlast- und Kurzschluss-Auslöseeinheiten, die je nach Ausführung zusätzlich mit Arbeitsstrom- oder Unterspannungsauslöser bestückt werden können.

Die Leistungsschalter besitzen Trenneigenschaften. In Verbindung mit einer Abschließvorrichtung sind diese zum Einsatz als Hauptschalter nach IEC/EN 60204/ VDE 0113 Teil 1 geeignet. Wenn ein elektronischer Auslöser vorhanden ist, sind diese kommunikationsfähig. Die aktuellen Zustände der Leistungsschalter vor Ort können mittels eines „Data Management Interface" (DM1) visualisiert bzw. in digitale Ausgangssignale umgesetzt werden. Des Weiteren können die Leistungsschalter an ein Netzwerk, z. B. PROFIBUS-DP, angekoppelt werden.

Mit dem entsprechenden Typ existiert ein Konzept von Leistungsschaltern zum Einsatz im hohen Nennstrombereich ab 630 A. Leistungsschalter und Lasttrennschalter sollen die Hauptschaltereigenschaften nach der IEC/EN 60204-1 erfüllen, da sie in „AUS" abschließbar sind. Sie können somit als Netztrenneinrichtung eingesetzt werden. Die Leistungsschalter werden nach den Vorschriften der IEC/EN 60947 gebaut und geprüft.

Abhängig von der Art des zu schützenden Betriebsmittels ergeben sich Hauptanwendungsgebiete, die durch unterschiedliche Einstellungen der Auslöseelektroniken realisiert werden:
- Anlagenschutz
- Motorschutz
- Transformatorschutz
- Generatorschutz

Diese Leistungsschalter bieten unterschiedlichen Elektronikgeräten einen einfachen Anlagenschutz mit Überlast- und Kurzschlussauslöser bis hin zu einem Digitalauslöser mit grafischem Display und der Möglichkeit zum Aufbau zeitselektiver Netze.

Durch die Anpassbarkeit an universelle Anforderungen durch umfangreiches Einbauzubehör, wie Hilfsschalter, Ausgelöstmelder, Motorantriebe oder Spannungsauslöser, Schalter in Festeinbau oder Ausfahrtechnik, sind viele Einsatzbereiche möglich. Spezielle Leistungsschalter eröffnen durch ihre Kommunikationsfähigkeit neue Möglichkeiten in der Energieverteilung. Wichtige Informationen können weitergeleitet, gesammelt und ausgewertet werden, bis hin zur vorbeugenden Wartung. Sie erhöhen damit die Transparenz der Anlage. Durch einen schnellen Eingriff in einen Prozess können beispielsweise Anlagenausfälle vermindert oder sogar verhindert werden. Grundlegende Auswahlkriterien eines Leistungsschalters sind unter anderem:

– max. Kurzschlussstrom I_{kmax}
– Nennstrom I_n
– Umgebungstemperatur 0 ... 80 °C
– Bauart 3- oder 4-polig
– Schutzfunktion
– min. Kurzschlussstrom

Ein Arbeitsstromauslöser ist ein Elektromagnet, der bei Anlegen einer Spannung eine Auslösemechanik betätigt. Im stromlosen Zustand befindet sich das System in Ruhelage und die Ansteuerung erfolgt mit einem Schließkontakt. Ist der Arbeitsstromauslöser für Kurzzeitbetrieb mit einem übererregten Arbeitsstromauslöser mit einer Einschaltdauer (ED) von 5 % ausgelegt, muss der Kurzzeitbetrieb durch Vorschalten eines entsprechenden Hilfskontaktes des Leistungsschalters sichergestellt werden. Diese Maßnahme entfällt beim Einsatz eines Arbeitsstromauslösers mit einer Einschaltdauer von 100 %.

Arbeitsstromauslöser werden zur Fernauslösung verwendet, wenn eine Spannungsunterbrechung nicht zur automatischen Abschaltung führen soll. Die Auslösung wird unwirksam durch Drahtbruch, Wackelkontakt oder Unterspannung.

Ein Unterspannungsauslöser ist ein Elektromagnet, der bei Spannungsunterbrechung die Auslösemechanik betätigt. Im stromdurchflossenen Zustand befindet sich das System in Ruhelage. Die Ansteuerung erfolgt mit einem Öffnerkontakt. Unterspannungsauslöser sind stets für Dauerbetrieb ausgelegt. Sie sind die idealen Auslöseelemente für absolut sichere Verriegelungen (z. B. „NOT-AUS").

Unterspannungsauslöser lösen bei Spannungsausfall den Schalter aus, um z. B. das selbsttätige Wiederanlaufen von Drehstrommotoren zu verhindern. Sie eignen sich außerdem zur Verriegelung und Fernausschaltung mit größter Sicherheit, da im Störfall (z. B. Drahtbruch im Steuerstromkreis) immer abgeschaltet wird. Bei spannungslosen Unterspannungsauslösern können die Schalter nicht eingeschaltet werden.

Der abfallverzögerte Unterspannungsauslöser ist eine Kombination aus separater Verzögerungseinheit und zugehörigem Auslöser. Er verhindert, dass kurzzeitige Spannungsunterbrechungen zu einer Abschaltung des Leistungsschalters führen. Die Verzögerungszeit ist zwischen 60 ms und 16 s einstellbar.

Thermistor-Maschinenschutzgeräte eignen sich in Verbindung mit temperaturabhängigen Halbleiter-Widerständen (Thermistoren) für die Temperaturüberwachung von Motoren, Transformatoren, Heizungen, Gasen, Ölen, Lagern usw. Je nach Anwendung nimmt man Thermistoren mit positivem (Kaltleiter) oder negativem Temperaturkoeffizienten (Heißleiter). Beim Kaltleiter ist der Widerstand im Bereich niedriger Temperaturen klein. Ab einer bestimmten Temperatur steigt der Widerstandsbereich steil an. Dagegen haben Heißleiter eine fallende Widerstands-Temperatur-Kennlinie, die nicht das ausgeprägte Sprungverhalten der Kaltleiter-Kennlinie aufweist.

Die speziellen Thermistor-Maschinenschutzgeräte entsprechen den Kenndaten für das Zusammenwirken von Schutzgeräten und Kaltleiterfühlern nach VDE 0660 Teil 303. Damit eignen sie sich für die Temperaturüberwachung von Serienmotoren. Bei der Bemessung eines Motorschutzes ist zwischen ständer- und läuferkritischen Motoren zu unterscheiden:

– Ständerkritisch: Motoren, deren Ständerwicklung schneller als der Läufer die zulässige Grenztemperatur erreicht. Der in der Ständerwicklung eingebaute Kaltleiterfühler stellt sicher, dass Ständerwicklung und Läufer selbst bei festgebremstem Läufer hinreichend geschützt sind.

– Läuferkritisch: Käfigläufermotoren, deren Läufer im Falle des Blockierens früher die zulässige Grenztemperatur erreicht als die Ständerwicklung. Der verzögerte Temperaturanstieg im Ständer kann zu einer verspäteten Auslösung des Thermistor-Maschinenschutzgerätes führen. Es ist daher ratsam, den Schutz läuferkritischer Motoren durch ein Motorschutzrelais zu ergänzen. Drehstrommotoren größer als 15 kW sind meist läuferkritisch.

Ein Überlastschutz von Drehstrommotoren soll nach IEC 204 und EN 60204 erfolgen. Bei Motoren ab 2 kW mit häufigem Anlaufen und Bremsen wird eine auf diese Betriebsart abgestimmte Schutzeinrichtung empfohlen. Hier bietet sich der Einbau von Temperaturfühlern an. Kann der Temperaturfühler einen ausreichenden Schutz bei festgebremstem Läufer nicht sicherstellen, ist zusätzlich ein Überstromrelais vorzusehen.

Generell ist bei häufigem Anlaufen und Bremsen von Motoren, unregelmäßigem Aussetzbetrieb und zu hoher Schalthäufigkeit eine kombinierte Anwendung von Motorschutzrelais und Thermistor-Maschinenschutz zu empfehlen. Um bei diesen Betriebsbedingungen ein vorzeitiges Auslösen des Motorschutzrelais zu vermeiden, wird es höher als der vorgegebene Betriebsstrom eingestellt. Das Motorschutzrelais übernimmt dann den Blockierschutz und der Thermistorschutz überwacht die Motorwicklung.

In Verbindung mit jeweils bis zu sechs Kaltleiterfühlern nach DIN 44081 können die Thermistor-Maschinenschutzgeräte zur direkten Temperaturüberwachung von EEx e-Motoren nach ATEX-Richtlinie (94/9 EG) verwendet werden. Eine PTB-Bescheinigung muss vorliegen.

Bei Wendeschaltung für einen Drehstrommotor ist auch eine Stillstandsüberwachung einzubauen. Ein Stillstandsüberwachungsrelais dient zur Überwachung des Stillstands von Gleich- und Drehstrommotoren. Die typischen Merkmale sind:

– Stillstandsüberwachung ohne und mit Auslaufzeit
– Stillstandsschwelle einstellbar
– Auslaufüberwachungszeit einstellbar
– Arbeitsstromprinzip
– Messleitungen galvanisch getrennt
– kein Drehzahlsensor erforderlich
– für Betrieb mit Frequenzumrichter geeignet

Das Stillstandsüberwachungsrelais ist in einem Schmalbau-Gehäuse mit steckbaren Klemmen untergebracht. Die Merkmale sind:
- Relaisausgänge:
  - Stillstand: 1 Hilfskontakt (U)
  - Störung: 1 Hilfskontakt (U)
- Betriebsarten:
  - Stillstandsüberwachung ohne Auslaufüberwachung
  - Stillstands- und Auslaufüberwachung
- Potentiometer zum Einstellen der Einschaltschwelle und der Überwachungszeit
- Schiebeschalter zur Messbereichsverdopplung
- LED-Anzeigen für Schaltzustand des Relais, Fehlerzustand und Versorgungsspannung

Das Stillstandsüberwachungsrelais überwacht den Auslauf einer Drehstrom-Asynchron-Maschine mit Stillstandserkennung. Dabei wird die durch Remanenz induzierte Spannung einer Motorwicklung gemessen und bei Unterschreiten einer einstellbaren Schwelle ein Stillstand gemeldet (Relaiskontakt). Ein zweites Relais meldet Störung, falls die Spannung innerhalb der eingestellten Auslaufüberwachungszeit nicht die eingestellte Schwelle unterschreitet. Die Zeitmessung wird durch Schließen eines potentialfreien Start-Kontaktes (Öffner des Motorschützes an Y3, Y4) gestartet. Mit dem Schiebeschalter können die Messbereiche umgeschaltet werden.

5.9.8 Drehzahlsteuerung bei Drehstrommotoren

Die Abhängigkeit der Läuferdrehung von dem durch das Netz aufgedrückten Drehfeld bzw. der Frequenz des Drehfelds bringt es mit sich, dass die Drehstrommotoren praktisch in der Drehzahl nicht verstellbar sind. Bei den Asynchronmotoren kann durch Änderung der Spannung am Ständer (mittels Ständeranlasser) oder im Läufer (mittels Läuferanlasser) eine Vergrößerung des Schlupfes und damit eine Verringerung der Drehzahl in kleinen Grenzen herbeigeführt werden. Da aber eine solche Drehzahländerung mit großen Verlusten verbunden ist, kann sie für die Praxis nicht verwendet werden.

Mit der Dahlanderschaltung von Abb. 5.98 kann man zwischen zwei Drehzahlen umschalten. In der linken Dreieckschaltung hat man einen typischen Vierpol, d. h., die synchrone Drehzahl beträgt $1.500\,\text{min}^{-1}$. Bei dieser Variante sind die einzelnen Wicklungen pro Strang hintereinander geschaltet. Bei der Doppelsternschaltung (rechts) sind die Wicklungen parallel geschaltet und damit hat man einen typischen Zweipol. Die synchrone Drehzahl liegt bei $3.000\,\text{min}^{-1}$.

Die Abhängigkeit der Läuferdrehung von dem durch das Netz bestimmten Drehfeld bzw. der Frequenz des Drehfelds bringt es mit sich, dass Drehstrommotoren praktisch in der Drehzahl nicht verstellbar sind. Eine stufenweise Änderung der Drehzahl

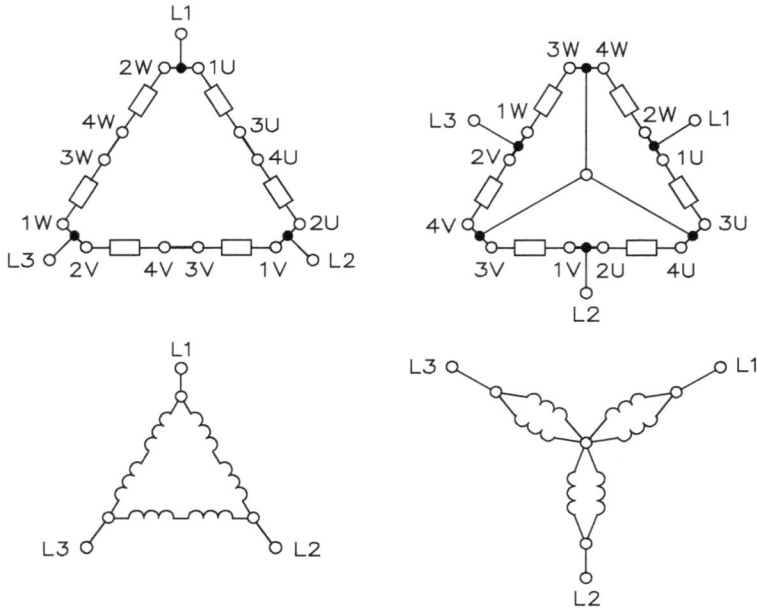

Abb. 5.98: Aufbau, Verschaltung und Wirkungsweise der Dahlanderschaltung.

lässt sich durch Verwendung der so genannten polumschaltbaren Motoren erreichen. Bekanntlich hängt die Drehzahl bei gegebener Frequenz davon ab, mit welcher Polzahl der Ständer gewickelt ist. Befinden sich in einem Ständer zwei voneinander getrennte Wicklungen, von denen die eine zweipolig und die andere vierpolig gewickelt ist, so kann man durch Einschalten der ersten eine Drehzahl von 2.840 min^{-1} und bei Einschalten der anderen eine von 1.420 min^{-1} erhalten.

Es gibt aber auch eine besondere Schaltung, bei der man mit einer einzigen Wicklung zwei Drehzahlen erreichen kann, die im Verhältnis 2 : 1 stehen. Hier spricht man dann von der Dahlanderschaltung. Man realisiert dazu eine in Dreieck geschaltete Ständerwicklung, bei der jede der drei Wicklungen in der Mitte noch eine Anzapfung besitzt. Der Läufer ist dabei ein Kurzschlussläufer! Der Elektromotor hat in diesem Fall also 2 · 3 = 6 Phasenwicklungen.

Achtung: Mit der Umschaltung auf eine andere Polzahl ist eine Umkehrung der Drehrichtung des Drehfelds und damit der Läuferdrehrichtung verbunden. Will man, dass bei der anderen Drehzahl die Drehrichtung beibehalten wird, so muss man gleichzeitig zwei der Phasen L1, L2 und L3 am Klemmensatz vertauschen.

Bei polumschaltbaren Motoren ist es eventuell erforderlich, dass man beim Umschalten von hoher auf niedrige Drehzahl entsprechende Drehmomentreduzierungen vornimmt, da die Umschaltmomente größer als die Anlaufmomente sind. Hier bietet sich neben Drossel und Widerstand als preiswerte Lösung eine zweiphasige Umschaltung an. Dies bedeutet, dass der Motor während des Umschaltens für eine bestimmte Zeit (einstellbar mit einem Zeitrelais) in der Wicklung für kleine Drehzahl nur mit zwei Phasen betrieben wird. Hierdurch wird das sonst symmetrische Drehfeld verzerrt und der Motor erhält ein geringes Umschaltmoment. Dieses lässt sich berechnen:

$$M_{u2ph} = 0{,}5 \cdot M_u \quad \text{oder} \quad M_{u2ph} \approx (1 \ldots 1{,}25)M_{A1}$$

M_{u2ph}: mittleres Umschaltmoment zweiphasig

M_u: mittleres Umschaltmoment dreiphasig

M_{A1}: Anzugsmoment der Wicklung für niedrige Drehzahl

Achtung: Bei Hubwerken darf aus Sicherheitsgründen keine zweiphasige Umschaltung verwendet werden!

Noch vorteilhafter ist der Einsatz des elektronischen Sanftumschalters, der elektronisch die dritte Phase beim Umschalten unterbricht und exakt zur richtigen Zeit wieder zuschaltet.

Die Drehzahl n des Motors ist an die Drehzahl des Drehfelds gebunden und der Schlupf lässt sich berechnen:

$$s = \frac{n_0 - n}{n_0} \cdot n = \frac{(1-s)f}{p}$$

Eine Änderung der Geschwindigkeit des Motors lässt sich durch folgende Maßnahmen beeinflussen:
- die Polpaarzahl p des Motors (z. B. polumschaltbare Motoren),
- den Schlupf s des Motors (z. B. Schleifringläufermotoren),
- die Frequenz f der Motorversorgungsspannung.

Die Drehzahl des Drehfelds wird von der Polpaarzahl des Stators bestimmt. Ein zweipoliger Motor erzeugt eine synchrone Drehzahl von 3.000 min^{-1} ($\approx$ 2.930 min^{-1} bei asynchronem Motor) bei einer Motorversorgungsfrequenz von f = 50 Hz. Die Drehzahl des Drehfelds eines vierpoligen Motors beträgt dagegen 1.500 min^{-1} ($\approx$ 1.450 min^{-1} bei asynchronem Motor). Abb. 5.99 zeigt die Schaltung zum Umschalten zwischen einer langsamen und einer schnellen Drehzahl.

In Abb. 5.99 handelt es sich um einen 8-poligen Motor, der mit 375 min^{-1} ($\approx$ 350 min^{-1}) anläuft und nach einer bestimmten Zeit auf 1.500 min^{-1} ($\approx$ 1.450 min^{-1}) umgeschaltet wird. Dies lässt sich durch das spezielle Einlegen der Statorwicklungen in die Schlitze ausführen. Der Aufbau kann wie bei der Dahlanderwicklung oder mit zwei getrennten Wicklungen erfolgen.

Abb. 5.99 zeigt eine SPS-Schaltung zum Umschalten zwischen einer langsamen und einer schnellen Drehzahl. Über den Motorschutzschalter E 1.0, den Ausschalter E 1.1 fließt ein Strom zu den beiden ODER-Verknüpfungen. Die erste ODER-Verknüpfung ist der Einschalter E 1.2 für die hohe Drehzahl und parallel dazu ist der

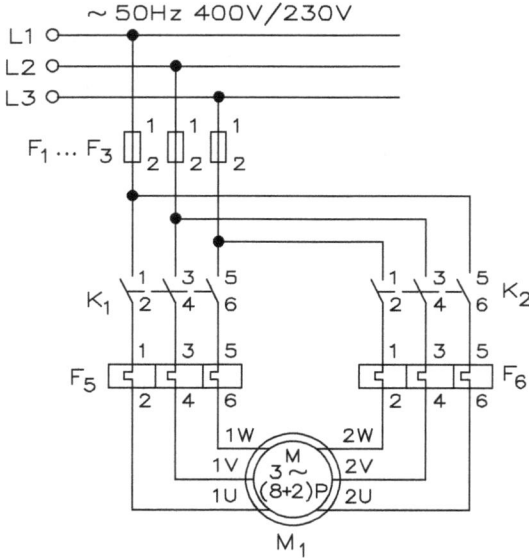

Abb. 5.99: Schaltung (Leistungsteil mit Schützen) zum Umschalten zwischen einer langsamen und einer schnellen Drehzahl.

```
Netzwerk 1 von 1            zyklischer Baustein                    Bib =
  :UN   E     1.0                                     Motorschutzschalter
  :UN   E     1.1                                     Schalter "AUS"
  :U(
  :O    E     1.2                  01                 Schalter "Schnelllauf"
  :O    A     1.1                  01                 Selbsthaltekontakt
  :)                               01
  :U    A     1.2
  :U(                                                 Schuetz K2
  :O    E     1.3                  01
  :O    A     1.2                  01                 Schalter "Langsamlauf"
  :)                               01                 Selbsthaltekontakt
  :U    A     1.1
  :BE                                                 Schuetz K1
```

Abb. 5.100: SPS-Schaltung zum Umschalten zwischen einer langsamen ($\approx 350 \text{ min}^{-1}$) und einer schnellen ($\approx 1.450 \text{ min}^{-1}$) Drehzahl für einen asynchronen Motor.

Selbsthaltekontakt A 1.1 vom Schütz K_1 (A 1.1). Der Motor kann mit einer asynchronen Drehzahl von $\approx 1.450 \text{ min}^{-1}$ drehen. Drückt man auf den Ausschalter E 1.1, wird die Schaltung stromlos und beide Schütze befinden sich im Ruhezustand. Die zweite ODER-Verknüpfung ist der Einschalter E 1.3 für die niedrige Drehzahl und parallel dazu ist der Selbsthaltekontakt A 1.2 vom Schütz K_2 (A 1.2). Der Motor kann mit einer asynchronen Drehzahl von $\approx 350 \text{ min}^{-1}$ drehen. Drückt man auf den Ausschalter E 1.1, wird die Schaltung stromlos und beide Schütze befinden sich im Ruhezustand.

Bei Asynchronmotoren bestimmt die Polzahl die Drehzahl. Durch Änderung der Polzahl lassen sich mehrere Drehzahlen erreichen. Die üblichen Ausführungsformen sind:

- zwei Drehzahlen im Verhältnis mit 1 : 2 durch umschaltbare Wicklung nach dem Dahlanderprinzip
- zwei Drehzahlen im beliebigen Verhältnis durch die Anordnung von zwei getrennten Wicklungen
- drei Drehzahlen durch eine umschaltbare Wicklung im Verhältnis von 1 : 2 und getrennten Wicklungssystemen,
- vier Drehzahlen durch zwei umschaltbare Wicklungen im Verhältnis von 1 : 2 und zwei Drehzahlen mittels Dahlanderumschaltung

Die verschiedenen Möglichkeiten der Dahlanderschaltung ergeben unterschiedliche Leistungsverhältnisse für die beiden Drehzahlen, wie Tab. 5.7 zeigt.

Tab. 5.7: Möglichkeiten der Dahlanderschaltung für unterschiedliche Leistungsverhältnisse für die beiden Drehzahlen.

Schaltungsart	Δ/YY	Y/YY
Leistungsverhältnis	111,5 bis 1,8	0,3/1

Die Δ/YY-Schaltung kommt der gewünschten Forderung in der Antriebstechnik nach konstantem Drehmoment am nächsten. Diese hat außerdem den Vorteil, dass der Motor zum Sanftanlauf oder zur Reduzierung des Einschaltstroms für die niedrige Drehzahl in Y/Δ-Schaltung angelassen werden kann, wenn neun Klemmen vorhanden sind. Die Y/YY-Schaltung eignet sich am besten für die Anpassung des Motors an Maschinen mit quadratisch zunehmendem Drehmoment (Pumpen, Lüfter, Kreiselverdichter usw.).

Motoren mit getrennten Wicklungen erlauben theoretisch jede Drehzahlkombination und jedes Leistungsverhältnis. Die beiden Wicklungen sind in Y geschaltet und völlig unabhängig voneinander. Tab. 5.8 zeigt die bevorzugten Drehzahlkombinationen.

Tab. 5.8: Bevorzugte Drehzahlkombinationen für Motoren mit getrennten Wicklungen.

Motoren mit Dahlanderschaltung	1500/3000	—	750/1500	500/1000
Motoren mit getrennten Wicklungen	—	1000/1500	—	—
Polzahlen	4/2	6/4	8/4	12/6
Kennziffer niedrig/hoch	1/2	1/2	1/2	1/2

Die Kennziffern werden im Sinne steigender Drehzahl dem Kennbuchstaben vorange-
setzt.

Beispiel: 1U, 1V, 1W, 2U, 2V, 2W. Für die Motorschaltung gilt:
- Motorschaltung A: Einschalten der niedrigeren und hohen Drehzahl nur von 0
  aus. Kein Rückschalten auf die niedrigere Drehzahl möglich, nur auf 0 (Ausschalten)
- Motorschaltung B: Einschalten jeder Drehzahl von 0 aus. Schalten von der nied-
  rigen auf höhere Drehzahl möglich, aber auch Rückschalten auf 0 ist gegeben
- Motorschaltung C: Einschalten jeder Drehzahl von 0 aus. Hin- und Herschalten
  zwischen niedrigerer und höherer Drehzahl (hohe Bremsmomente) möglich. Das
  Rückschalten lässt sich direkt auf 0 durchführen

Arbeitet man mit drei Drehzahlbereichen, ergänzt die Dahlanderschaltung den Dreh-
zahlbereich mit getrennten Wicklungen. Diese kann unterhalb, zwischen oder oberhalb der beiden Dahlanderdrehzahlen liegen. Die Schaltung muss dieses Verhalten
berücksichtigen. Die bevorzugten Drehzahlkombinationen sind in Tab. 5.9 gezeigt.

Tab. 5.9: Bevorzugte Drehzahlkombinationen für asynchrone Drehstrommotoren, wenn mit der Dahlanderschaltung gearbeitet wird.

Drehzahlen	1000/1500/3000	750/1000/1500	750/1500/3000
Polzahlen	6/4/2	8/6/4	8/4/2
Schaltung	X	Y	Z

Für die Ansteuerung des Motors gilt:
- Motorschaltung A: Einschalten jeder Drehzahl von 0 aus. Rückschaltung nur auf 0
  möglich
- Motorschaltung B: Einschalten jeder Drehzahl von 0 möglich und von einer niedrigeren in eine höhere Drehzahl ist vorhanden, nur direktes Rückschalten auf 0
  möglich
- Motorschaltung C: Einschalten jeder Drehzahl von 0 möglich und von einer niedrigeren Drehzahl vorhanden, Rückschalten auf eine niedrigere Drehzahl (hohe
  Bremsmomente oder auf 0) möglich

Arbeitet man mit vier Drehzahlbereichen, können sich durch die Dahlanderschaltung
Überschneidungen ergeben, wie Tab. 5.10 zeigt.

Bei Motoren mit drei oder vier Drehzahlbereichen ist bei gewissen Polzahlenver-
hältnissen die nicht angeschlossene Wicklung zur Vermeidung von Induktionsströ-
men über Zusatzklemmen am Motor durch entsprechende Maßnahmen (mechanisch
oder elektronisch) zu öffnen.

Tab. 5.10: Bevorzugte Drehkombinationen für synchrone Drehstrommotoren mit vier Drehzahl-bereichen, wenn mit der Dahlanderschaltung gearbeitet wird. Bei asynchronen Drehstrommotoren reduziert sich die Drehzahl zwischen 3 % und 5 % durch den Schlupf.

1. Wicklung	2. Wicklung
500/1000	1500/3000
= 500/1000/1500/3000	
500/1000	750/1500
= 500/750/1000/1500	

Die Geschwindigkeitsänderung erfolgt durch das Umschalten der Statorwicklungen, damit die Polpaarzahl im Stator geändert wird. Durch Umschalten von einer kleinen Polpaarzahl (hohe Geschwindigkeit) auf die große Polpaarzahl (niedrige Geschwindigkeit) wird die aktuelle Geschwindigkeit des Motors schlagartig verringert, z. B. von $1.500 \, \text{min}^{-1}$ auf $600 \, \text{min}^{-1}$. Bei einem schnellen Umschalten durchläuft der Motor den Generatorbereich. Dieses Verhalten belastet den Motor und damit die Mechanik der Arbeitsmaschine erheblich.

5.10 Pumpensteuerungen

Eine Pumpensteuerung beinhaltet eine typische Ansteuerung von Motoren. Anhand einiger Beispiele sollen typische Anwendungen gezeigt werden.

5.10.1 Vollautomatische Steuerung für zwei Pumpen

Die Einschaltfolge der Pumpen 1 und 2 durch eine SPS-Anlage ist wählbar mit zwei Schwimmerschaltern für Grund- und Spitzenlast (auch Betrieb mit zwei Druckwäch-tern möglich):

P1 Auto = Pumpe 1: Grundlast, Pumpe 2: Spitzenlast
P2 Auto = Pumpe 2: Grundlast, Pumpe 1: Spitzenlast
P1 + P2 = Direktbetätigung unabhängig von den Schwimmerschaltern
   (oder ggf. Druckwächtern)
  Abb. 5.101 zeigt den Aufbau und den Leistungsteil für eine vollautomatische Steuerung für zwei Pumpen. Es gilt:
(1) Seil mit Schwimmer, Gegengewicht, Umlenkrollen, Mitnehmer
(2) Hochbehälter
(3) Zulauf
(4) Druckrohr
(5) Entnahme

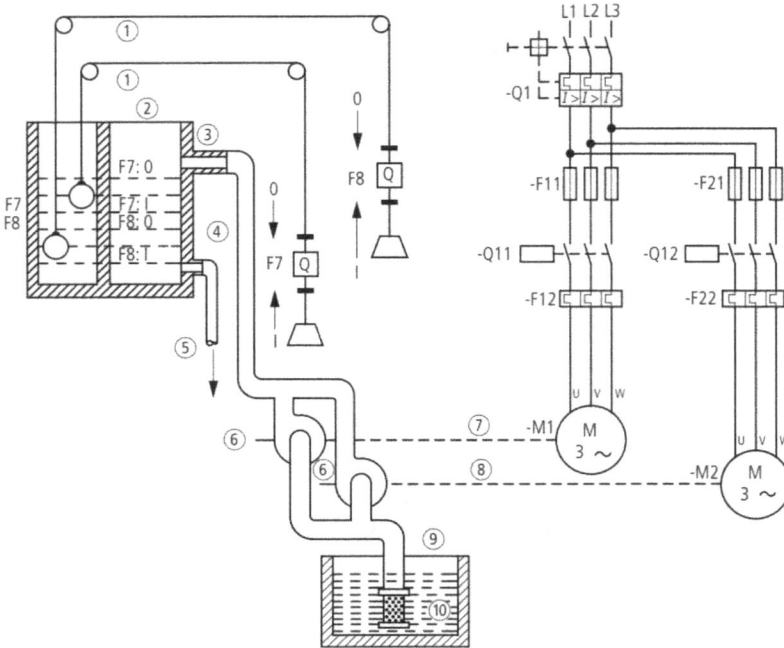

Abb. 5.101: Aufbau und Leistungsteil für die vollautomatische Steuerung zweier Pumpen.

(6) Kreisel- oder Kolbenpumpe
(7) Pumpe 1
(8) Pumpe 2
(9) Saugrohr mit Korb
(10) Brunnen

Der Schwimmerschalter F7 schließt eher als der Schwimmerschalter F8. Der Netz-schütz Q11 gibt die Pumpe 1 frei und Netzschütz Q12 dient für Pumpe 2.

Die Zwei-Pumpensteuerung ist vorgesehen für den Betrieb von zwei Pumpen-motoren M1 und M2. Die Steuerung erfolgt über Schwimmerschalter F7 und F8. Die Anlage arbeitet wie folgt: Bei fallendem/steigendem Wasserspiegel im Hochbehäl-ter schaltet F7 Pumpe 1 ein oder aus (Grundlast). Fällt der Wasserspiegel unter den Bereich von F7 (Entnahme größer als Zulauf), schaltet F8 Pumpe 2 zu (Spitzenlast). Steigt der Wasserspiegel wieder, schaltet F8 aus. Pumpe 2 läuft aber weiter, bis F7 beide Pumpen abschaltet. Die Folge der Pumpen 1 und 2 kann über den Betriebsar-tenwahlschalter S12 bestimmt werden: Stellungen P1 Auto oder P2 Auto. In Stellung P1 und P2 sind beide Pumpen in Betrieb, unabhängig von den Schwimmerschaltern (Achtung! Überlaufen des Hochbehälters möglich). Abb. 5.102 zeigt ein SPS-Programm für die vollautomatische Steuerung zweier Pumpen.

```
 A  Datei  Bearbeiten  Suchen  Ansicht  AG-Funktionen  Optionen  Fenster  Controller  Hilfe

   D 🖿 🖫  ✂ 🗐 🗋  ↰ ↱   🖨  ✛ ⊙ 🔃 🔲   A ⊞ ⊣⊢ 55 57 📦 ？ ▶? ▶ ▶∣  ▼ ▲
                                                                            N N
 Netzwerk 1 von 1              zyklischer Baustein                Bib =
        :U    E    1.0                          Hauptschalter
        :
        :U    E    1.2                          Motorschutz Fuer Motor 1
        :UN   E    1.2                          Ausschalter Fuer Motor 1
        :
        :O    E    1.3                          Spitzenlast (Motor 2)
        :U    A    1.2                          Sperre von Motor 2
        :U(
        :O    E    1.4               01         Einschalter von Motor 1
        :O    A    1.1               01         Selbsthaltekontakt von Motor 1
        :)                           01
        :=    A    1.3                          Motor 1
        :=    A    1.3                          Kontrollleuchte Fuer Motor 1
        :O(
        :U    E    1.4               01         Motorschutz Fuer Motor 2
        :UN   E    1.5               01         Ausschalter Fuer Motor 2
        :)                           01
        :O    E    1.6                          Spitzenlast (Motor 1)
        :U    A    1.1                          Sperre von Motor 1
        :U(
        :O    E    1.7               01         Einschalter von Motor 2
        :O    A    1.2               01         Selbsthaltekontakt von Motor 2
        :)                           01
        :=    A    1.2                          Motor 2
        :=    A    1.4                          Kontrollleuchte Fuer Motor 2
        :BE
```

Abb. 5.102: SPS-Programm für die vollautomatische Steuerung zweier Pumpen.

Am Anfang des SPS-Programms befinden sich der 3-polige Hauptschalter E 1.0 mit Schaltschloss und drei elektrothermischen Überstromauslösern, drei elektromagnetischen Überstromauslösern und die Sicherungen. Nach den Sicherungen sind die beiden Motorschutzrelais E 1.1 und E 1.4, jeweils für die Pumpe M1 und M2, vorhanden. Danach schließen sich jeweils der Ausschalter E 1.2 und E 1.5 an. Da es sich um Öffner handelt, erfolgt die Negation.

Die beiden Motoren werden über die Einschalter E 1.3 und E 1.6 eingeschaltet. Parallel zu den Einschaltern sind die Selbsthaltekontakte A 1.1 und A 1.2 vorhanden. Parallel zu den Motoren finden sich noch Kontrollleuchten für den jeweiligen Motor.

Wenn ein Motor läuft, kann der andere nicht zugeschaltet werden, denn vor dem Einschalten und Selbsthaltekontakt sind die Schalter A 1.1 und A 1.2 vorhanden. Sinkt aber das Wasser auf ein Minimum ab, wird der Schalter F7 oder F8 aktiviert und der Motor, der sich im Ruhezustand befindet, eingeschaltet. Wird das Minimum überschritten, schaltet sich dieser Motor wieder aus.

5.10.2 Pumpensteuerung für eine Hauswasserversorgungsanlage

Für eine Hauswasserversorgungsanlage soll eine SPS-Anlage ohne Wassermangelsicherung aufgebaut werden. Die Anlage soll mit einem 3-poligen Druckwächter (Hauptstromschaltung) überwacht werden.

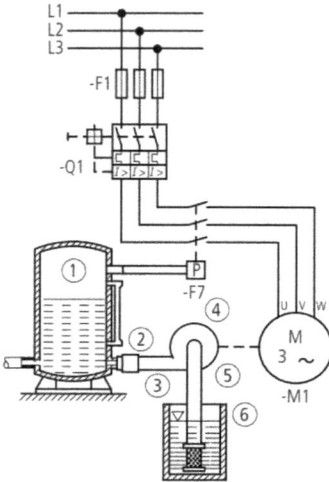

Abb. 5.103: Pumpensteuerung für eine Hauswasserversorgungsanlage.

Für die Schaltung in Abb. 5.103 gilt:

F1: Schmelzsicherungen (falls erforderlich)

Q1: Motorschutzschalter

F7: Druckwächter 3-polig

M1: Pumpenmotor

(1) Wind- oder Druckkessel (Hydrophor)

(2) Rückschlagventil

(3) Druckrohr

(4) Kreisel- (oder Kolben-)Pumpe

(5) Saugrohr mit Korb

(6) Brunnen

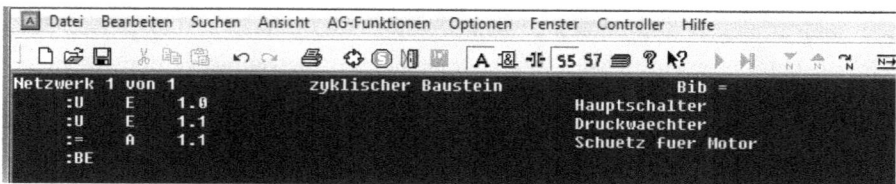

Abb. 5.104: SPS-Programm einer Pumpensteuerung für eine Hauswasserversorgungsanlage.

Abb. 5.104 zeigt ein SPS-Programm einer Pumpensteuerung für eine Hauswasserversorgungsanlage. Am Anfang des SPS-Programms befinden sich der 3-polige Hauptschalter E 1.0 mit Schaltschloss und drei elektrothermischen Überstromauslösern, drei elektromagnetischen Überstromauslösern und die Schmelzsicherungen.

Der Wind- oder Druckkessel wird über das Rückschlagventil und dem Druckrohr mit einer Kreiselpumpe aus dem Brunnen gespeist. Eingeschaltet wird die Anlage über den Einschalter E 1.0. Normalerweise ist der Druckkessel leer und der Druckwächter E 1.1 ist eingeschaltet, da es sich um einen Schließer handelt. Der Motor füllt den Druckkessel mit Wasser und es baut sich ein Druck auf. Wird der Druck bis zu seinem Maximalwert ($\approx$ 6 bar) gesteigert, öffnet sich der Druckwächter und schaltet den Motor ab. Unterschreitet den Minimalwert ($\approx$ 2 bar), schaltet der Druckwächter wieder den Motor ein.

5.10.3 Pumpensteuerung für eine Hauswasserversorgungsanlage mit Druckwächter

Für eine Hauswasserversorgungsanlage eignet sich die Schaltung von Abb. 5.105 mit 1-poligem Druckwächter (Steuerstromschaltung).

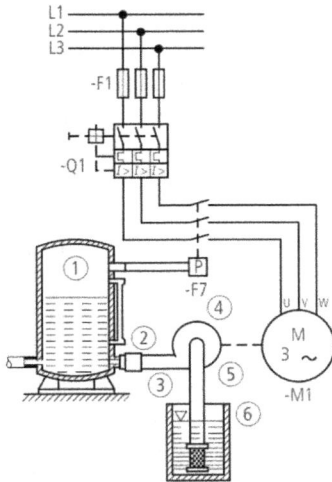

Abb. 5.105: Pumpensteuerung für eine Hauswasserversorgungsanlage mit Druckwächter.

Für die Schaltung gilt:

F1: Schmelzsicherungen
Q11: Schütz oder selbsttätiger Stern-Dreieck-Schalter
F2: Motorschutzrelais mit Wiedereinschaltsperre
F7: Druckwächter 1-polig
M1: Pumpenmotor
(1) Wind- oder Druckkessel (Hydrophor)
(2) Rückschlagventil
(3) Kreisel- (oder Kolben-)Pumpe
(4) Druckrohr
(5) Saugrohr mit Korb
(6) Brunnen

Im Gegensatz zu der Schaltung von Abb. 5.103 ist Abb. 5.105 für größere Anlagen konzipiert worden. Die Anlage ist mit einem Schütz oder einem selbsttätigen Stern-Dreieck-Schalter ausgestattet. Ideal in der Praxis sind selbsttätige Stern-Dreieck-Schalter oder Softstarter (elektronischer Motorstart), je nach Anwendungsfall. Softstarter steuern die Versorgungsspannung des Motors in einer einstellbaren Zeit auf 100 % der Netzspannung. Der Motor startet dabei nahezu ruckfrei. Die Spannungsreduzierung führt zu einer quadratischen Drehmomentreduzierung in Bezug auf das normale Startmoment, den Start, und von Lasten mit quadratischem Drehzahl- oder Drehmomentverlauf (z. B. Pumpen oder Lüfter).

Statt des Softstarters gibt es noch Halbleiterschütze, Frequenzumrichter und Vektor-Frequenzumrichter:

– Halbleiterschütze ermöglichen ein schnelles und lautloses Schalten von Drehstrommotoren und ohmschen Lasten. Das Einschalten erfolgt dabei automatisch zum optimalen Zeitpunkt und unterdrückt unerwünschte Strom- und Spannungsspitzen.

– Frequenzumrichter wandeln das Wechsel- oder Drehstromnetz mit konstanter Spannung und Frequenz in ein neues, dreiphasiges Netz um, mit variabler Spannung und variabler Frequenz. Diese Spannungs-/Frequenzsteuerung ermöglicht die stufenlose Drehzahlregelung von Drehstrommotoren. Der Antrieb kann mit Nennmoment auch bei kleinen Drehzahlen betrieben werden. Die Frequenzumrichter sind werksseitig für die zugeordnete Motorleistung eingestellt. So kann jeder Anwender nach der Installation den Antrieb sofort starten. Individuelle Einstellungen können über die Bedieneinheit oder die Parametriersoftware angepasst werden. In abgestuften Ebenen können verschiedene Betriebsarten angewählt und parametriert werden. Für Anwendungen mit Druck- und Durchflussregelung steht bei allen Geräten ein interner PID-Regler zur Verfügung, der anlagenspezifisch eingestellt werden kann. Ein weiterer Vorteil der Frequenzumrichter ist der Verzicht auf zusätzliche externe Komponenten zur Überwachung bzw. zum Motorschutz. Auf der Netzseite ist nur eine Sicherung bzw. ein Schutzschalter für den Leitungs- und Kurzschlussschutz erforderlich. Die Ein- und Ausgänge der Frequenzumrichter werden geräteintern durch Mess- und Regelkreise überwacht, z. B. Übertemperatur, Erdschluss, Kurzschluss, Motorüberlast, Motorblockade und Keilriemenüberwachung. Auch die Temperaturmessung in der Motorwicklung kann über einen Thermistoreingang in den Überwachungskreis des Frequenzumrichters eingebunden werden.

– Während beim Frequenzumrichter der Drehstrommotor durch ein kennliniengeregeltes U/f-Verhältnis (Spannung/Frequenz) gesteuert wird, erfolgt dies beim Vektor-Frequenzumrichter durch eine sensorlose, flussorientierte Regelung des Magnetfelds im Motor. Regelgröße ist hierbei der Motorstrom. Dadurch wird das Drehmoment optimal für anspruchsvolle Anwendungen (Misch- und Rührwerke, Extruder, Transport- und Fördereinrichtungen) geregelt.

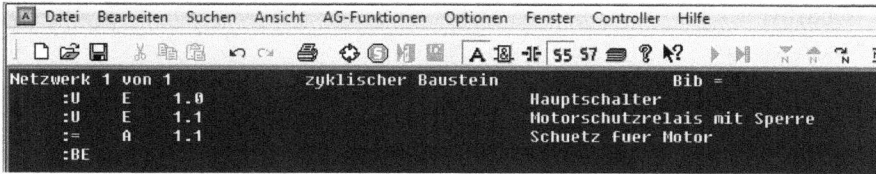

Abb. 5.106: SPS-Programm für eine Pumpensteuerung für eine Hauswasserversorgungsanlage mit Druckwächter.

Abb. 5.106 zeigt ein SPS-Programm einer Pumpensteuerung für eine Hauswasserversorgungsanlage mit Druckwächter. Die beiden Eingänge E 1.0 und E 1.1 werden über UND verknüpft und bilden den Ausgang A 1.1 für die Ansteuerung des Schützes.

5.10.4 Pumpensteuerung mit Schwimmerschalter

Die Schaltung von Abb. 5.107 zeigt eine vollautomatische Pumpensteuerung.

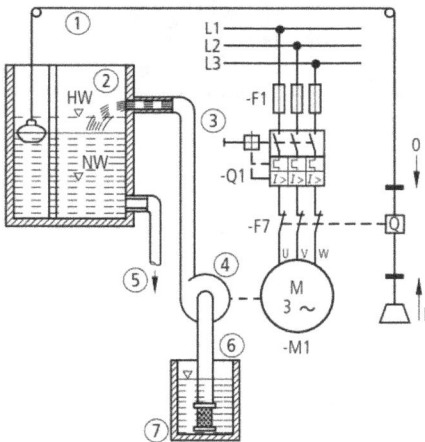

Abb. 5.107: Vollautomatische Pumpensteuerung mit Schwimmerschalter.

Am Anfang der Schaltung befinden sich die Schmelzsicherungen und danach der 3-polige Hauptschalter mit Schaltschloss und drei elektrothermischen Überstromauslösern und den drei elektromagnetischen Überstromauslösern. Mit 3-poligem Schwimmerschalter (Hauptstromschaltung) wird der Schütz betätigt. Für die Schaltung gilt:

F1: Schmelzsicherungen (falls erforderlich)

Q1: Motorschutzschalter handbetätigt

F7: Schwimmerschalter 3-polig (Schaltung: Vollpumpen)

M1: Pumpenmotor

HW: Höchstwert

NW: Niedrigstwert

(1)   Seil mit Schwimmer, Gegengewicht, Umlenkrollen und Mitnehmern

(2)   Hochbehälter

(3)   Druckrohr

(4)   Kreisel- (oder Kolben-)Pumpe

(5)   Entnahme

(6)   Saugrohr mit Korb

(7)   Brunnen

Wird die Anlage eingeschaltet und liegt der Schwimmer unterhalb des Niedrigstwertes, schaltet sich der Motor ein und Wasser wird hochgepumpt. Erreicht der Wasserstand den Höchstwert, schaltet der Motor aus. Es ergibt sich das SPS-Programm von Abb. 5.108.

Abb. 5.108: SPS-Programm für eine vollautomatische Pumpensteuerung mit Schwimmerschalter.

Der Hauptschalter bildet den Eingang E 1.0, der Motorschutzschütz den Eingang E 1.1 und der Schwimmerschalter den Eingang E 1.3. Alle drei Eingänge sind über ein UND verknüpft und damit wird der Ausgang A 1.1 aktiv, wenn alle drei Bedingungen erfüllt sind. Der Ausgang A 1.1 steuert den Schütz an.

In der Schaltung von Abb. 5.107 wird der Wasserstand im Brunnen nicht erfasst und in Abb. 5.109 befindet sich im Brunnen eine Wassermangelsicherung durch einen Schwimmerschalter.

Für diese Schaltung gilt:

F1:   Schmelzsicherungen

Q11:   Schütz oder selbsttätiger Stern-Dreieck-Schalter

F2:   Motorschutzrelais mit Wiedereinschaltsperre

F8:   Schwimmerschalter 1-polig (Schaltung: Vollpumpen)

S1:   Umschalter „HAND-AUS-AUTOMATIK"

F9:   Schwimmerschalter 1-polig (Schaltung: Leerpumpen)

M1:   Pumpenmotor

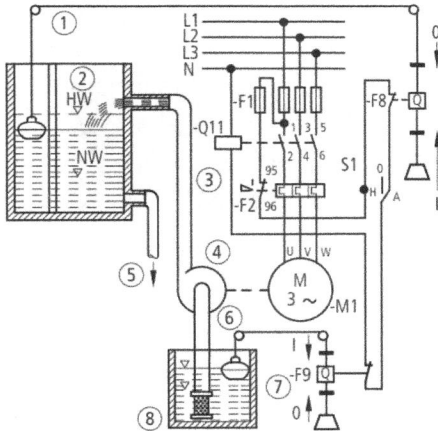

Abb. 5.109: Vollautomatische Pumpensteuerung mit Schwimmerschalter mit Wassermangelsicherung.

(1)   Seil mit Schwimmer, Gegengewicht, Umlenkrollen und Mitnehmern
(2)   Hochbehälter
(3)   Druckrohr
(4)   Kreisel- (oder Kolben-)Pumpe
(5)   Entnahme
(6)   Saugrohr mit Korb
(7)   Wassermangelsicherung durch einen Schwimmerschalter
(8)   Brunnen

Über die Schmelzsicherungen erhalten der Schütz oder selbsttätige Stern-Dreieck-Schalter und das Motorschutzrelais mit Wiedereinschaltsperre die Spannung und der Pumpenmotor kann arbeiten. Der Hochbehälter wird von dem Schwimmerschalter überwacht, und unterschreitet der Wasserstand den Niedrigstwert, schaltet sich der Motor ein. Überschreitet der Wasserstand den Höchstwert, schaltet dagegen der Schwimmerschalter die Anlage ab. Der Schwimmerschalter im Brunnen erfasst den Wasserstand im Brunnen. Unterschreitet die Wassersäule den Niedrigstwert, öffnet sich der Schwimmerschalter und der Stromkreis wird unterbrochen. Abb. 5.110 zeigt ein SPS-Programm für eine vollautomatische Pumpensteuerung mit Wassermangelsicherung.

Bei dem Programm bildet der Hauptschalter den Eingang E 1.0, der Motorschutzschütz den Eingang E 1.1, der Schwimmerschalter (Hoch) den Eingang E 1.2 und der Schwimmerschalter (Leerpumpen) den Eingang E 1.3. Sind alle vier Bedingungen erfüllt, hat der Ausgang A 1.1 ein 1-Signal und der Schütz kann anziehen.

```
[A] Datei  Bearbeiten  Suchen  Ansicht  AG-Funktionen  Optionen  Fenster  Controller  Hilfe

  □ 🖿 🖫   ✂ 🗎 🗎   ↶ ↷   🖨  ✿ ⊙ 🗐 🖳   A 🗐 ╫ 55 57 🖙 ？ ▶？    ▶ ▶|   Y ≙ Y
                                                                              N  N  N
Netzwerk 1 von 1                zyklischer Baustein                        Bib =
   :U    E    1.0                               Hauptschalter
   :U    E    1.1                               Motorschutzschuetz mit Sperr
   :U    E    1.2                               Schwimmschalter (Hoch)
   :U    E    1.1                               Schwimmschalter (Leerpumpen)
   :=    A    1.1                               Schuetz fuer Motor
   :BE
```

Abb. 5.110: SPS-Programm für eine vollautomatische Pumpensteuerung mit Wassermangel-sicherung.

5.11 Steuerung eines Garagentors

Ein SPS-Programm soll für das automatische Öffnen und Schließen eines Garagentors geschrieben werden. Abb. 5.111 zeigt das Tor mit den Funktionen.

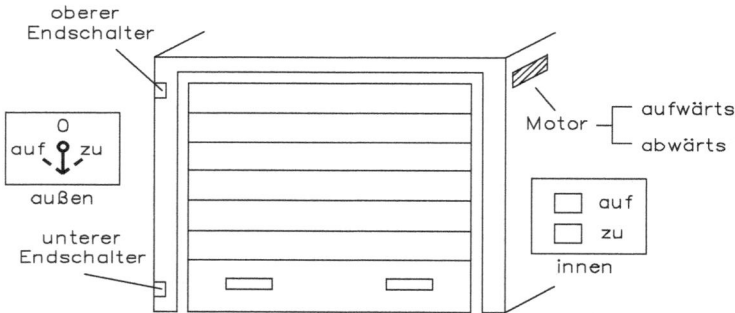

Abb. 5.111: Funktionen eines Garagentors.

Oben und unten befinden sich zwei Endschalter. Als Endschalter werden normaler-weise Öffner verwendet. In der Praxis setzt man jedoch Endschalter mit Schließern ein und damit wird sichergestellt, dass bei einem Drahtbruch auch das Garagentor von innen auffahren kann. Der äußere Schlüsselschalter hat Mittelrastung und nach links wird das Garagentor nach oben und nach rechts nach unten bewegt. Innen sind zwei Schalter für die Auf- und Abwärtsbewegung untergebracht. Es gilt:

E 1.0	Endschalter	oben
E 1.1	Endschalter	unten
E 1.2	Taste „AUF"	außen
E 1.3	Taste „ZU"	außen
E 1.4	Schlüsselschalter	außen
E 1.5	Taste „AUF"	innen
E 1.6	Taste „ZU"	innen
A 1.0	Motor	aufwärts
A 1.1	Motor	abwärts

Damit erhält man folgenden Entwurf.

1. Öffnen des Garagentors von außen:

Wird	die Taste „AUF" gedrückt	(E 1.2: 1-Signal)	U	E 1.2
und	der Schlüssel gedreht	(E 1.4: 1-Signal)	U	E 1.4
und	der Endschalter oben nicht berührt,	(E 1.0: 0-Signal)	UN	E 1.0
wird	der Motor/aufwärts eingeschaltet.	(A 1.0: 1-Signal)	=	A 1.0

2. Öffnen des Garagentors von innen:

Wird	die Taste „AUF" gedrückt	(E 1.5: 1-Signal)	U	E 1.5
und	der Endschalter oben nicht berührt,	(E 1.0: 0-Signal)	UN	E 1.0
dann	wird der Motor/aufwärts eingeschaltet.	(A 1.0: 1-Signal)	=	A 1.0

3. Schließen des Garagentors von außen:

Wird	die Taste „ZU" gedrückt	(E 1.3: 1-Signal)	U	E 1.3
und	der Schlüssel gedreht	(E 1.4: 1-Signal)	U	E 1.4
und	der Endschalter unten nicht berührt,	(E 1.1: 0-Signal)	UN	E 1.1
dann	wird der Motor/abwärts eingeschaltet.	(A 1.1: 1-Signal)	=	A 1.1

4. Schließen des Garagentors von innen:

Wird	die Taste „ZU" gedrückt	(E 1.6: 1-Signal)	U	E 1.5
und	der Endschalter oben nicht berührt,	(E 1.0: 0-Signal)	U	E 1.0
dann	wird der Motor/abwärts eingeschaltet.	(A 1.1: 1-Signal)	=	A 1.1

Aus dem Entwurf lässt sich das SPS-Programm in Abb. 5.112 erstellen.

Das SPS-Programm ist in vier Abschnitte aufgeteilt und zeigt die einzelnen Phasen anhand von Netzwerken an. Wie fügt man ein neues Netzwerk unter STEP5 ein?

– Fügen sie eine neue Zeile an der gewünschten Stelle ein.

– Geben Sie in dieser neuen Zeile ∗∗∗ ein.

– Bestätigen Sie mit <RETURN>. Daraufhin wird das vorhergehende Netzwerk abgeschlossen und ein neues Netzwerk erzeugt.

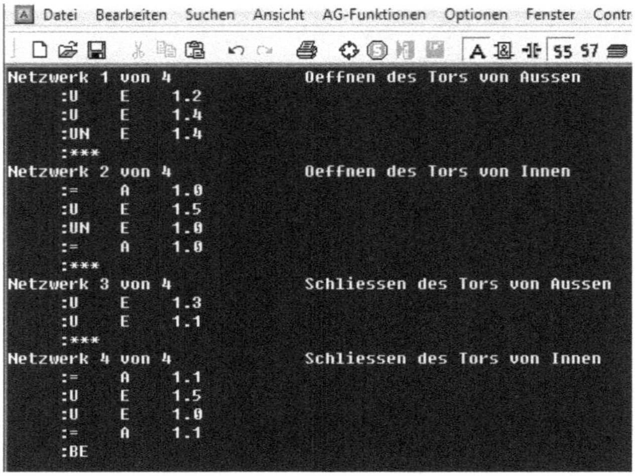

Abb. 5.112: SPS-Programm zum automatischen Öffnen und Schließen eines Garagentors.

Über „Suchen" in der Befehlsliste öffnet sich ein Fenster mit dem Befehl „Gehe zu Netzwerk". Klicken Sie diesen Balken an, öffnet sich ein weiteres Fenster. In diesem Fenster stehen die Netzwerknummern und die Details der einzelnen Netzwerke.

Über „Suchen" in der Befehlsliste öffnet sich ein Fenster mit dem Befehl „Gehe zu Adresse". Klicken Sie diesen Balken an, öffnet sich ein weiteres Fenster. In diesem Fenster können Sie eine Adresse in Dezimal oder Hexadezimal eingeben. Betätigen Sie „OK", springt der SPS-Prozessor auf die angegebene Adresse.

Über „Suchen" in der Befehlsliste öffnet sich ein Fenster mit dem Befehl „Gehe zu nächstem Netzwerk" oder „Gehe zu vorherigem Netzwerk". Klicken Sie diesen Balken an, springt der SPS-Prozessor auf das entsprechende Netzwerk.

Über „Ansicht" in der Befehlsliste öffnet sich ein Fenster mit dem Befehl „Adressenausgabe". Klicken Sie diesen Balken an, erscheint die Anweisungsliste mit den Adressen. Man kann wählen zwischen:

– keine Adressenausgabe
– hexadezimal in Wörtern
– hexadezimal in Bytes
– dezimal in Wörtern
– dezimal in Bytes

5.12 Überwachung des Wasserpegels

In einem Prozess soll eine Sammelmeldung ausgegeben werden, wenn in einem der beiden Behälter der Wasserpegel einen Mindestwert unterschritten hat. Erst mit Betätigung einer Quittierungstaste soll die Sammelmeldung wieder gelöscht werden. Abb. 5.113 zeigt den Aufbau.

Abb. 5.113: Aufbau von zwei Behältern mit Sensoren für den Mindestwert.

Als Lösung für dieses Problem setzt man ein RS-Flipflop ein. Ist Wasserpegel $h_1 <$ $h_1$min oder $h_2 < h_2$min, wird das RS-Flipflop gesetzt, eine entsprechende Sammelmeldung ausgegeben – und das so lange, bis die Quittierungstaste betätigt wird. Dann wird das Flipflop zurückgesetzt, die Meldung erlischt, d. h., sie wird nicht mehr ausgegeben.

Abb. 5.114: SPS-Programm für Überwachung des Wasserpegels.

Abb. 5.114 zeigt ein SPS-Programm für die Überwachung des Wasserpegels. Die beiden Schwimmerschalter dienen als Eingänge E 1.1 und E 1.2 und werden in einer ODER-Funktion verknüpft. Spricht einer der beiden Schwimmerschalter an, wird das Flipflop durch den Eingang S gesetzt. Über den Ausgang A 1.1 wird die Meldeleuchte eingeschaltet. Das Flipflop wird mit S 0.0 definiert. Hat der Eingang E 1.0 ein 1-Signal, wird das Flipflop an einem Eingang R zurückgesetzt. Über den Ausgang A 1.1 wird die Meldeleuchte dann ausgeschaltet.

5.13 Motoransteuerung

Ein Motor soll eingeschaltet werden, wenn folgende Bedingungen erfüllt sind:
– Kommando „EIN" gegeben
– Maschine freigegeben

Der Motor soll wieder ausgeschaltet werden, wenn eine der folgenden Bedingungen erfüllt ist:
– „AUS"-Taste betätigt
– Motorschutz angesprochen

Die Aufgabe wird mit einem RS-Flipflop, einem ODER- und einem UND-Glied gelöst, wie das SPS-Programm von Abb. 5.115 zeigt.

Abb. 5.115: SPS-Programm für eine Motoransteuerung.

Im vorliegenden Beispiel ist der Zurücksetzeingang dominierend festgelegt worden. Auf den Befehl „Motor Aus" kann verzichtet werden, weil beim Ausschalten der Ausgang des Flipflops den Wert „0" hat. Wert „0" am Ausgang bedeutet aber, dass der Befehl ohnehin nicht ausgegeben und der Motor damit nicht eingeschaltet wird.

Achtung: Bitte beachten Sie bei den Definitionen von Bedingungen und Befehlen, dass es sich um verbale Beschreibungen und um Wertigkeiten handelt!

5.14 Überwachungseinrichtungen mit Luftströmungswächter

Ein Maschinenaggregat wird von drei Ventilatoren gekühlt. Die Funktionsüberwachung übernimmt je ein Luftströmungswächter. Bei Ausfall eines Ventilators erfolgt eine optische Meldung mit einer Signallampe und Abb. 5.116 zeigt das Programm.
    Der Luftströmungswächter ist mit einem Arbeitskontakt ausgestattet und liefert im Arbeitszustand ein 0-Signal. Wird der Luftstrom unterbrochen, erzeugt der Wächter ein 1-Signal und damit ist die ODER-Bedingung erfüllt. Am Ausgang A 1.1 erscheint

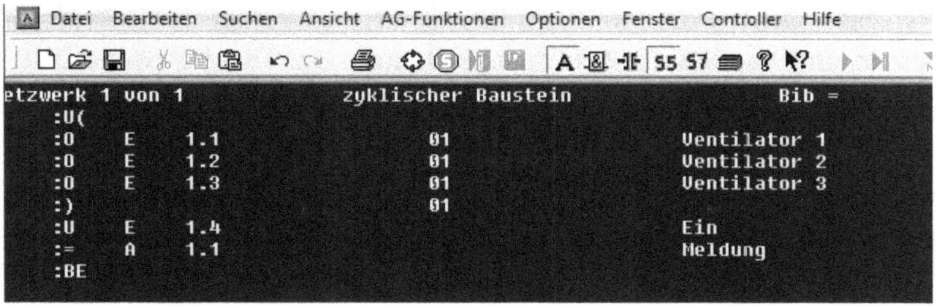


```
etzwerk 1 von 1              zyklischer Baustein               Bib =
    :U(
    :O     E     1.1              01               Ventilator 1
    :O     E     1.2              01               Ventilator 2
    :O     E     1.3              01               Ventilator 3
    :)                            01
    :U     E     1.4                               Ein
    :=     A     1.1                               Meldung
    :BE
```

Abb. 5.116: SPS-Programm (AWL links, FUP rechts) einer Überwachungseinrichtung mit drei Luftströmungswächtern.

ein 1-Signal und der Schütz für die optische Anzeige signalisiert, dass ein Lüftermotor ausgefallen ist. Der Ausgang wird nicht gespeichert und erlischt sofort, wenn alle drei Wächter ein 0-Signal liefern und die Anlage in Betrieb ist.

Bei Ausfall von zwei Ventilatoren erfolgt zusätzlich eine akustische Meldung mit einer Hupe und Abb. 5.117 zeigt das Programm.

Das SPS-Programm ist in vier Netzwerke unterteilt. Im ersten Netzwerk werden die zwei Ventilatoren V1 und V2 auf ihren Betriebszustand gemessen und Ventilator V3 soll ausgeschaltet sein. Für die erste UND-Bedingung gilt:

$$V1 \wedge V2 \wedge V3'$$

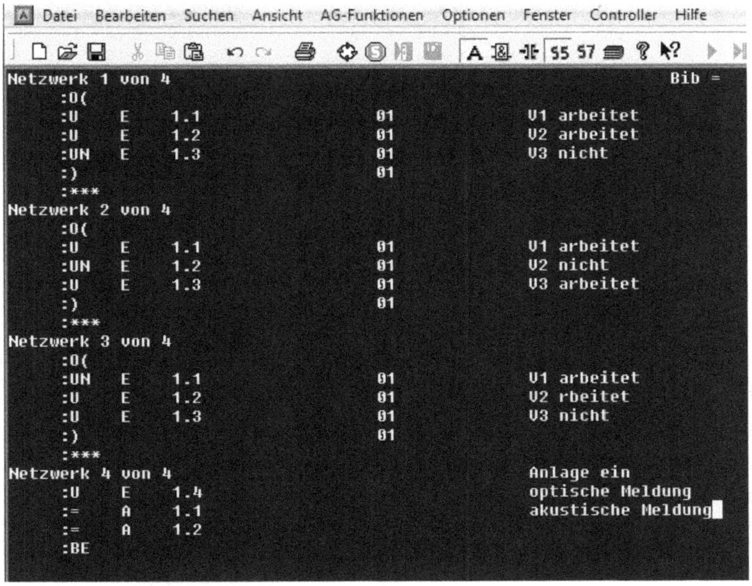


```
Netzwerk 1 von 4                                                 Bib =
      :O(
      :U     E     1.1              01          V1 arbeitet
      :U     E     1.2              01          V2 arbeitet
      :UN    E     1.3              01          V3 nicht
      :)                            01
      :***
Netzwerk 2 von 4
      :O(
      :U     E     1.1              01          V1 arbeitet
      :UN    E     1.2              01          V2 nicht
      :U     E     1.3              01          V3 arbeitet
      :)                            01
      :***
Netzwerk 3 von 4
      :O(
      :UN    E     1.1              01          V1 arbeitet
      :U     E     1.2              01          V2 rbeitet
      :U     E     1.3              01          V3 nicht
      :)                            01
      :***
Netzwerk 4 von 4                                Anlage ein
      :U     E     1.4                          optische Meldung
      :=     A     1.1                          akustische Meldung
      :=     A     1.2
      :BE
```

Abb. 5.117: SPS-Programm einer Überwachungseinrichtung mit drei Luftströmungswächtern und akustische Meldung.

Im zweiten Netzwerk werden die zwei Ventilatoren V1 und V3 auf ihren Betriebs-zustand gemessen und Ventilator V2 soll ausgeschaltet sein. Für die zweite UND-Bedingung gilt:

$$V1 \wedge V2' \wedge V3$$

Im dritten Netzwerk werden die zwei Ventilatoren V2 und V3 auf ihren Betriebszustand gemessen und Ventilator V1 soll ausgeschaltet sein. Für die erste UND-Bedingung gilt:

$$V1' \wedge V2 \wedge V3$$

Die drei UND-Verknüpfungen werden über O(und), also über ODER, verknüpft und liegen über ein UND an dem Signal „Anlage Ein" an. Durch die zwei Ausgänge A 1.1 („optische Meldung") und A 1.2 („akustische Meldung") erfolgt die Fehlermeldung.

Bei Ausfall von drei Ventilatoren wird das Aggregat gestoppt und die optische Meldung ausgegeben und Abb. 5.118 zeigt das Programm.

Abb. 5.118: SPS-Programm einer Überwachungseinrichtung mit optischer Meldung und automatischer Abschaltung.

Das SPS-Programm gestaltet sich einfach. Fallen alle drei Ventilatoren aus und hat der Eingang „Anlage Ein" ein 1-Signal, wird das über den Ausgang A 1.1 ausgegeben und der Schütz für die optische Meldung zieht an.

5.15 Steuerung einer Rolltreppe

Eine Rolltreppe wird mit der Taste „EIN" in Bereitschaftszustand versetzt. Die Rolltreppe muss sich in Bewegung setzen, wenn die Lichtschranke L1 unterbrochen wird, d. h. wenn jemand den Rolltreppenzugang betritt. Nach jeder Unterbrechung der Lichtschranke L1 soll die Rolltreppe 60 Sekunden lang eingeschaltet bleiben.

Die Ausschaltung erfolgt durch:

– Taste „AUS"
– Taste „NOT-AUS"
– Thermofühler (Überlastung)

Der Zustand der Betriebsbereitschaft wird durch die Meldung „Betrieb EIN“ angezeigt. Eine Wiederinbetriebnahme nach Ausschalten oder Stromausfall soll nur über die Taste „EIN“ möglich sein. Abb. 5.119 zeigt das SPS-Programm.

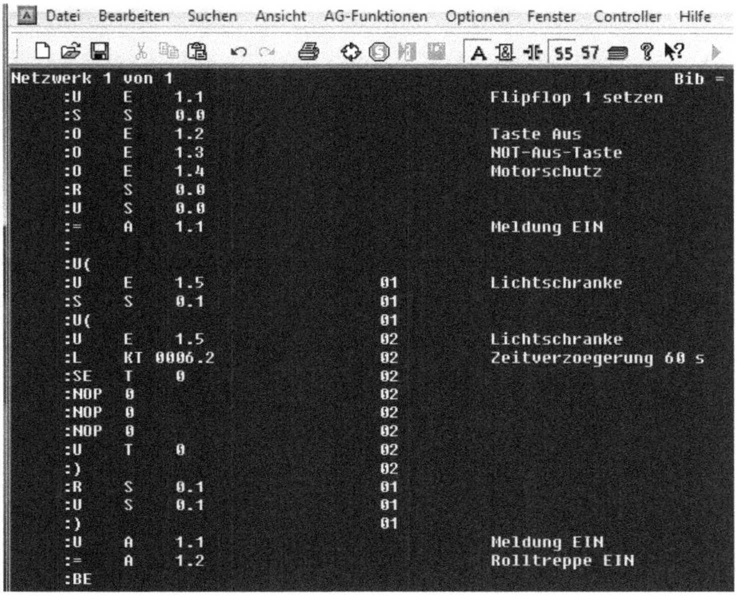


```
Netzwerk 1 von 1                                              Bib =
     :U    E    1.1                         Flipflop 1 setzen
     :S    S    0.0
     :O    E    1.2                         Taste Aus
     :O    E    1.3                         NOT-Aus-Taste
     :O    E    1.4                         Motorschutz
     :R    S    0.0
     :U    S    0.0
     :=    A    1.1                         Meldung EIN
     :
     :U(
     :U    E    1.5               01        Lichtschranke
     :S    S    0.1               01
     :U(                          01
     :U    E    1.5               02        Lichtschranke
     :L    KT 0006.2              02        Zeitverzoegerung 60 s
     :SE   T    0                 02
     :NOP  0                      02
     :NOP  0                      02
     :NOP  0                      02
     :U    T    0                 02
     :)                           02
     :R    S    0.1               01
     :U    S    0.1               01
     :)                           01
     :U    A    1.1                         Meldung EIN
     :=    A    1.2                         Rolltreppe EIN
     :BE
```

Abb. 5.119: SPS-Programm in AWL für eine Rolltreppe.

Mit einem 1-Signal am Eingang „Flipflop 1 setzen“ wird das Flipflop geschaltet und damit hat der Ausgang A 1.2 ein 1-Signal. Der Schütz kann anziehen und es wird die Meldung „Rolltreppe EIN“ signalisiert. Wenn die Taste „AUS“ oder „NOT-AUS“ oder der Motorschutz anspricht, erfolgt die Zurücksetzung des Flipflops 1 und die Meldung „Rolltreppe EIN“ erlischt.

Wird die Lichtschranke kurzzeitig unterbrochen, kann sich Flipflop 2 setzen. Gleichzeitig startet der Timer mit einer Verzögerungszeit von 60 s, d. h., nach 60 s hat der Ausgang ein 1-Signal und das Flipflop 2 wird zurückgesetzt. Sind das Flipflop 1 und das Flipflop 2 gesetzt, wird die UND-Bedingung erfüllt, die Rolltreppe schaltet sich ein.

6 Entwicklung von Steuerkonzepten

Da SPS-Anwenderprogramme in einer STEP5-Steuerung sehr umfangreich werden können, lassen sich wirtschaftliche und weitgehend fehlerfreie Lösungen nur dann erreichen, wenn man bei der Programmerstellung vom Anfang bis zum Ende streng systematisch vorgeht.

Bei der Programmerstellung muss außerdem berücksichtigt werden, dass bei der Programmierung wie auch bei der Inbetriebnahme gegebenenfalls andere Personen einzelne Teilprobleme lösen oder auf Ergebnissen aufbauen müssen, die von Dritten erarbeitet wurden. Daraus folgt zwingend, dass man alle Bearbeitungsschritte entsprechend dokumentieren muss. Die auf diese Weise entstehenden schriftlichen Unterlagen sollten zu jedem Zeitpunkt allen Beteiligten die notwendigen Auskünfte in der gewünschten Tiefe liefern.

6.1 Struktur der Steuerung

Das Entwerfen eines SPS-Anwenderprogramms ist ein iterativer Prozess, da nach jedem Entwicklungsschritt das Gesamtsystem erst wieder auf Richtigkeit und Vollständigkeit überprüft werden muss. Dies kann die Erkenntnis ergeben, dass ein bestimmter Schritt zu keinem sinnvollen Ergebnis führt und deshalb mit anderen Randbedingungen, Zielvorstellungen oder Methoden wiederholt werden muss.

Im Verlauf des wiederholenden Vorgehens entstehen die folgenden Dokumente:
- Fachliches Grobkonzept: Was muss getan werden?
- Fachliches Feinkonzept: Welche Einzelfunktionen sind auszuführen?
- Programm-Grobkonzept: Wie sieht die Systemarchitektur aus?
- Programm-Feinkonzept: Wie sind die einzelnen Module aufgebaut?
- Erstellung einzelner Programmteile und das Zusammenfügen zu einem fertigen Anwenderprogramm
- Testen von einzelnen Programmteilen und dem fertigen Anwenderprogramm.

Die Ausarbeitung des Anwenderprogramms umfasst im Wesentlichen folgende Arbeitsschritte:

https://doi.org/10.1515/9783110556018-007

```
┌─────────────────────────────────────────┐
│     Aufgabenstellung und Technologie     │
└─────────────────────────────────────────┘
                    │
                    ▼
┌─────────────────────────────────────────┐
│  Grobstruktur der Steuerung einer Anlage │
└─────────────────────────────────────────┘
                    │
                    ▼
┌─────────────────────────────────────────┐
│  Feinstruktur der Steuerung einer Anlage │
└─────────────────────────────────────────┘
                    │
                    ▼
┌─────────────────────────────────────────┐
│        Grobstruktur des Programms        │
└─────────────────────────────────────────┘
                    │
                    ▼
┌─────────────────────────────────────────┐
│        Feinstruktur des Programms        │
└─────────────────────────────────────────┘
                    │
                    ▼
┌─────────────────────────────────────────┐
│    Ausarbeitung des Anwenderprogramms    │
└─────────────────────────────────────────┘
```

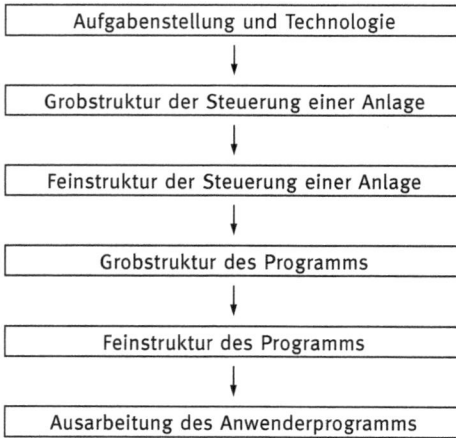

Jede Analyse- und Entwurfstätigkeit geht schrittweise vom Grobentwurf zum Verfeinerungsschritt vor, wobei eine Detaillierungsstufe jeweils die Verfeinerung der nächsthöheren darstellt. Jede Verfeinerungsstufe muss das Gesamtsystem vollständig beschreiben. Die Entscheidung über Details wird somit auf einen späteren Entwurfszeitpunkt verschoben.

Ziele, Randbedingungen und Anforderungen an die gesuchten Problemlösungen müssen bekannt sein, bevor mit der schrittweisen Verfeinerung begonnen wird. Fragen der Programmrealisierung sind während der Entwurfsphase der Steuerung so lange wie möglich zurückzustellen.

Die Projektaufgabe ist fast immer schriftlich vorgegeben. Dabei ist Vorsicht geboten, denn umfangreiche und nicht eindeutige Formulierungen verursachen häufig Fehlerquellen. Es ist daher notwendig, die Projektaufgabe mit einem Technologieschema der Anlage zu ergänzen. Dieses Schema stellt die nötigen Operationen für die Realisierung der technologischen Eigenschaften der Anlage dar.

Der technologische Aufbau zeigt die mechanische und die prinzipielle gerätetechnische Realisierung der zu steuernden Anlage, trägt aber nur im Zusammenhang mit anderen Problembeschreibungen zum Funktionsverständnis bei.

In dem Schema sind unbedingt folgende Komponenten einzutragen:
- Signalgeber
- Messstellen
- Stellgeräte (z. B. Motoren, Ventile usw.)

Die für den endgültigen Entwurf der Steuerungen erforderlichen technischen Daten dieser Geräte müssen in einer entsprechenden Liste erfasst werden.

Ein Technologieschema gewährt einen guten Überblick über Aufgabe, Funktionen und Arbeitsweise der zu steuernden Anlage. Es bildet Ausgangspunkt und Grundlage der zunächst groben und dann zunehmend feiner werdenden Beschreibung.

6.1.1 Entwicklung des Steuerungskonzeptes

Je nach Stand der Projektierung gibt es in der Regel neben der Aufgabenstellung und dem Technologieschema schon ein oder mehrere Blockschemata der Steuerung sowie bereits fertige Projektteile. Mit dieser zusätzlichen Information erhält man einen guten und eindeutigen Überblick zum geplanten Steuerungssystem der Anlage, was für die reibungslose und fehlerfreie Programmierarbeit wesentliche Voraussetzung ist.

Die Steuerung einer umfangreichen Industrieanlage (Abb. 6.1) lässt sich meistens nicht in einem Ansatz beschreiben, da sie dazu in der Regel viel zu kompliziert und aufwendig ist. Je größer eine solche Anlage ist und aus je mehr Maschinen und Mechanismen sie besteht, desto komplexer wird die Steuerungsfunktion.

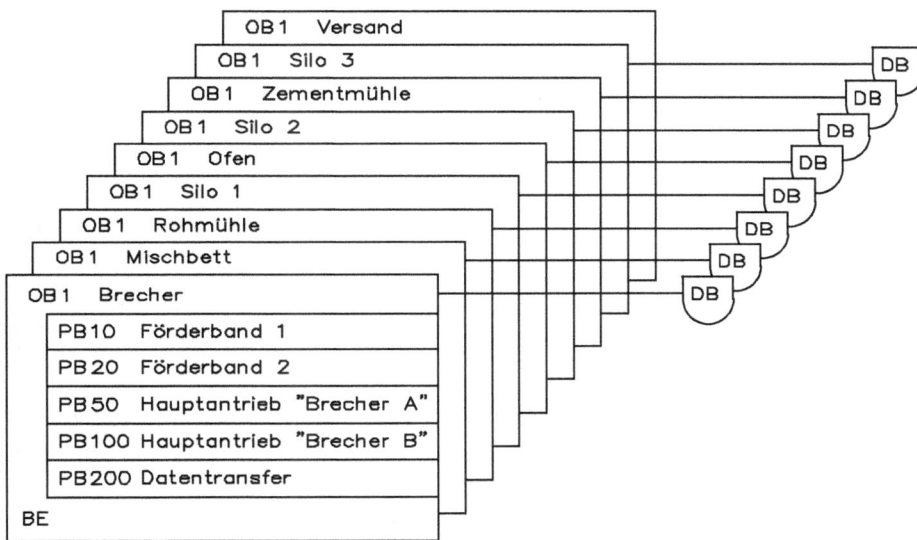

Abb. 6.1: Grobstruktur für eine Zementfabrik.

Die Anlage muss daher in funktionell in sich geschlossene Teile gegliedert werden, die abgeschlossene Steuerfunktionen haben. In Abb. 6.1 sind dies neun Teile. Die daraus abgeleiteten neun Steuerungsfunktionen erleichtern die Entwicklung des Grobschemas für ein SPS-Programm. Dennoch ist es auch jetzt noch zu früh, direkt mit der Ausarbeitung des Anwenderprogramms zu beginnen, weil auch diese neun Unter-Steuerungsfunktionen zu umfangreich und komplex sind. Die Anlage bzw. die entsprechenden Unter-Steuerungsfunktionen müssen daher weiter zerlegt werden, bis relativ einfache Unter-Steuerungsfunktionen sichtbar werden.

Die in Abb. 6.1 dargestellte Unterfunktion für den Brecher der gezeigten Industrieanlage ließe sich demgemäß weiter zerlegen in:
- Förderband 1
- Förderband 2
- Hauptantrieb „Brecher A"
- Hauptantrieb „Brecher B"
- Datentransfer

Eine weitere Zerlegung, hier die Unterfunktion „Hauptantrieb Brecher A", zeigt Abb. 6.2.

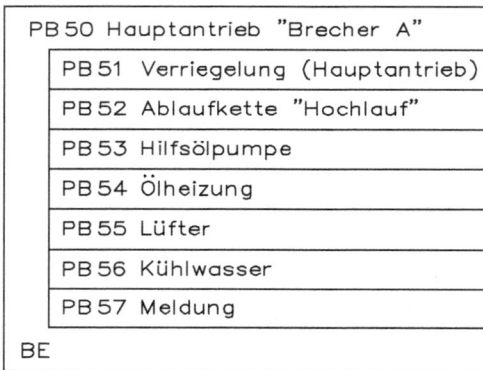

PB 50 Hauptantrieb "Brecher A"
PB 51 Verriegelung (Hauptantrieb)
PB 52 Ablaufkette "Hochlauf"
PB 53 Hilfsölpumpe
PB 54 Ölheizung
PB 55 Lüfter
PB 56 Kühlwasser
PB 57 Meldung
BE

Abb. 6.2: Zerlegung des Programms in Unterfunktionen.

Schon bei der Zerlegung werden die notwendigen Programmbausteine bestimmt, in denen später das Anwenderprogramm eingetragen werden soll. Diese Art der Zerlegung einer Gesamtfunktion in Teilfunktionen hat folgende Vorteile:
- die Funktionen der einzelnen Strukturblöcke lassen sich mit einfachen Worten beschreiben,
- übersichtliche Darstellung, d. h., dadurch sind die einzelnen Strukturblöcke leicht lesbar und verständlich,
- die nach einfachen Regeln zusammengesetzten Struktogramme führen im vierten Arbeitsschritt zwangsläufig zu strukturierten Programmen.

Nach jedem Schritt sollte auch gleich geprüft werden, ob für die neuen Teilfunktionen bereits vorhandene Programm- bzw. Funktionsbausteine verwendet werden können. Falls dies der Fall ist, erübrigt sich eine weitere Verfeinerung.

Um auf das Anwenderprogramm zu kommen, gilt es zuerst, die Erstellungen einer Zuordnungsliste für die einzelnen Ein- und Ausgänge (Tab. 6.1) festzulegen.

Tab. 6.1: Zuordnungsliste.

E 1.0	Öldruck
E 1.1	Öltemperatur
E 1.2	Lüfter EIN
E 1.3	Kühlwasser
E 1.4	Handfreigabe
E 1.5	LSA A EIN
E 1.6	LSB B EIN
A 1.0	Hauptantrieb EIN/AUS
A 1.1	Störungsmelder

Abb. 6.3: Anweisungsliste für eine Steuerung.

Ab einem bestimmten Schritt wird jede weitere Zerlegung sinnlos. An dieser Stelle erfolgt dann der Übergang zum Funktions- oder Kontaktplan bzw. direkt zu den einzelnen STEP5-Anweisungen wie z. B. bei digitalen Funktionen. Abb. 6.3 zeigt die Anweisungsliste für eine Steuerung.

Der Ausgang A 1.0 hat ein 1-Signal, wenn E 1.0 und E 1.1 und E 1.2 und E 1.3 oder E 1.4 ein 1-Signal hat. Während die vier Eingänge E 1.0 bis E 1.4 UND-verknüpft sind und alle Bedingungen erfüllt sein müssen, wird der Hauptantrieb über den Eingang E 1.4 eingeschaltet, da eine ODER-Verknüpfung vorliegt.

6.1.2 Programmieren mit Struktogrammen

Zur Darstellung der einzelnen Steuerungsfunktionen, aus denen das gesamte Anwenderprogramm besteht, bedient man sich zweckmäßigerweise der Struktogramme. Jedes Struktogramm besteht aus mehreren Strukturblöcken, die bei der Programmentwicklung schrittweise so verfeinert werden, dass jedem auf diese Weise entstehenden neuen Strukturblock eine weiter verfeinerte Teilsteuerfunktion entspricht.

Eingang

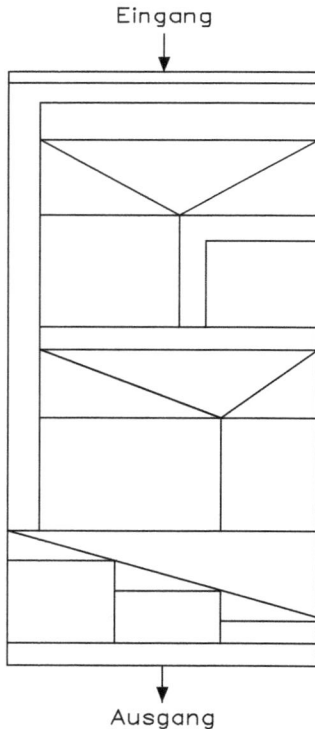

Ausgang **Abb. 6.4:** Aufbau eines Struktogramms.

Abb. 6.4 zeigt ein Struktogramm, für das gilt:
- Alle Strukturblöcke verwenden nur einen Eingang an der oberen Kante und einen Ausgang an der unteren Kante.
- Ein Struktogramm wird deshalb genau wie die einzelnen Strukturblöcke von oben nach unten durchlaufen.
- Jeder Strukturblock stellt eine in sich abgeschlossene Funktion dar.
- Es gibt keine Kopplung zwischen den links und rechts von einem Strukturblock stehenden Blöcken. Eine solche existiert nur mit den sich an der oberen und unteren Kante anschließenden Blöcken.
- Jedes Struktogramm umfasst nicht mehr als eine Seite.

Ein Struktogramm ist gemäß Abb. 6.4 also ein Strukturblock, der als Rechteck wiedergegeben wird, das wieder in weitere Rechtecke (Strukturblöcke) untergliedert ist, und zwar nach Regeln, die im Folgenden zusammengefasst und erklärt sind.

Abb. 6.5 zeigt den Strukturblock für einen einzelnen Verarbeitungsschritt innerhalb eines Prozesses. Der Strukturblock ist immer rechteckig und die Größe frei wählbar. In diesem Block können Aktivitäten und Operationen stehen, wie Wertzuweisungen (arithmetische Zuordnungsanweisung), Ein- und Ausgabeanweisungen oder ein Unterprogrammaufruf.

Abb. 6.5: Strukturblock für einen einzelnen Verarbeitungsschritt.

Abb. 6.6 zeigt einen Verweis auf ein Unterprogramm oder den Aufruf eines Bausteins. Der Name in dem Strukturblock kennzeichnet eine bestimmte Wertzuweisung oder Ein- und Ausgabeanweisungen.

Abb. 6.6: Verweis auf einen Aufruf oder das Unterprogramm eines Bausteins.

Abb. 6.7 zeigt eine Blockreihung, d. h., mehrere logische Verarbeitungsschritte sind verbunden. Diesen Strukturblock verwendet man z. B. für eine Wiederholung (Schleife, Iteration). Die Wiederholbedingungen stehen links oben im Sinnbild. Hier wird die Zahl der Wiederholungen oder die Wiederholbedingungen angegeben. Die zu wiederholenden Anweisungen stehen im inneren Rechteck (Rumpf). Der Rumpf kann aus einer Struktur beliebiger Verwinklungen bestehen und eine Verschachtelung von Schleifen ist daher möglich.

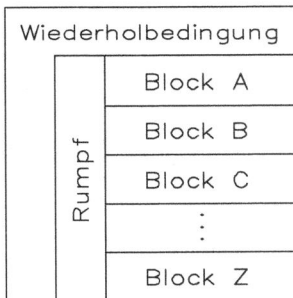

Abb. 6.7: Blockreihung, d. h. mehrere logisch verbundene Verarbeitungsschritte.

Die Auswahlstrukturblöcke beginnen mit Zweifachverzweigung. Ist die gestellte Bedingung in Abb. 6.8 erfüllt, wird Aktion *A* ausgeführt, falls nicht, wird Aktion *B* ausgeführt. Die Darstellung bedingter Verzweigungen (Entscheidung, Selektion) erfolgt mit zwei Alternativen (Ja/Nein). Das mittlere Dreieck (Bedingung erfüllt?) enthält die Bedingung (Frage), die mit JA (T = TRUE) oder NEIN (FALSE) zu beantworten ist. Je nach Beantwortung der Frage wird das Programm mit einem Prozessorsinnbild, das direkt auf das entsprechende Dreieck folgt, fortgesetzt.

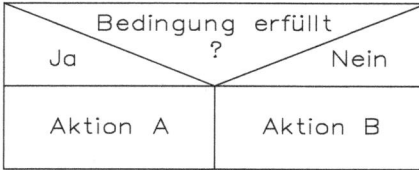

Abb. 6.8: Auswahlstrukturblock einer Zweifachverzweigung.

Die Mehrfachverzweigung (Fallunterscheidung) ist eine Abfrage mehrerer einander nachgeordneter Entscheidungen und Abb. 6.9 zeigt den Auswahlstrukturblock. Damit ist eine Darstellung bedingter Verzweigungen mit mehr als zwei Alternativen möglich. Das obere Dreieck des Sinnbilds enthält die Fallabfrage (Bedingung), d. h., hier wird angegeben, unter welcher Verbindung zu den einzelnen Fällen (1, 2, 3, . . . , n) verzweigt wird. Falls die Fallabfrage zu keiner Verzweigung in den einzelnen Fällen führt, werden die unter „sonst" stehenden Anweisungen ausgeführt.

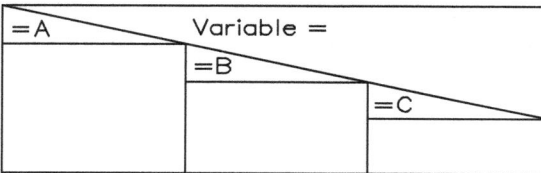

Abb. 6.9: Auswahlstrukturblock einer Mehrfachverzweigung.

Ist die einseitige Verzweigung in einer gestellten Bedingung nicht erfüllt, wird die Aktion A nicht ausgeführt und übersprungen, wie Abb. 6.10 zeigt.

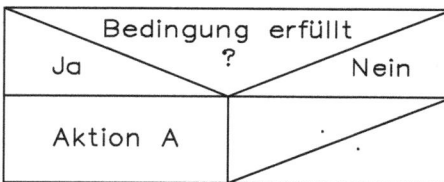

Abb. 6.10: Auswahlstrukturblock einer einseitigen Verzweigung.

Der Schleifenstrukturblock ist z. B. eine Schleife mit Vorabtest (Abb. 6.11) der Laufbedingung. Die Schleife im Struktogramm läuft so lange, wie die Laufbedingung erfüllt bleibt.

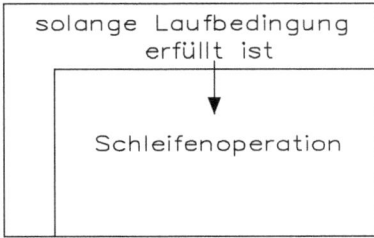

Abb. 6.11: Schleifenstrukturblock arbeitet als Schleife mit Vorabtest der Laufbedingung.

Bei einem Schleifenstrukturblock ist eine Schleife zum Testen von mindestens einer Abbruchbedingung im Inneren des Schleifenkörpers vorhanden. Die Schleife wird abgebrochen, sobald die Ende- bzw. Abbruchbedingung erfüllt ist, wie Abb. 6.12 zeigt. Eine solche Schleife wird auch als „Einschleife" bezeichnet.

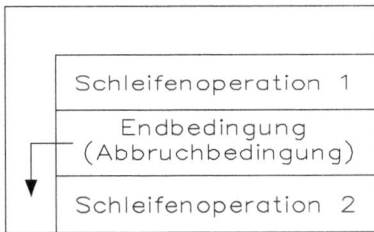

Abb. 6.12: Schleifenstrukturblock ist eine Schleife mit Abbruchbedingung.

Ein Schleifenstrukturblock besteht aus einer Schleife mit mehreren Abbruchbedingungen. Der Schleifendurchlauf kann an unterschiedlichen Stellen beendet werden, sobald die entsprechende Endbedingung (Abbruchbedingung) erfüllt wird, wie Abb. 6.13 zeigt.

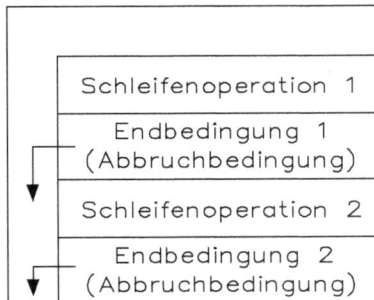

Abb. 6.13: Schleifenstrukturblock mit Schleife für mehrere Abbruchbedingungen.

Ein Schleifenstrukturblock besteht aus einer Schleife mit dem Test der Laufbedingung am Ende der Schleife. Die Schleife wird abgebrochen, sobald die End- bzw. Abbruchbedingung erfüllt ist, wie Abb. 6.14 zeigt.

Abb. 6.14: Schleifenstrukturblock mit Schleife für den Test der Laufbedingung.

6.1.3 Beispiele zum Programmieren mit Struktogrammen

Im Folgenden werden Beispiele für das Programmieren mit Struktogrammen gezeigt.

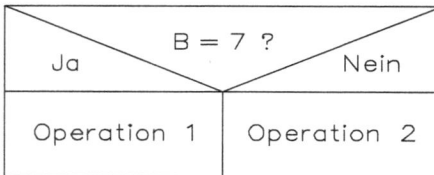

Abb. 6.15: Beispiel einer Zweifachverzweigung.

Die Operation 1 in Abb. 6.15 wird ausgeführt, wenn $B = 7$ ist. Ist B ungleich 7, wird Operation 2 ausgeführt.

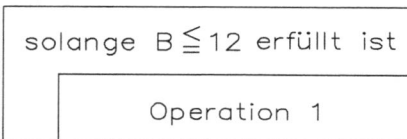

Abb. 6.16: Beispiel einer Schleife mit Vorabtest der Laufbedingung.

Solange $B \leq 12$ erfüllt bleibt, arbeitet das Programm in einer Schleife und sorgt immer wieder für die Ausführung der Operation 1, wie Abb. 6.16 zeigt.

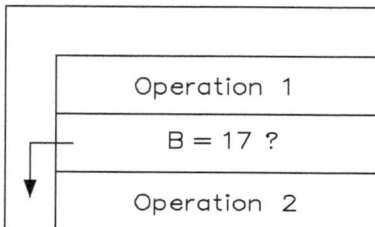

Abb. 6.17: Beispiel einer einseitigen Verzweigung.

Solange die Bedingung B gleich 17 in Abb. 6.17 nicht erfüllt ist, läuft die Schleife und sorgt für die Ausführung der Operation 1 und 2 in Abb. 6.17. Die Schleife wird abgebrochen, sobald die Bedingung $B = 17$ erfüllt ist.

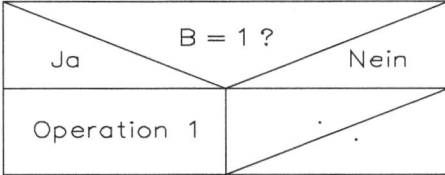

Abb. 6.18: Beispiel einer Schleife für mehrere Abbruchbedingungen.

Ist B gleich 1, wird die Operation 1 ausgeführt. Ist dies nicht der Fall ($B \neq 1$), erfolgt keine Aktion, wie Abb. 6.18 zeigt.

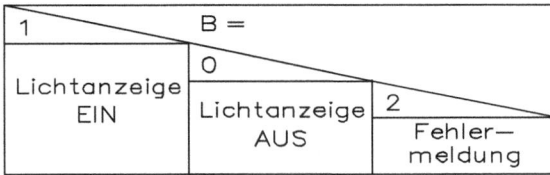

Abb. 6.19: Beispiel einer Mehrfachverzweigung.

Das Struktogramm in Abb. 6.19 legt für unterschiedliche Werte der Bedingung B folgende Funktionen fest:

$$B = \begin{cases} 1 & \text{Einschaltung einer Leuchtanzeige} \\ 0 & \text{Abschaltung einer Leuchtanzeige} \\ 2 & \text{Fehlermeldung} \end{cases}$$

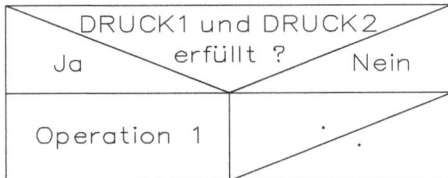

Abb. 6.20: Beispiel einer einseitigen Verzweigung.

Dieses Beispiel einer einseitigen Verzweigung von Abb. 6.20 entspricht im Wesentlichen dem Beispiel von Abb. 6.18. Der Unterschied liegt darin, dass die Operation 1 nur dann ausgeführt wird, wenn die beiden Bedingungen erfüllt sind (DRUCK1 und DRUCK2).

Die Methode zur Erstellung eines Struktogramms ist wie folgt gekennzeichnet:
- Blockkonzept
- Beschränkung der Arten an Strukturblöcken
- schrittweise Verfeinerung
- klare Abgrenzung der Programmteile voneinander (ermöglicht leichten Austausch von Programmteilen)
- Programmablauf übersichtlich und leicht verfolgbar
- geringer Aufwand für Änderungsarbeiten gegenüber PAP (Programmablaufplan)

Ziel der Programmierung mit Struktogrammen ist die Erstellung lesbarer und damit zuverlässiger Programme.

6.1.4 Programmieren mit Programmablaufplan (PAP)

Der Programmablaufplan (PAP) ist die wohl älteste Methode, einen Funktionsablaufplan für die Programmierung übersichtlich darzustellen. Als solcher ist er auch die Methode bei der Programmentwicklung, insbesondere für erfahrene SPS-Programmierer, die sich darin in ihrer langen Berufslaufbahn entsprechende Fähigkeiten aneignen konnten. Der Programmablaufplan stellt die Steuerungsaufgabe übersichtlich dar, enthält aber nur die wichtigsten Elemente des Steuerungsprogramms.

Ist zur Realisierung einer Steuerung eine große Zahl von Speichergliedern und Verknüpfungen erforderlich, kann der Funktionsablauf verbal kaum noch beschrieben werden. Auch die Darstellung im Funktionsdiagramm wird dann unübersichtlich. Dagegen lässt sich der Ablauf der Operationen im Programmablaufplan mit Hilfe von Sinnbildern oder Symbolen noch recht anschaulich wiedergeben. Sie ersparen aufwendige Texte wie Abb. 6.21 zeigt.

Der Programmablaufplan soll:
- einzelne Steuerungsschritte in der richtigen Reihenfolge wiedergeben
- nur genormte Symbole (DIN 66001) verwenden dürfen
- alle erforderlichen Entscheidungen enthalten

Beim Entwurf entsteht der Programmablaufplan zunächst als Grobplan, der dann anschließend bis zum Feinplan ausgearbeitet werden kann. Als solcher enthält er jeden Schritt des Steuerungsablaufs, jede Entscheidung und jedes Unterprogramm.

Sinnbild	Benennung	Erläuterung bzw. Anwendung
	Einzelner Verarbeitungsschritt	Operationen wie Übertragen, Rechnen, Löschen, Modifizieren, Setzen von programmierten Schaltern usw. Die (symbolischen) Adressen der Sende- und Empfangsfelder sind anzugeben.
	Unterprogramm/ Prozeduraufruf	Hiermit wird ein in sich geschlossener Programmteil dargestellt. Unterprogramme können von mehreren Seiten in nur einem Eingang angesprungen werden.
	Verzweigung	Der Programmablauf soll aufgrund einer oder mehrerer Bedingungen variiert werden. Es ergeben sich grundsätzlich mindestens zwei Ausgänge, die zu kennzeichnen sind (z.B. J oder N).
	Eingabe Ausgabe	Zur Darstellung der Ein- und Ausgabe bei externen Geräten. Ob es sich um ein Ein- oder Ausgabegerät handelt, bzw. die Art der Ein- und Ausgabe, muss eindeutig aus der Beschriftung hervorgehen.
	Grenzstelle	Hiermit werden Anfang, Ende oder Zwischenhalt dargestellt, Das Sinnbild ist durch entsprechende Eintragung zu ergänzen.
	Übergangsstelle	Der Übergang kann von mehreren Seiten aus, aber nur zu einer Stelle hin erfolgen. Zusammengehörige Übergangsstellen müssen gleiche Bezeichnungen tragen.
	Zusammenführung	Der Ausgang ist immer mit einer Pfeilspitze zu kennzeichnen. Zwei sich kreuzende Ablauflinien bedeuten keine Zusammenführung. Kreuzungen sollten jedoch vermieden werden.
	Bemerkung	Dieses Sinnbild kann an jedes der obigen Sinnbilder angehängt werden.
	Ablauflinie	Vorzugsrichtungen sind: a) von oben nach unten b) von links nach rechts Zur Verdeutlichung der Ablaufrichtung kann das Ende mit einer Pfeilspitze versehen werden.

Abb. 6.21: Symbole für den Programmablaufplan (PAP) nach DIN 66001.

Nach diesem Plan kann dann eine Steuerung entworfen oder ein Steuerungsprogramm geschrieben werden. Der PAP eignet sich aber auch zur Dokumentation der Funktion bereits fertiger, in Betrieb befindlicher Steuerungen. Abb. 6.22 zeigt einen Vergleich zwischen einem Struktogramm, Programmablaufplan und Bausteinaufruf in der SPS.

Ob nun das Struktogramm oder der PAP in der Programmierungsarbeit verwendet wird, spielt keine Rolle. Wichtig ist lediglich, dass das Resultat fehlerfrei ist.

6.2 Detailprojektierung einer Anwendung

Behältersteuerungen werden häufig in der Futter- und Nahrungsmittelindustrie, der Bauwirtschaft und vielen anderen Zweigen der Industrie und Wirtschaft benötigt, wo Güter gelagert und anschließend transportiert werden müssen.

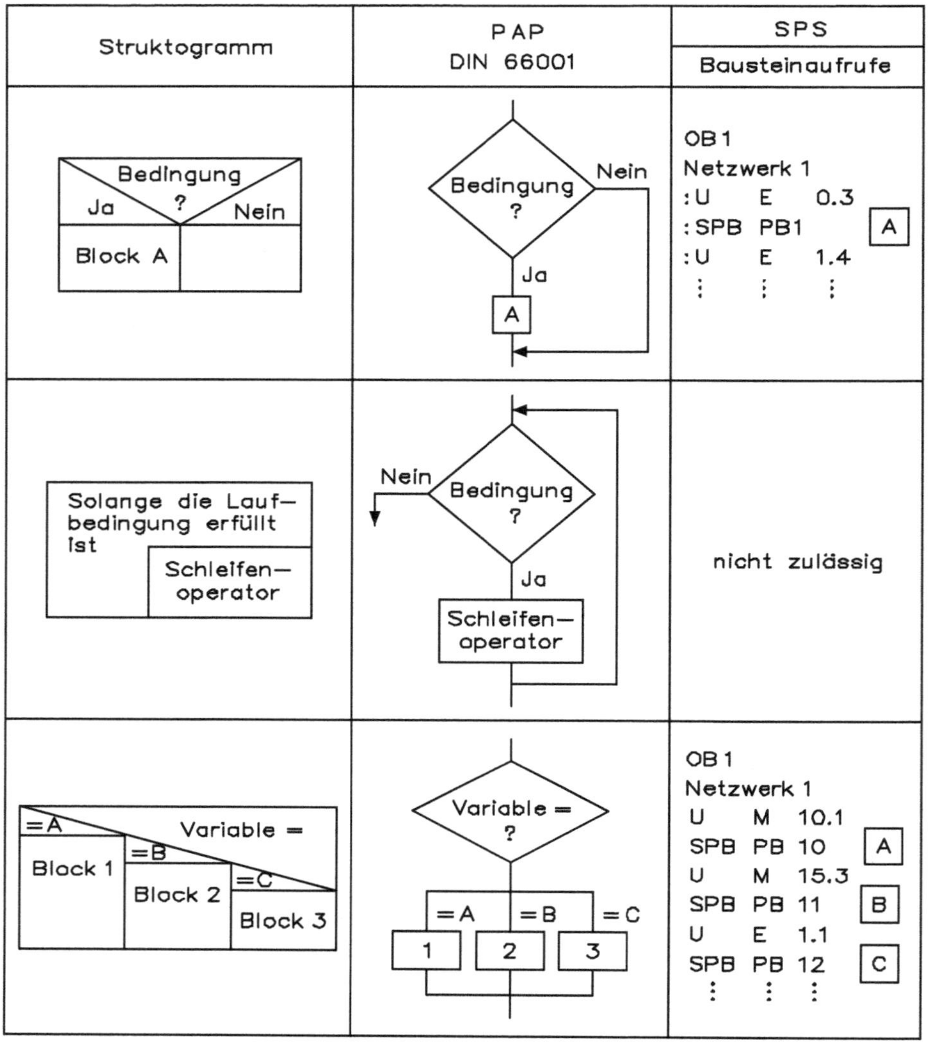

Struktogramm	PAP DIN 66001	SPS Bausteinaufrufe
		OB 1 Netzwerk 1 :U E 0.3 :SPB PB1 $\boxed{A}$:U E 1.4 ⋮ ⋮ ⋮
		nicht zulässig
		OB 1 Netzwerk 1 U M 10.1 SPB PB 10 $\boxed{A}$ U M 15.3 SPB PB 11 $\boxed{B}$ U E 1.1 SPB PB 12 $\boxed{C}$ ⋮ ⋮ ⋮

Abb. 6.22: Vergleich zwischen einem Struktogramm, Programmablaufplan und Bausteinaufruf in der SPS.

6.2.1 Aufgabenstellung

Die nachfolgende Beschreibung dient der Erläuterung des abgebildeten Technologie-schemas, wie Abb. 6.23 zeigt.

Zwei Flüssigkeitsbehälter B1 und B2 sollen abwechselnd gefüllt werden. Die Befül-lung wird durch die eintreffende Leermeldung eingeleitet. Sie wird durch die Vollmel-dung beendet. Die Voll- und Leermeldungen werden durch die Schwimmerschalter an

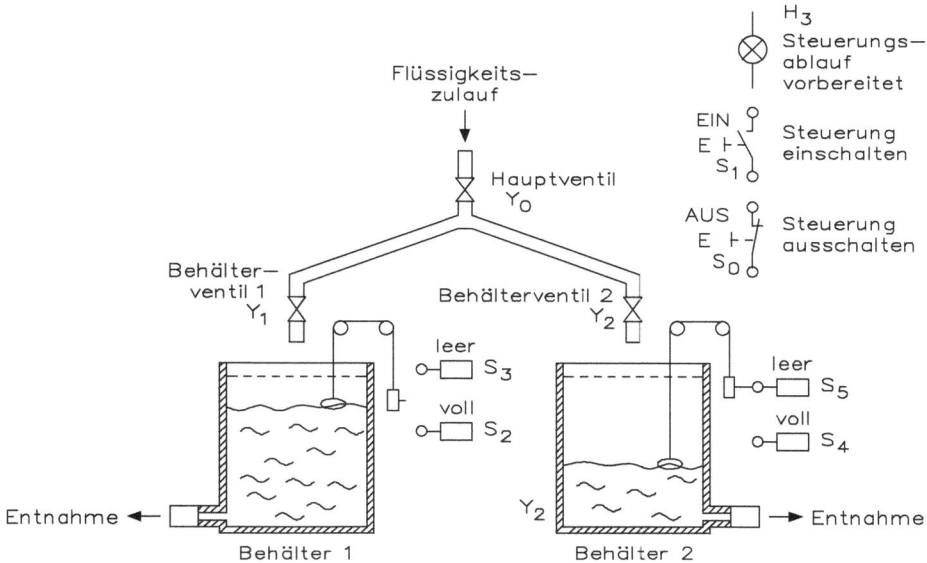

Abb. 6.23: Technologieschema für eine Behältersteuerung.

die entsprechenden Eingänge der Steuerung weitergegeben. Liegen beim Einschalten der Behältersteuerungen beide Leermeldungen vor, so soll der Behälter B1 zuerst gefüllt werden. Für die Befüllung eines Behälters gilt die Reihenfolge:

- Die Behältersteuerung wird mit der Drucktaste S_1 eingeschaltet und die Lampe H_3 leuchtet und signalisiert den Ein-Zustand. Die Steuerung wird durch die Drucktaste S_0 ausgeschaltet und die Lampe H_3 erlischt.
- Ist die Steuerung betriebsbereit und steht eine Leermeldung (Grenztaster S_3 oder S_5) an, so öffnet das Behälterventil Y_1 oder Y_2 unverzögert. Das Hauptventil Y_0 wird nach Ablauf einer Verzögerungszeit von zehn Sekunden geöffnet.
- Die Befüllung wird bei Vollmeldung (Grenztaster S_2 oder S_4) durch unverzögertes Schließen des Hauptventils Y_0 beendet. Das Behälterventil Y_1 oder Y_2 wird nach Ablauf einer Zeit von fünf Sekunden geschlossen.

6.2.2 Grobstruktur der Aufgabe

Die Hauptaufgabe Behältersteuerung wird in vier Teilaufgaben (Funktionsbausteine) differenziert, wie Abb. 6.24 zeigt:
1. Steuerungsablauf vorbereiten
2. Behälterventil Y_1 öffnen und schließen
3. Behälterventil Y_2 öffnen und schließen
4. Hauptventil öffnen und schließen

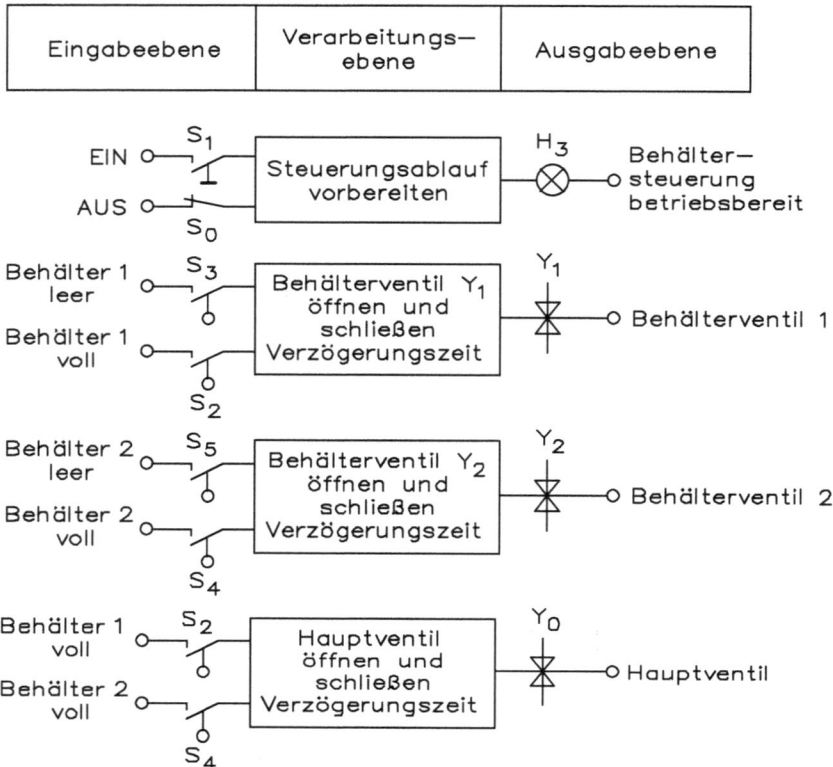

Abb. 6.24: Grobstruktur einer Behältersteuerung.

Die Grobstruktur der Aufgabe beinhaltet die Eingabe-, Verarbeitungs- und Ausgabe-ebene. Die Grobstruktur stimmt mit dem zeitlichen Steuerungsablauf überein. So ist im Entwurf das Behälterventil Y_1 vor Behälterventil Y_2 geschaltet, weil bei Leermeldung für beide Behälter zuerst Behälter 1 gefüllt werden muss. Ist die Behältersteuerung betriebsbereit und z. B. Behälter 1 leer, wird das Behälterventil Y_1 sofort geöffnet. Ein Verzögerungsglied wird gestartet und nach Ablauf einer Zeit von zehn Sekunden das Hauptventil geöffnet. Das Hauptventil schließt, sobald der Behälter 1 voll ist. Das Behälterventil Y_1 wird fünf Sekunden später geschlossen.

6.2.3 Zuordnungsliste

Die Zuordnungsliste leitet sich vom Technologieschema ab. Die sich außerhalb der SPS befindenden Signalgeber, Stellgeräte usw. tragen anlagenbezogene Gerätekennbuchstaben nach DIN 40719 Blatt 2 bzw. IEC 117-2. Die von der SPS zu diesen Signalgebern und Stellgeräten führenden Ein- und Ausgänge sind gemäß DIN 19239 mit einer

Tab. 6.2: Zuordnungsliste.

Gerätekenn-zeichnung	Operand		Kommentar/Funktion	Anschluss-klemme
	Kennzeichen	Parameter		
			Eingänge	
S_0	E	0	Behältersteuerung AUS	—
S_1	E	1	Behältersteuerung EIN	—
S_2	E	2	Behälter 1 voll	—
S_3	E	3	Behälter 1 leer	—
S_4	E	4	Behälter 2 voll	—
S_5	E	5	Behälter 2 leer	—
			Ausgänge	
Y_0	A	0	Hauptventil öffnen und schließen	—
Y_1	A	1	Behälter 1, Ventil öffnen und schließen	—
Y_2	A	2	Behälter 2, Ventil öffnen und schließen	—
H_3	A	3	Lampe, Behältersteuerung betriebsbereit	—
			Zeiten	
—	A	4	Verzögerung 5 s, Behälterventil Y_1 schließen	
—	A	5	Verzögerung 5 s, Behälterventil Y_2 schließen	
—	A	6	Verzögerung 10 s, Hauptventil Y_0 öffnen	

programmiergerechten SPS-bezogenen Kennzeichnung versehen. Tab. 6.2 zeigt die Zuordnungsliste für eine Behältersteuerung.

6.2.4 Feinstruktur der Aufgabe

Die Feinstruktur der Aufgabe gibt den Operationsteil der Steuerungsanweisung wieder; für die grafische Darstellung werden Symbole nach DIN 19239 und IEC verwendet. Abb. 6.25 zeigt die Anweisungsliste für eine Behältersteuerung.

Das Programm ist für die Anweisungsliste in sieben Abschnitte aufgeteilt. Im ersten Abschnitt wird der Steuerungsverlauf vorbereitet, d. h. die Eingabeebene mit S_1 (E 1.1) und S_0 (E 1.0) erstellt. Der Ausgang A 1.3 steuert die Meldeleuchte H_3 (Behältersteuerung betriebsbereit) an.

Im zweiten Abschnitt wird das Behälterventil 1 geöffnet oder geschlossen. Eine ODER-Verknüpfung ist einem UND-Gatter vorgeschaltet. Der Eingang S_3 (E 1.3) für den „Behälter 1 leer" wird verknüpft mit A 1.3, dem Merker M 10.0 und A 1.2. Ist die UND-Bedingung erfüllt, wird A 1.1 aktiv und das Ventil 1 öffnet sich.

Der dritte Abschnitt besteht aus einem Treiber und dem Timer T1. Wird der Eingang E 1.2 angesteuert, schließt das Ventil 2. Der Timer T1 liefert einen Impuls für 20 s.

Im vierten Abschnitt wird das Behälterventil 2 geöffnet oder geschlossen. Da dieser Abschnitt mit dem zweiten fast identisch ist, kann er einfach kopiert werden. Man zieht ein Fenster unter Windows auf, drückt die Tastenkombination STRG+C und ko-

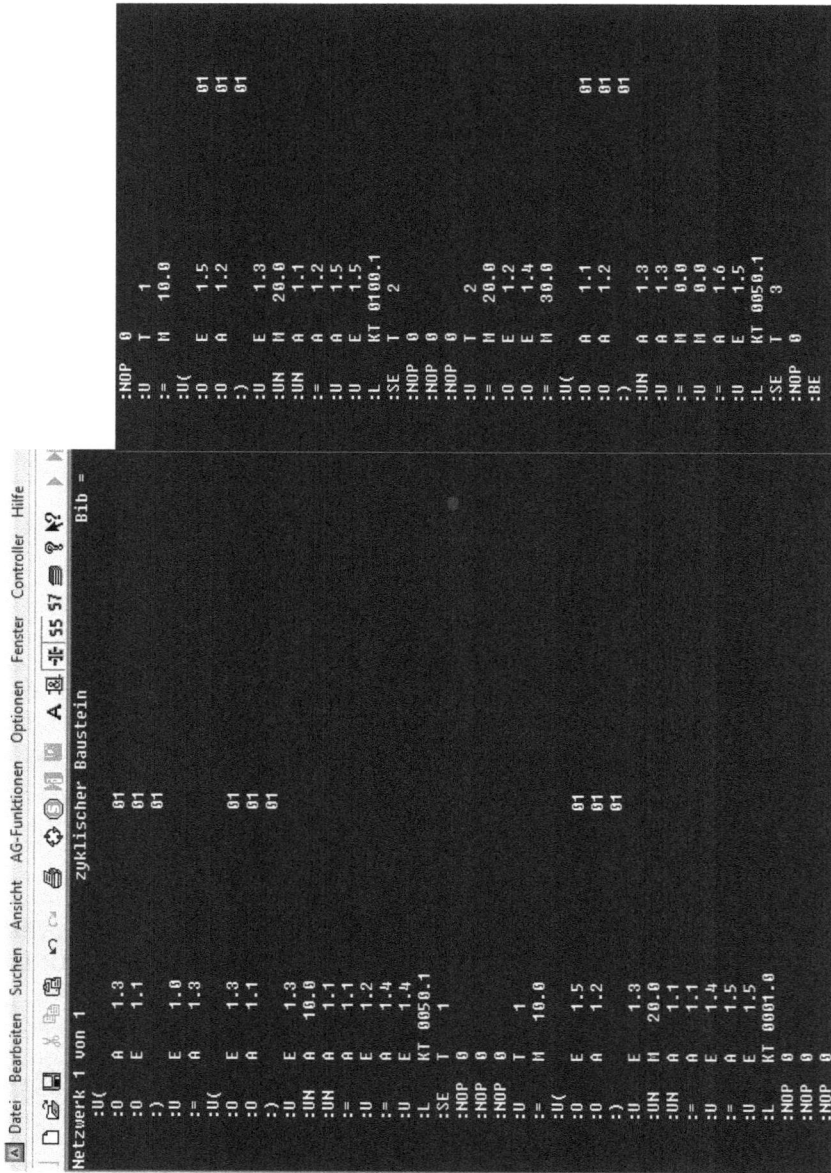

Abb. 6.25: Anweisungsliste für eine Behältersteuerung.

piert den Abschnitt. Dann geht man auf eine freie Stelle im Bildschirmfenster und drückt die Tastenkombination STRG+V. Die Teilschaltung wird eingefügt und muss anschließend modifiziert werden. Eine ODER-Verknüpfung ist einem UND-Gatter vorgeschaltet. Der Eingang S_5 (E 1.5) für den „Behälter 2 leer" wird verknüpft mit A 1.2, dem Merker M 20.0 und mit A 1.2 ist die UND-Bedingung erfüllt, A 1.2 wird aktiv und das Ventil 2 öffnet sich.

Auch der fünfte Abschnitt kann kopiert werden und als Vorlage dient Abschnitt 3. Anschließend ist er zu modifizieren. Dieser Abschnitt liefert die Verzögerungszeit für Behälter 2 zum Öffnen und Schließen.

Mit dem Abschnitt 6 wird das Hauptventil Y_0 geöffnet und geschlossen. Die ODER-Verknüpfung erzeugt den Merker M 30.0 und die ODER-UND-Verknüpfung den Merker M 0.0.

Muss man den Abschnitt 7 erstellen, kopiert man einfach Abschnitt 3 oder 5 und ändert die Ein- und Ausgangsgrößen ab.

6.3 Beispiel einer Niveausteuerung

Ein Beispiel einer Niveausteuerung mit zwei Behältern zeigt Abb. 6.26.

Durch Betätigung der Taste S_1 wird das elektromagnetische Ventil Y_1 geöffnet, wodurch eine Flüssigkeit in den Tank fließt. Gleichzeitig soll mit ihrem Durchrühren begonnen werden. Erreicht die Flüssigkeit den maximalen Tankfüllstand, sorgt der Niveauwächter S_6 (S_6 = „1") dafür, dass Ventil Y_1 geschlossen und der Rührmotor M_1 gestoppt wird. Tab. 6.3 zeigt die Zuordnungsliste für eine Niveausteuerung mit zwei Behältern.

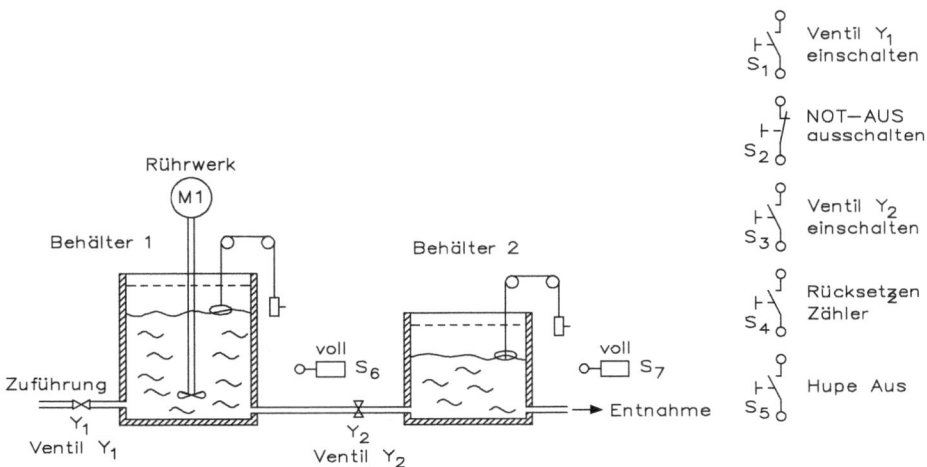

Abb. 6.26: Niveausteuerung mit zwei Behältern.

Tab. 6.3: Zuordnungsliste.

S_1	E 1.1	Ventil Y_1
S_2	E 1.2	NOT-AUS-Schalter
S_3	E 1.3	Ventil Y_2
S_4	E 1.4	Zähler zurücksetzen
S_5	E 1.5	Hupe Aus
S_6	E 1.6	Niveauwächter (Rührwerk)
S_7	E 1.7	Niveauwächter (Behälter 2)
M_1	A 1.0	Rührmotor
Y_1	A 1.1	Ventil Y_1
Y_2	A 1.2	Ventil Y_2
H_1	A 1.3	Hupe

Die Taste S_2 (NOT-AUS) schließt die Ventile Y_1 bzw. Y_2 und stoppt den Motor M_1.

Durch Betätigen der Taste S_3 wird das elektromagnetische Ventil Y_2 geöffnet und der Tankinhalt weitergegeben. Erreicht die Flüssigkeit den Mindestfüllstand, wird dies durch den Niveauwächter S_7 (S_7 = „1") erkannt und das Ventil Y_2 geschlossen.

Erreicht die Flüssigkeit innerhalb 20 Sekunden nach Öffnen von Y_1 den maximalen Füllstand nicht, wird dies als Anlagenfehler erkannt und Ventil Y_1 sofort geschlossen, der Rührmotor M_1 wird gestoppt und die Alarmsirene H_5 eingeschaltet. Mit der Taste S_5 kann die Alarmsirene H_5 wieder abgeschaltet werden.

Durch einen Zähler wird die Zahl der Entleerungen des Behälters 2 erfasst. Der Zählereingang ist mit dem Niveauwächter S_7 direkt verbunden und zählt, wenn S_7 angesprochen wird. Wenn die Zahl der Entleerungen 12 erreicht, leuchtet die Signallampe H_4. Danach wird der Zähler durch die Rücktaste S_4 auf „0" zurückgesetzt. Der Zähler wird auch auf „0" zurückgesetzt, wenn die NOT-AUS-Taste S_2 betätigt wird.

Aus dieser Vorgabe kann ein Funktionsplan erstellt werden, wie Abb. 6.27 zeigt. Mit E 1.1 wird das RS-Flipflop mit einem 1-Signal gesetzt und über E 1.2 mit einem 0-Signal zurückgesetzt. Der NOT-AUS-Schalter S_2 hat im Ruhezustand ein 1-Signal. Ist das Flipflop gesetzt, führt der Merker M 10.0 ein 1-Signal. Über das UND-Gatter werden M 10.0, E 1.3 (Ventil Y_3) und E 1.7 (Zähler) miteinander verknüpft und damit hat man den Ausgang A 1.2 (Ventil Y_2) und der Ausgang A 1.0 (Motor Rührwerk) ein 1-Signal.

Das UND-Gatter verknüpft den Merker M 10.0 mit dem Eingang E 1.6 (Niveauwächter vom Rührwerk) und es ergibt sich der Merker M 20.0. Mit dem Merker M 10.0 wird der Timer gestartet und für 20 Sekunden hat der Ausgang A 1.5 ein 1-Signal. Der Timer wird zurückgesetzt, wenn M 20.0 und E 1.5 je ein 1-Signal aufweisen.

Das Triggersignal vom Timer ist mit dem Merker M 10.0 (RS-Flipflops) verbunden und der Timer hat für 20 Sekunden am Ausgang ein 1-Signal. Dieses Signal ergibt den Merker M 30.0. Über ein UND-Gatter wird der Merker M 30.0 mit dem Ausgang A 1.1 (Ventil Y_1) verknüpft.

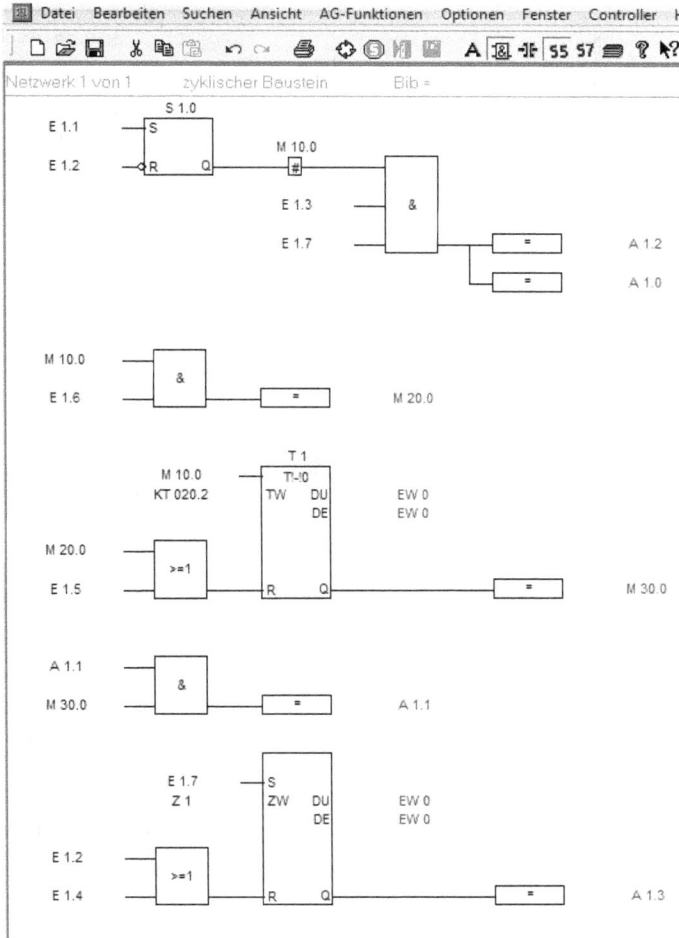

Abb. 6.27: Funktionsplan für eine Niveausteuerung mit zwei Behältern.

Beim Zähler ist der Zähleingang ZV mit dem Eingang E 1.7 (Niveauwächter von Behälter 2) verbunden und zählt von 0 bis 12 bei jeder Entleerung. Der Zähler wird zurückgesetzt, wenn S_2 (NOT-AUS) und der S_4 (Zähler zurücksetzen) betätigt werden.

6.4 Beispiel Steuerung mit zwei Becken

Bei einer aus zwei Becken bestehenden Anlage einer chemischen Fabrik sollen der Abfluss des ersten und der Zufluss des zweiten Beckens automatisch gesteuert werden. Abb. 6.28 zeigt das Technologieschema für einen Ab- und Zufluss mit zwei Becken.

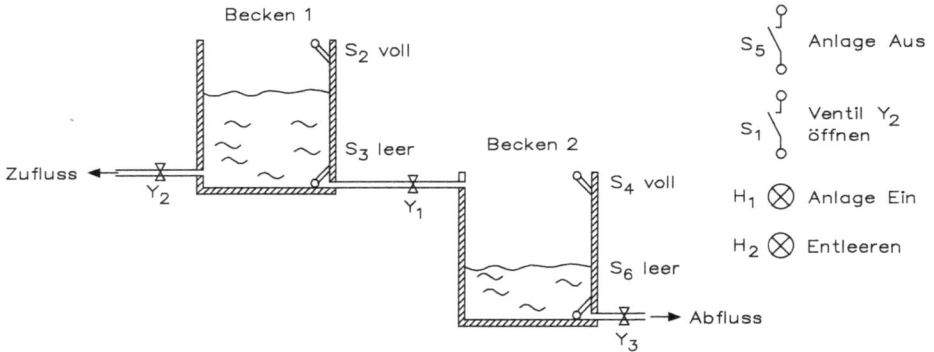

Abb. 6.28: Technologieschema für einen Ab- und Zufluss mit zwei Becken.

Durch Betätigung der Taste S_1 wird Ventil Y_2 geöffnet; das Wasser fließt in das noch leere Becken 1, während der Schieber Y_1 noch geschlossen ist. Ist der höchste Wasserstand im Becken 1 erreicht (Niveauwächter S_2 spricht an und S_2 = „1"), soll Ventil Y_2 geschlossen werden.

Zehn Sekunden nach Signalabfall des Niveauwächters S_4 (S_4 = „0") wird der Schieber Y_1 geöffnet, sofern das Becken 1 nicht leer ist (S_3 = „0").

Das Wasser fließt nun in Becken 2. Der Schieber Y_1 wird erst geschlossen, wenn die Niveauwächter S_3 oder S_4 ansprechen (S_3 = „1" und/oder S_4 = „1"). Nach einer Verzögerung von 15 Sekunden wird dann das Ventil Y_2 geöffnet und das ganze Verfahren wiederholt sich.

Das Wasser in Becken 2 wird mit dem Ventil Y_3 abgelassen. Es öffnet, wenn Taste S_6 betätigt wird oder wenn Becken 1 nicht leer (S_3 = „0") und Becken 2 voll ist (S_4 = „1"). Es schließt, wenn die Anlage durch Taste S_5 abgeschaltet wird oder Becken 2 leer ist (S_6 = „1").

Das Einschalten und Entleeren werden von den Signallampen H_1 und H_2 angezeigt. Erstellen Sie das Programm für die Anlage in FUP-Darstellung.

Zuerst erstellt man die Zuordnungsliste, wie Tab. 6.4 zeigt.

Aus der Zuordnungsliste kann man die Schaltung von Abb. 6.29 in FUP-Darstellung entwerfen.

Am Anfang der FUP-Darstellung wird der Eingang E 1.1 (Ventil Y_2) mit dem Ausgang A 1.1 (Ventil Y_1) und dem Eingang E 1.2 (Niveauwächter S_2, voll) verknüpft und sie bilden den Merker M 10.0. Der Eingang E 1.4 (Niveauwächter S_4, voll) triggert den Zeitgeber T1 für zehn Sekunden und der Merker M 40.0 hat ein 1-Signal. Der Eingang E 1.4 (Niveauwächter S_4, voll) und der Eingang E 1.3 (Niveauwächter S_3, leer) sind über ein ODER verknüpft und steuern damit den Ausgang A 1.1 (Ventil Y_1) über das UND-Gatter an. Hier erfolgt die Verknüpfung mit dem Merker M 40.0.

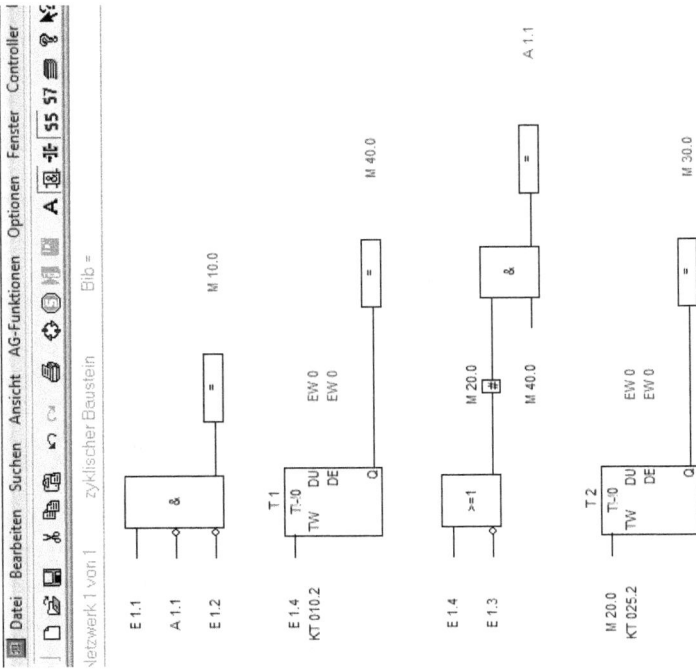

Abb. 6.29: FUP-Darstellung für einen Ab- und Zufluss mit zwei Becken.

Tab. 6.4: Zuordnungsliste.

S_1	E 1.1	Ventil Y_2
S_2	E 1.2	Niveauwächter S_2 (voll)
S_3	E 1.3	Niveauwächter S_3 (leer)
S_4	E 1.4	Niveauwächter S_4 (voll)
S_5	E 1.5	Anlage Aus
S_6	E 1.6	Niveauwächter S_3 (leer)
S_7	E 1.7	AUS
Y_1	A 1.1	Ventil Y_1
Y_2	A 1.2	Ventil Y_2
Y_3	A 1.3	Ventil Y_3
H_1	A 1.4	Meldeleuchte (Anlage Ein)
H_2	A 1.5	Meldeleuchte (Entleeren)

Der Timer T2 ist mit seinem Triggereingang mit dem Merker M 20.0 verbunden und setzt sich für 20 Sekunden. Der Ausgang des Timers ist der Merker M 30.0. Der Merker M 20.0 wird über ODER mit dem Merker M 30.0 verknüpft und steuert den Ausgang A 1.2 (Ventil Y_2) an.

Im rechten Teil von Abb. 6.29 wird das RS-Flipflop von den Eingängen E 1.7 (AUS), E 1.3 (Niveauwächter S_3, leer) und E 1.7 (Niveauwächter S_4, voll) gesetzt, wenn die Bedingungen erfüllt sind. Das RS-Flipflop wird zurückgesetzt, wenn E 1.5 (Anlage Aus) oder E 1.6 (Niveauwächter S_3, leer) erfüllt sind. Das RS-Flipflop steuert den Ausgang A 1.3 (Ventil Y_3) an.

Das Flipflop S_2 wird gesetzt, wenn der Eingang E 1.1 (Niveauwächter S_2, voll) ein 1-Signal hat, und zurückgesetzt, wenn der Eingang E 1.5 (Anlage Aus) ein 1-Signal hat. Das Flipflop steuert direkt den Ausgang A 1.4 (Meldeleuchte, Anlage Ein) an. Die Meldeleuchte für das Entleeren des Behälters 2 erfolgt durch eine ODER-Verknüpfung von Eingang E 1.2 (Niveauwächter S_2, voll) und Eingang E 1.6 (Niveauwächter S_3, leer).

6.5 Beispiel einer Förderbandsteuerung

Das Förderband kann mit dem Taster S_1 (Dauerbetrieb Ein) oder mit Betätigung einer Lichtschranke B1 infolge der Lichtstrahlunterbrechung in Bewegung gesetzt werden. Nach Betätigung des Tasters bzw. Unterbrechung der Lichtschranke bleibt der Bandmotor noch 30 Sekunden eingeschaltet (Verzögerungsglied). Abb. 6.30 zeigt das Technologieschema einer Förderbandsteuerung.

Der Motor wird mit Taster S_2 (Dauerbetrieb Aus) abgeschaltet. Durch Betätigung des NOT-AUS-Schalters S_3 oder des Lastschalters S_4 soll das Band sofort stillgelegt werden können. Die Schalter S_3 und S_4 behalten nach Betätigung ihre Lage. Das Band darf nach dem Rückschalten von S_3 oder S_4 nicht wieder automatisch anlaufen. Auch ein Druck auf S_1 darf bei betätigtem S_3 oder S_4 nicht zum Anlauf führen.

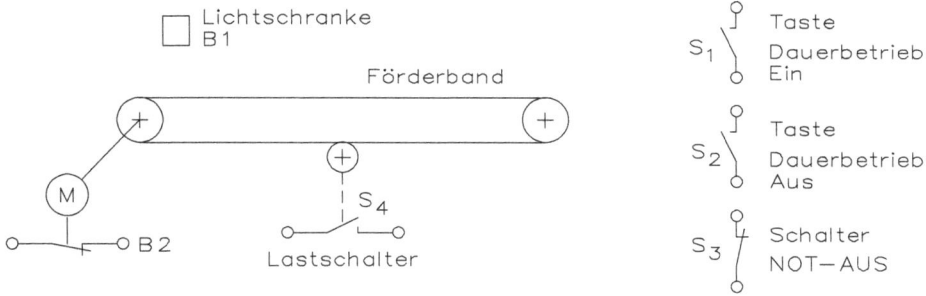

Abb. 6.30: Technologieschema einer Förderbandsteuerung.

Der von einer elektronischen Waage betätigte Lastschalter spricht an, wenn die zulässige Förderbandbelastung überschritten wird. Diese Abschaltung soll Vorrang haben. Tab. 6.5 zeigt die Zuordnungsliste für eine Förderbandsteuerung.

Tab. 6.5: Zuordnungsliste.

S_1	E 1.1	Taster: Dauerbetrieb Ein
S_2	E 1.2	Taster: Dauerbetrieb Aus
S_3	E 1.3	NOT-AUS-Schalter
S_4	E 1.4	Lastschalter (Waage)
S_5	E 1.5	Lichtschranke (liefert bei Unterbrechung des Lichtstrahls ein Signal vom Wert „1")
S_6	E 1.6	Thermoschalter
M	A 1.0	Bandmotor

Es ist die FUP-Darstellung für eine Förderbandsteuerung zu erstellen.

Abb. 6.31 zeigt die Schaltung in FUP-Darstellung für eine Förderbandsteuerung. Der Eingang E 1.1 (Taster: Dauerbetrieb Ein) wird mit dem Thermoschalter E 1.6 verbunden. Der Thermoschalter muss negiert werden, da er im Ruhezustand (Motor kalt) einen Schließer hat. Ist die UND-Bedingung erfüllt, kann sich das RS-Flipflop setzen. Setzt sich das RS-Flipflop, wird der Timer T1 getriggert und der Motor läuft für 30 Sekunden. Reagiert die Lichtschranke, ist die UND-Bedingung nicht mehr erfüllt und der Timer wird getriggert oder der Timer läuft gerade, dann wird nachgetriggert.

Der Ausschalter liefert ein 1-Signal, wenn er betätigt wird. Der NOT-AUS-Schalter arbeitet mit einem Öffner und daher muss der Eingang E 1.3 negiert werden. Der Lastschalter ist ein Schließer und wirkt direkt. Ist die ODER-Bedingung erfüllt, hat der Merker M 10.0 ein 1-Signal, das RS-Flipflop und der Timer werden dadurch zurückgesetzt und der Ausgang A 1.0 hat ein 0-Signal.

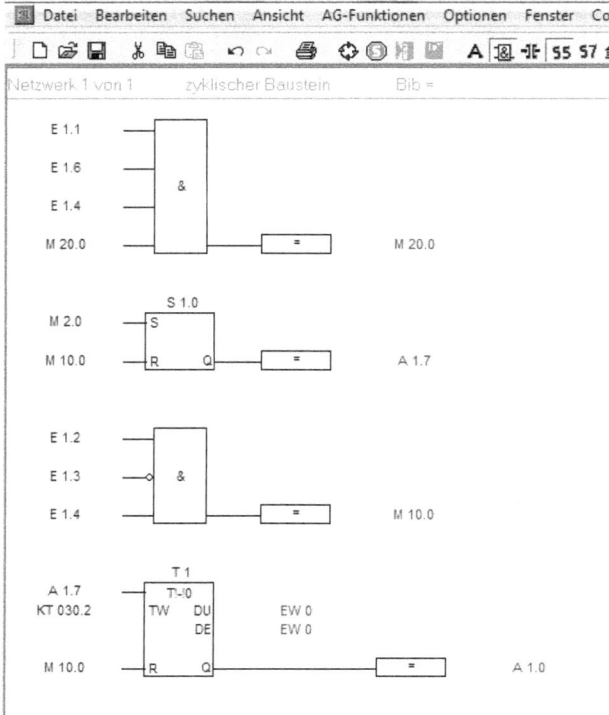

Abb. 6.31: FUP-Darstellung einer Förderbandsteuerung.

6.6 Ablaufsteuerungen

In der Steuerungstechnik unterscheidet man zwischen Verknüpfungs- und Ablaufsteuerungen. Steuerungsaufgaben, bei denen die zeitlichen Zusammenhänge zwischen Ein- und Ausgängen von Bedeutung sind, werden durch Ablaufsteuerungen realisiert.

Ablaufsteuerungen sind wie die Verknüpfungssteuerungen binäre Steuerungen. Deshalb verwendet man die gleichen Symbole zur Darstellung der Funktionen. Man könnte solche Steuerungen auch durch reine Verknüpfungsfunktionen verwirklichen, aber bei umfangreichen Steuerungen ist es vorteilhaft, von der Verknüpfungssteuerung zur Ablaufsteuerung überzugehen.

Kennzeichnend für die Ablaufsteuerungen sind Ablaufschritte und Schritt-Weiterschaltbedingungen. Die Steuerungsaufgabe wird in einzelne Schritte unterteilt, deren Abfolge durch Weiterschaltbedingungen bestimmt wird.

Für die Darstellung von Ablaufschritten gibt es im Funktionsplan ein Schrittsymbol. Im oberen Teil dieses Rechtecks steht die Schrittnummer, im unteren Teil kann erläuternder Text zu finden sein, wie Abb. 6.32 zeigt.

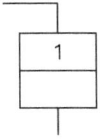

Abb. 6.32: Schrittsymbol.

Man unterscheidet zwei Arten von Weiterschaltbedingungen in der Ablaufsteuerung:
- Prozessabhängig: Das prozessabhängige Weiterschalten ist abhängig von den Rückmeldungen, die bestimmte Prozesszustände und damit die Ausführung vorher erteilter Befehle signalisieren.
- Zeitabhängig: Das zeitabhängige Weiterschalten ist abhängig von Zeitbedingungen, die den Ablauf einer Mindestzeit (Wartezeit) bis zum Weiterschalten auf den nächsten Schritt garantieren.

Anwendungsbeispiel: Ein Greifer soll ein Teil von einer Palette abnehmen, die durch ein Transportband angeliefert wird. Das bedeutet, dass der Greifer das Teil nur aufnehmen darf, wenn die Palette richtig positioniert ist.

Derartige Aufgaben lassen sich mit einer Ablaufsteuerung lösen, einem Vorgang mit zwangsweise schrittweisem Ablauf. Das Weiterschalten von einem Schritt auf den im Programm folgenden geschieht in Abhängigkeit von Rückmeldungen oder Zeitabläufen. Ein Endschalter meldet, dass die Palette richtig positioniert ist, und liefert damit die Weiterschaltbedingung.

Die Schrittfolge der Ablaufsteuerung entspricht den technologisch bedingt aufeinanderfolgenden Schritten des zu steuernden Prozesses. So ist die Ablaufsteuerung ein direktes Abbild der zu steuernden Vorgänge und daher besonders übersichtlich und relativ einfach zu projektieren. Fehler können in einer Ablaufsteuerung somit schneller erkannt werden als in einer Verknüpfungssteuerung. Aus diesem Grund wird im weiteren Verlauf die Ablaufsteuerung mit Ablaufketten und Schrittfunktionen im Blickpunkt stehen.

6.6.1 Struktur der Ablaufsteuerung

Die kleinste Funktionseinheit der Ablaufsteuerung ist die Schrittfunktion, Schritt bzw. Ablaufschritt genannt. Mehrere hintereinander angeordnete Schritte ergeben dann eine Ablaufkette. Die Schritte werden mit entsprechenden Bedingungen nacheinander gesetzt. Schritte geben Befehle aus, löschen den davorliegenden Schritt und machen den nachfolgenden Schritt setzbereit wie Abb. 6.33 zeigt.

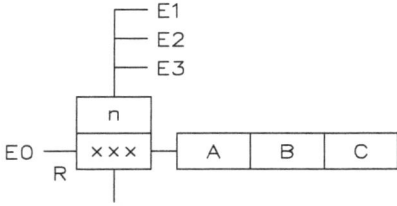

Abb. 6.33: Struktur der Ablaufsteuerung.

Eine Ablaufsteuerung ist von folgenden Eigenschaften gekennzeichnet:
- Die Ablaufschritte werden zeitlich in strenger Reihenfolge nacheinander durchlaufen.
- In einer Ablaufkette kann immer nur ein Schritt gesetzt sein. Mit dem Setzen des jeweils nächsten Schrittes wird der davorliegende Schritt wieder gelöscht.
- Um den jeweils nächsten Schritt einer Ablaufkette zu setzen, muss ein Anstoß durch Weiterschaltbedingungen erfolgen.

Die einzelnen Schritte lösen Funktionen (Befehle) aus. Der Ausgang eines Schrittes hat den Binärwert „1", solange er gesetzt ist.

Das Schritt- und Befehlssymbol ist eine Makrofunktion, wie Abb. 6.34 zeigt.

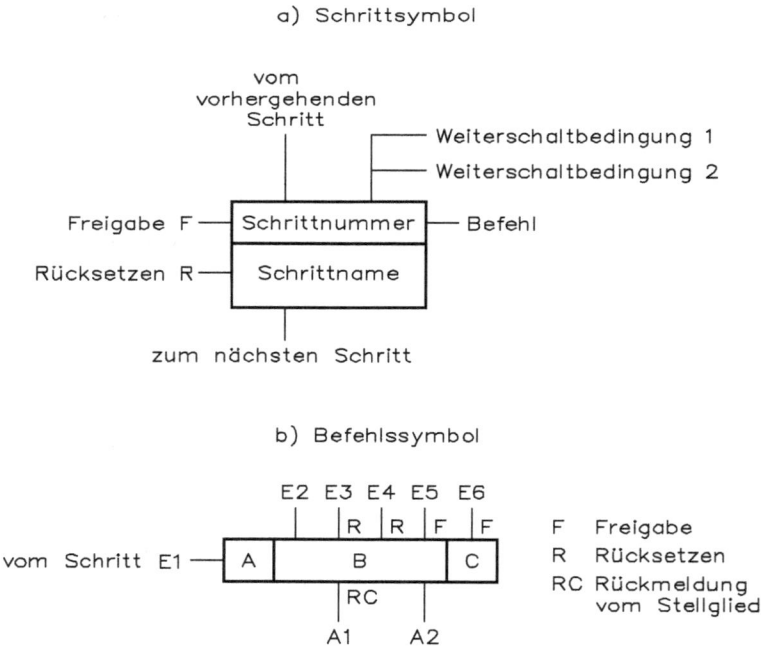

Abb. 6.34: Darstellung von Schrittsymbolen (a) und Befehlssymbolen (b).

Für Abb. 6.34 gilt:
- Feld A: die Befehlsart nach DIN-Norm 40719:

NS	Befehl, nicht gespeichert	Zuweisung
NSD	Befehl, nicht gespeichert/verzögert	Einschaltverzögerung
S	Befehl, gespeichert	Setzen/Zurücksetzen
SD	Befehl, gespeichert/verzögert	Einschaltverzögerung (speichernd)
ST	Befehl, gespeichert/zeitlich begrenzt	Ausschaltverzögerung

- Feld B: der Befehlsname (verbale Bezeichnung)
- Feld C: das Kennzeichen der Abbruchstelle (nicht immer vorhanden)
- n: Schrittnummer
- xxx: kann den Klartext der Funktion beinhalten
- E0: Löscheingang
- E1, E2, E3: Weiterschaltbedingung

Der Programmschritt besteht, vereinfacht betrachtet, aus einem Speicherglied von Abb. 6.35 mit UND-Eingängen auf der Setzseite. Der Ausgang eines jeden Ablaufglieds bereitet das Setzen des jeweils folgenden vor und setzt das vorausgegangene zurück.

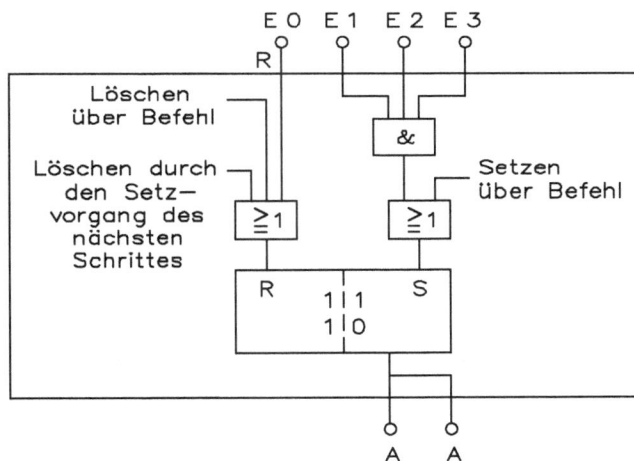

Abb. 6.35: Speicherglied einer Ablaufsteuerung.

Das Setzen des Schrittes erfolgt mit Wert „1" an allen Setzeingängen. Der Schritt bleibt auch dann gesetzt, wenn einer oder alle Setzeingänge wieder den Wert „0" annehmen, wie Abb. 6.36 zeigt.

Die Ausgänge weisen den Wert „1" auf, solange der Schritt gesetzt ist.

Das Setzen kann auch durch einen Befehl erfolgen, der an anderer Stelle des Funktionsplans steht. Dabei kann ein Schritt gezielt und ausnahmsweise auch dann gesetzt werden, wenn der vorhergehende Schritt nicht gesetzt war, wie Abb. 6.37 zeigt.

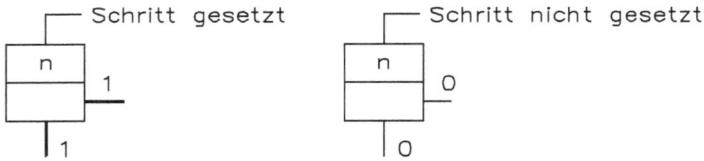

Abb. 6.36: Signale des Speicherglieds in einer Ablaufsteuerung.

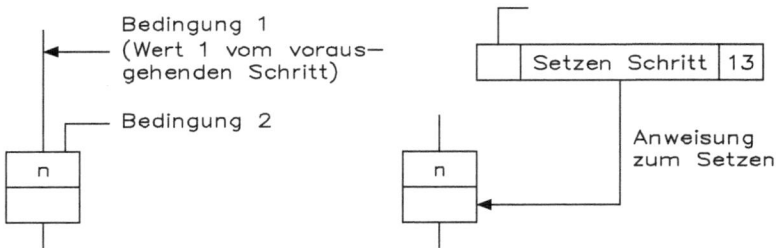

Abb. 6.37: Setzbedingungen bei einem Speicherglied.

Die Ausgänge eines Schrittes (n) führen zu Befehlen und zum nachfolgenden Schritt $n + 1$, wie Abb. 6.38 zeigt.

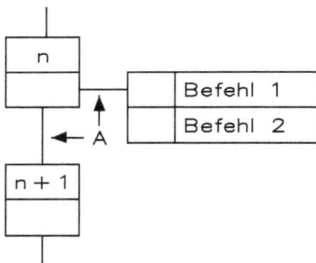

Abb. 6.38: Ausgangsverhalten bei einem Speicherglied.

Das Zurücksetzen eines Ablaufschrittes erfolgt in der Regel durch den Setzvorgang des nachfolgenden Schrittes. Dies ist immer dann der Fall, wenn weitere Angaben fehlen, wie Abb. 6.39 zeigt.

Das Zurücksetzen kann auch erfolgen, wie Abb. 6.40 zeigt:
- durch einen kurzzeitig anliegenden Wert „1" am Zurücksetzeingang,
- durch einen Zurücksetzbefehl analog zum Zurücksetzen von Speicher oder Makrobefehlen. Dadurch werden Abbruchsteilen und Wirkungslinien vermieden.

Ein Schritt kann sich auch selbst löschen. Diese Möglichkeit wird häufig am Ende einer Ablaufkette programmiert. Durch das Löschen des letzten Schrittes wird die Ablaufkette wieder bereit zum Setzen des ersten Schrittes, wie Abb. 6.41 zeigt.

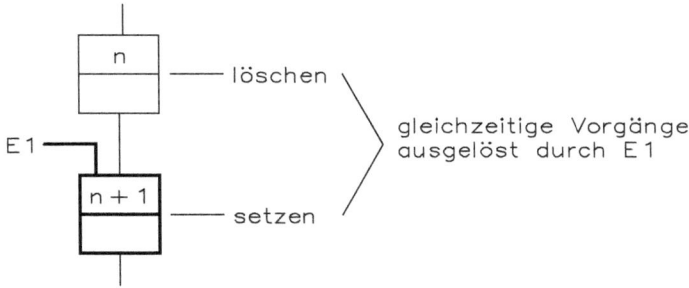

Abb. 6.39: Zurücksetzverhalten und Setzvorgang eines Ablaufschrittes.

Abb. 6.40: Zurücksetzverhalten (Löschen).

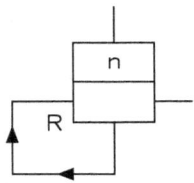

Abb. 6.41: Zurücksetzverhalten am Ende einer Ablaufkette.

6.6.2 Anwendung der Schrittfunktion

Die Ablaufkette hat einen zwangsläufig schrittweisen Ablauf. Schritt 1 wird gesetzt, wenn alle Startbedingungen B1 erfüllt sind (Programmstart). Der gesetzte Schritt 1 gibt den Befehl 1 aus und bereitet den folgenden Schritt 2 vor, wie Abb. 6.42 zeigt.

Erfordert die Prozesstechnologie, dass der Start nur erfolgen kann, wenn die Ablaufkette nicht in Betrieb ist, d. h., dass kein Schritt gesetzt ist, muss eine Verriegelungsbedingung vorgesehen werden, wie z. B. „kein Schritt gesetzt", wie Abb. 6.43 zeigt.

Schritt 2 wird gesetzt, wenn alle Weiterschaltbedingungen B2 erfüllt sind. Der gesetzte Schritt 2 löst den Befehl 2 aus, löscht den vorhergehenden Schritt 1 und bereitet den folgenden Schritt 3 vor, wie Abb. 6.44 zeigt.

Schritt 3 wird gesetzt, wenn alle Weiterschaltbedingungen B3 erfüllt sind. Der gesetzte Schritt löst den Befehl 3 aus und löscht den vorhergegangenen Schritt 2, wie Abb. 6.45 zeigt.

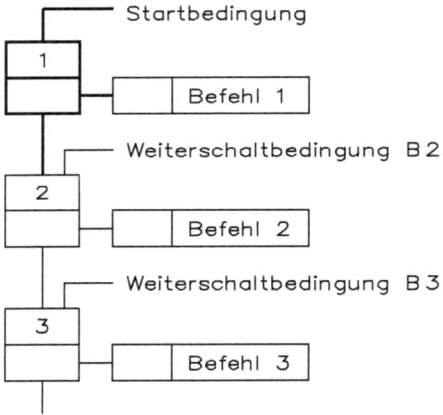

Abb. 6.42: Ablaufkette mit schrittweisen Weiterschaltbedingungen.

Abb. 6.43: Ablaufkette mit Startbedingungen.

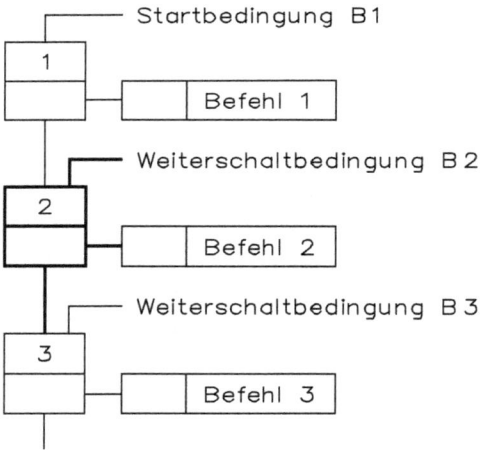

Abb. 6.44: Ablaufkette mit Weiterschaltbedingungen B2.

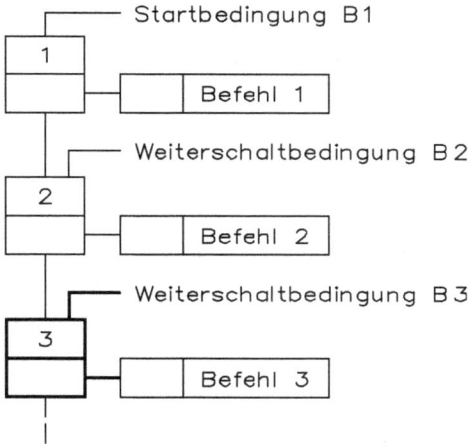

Abb. 6.45: Ablaufkette mit Weiterschaltbedingungen B3.

Dabei ist stets zu beachten, dass eine einmal gestartete Ablaufkette auch dann weiterläuft, wenn die Startbedingungen des ersten Schrittes nicht mehr erfüllt sind. Ebenso bleiben einzelne Schritte gesetzt, wenn die entsprechenden Bedingungen nicht mehr anstehen (Speicherverhalten des Schrittes). Hinsichtlich seiner materiellen Verwirklichung entspricht der Programmschritt so dem Ablaufglied einer Ablaufkette, wie Abb. 6.46 zeigt.

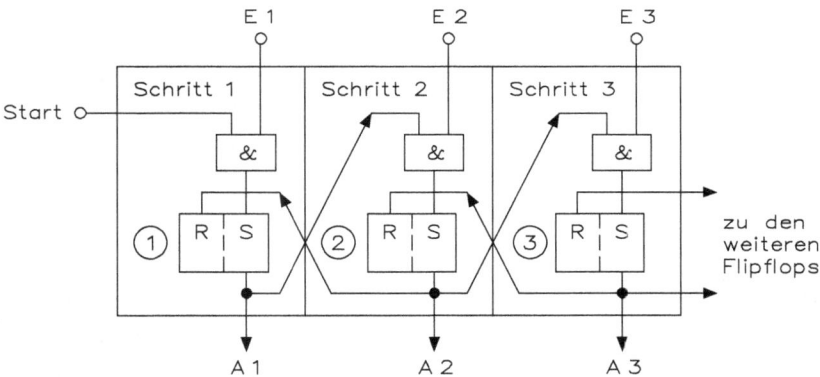

Abb. 6.46: Ablaufglied einer Ablaufkette.

Das RS-Flipflop 1 wird gesetzt, sobald das START-Signal vorliegt und die Eingangsbedingung E1 erfüllt ist (E1 = „1"). Damit liefert der Ausgang A1 das als eine der beiden Setzbedingungen für das RS-Flipflop 2 erforderliche Eingangssignal. Liegt dies vor, wird das RS-Flipflop 2 gesetzt, sobald die Eingangsbedingung E2 erfüllt ist (E2 = „1"). Er liefert dann am Ausgang A2 ein Signal, das das RS-Flipflop 1 zurücksetzt. Zugleich dient es als eine der beiden Eingangsbedingungen für das Setzen von RS-Flipflop 3. Ist die Eingangsbedingung E3 erfüllt, wird RS-Flipflop 3 gesetzt und mit dem dadurch am Ausgang A3 erzeugten Signal RS-Flipflop 2 zurückgesetzt. Dieses Signal steht wieder im nächsten Schritt zur Verfügung, usw. Der Ablaufschritt hat Speicherverhalten.

6.6.3 Befehlsanwendungen

Ein NS-Befehl ist in der Ablaufsteuerung nur wirksam, wenn der entsprechende Schritt gesetzt ist. Die Ausgänge eines Schrittes, und mit ihm der Befehlseingang, haben nur dann Wert „1", wenn der Schritt gesetzt ist. Der NS-Befehl kommt dann zur Anwendung, wenn die Befehlsausgabe auf die zeitliche Dauer eines Schrittes begrenzt werden soll.

Beispiel: Der NS-Befehl „Pumpe EIN" soll nur dann ausgelöst werden, wenn Schritt 3 gesetzt ist. Es ergibt sich die Lösung von Abb. 6.47.

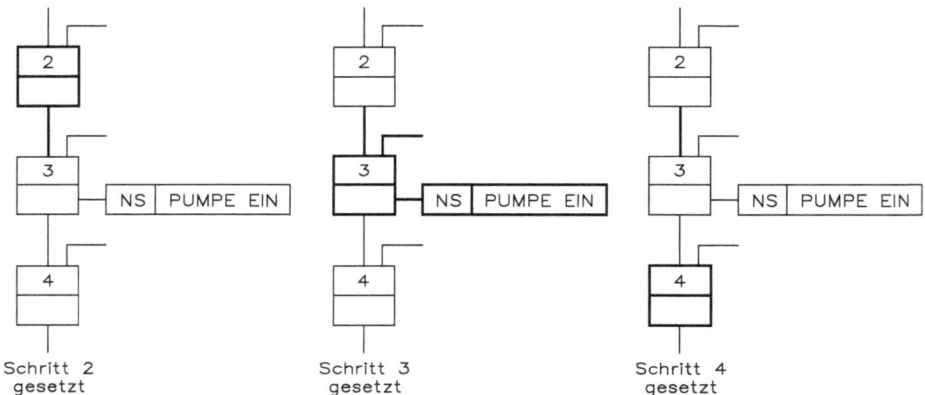

Abb. 6.47: Anwendung des NS-Befehls in der Ablaufsteuerung.

Ein S-Befehl wird in der Ablaufsteuerung nur dann gesetzt, wenn der entsprechende Schritt gesetzt wird. Ein gesetzter S-Befehl bleibt auch dann noch gesetzt, wenn das Ablaufprogramm nicht mehr bei dem entsprechenden Schritt steht. Der gesetzte S-Befehl muss deswegen wieder gelöscht werden, z. B. mit:
–   einem R-Eingang
–   einem Zurücksetzbefehl (NS)
–   einem Gegenbefehl (R)

Beispiel: Ein Antrieb soll mit dem Schritt 2 eingeschaltet werden. Die Abschaltung soll erst bei Erreichen des Schrittes 5 erfolgen, wie Abb. 6.48 zeigt.

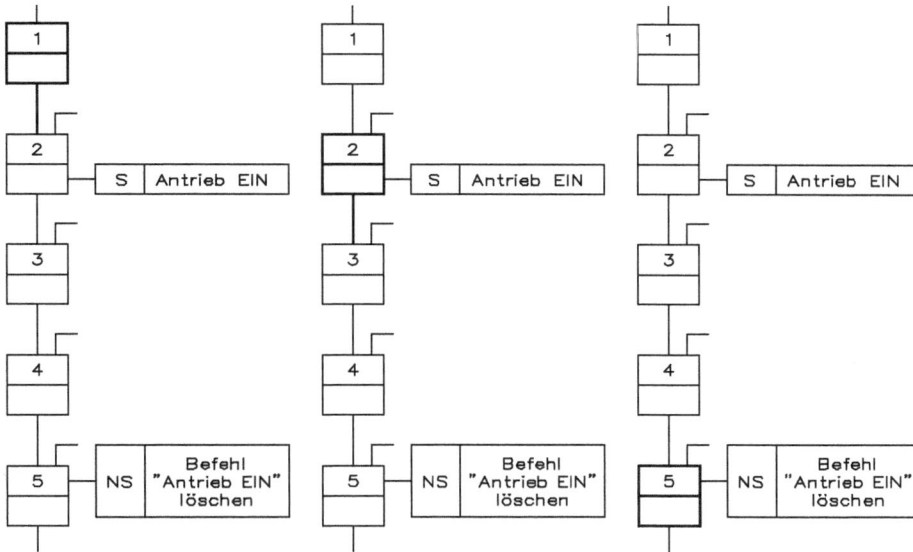

Abb. 6.48: Anwendung des S-Befehls in der Ablaufsteuerung.

Im Beispiel wurde für das Zurücksetzen ein NS-Zurücksetzbefehl gewählt. Es können in diesem Fall aber auch andere Möglichkeiten der Befehlszurücksetzung zur Anwendung kommen, z. B. der S-Befehl „Antrieb AUS". Der S-Befehl kommt dann zur Anwendung, wenn die Wirksamkeit des Befehls über mehrere Schritte hinweg aufrechterhalten bleiben soll.

6.6.4 Weiterschaltbedingungen

Zwischen Ablaufschritten wirken immer Weiterschaltbedingungen. Sie geben die Weiterschaltung der Ablaufsteuerung von einem Schritt zum nächsten frei (Prozessbedingungen oder Zeitbedingungen). Weiterschaltbedingungen können als solche angeschrieben oder als Abbruchstellen dargestellt werden.

Prozessbedingungen, die keine Rückmeldung auf Befehle der Ablaufsteuerung selbst sind, werden wie gewohnt angeschrieben. Mehrere Bedingungen sind im Makrosymbol mit der UND-Funktion verknüpft, wie Abb. 6.49 zeigt.

Genügt bereits eine von mehreren Bedingungen zur Weiterschaltung, müssen die Bedingungen mit der ODER-Funktion verknüpft werden, wie Abb. 6.50 zeigt.

Bedingungen, die selbst Rückmeldungen von Befehlen der Ablaufsteuerung sind, werden mit Hilfe der Ausgänge am Befehlssymbol formuliert. Dieser Ausgang am Befehlssymbol kann als Wirkungslinie oder als Abbruchstelle dargestellt werden, wie Abb. 6.51 zeigt.

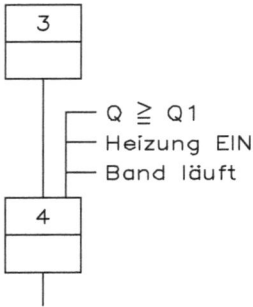

Abb. 6.49: Prozessbedingungen mit UND-Funktion.

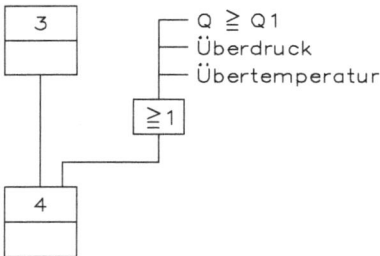

Abb. 6.50: Prozessbedingungen mit ODER-Funktion.

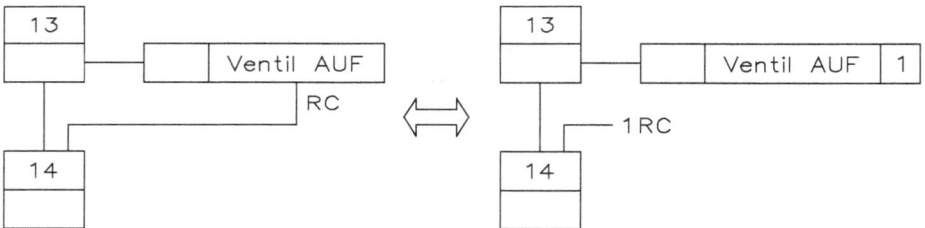

Abb. 6.51: Prozessbedingungen mit Wirkungslinie und Abbruchstelle.

Die Verwendung einer Abbruchstelle ist zu bevorzugen, weil sie sehr viel zur Übersichtlichkeit beiträgt. Alle Befehle eines Schrittes werden dabei mit einer Abbruchstellennummer versehen, die bei „1" beginnt.

Eine Rückmeldung als Weiterschaltbedingung des unmittelbar folgenden Schrittes wird lediglich mit der Abbruchstellennummer eingetragen. Bei echten Rückmeldungen wird auch hier „RC" hinzugefügt. Eine Rückmeldung als Weiterschaltbedingung anderer Schritte wird mit der Schrittnummer und der Abbruchstellennummer angeschrieben. Bei echten Rückmeldungen wird auch hier „RC" hinzugefügt.

6.6.5 Wartezeiten

Unter dem Begriff „Wartezeit" (WZ) versteht man die Mindestzeitspanne, während der ein Schritt einer Ablaufsteuerung gesetzt bleibt. Die Wartezeit ist somit eine von der Zeit t abhängige Weiterschaltbedingung. Erst nach Ablauf der Wartezeit werden auch die anderen eventuell vorhandenen Weiterschaltbedingungen, z. B. prozessabhängige Bedingungen, wirksam. Die Wartezeit wird mit der Funktion „Einschaltverzögerung" gebildet. Da diese Zeitfunktion in einem NSD-Befehl enthalten ist, wird die Wartezeit auch meist mit dem NSD-Befehl definiert. Ein NSD-Befehl wird vom Ausgang des Schrittes ausgelöst, der für die angegebene Zeit t gesetzt bleiben muss. Der Ausgang des NS-Befehls bildet damit eine Weiterschaltbedingung für den nächsten Schritt, wie Abb. 6.52 zeigt.

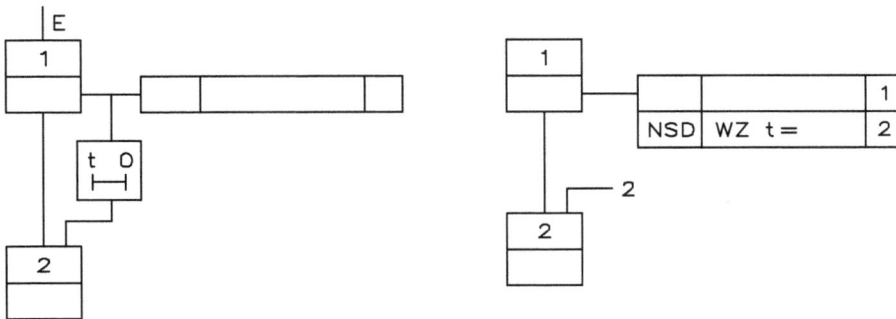

Abb. 6.52: Wartezeit WZ in ausführlicher Darstellung und in Makrodarstellung.

6.6.6 Überwachungszeiten

Unter dem Begriff „Überwachungszeiten" (ÜZ) versteht man die Zeitspanne, nach deren Ablauf nicht ausgeführte Befehle gemeldet werden müssen, da Überwachungszeiten maximal zulässige Zeiten für einen korrekten Programmablauf sind.

Mit Hilfe der Überwachungszeiten sollen Störungen im Prozess oder in der Steuerung möglichst schnell erkannt werden. Bei einem störungsfreien Prozessablauf ist nämlich die Zeitdauer des überwachten Prozessabschnittes kleiner als die Überwachungszeit, weshalb auch keine Reaktion erfolgt. Bei gestörtem Prozessablauf dagegen führt die Überschreitung der Überwachungszeit zu einer Befehlsausgabe, z. B. der Ausgabe einer Meldung. Der Überwachungszeit liegt so eine Einschaltverzögerung zugrunde.

Unterschieden wird zwischen Überwachungszeiten, die lediglich einen Schritt überwachen, und Überwachungszeiten, die mehrere Schritte überwachen. Die Überwachung wird dementsprechend durch unterschiedliche Befehlsarten realisiert (NSD- oder SD-Befehl).

Bei der zeitlichen Überwachung eines einzelnen Schrittes muss dieser bei ungestörtem Prozessablauf innerhalb der Überwachungszeit ÜZ wieder gelöscht werden. Die Überwachungszeit von Einzelschritten wird mit einem NSD-Befehl gebildet.

Der Prozessabschnitt in Abb. 6.53 soll zwischen Schritt 3 und Schritt 4 zeitlich überwacht werden.

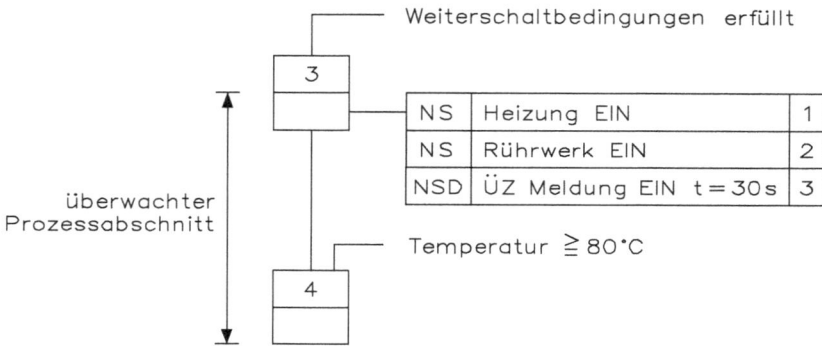

Abb. 6.53: Zeitliche Überwachung eines einzelnen Schrittes.

Die Temperatur von 80 °C muss bei ungestörtem Prozessablauf innerhalb von 30 Sekunden erreicht sein. Wird der Programmschritt deshalb nicht innerhalb 30 Sekunden gelöscht, wird der Befehl 3.3 ausgelöst.

Erfolgt nun die Löschung des Schrittes tatsächlich vor Ablauf der Überwachungszeit, wird der NSD-Befehl „ÜZ Meldung EIN" aufgrund des einschaltverzögerten Verhaltens nicht ausgegeben. Auch die Überwachungszeit wird mit dem Löschen des Schrittes zurückgesetzt. Bei Überschreiten der Überwachungszeit aber wird der Befehl „ÜZ Meldung EIN" solange ausgegeben, wie der überwachte Schritt gesetzt bleibt, d. h., Schritt 3 wird gesetzt. Damit werden die NS-Befehle ausgegeben. Die Überwachungszeit ($t = 30$ s) wird gestartet, der NSD-Befehl jedoch noch nicht ausgegeben, da er einschaltverzögernd wirkt. Schritt 4 ist nun setzbereit.

Bei einer Überwachung mehrerer Schritte müssen die zu überwachenden Schritte bei ungestörtem Prozessablauf innerhalb der Überwachungszeit ÜZ wieder gelöscht sein. Ist einer dieser Schritte noch gesetzt, so wird der Befehl ÜZ ausgegeben.

Die zeitliche Überwachung mehrerer Ablaufschritte wird mit dem SD-Befehl gebildet. Wegen des Speicherverhaltens läuft die Überwachungszeit weiter, auch wenn der veranlassende Schritt gelöscht wurde. Die Überwachungszeit muss daher mit dem letzten der zu überwachenden Schritte wieder gelöscht werden, z. B. mit einem NS-Befehl.

Der Prozessabschnitt in Abb. 6.54 soll zwischen den Schritten 16 und 19 zeitlich überwacht werden. Die Weiterschaltbedingung für Schritt 19 (Temperatur = 90 °C) muss bei ungestörtem Betrieb 120 Sekunden nach dem Setzen von Schritt 16 erreicht

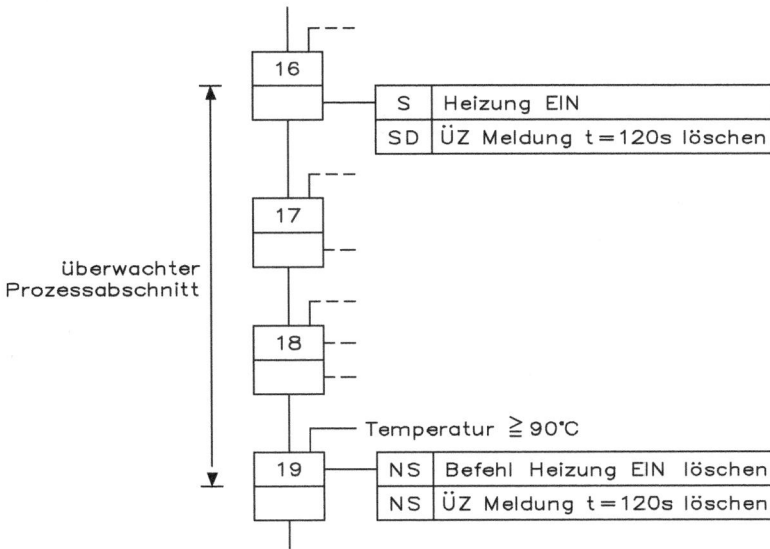

Abb. 6.54: Zeitliche Überwachung mehrerer Schritte.

sein. Ist Schritt 19 nach Ablauf der 120 Sekunden noch nicht gesetzt, wird ein SD-Befehl ausgegeben, z. B. „Meldung EIN".

Mit Setzen des Schrittes 16 wird die Überwachungszeit gestartet. Aufgrund des Speicherverhaltens des SD-Befehls läuft die Funktion Überwachungszeit so lange weiter, bis mit Schritt 19 dann die Löschung erfolgt. Erfolgt die Löschung aber nicht innerhalb der vorgegebenen Zeitspanne, wird der Befehl „Meldung EIN" ausgegeben.

Für Abb. 6.54 gilt Folgendes: Ist der Schritt 16 gesetzt, wird damit der NS-Befehl ausgelöst. Die Überwachungszeit ÜZ (t = 120 s) wird gestartet, der SD-Befehl jedoch noch nicht ausgegeben, da er einschaltverzögernd wirkt. Schritt 17 ist somit setzbereit.

Bei Überwachungszeiten unterscheidet man zwischen
- ungestörtem Prozessablauf und
- gestörtem Prozessablauf.

Innerhalb der Überwachungszeit (t = 120 s) wird ungestörter Prozessablauf Schritt 19 gesetzt, der NS-Zurücksetzbefehl 19.1 ausgegeben und der SD-Befehl 16.2 gelöscht. Der SD-Befehl wird nicht ausgegeben und es erfolgt keine Meldung! Abb. 6.55 zeigt den ungestörten Prozessablauf.

Innerhalb der Überwachungszeit (t = 120 s) bei einem gestörten Prozessablauf wird Schritt 19 nicht gesetzt, der NS-Zurücksetzbefehl 19.1 nicht ausgegeben und der SD-Befehl 16.2 nicht gelöscht. Der SD-Befehl 16.2 wird ausgegeben und es erfolgt Meldung! Die Ablaufsteuerung steht bei Schritt 16, 17 oder 18. Abb. 6.56 zeigt den gestörten Prozessablauf.

| 16 | NS | Ventil AUF | 1 |
| | SD | ÜZ Meldung EIN t = 120 s | 2 |

Füllstand erreicht

| 17 | NS | Rührwerk EIN | 1 |

1 RC

| 18 | NS | Heizung EIN | 1 |

Temperatur ≧ 90°C

| 19 | NS | Befehl 16.2 löschen | 1 |

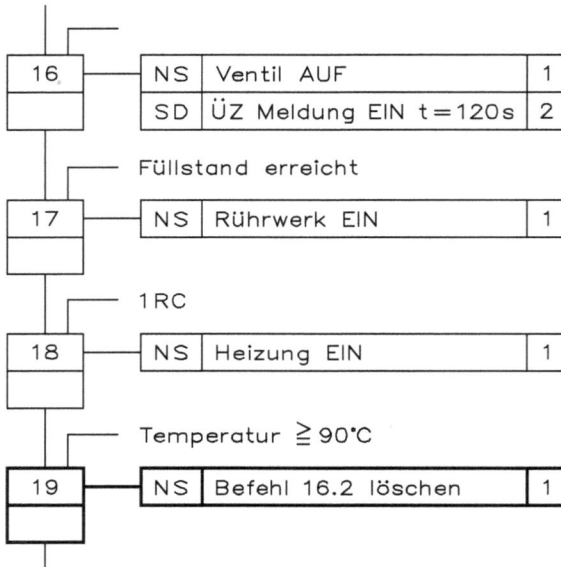

Abb. 6.55: Ungestörter Prozessablauf.

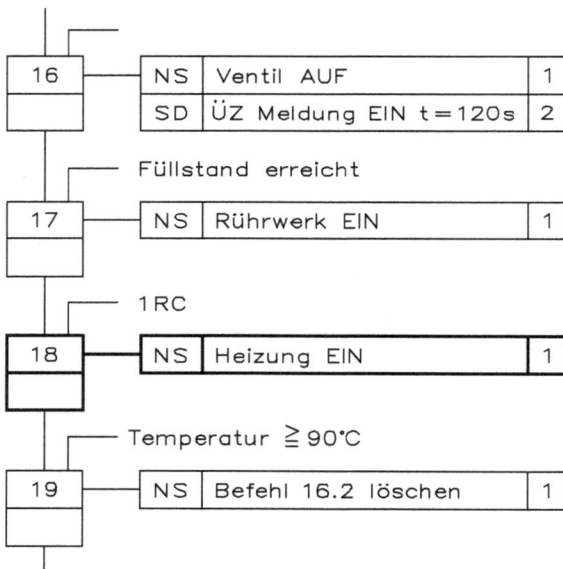

| 16 | NS | Ventil AUF | 1 |
| | SD | ÜZ Meldung EIN t = 120 s | 2 |

Füllstand erreicht

| 17 | NS | Rührwerk EIN | 1 |

1 RC

| 18 | NS | Heizung EIN | 1 |

Temperatur ≧ 90°C

| 19 | NS | Befehl 16.2 löschen | 1 |

Abb. 6.56: Gestörter Prozessablauf.

6.6.7 Verzweigungen

Bei der ODER-Verzweigung teilt sich die Ablaufkette an einer bestimmten Stelle in mehrere Zweige. Es wird aber nur einer der nachfolgenden Zweige der Ablaufkette durchlaufen (EXKLUSIV-ODER-Funktion). Dazu wird der vor der ODER-Verzweigung liegende Schritt gelöscht, wenn der erste Schritt einer der folgenden Zweige gesetzt ist, wie Abb. 6.57 zeigt.

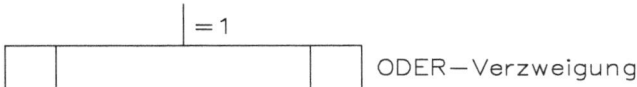

Abb. 6.57: ODER-Verzweigung.

In dem nachfolgenden Beispiel ist eine Verzweigung einer Ablaufkette in drei Programmzweige nach Schritt 36 gezeigt. Abhängig von der Temperatur wird nur einer der Zweige durchlaufen, wie Abb. 6.60 zeigt.

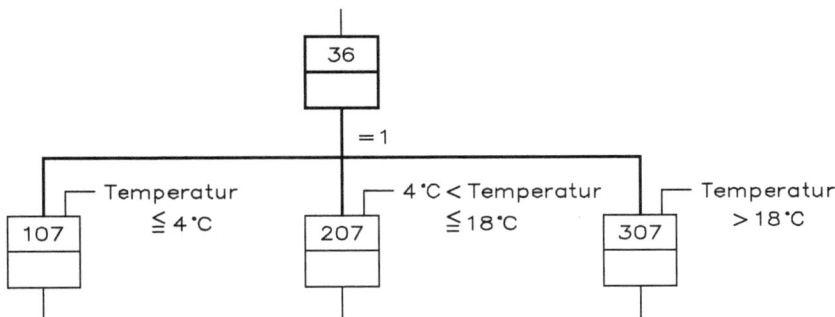

Abb. 6.58: Ablaufkette in drei Programmzweige nach Schritt 36.

Die in Abb. 6.58 dargestellte Ablaufkette wird wie folgt durchlaufen:
- Schritt 36 ist gesetzt, wodurch alle ersten Schritte der folgenden Zweige setzbereit sind.
- Nun wird der erste Schritt des nachfolgenden Zweiges gesetzt, bei dem die Weiterschaltbedingungen erfüllt sind, hier also Schritt 207.

Der gesetzte Schritt 207 in Abb. 6.59 wird gelöscht und mit dem davorliegenden Schritt 36 versehen. Damit wird nur mit dem mittleren Programmzweig weitergearbeitet.

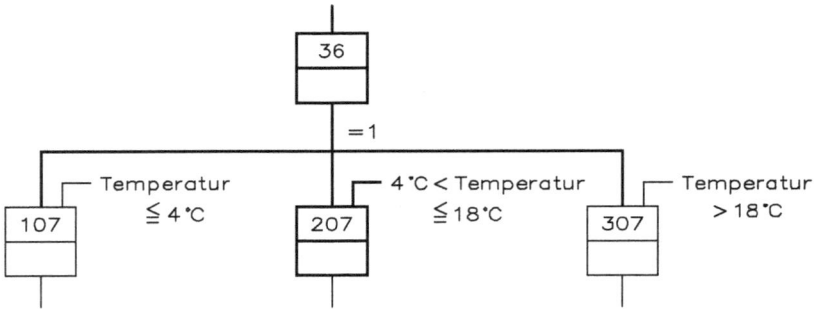

Abb. 6.59: Ablaufkette in drei Programmzweige mit Aktivierung des Schrittes 207.

Die Zusammenführung der ODER-verzweigten Ablaufkette erfolgt über eine ODER-Funktion. Mit dem Setzen des ersten Schrittes nach dieser Zusammenführung wird der letzte Schritt des durchlaufenen Zweiges gelöscht, wie Abb. 6.60 zeigt.

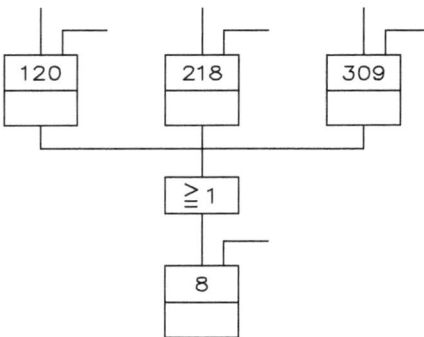

Abb. 6.60: Zusammenführung der ODER-verzweigten Ablaufkette.

Endet die verzweigte Ablaufkette ohne Zusammenführung, müssen die jeweils letzten Schritte über eigene Löschbefehle gelöscht werden, wie Abb. 6.61 zeigt.

Bei der UND-Verzweigung teilt sich die Ablaufkette in mehrere Zweige auf. Hier werden aber alle nachfolgenden Zweige der Ablaufkette durchlaufen, wie Abb. 6.62 zeigt.

Der vor der UND-Verzweigung liegende Schritt wird gelöscht, wenn alle ersten Schritte der folgenden Zweige gesetzt worden sind. Dabei können einzelne Programmzweige bereits weiter als andere abgelaufen sein.

Anhand eines Beispiels soll die Verzweigung einer Ablaufkette in drei Programmzweige nach dem Schritt 113 durchgeführt werden. Alle Zweige werden durchlaufen, sobald Schritt 113 gesetzt ist und die Weiterschaltbedingungen für die einzelnen Zweige anstehen.

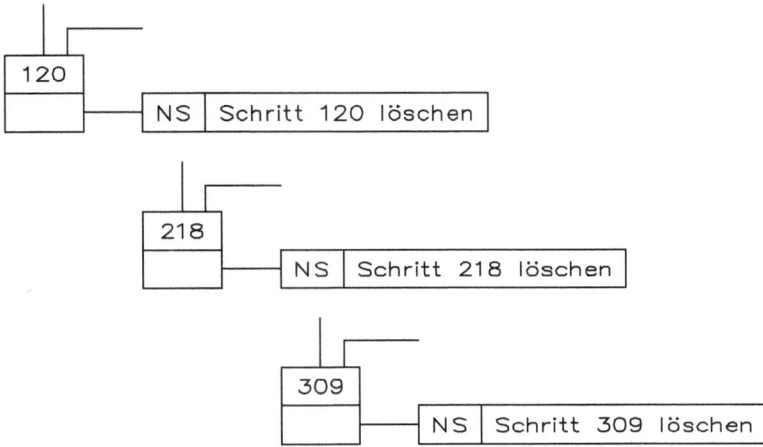

Abb. 6.61: Verzweigte Ablaufkette ohne Zusammenführung.

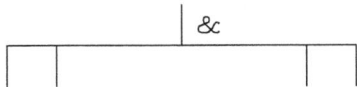

Abb. 6.62: UND-Verzweigung.

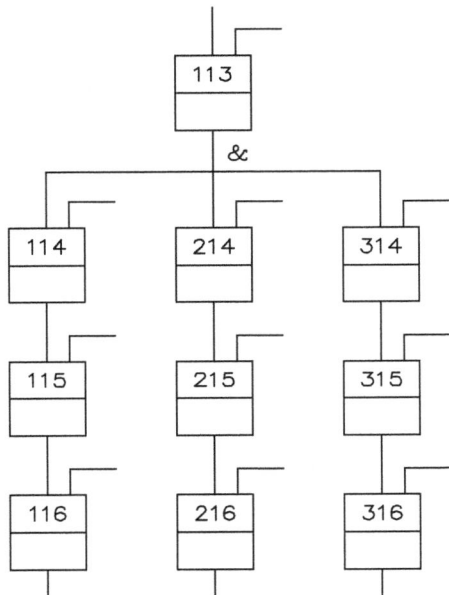

Abb. 6.63: UND-Verzweigung in einer Ablaufkette.

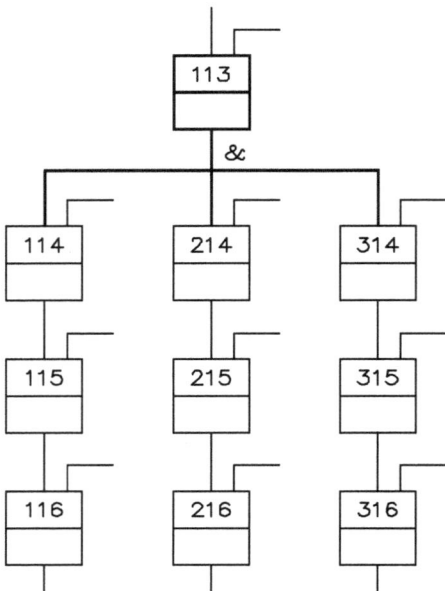

Abb. 6.64: UND-Verzweigung mit setzbereiten Zweigen.

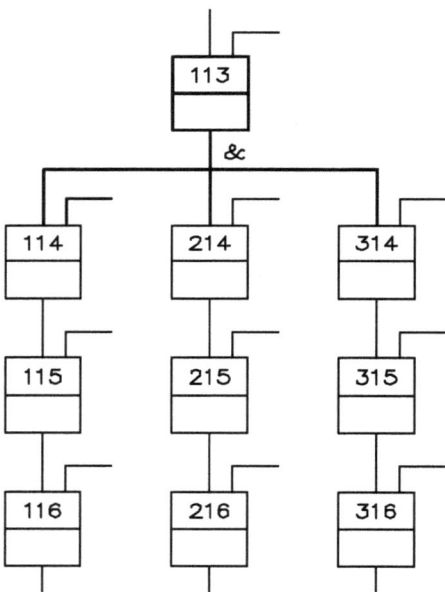

Abb. 6.65: UND-Verzweigung mit einzelnen Zweigen, die unabhängig voneinander durchlaufen werden.

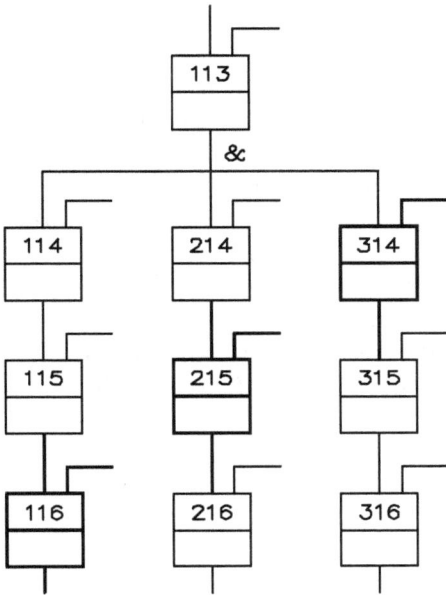

Abb. 6.66: UND-Verzweigung mit gelöschten Zweigen.

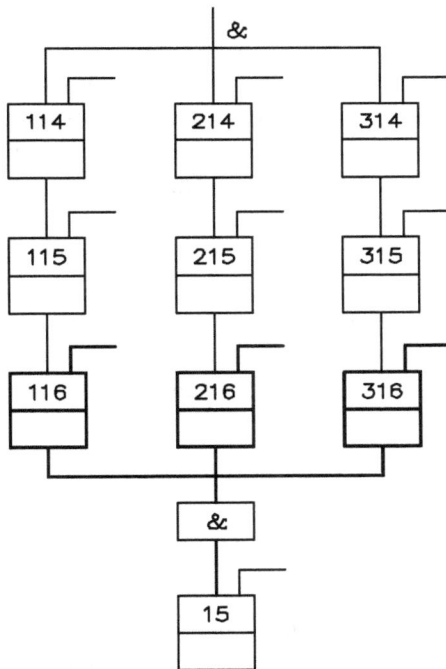

Abb. 6.67: Zusammenführung der UND-verzweigten Ablaufkette.

Die Ablaufkette wird wie folgt durchlaufen, wie Abb. 6.63 zeigt. Der Schritt 113 ist gesetzt, womit alle folgenden Zweige setzbereit sind, wie in Abb. 6.64 gezeigt wird.

Die ersten Schritte nach der Verzweigung werden bei Vorliegen der jeweiligen Weiterschaltbedingungen gesetzt, Schritt 113 bleibt gesetzt, bis alle nachfolgenden ersten Schritte nach der Verzweigung gesetzt sind. Die einzelnen Zweige werden aber unabhängig voneinander durchlaufen, wie Abb. 6.65 zeigt.

Erst wenn alle ersten Schritte nach der Verzweigung gesetzt worden sind, wird der davorliegende Schritt 113 gelöscht, wie in Abb. 6.66 gezeigt ist.

Die Zusammenführung der UND-verzweigten Ablaufkette erfolgt im Allgemeinen über eine UND-Funktion. Erst wenn alle letzten Schritte der einzelnen Zweige gesetzt wurden, kann der erste Schritt nach der Zusammenführung gesetzt werden. Damit werden zugleich alle letzten Schritte vor der Zusammenführung gelöscht, wie Abb. 6.67 zeigt.

Endet die verzweigte Ablaufkette ohne Zusammenführung, müssen die jeweils letzten Schritte über Löschbefehle gelöscht werden.

6.6.8 Schleifen und Sprünge

Bei Programmschleifen werden Teilabläufe mehrfach wiederholt, wie in Abb. 6.68 gezeigt wird.

Der erste Schritt der Schleife (Schritt 4) wird zunächst über eine ODER-Funktion von Schritt 3 vorbereitet. Beim Erreichen von Schritt 8 verzweigt sich die Kette nach Schritt 9 sowie zurück nach Schritt 4. Schritt 8 bereitet damit die Schritte 4 und 9 zum Setzen vor. Schritt 8 wird entweder von Schritt 4 oder Schritt 9 gelöscht. Abhängig von der Bedingung V wird Schritt 4 oder Schritt 9 gesetzt.

Unter bestimmten Bedingungen können einzelne oder mehrere Schritte vom Programm übersprungen werden, wie Abb. 6.69 zeigt.

Der gesetzte Schritt 4 bereitet sowohl das Setzen von Schritt 5 als auch über die UND-Funktion das Setzen von Schritt 7 vor. Schritt 4 wird von Schritt 5 oder Schritt 7 gelöscht. Abhängig von der Bedingung 5 wird dann Schritt 5 oder 7 gesetzt.

6.6.9 Programmstruktur von Ablaufsteuerungen

Bei vielen Steuerungsaufgaben können neben den linearen Ablaufketten auch verzweigte Ablaufketten auftreten. Sie können in mehreren Betriebsarten bearbeitet werden. Diese Eigenschaften erfordern einen relativ hohen organisatorischen Aufwand für die Ablaufsteuerung. Es werden deshalb Standard-Funktionsbausteine von den SPS-Herstellern angeboten, die dem Anwender diese – vom Steuerungsprogramm unabhängigen – Funktionen fertig programmiert zur Verfügung stellen.

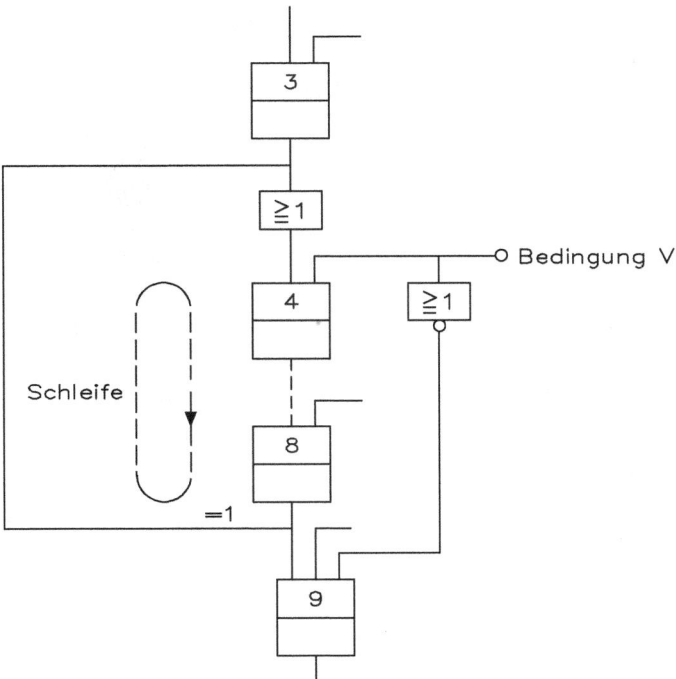

Abb. 6.68: Programmschleife.

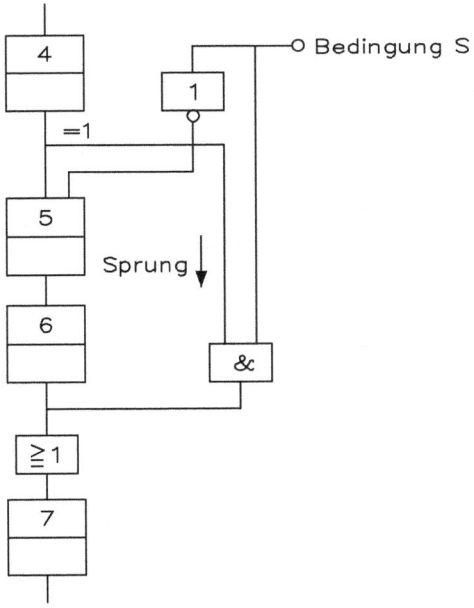

Abb. 6.69: Überspringen von Schritten.

Die eigentlichen Steuerungsfunktionen zur Lösung der Steuerungsaufgabe werden vom Anwender in Schrittbausteinen programmiert. Die Schrittbausteine, die jeweils die kleinste Ablaufeinheit, den Ablaufschritt, enthalten, bilden die Ablaufkette. Den Aufruf der einzelnen Schrittbausteine führt dann der entsprechende Standard-Funktionsbaustein aus. Die Standard-Funktionsbausteine verwalten die Organisation einer Ablaufsteuerung. Sie erhalten die erforderlichen Programmteile für die Steuerung der Betriebsarten und für die Bearbeitung der Schrittbausteine. Für verschiedene technologische Abläufe stehen unterschiedliche Standard-Funktionsbausteine zur Verfügung.

Schrittbausteine sind Sonderformen von Programmbausteinen zur Bearbeitung von Ablaufsteuerungen. Für jeden Schritt der Ablaufkette wird ein eigener Schrittbaustein benötigt. Die einzelnen Schrittbausteine enthalten Steuerungsbefehle und Weiterschaltbedingungen. Befehle sind Anweisungen zum Steuern von externen und internen Einheiten, z. B. Schalten von Stellgliedern, Setzen von Merkern, Starten von Warte- und Überwachungszeiten. Weiterschaltbedingungen sind Abfragen, die das Weiterschalten von einem Schritt auf den jeweils folgenden freigeben. In Schrittbausteinen werden gegebenenfalls entsprechende Verzweigungsbedingungen programmiert.

Die Schrittbausteine werden in der Reihenfolge ihrer Bearbeitung fortlaufend nummeriert. Die Nummer des ersten und des letzten Schrittbausteins gibt der Anwender bei der Parametrierung des Funktionsbausteins für die Ablaufsteuerung an.

Soll nach einem bestimmten Ablaufschritt nicht der mit der nächstfolgenden Schrittnummer, sondern ein Schritt mit einer anderen, beliebigen Schrittnummer bearbeitet werden, muss diese Schrittnummer in ein bestimmtes Datenwort DW eingetragen werden.

Bei Verzweigungen der Ablaufkette werden im Schrittbaustein, in dem die Verzweigung programmiert ist, die Weiterschaltbedingungen der einzelnen Zweige sowie die Nummer des Schrittes, mit dem der entsprechende Zweig beginnt, angegeben.

ODER-Verzweigungen werden von demselben Funktionsbaustein gesteuert, der auch den Hauptzweig bearbeitet. Wenn bei UND-Verzweigungen die einzelnen Zweige parallel durchlaufen werden, kann ein Funktionsbaustein allein nur den Hauptzweig bearbeiten. Für die Nebenzweige ist jeweils ein neuer Funktionsbausteinaufruf erforderlich.

Beim Programmieren von Ablaufsteuerungen mit Einsatz von Standard-Funktionsbausteinen ist stets die Programmstruktur von Abb. 6.70 zu verwenden.

Der Programmbaustein PBx ruft den Funktionsbaustein „Ablaufkette" auf und versorgt ihn mit den notwendigen Daten über die Ablaufkette wie Ein- und Ausgänge des Betriebsartenteils, Parameter für den ersten und den letzten Schrittbaustein der Kette usw. Der Funktionsbaustein „Ablaufkette" steuert den Ablauf der Kette in Abhängigkeit von der gewählten Betriebsart.

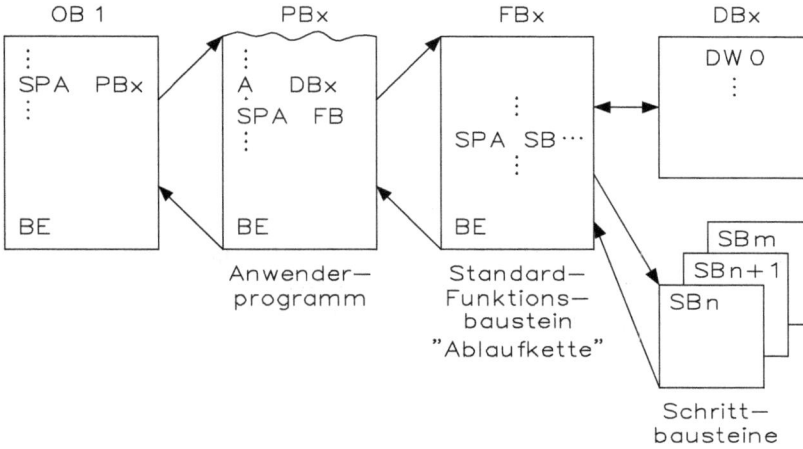

Abb. 6.70: Programmstruktur für Schrittbausteine.

Zahlenbereiche: X: 1 bis 255

DW: n: 1 bis 253
Bei Verwendung der
Standard—Funktions—
bausteine für die
Kriterienanzeige:
n: 7 bis 253

Abb. 6.71: Programmaufbau für Schrittbausteine.

In einem beliebigen Datenbaustein DB x (Abb. 6.71) werden vom Funktionsbaustein Daten über den aktuellen Zustand der Ablaufkette abgelegt. Bei verzweigten Ablaufketten wird in das Verzweigungsregister die Nummer des nächsten Schrittes nach einer Verzweigungsstelle eingetragen.

Der Aufruf des Datenbausteins DB x wird im Programmbaustein PB x vor der Sprunganweisung zum Funktionsbaustein FB x programmiert. Der Funktionsbaustein ruft zyklisch einen Schrittbaustein auf, bis die in diesem Schrittbaustein programmierte Weiterschaltbedingung erfüllt ist, wie Abb. 6.72 zeigt. Bei Bearbeitung des Schrittbausteins werden die entsprechenden Befehle, wie Zuweisung, Setzen, Zurücksetzen eines Ausgangs oder Merkers und gegebenenfalls Starten einer Zeit, ausgegeben. Als Bedingung für die Befehlsausgabe dient das VKE = „1", das nach dem SB-Aufruf gebildet wird. Die nach der Befehlsausgabe programmierte Weiterschaltbedingung führt zum Bilden eines neuen VKE.

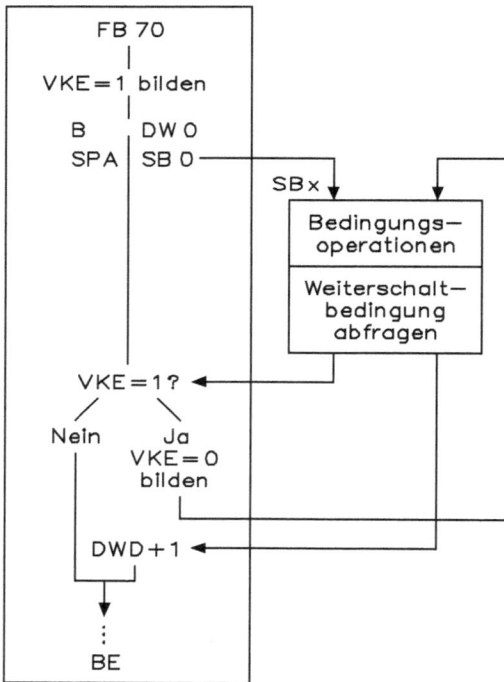

Abb. 6.72: Schrittbaustein mit programmierten Weiterschaltbedingungen.

Wenn die Weiterschaltbedingung in einem Schrittbaustein erfüllt ist (VKE = „1"), wird der Schrittbaustein noch einmal mit VKE = „0" durchlaufen. Dabei werden die nicht speichernden Befehle, z. B. die zugewiesenen Ausgänge (= A X.Y), zurückgesetzt. Ausgänge, die speichernd gesetzt wurden, bleiben gesetzt.

Um Verzweigungsbedingungen, in denen Wartezeiten programmiert sind, bei diesem Durchlauf mit VKE = „0" nicht zu verändern, sollten die Wartezeiten speichernd programmiert werden. Der Funktionsbaustein löscht bei Schrittwechsel die Warte- und Überwachungszeit. Im nächsten Zyklus wird dann der nächste Schrittbaustein bearbeitet.

Im nachfolgenden Abschnitt sind verschiedene Strukturen von Ablaufketten erläutert: lineare Ablaufkette, Ablaufketten mit einer ODER- sowie mit einer UND-Verzweigung. Zur Lösung der gestellten Steuerungsaufgabe ist die notwendige Kettenstruktur beim Programmieren von Schrittbausteinen zu berücksichtigen. Die in diesem Abschnitt aufgeführten Übungsbeispiele veranschaulichen die Merkmale der einzelnen Kettenstrukturen. In den Beispielen wurde der Standard-Funktionsbaustein für Maschinensteuerungen FB 70 (ABL:MAST) eingesetzt. Der Standard-Funktionsbaustein FB 70 (ABL:MAST) verwaltet die Organisation (Abb. 6.73) einer Ablaufsteuerung für Maschinen. Er arbeitet mit maximal 255 Schrittbausteinen und einem Datenbaustein zusammen.

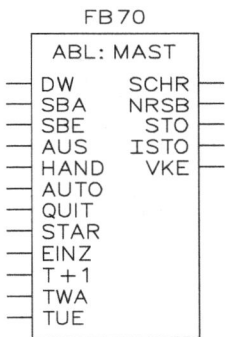

Abb. 6.73: Standard-Funktionsbaustein FB 70 (ABL:MAST).

Der Funktionsbaustein FB 70 (ABL:MAST) wird von einem Programmbaustein aufgerufen. Dabei werden vom Anwender die Parameter entsprechend ihrer Funktion zugeordnet. Tab. 6.6 zeigt die Erläuterungen der Parameter.

6.6.10 Lineare Ablaufkette

Die grundsätzliche Bearbeitung einer Ablaufsteuerung wird am Beispiel von Abb. 6.74 einer linearen Ablaufkette mit vier Schritten und einem Grundschritt beschrieben. Für jeden der fünf Ablaufschritte wird ein Schrittbaustein (SB 16 ... SB 20) benötigt. Der Schrittbaustein mit der niedrigsten Bausteinnummer (SB 16) wird dem Schritt 0 (Grundschritt) zugeordnet.

Tab. 6.6: Erläuterung der Parameter.

Name	Art	Typ	Benennung
DW	D	KF	Nummer des ersten vom Funktionsbaustein zu belegenden Datenwortes
SBA	D	KF	Nummer des ersten Schrittbausteins
SBE	D	KF	Nummer des letzten Schrittbausteins
AUS	E	BI	Anwahl der Betriebsart „Kette Aus", Dauersignal
HAND	E	BI	Handbetrieb: „Kette Stopp". Kette kann im unterlagerten Handbetrieb bearbeitet werden, Dauersignal
AUTO	E	BI	Automatikbetrieb: Kette wird bearbeitet, Dauersignal
QUIT	E	BI	Störmeldequittierung in Betriebsart „AUTO". Beim Signalwechsel von „0" auf „1" wird auf den nächsten Schritt weitergeschaltet. STO wird dabei gelöscht.
STAR	E	BI	Startsignal zum Bearbeiten der Kette im Automatikbetrieb. Bei Signalwechsel von „0" auf „1" werden die Befehlsausgabe und die Schrittfortschaltung aktiviert.
EINZ	E	BI	Einzelschrittbetrieb: Kette wird unabhängig von den Weiterschaltbedingungen mit T + 1 auf den nächsten Schritt geschaltet.
T + 1	E	BI	Weiterschaltsignal bei Einzelschrittbetrieb, wirksam beim Signalwechsel von „0" auf „1"
TWA	T	—	Wartezeit Angabe des Zeitglieds, das je nach Bedarf in den Schrittbausteinen als Einschaltverzögerung gestartet und abgefragt wird
TUE	T	—	Überwachungszeit: Angabe des Zeitglieds, das je nach Bedarf in den Schrittbausteinen als Einschaltverzögerung gestartet wird
SCHR	A	BY	Aktuelle Schrittnummer (dualcodiert)
NRSB	A	BY	Aktuelle Schrittbausteinnummer (dualcodiert)
STO	A	BI	Störung: wird gebildet, wenn die im aktiven Schritt gestartete Überwachungszeit vor dem Schalten auf nächsten Schritt abgelaufen ist, Dauersignal bis zur Schrittweiterschaltung
ISTO	A	BI	Störung; Impulssignal mit der Dauer einer Zykluszeit
VKE	A	BI	Weiterschaltbedingung des aktuellen Schrittes erfüllt

Der in Abb. 6.76 dargestellte Ablauf soll mit Hilfe eines Funktionsbausteins FB 70 programmiert und getestet werden. Der Programmbaustein PB 40 und der Datenbaustein DB 40 stehen für diese Aufgabe zur Verfügung.

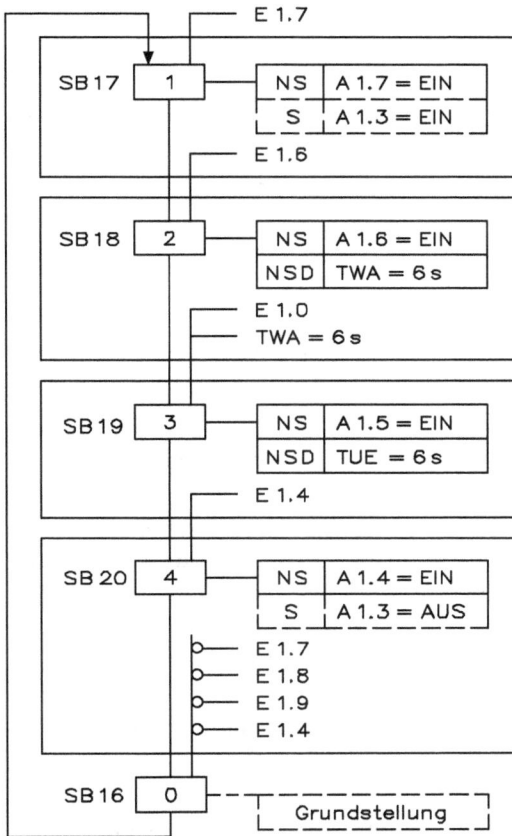

Abb. 6.74: Aufbau einer linearen Ablaufkette.

Der Programmbaustein PB 40 wird wie folgt programmiert:

```
PB 40
Netzwerk 1
0000          : AWL
0002          : A        DB 40
0004          : ***
Netzwerk 2             0006
```

Im Datenbaustein DB 40 von Abb. 6.75 wird das Datenwort DW 0 als Indexregister (Hilfsregister) benötigt. Die Datenwörter DW 1 bis DW 6 müssen freigehalten werden, wenn für eine Ablaufkette zusätzlich eine Kriterienanzeige vorgesehen werden soll (FB 74 und FB 75). Das erste freie Datenwort ist dann DW 7, dessen Parameter der erste Aktualoperand BEZ des Funktionsbausteins FB 70 ist. Dieses Datenwort wird in

```
                    DB 40
              ┌─────────────────┐
              │  ABL : MAST     │
      +7    ──┤ DW        SCHR  ├── AB 16
      +16   ──┤ SBA       NRSB  ├── AB 17
      +20   ──┤ SBE        STO  ├── A 1.0
     E 0.7  ──┤ AUS       ISTO  ├── M 0.0
     E 0.6  ──┤ HAND       VKE  ├── A 1.1
     E 0.5  ──┤ AUTO            │ : BE
     E 0.4  ──┤ QUIT           │
     E 0.3  ──┤ STAR           │
     E 0.2  ──┤ EINZ           │
     E 0.1  ──┤ T + 1          │
     T 40   ──┤ TWA            │
     T 41   ──┤ TUE            │
              └─────────────────┘
```

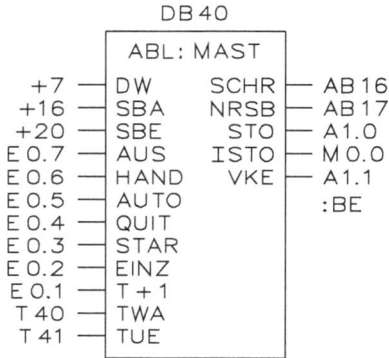

Abb. 6.75: Aufbau des Datenbausteins DB 40.

verzweigten Ablaufketten verwendet. Im Datenwort DW 8 steht die aktuelle Schritt-nummer. Die Zustände der im Funktionsbaustein eingesetzten Merker werden im Datenwort DW 9 gespeichert.

Die Parameter der in der Ablaufkette verwendeten Schrittbausteine SB 16 bis SB 20 müssen vom Baustein des Schrittes 0 (SBA = SB 16) bis zum Baustein des letzten Schrit-tes (SBE = SB 20) fortlaufend und ohne Unterbrechung festgelegt werden. Weitere Ak-tualoperanden für den Baustein FB 70 sind die Eingänge des Betriebsartenteils, die für Warte- und Überwachungszeit verwendeten Zeitglieder sowie die Beschaltung der Ausgänge.

Die Schrittbausteine für die Schritte 1 ... 4 (SB 17 ... SB 20) müssen folgende Pro-grammstruktur aufweisen:
- Befehle an die dem Schritt zugeordneten Stellgeräte oder Schrittmerker
- bei Bedarf erfolgt das Starten der Zeitglieder für Warte- und Überwachungszeit
- Abfrage der Weiterschaltbedingungen für den nächsten Schritt
- muss mit BE abgeschlossen werden

Der Schrittbaustein für den Schritt 0 (SB 16) muss folgende Programmstruktur aufwei-sen:
- darf keine bedingten Operationen (Befehle) enthalten
- kann ohne Abfragen programmiert werden (in diesem Fall wäre die Weiterschalt-bedingung für den Schritt 1 identisch mit der Abfrage der Grundstellung nach dem letzten Schritt)
- muss mindestens die Operation BE enthalten

Der Schrittbaustein für den letzten Schritt (SB 20) muss folgende Programmstruktur aufweisen:
- muss neben den Anweisungen für die Befehle mindestens eine Abfrage enthalten
- muss mit BE abgeschlossen werden

Hinweis: Wird bei Bearbeitung der Ablaufkette die Betriebsart „AUS" gewählt, werden die speichernden Befehle nicht zurückgesetzt. Dies soll bei der Programmerstellung berücksichtigt werden. Es wird empfohlen, keine speichernden Befehle in den Schrittbausteinen zu verwenden, gegebenenfalls sollten beim Umschalten auf „AUS" die speichernden Befehle im Programmbaustein zurückgesetzt werden.

Entsprechend der Aufgabenstellung werden die Schrittbausteine wie in Abb. 6.76 programmiert.

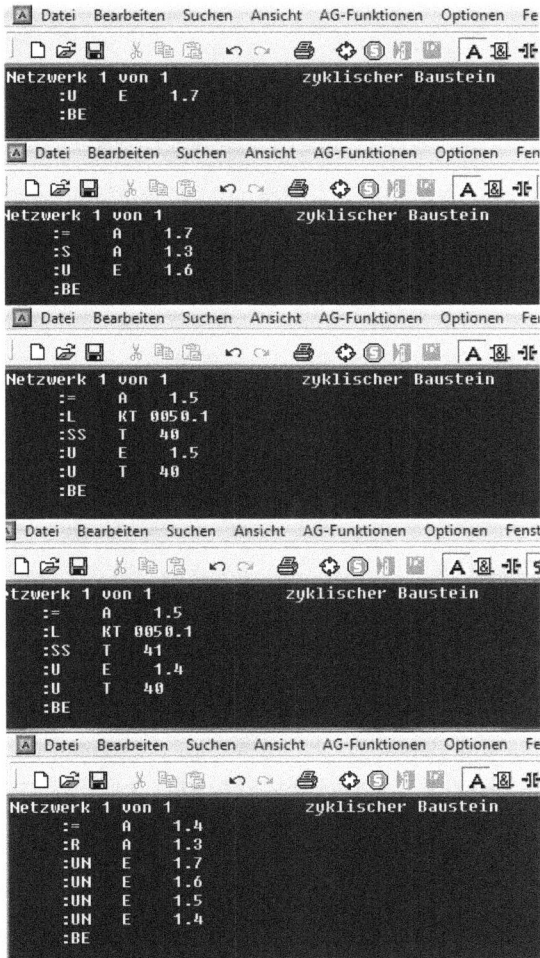

Abb. 6.76: Anweisungsliste für eine lineare Ablaufkette.

6.6.11 Ablaufkette mit einer ODER-Verzweigung

Bei der ODER-Verzweigung teilt sich die Ablaufkette an einer bestimmten Stelle in mehrere Zweige auf. Es wird nur einer der nachfolgenden Zweige der Ablaufkette durchlaufen (Exklusiv-ODER-Verzweigung). Alle Zweige können durch einen einzigen Funktionsbaustein verwaltet werden.

Die Verzweigungsbedingungen werden als Weiterschaltbedingungen im Schritt vor der Verzweigung programmiert, wie Abb. 6.77 zeigt.

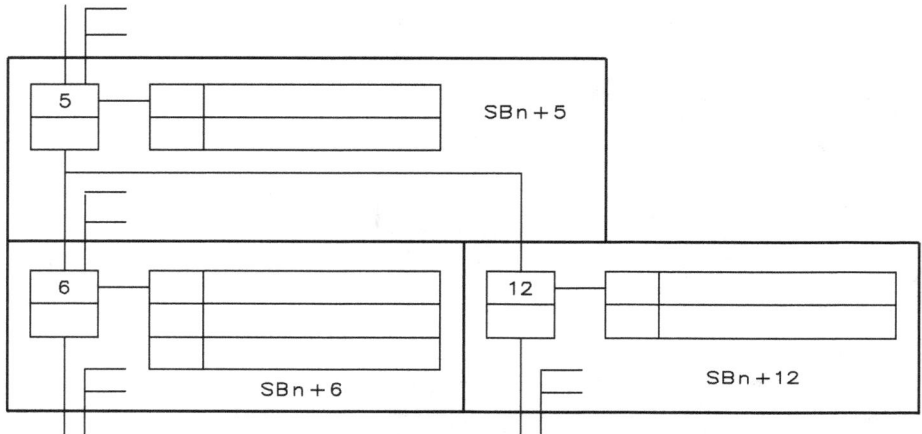

Abb. 6.77: Programmierung der ODER-Verzweigung; *n* ist die Nummer des Schrittbausteines, der als Bausteinparameter SBA angegeben wird.

Für den Schritt 5 wird der Schrittbaustein SB ($n + 5$) eingesetzt. Zuerst wird die Befehlsausgabe und dann werden die Weiterschaltbedingungen auf den Schritt 6 programmiert. Die Weiterschaltbedingung auf den Schritt 6 wird mit BEB abgeschlossen. Die Schrittnummer 6 wird als Folgeschritt vom FB generiert und muss nicht programmiert werden. Danach werden die Weiterschaltbedingungen auf den Schritt 12 programmiert und das Datenwort DW x mit der Nummer des nächsten Schrittes (12) geladen.

Folgt keine weitere Verzweigung, wird der Schrittbaustein mit der Anweisung BE abgeschlossen. Andernfalls wird die Anweisung BEB programmiert. Danach folgen die Abfragen für die Weiterschaltung auf den nächsten Zweig und das Laden des Datenwortes DW x mit der entsprechenden Nummer des nächsten Schrittes.

Die Schritte innerhalb der einzelnen Zweige sind wie eine lineare Ablaufkette zu programmieren.

Die Ausnahme bilden die Schritte vor der ODER-Zusammenführung. Bei einer ODER-Zusammenführung laufen mehrere Ketten, von denen jeweils nur eine bearbeitet wird, zusammen. Danach wird die Bearbeitung in der Hauptkette fortgesetzt, wie Abb. 6.78 zeigt.

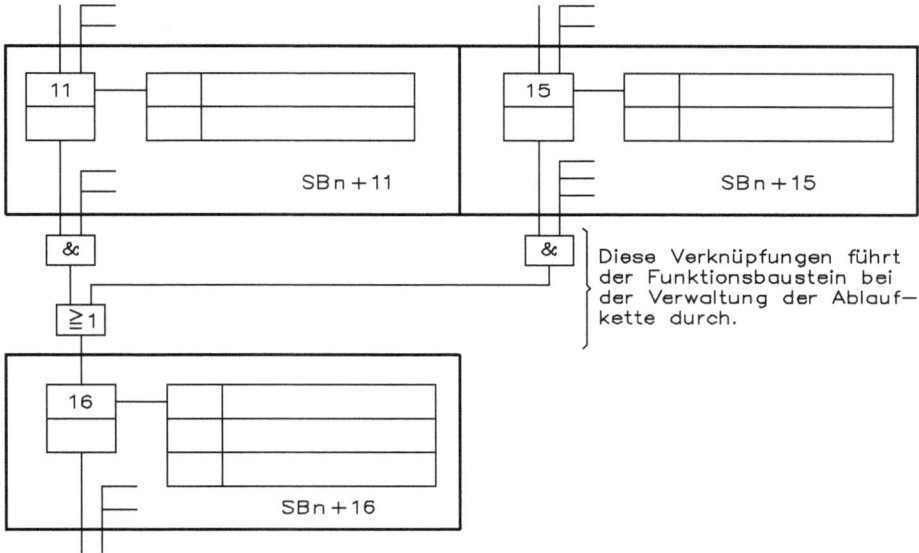

Abb. 6.78: Programmierung der ODER-Verzweigung mit mehreren Ablaufketten.

Im dargestellten Beispiel folgt dem Schritt 11 der Schritt 16. Der Schrittbaustein SB$(n + 11)$ beinhaltet die Befehlsausgabe und die Weiterschaltbedingungen. Da bei erfüllten Weiterschaltbedingungen nicht der nächsthöhere Schritt 12, sondern der Schritt 16 vom Funktionsbaustein aufgerufen werden soll, muss das Datenwort DW x mit der neuen Schrittnummer 16 geladen werden. Beim Bearbeiten der rechten Kette folgt nach dem Schritt 15 der Schritt 16, so dass der Funktionsbaustein bei erfüllten Weiterschaltbedingungen automatisch auf den nächsten Schrittbaustein weiterschalten kann.

Im Einzelschrittbetrieb werden die Schrittbausteine der Reihe nach bearbeitet. Das Weiterschalten auf den nächsten Schritt erfolgt nur bei einem Wechsel des Signalzustands von „0" nach „1" am Bausteinparameter T + 1, unabhängig von den Weiterschaltbedingungen. Soll nur dann weitergeschaltet werden können, wenn die Weiterschaltbedingungen erfüllt sind, ist das Weiterschaltsignal mit dem Bausteinparameter VKE nach UND zu verknüpfen.

Bei einer Ablaufkette mit einer ODER-Verzweigung kann gegebenenfalls auch die alternative Kette durchlaufen werden. Da in diesem Fall die Bearbeitungsfolge von der automatischen Schrittfolge abweicht, ist es notwendig, in betroffenen Schrittbausteinen die Verzweigung zum gewünschten Schritt zu programmieren. Als Bedingung für diese Verzweigung dient der Bausteinparameter EINZ = „1". Im aufgeführten Beispiel (Abb. 6.79 und 6.81) wird in diesem Fall der Schrittbaustein SB $(n + 11)$ wie folgt programmiert:

```
:=        . . .      ⎫
:S        . . .      ⎬ Befehlausgabe
:R        . . .      ⎭
:
:U        E 0.2      ⎫
:L        KB 12      ⎬ Verzweigung zum Schritt 12 bei Einzelschrittbetrieb
:T        DWx        ⎭ (E 0.2 = EINZ)
:BEB
:
:U        . . .      ⎫ Weiterschaltbedingungen zum Schalten
:U        . . .      ⎭ auf Schritt 16
:L        KB 16
:T        DWx
:BE
```

Der Ladebefehl L KB 12 und der Transferbefehl ins Datenwort DW x können entfallen, da der Funktionsbaustein die nächste Schrittnummer selbst generiert, es muss nur die Verzweigungsbedingung in diesem Schritt als erste Bedingung programmiert werden.

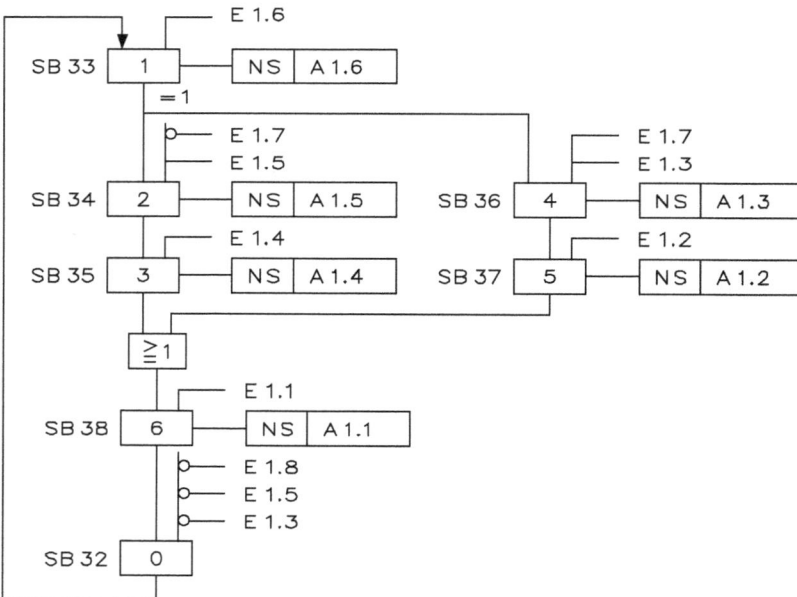

Abb. 6.79: Beispiel für einen Einzelschrittbetrieb.

```
A  Datei  Bearbeiten  Suchen  Ansicht  AG-Funktionen  Optionen  Fenster  C
```
```
D  ⏏ 🖫  ✂ ▥ ▥   ↰ ↱   🖶  ⬦ ⬉ Ⓢ ▥ ▥   A ▣ ⚓ 55 57
```
```
Netzwerk 1 von 1              zyklischer Baustein
    :U     E    1.6
    :BE
```

```
A  Datei  Bearbeiten  Suchen  Ansicht  AG-Funktionen  Optionen  Fenster  C
```
```
D  ⏏ 🖫  ✂ ▥ ▥   ↰ ↱   🖶  ⬦ ⬉ Ⓢ ▥ ▥   A ▣ ⚓ 55 57
```
```
Netzwerk 1 von 1              zyklischer Baustein
    :=     A    1.6
    :UN    E    1.7
    :U     E    1.5
    :O     E    0.2
    :BEB
    :U     E    1.7
    :U     E    1.3
    :L     KB   4
    :T     DW   7
    :BE
```

```
A  Datei  Bearbeiten  Suchen  Ansicht  AG-Funktionen  Optionen  Fenster  C
```
```
D  ⏏ 🖫  ✂ ▥ ▥   ↰ ↱   🖶  ⬦ ⬉ Ⓢ ▥ ▥   A ▣ ⚓ 55 57
```
```
Netzwerk 1 von 1              zyklischer Baustein
    :=     A    1.5
    :U     E    1.4
    :BE
```

```
A  Datei  Bearbeiten  Suchen  Ansicht  AG-Funktionen  Optionen  Fenster  C
```
```
D  ⏏ 🖫  ✂ ▥ ▥   ↰ ↱   🖶  ⬦ ⬉ Ⓢ ▥ ▥   A ▣ ⚓ 55 57
```
```
Netzwerk 1 von 1              zyklischer Baustein
    :=     A    1.4
    :U     E    0.2
    :BEB
    :U     E    1.1
    :L     KB   6
    :T     DW   7
    :BE
```

```
A  Datei  Bearbeiten  Suchen  Ansicht  AG-Funktionen  Optionen  Fenster  C
```
```
D  ⏏ 🖫  ✂ ▥ ▥   ↰ ↱   🖶  ⬦ ⬉ Ⓢ ▥ ▥   A ▣ ⚓ 55 57
```
```
Netzwerk 1 von 1              zyklischer Baustein
    :=     A    1.3
    :U     E    1.2
    :BE
```

```
D  ⏏ 🖫  ✂ ▥ ▥   ↰ ↱   🖶  ⬦ ⬉ Ⓢ ▥ ▥   A ▣ ⚓ 55 57
```
```
Netzwerk 1 von 1              zyklischer Baustein
    :=     A    1.2
    :U     E    1.1
    :BE
```

```
A  Datei  Bearbeiten  Suchen  Ansicht  AG-Funktionen  Optionen  Fenster  C
```
```
D  ⏏ 🖫  ✂ ▥ ▥   ↰ ↱   🖶  ⬦ Ⓢ ▥ ▥   A ▣ ⚓ 55 57
```
```
tzwerk 1 von 1               zyklischer Baustein
    :=     A    1.1
    :UN    E    1.6
    :UN    E    1.5
    :UN    E    1.3
    :BE
```

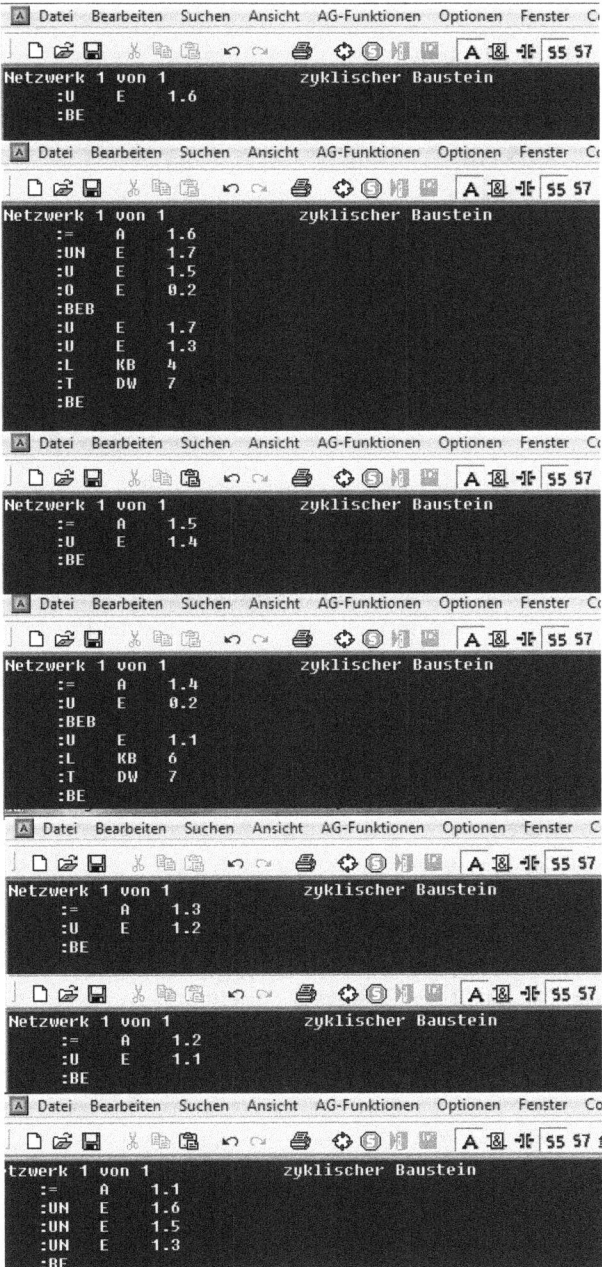

Abb. 6.80: Programm einer Ablaufkette mit ODER-Verzweigung.

Der in Abb. 6.79 dargestellte Ablauf soll mit Hilfe eines Funktionsbausteins FB 70 programmiert und getestet werden. Der Programmbaustein PB 40 und der Datenbaustein DB 40 stehen für diese Aufgabe zur Verfügung.

Der Funktionsbaustein FB 70 ist wie im Beispiel von Abb. 6.78 zu parametrieren. Die Bausteinparameter SBA und SBE werden wie folgt geändert:

```
SBA = KF + 32, SBE = KF + 38
```

In der Betriebsart „Einzelschritt" (E 0.2 = EINZ) soll auch der Zweig mit den Schritten 4 und 6 bearbeitet werden. Abb. 6.80 zeigt das Programm.

6.6.12 Ablaufkette mit Schleife

Bei einer Schleife kann ein Teil einer Ablaufkette mehrfach bearbeitet werden, bevor die weiteren Schritte der Kette bearbeitet werden. Abb. 6.81 zeigt eine Ablaufkette mit einer Schleife.

Der Schritt 10 ist der Schritt vor dem Zusammenführen (Anfang der Schleife). Er ist im Schrittbaustein SB (n + 10) gespeichert und wird wie der Schritt einer linearen Kette programmiert. Der erste Schritt der Schleife (Schritt 11) ist im Schrittbaustein SB (n + 11) wie ein Schritt einer linearen Ablaufkette programmiert. Im Schritt 15 erfolgt die Verzweigung. Die Kette läuft entweder mit Schritt 16 weiter oder geht zurück auf Schritt 11. Das Programm des Schrittes 15 ist im Schrittbaustein SB (n + 15) gespeichert. Zuerst werden die Befehle programmiert, danach die Weiterschaltbedingungen auf den Schritt 16. Die Abfragen werden mit der Anweisung BEB abgeschlossen.

Zusammen mit den danach programmierten Abfragen für die Schleifenbearbeitung wird die Schrittnummer (Nr. 11) in das Datenwort DW x geladen. Das Programm im Schrittbaustein SB (n + 15) wird mit der Anweisung BE abgeschlossen. Der Schritt 16 wird wie bei einer linearen Kette programmiert.

Der in Abb. 6.82 dargestellte Ablauf soll mit Hilfe eines Funktionsbausteins FB 70 programmiert und getestet werden. Der Programmbaustein PB 40 und der Datenbaustein DB 40 stehen für diese Aufgabe zur Verfügung.

Der Funktionsbaustein FB 70 ist wie in Abb. 6.82 zu parametrieren. Die Bausteinparameter SBA und SBE werden wie folgt geändert:

```
SBA = KF + 240, SBE = KF + 246
```

Entsprechend der Aufgabenstellung werden die Schrittbausteine wie in Abb. 6.83 programmiert.

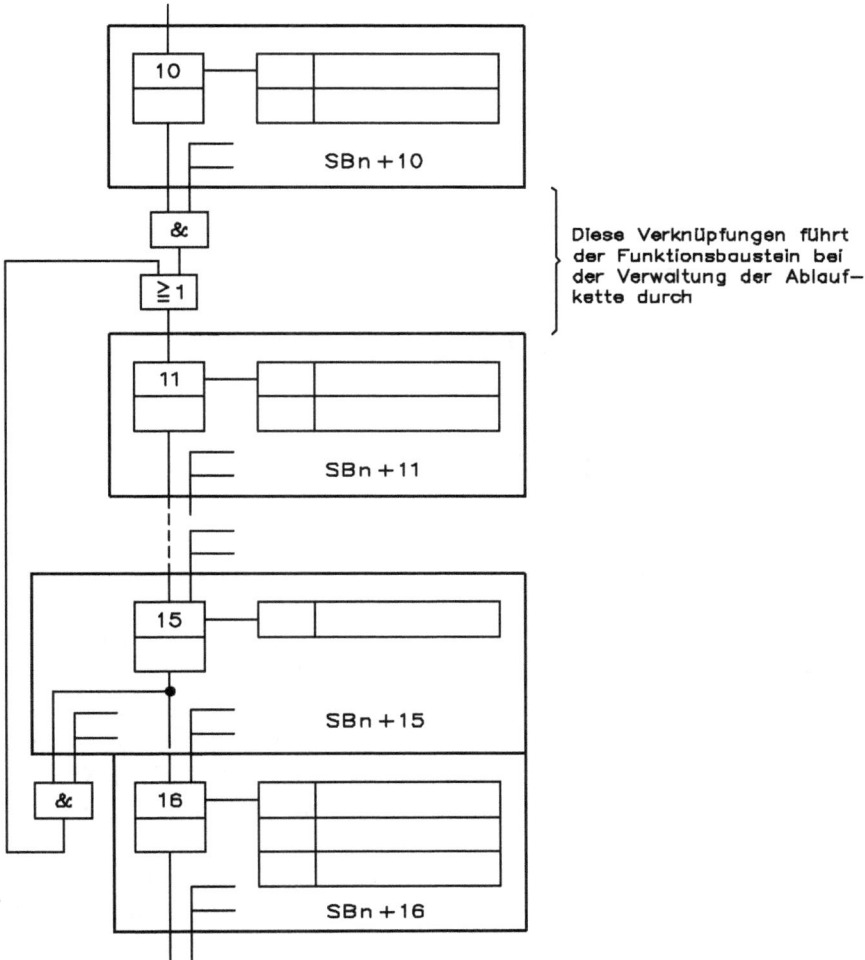

Abb. 6.81: Ablaufkette mit Schleife.

6.6.13 Ablaufkette mit einer UND-Verzweigung

Bei einer UND-Verzweigung werden alle weiterführenden Zweige parallel bearbeitet. Deshalb muss jedem Zweig ein Funktionsbaustein zugeordnet werden. Der den Ablauf steuernde Funktionsbaustein wird mehrmals vom Programmbaustein aufgerufen. Beim ersten Aufruf (z. B. SPA FB 70) werden die Bausteinparameter mit den Parametern der Hauptkette versorgt, bei den darauffolgenden Aufrufen desselben Funktionsbausteins mit den Parametern der jeweiligen Nebenkette.

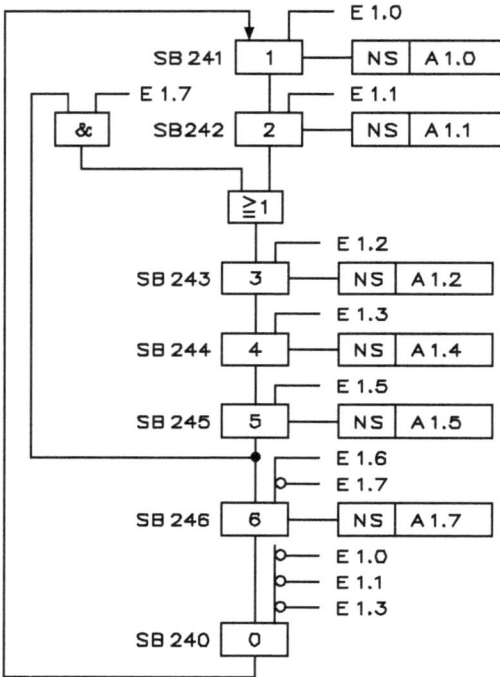

Abb. 6.82: Beispiel für Ablaufkette mit Schleife.

Die Betriebsarten sollen dabei durch dieselben Parameter festgelegt werden, dagegen sind die Bausteinparameter SBA, SBE, TWA, TUE, T + 1, SCHR, NRSB, STO, ISTO und VKE in jeder Kette unterschiedlich zu definieren. Jeder Kette ist ein anderer Datenbaustein zuzuordnen.

Im Schritt 2 der Hauptkette in Abb. 6.84 wird eine Verzweigung auf eine Nebenkette, die parallel zur Hauptkette laufen soll, durchgeführt. Hierzu wird ein „Startmerker" gesetzt, der die Weiterschaltbedingungen für Schritt 0 der Nebenkette freigibt. Dieser „Startmerker" kann auch bei mehreren Nebenketten gleichzeitig eingesetzt werden. Die weiteren Schritte der Hauptkette werden wie bei einer linearen Kette programmiert.

Die Startbedingung, mit der die Hauptkette gestartet werden soll, wird in gleicher Weise bei der Nebenkette angegeben (Bausteinparameter STAR). Auch die Betriebsarten werden bei beiden Ketten gemeinsam geschaltet.

Der Schritt 0 der Nebenkette enthält nur die Abfrage des Startmerkers aus der Hauptkette. Diese Abfrage wird in den Schnittbaustein SB m programmiert. Die Nummer m wird beim Aufruf des Funktionsbausteins unter dem Bausteinparameter SBA angegeben. Sobald dieser Merker gesetzt ist, schaltet die Kette um einen Schritt weiter (und speichert so den Start).

```
[A] Datei  Bearbeiten  Suchen  Ansicht  AG-Funktionen  Optionen  Fenster  Cont
Netzwerk 1 von 1              zyklischer Baustein
      :U    E     1.0
      :BE
```

```
[A] ...                                          A ... 55 57
Netzwerk 1 von 1              zyklischer Baustein
      :=    A     1.0
      :U    E     1.1
      :BE
```

```
[A] Datei  Bearbeiten  Suchen  Ansicht  AG-Funktionen  Optionen  Fenster  Contr
Netzwerk 1 von 1              zyklischer Baustein
      :=    A     1.1
      :U    E     1.1
      :BE
```

```
[A] Datei  Bearbeiten  Suchen  Ansicht  AG-Funktionen  Optionen  Fenster  Contr
Netzwerk 1 von 1              zyklischer Baustein
      :=    A     1.2
      :U    E     1.3
      :BE
```

```
[A] Datei  Bearbeiten  Suchen  Ansicht  AG-Funktionen  Optionen  Fenster  Cont
Netzwerk 1 von 1              zyklischer Baustein
      :=    A     1.4
      :U    E     1.5
      :BE
```

```
[A] Datei  Bearbeiten  Suchen  Ansicht  AG-Funktionen  Optionen  Fenster  Cont
Netzwerk 1 von 1              zyklischer Baustein
      :=    A     1.5
      :U    E     1.6
      :UN   E     1.7
      :BEB
      :U    E     1.2
      :U    E     1.7
      :L    KB    3
      :T    DW    7
      :BE
```

```
[A] Datei  Bearbeiten  Suchen  Ansicht  AG-Funktionen  Optionen  Fenster  Contr
Netzwerk 1 von 1              zyklischer Baustein
      :=    A     1.7
      :UN   E     1.0
      :UN   E     1.1
      :UN   E     1.3
      :BE
```

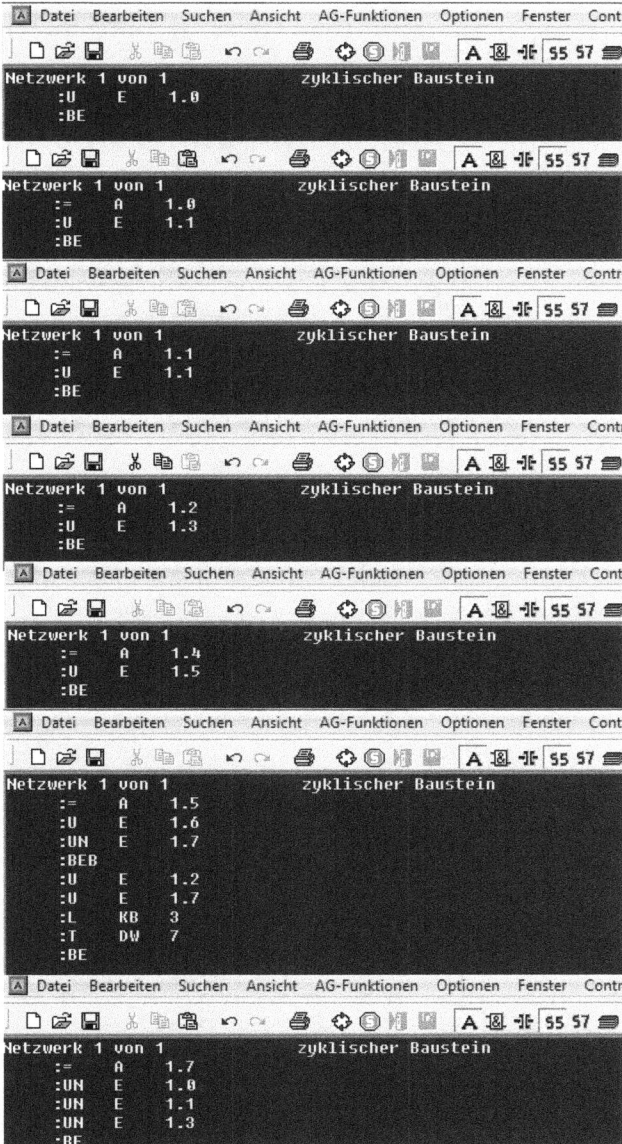

Abb. 6.83: Anweisungsliste für eine Ablaufkette mit Schleife.

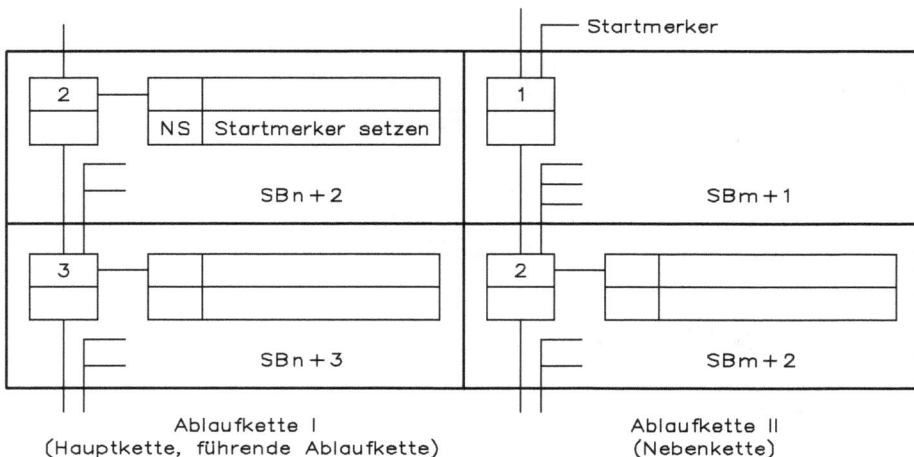

Abb. 6.84: Programmieren einer UND-Verzweigung.

Im Schritt 1 der Nebenkette stehen die „eigentlichen" Startbedingungen dieser Kette. Die folgenden Schritte der Nebenkette werden wie bei einer linearen Kette programmiert. Auch in dieser Nebenkette können weitere Verzweigungen auftreten und entsprechend programmiert werden.

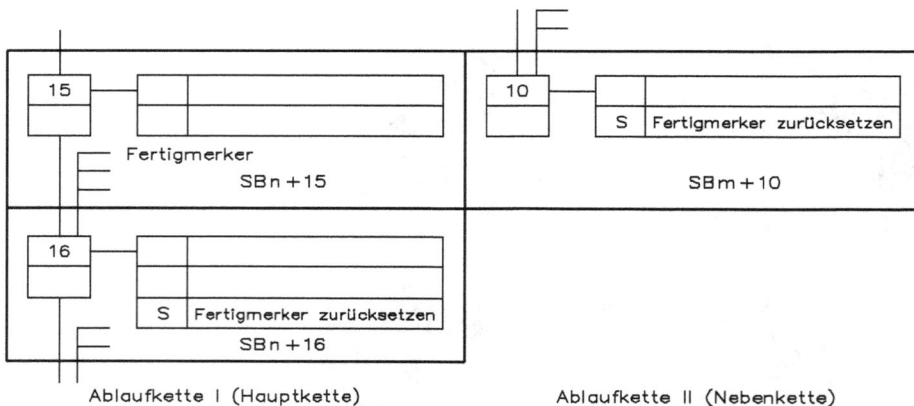

Abb. 6.85: Programmieren einer UND-Zusammenführung.

Bei einer UND-Zusammenführung (Abb. 6.85) laufen mehrere Ketten, die parallel bearbeitet worden sind, zusammen. Alle Ketten müssen bis zu ihrem letzten Schritt bearbeitet worden sein, bevor der nächste Schritt der Hauptkette freigegeben wird.

Im letzten Schritt der Nebenkette (Schritt 10) wird ein „Fertigmerker" als Zeichen dafür gesetzt, dass diese Kette vollständig durchlaufen worden ist.

Im Schritt 15 der Hauptkette erfolgt die Zusammenführung von Haupt- und Nebenkette. Bei den Weiterschaltbedingungen auf den nächsten Schritt wird der Fertigmerker der Nebenkette abgefragt und mit ihm werden die Weiterschaltbedingungen freigegeben. Pro Nebenkette ist ein Fertigmerker erforderlich. Alle Fertigmerker werden vor der Zusammenführung abgefragt. Im ersten Schritt nach der Zusammenführung (Schritt 16) werden die Fertigmerker zurückgesetzt.

7 Programmieren in STEP7

Eine Einarbeitung in die STEP7-Software wird durch die Normkonformität zur IEC 1131-3 (heute IEC 61131-3) erleichtert. STEP7 hat das gleiche Erscheinungsbild wie andere Programmiersprachen für SPS. Wichtiges Kennzeichen der Software ist die gemeinsame Datenhaltung innerhalb von Projekten.

Die Norm IEC 61131-3 ist international und beschreibt die Programmierung von speicherprogrammierbaren Steuerungen (SPS). Die Norm legt die Syntax und Semantik der Programmiersprachen für Automatisierungssysteme fest und ist in allen wichtigen Industriestaaten als nationale Norm übernommen worden. In Deutschland ist sie als DIN EN 61131-3 bekannt, welche die bisherige DIN 19239 ersetzt.

Das Wichtigste: STEP7 ist konform zu IEC 61131-3 und kompatibel zu STEP5.

Genormt ist der Aufbau einer Steuerungsanwendung, z. B.:
- aus welchen Bausteinen ein Programm besteht,
- wie Bausteine auf Daten zugreifen,
- wie sich Bausteine aufrufen,
- der grundlegende Befehlsvorrat der Programmiersprachen,
- Datentypen.

In STEP7 lässt sich die Programmierung folgendermaßen durchführen:
- Anweisungsliste (AWL) – Instruction List (IL):
  - assemblerartige Sprache für speicher- und laufzeitoptimierte Programmierung
  - ursprünglich in Deutschland entwickelte SPS-Sprache
  - vor allem in Europa verbreitet
  - nur ein kleiner hardwareunabhängiger Grundbefehlsvorrat ist genormt
- Kontaktplan (KOP) – Ladder Diagram (LD):
  - grafische Darstellung mit Kontakten, Spulen und Boxen entsprechend den Stromlaufplänen
  - zuerst in USA als SPS-Sprache entwickelt und dort stark verbreitet
- Funktionsbausteinsprache (FBS) – Function Block Diagram (FBD):
  - analog zu den Logikplänen
  - parallel zu AWL in Europa entwickelt und verbreitet
- Strukturierter Text – Structured Text (ST):
  - Hochsprache für komplexe Rechenaufgaben und Algorithmen
  - angelehnt an die Programmiersprache PASCAL und mit SPS-spezifischen Erweiterungen
- Ablaufsprache – Sequential Function Chart (SFUNKTION):
  - Beschreibung von Ablaufketten in Form von Schritten und Transitionen (Schrittkettenprogrammierung)
  - orientiert am französischen Standard „GraFunktionet"

https://doi.org/10.1515/9783110556018-008

- Programmkonfiguration (CFUNKTION) – Program Configuration
  - grafische und textuelle Verschaltung von Funktionsbausteinen zur Programmerstellung
  - Festlegung unterschiedlicher Ablaufebenen (Tasks),
  - vor allem in der Verfahrenstechnik eingesetzt

Die gemeinsamen Sprachelemente und Programmierregeln umfassen zum Beispiel:
- Programmier- und Kommunikationsmodell
- Zeichensatz und Schlüsselwörter
- elementare (z. B. BOOL, REAL) und zusammengesetzte Datentypen (z. B. ARRAY)
- Deklarationen von Variablen
- Funktionsbausteine
- Parameterübergabe bei Bausteinaufruf
- Programmkonfiguration und Tasks

Die Normerfüllung im Sinne der Norm bedeutet:
- Hersteller muss dokumentieren, welche Elemente der Norm realisiert sind
- Hersteller muss Grenzwerte (z. B. Symbollänge, Anzahl der Bausteine) angeben
- Hersteller darf über die Norm hinausgehende Merkmale realisieren
- Hersteller darf keine mit der Norm verwechselbaren anderen Elemente realisieren

Nicht genormt sind z. B.:
- die Art der Programmeingabe
- die Benutzeroberfläche des Programmiersystems

Die Normung z. B. der AWL-Befehle vereinheitlicht die Programmierung der Steuerungen verschiedener Hersteller. Die Programme werden zwischen den Steuerungen portierbar, d. h., man kann vom IEC 61131-3-Programmiersystem für die SPS des Herstellers m AWL-Bausteine in eine Datei exportieren und diese dann im IEC 61131-3-Programmiersystem für die SPS des Herstellers importieren. Nach einer Übersetzung in diesem System wird der Code für die n-SPS generiert, man kann das Programm in die SPS laden und testen. Die Anpassungsarbeit beim Wechsel auf eine andere SPS beschränkt sich im Wesentlichen auf die Adressen der Ein- und Ausgänge.

Nach IEC 61131-3 besteht ein Programm aus folgenden Elementen:
- Strukturen (im Projekt deklarierte und projektweit gültige Datentypen)
- Bausteinen (jeder Baustein besteht aus Deklarationsteil und Rumpf; der Rumpf ist in einer der IEC-Programmiersprachen geschrieben)
- globalen Variablen (deklarierten, im gesamten Projekt gültigen Variablen)

Die IEC 61131-3 legt unter anderen folgende Eigenschaften für SPS-Programmiersprachen fest:
- Jede Programm-Organisations-Einheit (POE, Codebaustein) besitzt einen Deklarationsteil für die in der POE benutzten Variablen.
- Es gibt Funktionsbausteine mit „Gedächtnis", d. h., Parameter und interne Daten eines Funktionsbausteins bleiben bis zu dessen Wiederaufruf gespeichert.
- Elementare und strukturierte Datentypen werden genutzt, die sich an den heute weit verbreiteten Programmiersprachen orientieren.
  Beispiele: BOOL, BYTE, WORD, TIME, DATEI INTEGER, CHAR, STRING, selbsterstellte Datentypen (Strukturen, Felder)

Als Betriebssystem wird für STEP7 das multitaskingfähige Windows 95 benutzt, wobei seine starken Ergonomiefunktionen eine günstige Arbeitsplattform bieten. Seit Windows 95 hat sich das gesamte Betriebssystem ständig weiterentwickelt und dadurch die grafische Oberfläche erheblich verbessert.

Auf der intuitiven grafischen Oberfläche werden Objekte (z. B. für Stationen, Baugruppen, Programme, Bausteine usw.) ausgewählt, erzeugt und manipuliert. Einfache Objekte, die keine weiteren Objekte enthalten, werden mit einer eigenen Applikation bearbeitet und weisen einstellbare Eigenschaften auf, z. B. wird auf Doppelklick ein Baustein-Objekt, der Baustein-Editor „Bausteine Programmieren" für KOP/FUP/AWL, geöffnet.

„Behälter" in der SPS-Programmierung sind Objekte, die ihrerseits wiederum Objekte und auch weitere Behälter enthalten können. Behälter sind in der Regel nicht mit einer eigenen Applikation verknüpft. Ein Beispiel für einen Behälter ist ein S7-Programm, das in einem Behälter das Anwenderprogramm und die Quellen enthält.

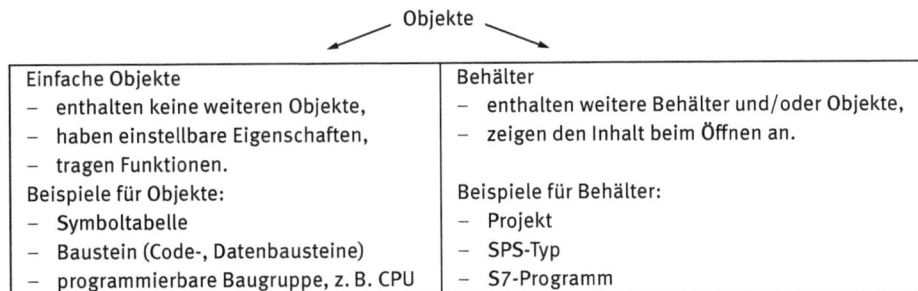

Objekte

Einfache Objekte	Behälter
- enthalten keine weiteren Objekte,	- enthalten weitere Behälter und/oder Objekte,
- haben einstellbare Eigenschaften,	- zeigen den Inhalt beim Öffnen an.
- tragen Funktionen.	
Beispiele für Objekte:	Beispiele für Behälter:
- Symboltabelle	- Projekt
- Baustein (Code-, Datenbausteine)	- SPS-Typ
- programmierbare Baugruppe, z. B. CPU	- S7-Programm

Objekte als Träger von Funktionen und/oder Eigenschaften:

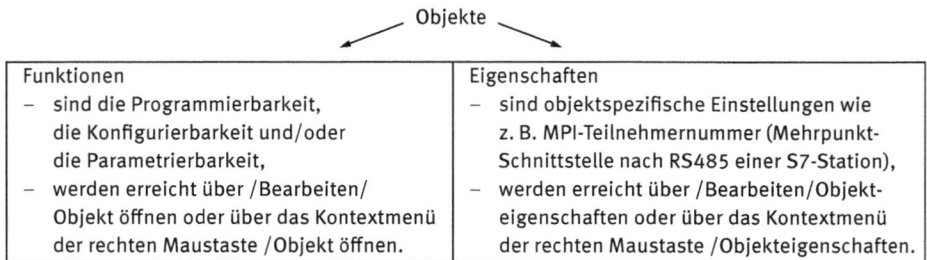

Objekte

Funktionen	Eigenschaften
– sind die Programmierbarkeit, die Konfigurierbarkeit und/oder die Parametrierbarkeit, – werden erreicht über /Bearbeiten/ Objekt öffnen oder über das Kontextmenü der rechten Maustaste /Objekt öffnen.	– sind objektspezifische Einstellungen wie z. B. MPI-Teilnehmernummer (Mehrpunkt-Schnittstelle nach RS485 einer S7-Station), – werden erreicht über /Bearbeiten/Objekt-eigenschaften oder über das Kontextmenü der rechten Maustaste /Objekteigenschaften.

7.1 Arbeitsprinzip einer S7

Die S7-Option kann auf Steuerungen der S7-300- und S7-500-Serie zugreifen. Das Ein- und Ausschalten des S7-Zugriffs erfolgt über den S7-Button in der Werkzeugleiste. Es erscheint Abb. 7.1.

Abb. 7.1: S7-Button in der Werkzeugleiste.

Die Werkzeugleiste gibt immer den Zustand an, welcher bei Betätigung des Bedien-knopfes eingestellt wird, in Abb. 7.1 also S7. Man kann auch von der S7-Option wieder zurück in die gewohnte S5-Option schalten, indem man den Bedienknopf nochmals betätigt.

Das nun folgende beschriebene Arbeitsprinzip gilt für alle S7-Mikroprozessoren. Es ist gekennzeichnet durch

– einen in jeder Sitzung des Automatisierungssystems nur einmal am Anfang durchgeführten Anlauf,
– den daran anschließenden Zyklus.

Der Anlauf eines Automatisierungssystems wird direkt nach jedem Einschalten einmal durchlaufen. Unter Einschalten versteht man dabei das Zuschalten der Betriebsspannung eines Automatisierungssystems oder den „STOP"-„RUN"-Übergang an einer CPU.

Neben Selbsttestroutinen (Speichertest usw.) wird dabei insbesondere ein Organisationsbaustein OB 100 (bei S7-400er CPU auch Wiederanlauf über OB 101 möglich) aufgerufen. In diesem kann der Anwender bestimmte Initialisierungswerte und andere nur einmalig auszuführende Anweisungen hinterlegen. Am Ende des Anlaufs wird an den zyklischen Betrieb übergeben.

Im zyklischen Betrieb läuft das Betriebssystem der CPU in einer Programmschleife die der Grundfunktion einer SPS, dem
– Erfassen,
– Verarbeiten,
– Ausgeben,
von Prozessgrößen (EVA-Prinzip), was auch für die S5 gilt, gerecht wird.

Bei jedem Schleifendurchlauf wird einmal
– der Zustand der Eingangssignale von den Eingangsbaugruppen abgerufen und dieser im PAE (Prozessabbild der Eingänge) gespeichert. Das PAE stellt die Eingabewerte für die Programmabarbeitung für jeden Zyklus homogen bereit (Werte ändern sich innerhalb eines Zyklus nicht).
– Danach wird der Organisationsbaustein OB 1 und damit die Ausführung des AR1n enthaltenen Anwenderprogramms zum Berechnen des PAA (Prozessabbild der Ausgänge) aufgerufen. Der OB 1 ist dabei der Basisbaustein eines strukturierten Anwenderprogramms.
– Nach Programmdurchlauf wird die Ausgabe des errechneten PAA an die Ausgangsbaugruppen veranlasst.

Abb. 7.2 zeigt das Arbeitsprinzip einer S7-CPU und das Prinzip funktioniert wie bei der S5-CPU. Der Zyklus kann von bestimmten Ereignissen, z. B. Alarmen, unterbrochen werden. Dabei sind diese in entsprechende Organisationsbausteine zu schreiben.

Der Sinn einer Strukturierung, d. h. des Aufteilens großer Programme in mehrere Programmstücke (bei S7 Bausteine genannt) liegt darin, eine bessere Übersicht und Nachvollziehbarkeit für ein Programm zu erreichen.

Die Automatisierungsrechner-Komponenten ermöglichen die prozess- bzw. maschinennahe Lösung von Informatikverarbeitungs- oder rechenintensiven technologischen Aufgaben. Als typische Aufgaben der Informatikverarbeitung können hier genannt werden:
– Datenhaltung großer Datenmengen (Rezepturen u. Ä.)
– Prozessvisualisierung
– schnelle Regelungen
– der Einsatz von Standardsoftware auf DOS- oder Windows-Basis

Anlauf
OB 100 (101)

	PAE einlesen
	Anwenderprogramm abarbeiten
Z Y K L U S	—PAE—Werte zu PAA—Werten verarbeiten
	OB1 führt hierarchische Bausteinstruktur
	PAA ausgeben

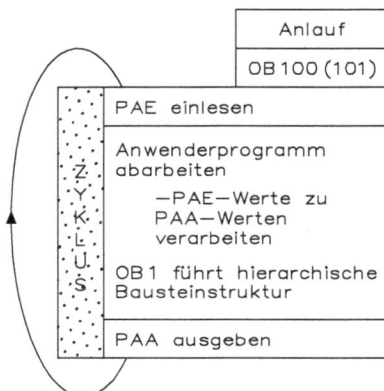

Abb. 7.2: Arbeitsprinzip einer S7-CPU.

Wichtig ist dabei die gemeinsame Datenbasis, z. B. im Steuerungs- und Visualisierungsbereich. Hardware-Parametrierung, Software-Programmierung (CFUNKTION oder M7-ProC++), Programmtests und Systemdiagnose der Automatisierungsrechner M7-300 ... 400 werden von der gleichen Programmier-Plattform (STEP7) wie bei S7-Steuerungen durchgeführt.

M7-Strukturen lassen sich in Standardnetze (Ethernet) und in Industrienetze wie PROFIBUS usw. integrieren. Der aus Peripherie- und Kommunikationsbus bestehende Systembus ist bei Automatisierungsrechnern M7 um einen ISA-Signal-kompatiblen M7-Erweiterungsbus ergänzt. Der ISA-Standard (Industry Standard Architecture) ist das standardisierte Bussystem in PC-Systemen, d. h., alle PC-Steckkarten sind funktionskompatibel.

Die Automatisierungsrechner-Komponenten der M7-300 lassen sich voll in die S7-300 integrieren und können auch als eigenständige Rechnersysteme mit S7-300-Peripheriebaugruppen eingesetzt werden.

Die Automatisierungsrechner-Komponenten der M7-400 lassen sich voll in die S7-400 integrieren und können auch als eigenständige Rechnersysteme mit S7-400-Peripheriebaugruppen eingesetzt werden.

7.1.1 S7D-Datei

Beim Öffnen eines Buchhalters der Steuerung oder beim Öffnen einer S7D-Datei werden die Bedienknöpfe des Buchhalters geändert und es gibt keine Programmbausteine, Schrittbausteine oder erweiterte Funktionsbausteine mehr, dafür ist das S7-System um Funktionsbausteine, Funktionen und Systemdatenbausteine erweitert worden. Damit ist es nun möglich, gezielt Bausteinarten sichtbar zu halten und andere, weniger wichtige Bausteinarten auszublenden. Der gedrückte Zustand bedeutet, dass diese Bausteinart momentan sichtbar ist. Im oberen Beispiel werden alle Bausteinarten sichtbar, außer Kommentar- und Verweisdaten.

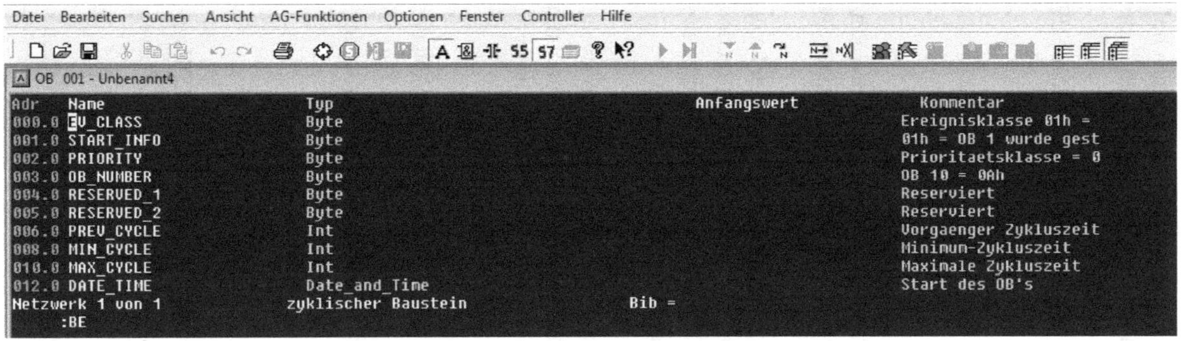

Datei Bearbeiten Suchen Ansicht AG-Funktionen Optionen Fenster Controller Hilfe

OB 001 - Unbenannt4

Adr.	Name	Typ	Anfangswert	Kommentar
000.0	EU_CLASS	Byte		Kommentar
001.0	START_INFO	Byte		Ereignisklasse 01h =
002.0	PRIORITY	Byte		01h = OB 1 wurde gest
003.0	OB_NUMBER	Byte		Prioritaetsklasse = 0
004.0	RESERVED_1	Byte		OB 10 = 0Ah
005.0	RESERVED_2	Byte		Reserviert
006.0	PREV_CYCLE	Int		Reserviert
008.0	MIN_CYCLE	Int		Vorgaenger Zykluszeit
010.0	MAX_CYCLE	Int		Minimum-Zykluszeit
012.0	DATE_TIME	Date_and_Time		Maximale Zykluszeit
		zyklischer Baustein		Start des OB's

Netzwerk 1 von 1
Bib =
:BE

Abb. 7.3: Parameterangaben, AWL-Zeilen und der zugehörige Kommentar und Sprungnamen.

Datei Bearbeiten Suchen Ansicht AG-Funktionen Optionen Fenster Controller Hilfe

OB 001 - Unbenannt4

Adr.	Name	Typ	Anfangswert	Kommentar
000.0	EU_CLASS	Byte		Kommentar
001.0	START_INFO	Byte		Ereignisklasse 01h =
002.0	PRIORITY	Byte		01h = OB 1 wurde gest
003.0	OB_NUMBER	Byte		Prioritaetsklasse = 0
004.0	RESERVED_1	Byte		OB 10 = 0Ah
005.0	RESERVED_2	Byte		Reserviert
006.0	PREV_CYCLE	Int		Reserviert
008.0	MIN_CYCLE	Int		Vorgaenger Zykluszeit
010.0	MAX_CYCLE	Int		Minimum-Zykluszeit
012.0	DATE_TIME	Date_and_Time		Maximale Zykluszeit
		zyklischer Baustein		Start des OB's

Netzwerk 1 von 1
```
:U  E  1.0
:U  E  1.1
:U  E  1.2
:=  A  1.4
:BE
```
Bib =

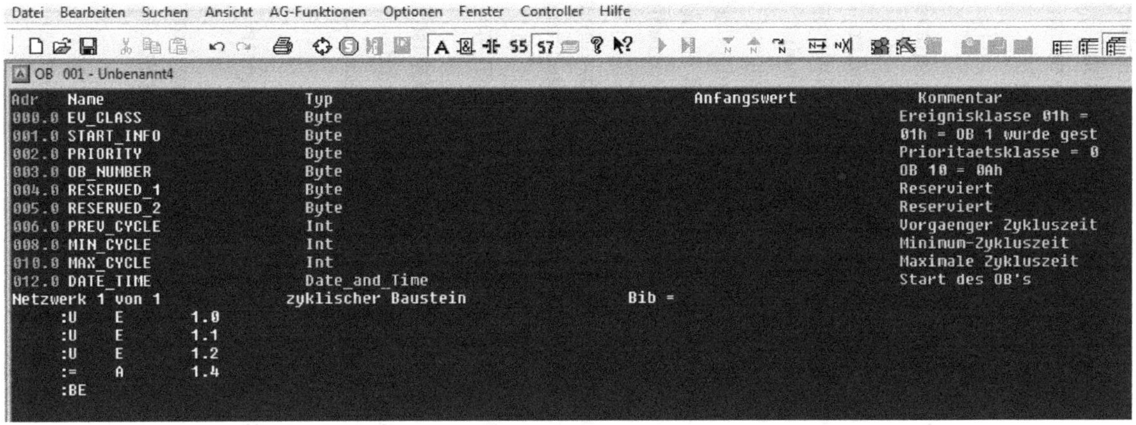

Abb. 7.4: Parameterangaben, AWL-Zeilen und der zugehörige Kommentar und Sprungnamen mit einer UND-Verknüpfung mit drei Eingängen.

Beim Erstellen eines neuen Bausteins unter PG-2000 werden, sofern vorhanden, Standardparameter in den neu erzeugten Baustein eingefügt. Dies ist sowohl für S5 als auch für S7 unter dem Menüpunkt „Optionen/Einstellungen" konfigurierbar. Es wird dann beim Erzeugen eines neuen Bausteins geprüft, ob dieser in der Bibliotheksdatei enthalten ist, und sollte dies der Fall sein, wird er in die aktuelle Datei übertragen. Diese Dateien weisen das gleiche Format wie „normale" Programmdateien auf, so dass sie auch den individuellen Bedürfnissen angepasst werden können. Dabei ist zu beachten, dass dazu unbedingt die Verwendung der Bausteinbibliothek ausgeschaltet sein muss. Es werden Parameterangaben, AWL-Zeilen, der zugehörige Kommentar und Sprungnamen mitkopiert, wie Abb. 7.3 zeigt.

Diese Parameterangaben werden nur in AWL ausgegeben. Wenn Sie KOP oder FUP einschalten, fehlen die Hinweise in S7.

7.1.2 Erstellung eines kleinen S7-Programms

Schalten Sie auf KOP oder FUP um und erstellen eine UND-Verknüpfung mit drei Eingängen. Wenn Sie diese UND-Verknüpfung erstellt haben, wie unter S5, drücken Sie auf den AWL-Knopf und Abb. 7.4 erscheint.

Wie bereits weiter vorne erklärt, ist nur die Programmiersprache AWL in der Lage, den gesamten Befehlsumfang hundertprozentig zu nutzen. Aber auch die Sprachen FUP und KOP können einen Großteil der STEP7-Möglichkeiten umsetzen. Einige Befehlsstrukturen lassen sich in FUP programmieren oder ausdrücken in AWL.

Weitere Einschränkungen bei FUP und KOP sind insbesondere
– die Begrenzung der Darstellung in einem Netzwerk auf nur einen logischen Zweig,
– die Erfordernis zum Einfügen so genannter NOP-Befehle in AWL-Programmen, um bei komplexeren Elementen (z. B. Timern) eine Darstellungskompatibilität von AWL nach den graphikorientierten Sprachen FUP und KOP zu erreichen.

Als Vorteile der Sprachen FUP und KOP ist insbesondere die gute Anschaulichkeit der Darstellung hervorzuheben. Im Folgenden werden an vielen Stellen in diesem Kapitel praktische Anwendungen zu den einzelnen Sprachen zur Problemlösung aufgezeigt.

7.1.3 Verarbeitungs- und Kontrollregister

Zunächst werden die zentralen Verarbeitungs- und Kontrollregister sowie S7-CPUs erklärt. Unter zentralen Registern und Stacks werden die Speicherplätze der CPU verstanden, mit denen
– Berechnungen zentral durchgeführt,
– Rechen- oder Verknüpfungsergebnisse sowie Flags bereitgehalten,
– Adressen vorgegeben werden,

- bestimmte Programmbereiche deaktiviert,
- Klammerebenen gemerkt,
- bausteinlokale Daten temporär gespeichert,
- gegenwärtige Aufrufhierarchien von Bausteinen festgehalten,
- Programmstopp-Ursachen analysiert werden.

Für diese Aufgaben stehen nachfolgende Register und Stacks zur Verfügung, die je nach Typ und/oder Erfordernis vom System- und/oder vom Anwenderprogramm verwaltet werden:
- Statuswort,
- Akkumulator oder Akkumulatoren
- Adressregister
- Master Control Relay-Stack
- Klammerstack
- L-Stack
- B-Stack
- U-Stack
- Diagnosepuffer

Die Statuswort-Bits werden vom Betriebssystem der CPU und auch vom Anwenderprogramm geschrieben und gelesen. Operationsspezifisch werden beim Abarbeiten der Programmanweisungen die Bits im Statuswort verwendet. Tab. 7.1 zeigt den Aufbau des Statuswortes.

Tab. 7.1: Statuswort.

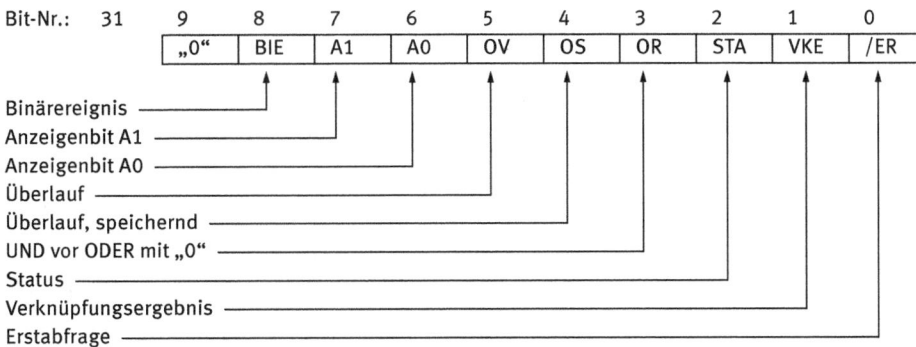

Der Zugriff auf das Statuswort erfolgt durch:
- Auslesen des Statuswortes mittels Laden:

```
L  STW          //Kopiert  das  Statuswort
                //in  den  niederwertigen  Teil  des  AKKU  1
```

Hinweis: Bei S7-300 werden nur die Bits 1 (VKE), 4 (OS), 5 (OV), 6 (A0), 7 (A1) und 8 (BIE) in den Akku 1 geladen.

- Beschreiben (Verändern) des Statuswortes mittels Transferieren:

```
T  STW          //Kopiert  den  niederwertigen  Teil  des  AKKU  1
                //in  das  Statuswort
```

- Direktzugriff auf Statusbits: Mit den Bitoperationen U, UN, O, ON, X und XN kann direkt auf Bitworte zugegriffen werden. Dazu stehen folgende Operanden zur Verfügung wie, Tab. 7.2 zeigt.

Tab. 7.2: Operanden beim Direktzugriff auf Statusbits.

Operand	Bedeutung	Beispiel	
> 0		U	>0
< 0		XN	<0
<> 0	Vergleichsergebnisse	O	<>0
>=0		UN	>=0
<=0		O	<=0
= =0			
UO (unordered [nicht erlaubt])	... Ergebnis ungültig	UN	UO
BIE	Binärergebnis	O	BIE
OS	gespeicherter Überlauf	X	OS
OV	Überlauf	UN	OV

Leseweise der Tab. 7.2: Beispiel U > 0 bedeutet, wenn das Ergebnis eines vorangegangenen Vergleichs größer als „0" war, ist diese UND-Abfrage erfüllt.

Der Binärzustand des /ER-Bits beginnt und beendet den Ablauf einer Verknüpfungskette, wobei unter Verknüpfungskette das logische Verknüpfen von Operanden (z. B. Eingängen) und das Übergeben des Verknüpfungsergebnisses an Ausgangsoperanden (z. B. Ausgänge) zu verstehen ist.

Das Verknüpfen wird durch eine Folge von UND- und/oder ODER- und/oder EXKLUSIV-ODER-Anweisungen (auch negierte Abfragen) realisiert.

Jede Verknüpfungsoperation fragt den Signalzustand des /ER-Bits und des angesprochenen Operanden ab. Ist der Binärwert des /ER-Bits „1", dann verknüpft die

Operation das Ergebnis der Operandenabfrage mit dem seit der Erstabfrage gebildeten Verknüpfungsergebnis und speichert das Ergebnis im VKE-Bit.

Die erste Abfrage eines Operanden setzt das /ER-Bit auf „1".

Wird das Verknüpfungsergebnis durch Setzen, Zurücksetzen oder Zuweisen an Ausgangsoperanden übergeben oder wird ein VKE-abhängiger Sprung ausgeführt oder eine Klammerebene geöffnet, so wird dadurch das /ER-Bit auf „0" gestellt.

Die Verknüpfungskette ist damit beendet und die nächste Operanden-Abfrage (UND oder ODER, auch negiert) ist wieder eine Erstabfrage und somit der Anfang einer neuen Verknüpfungskette.

Nachfolgend wird das Prinzip an einem Programmstück gezeigt.

Listing: Prinzip der Steuerung des /ER-Bits.

```
U    E  0.7      Erstabfrage        → /ER wird auf „1" gestellt
UN   E  0.4      Folgeabfrage       → /ER bleibt „1"
O    E  0.2      Folgeabfrage       → /ER bleibt „1"
=    A  1.1      Zuweisung          → /ER wird auf „0" gestellt
=    A  1.2      Folgezuweisung     → /ER bleibt „0"
R    A  1.5      Folgereset         → /ER bleibt „0"
U    E  2.2      Erstabfrage        → /ER wird auf „1" gestellt
```

Im VKE-Bit (Bit 1 des Statuswortes) werden ab Beginn einer logischen Verknüpfung
- sukzessive entstehende Zwischenergebnisse gespeichert,
- Endergebnis einer Binär-Verknüpfungskette gespeichert,
- Ergebnis von Vergleichsoperationen gespeichert.

7.1.4 Verknüpfungsergebnis VKE

Folgender Ablauf findet bei der Bildung und Nutzung des VKE-Bits statt:
- Die erste Operation einer Verknüpfung fragt den Binärwert eines Operanden ab. Ist die Abfrage erfüllt, wird das VKE-Bit auf „1" gesetzt, sonst auf „0".
- Die VKE-Beeinflussung kann auch durch Vergleichsoperationen erfolgen (Vergleich erfüllt → VKE = „1", sonst „0").
- Die zweite und jede weitere Operation fragen ebenso den Binärwert eines Operanden ab. Das jeweilige Ergebnis dieser Abfragen wird mit dem im VKE-Bit gespeicherten Wert nach den Regeln der booleschen Algebra verknüpft und danach wiederum im VKE-Bit abgelegt.
- Die Verknüpfungskette wird nach Setzen, Zurücksetzen oder Zuweisen des VKE-Bits an Ausgangsoperanden oder einen VKE-abhängigen Sprung beendet.

Abhängig vom Wert im VKE-Bit werden
- bei VKE = „0":
  - zugewiesene (=) Operanden auf „0" gestellt,
  - mit Setzen (S) oder Zurücksetzen (R) angesprochene Operanden nicht beeinflusst,
  - bedingte Sprünge nicht ausgeführt,
- bei VKE = „1":
  - zugewiesene (=) Operanden auf „0" gestellt,
  - mit Setzen (S) angesprochene Operanden auf „1" gesetzt (oder bleiben „1"),
  - mit Zurücksetzen (R) angesprochene Operanden auf „0" zurückgesetzt (oder bleiben „0"),
  - bedingte Sprünge ausgeführt.

Tab. 7.3 zeigt Fallbeispiele zur VKE-Beeinflussung und VKE-Nutzung im Programm.

Tab. 7.3: VKE-Beeinflussung und VKE-Nutzung.

Programm	Fall 1			Fall 2			Fall 3		
	WdO	**AFE**	**VKE**	**WdO**	**AFE**	**VKE**	**WdO**	**AFE**	**VKE**
U E 1.1	1	1	1	1	1	1	0	0	0
UN E 1.2	0	1	1	1	0	0	0	1	0
O E 1.3	0	0	1	0	0	0	0	0	0
ON E 1.4	1	0	1	1	0	0	0	1	1
	WdO		VKE	WdO		VKE	WdO		VKE
= A 1.7	1	←	1	0	←	0	1	←	1

WdO: Wert des Operanden   AFE: Abfrageergebnis   VKE: Verknüpfungsergebnis

Operationen, die das VKE direkt verändern oder sichern:
- CLR (setze VKE auf „0" zurück): Der Befehl setzt das VKE auf den Zustand „0". Auch die Statusbits /ER, STA und OR werden auf „0" gestellt. Die anderen Bits des Statuswortes werden nicht beeinflusst.
- SET (Setze VKE auf „1"): Der Befehl setzt das VKE auf den Zustand „1". Die Statusbits /ER und OR werden auf „0" gestellt. Das Statusbit STA wird auf „1" gestellt. Die anderen Bits des Statuswortes werden nicht beeinflusst.
- NOT (Negiere das VKE): Der Befehl negiert das VKE. Das Statusbit STA wird auf „1" gestellt. Die anderen Bits des Statuswortes werden nicht beeinflusst.
- SAVE (Sichere VKE im BIE-Bit): Der Befehl speichert das VKE im BIE-Bit. Das Erstabfragebit /ER und die anderen Bits des Statuswortes werden nicht beeinflusst.

Das Statusbit STA (Bit 2 des Statuswortes) wird nur beim Anzeigen des Programmstatus von Programmvariablen ausgewertet und hat somit keinen Einfluss auf Abfrage- oder Verknüpfungsergebnisse. Es tritt bei Bitoperationen auf Operanden folgendes Verhalten auf:

- Bei Verknüpfungsoperationen mit Lesezugriff (U, UN, O, ON, X, XN) auf Operanden im Speicher: Das Statusbit ist gleich dem Wert des adressierten Bits.
- Bei Verknüpfungsoperationen mit Schreibzugriff (=, S, R) auf Operanden im Speicher: Das Statusbit beinhaltet den Wert des adressierten Bits unabhängig davon, ob der Wert durch die Operation verändert (geschrieben) wird oder nicht.

Verknüpfungsoperationen, die nicht auf den Speicher zugreifen, setzen das Statusbit auf „1".

Das ODER-Bit OR (Bit 3 des Statuswortes) wird zur Realisierung von UND-vor-ODER-Verknüpfungen benötigt. Es wird gesetzt, wenn das VKE der UND-Verknüpfung vor der Operation „O" eine „1" hat. In diesem Falle wird das Ergebnis der ODER-Verknüpfung vorweggenommen (als „1" ODER-verknüpft und durchgeschleift). Jede andere bitverarbeitende Operation (O/ON mit Operand, =, S, R) setzt das OR-Bit zurück. Das nachfolgende Beispiel zeigt das Prinzip.

UN	E	1.1	VKE bilden (Erstabfrage)
U	E	1.2	VKE bilden
U	E	1.5	VKE bilden
O			VKE in das OR-Bit sichern und Verknüpfungskette beenden
U	E	1.6	VKE bilden (Erstabfrage) und mit OR-Bit ODER verknüpfen
UN	E	1.7	VKE bilden und mit OR-Bit ODER verknüpfen
=	A	1.1	VKE zuweisen und OR-Bit zurücksetzen

Tab. 7.4 zeigt Fallbeispiele zur OR-Bit-Nutzung im Programm.

Tab. 7.4: OR-Bit-Nutzung (durch das Betriebssystem organisiert).

Programm		Fall 1				Fall 2			
		WdO	AFE	VKE	OR	WdO	AFE	VKE	OR
UN	E 2.1	0	1	1	0	0	1	1	0
U	E 2.2	1	1	1	0	1	1	1	0
U	E 2.5	1	1	1	0	0	0	0	0
O		–	–	1 → 1		–	–	0	0
U	E 2.6	0	0	1 ← 1		1	1	1	0
UN	E 2.7	1	0	1 ← 1		0	1	1	0
=	A 2.1	1	–	1	0	1	–	1	0

WdO: Wert des Operanden AFE: Abfrageergebnis VKE: Verknüpfungsergebnis OR: ODER-Bit

Im Überlaufbit OV (Bit 5 des Statuswortes) werden Fehler bei arithmetischen oder Vergleichsoperationen mit Gleitpunktzahlen durch Setzen auf „1" angezeigt. Als erfasste Fehler können dabei auftreten:
- Überlauf
- unzulässige Operation
- unzulässiger Vergleich

Das OV-Bit wird durch Fehlerbeseitigung auf „0" zurückgesetzt.

Im speichernden Überlaufbit OS (Bit 4 des Statuswortes) wird das Überlaufbit (OV-Bit) bei Auftreten eines Fehlers bei arithmetischen oder Vergleichsoperationen mit Gleitpunktzahlen gespeichert. Es bleibt auch nach Fehlerbeseitigung auf „1" gesetzt. Somit zeigt das OS-Bit an, ob in einer der zuvor ausgeführten Operationen ein Fehler aufgetreten ist.

Das OS-Bit wird durch folgende Operationen zurückgesetzt:
- SPS (Springe, wenn OS = „1")
- Operationen zum Aufrufen eines Bausteins
- Operationen zum Beenden eines Bausteins

Über die Anzeigenbits A1 und A0 (Bit 6 und 7 des Statuswortes) werden Ergebnisse oder Bits folgender Operationen bereitgestellt:
- Vergleichsoperationen
- arithmetischer Operationen
- Schiebe- und Rotieroperationen
- Wortverknüpfungsoperationen

Nachfolgend werden die Meldungen der Anzeigebits bei den verschiedenen Operationen dargestellt. Allgemein gilt:

> $\langle$AKKU 1$\rangle$ entspricht dem zuletzt geladenen Wert
>
> $\langle$AKKU 2$\rangle$ entspricht dem vorletzt geladenen Wert

- Vergleichsoperationen (Tab. 7.5)

Tab. 7.5: Vergleichsoperationen.

A1	A0	Aussage
0	0	$\langle$AKKU 2$\rangle$ = $\langle$AKKU 1$\rangle$
0	1	$\langle$AKKU 2$\rangle$ < $\langle$AKKU 1$\rangle$
1	0	$\langle$AKKU 2$\rangle$ > $\langle$AKKU 1$\rangle$
1	1	ungültig, nur bei Vergleichen von Gleitpunktzahlen möglich

- arithmetische Operationen ohne Überlauf (Tab. 7.6)

Tab. 7.6: Arithmetische Operationen ohne Überlauf.

A1	A0	Aussage
0	0	Ergebnis = 0
0	1	Ergebnis < 0
1	0	Ergebnis > 0

- arithmetische Operationen (Ganzzahlen) mit Überlauf (Tab. 7.7)

Tab. 7.7: Arithmetische Operationen (Ganzzahlen) mit Überlauf.

A1	A0	Aussage
0	0	Überlauf im negativen Bereich bei +I und +D
0	1	Überlauf im negativen Bereich bei *I und *D
		Überlauf im positiven Bereich bei +I, −I, +D, −D, NEGI und NEGD
1	0	Überlauf im negativen Bereich bei *I, *D, +D und −D
		Überlauf im positiven Bereich bei +I, −I, +D und −D
1	1	Division durch 0 bei /I, /D und MOD

- Schiebe- und Rotieroperationen (Tab. 7.8)

Tab. 7.8: Schiebe- und Rotieroperationen.

A1	A0	Aussage
0	0	Zuletzt aus dem AKKU geschobenes Bit = 0
1	0	Zuletzt aus dem AKKU geschobenes Bit = 1

- Wortverknüpfungsoperationen (Tab. 7.9)

Tab. 7.9: Wortverknüpfungsoperationen.

A1	A0	Aussage
0	0	Ergebnis = 0
1	0	Ergebnis <> 0

Das Binärergebnisbit BIE (Bit 8 des Statuswortes) ist Bindeglied zwischen der Verarbeitung von Bits und Wörtern. Es ermöglicht sehr effizient, das Ergebnis einer Wortoperation als Binärereignis auszuwerten und in eine boolesche Verknüpfungskette einzubinden. Dabei wird das VKE vor einer VKE-verändernden Operation in das BIE-Bit gerettet, um später wieder in einer Bit-Verknüpfungskette zur Verfügung zu stehen.

Das folgende Programmstück in der Anweisungsliste zeigt ein Beispiel, wie der Programmierer das BIE-Bit als Zwischenspeicher nutzen kann.

```
L    EW 124  ⎫
L    3256    ⎬   Vergleich (Wortoperationen)
>=1          ⎭
SAVE             Sichern des VKE des Vergleichs in das BIE-Bit
U    E 0.0       Achtung: keine Erstabfrage*,
                 Vergleichsergebnis wird mit verknüpft
=    A 1.6       A 4.6 = „1", wenn EW 124 ≥ 3.256 und E 0.0 = „1"
UN   E 0.1       Erstabfrage (z. B. im Folgebaustein,
                 Achtung: nicht nach SPBB oder SPBNB)
U    BIE         BIE-Einbindung in Bit-Verknüpfungskette
=    A 1.7
```

Für eine binäre Interpretation des Ergebnisses einer Wortverknüpfung soll folgendes Beispiel dienen, in dem das BIE-Bit ebenfalls eine wichtige Funktion übernimmt.

Aufgabe: Nur wenn am E 0.0 eine „1" anliegt, soll mit dem EW 124 und dem hexadezimal vorgegebenen Wert „7" eine UND-Wort-Verknüpfung durchgeführt werden. Das Ergebnis-Wort soll im MW 22 abgelegt werden.

Wenn die Verknüpfung durchgeführt wurde und deren Ergebnis „0" ist, soll A 1.5 eine „1" zugewiesen bekommen und die nachfolgende AWL zeigt für eine binäre Interpretation das Ergebnis.

```
        U(
        U    E 0.0
        SPBNB_001       Springe, wenn VKE = 0 und rette VKE ins BIE
        L    EW 124
        L    W#16#7
        UW
        T    MW22
        SET             Setze VKE auf „1"
        SAVE            Sichere VKE (hier: „1") im BIE-Bit
        CLR             Setze VKE auf „0" zurück
_001:   U    BIE        Abfrage des Binärergebnisses
        )
        U    = = 0      Abfrage des Digitalergebnisses auf „0"
        =    A 0.6
```

---

* Die SAVE-Anweisung schließt eine Verknüpfung nicht ab!

Weiterhin ermöglicht das BIE-Bit, z. B. eine Funktion in oder einen Funktionsbaustein in AWL zu programmieren und die Funktion oder den Funktionsbaustein in FUP oder KOP aufzurufen. Dabei entspricht das BIE-Bit dem Freigabeausgang (ENO) einer FUP- oder KOP- Box. Wird eine Funktion oder ein Funktionsbaustein in AWL geschrieben und soll diese/dieser in FUP oder KOP aufgerufen werden, muss das VKE im BIE-Bit gesichert werden, um so den Freigabeausgang ENO für die FUP- bzw. KOP-Box zu liefern. Wurde die Funktion oder der Funktionsbaustein fehlerfrei bearbeitet, speichert man eine „1" in das BIE-Bit, im Fehlerfall eine „0".

Zum Speichern einer „1" in das BIE-Bit verwendet man folgende Befehlsfolge:

```
SET      //VKE auf "1" zwingen
SAVE     //VKE im BIE-Bit sichern
```

Zum Speichern einer „0" in das BIE-Bit verwendet man folgende Befehlsfolge:

```
CLR      //VKE auf "0" zwingen
SAVE     //VKE im BIE-Bit sichern
```

Neben SAVE erbringen auch die Operationen SPBB und SPBNB die VKE-Sicherung im BIE-Bit. Wird in einem Programm ein Systemfunktionsbaustein (SFB) oder eine Systemfunktion (SFUNKTION) aufgerufen, zeigt dieser SFB bzw. diese SFUNKTION über das BIE-Bit an, ob die CPU die Funktion fehlerfrei oder fehlerhaft ausgeführt hat:
- Tritt während der Bearbeitung ein Fehler auf, ist das BIE-Bit „0".
- Wurde die Funktion fehlerfrei bearbeitet, ist das BIE-Bit „1".

7.1.5 Akkumulatoren

Die Akkumulatoren sind 32-Bit-Universalregister (ab Mikroprozessor 80386 mit zwei Akkumulatoren, mit vier Akkumulatoren handelt es sich um spezielle SPS-Herstellermikroprozessoren) zur Verarbeitung von Digitalwerten (Bytes, Wörtern und Doppelwörtern). Je nach CPU stehen zwei oder vier Akkumulatoren zur Verfügung. Es ergibt sich der Aufbau eines Akkumulators in Tab. 7.10.

Über den Ladebefehl können Konstanten und Werte von Operatoren aus dem Speicher in AKKU 1 geladen und dort z. B. mit dem Inhalt von AKKU 2 verknüpft wenden. Das Ergebnis einer Operation kann von AKKU 1 zu einer Operandenadresse transferiert werden. Abb. 7.5 zeigt das Prinzip des Ladens und Transferierens.

Tab. 7.10: Aufbau des Akkumulators einer S7-CPU.

Bit-Nr.	31	24	23	16	15	8	7	0
	AKKU 1 – HH		AKKU 1 – HL		AKKU 1 – LH		AKKU 1 – LL	
	höherwertiges Wort		höherwertiges Wort		niederwertiges Wort		niederwertiges Wort	
	höherwertiges Byte		niederwertiges Byte		höherwertiges Byte		niederwertiges Byte	

höherwertiges Wort   niederwertiges Wort

Doppelwort

H: High-Teil (höherwertiger Teil)
L: Low-Teil (niederwertiger Teil)

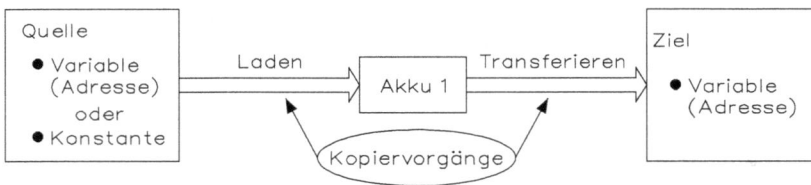

Abb. 7.5: Prinzip des Ladens und Transferierens.

Bei mehreren Ladebefehlen tritt folgender Stackmechanismus für die Akkumulatoren-Nutzung in Kraft:

– Eine Ladeoperation kopiert den Wert aus der Quelle rechtsbündig in den AKKU 1 (nicht benutzte Bits werden mit „0" aufgefüllt) und schiebt den alten Inhalt von AKKU 1 in den AKKU 2. Dieser Vorgang ist wiederholbar, wobei im dritten Ladevorgang der erstgeladene Wert bei einer CPU mit zwei AKKUs aus den AKKUs „hinten herausfällt" und bei einer CPU mit vier AKKUs in den AKKU 3 geschoben wird usw. Tab. 7.11 zeigt das Prinzip bei zwei Akkumulatoren:

Tab. 7.11: Prinzip des mehrfachen Ladens bei zwei Akkumulatoren.

	⟨AKKU 1⟩	⟨AKKU 2⟩	Bemerkung
1. Ladevorgang	1. Wert	0 oder alter Wert	1. Wert fällt heraus
2. Ladevorgang	2. Wert	1. Wert	
3. Ladevorgang	3. Wert	2. Wert	

– Das Ergebnis von (z. B. arithmetischen) Operationen zwischen AKKU 1 und AKKU 2 wird immer in AKKU 1 bereitgestellt.
– Transferoperationen greifen immer auf AKKU 1 zu und ändern die Inhalte der Akkumulatoren nicht.

Weitere neben Laden und Transferieren wichtige, speziell auf die Arbeit mit Akkumulatoren ausgerichtete Operationen sind:

- TAK (tausche AKKU 1 mit AKKU 2): Die Inhalte von AKKU 3 und AKKU 4 (wenn vorhanden) bleiben unverändert. Statusbits werden nicht berücksichtigt oder beeinflusst.
- TAW (tausche Bytes in AKKU 1-L)
- TAD (tausche alle Bytes von AKKU 1): LL ⇔ HH und LH ⇔ HL
- PUSH (Akkus kopieren, AKKU n nach AKKU $n + 1$): Ausführung, ohne die Statusbits zu berücksichtigen oder zu beeinflussen, wenn:
  - CPU mit zwei Akkus: Kopieren des gesamten Inhalts von AKKU 1 nach AKKU 2
  - CPU mit vier Akkus: Kopieren des gesamten Inhalts (in dieser Reihenfolge)
    - von AKKU 3 nach AKKU 4
    - von AKKU 2 nach AKKU 3
    - von AKKU 1 nach AKKU 2
- POP (Akkus kopieren, AKKU $n + 1$ nach AKKU n): Ausführung, ohne die Statusbits zu berücksichtigen oder zu beeinflussen, wenn
  - CPU mit zwei Akkus: Kopieren des gesamten Inhalts von AKKU 2 nach AKKU 1.
  - CPU mit vier Akkus: Kopieren des gesamten Inhalts (in dieser Reihenfolge)
    - von AKKU 2 nach AKKU 1
    - von AKKU 3 nach AKKU 2
    - von AKKU 4 nach AKKU 3
- ENT (Enter bei AKKU-Stack, nur bei CPU mit vier Akkus): Kopieren des gesamten Inhalts (in dieser Reihenfolge)
  - von AKKU 3 nach AKKU 4
  - von AKKU 2 nach AKKU 3
  Damit kann z. B. ein Zwischenergebnis direkt vor einer Ladeoperation in AKKU 3 gerettet werden.
- LEAVE (Leave bei AKKU-Stack, nur bei CPU mit vier Akkus): Kopieren des gesamten Inhalts (in dieser Reihenfolge)
  - von AKKU 3 nach AKKU 2
  - von AKKU 4 nach AKKU 3
- INC (inkrementiere AKKU 1 LL)
- DEC (dekrementiere AKKU 1 LL)
- +AR1 (addiere ⟨AKKU 1⟩ zum Adressregister 1): addiert einen Versatz (offset) zum Inhalt von AR1. Ausführung, ohne die Statusbits zu berücksichtigen oder zu beeinflussen. Diesen Versatz wird entweder in der Anweisung oder in AKKU 1-L angegeben:
  - Versatzangabe in der Anweisung: durch den Operanden ⟨P#Byte.Bit⟩
    Beispiel:
    `+AR1 P#28.3`

- Versatzangabe im AKKU 1 L: Die 16-Bit-Ganzzahl (−32.768 ... +32.767), die zum ⟨AR1⟩ addiert werden soll, wird durch den Wert in AKKU 1 L vorgegeben. Beispiel:

```
L  -220
+AR1
```

Die Ganzzahl wird zunächst (vorzeichenrichtig) auf 24 Bit erweitert und dann zu den niederwertigen 24 Bit von AR1 (relative Adresse in AR1) addiert. Die Bits 24, 25 und 26 (Bereichskennung in AR1) werden nicht verändert.
- +AR2 (addiere AKKU 1 zum Adressregister 2): Es gilt sinngemäß der +AR1-Befehl.
- NOP 0 (Nulloperation): Im Operationscode steht ein Bitmuster mit 16 Nullen. Es wird keine Funktion ausgeführt und die Statusbits werden nicht beeinflusst. Die Operation ist nur für die Programmanzeige am Programmiergerät wichtig.
- NOP 1 (Nulloperation): wie NOP 0 aber 16 Einsen.
- BLD (Bildbefehl, Nulloperation): Es wird keine Funktion ausgeführt und die Statusbits werden nicht beeinflusst. Die Operation ist nur für die Programmanzeige am Programmiergerät wichtig. Die Kennnummer der Operation BLD wird vom Programmiergerät selbst erzeugt. Beispiel:

```
BLD 255
```

7.1.6 Adressregister

Für die registerindirekte und bereichsinterne bzw. bereichsübergreifende Adressierung werden zwei 32-Bit-Adressregister (AR 1 und AR 2) bereitgestellt, in denen Pointer (Adresszeiger) im Format P#Byte.Bit abgelegt werden. Tab. 7.12 zeigt den Aufbau der Adressregister in der CPU.

Tab. 7.12: Aufbau der Adressregister.

Bit	Inhalte der Bits
0 ... 2	Bitadresse
3 ... 18	Byteadresse
24 ... 26	Bereichskennung
31	„0" = bereichsintern
	„1" = bereichsübergreifend

Bit-Nr.   31   0

| AR1 |
| AR2 |

Genauere Angaben zu den Bereichskennungen und zur Nutzung der Adressregister sind in den Abschnitten zur registerindirekten Adressierung gegeben. Hier nochmals der Hinweis, dass in Funktionsbausteinen das AR 2 nicht verändert werden darf.

Anweisungen, mit denen auf AR1 und AR2 zugegriffen werden kann*:
- Ladeoperationen:

LARn	lädt den Inhalt von AKKU 1 in das ARn
LAR1 AR2	lädt den Inhalt von AR2 in das AR1
LARn P#v.w	lädt einen bereichsinternen Pointen in das ARn
LARn P#uv.w	lädt einen bereichsübergreifenden Pointen in das ARn
LARn MD v	lädt das Merkerdoppelwort v in das ARn
LARn DBD v	lädt das Globaldatendoppelwort v in das ARn
LARn DID v	lädt das Instanzdatendoppelwort v in das ARn
LARn LD v	lädt das Lokaldatendoppelwort v in das ARn

- Transferoperationen:

TARn	transferiert den Inhalt von ARn zum AKKU 1
TAR1 AR2	transferiert den Inhalt von AR1 zum AR2
TAR	tauscht die Inhalte von AR1 und AR2
TARn MD v	transferiert den Inhalt des ARn in das Merkerdoppelwort v
TARn DBD v	transferiert den Inhalt des ARn in das Globaldatendoppelwort v
TARn DID v	transferiert den Inhalt des ARn in das Instanzdatendoppelwort v
TARn LD v	transferiert den Inhalt des ARn in das Lokaldatendoppelwort v

- Additionen:

+ARn	addiert den Inhalt von AKKU 1 zum ARn-Inhalt
+ARn P#v.w	addiert einen Pointen zum ARn-Inhalt

7.1.7 Master Control Relay (MCR) und Stack

Master Control Relays (MCR, Hauptsteuerrelais) sind bekannt aus Relaisschaltungen, wo diese zum Aktivieren und Deaktivieren von Strompfaden eingesetzt werden. In S7-Steuerungen können durch Nutzung des MCR-Prinzips Bitverknüpfungs- und Transferoperationen vom Status des MCR-Bits abhängig sein. Diese Operationen werden nur dann vom MCR-Bit beeinflusst, wenn sie in einem Bereich stehen,
- der durch MCRA aktiviert
- und durch MCRD wieder deaktiviert wird.

Diese Befehle sind immer paarweise anzuwenden!

---

* Legende:

n steht immer für 1 oder 2,

u steht immer für Datenbereich (bei bereichsübergreifend),

v steht immer für Byteadresse,

w steht immer für Bitadresse.

Innerhalb des aktivierten Bereichs ist es möglich
- mit dem Befehl MCR(ein VKE in das MCR-Bit zu übernehmen. Der Befehl MCR(kann bis zu 8-fach geschachtelt werden, was der MCR-Stack-Tiefe von 8 entspricht.
  - Wird VKE = „1" übergeben wird MCR „eingeschaltet".
    → Die MCR-abhängigen Anweisungen innerhalb dieses MCR-Bereichs werden normal ausgeführt.
  - Wird VKE = „0" übergeben wird MCR „ausgeschaltet".
    → Folgende Operationen werden beeinflusst, wie Tab. 7.13 zeigt.

Tab. 7.13: MCR-abhängige Operationen.

Operation		Wirkung, wenn MCR = „0"
=	Zuweisung eines Bits	schreibt Null
R	Zurücksetzen eines Bits auf „0"	keine Wertänderung
S	Setzen eines Bits auf „1"	keine Wertänderung
T	Transfer des AKKU 1-Inhaltes zu einem	schreibt Nullen
	– Byte	
	– Wort	
	– Doppelwort	

- Mit dem Befehl)MCR wird dieser MCR-Bereich beendet, d. h., es wird eine „1" in dieses MCR-Stack-Bit geschrieben: Die Anzahl der)MCR-Befehle in einer Schachtelung muss identisch der Anzahl der MCR(-Befehle sein (paarweise Verwendung). Der MCR-Stack ist ein Bit breit und acht Bit tief. Er wird wie folgt eingesetzt:
  - Ohne MCR(-Befehl (Ruhestellung) sind alle acht Bits des MCR-Stack „1".
  - MCR(kopiert bis zu 8-mal das VKE-Bit in den MCR-Stack.
  - MCR(löscht den letzten Eintrag aus dem Stack und setzt die freigewordene Stelle auf „1".
  - Dominanz: Bei Schachtelungen von MCR-Abhängigkeiten gilt, dass eine ausgeschaltete überlagerte MCR-Ebene (Bit im Stack = „0") gegenüber den unterlagerten (eingeschachtelten) MCR-Ebenen dominiert, weshalb in diesen dann ebenfalls alle Zuweisungen (=) und Transfers (T) mit Nullen ausgeführt werden.

Hinweise: Werden mehr als acht „MCR"-Operationen in Folge eingegeben oder wird bei leerem Stack eine Operation „MCR" ausgeführt, entsteht die Fehlermeldung „MCRF".

Achtung: Das programmierte MCR kann nicht als Ersatz für ein mechanisches Master Control Relay für eine NOT-AUS-Einrichtung dienen!

Bei Aufruf von Funktionen und Funktionsbausteinen muss die MCR-Abhängigkeit über die Operation MCRA in diesen Bausteinen zusätzlich programmiert werden, da die Abhängigkeit nicht über Bausteingrenzen mitgenommen wird. Nach MCRA im aufgerufenen Baustein wirkt dort die gleiche MCR-Schachtelungszone wie beim Verlassen des aufrufenden Bausteins.

Im folgenden Programmstück ist die typische Nutzung des MCR mit (Schachtelungstiefe 1) in der Anweisungsliste gezeigt:

```
UN   E 1.2
U    E 1.3
=    A 1.2
MCRA                 Ab hier wirkt MCR
U    E 0.0
MCR(                 Übergabe eines VKE an MCR
U    E 1.1
UN   E 1.4
=    A 1.1
O    E 1.1
ON   E 1.2           Diese Operation ist nicht MCR-abhängig
=    A 1.7
L    B#16#FF
T    AB 125
)MCR
MCRD                 Ab hier wirkt MCR nicht mehr
O    E 1.4
ON   E 1.5
=    A 1.6           Diese Operation ist nicht MCR-abhängig
```

7.1.8 Klammerstack

Der Klammerstack unterstützt die Programmabarbeitung bei der Bearbeitung von Klammerausdrücken. Steht ein Teil einer Verknüpfungskette in Klammern, so führt das Programm die Befehle in den Klammern vor denen außerhalb der Klammern aus. Der Klammerstack ist ein Byte breit und erlaubt maximal sieben Klammerebenen, was sieben Einträgen entspricht. Jeder Klammerebenen-Eintrag besteht aus einem Byte mit den Statusbits BIE, VKE und OR sowie einem Operationscode für die aktuelle Operation. Tab. 7.14 zeigt den Aufbau des Klammerstacks.

Folgende Klammer-auf-Operationen eröffnen einen neuen Eintrag (Klammerebene) im Stack. Danach beginnt immer eine neue Verknüpfungskette mit einer Erstabfrage, wie Tab. 7.15 zeigt.

Tab. 7.14: Aufbau und Prinzipbelegung des Klammerstacks bei der Klammertiefe 3.

Bit-Nr.	7	6	5	4	3	2	1	0	
Ebene 1	0	0	BIE	VKE	OR	Operationscode			Drei Klammer-ebenen genutzt
Ebene 2	0	0	BIE	VKE	OR	Operationscode			
Ebene 3	0	0	BIE	VKE	OR	Operationscode			
Ebene 4	0	0	0	0	0	0	0	0	Vier Klammer-ebenen genutzt
				⋮					
Ebene 7	0	0	0	0	0	0	0	0	

Tab. 7.15: Operationen, die Ebene im Klammerstack öffnen und ihr Operationscode.

Operation	Operationscode		
U(	0	0	0
UN(	0	0	1
O(	0	1	0
ON(	0	1	1
X(	1	0	0
XN(	1	0	1

Die Operation) löscht den jeweils letzten Stackebenen-Eintrag und holt dabei die Bits OR und BIE aus dem Stack in das Statuswort und definiert ein neues VKE. Dieses wird durch Verknüpfung (entsprechend der Funktion, die bei der Klammer-auf-Operation stand) des soeben ermittelten und des im Stack vorgefundenen VKE gebildet. Nach einer Klammer-zu-Operation steht somit nie eine Erstabfrage.

				Klammertiefe nach Operation	
	U	E	1.2	0	
(1)	U (			1	
(2)	X			2	
(3)	U (			3	
	O	E	1.1	3	Klammerstack-Belegung:
	ON	E	1.2	3	– Bei Klammertiefe 0 ist der Stack leer.
	O	E	1.3	3	– Bei Klammertiefe 1 ... 3 (... 7) sind im
(3)	)			2	Stack ebenfalls 1 ... 3 (... 7) Byte-Einträge.
(4)	U (			3	
	X	E	1.4	3	Verwendete Konnektoren (z. B. 1 = 1)
	X	E	1.5	3	– Gleiche Nummern zeigen in der AWL
(4)	)			2	zusammengehörige öffnende und
(2)	)			1	schließende Klammern an und
(5)	X (			2	– dienen auch als Korrespondenz zur
	UN	E	1.6	2	FUP-Darstellung.

```
      U    E 1.7    2
      O    E 1.0    2
(5)   )             1
(1)   )             0
      =    A 1.1    0
```

7.1.9 Lokaldaten-Stack (L-Stack)

Der Lokaldaten-Stack befindet sich im Systemspeicher (RAM-Teil) der CPU. Er enthält die temporären Daten als ein Teil der Lokaldaten der Codebausteine. Diese temporären Daten (Variablen-Deklarationstyp TEMP) stehen nur während der Bearbeitung eines Bausteins im Lokaldaten-Stack zur Verfügung. Tab. 7.16 zeigt die Operandenkennzeichen der Lokaldaten.

Tab. 7.16: Operandenkennzeichen der Lokaldaten.

Kennzeichen	Bedeutung	Zugriffsbeispiel		
L	Lokaldatenbit	UN	L	2.5
LB	Lokaldatenbyte	L	LB	7
LW	Lokaldatenwort	T	LW	14
LD	Lokaldatendoppelwort	L	LD	8

Der L-Stack ist byteadressiert. Die Belegung beginnt immer bei Byte 0, wobei im Organisationsbaustein die ersten 20 Byte vom System mit Startinformationen belegt sind.

Weitere Hinweise zum L-Stack:

- Neben der oben genannten Speicherung temporärer Lokaldaten und der OB-Startinformationen dient der L-Stack noch für
    - Informationen zum Übergeben von Parametern,
    - Logik-Zwischenergebnisse bei KOP/FUP zu speichern.
- Für die OB-Prioritätsklassen sind jeweils L-Stack-Anteile reserviert, die Voreinstellgrößen haben.
- Wird die zulässige L-Stack-Größe überschritten, geht die CPU in den Stoppzustand!

Im Fehlerfall (CPU im Stoppzustand) kann der L-Stack ausgelesen werden. Das Vorgehen zum Anzeigen des L-Stacks umfasst:
- CPU im Stoppzustand
- Online-Verbindung vom Manager zum Automatisierungssystem muss bestehen
- bei „Online": S7-Programm oder CPU markiert bei „Erreichbare Teilnehmer", ein Teilnehmer („MPI=...") markiert
- /Zielsystem Baugruppenzustand
- Register /Stacks, /L-Stack

Die Stacks erreicht man über die Masken „L-Stack", „B-Stack" und „U-Stack".

7.1.10 Baustein-Stack (B-Stack)

Im B-Stack sind für die normale Programmabarbeitung die hierarchisch aufgerufenen Codebausteine mit ihren Rücksprungadressen und die jeweils geöffneten (max. zwei gleichzeitig) Datenbausteine abgelegt. Vom Programmiergerät ist der B-Stack nur im Stoppzustand der CPU auslesbar.

Der B-Stack beinhaltet die Rücksprungadressen der Codebausteine, die bis zum Übergang in den Stoppzustand aufgerufen und noch nicht zu Ende bearbeitet wurden. Über zwei Datenbausteinregister werden die Nummern der zum Zeitpunkt des Übergangs in den Stoppzustand aufgeschlagenen Datenbausteine gezeigt. Vorgehen zum Anzeigen des B-Stacks: wie bei L-Stack.

7.1.11 Unterbrechungsstack (U-Stack)

Im ungestörten Betrieb dient der U-Stack dem Hinterlegen von aktuellen Akku- und Registerinhalten beim Unterbrechen einer OB-Abarbeitung durch einen OB mit höherer Priorität. Vom Programmiergerät ist der U-Stack nur im Stoppzustand der CPU auslesbar.

Die CPU legt im Alarm- oder Fehlerfall (→ „STOP") wichtige Daten und Zustände, die zum Zeitpunkt der Unterbrechung gültig waren und die Auskunft geben, warum die CPU in „STOP" gegangen ist, ab. Das sind insbesondere:
- die Adresse der Unterbrechungsstelle (kann auf Anklicken des Icons angesprungen werden)
- Akku- und Registerinhalte
- das Statuswort
- die aktuelle OB-Prioritätsklasse
- Hinweise zu geöffneten Datenbausteinen

Bei mehreren Unterbrechungen wird ein mehrstufiger U-Stack aufgebaut.

7.2 Programmbeispiele

Im folgenden Abschnitt sollen Beispiele in STEP7 programmiert werden und diese Programme gelten auch für STEP5 mit gewissen Einschränkungen.

7.2.1 Fußgängerampel

An einem Straßenübergang befindet sich eine Fußgängerampel und wenn ein Fußgänger einen der beiden Ampelknöpfe drückt, schaltet die Ampel für Fahrzeuge auf „Rot" und für Fußgänger auf „Grün". Die beiden Ampelknöpfe sind Taster. Für den Autofahrer soll die Gelbphase drei Sekunden und die Rotphase 20 Sekunden dauern. Die Grünphase für die Fußgänger soll 30 Sekunden betragen.

Zuerst ist die Zuordnungsliste zu erstellen:

E 1.0   Taster (Schließer)
E 1.1   Taster (Schließer)
A 1.0   Rot Fußgänger
A 1.1   Grün Fußgänger
A 1.2   Rot Fahrbahn
A 1.3   Gelb Fahrbahn
A 1.4   Grün Fahrbahn

Das Programm ist im Funktionsplan zu erstellen. Abb. 7.6 zeigt den Funktionsplan.

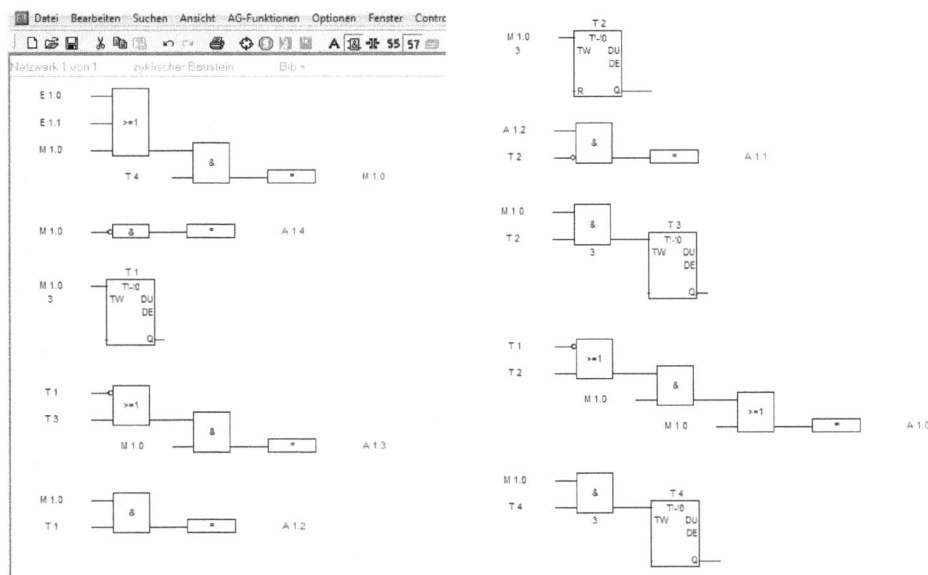

Abb. 7.6: Funktionsplan zur Steuerung einer Fußgängerampel.

Zuerst sind die beiden Ampeltaster über ein ODER zusammengefasst und damit hat der Merker M 1.0 ein 0-Signal. Da der Merker M 1.0 eine Rückkopplung aufweist, ergibt sich das vorrangige Zurücksetzen der Schaltung. Der Timer T 4 hat im Ruhezustand ein 1-Signal und dieses Signal wirkt negiert. Wenn der Merker M 1.0 ein 0-Signal hat, wird dieses Signal negiert und die Ampel an der Fahrbahn schaltet auf Grün.

Gleichzeitig wird der Timer T 1 gestartet und für drei Sekunden hat der Ausgang ein 1-Signal. Wenn man in S5 arbeitet, beträgt der Verzögerungswert KT 300.0. Für die Eingabe des Zeitwertes in S7 gilt die Syntax: S5T#aH_bbM_ccS_dddMS. Dabei bedeuten a = Stunden, bb = Minuten, cc = Sekunden und ddd = Millisekunden. Der Zeitwert für 3 s beträgt S5T#3S.

Die nächste ODER-UND-Verknüpfung ist eine Schaltung für vorrangiges Zurücksetzen. Es werden die Timer T 2 und T 4 verknüpft und dann folgt eine UND-Verknüpfung mit dem Merker M 0.0. Die Fahrbahn wird auf Gelb und mit der nächsten UND-Verknüpfung wird die Fahrbahn auf Rot geschaltet.

Mit dem Timer T 2 wird die Fußgängerampel auf Grün geschaltet. Statt KT 100.1 gibt man S5T#10S ein. Mit dem Timer T 2 wird die UND-Verknüpfung freigegeben und die Fußgängerampel zeigt Grün.

Der Timer T 3 dient für die Verzögerung und hat KT 600.0 (S5) oder S5T#6S (S7). Mit diesem Signal wird die nächste Schaltung für vorrangiges Zurücksetzen angesteuert. Zum Schluss hat der Timer T 4 die Aufgabe, für KT 300.0 (S5) oder S5T#3S (S7) die Fahrbahnampel rot auszuschalten.

7.2.2 Stern-Dreieck-Anlauf ohne Schützrückmeldung

Ein Drehstrommotor läuft beim Einschalten in der Sternstufe hoch. Nach Ablauf einer eingestellten Zeit schaltet der Motor in die Dreieckstufe um. Diesen Stern-Dreieck-Anlauf eines Drehstrom-Asynchronmotors (ohne Schützrückmeldung) programmieren Sie so, dass das Programm zyklisch den Signalzustand der „EIN"- und „AUS"-Taster prüft.

Spricht der Überlastauslöser nicht an (Merker M 9.0 = „1"), wird beim Einschalten der Hilfsmerker M 11.1 gesetzt, mit dem das Sternschütz (Merker M 10.1 = „1") betätigt und die Verzögerungszeit T9 gestartet wird. Der Merker M 10.0 bewirkt das Ansteuern des Netzschützes. Merker M 10.0 wird gesetzt. Die Selbsthaltekontakte schließen den Stern- und Netzschütz.

Nach Ablauf der eingestellten Verzögerungszeit T 9 schaltet das Sternschütz ab (Merker M 10.0 wird zurückgesetzt) und das Dreieckschütz wird angesteuert (Merker M 10.2 hat Signalzustand „1"). Der Motor läuft in der Dreieckstufe.

Durch Betätigen des Austaster-Merkers M 9.1 ist der Signalzustand „0" und das Netzschütz öffnet sich. Merker M 10.0 wird zurückgesetzt. Das Dreieckschütz schaltet ab (Merker M 10.2 = „0").

Werden „AUS"- und „EIN"-Taster gleichzeitig gedrückt, wird mit dem Hilfsmerker M 11.0 verhindert, dass nach Loslassen der „AUS"-Taste der Motor anläuft.

Die Anweisungsliste von Abb. 7.7 ist in acht Netzwerke unterteilt. Das Netzwerk 1 dient für den Aufruf des Stern-Dreieck-Anlaufs. „EIN"- und „AUS"-Taster werden abgefragt und als Merker gespeichert. Netzwerk 2 setzt zuerst den Netzschütz, dann den Sternschütz und den Dreieckschütz. Netzwerk 3 verknüpft den „EIN"- und „AUS"-Taster, ob er betätigt worden ist oder nicht. Netzwerk 4 ist im Wesentlichen für die Verriegelung zuständig. Mit Netzwerk 5 wird der Sternschütz angegeben. Netzwerk 6 liefert die Verzögerung und Netzwerk 7 ist für den Netzschütz verantwortlich. Netzwerk 8 dient zum Betätigen des Dreieckschützes.

7.2.3 Wendeschützschaltung

Die Wendeschützschaltung dient zum Umsteuern der Drehrichtung von Drehstrom-Asynchronmotoren (direktes Umschalten). Der Drehstrommotor wird über einen Taster in Dauerbetrieb Rechtslauf, über einen zweiten Taster in Dauerbetrieb Linkslauf eingeschaltet und über einen dritten Taster ausgeschaltet. Ein Relais schützt den Motor vor Überlast. Das Programm schreiben Sie in den PB 13. Der PB 13 prüft zyklisch den Signalzustand der Taster und Relais und wertet diese aus.

Spricht der Überlastauslöser nicht an (Merker M 13.0 = „1"), wird beim Einschalten – z. B. Merker M 13.2 für Rechtslauf hat Signalzustand „1" – der entsprechende Motorschütz angesteuert: Merker M 14.2 für Schütz Rechtslauf wird gesetzt. Der Selbsthaltekontakt schließt.

Beim Umschalten in die entgegengesetzte Drehrichtung – in unserem Beispiel hat Merker M 13.3 für Linkslauf jetzt Signalzustand „1" – erhält Schütz Rechtslauf den AUS-Befehl, d. h., Merker M 14.2 wird zurückgesetzt. Erst dann wird der „EIN"-Befehl für Schütz Linkslauf wirksam und Merker M 14.3 gesetzt. Der Motor bremst und läuft links an.

Durch Betätigen des „AUS"-Tasters – Merker M 13.1 hat Signalzustand „0" – öffnet das Schütz für Rechts- und Linkslauf. Die Ausgangsmerker M 14.2 bzw. M 14.3 sind zurückgesetzt.

Werden der „AUS"- und der Linkslauf-Taster, der „AUS"- und der Rechtslauf-Taster, der Rechts- und der Linkslauf-Taster oder alle drei Taster gleichzeitig gedrückt, wird mit dem Hilfsmerker M 14.0 verhindert, dass nach Loslassen der „AUS"-Taste oder einer der „EIN"-Taster der Motor anläuft. Den Ein- und Ausgängen sind wieder Merker zugewiesen.

Die Anweisungsliste von Abb. 7.8 ist in vier Netzwerke aufgeteilt. Das Netzwerk 1 beinhaltet den Rechtslauf-Taster und ist für die Verriegelung des Schützes für den Rechts- und Linkslauf zuständig. Danach werden die Signallampen gesetzt. Das Netzwerk 2 ist für die Ver-/Entriegelung zuständig. Netzwerk 3 dient für den Rechtslauf und Netzwerk 4 für den Linkslauf.

```
Netzwerk 1 von 8          zyklischer Baustein          Bib =
           E     1.0                       Motorschuetz 2
           M     1.0
           E     1.1                       AUS S0
           M     1.2
           E     1.2                       EIN S1
           M     1.2
Netzwerk 2 von 8
           A     2.0                       Netzschuetz K1
           M     1.0
    :=     A     2.1                       Netzschuetz K2
    :U     M     2.2
    :=     A     2.2                       Dreieckschuetz K3
    :***
Netzwerk 3 von 8
    :UN    M     1.1                       AUS bestaetigt
    :U     M     1.2                       EIN bestaetigt
    :=     M     3.0                       Merker Verriegelung
    :U     M     1.1                       AUS nicht bestaetigt
    :UN    M     1.2                       EIN nicht bestaetigt
    :R     M     3.0                       Merker Verriegelung
    :NOP   0
    :***
Netzwerk 4 von 8
    :U     M     1.0                       Motorschuetz ok
    :U     M     1.1                       AUS nicht bestaetigt
    :U(
    :U     M     1.2          01           EIN bestaetigt
    :UN    M     2.0          01           Motorschuetz nicht ok
    :O                        01
    :U     M     2.0          01           Sternschuetz
    :U     M     1.1          01
    :)                        01
    :UN    M     2.2                       Dreieckschuetz nicht
    :U     M     3.1                       Merker EIN
    :***
Netzwerk 5 von 8
    :U     M     3.1                       Merker EIN
    :UN    M     3.0                       Merker Verriegelung
    :UN    T     1                         Zeit laeuft
    :***                                   Sternschuetz
Netzwerk 6 von 8
    :UN    M     3.0                       Merker EIN
    :U     M     3.1
    :L     S5T#5S                          Zeit starten
    :SE    T     1
    :***
Netzwerk 7 von 8
    :U     M     1.0                       Motorschuetz ok
    :U     M     1.1                       AUS nicht bestaetigt
    :U(
    :U     M     1.2          01           EIN bestaetigt
    :U     M     2.1          01           Sternschuetz
    :O     M     2.0          01           Netzschuetz
    :)                        01
    :UN    M     3.0                       Merker Verriegelung
    :=     M     2.0                       Netzschuetz
    :***
Netzwerk 8 von 8
    :U     M     2.0                       Netzschuetz
    :UN    M     2.1                       Netzschuetz nicht
    :=     M     2.2                       Sternschuetz
    :BE
```

Abb. 7.7: Stern-Dreieck-Anlauf ohne Rückmeldung.

```
Netzwerk 1 von 4              zyklischer Baustein              Bib =
        :U      E       1.0                     Motorschuetz
        :=      M       1.0
        :U      E       1.1                     AUS S0
        :U      E       1.1
        :U      E       1.2                     Rechtslauf S1
        :=      M       1.2
        :U      E       1.3
        :=      M       1.3
        :
        :U      M       2.2
        :=      A       1.0                     Rechtslauf K1
        :=      M       2.3
        :=      A       1.1                     Linkslauf K2
        :
        :UN     A       1.0
        :UN     A       1.2
        :=      A       1.2                     Signal AUS H1
        :U      A       1.0
        :=      A       1.3                     Signal Rechts H2
        :U      A       1.1
        :=      A       1.4                     Signal Links H3
        :***
Netzwerk 2 von 4
        :UN     M       1.1                     AUS betaetigt
        :U(
        :O      M       1.2             O1      Rechtslauf betaetigt
        :O      M       1.3             O1
        :)                              O1
        :O
        :U      M       1.2
        :U      M       1.3
        :S      M       2.0                     Merker Verriegelung
        :U      M       1.1                     AUS nicht betaetigt
        :UN     M       1.2                     Rechtslauf nicht betaetigt
        :UN     M       1.3                     Linkslauf nicht betaetigt
        :R      M       2.0                     Merker Verriegelung
        :***
Netzwerk 3 von 4              um1.0
        :U      M       1.1                     Motorschuetz ok
        :U      M       1.1                     AUS nicht betaetigt
        :U(
        :O      M       1.2             O1      Rechtslauf betaetigt
        :O      M       2.2             O1      Selbsthaltung Rechtslauf
        :)                              O1
        :UN     M       1.3                     Linkslauf nicht betaetigt
        :UN     M       2.3                     Merker Verriegelung
        :UN     M       2.0                     Schuetz Rechtslauf
        :=      M       2.2
        :***
Netzwerk 4 von 4
        :U      M       1.0                     Motorschuetz ok
        :U      M       1.1                     AUS nicht betaetigt
        :U(
        :O      M       1.3             O1      Linkslauf betaetigt
        :O      M       2.3             O1      Selbsthaltung Linkslauf
        :)                              O1
        :UN     M       1.2                     Rechtslauf nicht betaetigt
        :UN     M       2.2                     Rechtslauf nicht betaetigt
        :UN     M       2.0                     Merker Verriegelung
        :=      M       2.3                     Schuetz Linkslauf
        :BE
```

Abb. 7.8: Anweisungsliste für die Wendeschützschaltung.

7.3 Funktionen von STEP7

Soll ein Programm in STEP7 sowohl in AWL als auch in FUP und/oder KOP dargestellt werden können, sind bestimmte Kompatibilitätskriterien einzuhalten, was insbesondere zu bestimmten „Hilfszeilen" in AWL führt. Wenn von vornherein klar ist, in welcher der drei genannten Sprachen das Projekt bevorzugt zu erstellen ist, sollte also auch gleich in dieser Sprache programmiert werden. Nicht jedes Programmelement ist in allen drei Sprachen verfügbar.

7.3.1 Bit-Operationen

Aufgabe dieser Operationen ist es insbesondere
- den Wert („0" oder „1") von Binäroperanden direkt oder negiert abzufragen,
- die entstehenden Abfrageergebnisse logisch zu verknüpfen,
- das entstandene Verknüpfungsergebnis (VKE) auf Operanden zu übertragen mit
  - zuweisend (=),
  - setzend (S),
  - zurücksetzend (R),
- Binärwerte zu negieren,
- das VKE direkt zu beeinflussen oder zu sichern.

Die Bitoperationen werden in Verknüpfungsketten, d. h. Folgeabfragen binärer Anweisungen, benutzt. In einer Verknüpfungskette heißt die erste Anweisung „Erstabfrage". Das Ergebnis einer Abfrage in dieser ersten Anweisung wird direkt in das VKE übertragen. In den Folgeabfragen wird das Abfrageergebnis der jeweiligen Anweisung mit dem schon existierenden VKE entsprechend der Art der Verknüpfung (UND, ODER bzw. EXODER) verknüpft und danach in das VKE-Bit geschrieben. Gesteuert wird dieser Vorgang vom /ER-Bit des Statuswortes.

Die Operanden für diese Operationen kommen als Globaldaten aus den Speicherbereichen E, A, M, L, D, T und Z (direkt oder symbolisch adressiert).
- Wenn nur einige dieser Bereiche nutzbar sind, wird dies bei den Operationsbeschreibungen angegeben,
- wenn sie als Lokaldaten im Deklarationsteil eines Codebausteins mit Datentyp BOOL definiert wurden.

Auch Statusbit-Direktzugriffe sind mit diesen Operationen möglich.
- UND-Operation: U ⟨Bit⟩
  Anwendung: für Abfrage eines Bit-Operanden (Datentyp BOOL) auf „1" und Verknüpfung im UND-Sinne

–   UND-NICHT-Operation: UN ⟨Bit⟩
    Anwendung: für Abfrage eines Bit-Operanden (Datentyp BOOL) auf „0" und Ver-
    knüpfung im UND-Sinne

Beispiel: Die Eingänge E 1.0 und E 1.1 sollen so miteinander verknüpft werden, dass
das End-VKE des dargestellten Verknüpfungsketten-Teiles nur dann „1" ist, wenn E 1.0
eine „1" und E 1.1 eine „0" führen. Abb. 7.9 zeigt eine UND/ODER/NICHT-Verknüpfung
in den drei Darstellungsarten.
Tab. 7.17 zeigt die Abhängigkeit der Operationen von den Statusbits und die Beeinflussung der Statusbits durch die Operationen.

Tab. 7.17: Bitwertigkeit im Statuswort.

Statusbits	BIE	A1	A0	OV	OS	OR	STA	VKE	/ER
Operation abhängig						ja		ja	ja
Operation beeinflusst						ja	ja	ja	1

–   ODER-Operation: O ⟨Bit⟩
    Anwendung: für Abfrage eines Bit-Operanden (Datentyp BOOL) auf „1" und Ver-
    knüpfung im ODER-Sinne
–   ODER-NICHT-Operation: ON ⟨Bit⟩
    Anwendung: für Abfrage eines Bit-Operanden (Datentyp BOOL) auf „0" und Ver-
    knüpfung im ODER-Sinne

Beispiel: Die Eingänge E 1.0 und E 1.1 sollen so miteinander verknüpft werden, dass
das End-VKE des dargestellten Verknüpfungsketten-Teils dann „1" ist, wenn E 1.0 eine
„1" oder E 1.1 eine „0" führen. Abb. 7.10 zeigt die ODER/ODER/NICHT-Verknüpfung in
AWL/FUP/KOP.
Tab. 7.18 zeigt die Abhängigkeit der Operationen von den Statusbits und die Beeinflussung der Statusbits durch die Operationen.

Tab. 7.18: Bitwertigkeit im Statuswort.

Statusbits	BIE	A1	A0	OV	OS	OR	STA	VKE	/ER
Operation abhängig								ja	ja
Operation beeinflusst						0	ja	ja	1

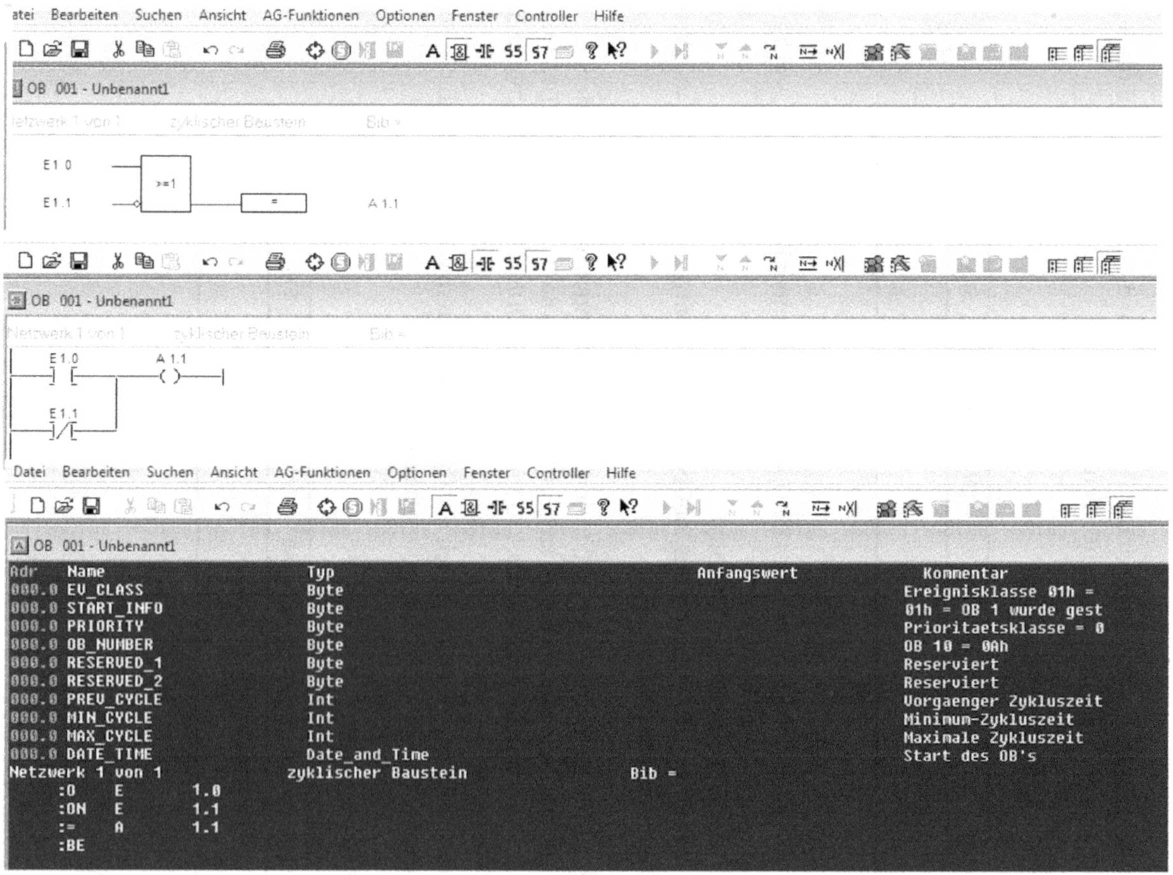

atei Bearbeiten Suchen Ansicht AG-Funktionen Optionen Fenster Controller Hilfe

OB 001 - Unbenannt1

Netzwerk 1 von 1   Zyklischer Baustein   Bib =

E 1.0

E 1.1   >=1   A 1.1

=

Datei Bearbeiten Suchen Ansicht AG-Funktionen Optionen Fenster Controller Hilfe

OB 001 - Unbenannt1

Netzwerk 1 von 1   Zyklischer Baustein   Bib =

E 1.0   A 1.1
—| |——————————( )—

E 1.1
—|/|—

Datei Bearbeiten Suchen Ansicht AG-Funktionen Optionen Fenster Controller Hilfe

OB 001 - Unbenannt1

Adr	Name	Typ	Anfangswert	Kommentar
000.0	EV_CLASS	Byte		Ereignisklasse 01h =
000.0	START_INFO	Byte		01h = OB 1 wurde gest
000.0	PRIORITY	Byte		Prioritaetsklasse = 0
000.0	OB_NUMBER	Byte		OB 10 = 00h
000.0	RESERVED_1	Byte		Reserviert
000.0	RESERVED_2	Byte		Reserviert
000.0	PREV_CYCLE	Int		Vorgaenger Zykluszeit
000.0	MIN_CYCLE	Int		Minimun-Zykluszeit
000.0	MAX_CYCLE	Int		Maximale Zykluszeit
000.0	DATE_TIME	Date and Time		Start des OB's

zyklischer Baustein   Bib =

Netzwerk 1 von 1

:O   E   1.0
:ON   E   1.1
:=   A   1.1
:BE

Abb. 7.9: UND/ODER/NICHT-Verknüpfung in AWL/FUP/KOP.

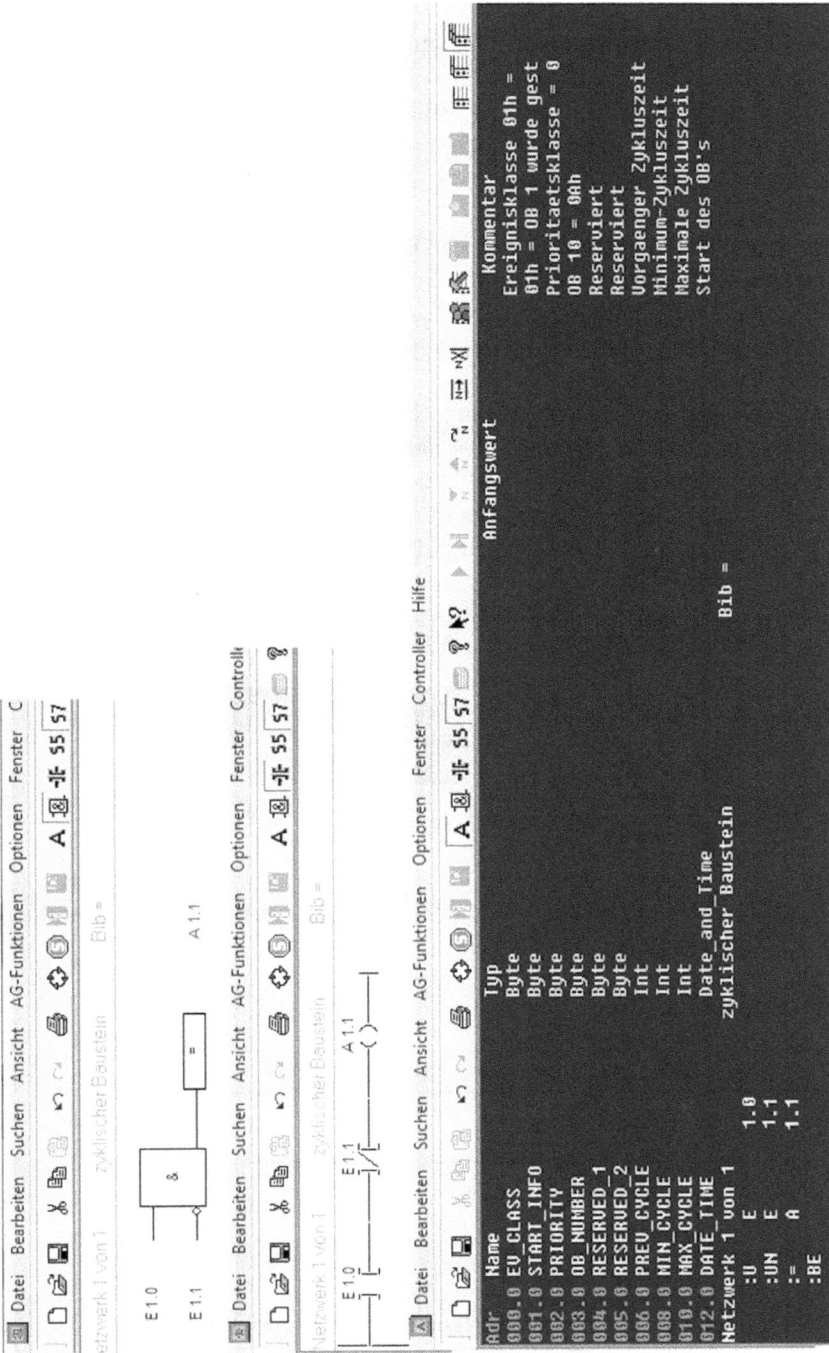

Abb. 7.10: ODER/ODER/NICHT-Verknüpfung in FUP/KOP/AWL.

– EXKLUSIV-ODER-Operation: X ⟨Bit⟩
  Anwendung: für Abfrage eines Bit-Operanden (Datentyp BOOL) auf „1" und Ver-
  knüpfung im EXKLUSIV-ODER-Sinne
– EXKLUSIV-ODER-NICHT-Operation: XN ⟨Bit⟩
  Anwendung: für Abfrage eines Bit-Operanden (Datentyp BOOL) auf „0" und Ver-
  knüpfung im EXKLUSIV-ODER-Sinne

Beispiel: Nutzung als Antivalenz (eigentliche EXODER-Funktion). Die Eingänge E 0.0
und E 0.1 sollen so miteinander verknüpft werden, dass das End-VKE des dargestellten Verknüpfungsketten-Teiles nur dann „1" ist, wenn die Eingänge unterschiedene
Signale haben, d. h. wenn genau einer der Eingänge E 1.0 oder E 1.1 eine „1" führt und
der andere „0".

Nutzung als Äquivalenz: Die Eingänge E 1.0 und E 1.1 sollen so miteinander
verknüpft werden, dass das End-VKE des dargestellten Verknüpfungsketten-Teiles
nur dann „1" ist, wenn beide Eingänge (E 1.0 und E 1.1) gleich sind, d. h. beide „0"
oder beide „1" führen. Einer der Eingänge ist negiert abzufragen: Abb. 7.11 zeigt eine
EXODER-Verknüpfung als ÄQUIVALENZ in FUP/AWL.

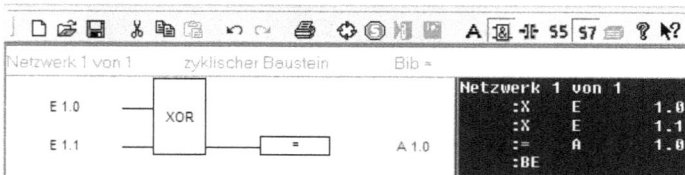

Abb. 7.11: EXODER-Verknüpfung als ÄQUIVALENZ in FUP/AWL.

Tab. 7.19 zeigt die Abhängigkeit der Operationen von den Statusbits und die Beeinflussung der Statusbits durch die Operationen.

Tab. 7.19: Bitwertigkeit im Statuswort.

Statusbits	BIE	A1	A0	OV	OS	OR	STA	VKE	/ER
Operation abhängig								ja	ja
Operation beeinflusst						0	ja	ja	1

7.3.2 Klammerausdrücke

Bei den Operationen mit Klammerausdrücken kennt man zwei Prinzipien:
– Operationen mit öffnender Klammer
– Operationen mit schließender Klammer

Operationen mit öffnender Klammer

Hierfür stehen zu Verfügung:

. U (

. UN (

. O (

. ON (

. X (

. XN (

Diese Operationen speichern die Bits BIE, OR und VKE sowie einen Operationscode im Klammerstack. Es sind maximal sieben Klammerebenen möglich. Tab. 7.20 zeigt die Abhängigkeit der Operationen von den Statusbits und die Beeinflussung der Statusbits durch die Operationen.

Tab. 7.20: Bitwertigkeit im Statuswort.

Statusbits	BIE	A1	A0	OV	OS	OR	STA	VKE	/ER
Operation abhängig						ja		ja	ja
Operation beeinflusst						0	1		0

Operationen mit schließender Klammer

Eine schließende Klammer findet folgende Verwendungen:
- entfernt einen Eintrag aus dem Klammerstack
- stellt die Status-Bits BIE und OR wieder her
- verknüpft das im Stackeintrag enthaltene VKE mit dem aktuellen Prozessor-VKE (entsprechend Operationskennung)
- weist das Ergebnis wiederum dem VKE zu. Bei U und UN wird zusätzlich das OR-Bit berücksichtigt

Tab. 7.21 zeigt die Abhängigkeit der Operation von den Statusbits.

Tab. 7.21: Bitwertigkeit im Statuswort.

Statusbits	BIE	A1	A0	OV	OS	OR	STA	VKE	/ER
Operation abhängig								ja	
Operation beeinflusst	ja					ja	1	ja	1

ODER-Verknüpfung von UND-Funktionen (O)
Hierbei werden UND-Sequenzen im Sinne von „UND vor ODER" alternativ verknüpft.
Als Operation wird verwendet: O (eine operandenlose Operation).

Beispiel: Das End-VKE des dargestellten Verknüpfungsketten-Teiles soll nur dann
„1" sein, wenn in Abb. 7.12
- entweder E 1.0 und E 1.1 jeweils „1"
- oder E 1.2 und E 1.3 jeweils „1" sind.

Tab. 7.22 zeigt die Abhängigkeit der Operation von den Statusbits.

Tab. 7.22: Bitwertigkeit im Statuswort.

Statusbits	BIE	A1	A0	OV	OS	OR	STA	VKE	/ER
Operation abhängig						ja		ja	ja
Operation beeinflusst						ja	1		ja

Zuweisung (=)
Operation: = ⟨Bit⟩
Operanden: ⟨Bit⟩ kann aus den Bereichen E, A, M, L und D sein
Anwendung: schreibt (bei eingeschalteter MCR-Abhängigkeit nur bei eingeschalte-
tem Master Control Relay [MCR = „1"]) das VKE in den adressierten Bit-Operanden

Hinweis: Ist MCR = „0" wird Wert „0" in den adressierten Bit-Operanden geschrieben.

Beispiel: Der Ausgang A 1.4 soll „1" sein, wenn Eingänge E 1.0 und E 1.1 die UND-Ver-
knüpfung erfüllen (keine MCR-Abhängigkeit). Abb. 7.13 zeigt die Zuweisung in FUP/
KOP/AWL.
Tab. 7.23 zeigt die Abhängigkeit der Operation von den Statusbits.

Tab. 7.23: Bitwertigkeit im Statuswort.

Statusbits	BIE	A1	A0	OV	OS	OR	STA	VKE	/ER
Operation abhängig								ja	
Operation beeinflusst						0	ja		0

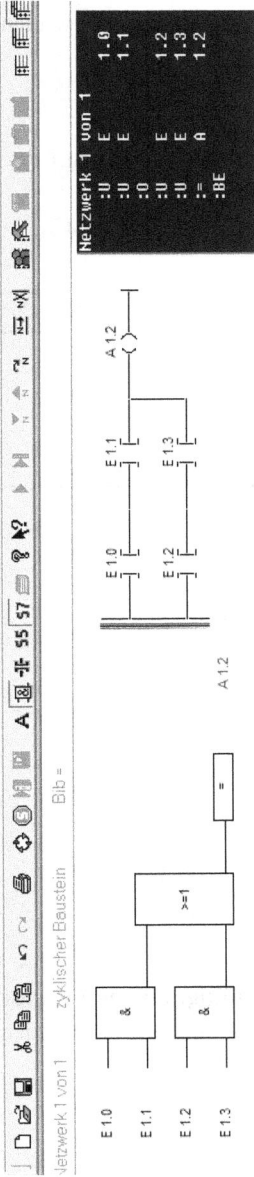

Abb. 7.12: UND vor ODER-Verknüpfung in FUP/KOP/AWL.

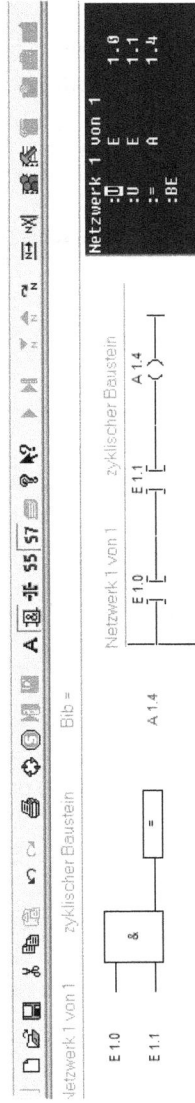

Abb. 7.13: Zuweisung in FUP/KOP/AWL.

7.3.3 Befehle mit direktem VKE-Zugriff (CLR, SET, NOT, SAVE)

Mit den Befehlen erfolgt ein direkter Zugriff auf das Verknüpfungsergebnis. Die Befehle lauten:
- CLR: Setze VKE auf „0" zurück
- SET: Setze VKE auf „1"
- NOT: Negiere das VKE
- SAVE: Sichere VKE im BIE-Bit; mit U SIE kann das gesicherte VKE später wieder im Programm eingebunden werden.

Anwendungsbeispiele zu den Operationen:
- CLR und SET (nur in AWL möglich). Tab. 7.24 zeigt die Auswirkungen von SET und CLR.

Tab. 7.24: Auswirkungen von SET und CLR.

	VKE-Zustand nach Operation	Zustand des Operanden nach Operation
(Beliebige Operation)	Beliebig	
SET	1	
= M 20.0		1
CLR	0	
= M 20.1		0

- Abb. 7.14 zeigt die Operation NOT in AWL.

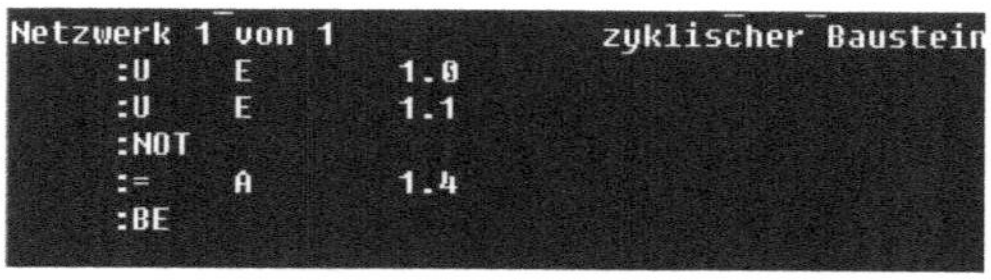

```
Netzwerk 1 von 1            zyklischer Baustein
    :U    E        1.0
    :U    E        1.1
    :NOT
    :=    A        1.4
    :BE
```

Abb. 7.14: Operation NOT in AWL.

- SAVE: Ein Beispiel hierzu ist bei Setzen (S) und Zurücksetzen (R) zu finden.

Setzen (S) und Zurücksetzen (R)
Zur Erfüllung der Setz- oder Zurücksetzfunktion ist es gleichgültig, ob das VKE für längere Zeit oder nur für einen Zyklus eine „1" führt. Der eingenommene Zustand des Speichers wird in jedem Falle bis zum Gegenbefehl „eingefroren".

- Setzen eines Bitoperanden
Operation: S ⟨Bit⟩
Operanden: ⟨Bit⟩ kann aus den Bereichen E, A, M, L und D sein
Anwendung: schreibt bei VKE = „1" (bei eingeschalteter MCR-Abhängigkeit nur
bei eingeschaltetem Master Control Relay [MCR = „1"]) den Wert „1" in den
adressierten Bit-Operanden
→ setzt den Operanden auf „1"
Hinweis: MCR-Abhängigkeit beachten!
- Zurücksetzen eines Bitoperanden
Operation: R ⟨Bit⟩
Operanden: ⟨Bit⟩ kann aus den Bereichen E, A, M, L und D sein
Anwendung: schreibt bei VKE = „1" (bei eingeschalteter MCR-Abhängigkeit nur
bei eingeschaltetem Master Control Relay [MCR = „1"]) den Wert „0" in den
adressierten Bit-Operanden
→ setzt den Operanden auf „0"
Hinweis: MCR-Abhängigkeit beachten!

Tab. 7.25 zeigt die Abhängigkeit der Operation von den Statusbits und die Beeinflussung der Statusbits durch die Operationen.

Tab. 7.25: Bitwertigkeit im Statuswort.

Statusbits	BIE	A1	A0	OV	OS	OR	STA	VKE	/ER
Operation abhängig								ja	
Operation beeinflusst						0	ja		0

Beispiel 1: Ein aus dem Merker M 20.0 gebildeter Speicher (RS-Flipflop) soll geändert werden:
- durch eine „1" an E 1.0 auf Speicherinhalt „1" gesetzt,
- durch eine „1" an E 1.1 auf Speicherinhalt „0" zurückgesetzt.

Beim Notieren von Speichern als RS-Flipflop ist zu beachten, dass das zuletzt notierte Verhalten (S oder R) dominiert. Beide Dominanz-Möglichkeiten sind in Abb. 7.15 gezeigt:

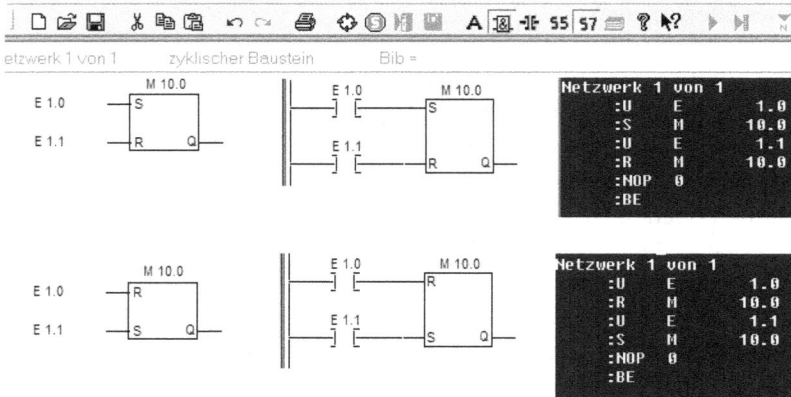

Abb. 7.15: Oben: Dominierend zurücksetzend; unten: Dominierend setzend. *) Der Befehl NOP 0 ist nur für Grafik-Kompatibilität der SPS bzw. des Simulators erforderlich.

Beispiel 2: RS-Flipflop, im Programm verteilt untergebracht. Ein Speicher kann auch an verschiedenen Stellen eines Programms gesetzt und zurückgesetzt werden. Auch in diesem Beispiel soll ein aus dem Merker M 10.0 gebildeter Speicher (RS-Flipflop)
– durch eine „1" am E 1.0 auf Speicherinhalt „1" gesetzt und
– durch eine „1" am E 1.1 auf Speicherinhalt „0" zurückgesetzt werden.

In der STEP7-Programmierung ergibt sich in FUP/KOP/AWL ein RS-Flipflop von Abb. 7.16.

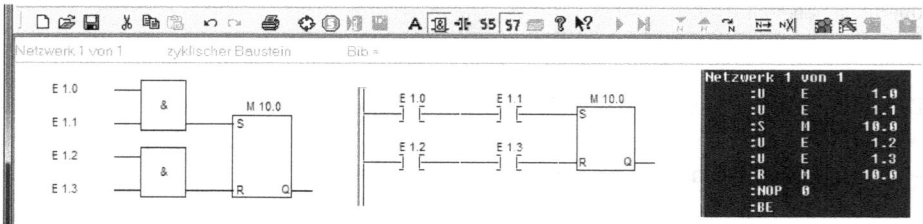

Abb. 7.16: RS-Flipflop, im Programm verteilt notiert, in FUP/KOP/AWL.

7.3.4 Flankenauswertung

Sinn der Flankenauswertungen ist es, aus einem länger (mehrere bis viele OB-1-Zyklen) anstehenden 0- oder 1-Zustand eines Quell-Binäroperanden einen Ziel-Binäroperanden so zu beeinflussen, dass er beim Entstehen des neuen Zustandes am Quell-Binäroperanden (Flankenwechsel) eine auf die Dauer eines OB-1-Zyklus beschnittene Wertänderung erfährt, wobei jedoch je nach Art der Flankenauswertung (positive oder negative) jeweils nur eine Richtung der Änderung des Quell-Binär-operanden beachtet wird, d. h. auf Signale bezogen. Aus einem Dauersignal soll ein Impuls (der Länge eines OB-1-Zyklus) gebildet werden. Der Elektriker spricht z. B. vom „Wischer-Kontakt".

Steigende (positive) Flanke

Operation: FP ⟨Bit⟩

Operanden: ⟨Bit⟩ kann aus den Bereichen E, A, M, L und D sein

⟨Bit⟩ wird als Flankenmerker bezeichnet

Anwendung: FP erkennt eine steigende Flanke (VKE-Wechsel von „0" auf „1", d. h. VKE im OB-1-Zyklus $n - 1$ = „0" und im Zyklus n = „1"). Anzeige mit VKE = „1" für die Dauer eines Zyklus. Für den erforderlichen Vergleich wird der VKE-Zustand $n - 1$ im Flankenmerker ⟨Bit⟩ gespeichert.

Beispiel: Ein an E 1.0 für längere Zeit (> OB-1-Zyklus) erscheinender Wert „1" soll bei seinem Entstehungszeitpunkt für nur einen OB-1-Zyklus an den A 1.4 als „1" gegeben werden. Als Flankenmerker in Abb. 7.17 und Abb. 7.18 dient M 10.0.

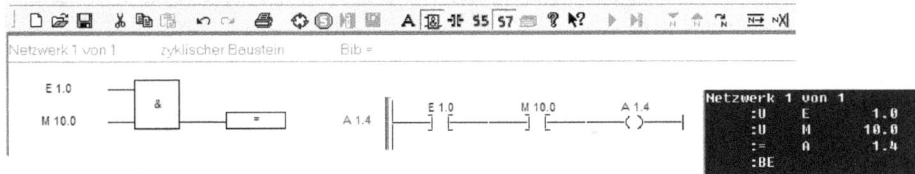

Abb. 7.17: Auswertung einer steigenden Flanke in FUP/KOP/AWL. Anstelle von E 1.0 kann auch z. B. eine logische Verknüpfung stehen.

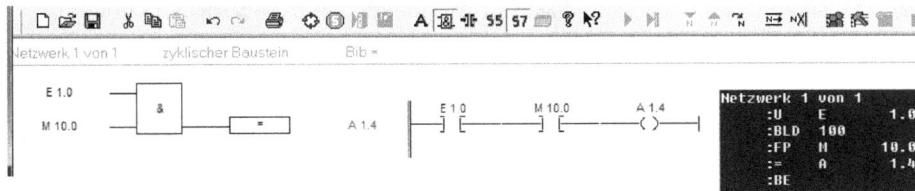

Abb. 7.18: Auswertung einer steigenden Flanke in FUP/KOP/AWL. Mit dieser Methode kann nur ein Einzeloperand abgefragt werden.

Fallende (negative) Flanke

Operation: FN ⟨Bit⟩

Operanden: ⟨Bit⟩ kann aus den Bereichen E, A, M, L und D sein

⟨Bit⟩ wird als Flankenmerker bezeichnet

Anwendung: FN erkennt eine fallende Flanke (VKE-Wechsel von „1" auf „0", d. h. VKE im OB-1-Zyklus $n - 1$ = „1" und im Zyklus n = „0") und Anzeige mit VKE = „1" für die Dauer eines Zyklus. Für den erforderlichen Vergleich wird der VKE-Zustand $n - 1$ im Flankenmerker ⟨Bit⟩ gespeichert.

Beispiel: Ein an E 1.0 für längere Zeit (> OB-1-Zyklus) erscheinender Wert „0" soll bei seinem Entstehungszeitpunkt für nur einen OB-1-Zyklus an den A 1.4 als „1" gegeben werden. Als Flankenmerker in Abb. 7.19 und Abb. 7.20 dient M 10.0.

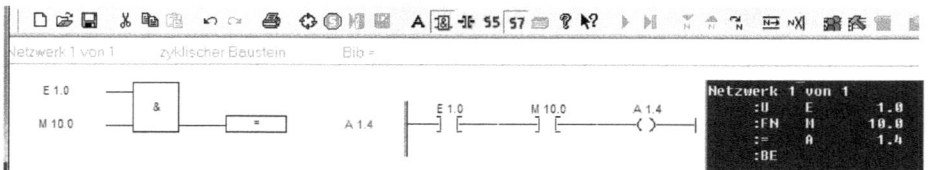

Abb. 7.19: Auswertung einer fallenden Flanke in AWL/FUP/KOP. Anstelle von E 1.0 kann auch z. B. eine logische Verknüpfung stehen.

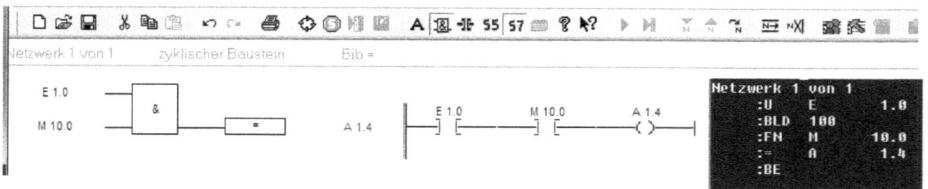

Abb. 7.20: Auswertung einer fallenden Flanke in AWL/FUP/KOP. Mit dieser Methode kann nur ein Einzeloperand abgefragt werden.

Tab. 7.26 zeigt die Abhängigkeit der Operation von den Statusbits und die Beeinflussung der Statusbits durch die Operationen.

Tab. 7.26: Bitwertigkeit im Statuswort.

Statusbits	BIE	A1	A0	OV	OS	OR	STA	VKE	/ER
Operation abhängig								ja	
Operation beeinflusst						0	ja	ja	1

Konnektoren (#)

Operation: Es gehören jeweils zwei Anweisungen zur Konnektornutzung:

= ⟨Bit⟩

U / UN / O / ON / X / XN   ⟨Bit⟩

Operanden: ⟨Bit⟩ kann aus den Bereichen A, M, L und D sein

Anwendung: Durch diese Operation erfolgt die Zwischenspeicherung eines Teils einer Verknüpfungskette in einem binären Operanden. Dieser Operand kann später im Programm als Eingangsgröße in weiteren Verknüpfungsketten eingebunden werden. Nutzen der Operation ist eine Programmvereinfachung, wenn ein Teil einer Verknüpfungskette mehrfach im Anwenderprogramm benötigt wird. Die Operation wird vom MCR beeinflusst. Abb. 7.21 zeigt den Konnektor als Zwischenspeicher in FUP/KOP/AWL.

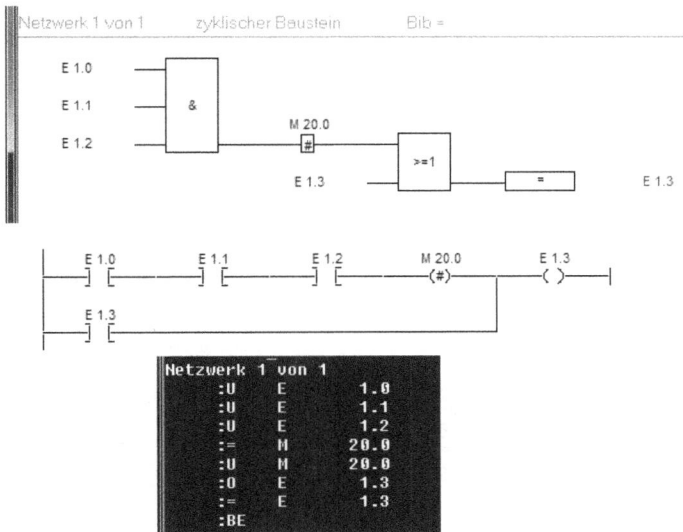

Abb. 7.21: Konnektor als Zwischenspeicher in FUP/KOP/AWL.

Tab. 7.27 zeigt die Abhängigkeit der Operation von Statusbits und die Beeinflussung der Statusbits durch die Operation.

Tab. 7.27: Bitwertigkeit im Statuswort.

Statusbits	BIE	A1	A0	OV	OS	OR	STA	VKE	/ER
Operation abhängig								ja	
Operation beeinflusst						0	ja		

7.3.5 Lade-(L) und Transfer-(T)operationen

Lade- und Transferoperationen greifen schreibend (L) oder lesend (T) auf AKKU 1 zu. Laden bedeutet, den bisherigen Inhalt von AKKU 1 in den AKKU 2 zu schieben und dafür den im Ladebefehl enthaltenen Operanden-Wert im AKKU 1 abzulegen. Transferieren bedeutet, den Inhalt von AKKU 1 in einen Zieloperanden zu kopieren. Ein Transfervorgang ändert die AKKU-Inhalte nicht und der Transfer kann zu beliebig vielen Datensenken führen.

Das Prinzip von Laden und Transferieren wird nachfolgend gezeigt:

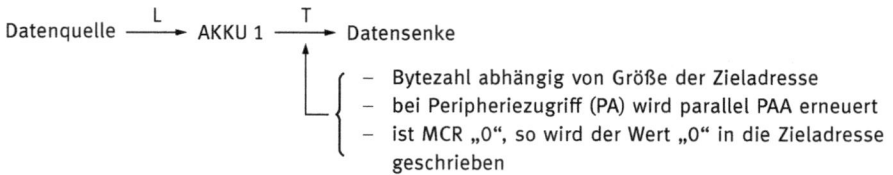

Datenquelle $\xrightarrow{\ \ L\ \ }$ AKKU 1 $\xrightarrow{\ \ T\ \ }$ Datensenke

- Bytezahl abhängig von Größe der Zieladresse
- bei Peripheriezugriff (PA) wird parallel PAA erneuert
- ist MCR „0", so wird der Wert „0" in die Zieladresse geschrieben

Wichtige Eigenschaft: Laden und Transferieren sind VKE-unabhängig!

Laden (L)
Operation: L ⟨Operand⟩
Prinzip: Ablage beim Laden von Byte, Wort und Doppelwort im AKKU 1 am Beispiel
von EB 0, EW 0 und ED 0:

L EB0 →	0	0	0	EB0
L EW0 →	0	0	EB0	EB1
L ED0 →	EB0	EB1	EB2	EB3

AKKU 1 Bit-Nr.   31   24   23   16   15   8   7   0

(a) Operanden (Operanden bei unmittelbarer Adressierung): Konstanten
Beispiele:

L -123	lädt eine 16-Bit-Ganzzahl (−123) in AKKU 1-L
L L#+92827	lädt eine 32-Bit-Ganzzahl (+92.827) in AKKU 1
L B#(3,22)	lädt eine 3 in AKKU 1-LH und eine 22 in AKKU 1-LL
L B#(5,2,33,1)	lädt eine 5 in AKKU 1-HH
	lädt eine 2 in AKKU 1-HL
	lädt eine 33 in AKKU 1-LH
	lädt eine 1 in AKKU 1-LL
L B#16#A7	lädt eine hexadezimale A7 in AKKU 1-LL
L W#16#2B3C	lädt eine hexadezimale 2B3C in AKKU 1-L
L DW#16#2A3B4C5E	lädt eine hexadezimale 2A3B4C5E in AKKU 1
L 2#0000111100001111	lädt eine 16-Bit-Binärkonstante in AKKU 1-L

L 2#00001111000011110000111100001111	
	lädt eine 32-Bit-Binärkonstante in AKKU 1
L "XY"	lädt zwei ASCII-Zeichen in AKKU 1-L
L "RSTU"	lädt vier ASCII-Zeichen in AKKU 1
L C#345	lädt Zählerkonstante (BCD) in AKKU 1-L
L S5T#5S300MS	lädt die Zeit 5 s und 300 ms (16 Bit) in AKKU 1-L
L 1.345E+2	lädt Gleitpunktzahl 134,5 (32 Bit) in AKKU 1
L P#M6.0	lädt einen Pointer (32 Bit) in AKKU 1
L D#2009-25	lädt ein IEC-Datum (16 Bit) in AKKU 1-L
L TOD#6:55:20.300	lädt eine IEC-Uhrzeit (32 Bit) in AKKU 1
L T#7D5H20M125MS	lädt eine IEC-Zeit (32 Bit) in AKKU 1

(b) Operanden bei direkter Adressierung:

Bereiche:	E, A, PE, M, L, D
Datentypen:	BYTE (Adressraum max. 0 ... 65.535)
	WORD (Adressraum max. 0 ... 65.534)
	DWORD (Adressraum max. 0 ... 65.532)

Beispiele:

L EB 0	lädt Eingangsbyte EB 0 in AKKU 1-LL
L MB 20	lädt Merkerbyte MB 20 in AKKU 1-LL
L PEB 40	lädt Peripherieeingangsbyte PEB 40 in AKKU 1-LL
L DBB 34	lädt Global-Datenbyte DBB 34 in AKKU 1-LL
L DIW 60	lädt Instanzdatenwort DIW 60 in AKKU 1-L

$\to$ ⟨AKKU 1-HL⟩ = 0
⟨AKKU 1-HL⟩ = 0
⟨AKKU 1-LH⟩ = ⟨DIW 60⟩
⟨AKKU 1-LL⟩ = ⟨DIW 61⟩

L LD 100	lädt Lokaldaten-Doppelwort LD 100 in AKKU 1

$\to$ ⟨AKKU 1-HH⟩ = ⟨LB 100⟩
⟨AKKU 1-HL⟩ = ⟨LB 101⟩
⟨AKKU 1-LH⟩ = ⟨LB 102⟩
⟨AKKU 1-LL⟩ = ⟨LB 103⟩

(c) Sonstige Operanden bei Ladeoperationen:
 – mit speicherindirekter Adressierung
 – mit registerindirekter, bereichsinterner Adressierung
 – mit indirekter, bereichsübergreifender Adressierung
 – Laden der Adressregister mit Inhalt von AKKU 1 oder Pointern
 – Laden von Adressregister 1 mit Inhalt von Adressregister 2
 – Laden von Zeit- und Zählwerten als Ganzzahl oder als BCD-Zahl
 – Laden des Statuswortes in den AKKU 1

Transferieren (T)

Operation: T ⟨Operand⟩

(a) Operanden bei direkter Adressierung:

Bereiche:	E, A, PA, M, L, D
Datentypen:	BYTE (Adressraum max. 0 ... 65.535)
	WORD (Adressraum max. 0 ... 65.534)
	DWORD (Adressraum max. 0 ... 65.532)

Beispiele:

T	AB 0	transferiert AKKU 1-LL in Ausgangsbyte AB 0
T	MB 20	transferiert AKKU 1-LL in Merkerbyte MB 20
T	PAB 40	transferiert AKKU 1-LL in Peripherieausgangsbyte PAB 40
T	MW 64	transferiert AKKU 1-L in das Merkerwort MW 64
T	DBD 20	transferiert AKKU 1 in das globale Datendoppelwort DBD 20

(b) Sonstige Operanden bei Transferoperationen:
- mit speicherindirekter Adressierung
- mit registerindirekter, bereichsinterner Adressierung
- mit indirekter, bereichsübergreifender Adressierung
- transferieren der Adressregister-Inhalte in den AKKU 1
- transferieren der Adressregister-Inhalte in eine 32-Bit-Zieladresse
- transferieren von Adressregister 1 nach Adressregister 2
- transferieren von AKKU 1 in das Statuswort

7.3.6 Vergleichsoperationen

Die Vergleichsoperationen vergleichen den Inhalt von AKKU 2 (erstgeladener Wert) mit dem Inhalt von AKKU 1 (zweitgeladener Wert). Bei 16-Bit-Vergleichen wird der L-Teil der AKKUs verwendet. Das Ergebnis des Vergleichs wird vom VKE und von weiteren relevanten Bits des Statuswortes angezeigt.

VKE = „1" besagt, dass das Vergleichsergebnis wahr ist.

Das prinzipielle Arbeiten von Vergleichsoperationen ist gegeben:

Erstgeladener Wert	→	Vergleichs-operator	→	Zweitgeladener Wert	→	Ergebnis: VKE ist bei wahr = „1", falsch = „0"

Die Statusbits A1 und A0 zeigen die Relation „kleiner als", „gleich" oder „größer als" (AKKU 2 zu AKKU 1) an.

Vergleiche können in folgenden Zahlenformaten durchgeführt werden:
- Ganzzahlen (16 Bit)
- Ganzzahlen (32 Bit)
- Gleitpunktzahlen (32 Bit)

Vergleichsoperationen zwischen 16-Bit-Ganzzahlen

Operationen:

==	I	gleich
<>	I	ungleich
<	I	kleiner als
>	I	größer als
<=	I	kleiner als oder gleich
>=	I	größer als oder gleich

Operanden (16-Bit-Operanden): Inhalt wird jeweils als Ganzzahl (Integerzahl) interpretiert

Anwendung: Laden zweier 16-Bit-Operanden in die AKKUS 1-L und 2-L und Ausführen des Vergleiches, Ergebnis ist ein VKE

Beispiel 1: Es soll untersucht werden, ob der Inhalt des Eingangswortes EW 0 gleich dem Inhalt des Merkerwortes MW 40 ist. Besteht Gleichheit, ist dem Ausgang A 1.0 eine „1" zuzuweisen, sonst eine „0". Abb. 7.22 zeigt ein Beispiel eines Vergleichs zweier Wortinhalte auf Gleichheit in FUP/KOP/AWL.

Beispiel 2: Es soll untersucht werden, ob der Inhalt des Eingangswortes EW 0 größer oder gleich dem Inhalt des Datenwortes DBW 30 des globalen Datenbausteins DB 15 ist. Ist dies der Fall, soll dem Ausgang A 1.0 eine „1" zugewiesen werden, sonst eine „0". Abb. 7.23 zeigt ein Beispiel eines Vergleiches zweier Wortinhalte auf größer oder gleich in FUP/KOP/AWL.

Beispiel 3: In einem verketteten Vergleich soll untersucht werden, ob der Wert des Merkerwortes MW 60
- größer als 900 ist, dann ist dem Ausgang A 1.0 eine „1" zuzuweisen, sonst „0",
- kleiner oder gleich 900 ist, dann ist dem Ausgang A 1.1 eine „1" zuzuweisen, sonst „0".

Die AWL hierfür lautet:

```
L    MW  60
L    900
>    I
=    A 1.0
<=   I
=    A 1.1
```

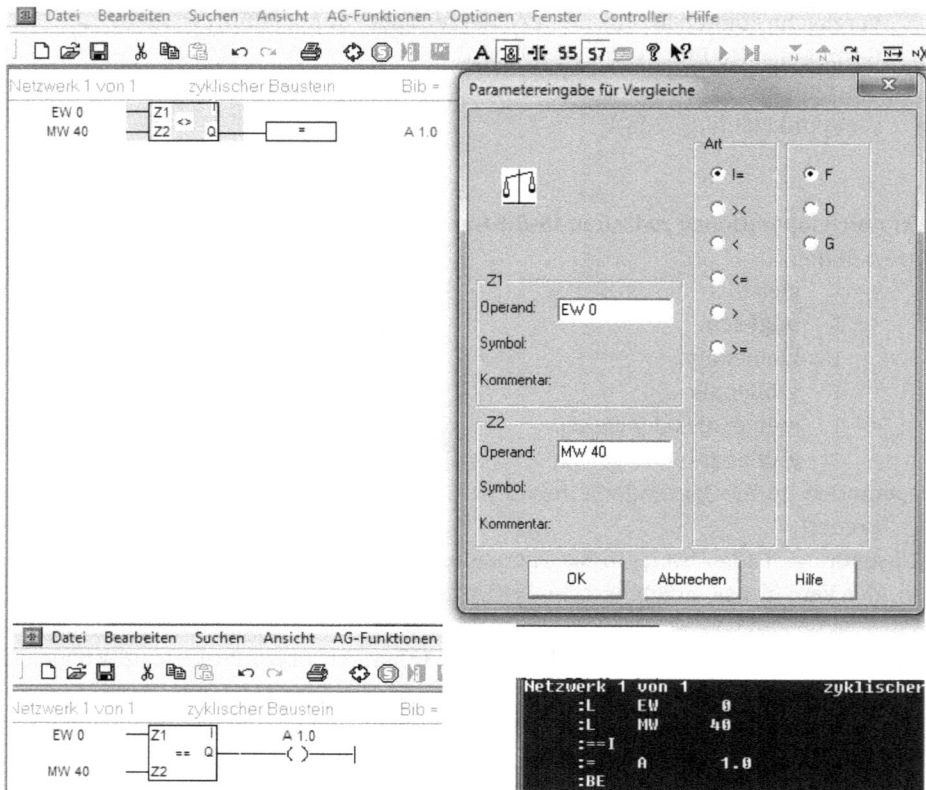

Abb. 7.22: Beispiel eines Vergleichs zweier Wortinhalte auf Gleichheit in FUP/KOP/AWL.

Tab. 7.28 zeigt die Abhängigkeit der Operation von Statusbits und die Beeinflussung der Statusbits durch die Operation.

Tab. 7.28: Bitwertigkeit im Statuswort.

Statusbits	BIE	A1	A0	OV	OS	OR	STA	VKE	/ER
Operation abhängig									
Operation beeinflusst		ja	ja	0		0	ja	ja	1

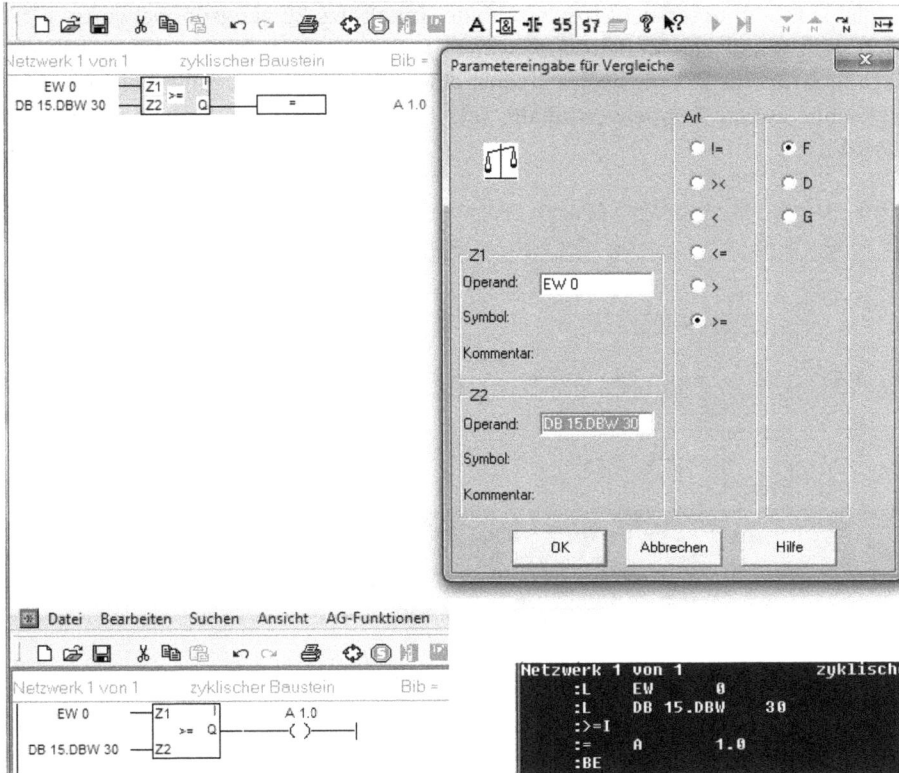

Abb. 7.23: Beispiel eines Vergleiches zweier Wortinhalte auf größer oder gleich in FUP/KOP/AWL.

Vergleichsoperationen zwischen 32-Bit-Ganzzahlen

Operationen:

== D   gleich

<> D   ungleich

< D   kleiner als

> D   größer als

<= D   kleiner als oder gleich

>= D   größer als oder gleich

Operanden: 32-Bit-Operanden, Inhalt wird jeweils als 32-Bit-Ganzzahl (Doppel-Integerzahl) interpretiert

Anwendung: Laden zweier 32-Bit-Operanden in die AKKUS 1 und 2 und Ausführen des Vergleiches, Ergebnis ist ein VKE

Beispiel 1: Es soll untersucht werden, ob der Inhalt des Eingangsdoppelwortes ED 0 gleich dem Inhalt des Merkerdoppelwortes MD 40 ist. Besteht Gleichheit, ist dem Ausgang A 1.0 eine „1" zuzuweisen, sonst eine „0". Abb. 7.24 zeigt ein Beispiel eines Vergleiches zweier Doppelwortinhalte (als Doppelinteger) auf Gleichheit in FUP/KOP/AWL.

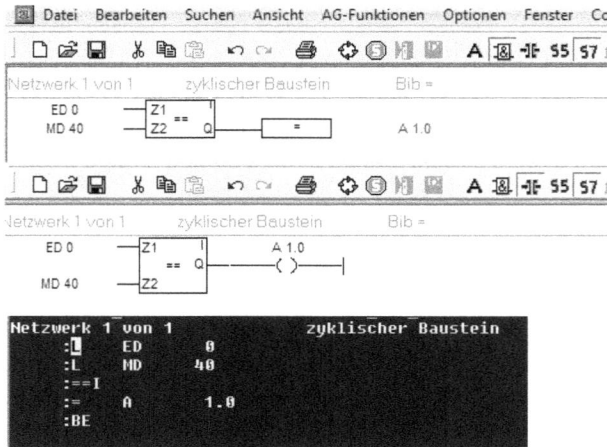

Abb. 7.24: Beispiel eines Vergleichs zweier Doppelwortinhalte (als Doppelinteger) auf Gleichheit in FUP/KOP/AWL.

Beispiel 2: In einem verketteten Vergleich soll untersucht werden, ob der Wert des Merkerdoppelwortes MD 60
- größer als 900.000 ist, dann ist dem Ausgang A 1.0 eine „1" zuzuweisen, sonst „0",
- kleiner oder gleich 900000 ist, dann ist dem Ausgang A 1.1 eine „1" zuzuweisen, sonst „0".

Die AWL hierfür lautet:

```
L    MD 60
L    L#900000
>    D
=    A 1.0
<=   D
=    A 1.1
```

Tab. 7.29 zeigt die Abhängigkeit der Operation von Statusbits und die Beeinflussung der Statusbits durch die Operation.

Tab. 7.29: Bitwertigkeit im Statuswort.

Statusbits	BIE	A1	A0	OV	OS	OR	STA	VKE	/ER
Operation abhängig									
Operation beeinflusst		ja	ja	0		0	ja	ja	1

Vergleichsoperationen zwischen 32-Bit-Realzahlen

Operationen:

    == R   gleich

    <> R   ungleich

    < R   kleiner als

    > R   größer als

    <= R   kleiner als oder gleich

    >= R   größer als oder gleich

Operanden: 32-Bit-Operanden, Inhalt wird jeweils als 32-Bit-Realzahl (Gleitpunktzahl, IEEE-FP) interpretiert

Anwendung: Laden zweier 32 Bit-Operanden in die AKKUs 1 und 2 und Ausführen des Vergleiches, Ergebnis ist ein VKE

Beispiel: Es soll untersucht werden, ob der Inhalt des Merkerdoppelwortes MD 60 gleich dem Wert (Realzahl) 45.678,9 ist. Besteht Gleichheit, ist dem Ausgang A 1.0 eine „1" zuzuweisen, sonst eine „0". Abb. 7.25 zeigt ein Beispiel eines Vergleiches eines Doppelwortinhaltes mit einer Realzahl auf Gleichheit in FUP/KOP/AWL. Der Wert von 45.678,9 ändert sich bei der Eingabe.

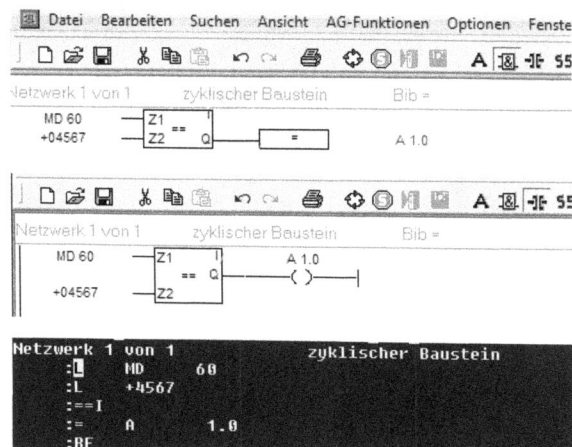

Abb. 7.25: Beispiel eines Vergleichs eines Doppelwortinhaltes mit einer Realzahl auf Gleichheit in FUP/KOP/AWL.

Tab. 7.30 zeigt die Abhängigkeit der Operation von Statusbits und die Beeinflussung der Statusbits durch die Operation.

Tab. 7.30: Bitwertigkeit im Statuswort.

Statusbits	BIE	A1	A0	OV	OS	OR	STA	VKE	/ER
Operation abhängig Operation beeinflusst	ja	ja	ja	ja	0	ja	ja	1

7.3.7 Zähloperationen

Für Zähler steht ein reservierter Speicherbereich in der CPU zur Verfügung, wobei jeder Zähler gemäß seiner Nummer ein bestimmtes Wort darin belegt. CPU-abhängig können bis zu 256 Zähler programmiert werden. Zähler können von 0 bis 999 (dezimal, intern dual) zählen. Zählimpulse, die den Zählerinhalt auf über 999 (bei Vorwärtszählen) oder unter 0 (bei Rückwärtszählen) arbeiten, gehen verloren!

Zuerst werden die Operationen auf Zähler getrennt betrachtet. Eine solche Teilnutzung eines Zählers in eigenständigen Programmpunkten ist möglich und oft auch erforderlich. Zur besseren Übersicht zeigt das folgende Bild einen vollständig genutzten Vor-Rückwärts-Zähler mit Beispiel-Parametrierung in FUP- und AWL-Darstellung in Abb. 7.26.

Als Zähler-Operationen stehen S, R, ZV, ZR, FR, L, LC und U/UN/O/ON/X/XN zur Verfügung, die beschrieben werden.

– S Z n (setze Zählerstartwert für Zähler n): Übernimmt bei VKE-Wechsel von „0" auf „1" den im AKKU 1-L stehenden Wert als Voreinstellwert (Zählerstartwert) in den 16-Bit-Zähler. Dieser Voreinstellwert wird zuvor bevorzugt im Format C#⟨0 ... 999⟩ geladen (BCD-Zahl).

Beispiel einer typischen Befehlsfolge für diesen Vorgang: Stellt einen 0 → 1-VKE-Wechsel am E 1.0 den Zähler Z 1 auf den Wert 125 (dezimal), wie Abb. 7.27 zeigt.

– R Z n (setze Zähler n zurück): Lädt den Zählwert „0" in den Zähler, solange das VKE vor der Operation „1" ist. R dominiert.

Beispiel einer typischen Befehlsfolge für diesen Vorgang: Diese Befehlsfolge (0 → 1-VKE-Wechsel) stellt am E 1.0 = „1" den Zähler Z 1 auf den Wert „0", wie Abb. 7.28 zeigt.

– ZV Z n (zähle vorwärts im Zähler n): Erhöht bei VKE-Wechsel von „0" auf „1" („Vorwärtszählimpuls") den Zähler-Iststand um 1. Der Maximalwert 999 kann nicht überschritten werden. Abb. 7.29 zeigt ein Beispiel mit einer typischen Befehlsfolge für diesen Vorgang.

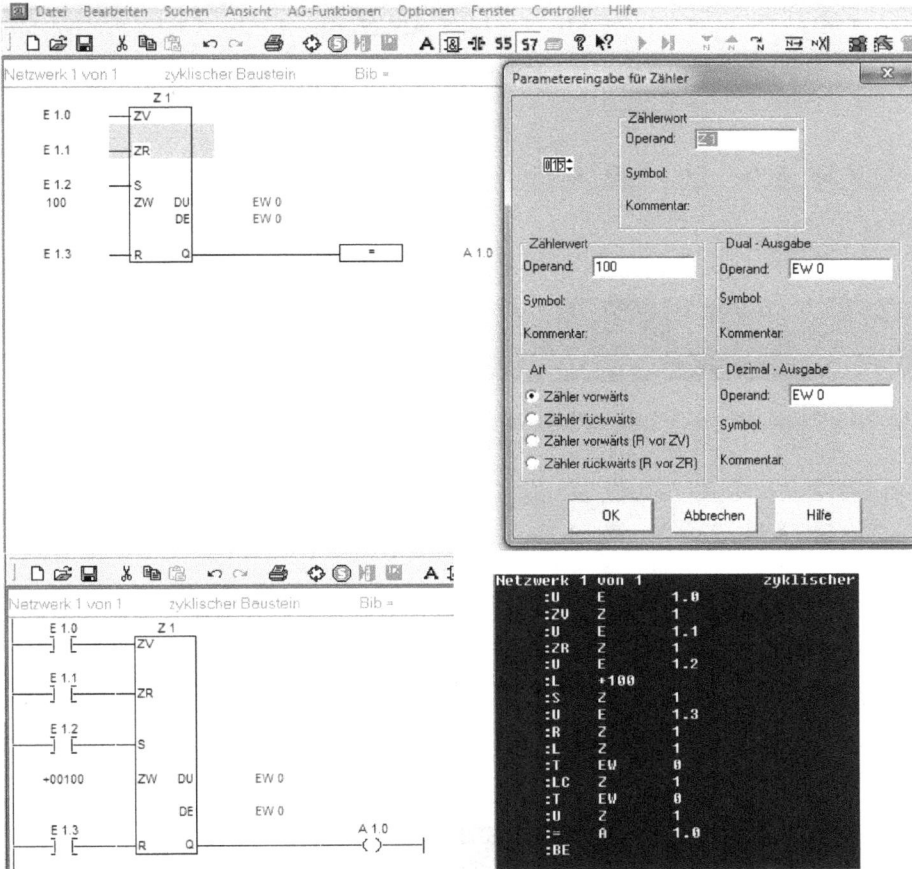

Abb. 7.26: Beispiel eines Zählers in FUP- und AWL-Darstellung.

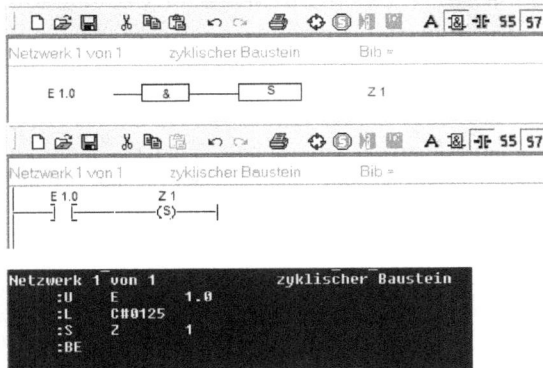

Abb. 7.27: Beispiel eines Zähler-Setzvorgangs in FUP/KOP/AWL.

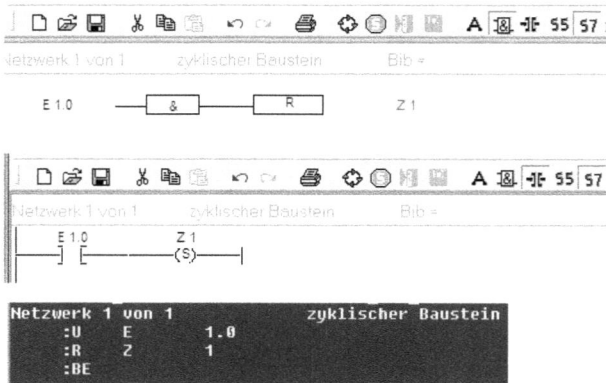

Abb. 7.28: Beispiel eines Zähler-Zurücksetzvorgangs in FUP/KOP/AWL.

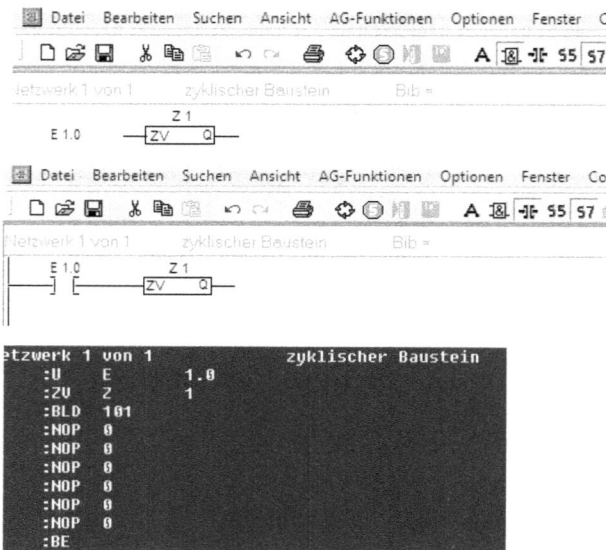

Abb. 7.29: Beispiel eines Vorwärtszählvorgangs in FUP/KOP/AWL.

– ZR Z n (zähle rückwärts im Zähler n): Verringert bei VKE-Wechsel von „0" auf „1"
  („Rückwärtszählimpuls") den Zähler-Iststand um 1. Der Minimalwert 0 kann nicht
  unterschritten werden.
  Beispiel einer typischen Befehlsfolge für diesen Vorgang:
  U   E 1.2
  ZR   Z 1
  AWL und KOP wie bei ZV, aber V durch R ersetzt.

- L Z *n* (lade aktuellen Zählwert von Zähler *n* als Ganzzahl in den AKKU 1-L): kopiert den aktuellen, dual verschlüsselten Zähler-Iststand unverändert in den AKKU 1-L.

Bit-Nr.:	15	10	9		0
Zählerwort:	CPU-intern		0 … 999 dual		

LC Zn

Bit-Nr.:	15				10	9		0
AKKU 1-L:	0	0	0	0	0	0	0 … 999 dual	

Beispiel eines typischen Befehls für diesen Vorgang: L Z 1

- LC Z *n* (lade aktuellen Zählwert von Zähler *n* als BCD-Zahl in den AKKU 1-L): kopiert den aktuellen, dual verschlüsselten Zähler-Iststand in den AKKU 1-L und codiert dabei einen BCD-Wert.

Bit-Nr.:	15	10	9		0
Zählerwort:	CPU-intern		0 … 999 dual		

LC Zn

Bit-Nr.:	15			12	11	8	7	4	3	0
AKKU 1-L:	0	0	0	0	Hunderter		Zehner		Einer	

BCD-Zahl

Beispiel eines typischen Befehls für diesen Vorgang: LC Z 1

- U/UN/O/ON/X/XN Z *n* (Abfrage des Schaltausgangs von Zähler *n*): Ein Zähler hat einen binären Schaltausgang (Q), der mit den genannten Verknüpfungsoperationen auf Zustand „0" und „1" abgefragt werden kann. Der Schaltausgang verhält sich wie folgt:
  - Ist der Zähler-Istwert 0, so ist auch Q = „0".
  - Ist der Zähler-Istwert 1 … 999, so ist Q = „1".

Beispiel einer typischen Befehlsfolge für diesen Vorgang: Die Befehlsfolge in Abb. 7.30 weist dem Ausgang A 1.1 nur dann eine „0" zu, wenn der Zähler-Istwert = „0" ist, sonst wird „1" zugewiesen.

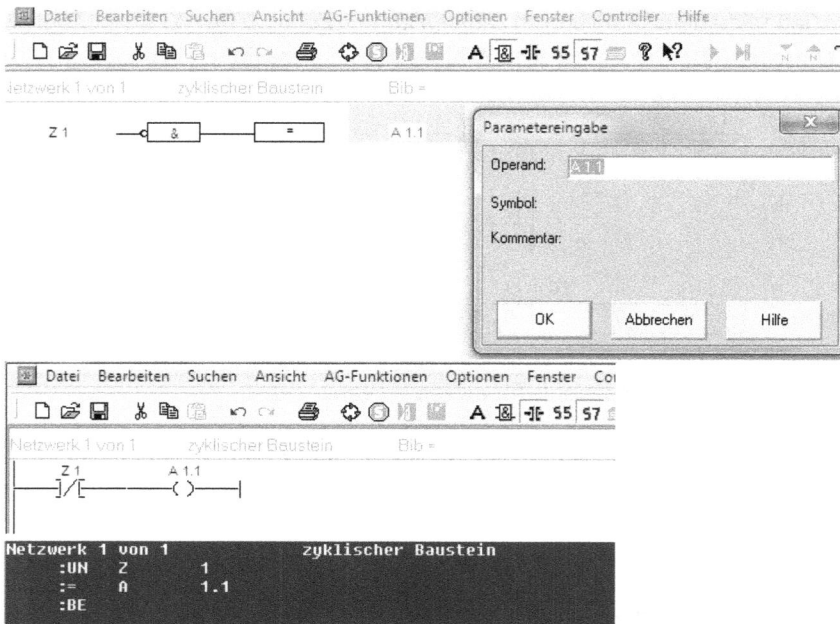

Abb. 7.30: Verwendung des Zähler-Schaltausgangs in FUP/KOP/AWL.

– FR Z n (Freigabe Zähler n): Ermöglicht, dass trotz konstantem VKE von „1" an den Operationen S, ZV oder ZR eines Zählers diese nach Freigabe erneut ausgeführt werden. Die Freigabeoperation wird durch einen $0 \rightarrow 1$-VKE-Wechsel vor der Operation FR angestoßen.

Beispiel einer typischen Befehlsfolge für diesen Vorgang:

```
U    E 1.1
FR   Z 1
```

Diese Befehlsfolge gibt bei A 1.1 = „1" den Zähler Z 1 frei.

```
U    E 1.7
```

Komplexe Nutzung eines Zählers

In diesem Abschnitt werden die Operationen auf Zähler konzentriert, d. h. programmmäßig am Stück notiert, betrachtet. Eine solche komplexe Nutzung eines Zählers ist nur in wenigen Anwendungsfällen erforderlich. Bei vielen Einsatzfällen werden die einzelnen Zähler-Programmteile, speziell bei AWL, an verschiedenen Programmstellen verwendet. Die Nutzung als kompletter Zähler wird am Beispiel in Abb. 7.31 gezeigt. In Tab. 7.31 werden die Abhängigkeit der Zähler-Operationen S, R, ZV, ZR und FR von den Statusbits und die Beeinflussung der Statusbits durch die Operationen gezeigt.

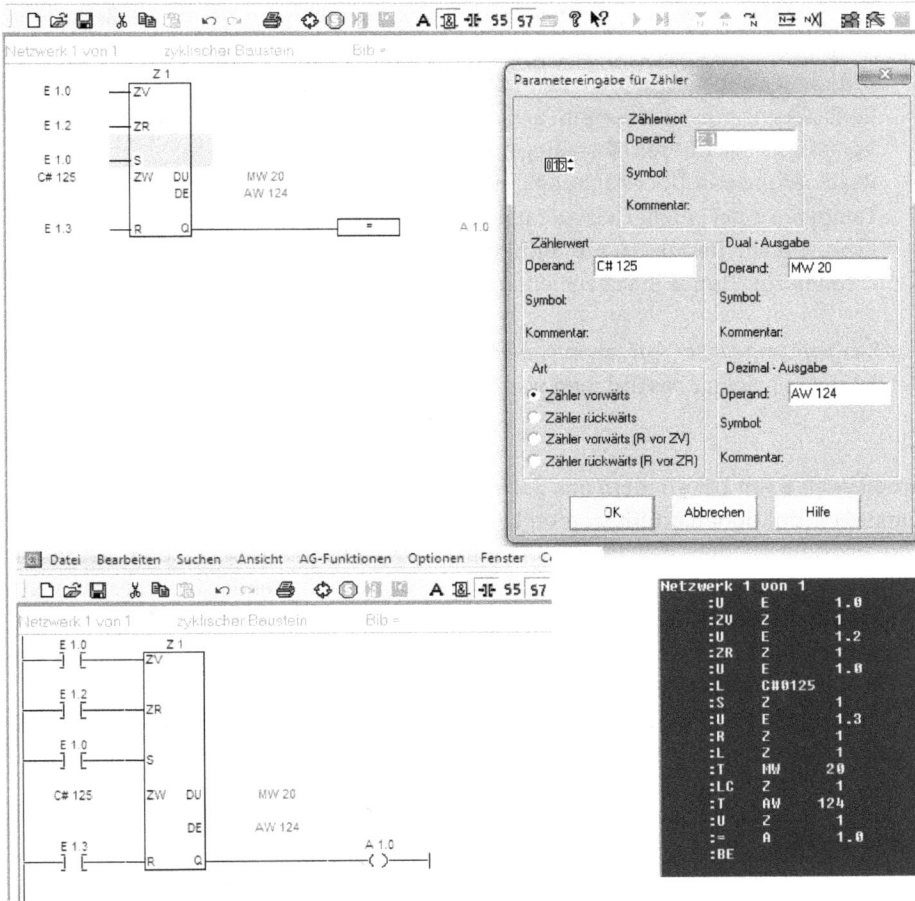

Abb. 7.31: Komplexe Zähler-Nutzung in FUP/KOP/AWL.

Tab. 7.31: Bitwertigkeit im Statuswort.

Statusbits	BIE	A1	A0	OV	OS	OR	STA	VKE	/ER
Operation abhängig								ja	
Operation beeinflusst						0			0

7.3.8 Zeitoperationen

Zeitoperationen finden aus historischen Gründen (frühere Hardwarebasierung) allgemein noch so benannten Zeitgliedern statt. Für Zeitglieder steht ein reservierter Speicherbereich in der CPU zur Verfügung, wobei jedes Zeitglied gemäß seiner Nummer ein bestimmtes Wort darin belegt. CPU-abhängig können bis zu 256 Zeitglieder programmiert werden.

Zeitglieder haben u. a. folgende Aufgaben zu erfüllen:
– Realisierung von Wartezeiten, z. B. die Dauer eines bestimmten technologischen Vorgangs (z. B. Rühren) festzulegen
– Realisierung von Überwachungszeiten, z. B. die maximale Zeitdauer, in der eine Temperatur bei einem Heizvorgang erreicht sein muss
– Erzeugen von Impulsen, z. B. Blinkfrequenz
– Zeitmessung, um z. B. festzustellen, wie viel Zeit ein Füllvorgang benötigt

Zur Realisierung dieser Aufgaben stehen verschiedene Arten von Zeitoperationen zur Verfügung, die später beschrieben werden.

Arbeitsweise von Zeitgliedern und Zeitvorgaben

Damit Zeitfunktionen erfüllt werden können, müssen Zeitglieder mit einem Zeitwert voreingestellt werden, der dann beim Start des Zeitgliedes stetig, d. h. im Zeitraster, bitweise verringert wird. Bei Inhalt „0" des Zeitwortes schaltet der Binärausgang entsprechend der gewählten Schaltfunktion. Während das Zeitglied läuft (d. h. das Vermindern des Inhaltes stattfindet), kann der jeweilige Zeitrestwert an den dualen und BCD-codierten Ausgaben abgefragt werden.

Zeitvorgaben für Zeitglieder müssen durch Laden eines Zeitwertes im S5TIME-Format (S5T) erfolgen. Dieses Format steht wie folgt im AKKU 1-L.

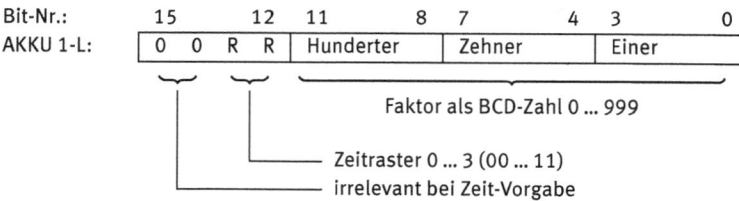

Zum Zeitraster:

Dualcode	Zeitbasis (s)
0 0	0,01
0 1	0,1
1 0	1
1 1	10

Beispiel: Es soll eine Zeit von zwei Minuten und fünf Sekunden vorgegeben werden. Dazu kann entweder der Wert als S5T#2M5S oder auch als S5T#125S an der STEP7-Oberfläche eingegeben werden. (STEP7 zeigt in beiden Fällen nach <ENTER> die Darstellung S5T#2M5S an.) Ein Laden dieses Zeitwertes bewirkt dabei folgende AKKU-1-L-Belegung:

Der eigentliche Ladevorgang des Zeitwertes in den AKKU 1-L kann dabei in zwei Datenformaten erfolgen:

– Im Timerformat: L S5T#nHnMnSnMS

  n: Anzahl der Stunden (H)

     Minuten (M)

     Sekunden (S)

     Millisekunden (MS)

  Beispiel: L S5T#2M5S (2 Minuten und 5 Sekunden)

– Als Hexadezimalzahl: L W#16#rhze

  r: Zeitraster (nur 0 ... 3 möglich)

  h: Hunderter (nur 0 ... 9 möglich)

  z: Zehner (nur 0 ... 9 möglich)

  e: Einer (nur 0 ... 9 möglich)

  Beispiel: L W#16#2125 (2 Minuten und 5 Sekunden)

Operationen, die auf Zeitglieder zugreifen

In diesem Teil werden die Operationen auf Zeitglieder getrennt betrachtet. Eine solche Teilnutzung eines Zeitgliedes in eigenständigen Programmpunkten ist möglich und oft auch erforderlich. Zur besseren Übersicht zeigt Abb. 7.32 ein vollständig genutztes Zeitglied mit Beispiel-Parametrierung in FUP-Darstellung.

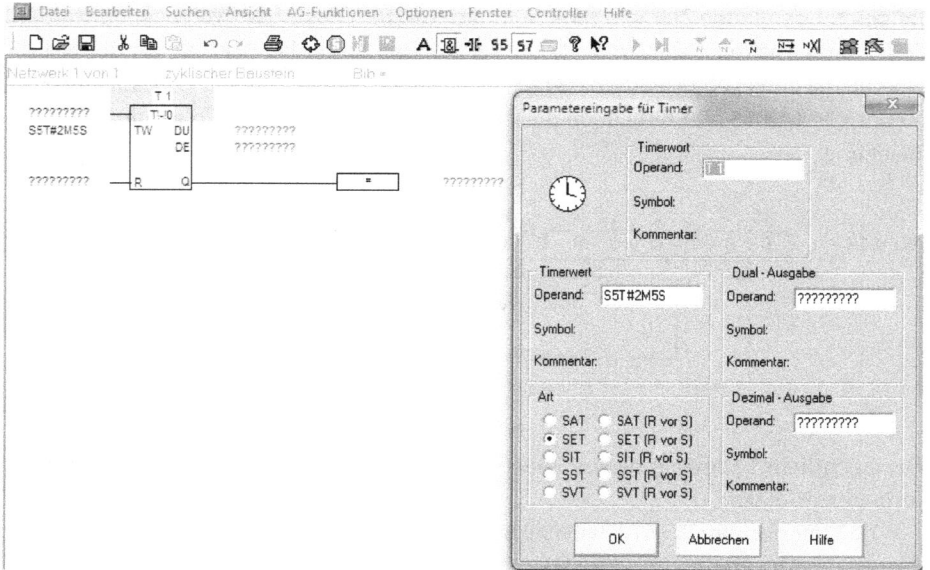

Abb. 7.32: Parameter eines Zeitgliedes am Beispiel einer Einschaltverzögerung in FUP-Darstellung.

Als Operationen auf Zeitglieder stehen SE, SS, SI, SV, SA, R, FR, L, LC und U/UN/O/ON/ X/XN zur Verfügung, die nun beschrieben werden.

– SE 1 *n* (starte Zeit *n* als Einschaltverzögerung): übernimmt bei VKE-Wechsel von „0" auf „1" den im AKKU 1-L stehenden Wert als Zeitwert in das 16-Bit-Zeitglied *n*. Dieser Wert wird vorher im S5TIME-Format geladen und startet den Zeitablauf als Einschaltverzögerung. Abb. 7.33 zeigt die Wirkungsweise der Einschaltverzögerung.

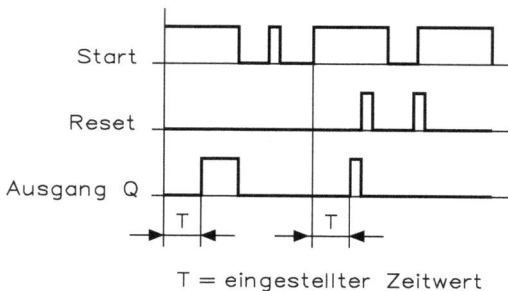

Abb. 7.33: Wirkungsweise der Einschaltverzögerung.

Achtung: Die Zeitfunktion SE arbeitet nur dann korrekt, wenn der auslösende Eingang mindestens bis zum Erscheinen von „Q" ansteht.

Beispiel einer typischen Befehlsfolge für das Starten einer Einschaltverzögerung:
Die Befehlsfolge

```
U    E 1.0
L    S5T#2M5S
SE   T 1
```

stellt bei 0 → 1-Wechsel am E 1.0 das Zeitglied T 1 auf den Wert 2 min und 5 s und
beginnt sofort mit dem Verringern des Zeitwertes. Nach Ablauf der Zeit wechselt
der Binärausgang „Q" von „0" auf „1". Der Ausgang steht danach bis zu einem
1 → 0-Übergang an E 1.0 auf „1".

–   SS 1 *n* (starte Zeit *n* als speichernde Einschaltverzögerung): übernimmt bei
    VKE-Wechsel von „0" auf „1" den im AKKU 1-L stehenden Wert als Zeitwert in
    das 16-Bit-Zeitglied *n*. Dieser Wert wird vorher im S5TIME-Format geladen. Da-
    nach startet der Timer den Zeitablauf als speichernde Einschaltverzögerung. Für
    den ordnungsgemäßen Ablauf der Funktion kann das auslösende VKE nur eine
    Zykluszeit oder auch beliebig lange anstehen. Der Vorgang ist nachtriggerbar.
    Abb. 7.34 zeigt das Impulsdiagramm.

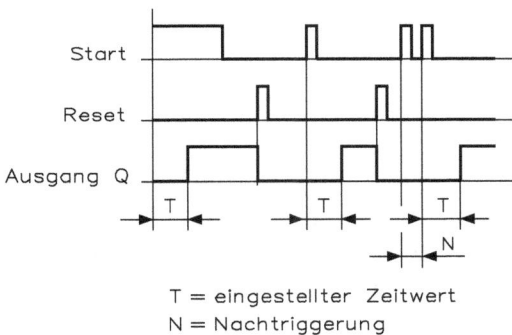

T = eingestellter Zeitwert
N = Nachtriggerung

Abb. 7.34: Wirkungsweise der speichernden Einschaltverzögerung.

Achtung: Der Binärausgang der speichernden Einschaltverzögerung kann nur
über einen Zurücksetzvorgang auf das Zeitglied von „1" auf „0" gebracht werden.

Beispiel einer typischen Befehlsfolge für das Starten einer speichernden Einschaltverzögerung: Die Befehlsfolge

```
U    E 1.0
L    S5T#2M5S
SS   T 1
U    E 1.1
R    T 1
```

stellt bei 0 → 1-Wechsel am E 1.0 das Zeitglied T 1 auf den Wert 2 min und 5 s und beginnt sofort mit dem Verringern des Zeitwertes.

Wird während des Zeitabbaus nochmals ein 0 → 1-Wechsel am E 1.0 durchgeführt, so beginnt der Zeitabbau wieder mit der vollen Zeit (Nachtriggerung). Nach Ablauf der Zeit wechselt der Binärausgang „Q" von „0" auf „1". Der Ausgang steht danach bis zu einem 0 → 1-Übergang am Zurücksetzeingang E 1.1 auf „1".

— SI T n (starte Zeit n als Impuls): übernimmt bei VKE-Wechsel von „0" auf „1" den im AKKU 1-L stehenden Wert als Zeitwert in das 16-Bit-Zeitglied n. Dieser Wert wird vorher im S5TIME-Format geladen. Danach startet der Zeitablauf als Impuls, wie Abb. 7.35 zeigt.

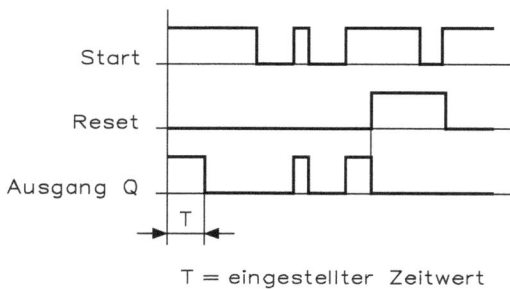

T = eingestellter Zeitwert

Abb. 7.35: Wirkungsweise des Impulses.

Achtung: Die Funktion „Impuls" erbringt nur dann die korrekte Impulslänge, wenn der auslösende Eingang (hier E 1.0) mindestens über die gewählte Zeit-dauer ansteht. Andernfalls bricht der Impuls vor Zeitablauf ab.

Beispiel einer typischen Befehlsfolge für den Impuls: Die Befehlsfolge

```
U    E 1.0
L    S5T#2M5S
SI   T 1
```

stellt bei 0 → 1-Wechsel am E 1.0 das Zeitglied T 1 auf den Wert 2 min und 5 s und beginnt sofort mit dem Verringern des Zeitwertes. Der Binärausgang „Q" wechselt ebenfalls sofort von „0" auf „1" und steht für die gewählte Zeit als 1-Impuls an, worauf er selbstständig auf „0" zurückschaltet.

— SV 1 n (starte Zeit n als verlängerten Impuls): Der Timer übernimmt bei VKE-Wechsel von „0" auf „1" den im AKKU 1-L stehenden Wert als Zeitwert in das 16-Bit-Zeitglied n. Dieser Wert wird vorher im S5TIME-Format geladen. Danach startet man den Zeitablauf als verlängerten Impuls. Für den ordnungsgemäßen Ablauf der Funktion kann das auslösende VKE nur eine Zykluszeit oder auch beliebig lange anstehen. Der Vorgang ist nachtriggerbar, wie Abb. 7.36 zeigt.

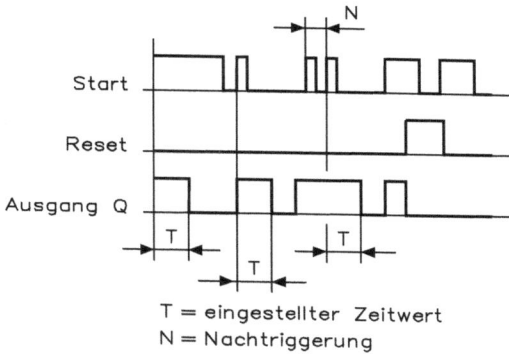

T = eingestellter Zeitwert
N = Nachtriggerung

Abb. 7.36: Wirkungsweise des verlängerten Impulses.

Beispiel einer typischen Befehlsfolge für den verlängerten Impuls: Die Befehlsfolge

```
U    E 1.0
L    S5T#2M5S
SV   T 1
```

stellt bei 0 → 1-Wechsel am E 1.0 das Zeitglied T 1 auf den Wert 2 min und 5 s und beginnt sofort mit dem Verringern des Zeitwertes. Der Binärausgang „Q" wechselt ebenfalls sofort von „0" auf „1" und steht für die gewählte Zeit als 1-Impuls an, worauf er selbstständig auf „0" zurückschaltet. Dabei ist es unerheblich, ob der E 1.0 nur für die Dauer eines Zyklus oder als „Dauersignal" ansteht. Wird während des Zeitabbaus (Impulszeit) nochmals ein 0 → 1-Wechsel am E 1.0 vorgenommen, wird der schon bestehende „Teilimpuls" um die volle Länge der vorgewählten Zeit verlängert (Nachtriggerung).

- SA T *n* (starte Zeit *n* als Ausschaltverzögerung): Der Timer übernimmt bei VKE-Wechsel von „1" auf „0" den im AKKU 1-L stehenden Wert als Zeitwert in das 16-Bit-Zeitglied *n*. Dieser Wert wird vorher im S5TIME-Format geladen. Danach startet der Timer den Zeitablauf als Ausschaltverzögerung. Der Vorgang ist nachtriggerbar, wie Abb. 7.37 zeigt.
Beispiel einer typischen Befehlsfolge für diesen Vorgang:

```
U    E 1.0
L    S5T#2M5S
SA   T 1
```

Das Programm stellt bei einem 1 → 0-Wechsel am E 1.0 das Zeitglied T 1 auf den Wert 2 min und 5 s und beginnt sofort mit dem Verringern des Zeitwertes. Der Bi-

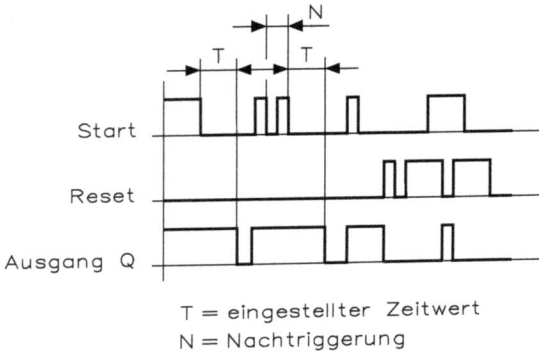

T = eingestellter Zeitwert
N = Nachtriggerung

Abb. 7.37: Wirkungsweise der Ausschaltverzögerung.

närausgang „Q" steht während der „1"-Zeit des E 1.0 und für die gewählte Zeit mit „1" an, worauf er selbstständig auf „0" zurückschaltet. Wird während des Zeitabbaus (Ausschaltverzögerungszeit) nochmals ein 1 → 0-Wechsel am E 1.0 vorgenommen, wird die „1"-Zeit am Q-Ausgang um die volle Ausschaltzeit verlängert (Nachtriggerung).

– R T n (zurücksetzen der Zeit n): setzt bei VKE-Wechsel von „0" auf „1" das Zeitglied zurück. Dieser Parameter wirkt statisch dominierend.
 Beispiel einer typischen Befehlsfolge für diesen Vorgang: Folgende Befehlsfolge setzt bei E 1.1 = „1" das Zeitglied T 1 auf „0" zurück:

 U   E 1.1
 R   T 1

– L T n (lade die Restzeit von Zeitglied n als Ganzzahl in den AKKU 1-L): Der Timer kopiert den aktuellen, dual verschlüsselten (Rest-)Zeitwert unverändert in den AKKU 1-L. Nachfolgend wird das Prinzip des DUAL→DUAL-Ladevorgangs erklärt.

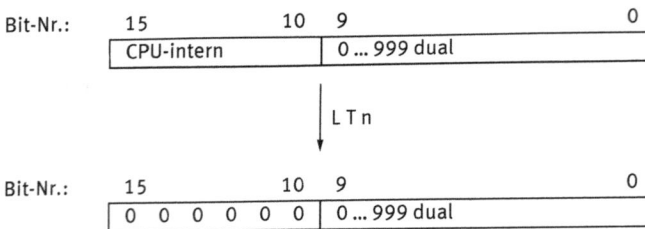

Beispiel eines typischen Befehls für diesen Vorgang: L T 1

- LC T *n* (lade die Restzeit von Zeitglied *n* als BCD-Zahl in den AKKU 1-L): Der Timer kopiert den aktuellen, dual verschlüsselten (Rest-)Zeitwert in den AKKU 1-L und codiert dabei einen BCD-Wert. Im Nachfolgenden wird das Prinzip des DUAL → BCD-Ladevorgangs gezeigt.

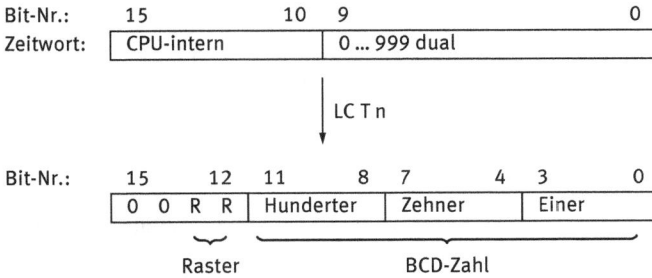

Bit-Nr.: 15   10   9   0
Zeitwort: | CPU-intern | 0 ... 999 dual |

                              | LC T n
                              ↓

Bit-Nr.: 15   12   11   8   7   4   3   0
          | 0 0 R R | Hunderter | Zehner | Einer |
              ⌣   ⌣⸺⸺⸺⸺⸺⸺⸺⸺⌣
            Raster   BCD-Zahl

Beispiel eines typischen Befehls für diesen Vorgang: LC T 1

- U/UN/O/ON/X/XN T *n* (Abfrage des binären Schaltausgangs von Zeitglied *n*): Ein Zeitglied hat einen binären Schaltausgang (Q), der mit den genannten Verknüpfungsoperationen auf Zustand „0" und „1" abgefragt werden kann. Der Schaltausgang verhält sich wie die anderen Zeitfunktionen. Der Schaltausgang Q realisiert somit das eigentliche Schaltverhalten eines Zeitgliedes.
Beispiel einer typischen Befehlsfolge für diesen Vorgang: Folgende Befehlsfolge übergibt die Schaltfunktion des Zeitgliedes T 1 (z. B. einen Impuls) an den Ausgang A 1.0:
U   T 1
=   A 1.0

- FR T *n* (Freigeben der Zeit *n*): ermöglicht, dass trotz konstantem VKE von „1" an den Operationen SE, SS, SI, SV oder SA eines Zeitgliedes diese Funktionen nach Freigabe erneut ausgeführt werden. Damit wird ein Nachtriggern des Zeitwertes ausgeführt. Die Freigabeoperation wird durch einen 0 → 1-VKE-Wechsel vor der Operation FR angestoßen.
Folgende Befehlsfolge gibt bei 0 → 1-Wechsel an E 1.2 das Zeitglied T 1 frei, wenn an E 1.0 eine „1" ansteht:
U   E 1.2
FR   T 1
U   E 1.0
L   S5T#2M5S
SE   T 1
Tab. 7.32 zeigt die Abhängigkeit der Zeitglied-Operationen SE, SS, SI, SV, SA, R und FR von den Statusbits und die Beeinflussung der Statusbits durch die Operationen.

Tab. 7.32: Bitwertigkeit im Statuswort.

Statusbits	BIE	A1	A0	OV	OS	OR	STA	VKE	/ER
Operation abhängig								ja	
Operation beeinflusst						0			0

Komplexbeispiel zur Zeitglied-Nutzung: Es soll ein Signal, welches am Eingang E 0.0 mit „1" angelegt wird, am Ausgang A 4.0
- 5 Sekunden später erscheinen,
- 2 Sekunden länger anstehen.

Abb. 7.38 zeigt den Zeitverlauf von Ein- und Ausgang und Abb. 7.39 die Lösung mit SE und SA in FUP/KOP/AWL.

Abb. 7.38: Zeitverlauf von Ein- und Ausgang.

7.3.9 Wortverknüpfungsoperationen

Wortverknüpfungsoperationen dienen der bitweisen Verknüpfung nach booleschen Regeln für jeweils 16 Bit (Wort) oder 32 Bit (Doppelwort) gleichzeitig. Die zu verknüpfenden Operanden müssen vorher in die Akkumulatoren geladen werden. Das Ergebnis steht in beiden Fällen in AKKU 1. Bei CPUs mit vier Akkus werden AKKU 3 und AKKU 4 nicht beeinflusst.

In Tab. 7.33 werden die Abhängigkeit der nachfolgend beschriebenen Wort- und Doppelwort-Operationen UW, OW, XOW, UD, OD und XOD von den Statusbits und die Beeinflussung der Statusbits durch die Operationen gezeigt.

Tab. 7.33: Bitwertigkeit im Statuswort.

Statusbits	BIE	A1	A0	OV	OS	OR	STA	VKE	/ER
Operation abhängig									
Operation beeinflusst		ja	0	0					

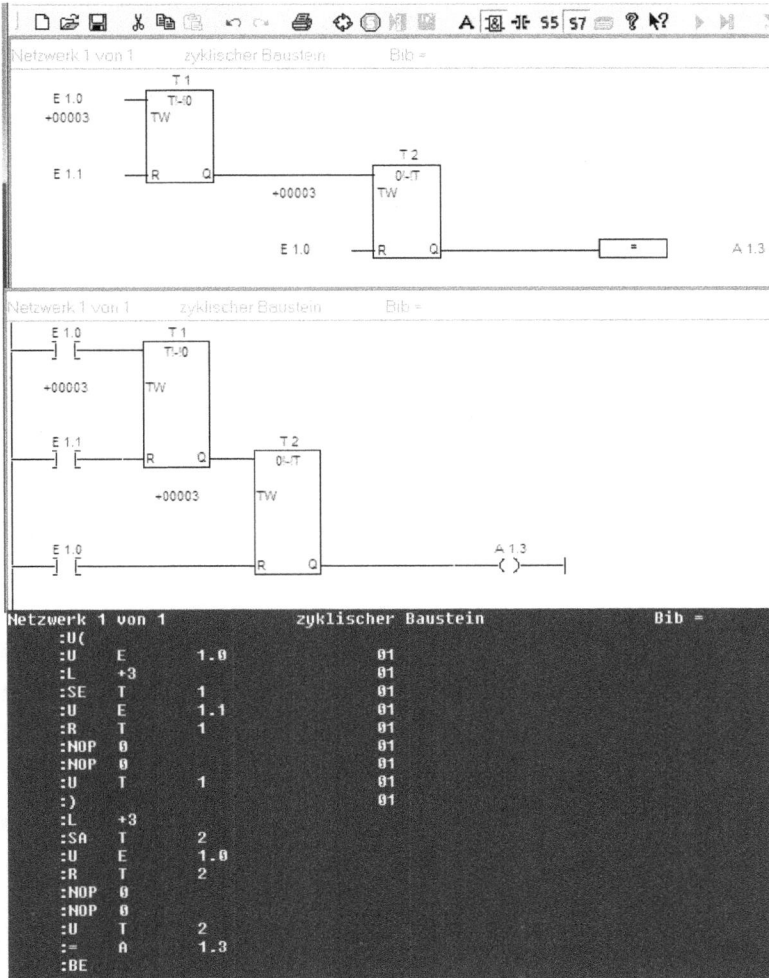

Abb. 7.39: Lösung mit SE und SA in FUP/KOP/AWL.

16-Bit-Wortverknüpfungen

Mit 16-Bit-Wortverknüpfungen werden zwei in die AKKU 1-L und AKKU 2-L geschriebene Wort-Operanden im Sinne von UND, ODER bzw. EXCLUSIV-ODER bitpositionsgetreu verknüpft. Das Ergebnis steht jeweils im AKKU 1-L und kann z. B. zu einem Ausgangswort transferiert oder für weitere Berechnungen durch Zuladen eines weiteren Wertes in den AKKU 2-L geschoben werden.

Programmierprinzip einer 16-Bit-Wortverknüpfung:
- Lade ersten Wortoperanden
- Lade zweiten Wortoperanden → 1. Operation in AKKU 2-L, 2. Operation in AKKU 1-L
- Verknüpfungsoperation
- Nutzung des Ergebniswortes aus AKKU 1-L (z. B. Transferoperation)

Als Wortoperanden bei den Ladebefehlen können verwendet werden:
- Variablen (global und lokal, absolut und symbolisch), z. B. AD 124
- Konstanten, z. B.: W#16#12AB

Weiterhin ist es möglich, bei AWL in der Wortverknüpfungsoperation selbst eine 16-Bit-Konstante anzugeben, die dann mit dem zuletzt geladenen Wert entsprechend der Wortverknüpfungsoperation verknüpft wird.
- UND-Wortverknüpfung (UW)
  Programmbeispiel: Die Bits des ED 0 sollen mit dem hexadezimalen Wert 5FA7 bitstellengenau UND-verknüpft werden. Das Ergebnis soll in das AD 124 transferiert werden. Abb. 7.40 zeigt die Lösung.
  Folgendes Wertebeispiel zeigt den Ablauf:

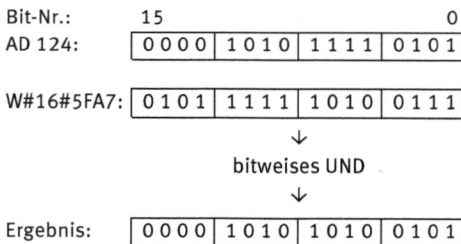

Bit-Nr.:	15			0
AD 124:	0 0 0 0	1 0 1 0	1 1 1 1	0 1 0 1

W#16#5FA7:	0 1 0 1	1 1 1 1	1 0 1 0	0 1 1 1

↓

bitweises UND

↓

Ergebnis:	0 0 0 0	1 0 1 0	1 0 1 0	0 1 0 1

- ODER-Wortverknüpfung (OW)
  Programmbeispiel: Die Bits des EW 124 sollen mit dem hexadezimalen Wert 5FA7 bitstellengenau ODER-verknüpft werden. Das Ergebnis soll in das AD 124 transferiert werden. Abb. 7.41 zeigt die Lösung.

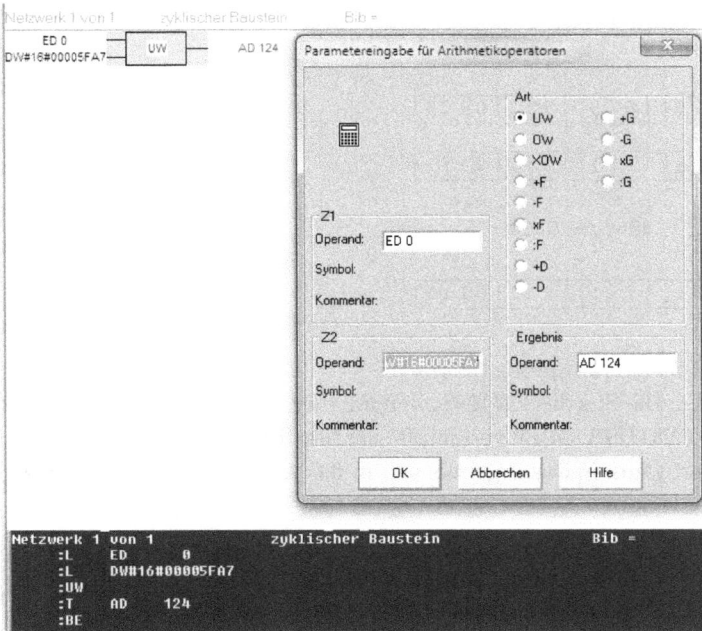

Abb. 7.40: Lösung der UW-Aufgabe in FUP/AWL.

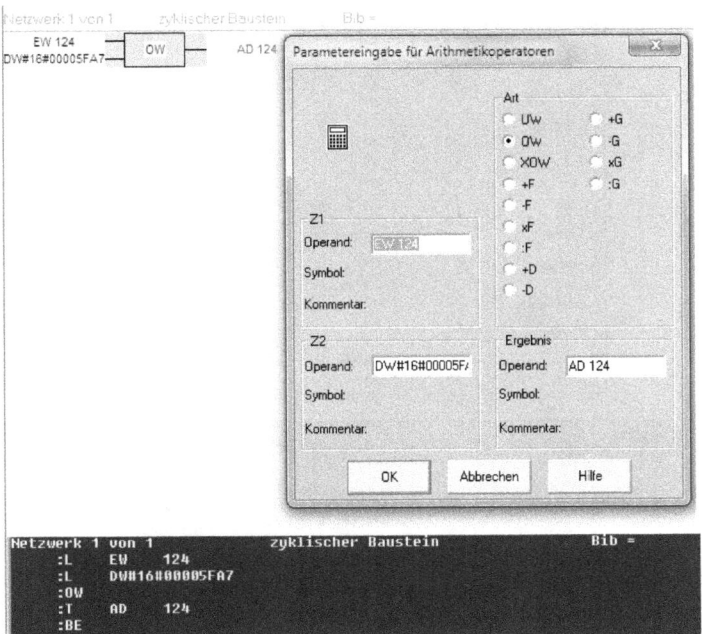

Abb. 7.41: Lösung der OW-Aufgabe in FUP/AWL.

Folgendes Wertebeispiel zeigt den Ablauf:

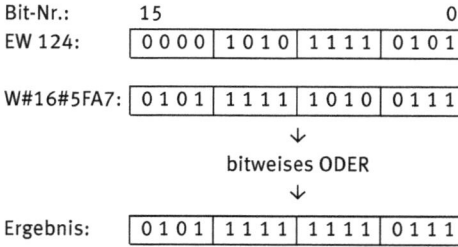

Bit-Nr.: 15   0

EW 124: | 0 0 0 0 | 1 0 1 0 | 1 1 1 1 | 0 1 0 1 |

W#16#5FA7: | 0 1 0 1 | 1 1 1 1 | 1 0 1 0 | 0 1 1 1 |

↓

bitweises ODER

↓

Ergebnis: | 0 1 0 1 | 1 1 1 1 | 1 1 1 1 | 0 1 1 1 |

– EXKLUSIV-ODER-Wortverknüpfung (XOW)
  Programmbeispiel: Die Bits des EW 124 sollen mit dem hexadezimalen Wert 5FA7 bitstellengenau EXKLUSIV-ODER-verknüpft werden. Das Ergebnis soll in das AD 124 transferiert werden. Das Ergebnis soll in das AD 124 transferiert werden. Abb. 7.42 zeigt die Lösung.

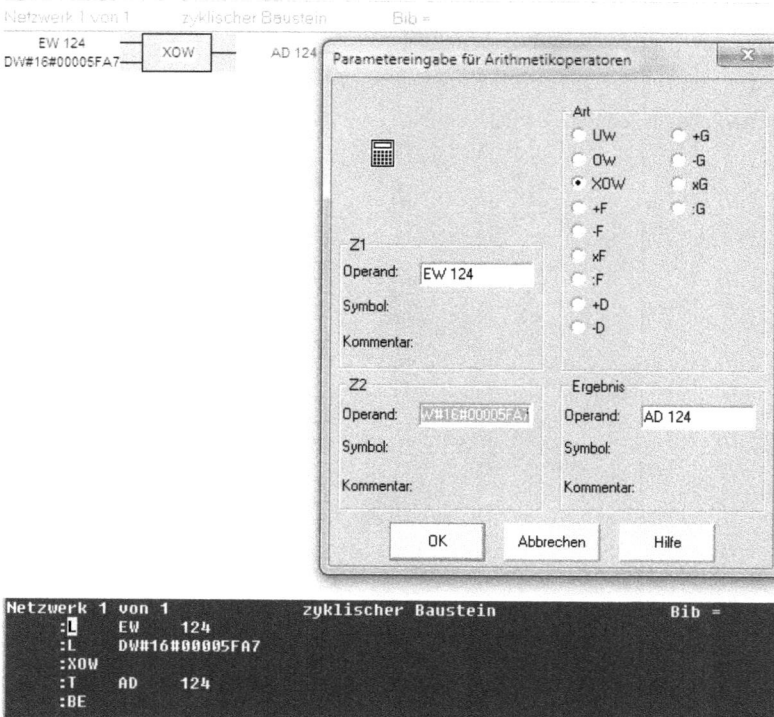

Abb. 7.42: Lösung der XOW-Aufgabe in FUP/AWL.

Folgendes Wertebeispiel zeigt den Ablauf:

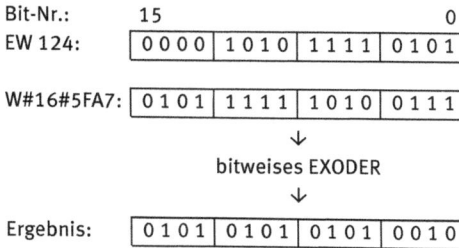

```
Bit-Nr.:      15                              0
EW 124:     | 0 0 0 0 | 1 0 1 0 | 1 1 1 1 | 0 1 0 1 |

W#16#5FA7:  | 0 1 0 1 | 1 1 1 1 | 1 0 1 0 | 0 1 1 1 |
                              ↓
                      bitweises EXODER
                              ↓
Ergebnis:   | 0 1 0 1 | 0 1 0 1 | 0 1 0 1 | 0 0 1 0 |
```

32-Bit-Verknüpfungen

Mit 32-Bit-Wortverknüpfungen werden zwei in die AKKU 1 und AKKU 2 geschriebene Doppelwort-Operanden im Sinne von UND, ODER bzw. EXCLUSIV-ODER bitpositionsgetreu verknüpft. Das Ergebnis steht jeweils im AKKU 1 und kann z. B. zu einem Ausgangsdoppelwort transferiert oder für weitere Berechnungen durch Zuladen eines weiteren Wertes in den AKKU 2 geschoben werden.

Programmierprinzip einer 32-Bit-Wortverknüpfung:

- Lade ersten Doppelwortoperanden
- Lade zweiten Doppelwortoperanden → 1. Operation in AKKU 2, 2. Operation in AKKU 1
- Verknüpfungsoperation
- Nutzung des Ergebnis-Doppelwortes aus AKKU 1 (z. B. Transferoperation)

Als Doppelwortoperanden bei den Ladebefehlen können verwendet werden:
- Variablen (global und lokal, absolut und symbolisch), z. B. ED 0
- Konstanten, z. B. DW#16#1234ABCD

Weiterhin ist es möglich, bei AWL in der Doppelwort-Verknüpfungsoperation selbst eine 32-Bit-Konstante anzugeben, die dann mit dem zuletzt geladenen Wert entsprechend der Wortverknüpfungsoperation verknüpft wird.
- UND-Doppelwortverknüpfung (UD)
  Programmbeispiel: Die Bits des ED 0 sollen mit dem hexadezimalen Wert „6789 ABCD" bitstellengenau UND-verknüpft werden. Das Ergebnis soll in das AD 4 transferiert werden. Abb. 7.43 zeigt die Lösung.

```
Netzwerk 1 von 1          zyklischer Baustein          Bib =
      :L      ED      0
      :L      DW#16#6789ABCD
      :UD
      :T      AD      4
      :NOP    0
      :BE
```

Abb. 7.43: Lösung der UD-Aufgabe in AWL.

Folgendes Wertebeispiel zeigt den Ablauf:

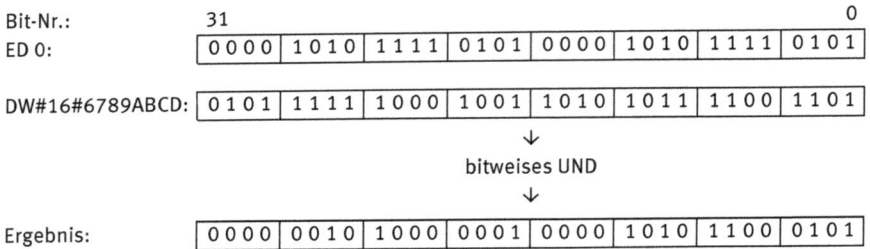

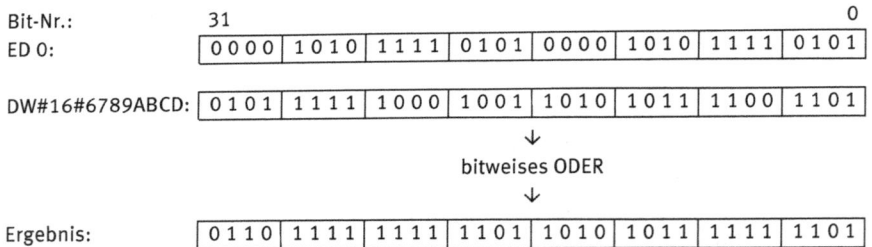

Bit-Nr.:	31							0
ED 0:	0 0 0 0	1 0 1 0	1 1 1 1	0 1 0 1	0 0 0 0	1 0 1 0	1 1 1 1	0 1 0 1

DW#16#6789ABCD:	0 1 0 1	1 1 1 1	1 0 0 0	1 0 0 1	1 0 1 0	1 0 1 1	1 1 0 0	1 1 0 1

↓

bitweises UND

↓

Ergebnis:	0 0 0 0	0 0 1 0	1 0 0 0	0 0 0 1	0 0 0 0	1 0 1 0	1 1 0 0	0 1 0 1

– ODER-Doppelwortverknüpfung (OD)
Programmbeispiel: Die Bits des ED 0 sollen mit dem hexadezimalen Wert „6789 ABCD" bitstellengenau ODER-verknüpft werden. Das Ergebnis soll in das AD 4 transferiert werden. Abb. 7.44 zeigt die Lösung.

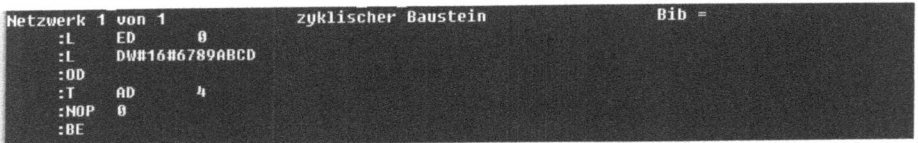

```
Netzwerk 1 von 1          zyklischer Baustein          Bib =
        :L    ED      0
        :L    DW#16#6789ABCD
        :OD
        :T    AD      4
        :NOP  0
        :BE
```

Abb. 7.44: Lösung der OD-Aufgabe in AWL.

Folgendes Wertebeispiel zeigt den Ablauf:

Bit-Nr.:	31							0
ED 0:	0 0 0 0	1 0 1 0	1 1 1 1	0 1 0 1	0 0 0 0	1 0 1 0	1 1 1 1	0 1 0 1

DW#16#6789ABCD:	0 1 0 1	1 1 1 1	1 0 0 0	1 0 0 1	1 0 1 0	1 0 1 1	1 1 0 0	1 1 0 1

↓

bitweises ODER

↓

Ergebnis:	0 1 1 0	1 1 1 1	1 1 1 1	1 1 0 1	1 0 1 0	1 0 1 1	1 1 1 1	1 1 0 1

– EXKLUSIV-ODER-Doppelwortverknüpfung (XOD)
Programmbeispiel: Die Bits des ED 0 sollen mit dem hexadezimalen Wert „6789 ABCD" bitstellengenau ODER-verknüpft werden. Das Ergebnis soll in das AD 4 transferiert werden. Abb. 7.45 zeigt die Lösung.

```
Netzwerk 1 von 1          zyklischer Baustein              Bib =
    :L    ED      0
    :L    DW#16#6789ABCD
    :XOD
    :T    AD      4
    :NOP  0
    :BE
```

Abb. 7.45: Lösung der XOD-Aufgabe in AWL.

Folgendes Wertebeispiel zeigt den Ablauf:

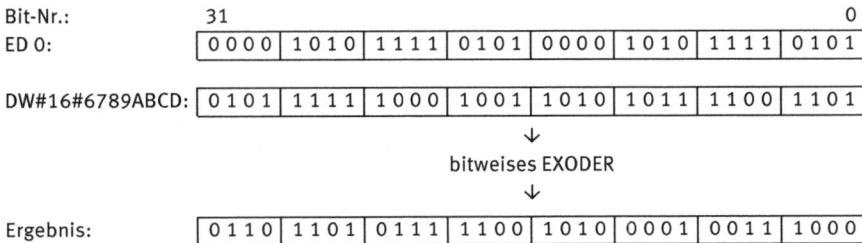

Bit-Nr.:	31							0
ED 0:	0000	1010	1111	0101	0000	1010	1111	0101

DW#16#6789ABCD:	0101	1111	1000	1001	1010	1011	1100	1101

↓

bitweises EXODER

↓

Ergebnis:	0110	1101	0111	1100	1010	0001	0011	1000

7.3.10 Arithmetikoperationen

Mittels Arithmetikoperationen (Rechenoperationen) werden zwei in den AKKU 1 und AKKU 2 stehende digitale Werte nach Grundrechenarten verknüpft. Bei der Gleitpunktarithmetik sind auch erweiterte Rechenoperationen wie Quadratbildung und trigonometrische Funktionen vorgesehen.

Festpunktarithmetik

Mit diesen Operationen werden 16- bzw. 32-Bit-Ganzzahlen (Datentypen Integer [INT] bzw. Doppelinteger [DINT]) addiert, subtrahiert, multipliziert oder dividiert.

Programmierprinzip einer Ganzzahl-Rechnung:
- Lade ersten Wert
- Lade zweiten Wert → 1. Wert in AKKU 2*, 2. Wert in AKKU 1*
- Rechenoperation
- Nutzung des Ergebnisses aus AKKU 1* (z. B. Transferoperation)

Als Werte (Ganzzahlen) bei den Ladebefehlen können verwendet werden:
- Variablen (global und lokal, absolut und symbolisch), z. B.: EW 124
- Konstanten, z. B.: W#16#12AB

---

* -L bei 16-Bit-Werten

Weiterhin ist es möglich, bei AWL eine Ganzzahl-Konstante direkt im Befehl zum Inhalt von AKKU 1 zu addieren. Als Operationen stehen zur Verfügung:

16-Bit-Ganzzahlen: +I, −I, *I, /I und +

32-Bit-Ganzzahlen: +D, −D, *D, /D, MOD und +

Rechenoperationen für 16-Bit-Ganzzahlen

Für alle hier aufgeführten Operationen gilt:
- AKKU-Inhalte werden als 16-Bit-Ganzzahlen (Integer) ausgewertet
- Ergebnis wird in AKKU 1 gespeichert
- keine VKE-Berücksichtigung oder Beeinflussung
- Statusbits A1, A0, OD und OV werden gesetzt
- auch bei Überlauf/Unterlauf bleibt das Ergebnis eine 16-Bit-Ganzzahl
- bei zwei Akkus: AKKU 2 durch Rechenoperation unverändert
- bei vier Akkus werden die Inhalte von AKKU 3 nach AKKU 2 und von AKKU 4 nach AKKU 3 kopiert, AKKU 4 bleibt unverändert

- +I (addiere AKKU 1-L und AKKU 2-L als 16-Bit-Ganzzahlen): Die CPU addiert den Inhalt von AKKU 1-L zum Inhalt von AKKU 2-L. Die Auswirkung auf die Statusbits sind in Tab. 7.34 gezeigt.

Tab. 7.34: Auswirkung auf die Statusbits.

Ergebnis	A1	A0	OV	OS
Summe = 0	0	0	0	–
−32768 ≤ Summe < 0	0	1	0	–
32767 ≤ Summe > 0	1	0	0	–
Summe = −65536	0	0	1	1
65534 ≥ Summe >· 32767	0	1	1	1
−65535 ≥ Summe > −32768	1	0	1	1

Beispiel: Zum Inhalt von MD 20 soll der Integerwert 125 addiert werden, Ergebnis ins AD 4 transferieren. Abb. 7.46 zeigt die Lösung.
- −I (subtrahiere AKKU 1-L von AKKU 2-L als 16-Bit-Ganzzahlen): Die CPU subtrahiert den Inhalt von AKKU 1-L mit Inhalt von AKKU 2-L. Tab. 7.35 zeigt die Auswirkungen auf die Statusbits.

Beispiel: Vom Inhalt von MD 20 soll der Integerwert 125 subtrahiert werden, Ergebnis ins AD 4 transferieren. Abb. 7.47 zeigt die Lösung.

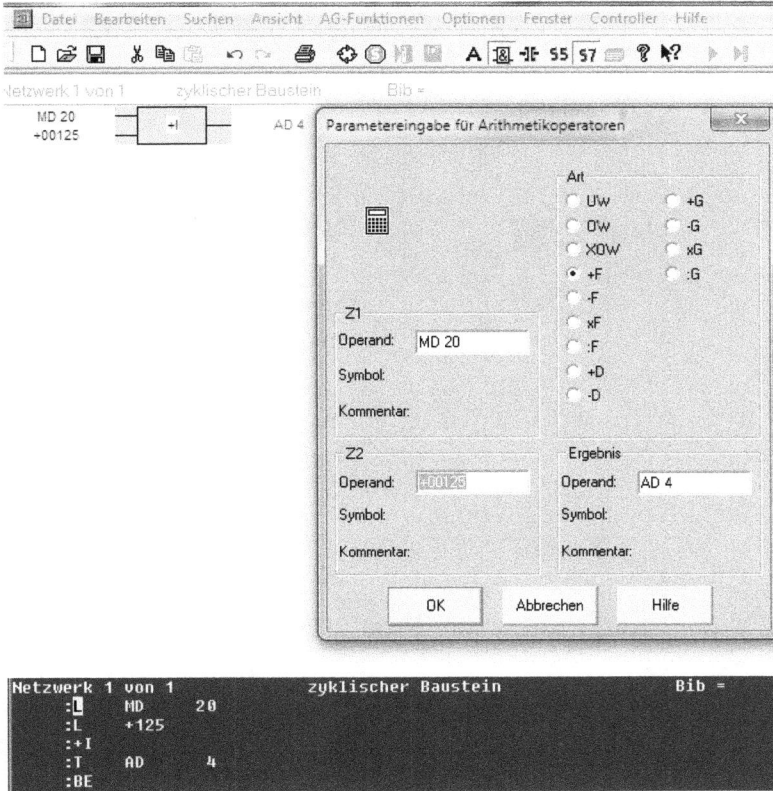

Abb. 7.46: Lösung der Additionsaufgabe in FUP/AWL.

Tab. 7.35: Auswirkungen auf die Statusbits.

Ergebnis		A1	A0	OV	OS
Differenz =	0	0	0	0	–
−32768 ≤ Differenz <	0	0	1	0	–
32767 ≥ Differenz >	0	1	0	0	–
65534 ≥ Differenz >	32767	0	1	1	1
−65535 ≤ Differenz < −32768		1	0	1	1

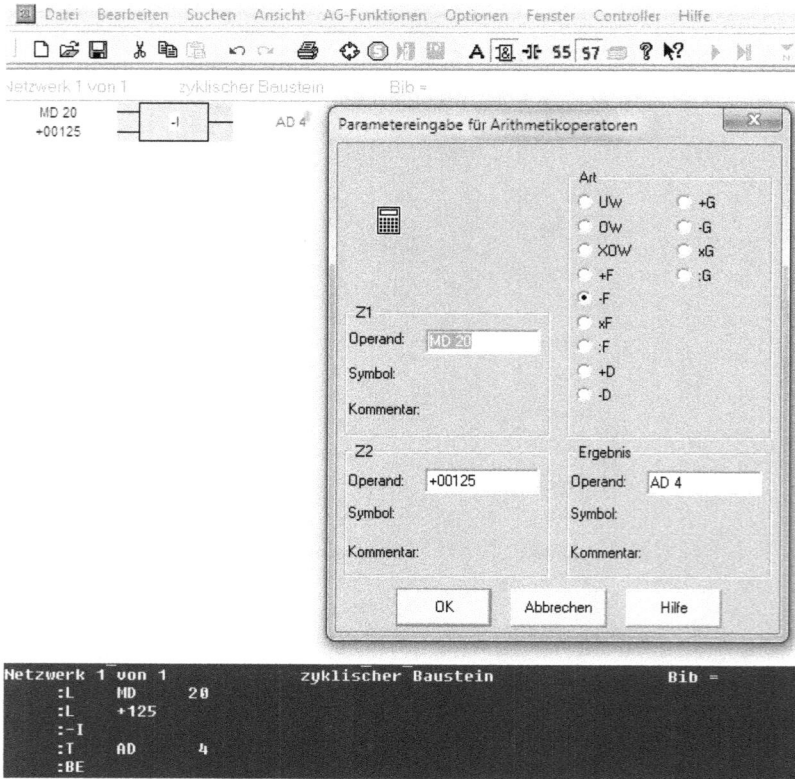

Abb. 7.47: Lösung der Subtraktionsaufgabe in FUP/AWL.

– *I (multipliziere AKKU 1-L mit AKKU 2-L als 16-Bit-Ganzzahlen): Die CPU multipliziert den Inhalt von AKKU 1-L mit Inhalt von AKKU 2-L. Tab. 7.36 zeigt die Auswirkungen auf die Statusbits.

Tab. 7.36: Auswirkungen auf die Statusbits.

Ergebnis		A1	A0	OV	OS
Produkt =	0	0	0	0	–
−32768 ≤ Produkt <	0	0	1	0	–
32767 ≥ Produkt >	0	1	0	0	–
1073741824 ≥ Produkt >	32767	0	1	1	1
−1073709056 ≤ Produkt <	−32768	1	0	1	1

Beispiel: Der Inhalt von MD 20 soll mit dem Integerwert 125 multipliziert werden, Ergebnis ins AD 4 transferieren. Abb. 7.48 zeigt die Lösung.

```
Netzwerk 1 von 1            zyklischer Baustein              Bib =
    :L      MD      20
    :L      +125
    :+I
    :T      AD      4
    :BE
```

Abb. 7.48: Lösung der Multiplikationsaufgabe in AWL.

- /I (dividiere AKKU 2-L durch AKKU 1-L als 16-Bit-Ganzzahlen): Die CPU dividiert den Inhalt von AKKU 2-L durch den Inhalt von AKKU 1-L. Das Ergebnis wird wie folgt gespeichert: der Quotient in AKKU 1-L und der Divisionsrest in AKKU 1-H, jeweils als 16-Bit-Ganzzahlen. Tab. 7.37 zeigt die Auswirkungen auf die Statusbits.

Tab. 7.37: Auswirkungen auf die Statusbits.

Ergebnis		A1	A0	OV	OS
Quotient =	0	0	0	0	–
Quotient = 32768		1	0	1	1
−32768 ≤ Quotient <	0	0	1	0	–
32767 ≥ Quotient >	0	1	0	0	–
Quotient durch 0		1	1	1	1

Beispiel: Der Inhalt von MW 20 soll durch den Integerwert 125 dividiert werden, Ergebnis ins AW 4 transferieren. Abb. 7.49 zeigt die Lösung.

```
Netzwerk 1 von 1            zyklischer Baustein
    :L      MW      20
    :L      +125
    :/I
    :T      AW      4
    :BE
```

Abb. 7.49: Lösung der Multiplikationsaufgabe in AWL.

Rechenoperationen für 32-Bit-Ganzzahlen

Für alle hier aufgeführten Operationen gilt (sofern an der Operation nichts Gegenteiliges vermerkt):

- AKKU-Inhalte als 32-Bit-Ganzzahlen (Doppel-Integer) ausgewertet
- Ergebnis wird in AKKU 1 gespeichert
- keine VKE-Berücksichtigung oder Beeinflussung
- Statusbits A1, A0, OS, und OV werden gesetzt
- zwei Akkus: AKKU 2 bleibt durch die Rechenoperation unverändert
- bei vier Akkus werden die Inhalte von AKKU 3 nach AKKU 2 und von AKKU 4 nach AKKU 3 kopiert, AKKU 4 bleibt unverändert

– +D (addiere AKKU 1 und AKKU 2 als 32-Bit-Ganzzahlen): Die CPU addiert den Inhalt von AKKU 1 zum Inhalt von AKKU 2. Tab. 7.38 zeigt die Auswirkungen auf die Statusbits.

Tab. 7.38: Auswirkungen auf die Statusbits.

Ergebnis		A1	A0	OV	OS
Summe =	0	0	0	0	–
−2147483648 ≤ Summe <	0	0	1	1	–
2147483647 ≥ Summe >	0	1	1	0	–
Summe = −4294967296	0	0	1	1
4294967294 ≥ Summe > 2147483647	0	1	1	1
−4294967294 ≤ Summe < −2147483648	1	0	1	1

Beispiel: Zum Inhalt von MD 20 soll der Doppel-Integerwert L#1234567 addiert werden, Ergebnis ins AD 4 transferieren. Abb. 7.50 zeigt die Lösung.

Abb. 7.50: Lösung der Additionsaufgabe in AWL.

– –D (subtrahiere AKKU 1 von AKKU 2 als 32-Bit-Ganzzahlen): Die CPU subtrahiert den Inhalt von AKKU 1. Tab. 7.39 zeigt die Auswirkungen auf die Statusbits.

Tab. 7.39: Auswirkungen auf die Statusbits.

Ergebnis		A1	A0	OV	OS
Differenz =	0	0	0	0	–
−2147483648 ≤ Differenz <	0	0	1	0	–
2147483647 ≥ Differenz >	0	1	0	0	–
4294967294 ≥ Differenz > 2147483647	0	1	1	1
−4294967295 ≤ Differenz < −2147483648	1	0	1	1

Beispiel: Vom Inhalt von MD 20 soll der Doppel-Integerwert L#1234567 subtrahiert werden, Ergebnis ins AD 4 transferieren. Abb. 7.51 zeigt die Lösung.

```
Netzwerk 1 von 1              zyklischer Baustein              Bib =
    :L      MD      20
    :L      L#+123456
    :-D
    :T      AD      4
    :BE
```

Abb. 7.51: Lösung der Subtraktionsaufgabe in AWL.

- *D (multipliziere AKKU 1 mit AKKU 2 als 32-Bit-Ganzzahlen): Die CPU multipliziert den Inhalt von AKKU 1 mit Inhalt von AKKU 2. Tab. 7.40 zeigt die Auswirkungen auf die Statusbits.

Tab. 7.40: Auswirkungen auf die Statusbits.

Ergebnis		A1	A0	OV	OS
Produkt =	0	0	0	0	−
−2147483648 ≤ Produkt <	0	0	1	0	−
2147483647 ≥ Produkt >	0	1	0	0	−
Produkt > 2147483647		1	0	1	1
Produkt < −2147483648		0	1	1	1

Beispiel: Der Inhalt von MD 20 soll mit dem Doppel-Integerwert L#1234567 multipliziert werden, Ergebnis ins AD 4 transferieren. Abb. 7.52 zeigt die Lösung.

```
Netzwerk 1 von 1              zyklischer Baustein              Bib =
    :L      MD      20
    :L      L#+1234567
    :+D
    :T      AD      4
    :BE
```

Abb. 7.52: Lösung der Multiplikationsaufgabe in AWL.

- /D (dividiere AKKU 2 durch AKKU 1 als 32-Bit-Ganzzahlen): Die CPU dividiert den Inhalt von AKKU 2 durch den Inhalt von AKKU 1. Das in AKKU 1 gespeicherte Ergebnis enthält nur den restfreien Quotienten. Divisionsrest über Operation MOD erreichbar. Tab. 7.41 zeigt die Auswirkungen auf die Statusbits.

Tab. 7.41: Auswirkungen auf die Statusbits.

Ergebnis		A1	A0	OV	OS
Quotient =	0	0	0	0	−
−2147483648 ≤ Quotient <	0	0	1	0	−
2147483647 ≥ Quotient >	0	1	0	0	−
Quotient > 2147483647		1	0	1	1
Quotient durch 0		1	1	1	1

Beispiel: Inhalt von MD 20 soll durch den Doppel-Integerwert L#1234567 dividiert werden, Ergebnis ins AD 4 transferieren. Abb. 7.53 zeigt die Lösung.

```
Netzwerk 1 von 1           zyklischer Baustein              Bib =
    :L    MD     20
    :L    L#+1234567
    :/D
    :T    AD      4
    :BE
```

Abb. 7.53: Lösung der Divisionsaufgabe in AWL.

– MOD (Divisionsrest als Ganzzahl [32 Bit]): Als Ergebnis der Division zweier Doppel-Integerwerte entsteht im AKKU 1 nur der Divisionsrest als 32-Bit-Ganzzahl. Der Quotient selbst wird mittels ID berechnet. Tab. 7.42 zeigt die Auswirkungen auf die Statusbits.

Tab. 7.42: Auswirkungen auf die Statusbits.

Ergebnis	A1	A0	OV	OS
Rest = 0	0	0	0	–
$-2147483648 \leq$ Rest < 0	0	1	0	–
$2147483647 \geq$ Rest > 0	1	0	0	–
Summe durch 0	1	1	1	1

7.3.11 Gleitpunktarithmetik

Mit diesen Operationen werden 32-Bit-Gleitpunktzahlen (Datentyp REAL) bearbeitet. Als Operationen stehen zur Verfügung:

Grundrechenoperationen:	+R, –R, *R, /R
Betragsbildung:	ABS
Erweiterte Rechenoperationen:	SQRT, SQR, LN, EXP,
	SIN, COS, TAN,
	ASIN, ACOS, ATAN

7.3.11.1 Programmierprinzip einer Grundrechenoperation
– Lade ersten Wert
– Lade zweiten Wert → 1. Wert in AKKU 2, 2. Wert in AKKU 1
– Rechenoperation
– Nutzung des Ergebnisses aus AKKU 1 (z. B. Transferoperation)

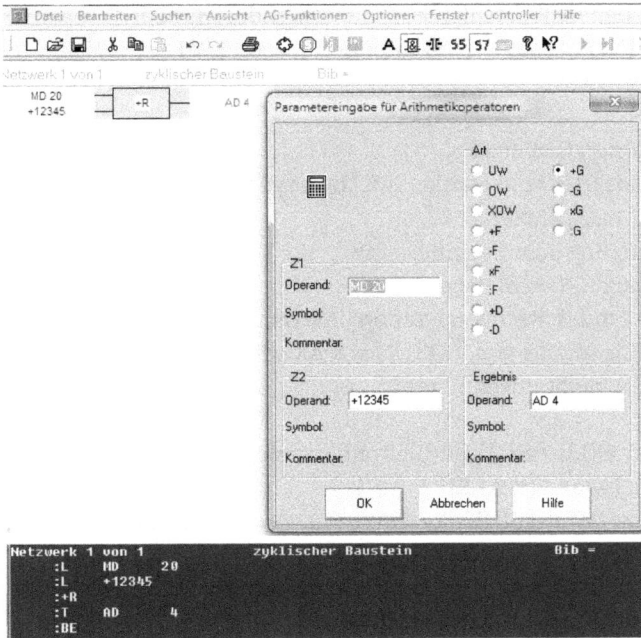

Abb. 7.54: Lösung der Additionsaufgabe in KOP/AWL.

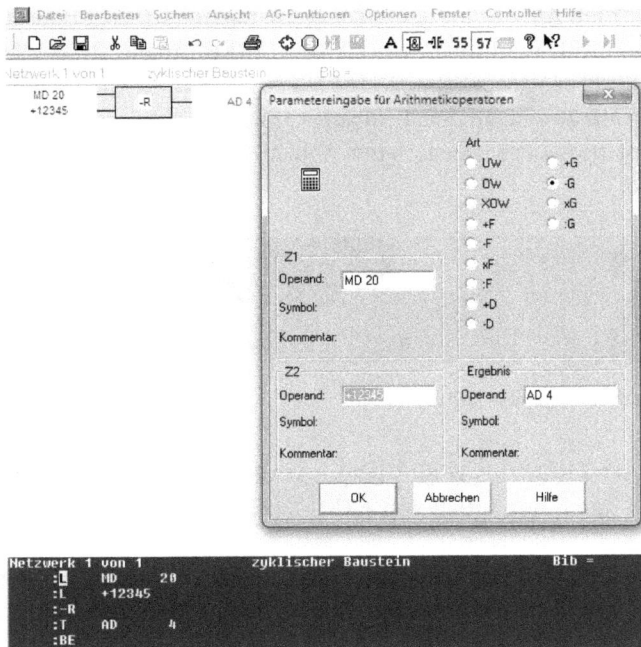

Abb. 7.55: Lösung der Subtraktionsaufgabe in KOP/AWL.

Als Werte (Realzahlen) bei den Ladebefehlen können verwendet werden:
- Variablen (global und lokal, absolut und symbolisch), z. B.: EW 124
- Konstanten, z. B.: W#16#12AB

Für alle hier aufgeführten Operationen gilt:
- AKKU-Inhalte werden als Gleitpunktzahlen (REAL) ausgewertet
- Ergebnis wird in AKKU 1 gespeichert
- keine VKE-Berücksichtigung oder Beeinflussung
- Statusbits A1, A0, OS, und OV werden gesetzt
- bei zwei Akkus: AKKU 2 durch Rechenoperation unverändert
- bei vier Akkus werden die Inhalte von AKKU 3 nach AKKU 2 und von AKKU 4 nach AKKU 3 kopiert, AKKU 4 bleibt unverändert

- +R (addiere AKKU 1 und AKKU 2 als 32-Bit-Gleitpunktzahlen): Die CPU addiert den Inhalt von AKKU 1 zum Inhalt von AKKU 2.
  Beispiel: Zum Inhalt von MD 20 soll der Realwert 1.234500e+002 addiert werden, Ergebnis ins AD 4 transferieren. Abb. 7.54 zeigt die Lösung.
- −R (subtrahiere AKKU 1 von AKKU 2 als 32-Bit-Gleitpunktzahlen): Die CPU subtrahiert den Inhalt von AKKU 1 vom Inhalt des AKKU 2.
  Beispiel: Vom Inhalt von MD 20 soll der Realwert 1.234500e+002 subtrahiert werden, Ergebnis ins AD 4 transferieren. Abb. 7.55 zeigt die Lösung einer Subtraktionsaufgabe.
- ∗R (multipliziere AKKU 1 mit AKKU 2 als 32-Bit-Gleitpunktzahlen): Die CPU multipliziert den Inhalt von AKKU 1 mit Inhalt von AKKU 2 (AKKU-Inhalte als 32-Bit-Gleitpunktzahlen [IEEE-FP] ausgewertet).
  Beispiel: Der Inhalt von MD 20 soll mit dem Realwert 1.234500e+002 multipliziert werden. Das Ergebnis ist ins AD 4 zu transferieren. Abb. 7.56 zeigt die Lösung einer Multiplikationsaufgabe.

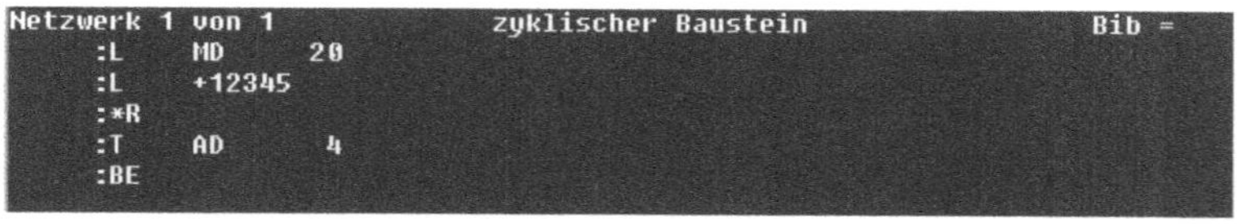

Abb. 7.56: Lösung der Multiplikationsaufgabe in AWL.

- /R (dividiere AKKU 1 durch AKKU 2 als 32-Bit-Gleitpunktzahlen): Die CPU dividiert den Inhalt von AKKU 1 durch den Inhalt von AKKU 2 (AKKU-Inhalte als 32-Bit-Gleitpunktzahlen [IEEE-FP] ausgewertet).
  Beispiel: Der Inhalt von MD 20 ist durch den Realwert 1.234500e+002 zu dividieren. Das Ergebnis ist ins AD 4 zu transferieren. Abb. 7.57 zeigt die Lösung einer Divisionsaufgabe.

```
Netzwerk 1 von 1              zyklischer Baustein              Bib =
     :L      MD      20
     :L      +1
     :/R
     :T      AD      4
     :BE
```

Abb. 7.57: Lösung der Divisionsaufgabe in AWL.

7.3.11.2 Betragsbildung einer Gleitpunktzahl

– ABS bildet den Absolutwert einer in AKKU 1 stehenden 32-Bit-Gleitpunktzahl (32-Bit, IEEE-FP). Das Ergebnis wird in AKKU 1 abgelegt. Statusbits werden nicht berücksichtigt oder beeinflusst.
Beispiel: Vom Inhalt von MD 20 ist der Betrag zu ermitteln. Das Ergebnis ist ins AD 4 zu transferieren. Abb. 7.58 zeigt die Lösung einer Absolutwert-Bildung.

```
Netzwerk 1 von 1              zyklischer Baustein              Bib =
     :L      MD      20
     :ABS
     :T      AD      4
     :BE
```

Abb. 7.58: Lösung der Absolutwert-Bildung in AWL.

7.3.11.3 Erweiterte Rechenoperationen mit Gleitpunktzahlen

– SQRT (bilde aus der Quadratwurzel eine 32-Bit-Gleitpunktzahl): Die CPU berechnet die Quadratwurzel einer in AKKU 1 stehenden 32-Bit-Gleitpunktzahl (IEEE-FP). Der Eingangswert muss ≥ 0 sein. Ausnahme: SQRT von -0 ist -0. Das Ergebnis wird in AKKU 1 abgelegt und die anderen AKKUs bleiben unverändert.
Beispiel: Vom Inhalt von MD 20 ist die Quadratwurzel zu ermitteln. Das Ergebnis ist ins AD 4 zu transferieren. Abb. 7.59 zeigt die Lösung einer Quadratwurzel-Bildung.

```
Netzwerk 1 von 1              zyklischer Baustein              Bib =
     :L      MD      20
     :SQRT
     :T      AD      4
     :BE
```

Abb. 7.59: Lösung der Quadratwurzel-Bildung in AWL.

– SQR (bilde das Quadrat einer 32-Bit-Gleitpunktzahl): Die CPU berechnet das Quadrat einer in AKKU 1 stehenden 32-Bit-Gleitpunktzahl (IEEE-FP). Das Ergebnis wird in AKKU 1 abgelegt und die anderen AKKUs bleiben unverändert.

Beispiel: Vom Inhalt von MD 20 ist das Quadrat zu ermitteln. Das Ergebnis ist ins AD 4 zu transferieren. Abb. 7.60 zeigt die Lösung einer Quadrat-Bildung.

```
Netzwerk 1 von 1          zyklischer Baustein                Bib =
    :L      MD      20
    :SQR
    :T      AD       4
    :BE
```

Abb. 7.60: Lösung der Quadrat-Bildung in AWL.

– LN (bilde den natürlichen Logarithmus einer 32-Bit-Gleitpunktzahl): Die CPU berechnet den Logarithmus zur Basis e (natürlicher Logarithmus) einer in AKKU 1 stehenden 32-Bit-Gleitpunktzahl. Der Eingangswert muss > 0 sein. Das Ergebnis wird in AKKU 1 abgelegt und die anderen AKKUs bleiben unverändert.
Beispiel: Vom Inhalt von MD 20 ist der natürliche Logarithmus zu ermitteln. Das Ergebnis ist ins AD 4 zu transferieren. Abb. 7.61 zeigt die Lösung eines natürlichen Logarithmus.

```
Netzwerk 1 von 1          zyklischer Baustein                Bib =
    :L      MD      20
    :LN
    :T      AD       4
    :BE
```

Abb. 7.61: Lösung des natürlichen Logarithmus in AWL.

– EXP (bilde den Exponentialwert einer 32-Bit-Gleitpunktzahl): Die CPU berechnet den Exponentialwert zur Basis e einer im AKKU 1 stehenden 32-Bit-Gleitpunktzahl. Das Ergebnis wird in AKKU 1 abgelegt und die anderen AKKUs bleiben unverändert.
Beispiel: Vom Inhalt von MD 20 ist der Exponentialwert zur Basis e zu ermitteln. Das Ergebnis ist ins AD 4 zu transferieren. Abb. 7.62 zeigt die Lösung eines Exponentialwertes.

```
Netzwerk 1 von 1          zyklischer Baustein                Bib =
    :L      MD      20
    :EXP
    :T      AD       4
    :BE
```

Abb. 7.62: Lösung des Exponentialwertes in AWL.

– SIN bildet den Sinus eines Winkels als 32-Bit-Gleitpunktzahl.
– COS bildet den Kosinus eines Winkels als 32-Bit-Gleitpunktzahl.
– TAN bildet den Tangens eines Winkels als 32-Bit-Gleitpunktzahl.

Für die trigonometrischen Funktionen SIN, COS und TAN gilt: Die CPU berechnet die trigonometrische Funktion von einem als 32-Bit-Gleitpunktzahl in AKKU 1 angegebenen Winkel. Das Ergebnis wird in AKKU 1 abgelegt und die anderen AKKUs bleiben unverändert.

Beispiel: Vom Inhalt von MD 28 ist der Sinus zu ermitteln. Das Ergebnis ist ins AD 4 zu transferieren. Abb. 7.63 zeigt die Lösung eines Sinus.

```
Netzwerk 1 von 1           zyklischer Baustein              Bib =
     :L    MD    28
     :SIN
     :T    AD    4
     :NOP  0
     :BE
```

Abb. 7.63: Lösung des Sinus in AWL.

- ASIN (bilde den Arcussinus einer 32-Bit-Gleitpunktzahl): Die CPU berechnet den Arcussinus einer in AKKU 1 stehenden Gleitpunktzahl. Der zulässige Eingangswertebereich:

$$-1 \leq \text{Eingangswert} \leq +1$$

Das Ergebnis ist in AKKU 1 und der Winkel wird im Bogenmaß $(-\pi/2 \ldots +\pi/2)$ gespeichert.

Beispiel: Vom Inhalt von MD 28 ist der Arcussinus zu ermitteln. Das Ergebnis ist ins AD 4 zu transferieren. Abb. 7.64 zeigt die Lösung eines Arcussinus.

```
Netzwerk 1 von 1           zyklischer Baustein              Bib =
     :L    MD    28
     :ASIN
     :T    AD    4
     :NOP  0
     :BE
```

Abb. 7.64: Lösung des Arcussinus in AWL.

7.3.12 Inkrementieren und Dekrementieren

Mit diesen Operationen kann der Inhalt von AKKU 1-LL um jeweils 0 bis 255 nach dem Prinzip „modulo 256" verändert werden.

Inkrementieren

Anweisung: INC ⟨Konstante 0 … 255⟩
Beschreibung:
- addiert die Konstante (Ganzzahl acht Bit) zum Inhalt von AKKU 1-LL und speichert das Ergebnis in AKKU 1-LL
- andere Akkuteile werden nicht verändert

- INC wird ausgeführt, ohne VKE oder andere Statusbits zu berücksichtigen oder zu beeinflussen

Beispiel: Bei jedem Programmdurchlauf soll der Inhalt von MB 20 um 3 erhöht werden.

Lösung:
```
L    MB  20
INC  3
T    MB  20
```

Dekrementieren

Anweisung: DEC ⟨Konstante 0 ... 255⟩

Beschreibung:
- subtrahiert die Konstante (Ganzzahl acht Bit) vom Inhalt von AKKU 1-LL und speichert das Ergebnis in AKKU 1-LL
- andere Akkuteile werden nicht verändert
- DEC wird ausgeführt, ohne VKE oder andere Statusbits zu berücksichtigen oder zu beeinflussen

Beispiel: Bei jedem Programmdurchlauf soll der Inhalt von MB 20 um 3 verringert werden.

Lösung:
```
L    MB  20
DEC  3
T    MB  20
```

7.3.13 Umwandlungsoperationen

Mit diesen Operationen werden
- BCD-Zahlen und Ganzzahlen in andere Zahlenarten umgesetzt. Als Operationen stehen zur Verfügung:

BTI	BCD-ZahI in 16-Bit-Ganzzahl
BTD	BCD-Zahl in 32-Bit-Ganzzahl
ITB	16-Bit-Ganzzahl in BCD-Zahl
ITD	16-Bit-Ganzzahl in 32-Bit-Ganzzahl
DTB	32-Bit-Ganzzahl in BCD-Zahl
DTR	32-Bit-Ganzzahl in 32-Bit-Gleitpunktzahl

– 32-Bit-Gleitpunktzahlen in 32-Bit-Ganzzahlen umgesetzt. Als Operationen für diese Rundungsvorgänge stehen zur Verfügung:

RND   Runden zur Ganzzahl

RND+   Runden zur nächsthöheren Ganzzahl

RND–   Runden zur nächstniederen Ganzzahl

TRUNC   Runden mit Abschneiden des gebrochenen Teiles

– Komplemente von Ganzzahlen und Wechsel des Vorzeichens bei Gleitpunktzahlen umgesetzt. Als Operationen stehen zur Verfügung:

INVI   Einer-Komplement einer 16-Bit-Ganzzahl

INVD   Einer-Komplement einer 32-Bit-Ganzzahl

NEGI   Zweier-Komplement einer 16-Bit-Ganzzahl

NEGD   Zweier-Komplement einer 32-Bit-Ganzzahl

Beispiel: BCD-Zahl in 16-Bit-Ganzzahl mittels BTI.

Hinweise:
– Die BCD-Zahl muss im AKKU 1-L stehen.

   Wertebereich: –999 ... +999

   Bit 0 ... 11: Wert

   Bit 15: Vorzeichen („0" = positiv, „1" = negativ)

   Bit 12 ... 14: bei Umwandlung nicht berücksichtigt
– Liegt eine Dezimalziffer im ungültigen Bereich von 10 bis 15 tritt ein BCDF-Fehler auf. Daraufhin geht das AS in STOP. Mittels OB 121 kann eine andere Fehlerreaktion auf diesen Synchronfehler programmiert werden.
– Das Ergebnis liegt als 16-Bit-Ganzzahl im AKKU 1-L.

Programmbeispiel: Eine im EW 124 anliegende BCD-Zahl soll in eine 16-Bit-Ganzzahl umgewandelt und diese am MW 124 ausgegeben werden. Abb. 7.65 zeigt die Lösung der Umwandlung von BCD nach 16-Bit-Ganzzahl.

```
Netzwerk 1 von 1              zyklischer Baustein              Bib =
      :L      EW      124
      :BTI
      :T      MW      124
      :NOP    0
      :BE
```

Abb. 7.65: Lösung der Umwandlung von BCD nach 16-Bit-Ganzzahl in AWL.

Beispiel: 16-Bit-Ganzzahl in BCD-Zahl mittels ITB.

Hinweise:

– Die Ganzzahl muss in in AKKU 1-L stehen.

   Wertebereich: −999 ... +999

   Bit 12 ... 14: bei Umwandlung nicht berücksichtigt

– Liegt die Zahl außerhalb des Bereiches werden die Statusbits OV und OS auf „1"
   gesetzt.

– Das Ergebnis liegt als BCD-Zahl im AKKU 1-L:

   Bit 0 ... 11: Wert

   Bit 12 ... 15: Vorzeichen („0000" = positiv, „1111" negativ)

Programmbeispiel: Eine im EW 124 anliegende 16-Bit-Ganzzahl soll in eine BCD-Zahl
umgewandelt und diese am MW 124 ausgegeben werden. Abb. 7.66 zeigt die Lösung
der Umwandlung von 16-Bit-Ganzzahl nach BCD.

```
Netzwerk 1 von 1              zyklischer Baustein              Bib =
    :L     EW    124
    :RND
    :T     MW    124
    :NOP   0
    :BE
```

Abb. 7.66: Lösung der Umwandlung von 16-Bit-Ganzzahl nach BCD in AWL.

Beispiel: Runden einer 32-Bit-Gleitpunktzahl zur 32-Bit-Ganzzahl mittels RND.

Hinweise:

– Die 32-Bit-Gleitpunktzahl muss im AKKU 1 stehen.

– Die Operation rundet das Ergebnis zur nächsten Ganzzahl. Liegt das Ergebnis
   genau zwischen einer geraden und einer ungeraden Zahl, wird zum geraden Ergebnis gerundet.

– Das Ergebnis liegt als 32-Bit-Ganzzahl im AKKU 1.

Programmbeispiel: Eine im MD 40 liegende 32-Bit-Gleitpunktzahl soll in eine 32-Bit-
Ganzzahl umgewandelt und diese am AD 12 ausgegeben werden. Abb. 7.67 zeigt die
Lösung der Umwandlung von einer 32-Bit-Gleitpunktzahl zur 32-Bit-Ganzzahl.

```
Netzwerk 1 von 1              zyklischer Baustein              Bib =
    :L     MD    40
    :RND
    :T     AD    12
    :NOP   0
    :BE
```

Abb. 7.67: Lösung der Umwandlung von einer 32-Bit-Gleitpunktzahl zur 32-Bit-Ganzzahl in AWL.

Beispiel: Zweier-Komplement einer 16-Bit-Ganzzahl mittels NEGI.

Hinweise:

– Die 16-Bit-Ganzzahl muss im AKKU 1-L stehen.
– Beim Bilden des Zweierkomplementes werden die Bits einzeln negiert, und danach eine „1" addiert. Die Funktion entspricht einer Vorzeichenumkehr.
– Das Ergebnis liegt als Zweierkomplement im AKKU 1-L. AKKU 1-H sowie der/die anderen AKKU bleiben unverändert.

Programmbeispiel: Eine im EW 124 anliegende 16-Bit-Ganzzahl soll in ihr Zweierkomplement umgewandelt und dieses am MW 124 ausgegeben werden. Abb. 7.68 zeigt die Lösung zur Bildung des Zweierkomplementes einer 16-Bit-Ganzzahl.

```
Netzwerk 1 von 1          zyklischer Baustein              Bib =
        :L      EW    124
        :NEGI
        :T      MW    124
        :NOP    0
        :BE
```

Abb. 7.68: Lösung zur Bildung des Zweierkomplementes einer 16-Bit-Ganzzahl in AWL.

7.3.14 Schiebe- und Rotieroperationen

Mit diesen Operationen werden die Inhalte von AKKU 1 oder AKKU 1-L bitweise nach links oder rechts verschoben. Die Operationen sind VKE-unabhängig. Algebraisch betrachtet bedeutet ein Verschieben um n Bit nach links eine Multiplikation des ursprünglichen Wertes (als Ganzzahl) mit 2^n und ein Verschieben um n Bit nach rechts eine Division durch 2^n.

Die Anzahl der Bits, um die verschoben werden soll, ergibt sich entweder aus einer auf die Schiebeoperation folgenden Zahl oder aus dem Wert in AKKU 2-LL. Durch Schiebeoperationen werden frei werdende Bitstellen aufgefüllt mit

– bei Wort- und Doppelwort-Schiebeoperationen durch Nullen,
– bei Vorzeichen-Schiebeoperationen durch das Vorzeichen („0" bei „+", „1" bei „–").

Das zuletzt herausgeschobene Bit wird im Statusbit A1 abgelegt und kann somit für Sprungoperationen abgefragt werden. Die übrigen herausgeschobenen Bits gehen verloren.

Als Schiebeoperationen stehen zur Verfügung:

SLW   Schiebe links Wort (16 Bit)
SLD   Schiebe links Doppelwort (32 Bit)
SRW   Schiebe rechts Wort (16 Bit)
SRD   Schiebe rechts Doppelwort (32 Bit)
SSI   Schiebe rechts Vorzeichen Ganzzahl (16 Bit)
SSD   Schiebe rechts Vorzeichen Ganzzahl (32 Bit)

Der Schiebebereich (Vorgabe der Anzahl der zu schiebenden Bitstellen) beträgt
- bei Wortverschiebungen 0 ... 15,
- bei Doppelwortverschiebungen 0 ... 31.

Beispiel: In diesem Beispiel soll eine Bitfolge, die im MW 20 steht, um vier Bit nach links verschoben werden. Das Ergebnis ist in das MW 22 zu transferieren.

Lösung:
(a) Die Anzahl der Verschiebestellen wird unmittelbar im Schiebebefehl angegeben. Für diese Lösung ist nur die AWL-Darstellung möglich:
```
L    MW 20
SLW  4
T    MW 22
```

(b) Die Anzahl der Verschiebestellen wird vor dem zu verschiebenden Operanden unmittelbar als Ganzzahl geladen und steht deshalb bei Ausführung der Schiebeoperation in AKKU 2-L. Für diese Lösung ist nur die AWL-Darstellung möglich:
```
L    4
L    MW 20
SLW
T    MW 22
```

(c) Die Anzahl der Verschiebestellen wird vor dem zu verschiebenden Operanden direkt als Wortadresse geladen und steht deshalb bei Ausführung der Schiebeoperation in AKKU 2-L. Für diese Lösung ist die Darstellung in AWL, FUP und KOP möglich. Die Anzahl der Verschiebestellen ist z. B. (die Graphik verlangt Vorgabe als Wort) vorgegeben. Abb. 7.69 zeigt die Lösung zur Linksverschiebung eines Wortes.

```
Netzwerk 1 von 1          zyklischer Baustein          Bib =
  :L    EW     0
  :L    MW    20
  :SLW
  :T    MW     2
  :NOP   0
  :BE
```

Abb. 7.69: Lösung zur Linksverschiebung eines Wortes in AWL.

Durch diese Rotieroperationen rotieren alle Bits von AKKU 1 nach links oder rechts. Die Operationen sind VKE-unabhängig. Beim Rotieren im AKKU 1 frei gewordene Bitstellen werden

- durch die Werte der herausgeschobenen Bits aufgefüllt (Prinzip eines „Bit-Ringes"),
- es wird über das A1-Anzeigebit rotiert, d. h., der Inhalt des A1 wird in den Rotationsvorgang einbezogen.

Die Anzahl der Bits, um die rotiert werden soll, ergibt sich entweder aus einer auf die Rotieroperation folgenden Zahl oder aus dem Wert in AKKU 2-LL. Als Rotieroperationen stehen zur Verfügung:

- RLD (rotiere links Doppelwort, 32 Bit). Der Verschiebebereich ist
  - bei Stellenangabe im Befehl (RLD n): $n = 0 \dots 31$,
  - bei Stellenangabe im AKKU 2-LL (L n, RLD): $n = 0 \dots 255$.
- RLDA (rotiere AKKU 1 links über A1-Anzeige, 32 Bit). Der Verschiebebereich ist immer 1.
- RRD (rotiere rechts Doppelwort, 32 Bit). Der Verschiebebereich ist
  - bei Stellenangabe im Befehl (RKD n): $n = 0 \dots 31$,
  - bei Stellenangabe im AKKU 2-LL (L n, RRD): $n = 0 \dots 255$.
- RRDA (rotiere AKKU 1 rechts über A1-Anzeige, 32 Bit). Der Verschiebebereich ist immer 1.

Beispiel: In diesem Beispiel soll eine Bitfolge, die im MD 20 steht, um vier Bit nach links ohne Benutzung des A1-Anzeigebits rotieren. Das Ergebnis ist in das MD 24 zu transferieren.

Lösung:

(a) Die Anzahl der Rotationsstellen wird unmittelbar im Schiebebefehl angegeben. Für diese Lösung ist nur die AWL-Darstellung möglich:

```
L     MD 20
RLD 4
T     MD 24
```

(b) Die Anzahl der Rotationsstellen wird vor dem zu rotierenden Operanden unmittelbar als Ganzzahl geladen und steht deshalb bei Ausführung der Rotieroperation in AKKU 2-L. Für diese Lösung ist nur die AWL-Darstellung möglich:

```
L     4
L     MD 20
RLD
T     MD 24
```

Es können auch verschiebende Operanden direkt als Wortadresse geladen werden und sie steht deshalb bei Ausführung der Schiebeoperation in AKKU 2-L. Für diese Lösung ist die Darstellung in AWL, FUP und KOP möglich. Die Anzahl der Rotierstellen wird in EW 0 als Ganzzahl vorgegeben. Abb. 7.70 zeigt die Lösung zur Linksrotation eines Doppelwortes.

```
Netzwerk 1 von 1             zyklischer Baustein              Bib =
      :L      EW      0
      :L      MW      20
      :RLD
      :T      MW      24
      :NOP    0
      :BE
```

Abb. 7.70: Lösung zur Linksrotation eines Doppelwortes in AWL.

7.3.15 Datenbausteinoperationen

Die grundlegenden Informationen zu Datenbausteinen wurden bereits behandelt. In diesem Abschnitt werden folgende Aufgaben angesprochen:
- Aufschlagen von Datenbausteinen und die Dauer ihrer Gültigkeit
- Zusammenfassung wichtiger Zugriffe auf Daten in Datenbausteinen
- Laden der Länge und Nummer von Datenbausteinen
- Tausch der Datenbausteinnummernregister

Datenbausteine können aufgerufen werden, wenn sie im entsprechenden Datenformat vorhanden sind:
- explizit
- implizit

Grundsätzlich kann nur auf Datenelemente aufgeschlagene Datenbausteine zugegriffen werden. Für die Nummern aufgeschlagener Global- und Instanzdatenbausteine steht jeweils ein Register zur Verfügung. Daraus folgt: Gleichzeitig können jeweils maximal ein Global- und ein Instanz-Datenbaustein geöffnet (aufgeschlagen, gültig) sein.

Weitere Regeln beim Arbeiten mit Datenbausteinen sind:
- Der Aufruf eines Globaldatenbausteins schließt einen vorher offenen Globaldatenbaustein.
- Der Aufruf eines Instanzdatenbausteins schließt einen vorher offenen Instanzdatenbaustein.
- Datenbausteine bleiben beim Sprung von Codebausteinen in die Schachtelungstiefe hinein geöffnet. Sie werden jedoch geschlossen, sobald der Codebaustein, in dem sie aufgerufen wurden, beendet (d. h. die Schachtelungstiefe verringert) wird. Dabei werden evtl. weiter vorne aufgerufene Datenbausteine wieder gültig.

Datenbausteine lassen sich explizit aufrufen und es wird ein Datenzugriff möglich. Hierbei wird in einer Anweisung ein (neuer) Datenbaustein aufgeschlagen (gültig gemacht), wobei noch kein Datenzugriff erfolgt. Dabei wird das zugehörige (Global- oder Instanz-)Datenbausteinregister entsprechend umgeschrieben. Die Operation AUF öffnet einen Global- oder einen Instanz-Datenbaustein. Die Operation AUF hat keinen Bezug zum VKE oder zu den Bits des Statuswortes. Auch die AKKU-Inhalte bleiben unverändert. Ein Globaldatenbaustein der Nummer n wird wie folgt aufgeschlagen:

```
AUF  DB  n
```

Ein Instanzdatenbaustein der Nummer n wird wie folgt aufgeschlagen:

```
AUF  DI  n
```

Hinweis: Es kann auch ein in der Symboltabelle vereinbarter Name beim Aufruf eines Global- oder Instanzdatenbausteins benutzt werden (z. B. AUF „Tank 3").

Beispiel:
(a) Das Datenwort 30 des Globaldatenbausteins 15 soll in das Datenwort 80 des Instanzdatenbausteins 40 kopiert werden.
   – 1. Möglichkeit:

AUF	DB 15	Nur DB 15 gültig
L	DBW 30	
AUF	DI 40	DB 15 und DI 40 gültig
T	DIW 80	
. . .		

   – 2. Möglichkeit:

AUF	DB 15	Nur DB 15 gültig
AUF	DI 30	
L	DBW 40	DB 15 und DI 40 gültig
T	DIW 80	
. . .		

(b) Das Datenwort 30 des Globaldatenbausteins 15 soll in das Datenwort 80 des Globaldatenbausteins 40 kopiert werden.

AUF	DB 15	Nur DB 15 gültig
L	DBW 30	
AUF	DB 40	Nur DB 40 gültig
T	DBW 80	
. . .		

Mit symbolischen Operanden kann dieses Programmstück z. B. wie folgt aussehen:

```
AUF  "Tank_1"    Nur „Tank_1" (DB 15) gültig
L    DBW 30
AUF  "Tank_2"    Nur „Tank_2" (DB 40) gültig
T    DBW 80
```

Bei Komplettadressierung von Datenoperanden wird die Datenbausteinnummer in
der Anweisung mit angegeben.

Prinzip: Operation Datenbausteinnummer und Datenelement

Dabei kann die Angabe von Datenbaustein und Datenelement direkt oder symbolisch
erfolgen:

Beispiele:

(a) für direkte Angaben:

```
L    DB30.DW22
```

(b) für symbolische Angaben:

```
L    "GlobalDB50".ZaehlVorg
```

Hinweis: Beim Aufruf eines Funktionsbausteins wird in der Aufrufanweisung ein Instanzdatenbaustein folgendermaßen geöffnet:

```
CALL    FB 23,                                    DB 5
```

Auch symbolisch möglich, z. B.: „Pumpe".   Achtung: Hier wird DB geschrieben, nicht DI!

Zum Laden von Länge oder Nummer eines Global- oder Instanzdatenbausteins stehen
folgende Operationen zur Verfügung:

```
L    DBLG    Lade Länge des offenen Globaldatenbausteins in den AKKU 1
L    DILG    Lade Länge des offenen Instanzdatenbausteins in den AKKU 1
L    DBNO    Lade Nummer des offenen Globaldatenbausteins in den AKKU 1
L    DINO    Lade Nummer des offenen Instanzdatenbausteins in den AKKU 1
```

Diese Operationen können in Vergleichen benutzt werden. Dadurch kann man z. B.
bestimmen,

– ob in einem Datenbaustein genügend Datenbyte zur Verfügung stehen,
– ob die Nummer des aufgeschlagenen DB oder DI stimmt.

Mit der Operation TDB können die Inhalte der Datenbausteinregister getauscht werden. Dadurch wird der aktuelle Globaldatenbaustein zum aktuellen Instanzdatenbaustein und umgekehrt. Die Operation ist VKE-unabhängig und beeinflusst weder die Statusbits noch andere Register.

7.3.16 Programmsteueroperationen

Unter diesen Operationen versteht man, dass sie die Abarbeitungsfolge der Programmsequenzen beeinflussen. Eine Programmbeeinflussung kann integrierte Überwachungsfunktionen durch die Organisationsbausteine bewirken. Darüber hinaus führen unterschiedliche Parameterübergaben an die Codebausteine zu unterschiedlichen Reaktionen des Gesamtsystems. Es werden Operationen vorgestellt, die direkt vom Programm aus den Ablauf des Programms beeinflussen. Diese Operationen sind:
– Markensprünge:

absolut	SPA, SPL
VKE-bedingt	SPB, SPBN, SPBB, SPBNB
BIE-, OV- oder OS-abhängig	SPBI, SPBIN, SPO, SPS
Ergebnis-(A1/A0)-abhängig	SPZ, SPN, SPP, SPM, SPMZ, SPU
Programmschleife	LOOP

– Bausteinaufrufe:

unbedingt	CALL, UC
VKE-bedingt	CC

– Bausteinende-Operationen:

absolut (unbedingt)	BE, BEA
VKE-bedingt	BEB

Durch Markensprungbefehle kann die lineare Programmabarbeitung innerhalb eines Bausteins verlassen werden. Anstatt mit der laut Programmnotation auf die Sprunganweisung folgenden Anweisung wird das Programm (wenn der Sprung ausgeführt wird) mit der Anweisung an der Sprungmarke fortgesetzt. Die Sprungmarke kann dabei im Baustein weiter hinten oder weiter vorne (Achtung: Schleifenbildung!) liegen.

Netzwerkgrenzen sind ohne Bedeutung. Markensprünge können bedingt oder unbedingt ausgeführt werden. Im Argument eines Markensprungbefehls steht die Sprungmarke als Sprungziel.

Aufbau einer Sprungmarke:
– maximal vier Zeichen
– erlaubte Zeichen: Groß- und Kleinbuchstaben, Ziffern und Unterstrich
– erstes Zeichen keine Ziffer

Am Sprungziel steht die Sprungmarke (gefolgt von einem Doppelpunkt) links von einer Anweisung.

Hinweis: In der Zeile der Sprungmarke muss immer eine Anweisung stehen (auch NOP 0 möglich)!

Mit den absoluten Markensprüngen erfolgt das Verlassen des linearen Programmablaufs ohne bestimmte Bedingungen, d. h. wenn der Sprungbefehl vom Programm erreicht wird, wird er in jedem Fall ausgeführt.

(a) SPA (springe absolut)

Anweisung: SPA ⟨Sprungmarke⟩

Beschreibung:
– unterbricht unbedingt den linearen Programmablauf und springt an das in der Sprungmarke angegebene Sprungziel
– Programmablauf wird am Sprungziel fortgesetzt
– SPA beeinflusst VKE und andere Statusbits nicht

Beispiel: Bei Erreichen der Sprunganweisung soll das Programm immer an der Sprungmarke M001 fortgesetzt werden.

Lösung: . . .

        . . .

        SPA M001   Absoluter Sprung zur Sprungmarke M001

        . . .

        . . .

M001:   U   M2.7   Programmfortsetzung nach dem Sprung

(b) SPL (Sprungleiste)

Anweisung: SPL ⟨Sprungmarke⟩

Beschreibung:
– ermöglicht Programmieren von Fallunterscheidungen
– es wird ein Sprungverteiler realisiert
– unmittelbar nach der Operation SPL beginnt die Zielsprungleiste (maximal 256 Einträge SPA ⟨Marke⟩), sie endet vor der Sprungmarke
– Anzahl der Sprungziele (0 bis 255) kommt aus AKKU 1-LL
– andere Operationen innerhalb der Sprungleiste sind nicht erlaubt
– Fallunterscheidung (für n Listeneinträge SPA ⟨Marke⟩):

$$\langle \text{AKKU 1-LL} \rangle \begin{cases} > n-1, & \text{Sprung zur Marke von SPL } \langle \text{Marke} \rangle \\ < n, & \text{Sprung zum } \langle \text{AKKU 1-LL} \rangle\text{-ten} \\ & \text{Listeneintrag SPA } \langle \text{Marke} \rangle \end{cases}$$

– Programmablauf wird am Sprungziel fortgesetzt
– SPL beeinflusst VKE und andere Statusbits nicht

Beispiel: Bei Erreichen der Sprunganweisung SPA LSTM soll das Programm in Abhängigkeit vom EB 1 wie folgt gesteuert werden:

<EB1> > 2 → SPA LSTM

<EB1> = 0 → SPA SPV0

<EB1> = 1 → SPA SPV1

<EB1> = 2 → SPA SPV2

```
Lösung:     L    EB
            SPL  LSTM
            SPA  SPV0
            SPA  SPV1        Sprungverteiler (max. 256)
            SPA  SPV2
LSTM:       SPA  M001
SPVI:       U  . . .
            . . .
            . . .
            SPA  M001
SPV1:       U  . . .
            . . .
            . . .
            SPA  M001
SPV2:       U  . . .
            . . .
            . . .
M001:       U  . . .
            . . .
            . . .
```

Mit diesen VKE-abhängigen Markensprungbefehlen erfolgt das Verlassen des linearen Programmablaufs, wenn der Sprungbefehl vom Programm erreicht wird und in diesem Moment das VKE einen bestimmten Wert (je nach Sprungbefehl „0" oder „1") hat.

(a) SPB (springe bedingt, wenn VKE = „1")

Anweisung: SPB ⟨Sprungmarke⟩

Beschreibung:

- unterbricht bei VKE = „1" den linearen Programmablauf und springt an das in der Sprungmarke angegebene Sprungziel
- ist VKE = „0" wird das Programm linear weitergeführt (kein Sprung)
- Achtung: nach SPB ist das VKE immer „1"
- /ER und OR werden auf „0" gestellt

Beispiel: Bei Erreichen der Sprunganweisung soll das Programm
- wenn E 1.7 = „0" linear mit U E 1.1,
- wenn E 1.7 = „1" mit einem Sprung zu M001 fortgesetzt werden.

Lösung: U   E 1.7

           SPB M001   Sprung zur Marke M001, wenn VKE = „1"

           U   E 1.1

           . . .

           . . .

M001 :   U   M 2.7   Programmfortsetzung nach dem Sprung

           . . .

           . . .

(b) SPBN (springe bedingt, wenn VKE = „0")

Anweisung: SPBN ⟨Sprungmarke⟩

Beschreibung:
- unterbricht bei VKE = „0" den linearen Programmablauf und springt an das in der Sprungmarke angegebene Sprungziel,
- ist VKE = „1" wird das Programm linear weitergeführt (kein Sprung)
- Achtung: nach SPBN ist das VKE immer „1", /ER und OR werden auf „0" gestellt

Beispiel: Bei Erreichen der Sprunganweisung soll das Programm
- wenn E 1.7 = „1" linear mit U E 1.1 ...,
- wenn E 1.7 = „0" mit einem Sprung zu M001 fortgesetzt werden.

Lösung: U   E 1.7

           SPBN M001   Sprung zur Marke M001, wenn VKE = „1"

           U   E 1.1

           . . .

           . . .

M001 :   U   M 2.7   Programmfortsetzung nach dem Sprung

           . . .

           . . .

(c) SPBB (springe bedingt, wenn VKE = „1" und speichere VKE in BIE)

Anweisung: SPBB ⟨Sprungmarke⟩

Beschreibung:
- verhält sich wie SPB, speichert zusätzlich VKE im BIE
- Achtung: nach SPBB ist das VKE immer „1", /ER und OR werden auf „0" gestellt

(d) SPBNB (springe bedingt, wenn VKE = „0" und speichere VKE in BIE)

Anweisung: SPBNB ⟨Sprungmarke⟩

Beschreibung:

- verhält sich wie SPBN, speichert zusätzlich VKE im BIE
- Achtung: nach SPBNB ist das VKE immer „1", /ER und OR werden auf „0" gestellt

Mit diesen BIE-, OV- oder OS-abhängigen Markensprungbefehlen erfolgt das Verlassen des linearen Programmablaufs, wenn der Sprungbefehl vom Programm erreicht wird und in diesem Moment das entsprechende Statusbit einen bestimmten Wert (je nach Sprungbefehl „0" oder „1") hat.

(a) SPBI (springe bedingt, wenn BIE = „1")

Anweisung: SPBI ⟨Sprungmarke⟩

Beschreibung:

- unterbricht bei BIE = „1" den linearen Programmablauf und springt an das in der Sprungmarke angegebene Sprungziel,
- ist BIE = „0", wird das Programm linear weitergeführt (kein Sprung)
- SPBI beeinflusst das VKE nicht, STA wird auf „1" und OR sowie /ER werden auf „0" gestellt

(b) SPBIN (springe bedingt, wenn BIE = „0")

Anweisung: SPBIN ⟨Sprungmarke⟩

Beschreibung:

- Unterbricht bei BIE = „0" den linearen Programmablauf und springt an das in der Sprungmarke angegebene Sprungziel,
- ist BIE = „1", wird das Programm linear weitergeführt (kein Sprung)
- SPBIN beeinflusst das VKE nicht, STA wird auf „1" und OR sowie /ER werden auf „0" gestellt

(c) SPO (springe bedingt, wenn OV = „1")

Anweisung: SPO ⟨Sprungmarke⟩

Beschreibung:

- Unterbricht bei OV = „1" den linearen Programmablauf und springt an das in der Sprungmarke angegebene Sprungziel,
- ist OV = „0", wird das Programm linear weitergeführt (kein Sprung)
- SPO beeinflusst das VKE und die anderen Statusbits nicht

(d) SPS (springe bedingt, wenn OV = „1")

Anweisung: SPS ⟨Sprungmarke⟩

Beschreibung:

- – unterbricht bei OS = „1" den linearen Programmablauf und springt an das Sprungziel der Sprungmarke,
- – ist OS = „0", wird das Programm linear weitergeführt (kein Sprung)
- – SPS beeinflusst das VKE und die anderen Statusbits nicht

Mit dem ergebnis-(A1/A0-)abhängigen Markensprungbefehl erfolgt das Verlassen des linearen Programmablaufs, wenn der Sprungbefehl vom Programm erreicht wird und in diesem Moment die Statusbits A1 und A0 bestimmte Werte (je nach Sprungbefehl „0" oder „1") haben. A1 und A0 sind die Ergebnisbits, die eine Aussage zum Ergebnis einer arithmetischen, Vergleichs-, Schiebe/Rotier- oder Wortverknüpfungsoperation bringen. Tab. 7.43 zeigt die Anweisungen und ihre Wirkung.

Tab. 7.43: Ergebnis-Sprunganweisungen.

Anweisung	Sprung wenn Rechenergebnis		A1	A0
SPZ ⟨Sprungmarke⟩	= 0		0	0
SPN ⟨Sprungmarke⟩	<> 0		1	0
		oder	0	1
SPP ⟨Sprungmarke⟩	> 0		1	0
SPM ⟨Sprungmarke⟩	< 0		0	1
		oder	0	1
SPPZ ⟨Sprungmarke⟩	>= 0		1	0
		oder	1	0
SPMZ ⟨Sprungmarke⟩	>= 0		1	0
		oder	0	1
SPU ⟨Sprungmarke⟩	ungültig (UO)		1	1

Diese Sprungbefehle beeinflussen das VKE und die anderen Statusbits nicht.

7.3.17 Programmschleife

Mit dieser Sprunganweisung kann ein Programmstück mehrfach durchlaufen werden, d. h., es wird eine Schleife gebildet. Dazu wird die Sprungmarke im Programm weiter vorne angetragen als der Sprungbefehl. Diese Operation vereinfacht die Programmierung von Schleifen. Bei Programmschleifen ist generell darauf zu achten, um nicht mit der Zyklusüberwachungszeit in Konflikt zu kommen!

Anweisung: LOOP ⟨Sprungmarke⟩

Beschreibung:

- In einen Schleifenzähler (Wortoperand, z. B. MW 40) wird (mittels L/T) eine vom AKKU 1 als vorzeichenlose 16 Bit-Ganzzahl interpretierte Zahl geladen.
- Achtung: keine 0 und keine negative Zahl laden!
- Der Transfer in den Schleifenzähler erfolgt an der Sprungmarke. Der Wert sagt aus, wie oft das Programmstück zwischen Sprungmarke und LOOP-Anweisung zu durchlaufen ist (inklusive des 1. Durchlaufs!). Direkt vor der Sprunganweisung ist der Schleifenzähler zu laden.
- Wenn das Programm an die Sprunganweisung kommt, wird zunächst der AKKU-1-L-Inhalt um 1 dekrementiert und danach wird die Entscheidung getroffen, wie Abb. 7.71 zeigt.

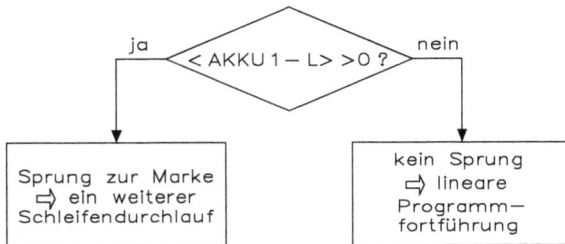

Abb. 7.71: Anfang einer Programmschleife.

- LOOP beeinflusst das VKE und die anderen Statusbits nicht.

Beispiel: Das Programmstück zwischen Marke Schl und der LOOP-Anweisung soll 8-mal durchlaufen werden.

```
Lösung:   . . .
              . . .
          L       8         Vorgabe der Anzahl Durchläufe
Schl:     T       MW 40     //Schleifenzähler laden
          L       MD 30
          INC     3         8-mal zu durchlaufendes Programmteil
          T       MW 30
          L       MD 40     //Schleifenzähler laden
          LOOP    Schl      //Dekrementieren des
                            //Schleifenzählers und Sprung,
                            //wenn >MW40> > 0
              . . .
              . . .
```

7.3.18 Bausteinaufrufe und Bausteinende

Anweisungen für Bausteinaufrufe und Bausteinende ermöglichen das strukturierte Programmieren. Über Bausteinaufrufe gelangt das Programm in die jeweilig größere (höhere) Schachtelungstiefe und dabei immer in die erste Anweisung des angesprungenen Bausteins. Mit Bausteinende verlässt das Programm einen Baustein, um in der vorgelagerten (niedrigeren) Schachtelungsebene mit der Anweisung fortzufahren, die unmittelbar auf den Aufruf des zu verlassenden Bausteins folgt. Abb. 7.72 zeigt eine Programmstrukturierung durch Bausteinaufrufe und Bausteinendebefehle.

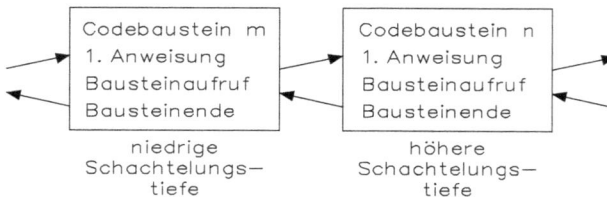

Abb. 7.72: Programmstrukturierung durch Bausteinaufrufe und Bausteinendebefehle.

Beim zyklischen Programm (normaler Ablauf) ist stets der OB1 der in der Schachtelung ganz links stehende Baustein. Er selbst wird immer vom Betriebssystem der CPU aufgerufen, ruft danach selbst Bausteine auf und geht mit seinem Bausteinende an das Betriebssystem zurück.

Die maximale Schachtelungstiefe, also die Anzahl der gleichzeitig aufgerufenen Codebausteine, ist CPU-abhängig. Sie sollte aber, auch im Interesse eines gut lesbaren Programms, nicht zu weit ausgenutzt werden.

Für Bausteinaufrufe mit und ohne Parameterübergabe von Codebausteinen stehen folgende Anweisungen zur Verfügung:
CALL
UC
CC
Hinweis: Bestimmte Bausteinaufrufe lassen sich auch mit FUP und KOP realisieren. Im Folgenden wird die AWL-Darstellung gezeigt.

(a) Aufrufen von Codebausteinen mit CALL
Anweisung: CALL ⟨Codebaustein[, Instanzdatenbaustein]⟩
Beschreibung:
– dient als unbedingter Aufruf eines Codebausteins und ist die einzige Aufruffunktion, bei der eine Parameterübergabe möglich ist
– selbsterstellte Funktionen, z. B.: CALL FC 7 – bei Bedarf Parameterübergabe
– selbsterstellte Funktionsbausteine immer mit Instanzdatenbaustein, z. B.: CALL FB 5, DB 51 – bei Bedarf Parameterübergabe

- Siemens-Standardfunktionen, z. B.: `CALL SF 023` – bei Bedarf Parameter-übergabe
- Siemens-Standardfunktionsbausteine immer mit Instanzdatenbaustein, z. B.: `CALL SFB 12, DB 33` bei Bedarf Parameterübergabe
- Bausteinkennung auch symbolisch möglich
- `CALL` deaktiviert eine bestehende MCR-Abhängigkeit
- `CALL` ist VKE-unabhängig und beeinflusst es auch nicht, setzt jedoch STA auf „1" und /ER, OR und OS auf „0"

(b) Aufrufen von Codebausteinen mit `UC`

Anweisung: `UC` ⟨Codebaustein⟩

Beschreibung:
- dient als unbedingter Sprung zum Aufruf eines Codebausteins ohne Parameterübergabe
- Funktionsbausteine können nur ohne Instanzdatenbaustein aufgerufen werden
- `UC` deaktiviert eine bestehende MCR-Abhängigkeit
- `UC` ist VKE-unabhängig und beeinflusst es auch nicht, setzt jedoch STA auf „1" und /ER,OR und OS auf „0"

Beispiel: Funktionsaufruf

`UC  FC 22`   Keine Parameterübergabe möglich!

Beispiel: Funktionsbausteinaufruf

`UC  FB 51`   Kein Instanzdatenbaustein-Aufruf möglich!
                   Keine Parameterübergabe möglich!

(c) Aufrufen von Codebausteinen mit `CC`

Anweisung: `CC` ⟨Codebaustein⟩

Beschreibung:
- dient als VKE-bedingter Sprung zum Aufruf eines Codebausteins ohne Parameterübergabe
- Funktionsbausteine können nur ohne Instanzdatenbaustein aufgerufen werden
- `CC` deaktiviert eine bestehende MCR-Abhängigkeit
- `CC` ist VKE-abhängig und setzt VKE sowie STA auf „1" und /ER, OR sowie STA auf „0"

Beispiel: Ist E 0.7 = „1", soll FC 22 aufgerufen werden. Ist E 0.7 = „0", soll Programm linear mit `U M 10.0` weiterlaufen.

`U   E 0.7`

`CC  FC 22`   Keine Parameterübergabe möglich!
                   VKE wird nach CC immer „1"

`U   M 10.0`

Beispiel: Ist E 1.6 = „1", soll FB 51 aufgerufen werden. Ist E 1.6 = „0", soll Programm linear mit U M 10.1 weiterlaufen.

```
U    E  1.6
CC   FB 51          Kein Instanzdatenbaustein-Aufruf möglich!
                    Keine Parameterübergabe möglich!
                    VKE wird nach CC immer „1"
U    M  10.1
```

7.3.19 Bausteinende-Operationen

Bausteine können absolut und bedingt beendet werden. Durch das Beenden eines Bausteins erfolgt ein Rücksprung unter die Sprunganweisung des aufrufenden Bausteins, d. h. einen Schritt in der Schachtelungstiefe rückwärts. Der OB 1 geht durch sein Bausteinende an das Betriebssystem der CPU zurück. Folgende Operationen zum Beenden von Bausteinen stehen zur Verfügung:

```
BE
BEA
BEB
```

(a) Beenden eines Bausteins mit BE
Anweisung: BE
Beschreibung:
- dient als unbedingtes Bausteinende
- unterbricht das Programm im aktuellen Baustein und springt unter die Sprunganweisung des Bausteins, der den aktuellen Baustein aufgerufen hat
- das VKE wird vom aktuellen Baustein in den aufrufenden Baustein übernommen
- eine MCR-Abhängigkeit des aufrufenden Bausteins wird wiederhergestellt
- BE ist VKE-unabhängig und beeinflusst es auch nicht, setzt jedoch STA auf „1" und /ER, OR und OS auf „0"
- BE darf auch übersprungen werden
- BE als letzter Befehl im Baustein kann, muss aber nicht, geschrieben werden
Beispiel mit übersprungenem BE:

```
         U    E  1.1
         SPB  M001
         L    MW 90
         T    AW 22
         BE
M001:    U    E  1.2
```

(b) Beenden eines Bausteins mit BEA
   Anweisung: BEA
   Beschreibung:
   – dient als unbedingtes Bausteinende
   – die Operation verhält sich wie BE

(c) Beenden eines Bausteins mit BEB
   Anweisung: BEB
   Beschreibung:
   – dient als bedingtes Bausteinende
   – unterbricht, wenn VKE = „1", das Programm im aktuellen Baustein und
     springt unter die Sprunganweisung des Bausteins, der den aktuellen Bau-
     stein aufgerufen hat
   – setzt, wenn VKE = „0", das Programm nach BEB linear im aktuellen Baustein
     fort
   – Achtung: Das VKE wird in jedem Fall nach BEB auf „1" gestellt
   – eine MCR-Abhängigkeit des aufrufenden Bausteins wird bei Rücksprung wie-
     derhergestellt
   – BEB setzt neben VKE auch STA auf „1" und /ER, OR und OS auf „0"
   Beispiel:

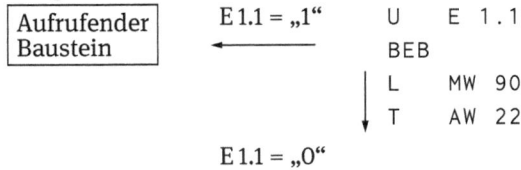

```
Aufrufender     E 1.1 = „1"        U    E  1.1
Baustein        ◄───────           BEB
                                   │  L    MW  90
                                   ▼  T    AW  22
                E 1.1 = „0"
```

Literaturverzeichnis

Behrendt, Ch.: Automatisierungstechnik mit der SIMATIC S5 und S7, Europa, Haan-Gruiten.

Behrendt, Ch.: Speicherprogrammierbare Steuerungen – Aufgaben mit Lösungen, Europa, Haan-Gruiten.

Behrendt, Ch.: Steuerungstechnik mit speicherprogrammierten Steuerungen SPS, Europa, Haan-Gruiten.

Bernstein, H.: SPS-Werkbuch, Franzis, München.

Bernstein, H.: Soft-SPS für PC und IPC, VDE, Berlin.

Grötsch, E., Seubert, L.: Speicherprogrammierte Steuerungen – Band 2, Oldenbourg, München.

von der Heide, V. / Hölken, F.-J.: Arbeitsbuch Steuerungstechnik Metall, Dümmler, Bonn.

von der Heide, V. / Hölken, F.-J.: Arbeitsbuch Steuerungstechnik Metall – Lösungen, Dümmler, Bonn.

Kaftan, J.: SPS-Grundkurs 1, Vogel, Würzburg.

Kaftan, J.: SPS-Grundkurs 2, Vogel, Würzburg.

Krätzig: Speicherprogrammierbare Steuerungen, Hanser, München Wien.

Merz, R.: Der Weg zur SPS-Fachkraft – Teil 1, Pflaum, München.

Merz, R.: Der Weg zur SPS-Fachkraft – Teil 2, Pflaum, München.

Wellenreuther, G. / Zastrow, D.: Speicherprogrammierte Steuerungen SPS, Vieweg, Wiesbaden.

Wellenreuther, G. / Zastrow, D.: Lösungsbuch, Speicherprogrammierte Steuerungen SPS, Vieweg, Wiesbaden.

Wellenreuther, G. / Zastrow, D.: Steuerungstechnik mit SPS, Vieweg, Wiesbaden.

Wellenreuther, G. / Zastrow, D.: Lösungsbuch Steuerungstechnik mit SPS, Vieweg, Wiesbaden.

Wellers, H.: Automatisierungstechnik mit SPS – Arbeitsbuch, Cornelsen.

Wellers, H.: SPS-Programmierung nach IEC 1131-3, Cornelsen, Berlin.

https://doi.org/10.1515/9783110556018-009

Stichwortverzeichnis

www.ingramcontent.com/pod-product-compliance
Lightning Source LLC
Chambersburg PA
CBHW060938210326
41598CB00031B/4666